民國建築工程期刊匯編

MINGUO JIANZHU GONGCHENG QIKAN HUIBIAN

21

《民國建築工程期刊匯編》編寫組 編

廣西師范大學出版社
GUANGXI NORMAL UNIVERSITY PRESS
・桂林・

第二十一册目録

工

程

10203

中國工程師學會會刊

工程

第二十卷　第一期

中國工程師學會暨各專門工程學會首都聯合年會論文專號

居庸關 八達嶺 青龍橋
詹天佑先生銅像
中國工程師學會首任會長遺像及傳記
見三十年來之中國工程紀念刊第 1067–1068 頁與 1109–1110 頁

中國工程師學會總會發行

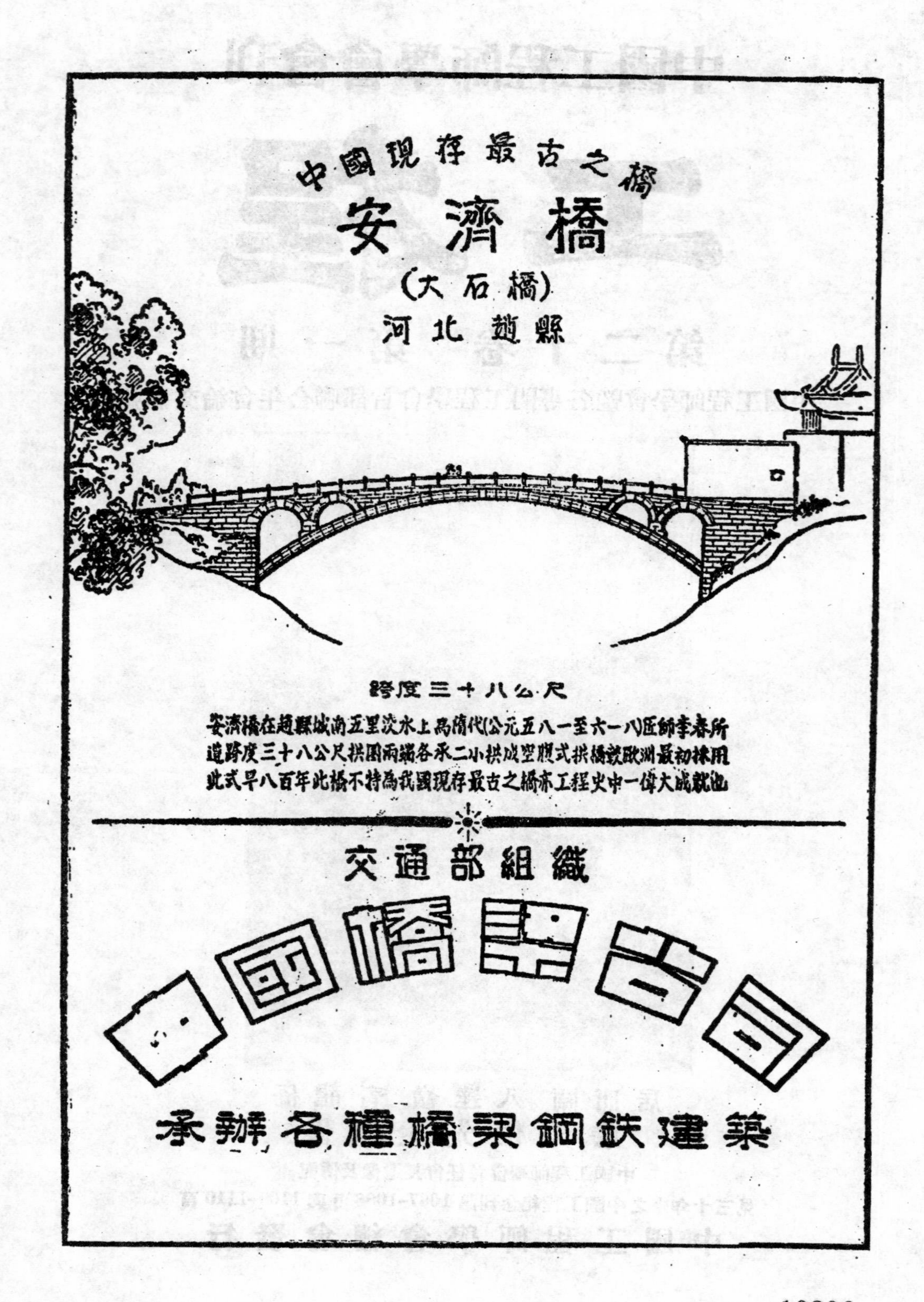
中國現存最古之橋
安濟橋
(大石橋)
河北趙縣
跨度三十八公尺
安濟橋在趙縣城南五里洨水上為隋代(公元五八一至六一八)匠師李春所
造跨度三十八公尺拱圈兩端各承二小拱成空腹式拱橋歐洲最初採用
此式早八百年此橋不特為我國現存最古之橋亦工程史中一偉大成就也
交通部組織
中國橋梁公司
承辦各種橋梁鋼鐵建築

中國工程師信條

一 遵從國家之國防經濟建設政策，實現國父之實業計劃。

二 認識國家民族之利益高於一切，願犧牲自由貢獻能力。

三 促進國家工業化，力謀主要物資之自給。

四 推行工業標準化，配合國防民生之需求。

五 不慕虛名，不為物誘，維持職業尊嚴，遵守服務道德。

六 實事求是，精益求精，努力獨立創造，注重集體成就。

七 勇於任事，忠於職守，更須有互切互磋，親愛精誠之合作精神；

八 嚴以律己，恕以待人，並養成整潔樸素，迅速確實之生活習慣。

總編輯啓事：

一、中國工程師學會三十周紀念刊：

業已再版出書，每部定價現調整為二百萬元正。

二、中國工程師學會「工程叢刊」：

本會現將前「會報」十七卷及「工程」前十九卷中之重要論文，擇其有歷史性，及永久性者，編為「工程叢刊」，先出十種，由各大書局承印，分期發行。

三、「工程師節與工程師」及「工程建國通論」：

本會及各地分會，紀念工程師節，暨歷屆年會，及各地分會倡導工程之一般通論，包括講詞，編為「工程建國通論」及「工程師節與工程師」二種印行。

四、「中國工程師學會戰時年會報告彙編」：

戰時年會，自民二十七年臨時大會，歷經昆、蓉、黔、蘭、桂、渝，各次年會，開會情況，至為激昂，對抗戰建國，貢獻良多，並足為今後辦理年會之參照，茲已彙編成冊，正在設法出版。

五、戰時刊物，如「工程」「會務特刊」「工程師節特刊」及其他報告，與美洲分會會刊等，尚有殘存，會員及各機關，願保存者，可附郵費五萬元至十萬元，以便寄贈。

六、本會「工程」復刊，自第二十卷第一期起，以後按期出版，仍為雙月刊，惟印費浩大，多盼各事業機構，予以刊登廣告協助，尚祈鑒察。

中國工程師學會會刊

工程

第二十卷第一期目錄

(民國三十七年六月一日出版)

第十四屆(首都)年會論文專號(一)

中國工程師學會總編輯部發行

南京北門橋唱經樓衛巷新安里新18號

電話 33326

本期廣告目錄

中國工程師學會第十四屆年會暨各專門

工程學會聯合年會開幕典禮攝影

A NEW THEORY ON THE JOINT MOMENTS OF CONTINUOUS FRAMES

鄭朝強

BY C. C. CHENG

INTRODUCTION

In the classical methods, namely the method of least work and the slope-deflection method, the joint moments of continuous frames are considered as single moments. The result is that the determination of such moments requires the solution of many simultaneous equations. The results obtained are accurate, but the process is too laborious and tedious and has little practical value.

In the moment-distribution method, the joint moments are considered as the sum of fixed-end moments, distribution moments and carry-over moments. The number of distribution and carry-over moments required to obtain reasonably accurate results is indefinite and depends upon the rapidity of their convergency. Although the tedious algebraic process is eliminated, yet the long arithmetical calculation is still sometimes required. At the same time the approximate results yielded by this method do not satisfy the minds of theoretically inclined students of structures.

In this article the writer aims to introduce a new theory regarding the joint moments. Here each joint moment, or joint rotation, is considered to consist of a definite number of parts which can be easily determined separately and then added together to obtain the desired result. This theory will lead to the two simple and exact methods of analysis discovered by Prof. W. T. Chang of St. John's University. They are both short methods involving no solution of simultaneous equations.

I. THRORY AND METHOD WHEN APPLIED TO CONTINUOUS BEAMS

The Theory

At a joint in a continuous beam the joint moment may be considered as consisting of three parts: namely, (I) The "center-moment", which does not include the moment carried-over to the joint from either the left or the right. The value of such moment depends upon the physical properties of the beam and the loads on the two adjacent spans. (II) The "left-moment", which is the moment carried-over to the joint from the left. It is equal to a constant multiplied by the sum of the center-moment and the left-moment existing at the left adjacent joint. This constant may be called the "left-moment-ratio" for the joint concerned. Its value depends upon the physical properties of the beam alone. (III) The "right-moment", which is the moment carried-over to the joint from the right. It is equal to a constant multiplied by the sum of the center-moment and the right-moment existing at the right adjacent joint. This constant may be called the "right-moment-ratio" for the joint concerned. Its value also depends upon the physical properties of the beam alone. The actual moment at the joint is equal to the sum of these three parts.

At the left (or right) end support of the beam the moment consists of the center-moment and the right- (or left-) moment only, unless the end is overhanging. In the latter case the moment caused by loads on the overhanging end constituted the left- (or right-) moment over the support. But there is only one moment-ratio at the support, namely, the right- (or left-) moment-ratio.

The application of the theory to the analysis of continuous beams, two-legged simple bents and rectangular culverts is called the "moment-ratio method", the name used by Prof. Chang. In this method it is only necessary to find the moment-ratios for all the joints and also the center-moments at the joints. Then the left- and the right- moments can be quickly calculated and added to the center-moments to give the desired actual moments.

The proof of the theory is given in the following derivation of the formulas for determining the moment-ratios and the center-moments.

Derivation of Formulas

In the derivation of formulas the following notations are used:

M_{k-1}, M_k, M_{k+1} = The actual moments at the joints k—1, k, k+1 respectively of a continuous beam of n spans;

$M_{c(k-1)}$, M_{ck}, $M_{c(k+1)}$ = The center-moments at the joints k—1 k, k+1 respectively;

$M_{l(k-1)}$, M_{lk}, $M_{l(k+1)}$ = The left-moments at the joints k-1, k, k+1 respectively;

$M_{r(k-1)}$, M_{rk}, $M_{r(k+1)}$ = The right-moments at the joints k—1, k, k+1 respectively.

$M_{L(k-1)}$, $= M_{c(k-1)} - M_{l(k-1)}$;

$M_{R(k+1)}$, $= M_{c(k+1)} - M_{r(k+1)}$;

R_{lk}, $R_{l(k+1)}$ = the left moment-ratios for the joints k, k+1 respectively;

$R_{r(k-1)}$, R_{rk}, = the right moment-ratios for the joints k—1, k respectively;

l_k, l_{k+1}, = the lengths of the spans k—1, k and k, k+1 respectively;

I_k, I_{k+1}, = the cross-sectional moments of inertia of the spans k—1, k and k, k+1 respectively;

δ_{k-1}, δ_k, δ_{k+1} = the downward displacements of the joints k—1, k, k+1 respectively from their original positions;

A_k, A_{k+1}, = the areas of the simple beam bending moment diagrams of the spans $k-1$, k and k, $k+1$ respectively;

$\bar{a}_k$, $\bar{a}_{k+1}$ = the distances from the centroids of A_k, A_{k+1} to the joints $k-1$, $k+1$ respectively;

E = the modulus of elasticity of the material of the beam.

Most of these notations are indicated in Fig. 1.

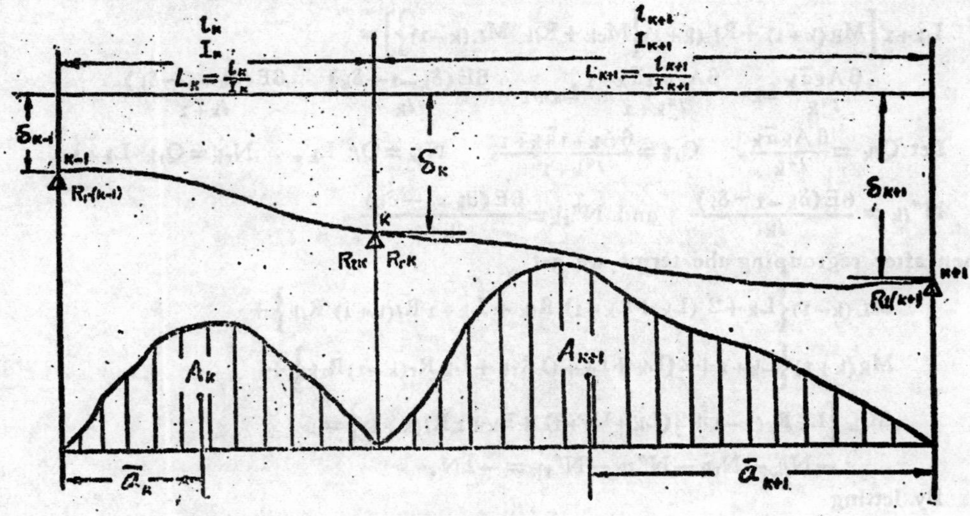

Fig. 1

According to the principle given above

$$M_{lk} = R_{lk}\left\{M_{c(k-1)} + M_{l(k-1)}\right\} = R_{lk} M_{L(k-1)},$$

$$M_{rk} = R_{rk}\left\{M_{c(k+1)} + M_{r(k+1)}\right\} = R_{rk} M_{R(k+1)},$$

$$M_{r(k-1)} = R_{r(k-1)}(M_{ck} + M_{rk}) = R_{r(k-1)}\left\{M_{ck} + R_{rk} M_{R(k+1)}\right\},$$

and
$$M_{l(k+1)} = R_{l(k+1)}(M_{ck} + M_{lk}) = R_{l(k+1)}\left\{M_{ck} + R_{lk} M_{l(k-1)}\right\},$$

So
$$M_{k-1} = M_{c(k-1)} + M_{l(k-1)} + M_{r(k-1)}$$
$$= M_{L(k-1)} + R_{r(k-1)}\left\{M_{ck} + R_{rk} M_{R(k+1)}\right\},$$
$$M_k = M_{ck} + M_{lk} + M_{rk}$$
$$= M_{ck} + R_{lk} M_{L(k-1)} + R_{rk} M_{R(k+1)},$$
$$M_{k+1} = M_{c(k+1)} + M_{r(k+1)} + M_{l(k+1)}$$
$$= M_{R(k+1)} + R_{l(k+1)}\left\{M_{ck} + R_{lk} M_{L(k-1)}\right\},$$

By applying the theorem of three moments to the two spans shown in Fig 1, we have

$$\frac{l_k}{I_k}M_{k-1} + 2\left(\frac{l_k}{I_k} + \frac{l_{k+1}}{I_{k+1}}\right)M_k + \frac{l_{k+1}}{I_{k+1}}M_{k+1} =$$

$$-\frac{6A_k\bar{a}_k}{l_k I_k}-\frac{6A_{k+1}\bar{a}_{k+1}}{l_{k+1}I_{k+1}}-\frac{6E(\delta_{k-1}-\delta_k)}{l_k}-\frac{6E(\delta_{k+1}-\delta_k)}{l_{k+1}} \cdots\cdots\cdots (1)$$

i.e., $L_k\left[M_{L(k-1)}+R_{r(k-1)}\left\{M_{ck}+R_{rk}M_{R(k+1)}\right\}\right]+$

$$2(L_k+L_{k+1})\left\{M_{ck}+R_{lk}M_{L(k-1)}+R_{rk}M_{R(k+1)}\right\}+$$

$$L_{k+1}\left[M_{R(k+1)}+R_{l(k+1)}\left\{M_{ck}+R_{lk}M_{L(k-1)}\right\}\right]=$$

$$-\frac{6A_k\bar{a}_k}{l^2_k}L_k-\frac{6A_{k+1}\bar{a}_{k+1}}{l^2_{k+1}}L_{k+1}-\frac{6E(\delta_{k-1}-\delta_k)}{l_k}-\frac{6E(\delta_{k+1}-\delta_k)}{l_{k+1}}$$

Let $Q_{lk}=\frac{6A_k\bar{a}_k}{l^2_k}$, $Q_{rk}=\frac{6A_{k+1}\bar{a}_{k+1}}{l^2_{k+1}}$, $N_{lk}=Q_{lk}L_k$, $N_{rk}=Q_{rk}L_{k+1}$,

$N''_{lk}=\frac{6E(\delta_{k-1}-\delta_k)}{l_k}$ and $N''_{rk}=\frac{6E(\delta_{k+1}-\delta_k)}{l_{k+1}}$.

Then after regrouping the terms we get

$$M_{L(k-1)}\left\{L_k+2(L_k+L_{k+1})R_{lk}+L_{k+1}R_{l(k+1)}R_{lk}\right\}+$$

$$M_{R(k+1)}\left\{L_{k+1}+2(L_k+L_{k+1})R_{rk}+L_kR_{r(k-1)}R_{rk}\right\}+$$

$$M_{ck}\left\{L_kR_{r(k-1}+2(L_k+L_{k+1})+L_{k+1}R_{l(k+1)}\right\}=$$

$$-N_{lk}-N_{rk}-N''_{lk}-N''_{rk}=-\Sigma N.$$

By letting

$$L_k+2(L_k+L_{k+1})R_{lk}+L_{k+1}R_{l(k+1)}R_{lk}=0,$$

and $\quad L_{k+1}+2(L_k+L_{k+1})R_{rk}+L_kR_{r(k-1)}R_{rk}=0,$

we have

$$\left.\begin{aligned}R_{lk}&=-\frac{L_k}{2(L_k+L_{k+1})+L_{k+1}R_{l(k+1)}}\\ \text{and}\quad R_{rk}&=-\frac{L_{k+1}}{2(L_k+L_{k+1})+L_kR_{r(k-1)}}\end{aligned}\right\}\cdots\cdots\cdots (A)$$

Then $\quad M_{ck}\left\{L_kR_{r(k-1)}+2(L_k+L_{k+1})+L_{k+1}R_{l(k+1)}\right\}=-\Sigma N$

$$M_{ck}=-\frac{\Sigma N}{2(L_k+L_{k+1})+L_kR_{r(k-1)}+L_{k+1}R_{L(k+1)}}\cdots\cdots\cdots (B)$$

Thus it is seen that the values of the moment-ratios depends upon the physical properties of the beam only and are independent of the loads on the beam.

At the end joints of the beam the moment-ratios are given by the equations:

$$\left.\begin{aligned}R_{ln}&=-\frac{L_n}{2(L_n+L_{n+1})}\\ \text{and}\quad R_{ro}&=-\frac{L_1}{2(L_o+L_1)}\end{aligned}\right\}\cdots\cdots\cdots (A')$$

which are special cases of equations (A). If the ends are fixed, $I_o=I_{n+1}=\infty$ and $L_o=L_{n+1}=0$, then $R_{ln}=R_{ro}=-\frac{1}{2}$. If the ends are hinged or overhanging, $I_o=I_{n+1}=0$ and $L_o=L_{n+1}=\infty$, then $R_{Ln}=R_{ro}=0$.

Thus by starting first from the left end and then from the right end of the beam the values of R_r and R_l for all the joints can be determined from the known properties of the beam by repeatedly using the eqs. (A). As the two equations in (A) are exactly similar, they may be easily remembered as one formula for finding the moment ratios.

TABLE I SOME COMMON FORMULAS FOR Q

TYPE OF LOADING	Q_l (To be used at joint 2)	Q_r (To be used at joint 1)
W_1, W_2, x, l, 1, 2	$\frac{6}{l^2}\int_0^l M_x x\,dx$	$\frac{6}{l^2}\int_0^l M(x-lx)\,dx$
	Where M_x = Simple beam bending moment at a dist. x from the left end of the span.	
W, μl	$W(1-\mu)(2-\mu)\mu l$	$W(1-\mu^2)\mu l$
When $\mu=\frac{1}{2}$	$\frac{3Wl}{8}$	$\frac{3Wl}{8}$
W, μl, W, μl	$3W\mu(1-\mu)l$	$3W\mu(1-\mu)l$
When $\mu=\frac{1}{3}$	$\frac{2Wl}{3}$	$\frac{2Wl}{3}$
W/unit length	$\frac{Wl^2}{4}$	$\frac{Wl^2}{4}$
μl, w/unit length	$\frac{wl^2\mu^2(2-\mu)^2}{4}$	$\frac{wl^2\mu^2(2-\mu)^2}{4}$

Eq. (B) enables the center-moments over all the joints to be determined. The values of N_{lK} and N_{rk} may be determined by considering each load separately and then adding together the individual values. . Table I gives the formulas for Q due to some typescommon of loading.

If there is no relative settlement of the supports, only simple relative values of L are needed in the calculation. If the supports settle unevenly, then all lengths should be expressed in inches and the unit of L will be l/in^3. The moments obtained will be in lb-in. or kip-in. which can easily be converted into lb-ft. or kip-ft.

The Sign Convention

In the moment-ratio method the following sign covention is used for the moment: A positive moment produces tension on the bottom of the beam. So this is the usual sign convention used by the designers. With this convention all values of Q used in Eq. (B) are positive unless the load is upward unstead of downward. When applied to bents and culverts the moment is considered positive or negative according as it produces tension on the inner or outer side of the frame.

The procedure

In the application of the above method to the analysis of a continuous beam the writer suggests the following procedure:

1. Make a sketch of the beam showing the loading, the length and the cross-sectional moment of inertia of each span. Extend down the lines of supports.

2. Calculate the ratio $L=l/I$ for each span, and write the value at the center of the span below the sketch. When there is no relative settlement of the supports, simple relative values may be used for L.

3. Starting from the left end determine the values of R_r for the different joints by repeatedly using the eq. (A) until the right end is reached. Similarly, starting from the right end determine the values of R_l Write the values of R_l and R_r for each joint below the joint with R_l on the left side and R_r on the right side of the line of support through the joint. If the beam is symmetrical and similarly supported at the two ends, the values of R are also symmetrical. So after all R_r's are determined, R_l 's can be written down without additional calculation.

4. In each span multiply R_l and R_r by the value of L for the span, and write the products below R_l aud R_r respectively.

5. Calculate the value of N_l, N_r, N_l'', N_r'', for each joint and add them together to get ΣN. Write N_l and N_l'' on the left side, and N_r and N_r'' on the right side and ΣN across the line of support through the joint.

6. Using eq. (B) calculate the value of M_c and write it below Σn.

7. If the left (or right) end of the beam is overhanging the left-(or right-) moment at the end support is equal to the moment caused by the load on the overhanging portion. If the end is fixed of hinged, the moment is zero. If the fixed or hinged end is acted by a couple, then the moment is equal to that of the couple.

8. Starting from the left end find the product M_{l1} of the total moment existing

at the end support (i.e. M_{co} + M_{lo}) and R_{l1} and write it under M_{c1} and on the left side of the line of support. Multiply the sum of the two moments now existing at the joint 1, i.e., $M_{c1}+M_{l1}$ by R_{l2} and write the product under M_{c2}. This is repeated for each joint until the right end is reached.

9. Repeat the step 8 by starting from the right end. R_r should now be used instead of R_l. The sum of moments at the right adjacent joint to be multiplied by R_r should include only the center-moment M_c at the joint and the right-moment M_r carried over to it from the right, while the left-moment M_l carried-over to it from the left should not be included.

10. Add together the three moments M_c, M_l and M_r at each joint to get the actual moment.

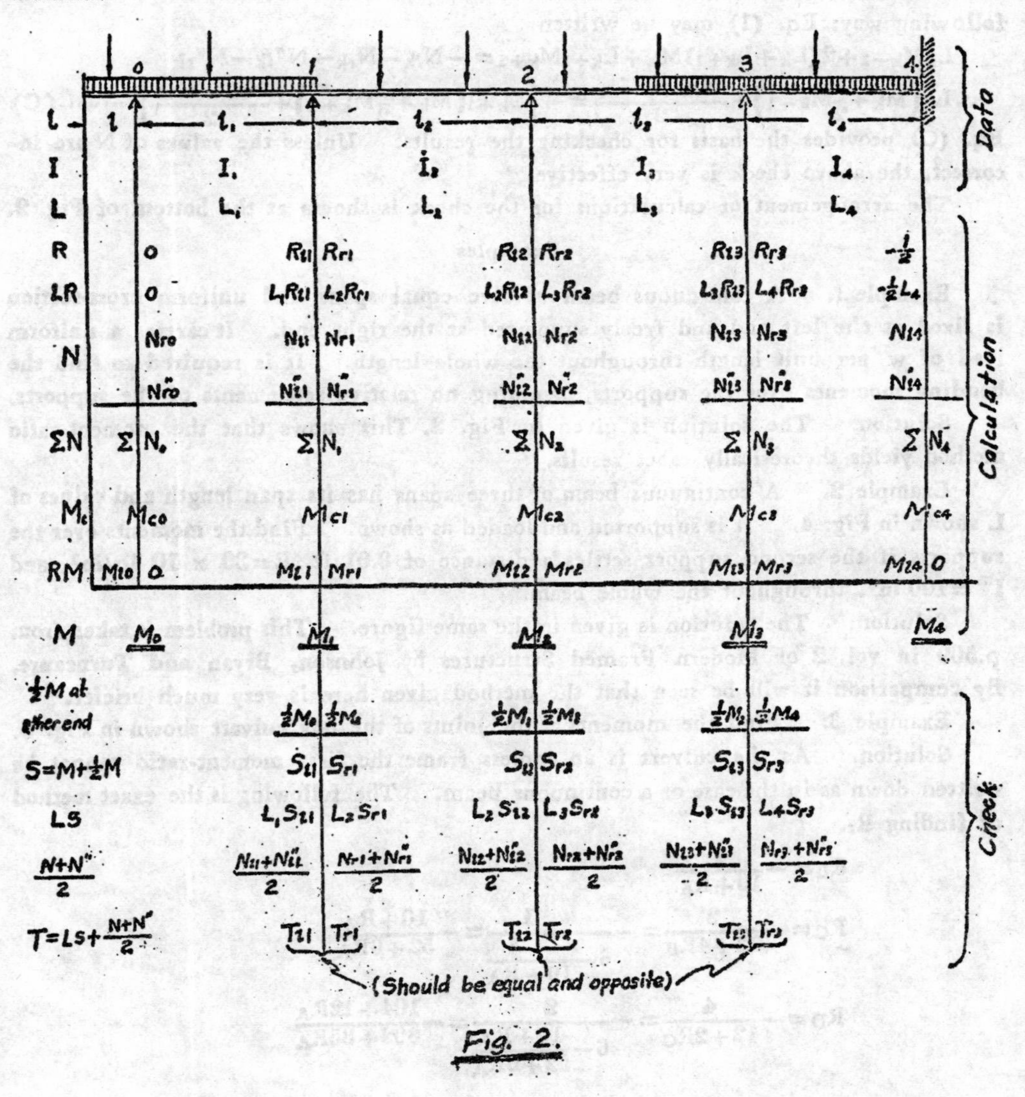

Fig. 2.

If the beam is symmetrical in all respects and also symmetrically loaded, the work of calculations is reduced by half, for the values of the moments are symmetrical.

The arrangement of calculations is shown in Fig. 2.

The procedure and the arrangement of calculations should be somewhat modified in dealing with simple bents and culverts.

After the joint moments are known, the reactions and shears can easily be determined by statics, and the shear and bending moment diagrams can be constructed without difficulty.

Check on the Results

If it is desired to check the results of the above method, we may do it in the following way: Eq. (1) may be written

$$L_k M_{k-1} + 2(L_k + L_{k+1}) M_k + L_{k+1} M_{k+1} = -N_{lk} - N_{rk} - N''_{lk} - N''_{rk}$$

$$\therefore L_k\left(M_k + \frac{1}{2}M_{k-1}\right) + \frac{N_{lk} + N''_{lk}}{2} = -\left\{L_{k+1}\left(M_k + \frac{1}{2}M_{k+1}\right) + \frac{N_{rk} + N''_{rk}}{2}\right\} \quad \text{.........(C)}$$

Eq. (C) provides the basis for checking the results. Unless the values of N are incorrect, the above check is very effective.

The arrangement of calculations for the check is shown at the bottom of Fig. 2.

Examples

Example 1. A continuous beam of five equal spans and uniform cross-section is fixed at the left end and freely supported at the right end. It carries a uniform load of w per unit length throughout the whole length. It is required to find the bending moments over the supports, assuming no relative settlements of the supports.

Solution. The solution is given in Fig. 3. This shows that the moment-ratio method yields theoretically exact results.

Example 2. A continuous beam of three spans has its span length and values of L shown in Fig. 4. It is supported and loaded as shown. Find the moments over the supports if the second support settles a distance of 0.01 ft. $E = 30 \times 10$ lb/in². and $I^m = 100$ in⁴. throughout the whole beam.

Solution. The solution is given in the same figure. This problem is taken from p.509 in vol. 2 of Modern Framed Structures by Johnson, Bryan and Turneaure. By comparison it will be seen that the method given here is very much briefer.

Example 3. Find the moments at the joints of the box culvert shown in Fig. 5.

Solution. As the culvert is an endless frame the first moment-ratio cannot be written down as in the case of a continuous beam. The following is the exact method of finding R_r.

$$R_B = -\frac{4}{10 + R_A}$$

$$R_C = -\frac{2}{12 + 4R_B} = -\frac{1}{6 - \dfrac{8}{10 + R_A}} = -\frac{10 + R_A}{52 + 6R_A}$$

$$R_D = -\frac{4}{12 + 2R_C} = -\frac{2}{6 - \dfrac{10 + R_A}{52 + 6R_A}} = -\frac{104 + 12R_A}{302 + 35R_A}$$

w/unit length

	Span 1	Span 2	Span 3	Span 4	Span 5
l	l	l	l	l	l
I	I	I	I	I	I
L	1	1	1	1	1

	A	B (left)	B (right)	C (left)	C (right)	D (left)	D (right)	E (left)	E (right)	F
$R=LR$	$-\frac{1}{2}$	$-\frac{56}{209}$	$-\frac{2}{7}$	$-\frac{15}{56}$	$-\frac{7}{26}$	$-\frac{4}{15}$	$-\frac{26}{97}$	$-\frac{1}{4}$	$-\frac{97}{362}$	0
N	$\frac{wl^2}{4}$	$\frac{wl^2}{4}$	$\frac{wl^2}{4}$	$\frac{wl^2}{4}$	$\frac{wl^2}{4}$	$\frac{wl^2}{4}$	$\frac{wl^2}{4}$	$\frac{wl^2}{4}$	$\frac{wl^2}{4}$	$\frac{wl^2}{4}$
ΣN	$\frac{wl^2}{4}$	$\frac{wl^2}{2}$		$\frac{wl^2}{2}$		$\frac{wl^2}{2}$		$\frac{wl^2}{2}$		$\frac{wl^2}{4}$
M_c	$-\frac{209wl^2}{1448}$	$-\frac{28wl^2}{181}$		$-\frac{105wl^2}{724}$		$-\frac{26wl^2}{181}$		$-\frac{97wl^2}{724}$		0
RM	$\frac{11wl^2}{181}$	$\frac{7wl^2}{181}$	$\frac{6wl^2}{181}$	$\frac{45wl^2}{1448}$	$\frac{21wl^2}{724}$	$\frac{11wl^2}{362}$	$\frac{13wl^2}{362}$	$\frac{41wl^2}{1448}$	0	0
M	$-\frac{121wl^2}{1448}$	$-\frac{15wl^2}{181}$		$-\frac{123wl^2}{1448}$		$-\frac{14wl^2}{181}$		$-\frac{153wl^2}{1448}$		0
$\frac{1}{2}M$		$-\frac{121wl^2}{2896}$	$-\frac{123wl^2}{2896}$	$-\frac{15wl^2}{362}$	$-\frac{7wl^2}{181}$	$-\frac{123wl^2}{2896}$	$-\frac{153wl^2}{2896}$	$-\frac{7wl^2}{181}$	0	
$S=LS$		$-\frac{361wl^2}{2896}$	$-\frac{363wl^2}{2896}$	$-\frac{183wl^2}{1448}$	$-\frac{179wl^2}{1448}$	$-\frac{347wl^2}{2896}$	$-\frac{377wl^2}{2896}$	$-\frac{209wl^2}{1448}$	$-\frac{153wl^2}{1448}$	
$\frac{N}{2}$		$\frac{wl^2}{8}$	$\frac{wl^2}{8}$	$\frac{wl^2}{8}$	$\frac{wl^2}{8}$	$\frac{wl^2}{8}$	$\frac{wl^2}{8}$	$\frac{wl^2}{8}$	$\frac{wl^2}{8}$	
T		$+\frac{wl^2}{2896}$	$-\frac{wl^2}{2896}$	$-\frac{wl^2}{724}$	$+\frac{wl^2}{724}$	$+\frac{15wl^2}{2896}$	$-\frac{15wl^2}{2896}$	$-\frac{7wl^2}{362}$	$+\frac{7wl^2}{362}$	

Fig. 3

10 ft from 0: 10^{K} Span 2–3: $1^{K/ft.}$

	0	1		2		3
l	30'		10'		20'	
I	3.6		1.2		2.4	
R	0	−0.385	−0.125	−0.200	−0.340	−0.500
LR	0	−1.386	−0.150	−0.240	−0.816	−1.200
N	400	320			240	240
N'	5	−5	−15		15	
ΣN	405	300		255		240
M_c	0	−32.05		−43.59		−60.24
RM	0	0	2.89	6.41	20.48	18.59
M	0	$-29.16^{k\text{-}ft}$		$-16.70^{k\text{-}ft}$		$-41.65^{k\text{-}ft}$
$\frac{1}{2}M$		0	−8.35	−14.58	−20.83	
S		−29.16	−37.51	−31.28	−37.53	
LS		−104.98	−45.01	−37.54	−90.07	
$\frac{1}{2}N$		157.50	−7.50	7.50	120.00	
T		+52.52	−52.51	−30.04	+29.93	

$$400 = \frac{5}{3}\times\frac{10\times2\times1\times30\times3.6}{3^2}\times\frac{4}{3} = 320$$

$$N'_{0\text{-}1} = \frac{6\times30\times10^3\times0.01}{30\times12}$$

$$N'_{1\text{-}2} = \frac{6\times30\times10^3\times0.01}{10\times12}$$

$$240 = \frac{1\times20^2\times24}{4} = 240$$

Fig. 4.

$$R_A = -\frac{1}{10+4R_D} = -\frac{1}{10+\frac{416+48R_A}{302+35R_A}} = -\frac{302+35R_A}{2604+302R_A}$$

$$302R_A^2 + 2639R_A + 302 = 0,$$

$$R_A^2 + 8.738R_A + 1 = 0,$$

$$\therefore R_A = -0.116,$$

$$R_B = -\frac{4}{9.884} = -0.405,$$

$$R_C = -\frac{1}{5.190} = -0.193,$$

$$R_D = -\frac{2}{5.807} = -0.344,$$

The above moment-ratio values can also be determined in the following approximate way:

First assume $R_A = -\frac{L_{AB}}{2(L_{DA}+L_{AB})} = -\frac{1}{10} = -0.100,$

then $R_B = -\frac{4}{10-0.1} = -\frac{4}{9.9} = -0.404,$

$$R_C = -\frac{2}{12-4.\times 0404} = -\frac{1}{5.192} = -0.193,$$

and $R_D = -\frac{4}{12-2\times 0.193} = -\frac{2}{5.807} = -0.344,$

$$\therefore R_A = -\frac{1}{10-4\times 0.344} = -\frac{1}{8.624} = -0.116,$$

$$R_B = -\frac{4}{10-0.116} = -\frac{4}{9.884} = -0.405,$$

As this value of R_B is practically the same as its first value, further calculation will yield exactly the same results as before. Hence the required moment-ratios at the different joints are: $R_A = -0.116$, $R_B = -0.405$, $R_C = -0.193$, $R_D = -0.344$. Thus it is shown that the approximate method is very much easier to use than the exact method.

Since the frame is symmetrical in all respects, the left moment-ratios and the right moment-ratios are also symmetrical. So from the latter values the former may be written down.

The carry-over moments at the different joints may be determined by using the following formula: Let $x = M_{lA}$, $y = M_{lB}$ $z = M_{lC}$ and $u = M_{lD}$, then

$$y = R_B(M_{cA}+x)$$

$$z = R_C(M_{cB}+y) = R_C\{M_{cB}+R_B(M_{cA}+x)\}$$

$$u = R_D(M_{cC}+z) = R_D[M_{cC}+R_C\{M_{cB}+R_B(M_{cA}+x)\}]$$

$$x = R_A(M_{cD}+u) = R_A[M_{cD}+R_D\{M_{cC}+R_C(M_{cB}+R_B\cdot\overline{M_{cA}+x})\}]$$

10223

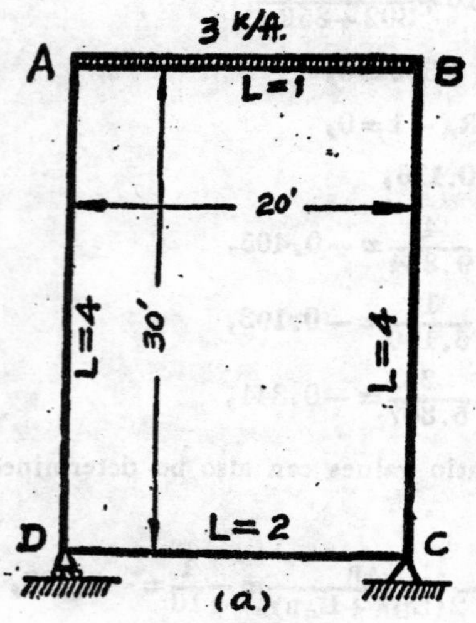
3 K/ft.
A
B
L=1
20'
L=4
30'
L=4
L=2
D
C

(a)

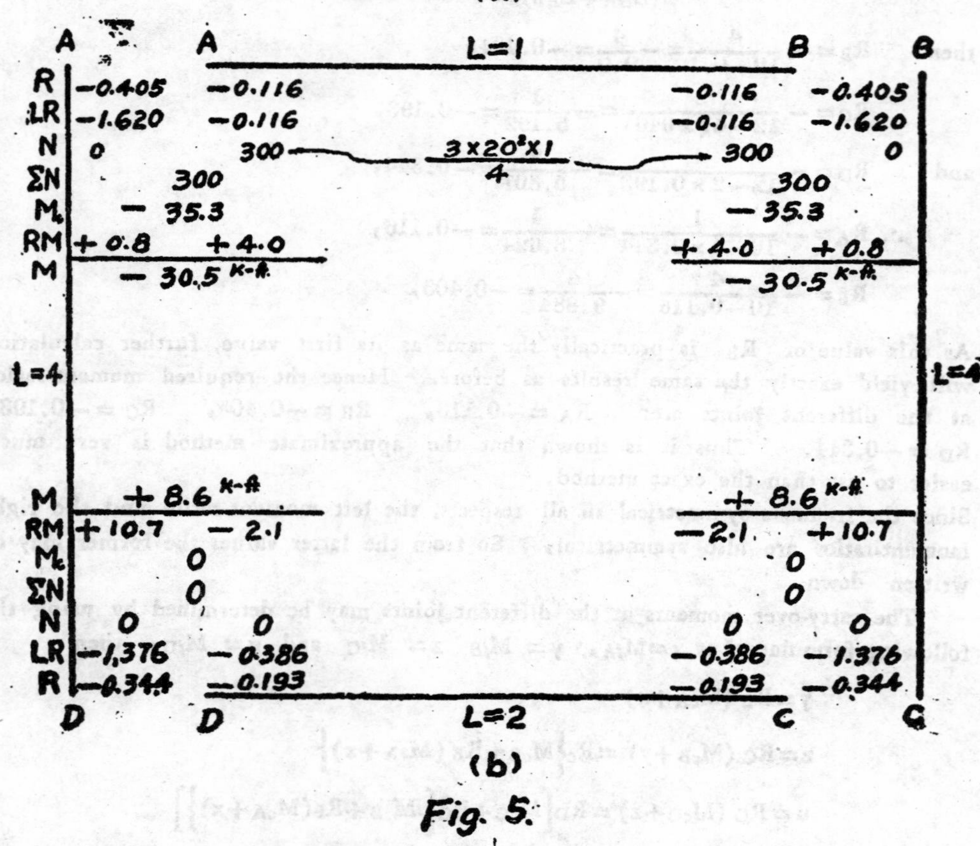
A A L=1 B B
R −0.405 −0.116 −0.116 −0.405
LR −1.620 −0.116 −0.116 −1.620
N 0 300 3×20²×1 / 4 300 0
ΣN 300 300
M₀ −35.3 −35.3
RM +0.8 +4.0 +4.0 +0.8
M −30.5 K-ft −30.5 K-ft
L=4
L=4
M +8.6 K-ft +8.6 K-ft
RM +10.7 −2.1 −2.1 +10.7
M₀ 0 0
ΣN 0 0
N 0 0 0 0
LR −1.376 −0.386 −0.386 −1.376
R −0.344 −0.193 −0.193 −0.344
D D L=2 C C

(b)

Fig. 5.

$$x(1-R_AR_BR_CR_D) \doteq R_AM_{cD}+R_AR_DM_{cC}+R_AR_DR_CM_{cB}+R_AR_DR_CR_BM_{cA}$$

$$\therefore x=\frac{R_A(M_{cA}R_BR_CR_D+M_{cB}R_CR_D+M_{cC}R_D+M_{cD})}{1-R_AR_BR_CR_D}$$

$$\doteq R_A(M_{cA}R_BR_CR_D+M_{cB}R_CR_D+M_{cC}R_D+M_{cD}) \text{ approx.}$$

After x is known, the values of y, z and u may be obtained in the usual way. For the given example we may write

$$z \doteq R_c(M_{cC}R_DR_AR_B+M_{cD}R_AR_B+M_{cA}R_B+M_{cB})$$

Since $M_{cC} = M_{cD} = 0$, $z = R_c(M_{cA}R_B + M_{cB}) = -0.344(-35.3 \times -0.116 + -35.3) = 10.7$ Hence $u = -0.193 \times 10.7 = -2.1$, $x = -0.405 \times -2.1 = 0.8$, and $y = -0.116 \times (-35.3 + 0.8) = 4.0$

Without using the above formula the values of x, y, z and u may be determined in the following way: First assume $y = -0.116 \times -35.3 = 4.1$ then $z = -0.344(-35.3 + 4.1) = 10.7$, $u = -0.193 \times 10.7 = -2.1$, and $x = -0.405 \times -2.1 = 0.8$, Therefore $y = -0.116(-35.3 + 0.8) = 4.0$ which is practically the same as the assumed value. Hence the above calculation is enough to give correct results.

Since the loading is symmetrical, the right moments may be written down from the known left moments without additional calculation.

The complete solution of the example is given in Fig. 5.

Additional Remarks

The above theory applies also to continuous beams of variable sections. But the method should be somewhat modified.

Applying to bents or culverts subjected to sidesway an indirect way similar to that used in the method of moment distribution may be used to find the moments.

Since the value of moment-ratio is zero for a hinged end and -0.5 for a fixed end, its value for a restrained joint lies somewhere between 0 and -0.5. in design work we may first assume $R = -0.25$ for all the restrained joints in order to find the moments and choose the different sections for the beam. Then in the review work the proper values of moment ratios can be used to see whether the sections chosen are suitable. It will be seen that the sections thus selected are mostly correct. Hence the method greatly helps in practical design.

II. THEORY AND METHOD WHEN APPLIED TO CONTINUOUS FRAMES

The Theory

If n members meet at a joint of a plane frame, the slope or rotation of the joint in the plane will consist of n + 1 parts. Of these one may be called the "center-rotation" or "center-slope", and the rest the "induced-rotations" or "induced-slope". The center-slope of a joint is that part of the total slope which is not induced by the rotation of the other end of any member meeting at that joint. The value of such slope depends upon the physical properties of the frame and the loads on the members entering the joint. Each of the induced slopes is the part of the total slope which is caused by the rotation of the other end of a connecting member. It is equal to a constant multiplied by the difference of the total slope at that end and the part transferred to it from the joint concerned. This constant may be called the "slope-ratio" for the member at the end concerned. Its value depends upon the physical properties of the frame alone. The actual slope of the joint is equal to the sum of the center-slope and the induced-slopes.

So the different slope-ratios of a frame can be determined as soon as the dimensions of the various members of the frame are known or assumed. After the loading on the frame is also known, the center-slopes at all the joints can de calcualted. Then the induced-slopes may be computed and combined together with the center-slopes to get the actual slopes. With the slopes known the desired end moments of the various members can be easily determined by using the familiar slope-deflection formula.

The method based on the above theory is called the "slope-ratio method", the name adopted by Prof. Chang.

The proof of the theory is given in the following derivation of the formulas for slope-ratios and center-slopes.

Derivation of Formulas

In the derivation of formulas the following notations are used:

θ_o = the slope at joint o, which is the joint considered (see Fig. 6)

$\bar{\theta}_o$ = the conter-slope at o

θ_a, θ_b, θ_c, etc. = the slopes of the joints A, B, C, etc.;

θ'_a, θ'_b, θ'_c, etc. = the parts of slopes of joints A, B, C, etc. independent of the rotation of joint O= the slopes of joints A, B, C, etc. less the induced-slopes at these joints caused by the rotation of joint o;

R_{oa}, R_{ob}, R_{oc}, etc. = the slope-ratios for the end O of the members OA, OB, OC, etc;

R_{ao}, R_{bo}, R_{co}, etc. = the slope-ratios for the ends A, B, C, etc. of the members OA, OB, OC, etc;

l_{oa}, l_{ob}, l_{oc}, etc. = the lengths of the members OA, OB, OC, etc.;

I_{oa}, I_{ob}, I_{oc}, etc. = the cross-sectional moments of inertia of the members OA, OB, OC, etc.;

$K_{oa} = I_{oa}/l_{oa}$, $K_{ob} = I_{ob}/l_{ob}$, $K_{oc} = I_{oc}/l_{oc}$, etc. = the stiffness ratios of the members OA, OB, OC, etc.;

δ_{oa}, δ_{ob}, δ_{oc}, etc. = the deflections of the joints A, B, C, etc. relative to the joint O;

$Y_{oa} = \delta_{oa}/l_{oa}$, $Y_{ob} = \delta_{ob}/l_{ob}$, $Y_{oc} = \delta_{oc}/l_{oc}$, etc = the rotations of the members OA, OB, OC etc. caused by the deflections of A, B, C, etc. relative to O;

F_{oa}, F_{ob}, F_{oc}, etc. = the fixed-end moments of the ends O of the Members OA, OB, OC, etc.;

M_{oa}, M_{ob}, M_{oc}, etc = the actual bending moments at the ends O of the members OA, OB, OC, etc.;

E = the modulus of elasticity of the materials of the frame.

According to the principle stated in the previous section,

$R_{oa}\theta_a''$, $R_{ob}\theta_b''$, $R_{oc}\theta_c''$, etc. = the induced-slopes at O caused by the rotations of the joints A, B, C, etc.,

and $R_{ao}(\theta_o - R_{oa}\theta_a'')$, $R_{bo}(\theta_o - R_{ob}\theta_b'')$, $R_{co}(\theta_o - R_{oc}\theta_c'')$, etc. = the induced-slopes at A, B, C, etc. caused by the rotation of the joint O.

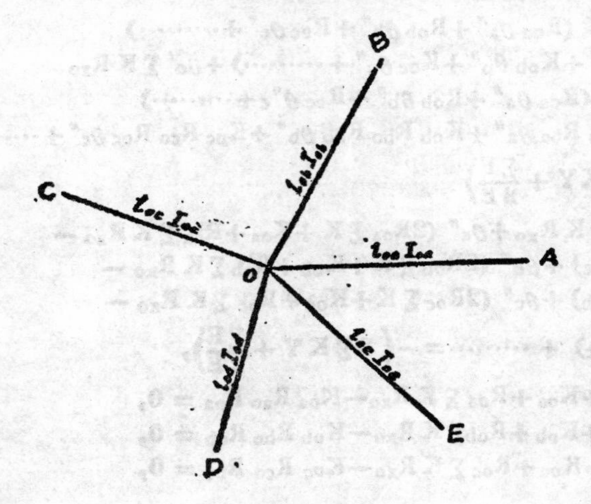

Fig. 6.

Then
$$\theta_o = \theta_o' + R_{oa}\theta_a'' + R_{ob}\theta_b'' + R_{oc}\theta_c'' + \cdots\cdots,$$
$$\theta_a = \theta_a'' + R_{ao}(\theta_o - R_{oa}\theta_a''),$$
$$\theta_b = \theta_b'' + R_{bo}(\theta_o - R_{ob}\theta_b''),$$
$$\theta_c = \theta_c'' + R_{co}(\theta_o - R_{oc}\theta_c''),$$
etc.

From the slope-deflection method we have

$$\left.\begin{aligned} M_{oa} &= 2EK_{oa}(2\theta_o + \theta_a + 3Y_{oa}) + F_{oa}, \\ M_{ob} &= 2EK_{ob}(2\theta_o + \theta_b + 3Y_{ob}) + F_{ob}, \\ M_{oc} &= 2EK_{oc}(2\theta_o + \theta_c + 3Y_{oc}) + F_{oc}, \\ &\text{etc.} \end{aligned}\right\} \cdots\cdots\cdots\cdots\cdots\cdots (D)$$

For equilibrium of joint O, $\Sigma M_o = 0$, ie.,

$$M_{oa} + M_{ob} + M_c + \cdots\cdots = 0,$$

$$K_{oa}(2\theta_o + \theta_a) + K_{ob}(2\theta_o + \theta_b) + K_{oc}(2\theta_o + \theta_c) + \cdots\cdots = -\left(3\Sigma KY + \frac{\Sigma F}{2E}\right)$$

$$2\theta_o \Sigma K + \Sigma K\theta = -\left(3\Sigma KY + \frac{\Sigma F}{2E}\right),$$

$$2\theta_o'\Sigma K+2\Sigma K\,(R_{oa}\theta_a''+R_{ob}\theta_b''+R_{oc}\theta_c''+\cdots\cdots)$$
$$+K_{oa}\,(\theta_a''+R_{ao}\theta_o-R_{ao}R_{oa}\theta_a'')$$
$$+K_{ob}\,(\theta_b''+R_{bo}\theta_o-R_{bo}R_{ob}\theta_b'')$$
$$+K_{oc}\,(\theta_c''+R_{co}\theta_o-R_{co}R_{oc}\theta_c'')$$
$$+\cdots\cdots=-\left(3\Sigma KY+\frac{\Sigma F}{2E}\right),$$

$$2\theta_o'\Sigma K+2\Sigma K\,(R_{oa}\theta_a''+R_{ob}\theta_b''+R_{oc}\theta_c''+\cdots\cdots)$$
$$+\,(K_{oa}\theta_a''+K_{ob}\theta_b''+K_{oc}\theta_c''+\cdots\cdots)+\theta_o\Sigma K R_{xo}$$
$$-\,(K_{oa}R_{ao}R_{oa}\theta_a''+K_{ob}R_{bo}R_{ob}\theta_b''+K_{oc}R_{co}R_{oc}\theta_c''+\cdots\cdots)$$
$$=-\left(3\Sigma KY+\frac{\Sigma F}{2E}\right),$$

$$2\theta_o'\Sigma K+2\Sigma K\,(R_{oa}\theta_a''+R_{ob}\theta_b''+R_{oc}\theta_c''+\cdots\cdots)$$
$$+\,(K_{oa}\theta_a''+K_{ob}\theta_b''+K_{oc}\theta_c''+\cdots\cdots)+\theta_o'\Sigma K R_{xo}$$
$$+\Sigma K R_{xo}\,(R_{oa}\theta_a''+R_{ob}\theta_b''+R_{oc}\theta_c''+\cdots\cdots)$$
$$-\,(K_{oa}R_{ao}R_{oa}\theta_a''+K_{ob}R_{bo}R_{ob}\theta_b''+K_{oc}R_{co}R_{oc}\theta_c''+\cdots\cdots)$$
$$=-\left(3\Sigma KY+\frac{\Sigma F}{2E}\right),$$

$$\therefore\ 2\theta_o'\Sigma K+\theta_o'\Sigma K R_{xo}+\theta_a''\,(2R_{oa}\Sigma K+K_{oa}+R_{oa}\Sigma K R_{xo}-$$
$$K_{oa}R_{ao}R_{oa})+\theta_b''\,(2R_{ob}\Sigma K+K_{ob}+R_{ob}\Sigma K R_{xo}-$$
$$K_{ob}R_{bo}R_{ob})+\theta_c''\,(2R_{oc}\Sigma K+K_{oc}+R_{oc}\Sigma K R_{xo}-$$
$$K_{oc}R_{co}R_{oc})+\cdots\cdots=-\left(3\Sigma KY+\frac{\Sigma F}{2E}\right),$$

Let

$$2R_{oa}\Sigma K+K_{oa}+R_{oa}\Sigma K R_{xo}-K_{oa}R_{ao}R_{oa}=0,$$
$$2R_{ob}\Sigma K+K_{ob}+R_{ob}\Sigma K R_{xo}-K_{ob}R_{bo}R_{ob}=0,$$
$$2R_{oc}\Sigma K+K_{oc}+R_{oc}\Sigma K R_{xo}-K_{oc}R_{co}R_{oc}=0,$$

etc.

we have

$$\left.\begin{aligned}R_{oa}&=-\frac{K_{oa}}{2\Sigma K+\Sigma K R_{xo}-K_{oa}R_{ao}}\\R_{ob}&=-\frac{K_{ob}}{2\Sigma K+\Sigma K R_{xo}-K_{ob}R_{bo}}\\R_{oc}&=-\frac{K_{oc}}{2\Sigma K+\Sigma K R_{xo}-K_{oc}R_{co}}\\&\text{etc.}\end{aligned}\right\}\cdots\cdots\cdots\cdots\text{(E)}$$

Then

$$2\theta_o'\Sigma K+\theta_o'\Sigma K R_{xo}=-\left(3\Sigma KY+\frac{\Sigma F}{2E}\right)$$

$$\therefore\ \theta_o'=-\frac{3\Sigma KY+\dfrac{\Sigma F}{2E}}{2\Sigma K+\Sigma K R_{xo}}\cdots\cdots\cdots\cdots\text{(F)}$$

If there is no relative displacement between O and each of the joints A, B, C, etc., $\Sigma KY=0$. We may then assume $2E=1$ and write

$$\theta_o'=-\frac{\Sigma F}{2\Sigma K+\Sigma K R_{xo}}\cdots\cdots\cdots\cdots\text{(F')}$$

also

$$M_{oa}=K_{oa}(2\theta_o+\theta_a)+F_{oa},$$
$$M_{ob}=K_{ob}(2\theta_o+\theta_b)+F_{ob},$$
$$M_{oc}=K_{oc}(2\theta_o+\theta_c)+F_{oc},$$

etc.

TABLE II SOME COMMON FORMULAS FOR F

TYPE OF LOADING	F_1 (To be used at joint 1)	F_2 (To be used at joint 2)
x, W_1, W_2, l, 1, 2	$-\frac{2}{l^2}\int_0^l M_x(2l-3x)\,dx$	$\frac{2}{l^2}\int_0^l M_x(3X-L)\,dx$
	where M_x = simple beam bending moment at a dist. X from the left end of the member.	
W, μl	$-W(1-\mu)^2\mu l$	$W(1-\mu)\mu^2 l$
when $\mu=\frac{1}{2}$	$-\frac{Wl}{8}$	$\frac{Wl}{8}$
W, μl, W, μl	$-W(1-\mu)\mu l$	$W(1-\mu)\mu l$
when $\mu=\frac{1}{3}$	$-\frac{2Wl}{9}$	$\frac{2Wl}{9}$
W/ unit length	$-\frac{wl^2}{12}$	$\frac{wl^2}{12}$
μl, w/unit length	$-\frac{Wl^2\mu^2(6-8\mu+3\mu^2)}{12}$	$\frac{wl^2\mu^3(4-3\mu)}{12}$

At a joint where only one member is present the value of R for the member may be obtained by supposing some imaginary members to be also there. If the joint is hinged, the value of K for the imaginary members are all zero, and $R = -k/2k = 1-\frac{1}{2}$. If the joint is fixed, the values of k for the imaginary members are all infinity, and $R = 0$. Thus by starting from such joints the values of R for a simple frame can be entirely computed by using eq. (E). For a complicated frame certain approximations are necessary. Bnt as the convergence of results is very rapid, the approximations need not be carried far. This fact will be shown in Ex. 6 below.

If there is no relative displacement of the joints of the frame, only simple relative values of K are needed in the calculation. The unit of K is in^3, if the exact value is used.

The values of F used in Eq. (F) can be calculated with the help of Table II, where the formulas for F due to some common types of loading are given. When the loading on a member is complicated, the fixed-end moments due to each type of load may be determined separately and the total value of F obtained by adding together such individual values.

The Sign Convention

In the slope-ratio method the following sign convention is uasd. The rotation in the counterclockwise direction is considered positive and that in the clockwise direction negative. The relative displacement of the two ends of a member is taken positive or negative according as the rotation of the member caused by the displacement is positive or negative. In considering the end moment of a member the joint is regarded as a free body and the moment exerted by the member on the joint is used for investigation. If the moment intends to rotate the joint in a counterclock-wise direction, it is taken positive; if it intends to rotate the joint in a clockwise direction, it is taken negative.

Check on the Results

Since any joint of a frame is in equilibrium, the sum of moments should be zero according to statics. This provides the basis for the check. After the end moments of all the members meeting at a joint are determined, they shonld be added together to see whether the sum is zero or not. If the sum is not zero, some mistakes must have been made in the calculation.

Procedure and Arrangement of Calculations

The following is the suggested procedure for the application of the slope-ratio method to the analysis of a continuous frame:

1. Make a sketch of the frame showing the length and the cross sectional mom-

ent of inertia of each member, and if possible, the loading on each member.

2. At each joint draw a square as shownin Fig. 7.

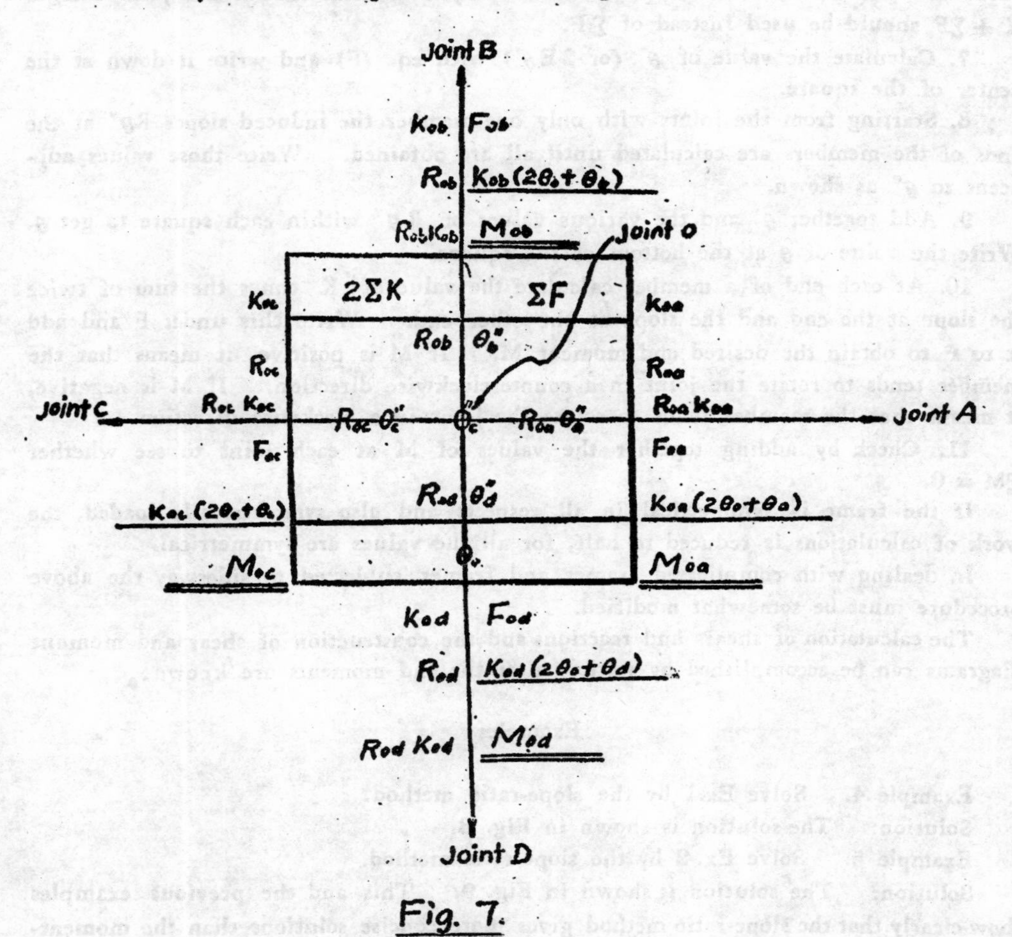

Fig. 7.

3. Calculate the ratio $K = I/l$ for each member and write its value at each end of the member as shown. At each joint add together the values of K for all the connecting members and write twice the sum, $2\sum K$, on the top of the square as shown.

4. Starting from the joints with only one member determine the values of R by repeatedly using eq. (E). Write the values of R under K as shown. If the frame is symmetrical in all respects, the values of R are also symmetrical, and half of their values may be written down from the previously calculated half.

5. For each member multiply R by K and write the product under the corresponding value of R.

6. Calculate the value of F at each end of a member and write it down as shown. Add together the values of F at each joint and write the sum $\sum F$ on the

top of the spuare beside $2\Sigma K$. If the ends of any member displace relatively, the value of $6EKY$ should be computed and combined with F and at the joint $6E\Sigma KY+\Sigma F$ should be used instead of ΣF.

7. Calculate the value of θ' (or $2E\theta'$) with eq. (F) and write it down at the center of the square.

8. Starting from the joints with only one member the induced slopes $R\theta''$ at the ends of the members are calculated until all are obtained. Write those values adjacent to θ'' as shown.

9. Add together θ' and the various values of $R\theta''$ within each square to get θ. Write the value of θ at the bottom of the square.

10. At each end of a member calculate the value of K times the sum of twice the slope at the end and the slope at the other end. Write this under F and add it to F to obtain the desired end moment M. If M is positive, it means that the member tends to rotate the joint in a counterclockwise direction. If M is negative, it means that the member tends to rotate the joint in a clockwise direction.

11. Check by adding together the values of M at each joint to see whether $\Sigma M=0$.

If the frame is symmetrical in all respects and also symmetrically loaded, the work of calculations is reduced to half, for all the values are symmetrical.

In dealing with complicated frames and frames subjected to sidesway the above procedure must be somewhat modified.

The calculation of shears and reactions and the construction of shear and moment diagrams can be accomplished by statics, after the end moments are known.

Examples

Example 4. Solve Ex.1 by the slope-ratio method.

Solution: The solution is shown in Fig. 8.

Example 5. Solve Ex. 2 by the slope-ratio method.

Solution: The solution is shown in Fig. 9. This and the previous examples show clearly that the slope-ratio method gives more concise solutions than the moment-ratio method.

Example 6. A frame of two stories and two bays is shown in Fig. 10. The horizontal members are loaded so as to give the indicated fixed-end moments. Neglecting the effect of sidesway find the end moments of the different members.

Solution: The slope-ratios of the fixed ends are each equal to zero. Next consider the joint E. As a first approximation

suppose $R_{EF}=-\dfrac{30}{152}=-0.197$, $R_{EB}=-\dfrac{2}{152}=-0.013$, $R_{ED}=-\dfrac{40}{152}=-0.263$

then

$$R_{DA}=-\frac{1}{86-40\times0.263}=-0.013,$$

$$R_{AB}=-\frac{20}{42-0.013}=-0.476,$$

$$R_{BC}=-\frac{15}{70-20\times0.476-2\times0.013}=-0.233,$$

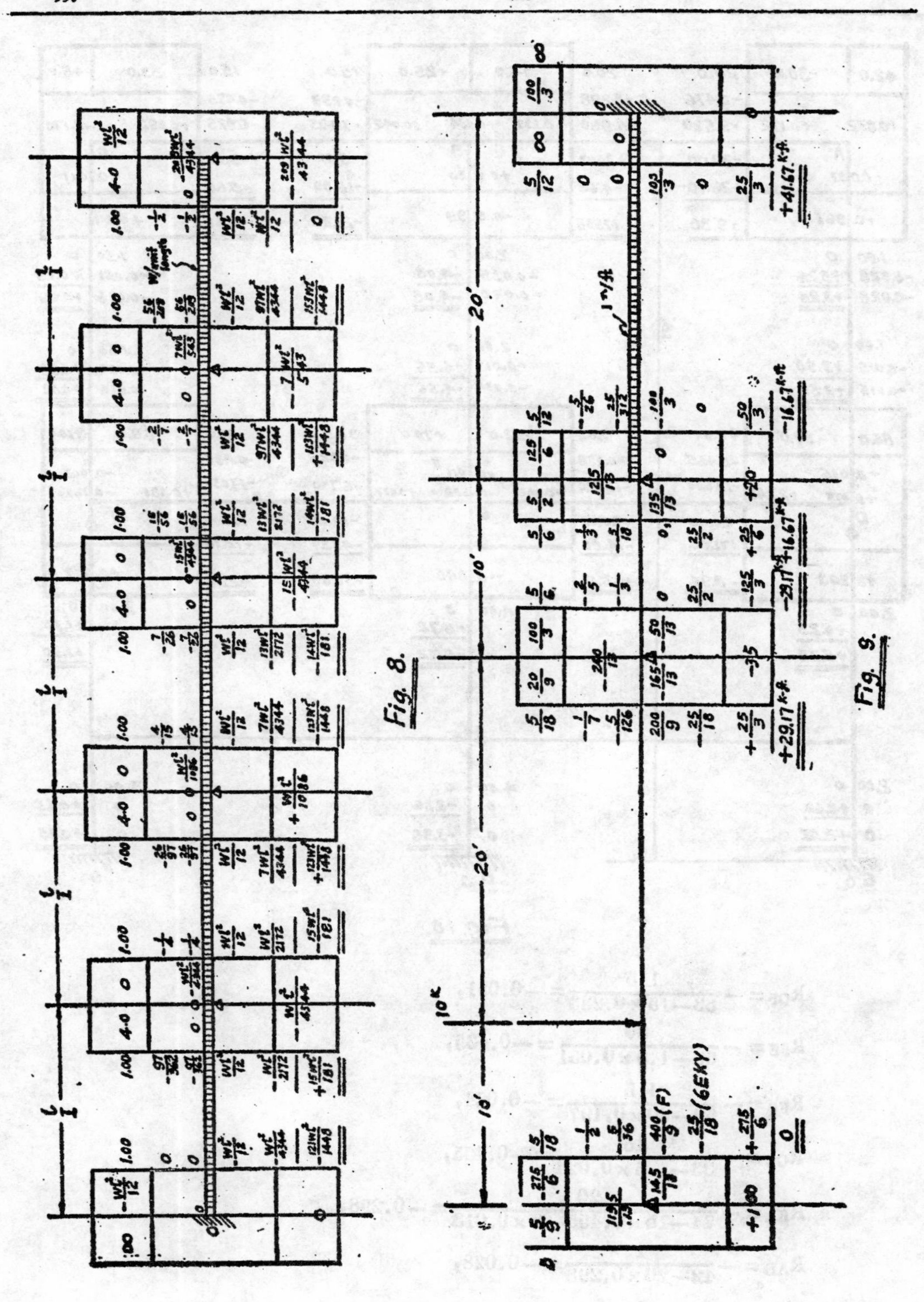

Fig. 8.

Fig. 9.

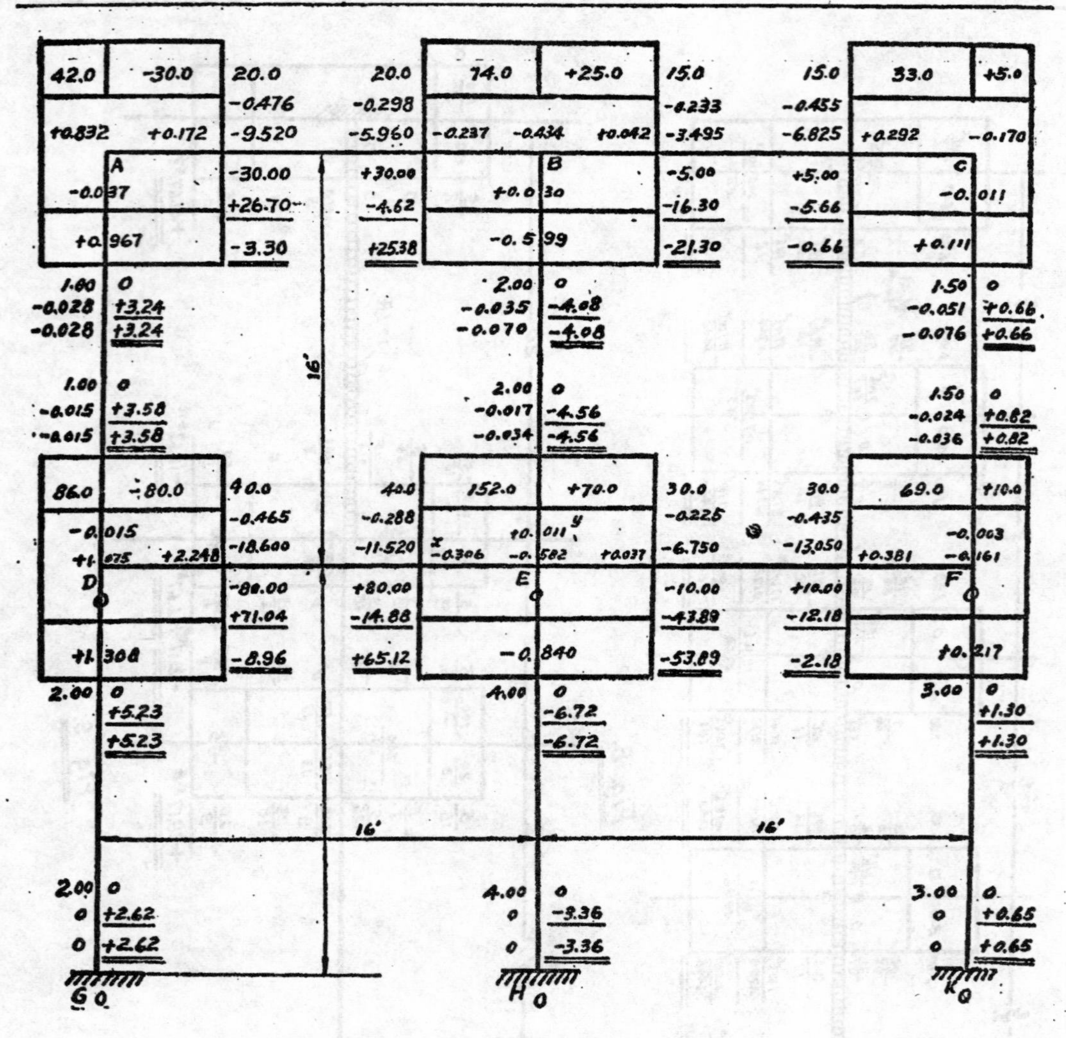

Fig. 10.

$$R_{CF}=-\frac{1.5}{53-15\times0.233}=-0.051,$$

$$R_{FE}=-\frac{30}{69-1.5\times0.051}=-0.435,$$

$$R_{FC}=-\frac{1.5}{69-30\times0.197}=-0.024,$$

$$R_{CB}=-\frac{15}{33-1.5\times0.024}=-0.455,$$

$$R_{BA}=-\frac{20}{74-15\times0.455-2\times0.013}=-0.298,$$

$$R_{AD}=-\frac{1}{42-20\times0.298}=-0.028,$$

$$R_{DC}=-\frac{40}{86-0.028}=-0.465,$$

$$R_{BE}=-\frac{2}{74-20\times0.476-15\times0.455}=-0.035,$$

Hence $$R_{EF}=-\frac{30}{152-40\times0.465-2\times0.035}=-0.225,$$

$$R_{EB}=-\frac{2}{152-40\times0.465-30\times0.435}=-0.017,$$

$$R_{ED}=-\frac{40}{152-30\times0.435-2\times0.035}=-0.288,$$

and $$R_{DA}=-\frac{1}{86-40\times0.288}=-0.015,$$

$$R_{AB}=-\frac{20}{42-0.015}=-0.476,$$

$$R_{FC}=-\frac{1.5}{69-30\times0.225}=-0.024,$$

Since these values of R_{AB} and R_{FC} are the same as their first values, the values of the remaining slope-ratios calculated above are all exact and need not be correct Thus it is seen that approximations are only necessary during the first few steps of computations.

To find the induced-slopes we again consider first the joint E. The first approximations of x, y, and z are

$$x=-0.288(1.075-0.015\times0.832)=-0.306$$

$$y=-0.017(-0.434-0.298\times0.832-0.233\times0.170)=+0.011,$$

$$z=-0.225(-0.161-0.024\times-0.170)=+0.035,$$

From these the other induced-slopes are found as given in Fig. 10. Then the second values of x, y, and z are

$$x=-0.288(1.075-0.015)=-0.306,$$

$$y=-0.017(-0.434-0.237+0.042)=+0.011,$$

$$z=-0.225(-0.161-0.003)=+0.037,$$

As these are the same or practically the same as the first values, all the first calculated induced-ratios are accurate. Again it is seen that in the slope-ratio method the approximations are so close to exact computations that they are practically not approximations at all.

The detail calculations and the desired moments are indicated in Fig. 10.

From the results it can be found that the shear in upper story columns caused by the moments in them is equal to

$$\frac{(4.08+4.56)-(3.24+3.58+0.66+0.82)}{16}=\frac{0.34}{16}=0.021,$$

and the shear in the lower story columns is equal to

$$\frac{(6.72+3.36)-(5.23+2.62+1.30+0.65)}{16}=\frac{0.28}{16}=0.017,$$

So the sidesway caused by the loading on the frame will be so small that it can be justifiably neglected.

Additional Remarks

With certain modifications the above method can be made to apply to frames with members of variable sections.

Again in design work the values of slope-ratios may first be reasonably assumed for all the restrained joints. After the sections are selected, the proper values of slope-ratios are then determined and used for review. It will be found that the sections thus chosen are most probably suitable. Hence practical design is rendered easier with such method.

CONCLUSION

The writer hopes that the above discussion will enable the readers to realize the advantage of the new theory.

The methods derived from the theory combine both exactness and brevity. The examples given here do not exhaust the possibility of application of the methods. It is hoped that the readers will try to apply these to other types of problems.

ABSTRACTS

This new theory may be briefly stated as follows:

For continuous beams the bending moment over each support consists of three parts. One part is independent of the moments over the other supports, and the other two are carried-over moments from the left and the right. These three parts can be easily and exactly determined. Their sum is the exact actual moment over the support.

For continuous plane frames the slope or rotation of a joint with n connecting members consists of n+1 parts. One part is independent of the rotation of the other joints and each of the remaining parts is a "carried-over slope" from each of the adjacent joints. These n+1 parts can be easily and exactly calculated. Their sum is the exact actual slope of the joint. With the slopes of all joints thus obtained the bending moments can then be determined by using the familiar slope-deflection formula.

土壤天然坡面之研究

NATURAL SURFACE OF EARTH FILLS

楊 乃 駿

上 海 市 工 務 局

1. 定 義

第一圖所示之土堆，其坡面 OD 與水平面成 ϕ 角之傾斜，延伸甚長，堆土側面 AD，須用擋土建築支撐，方能保持土堆之平衡。今若移去 AD 面前之擋土建築，土堆即不克保持原有之安定狀態，土壤漸次崩裂。但因土內有摩阻力及黏着力之存在，土壤崩裂至某一程度時，土內質點遂呈天然之平衡狀態，此時土堆所成極限平衡之坡面，即謂之「天然坡面」。

天然坡面，事實上多非一致，須視壓力

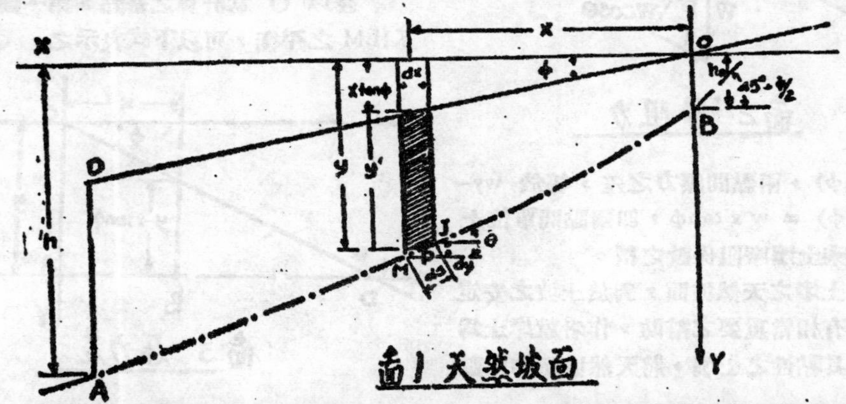

圖1 天然坡面

之分佈，土壤抗剪力之強度，含水之多寡，與夫外力之作用，形成一極複雜之曲面。黏性較弱之土壤，天然坡面爲曲度半徑極大之平緩曲面，常可視作平面而論，黏性較著之土壤，天然坡面之曲度半徑較小，就整個天然坡面而言，上部之曲度半徑小，下部之曲度半徑較大，近似一平面。

2. 理論及公式之導演

天然坡面之推算，可就土堆崩潰前之瞬間平衡以求之。在無黏性之土壤中，土堆之平衡，端賴土壤內部之摩阻力，第二圖內土塊 KJLM 內之應力有二種，一爲破壞平衡之力，另一則爲反抗之力。設天然坡面與水平面成 θ 角之傾斜，則破壞平衡之力 $=W\sin\theta$，反抗之力＝摩阻力 $=W\cos\theta\tan\phi$。土堆之能保平衡，必須 $W\cos\theta\tan\phi \geqq W\sin\theta$，或 $\theta \leqq \phi$，充其極限，$\theta=\phi$。通常吾人所論之天然坡面，即此種極限平衡時之坡面，故無黏性土壤之天然坡面，恆與水平成 ϕ 角之斜度，與土壓力之大小無關，並引伸至無限長度。

無黏性土壤，天然坡面內之重壓力，因有摩阻力之存在，雖在同一水平面上，各質點之壓力不盡相同，仍克保持內部之平衡。

如第三圖天然坡面 OD 成 ϕ 角之傾斜，在同一水平面上，有 A 及 B 兩點，如以 A 點爲計算之基點，則 A 點之壓力 = wy. 而 B 點之壓力，因內部摩阻力之作用，僅等於

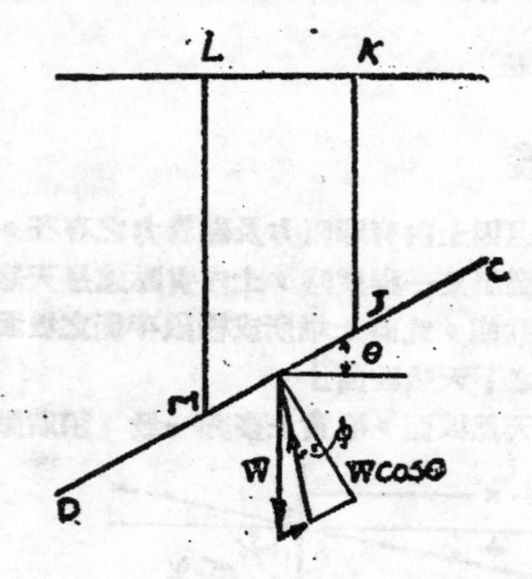

圖2 摩阻力

w(y-x tanϕ)，兩點間壓力之差，等於 wy-w(y-xtanϕ) = w x tanϕ，即兩點間單位土柱之重，乘土壤摩阻係數之積。

黏性土壤之天然坡面，對於土坡之安定研究，常有相當重要之補助，作者就岸土爲均勻，而具黏性之土壤，將天然坡面加以數學上之分析，在公式導來之前，先假設：

1. 黏性土壤之抗剪力，以土壤內部黏着力及摩阻力二項之強度爲基準，即顧氏公式 Coulomb's Formula

$$t = c + n\tan\phi$$

式中 t 爲單位面上抗剪力之強度，c 爲單位面上黏着力之強度，n 爲單位面上正交方向直壓力之強度，ϕ 爲摩阻角。

2. 土壤內之黏着力 c 及摩阻力 n tanϕ，均全部用以抵抗作用應力，而 c 及 ϕ 值，俱爲不變之常數。

3. 堆土面成 ϕ 角之傾斜，同時引伸至無限長度。

玆以 O 爲計算之基點，第一圖中土塊 KJLM 之平衡，可以下式表示之。

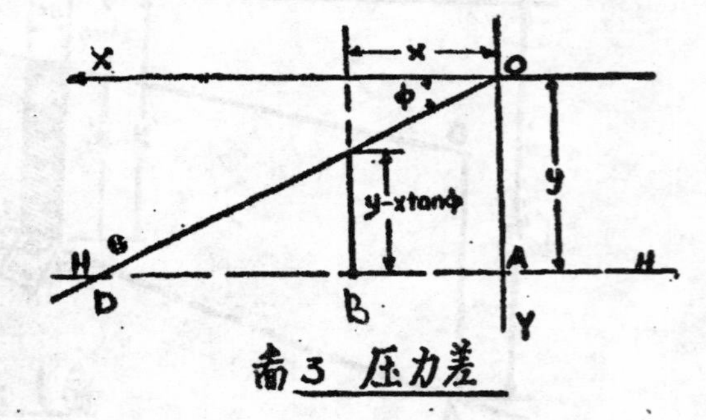

圖3 压力差

$$T = C + N\tan\phi \qquad (1)$$

式中 C 爲 MJ 面上之總黏着力，以單位黏着力表示之。

$$C = c\,ds = c\,dx\sec\theta$$

$$N = W\cos\theta = wy'\cos\phi\,dx$$

在極限平衡狀態下，天然坡面上向下作用之推力，等於抗剪力之強度，即

$$T = wy'\sin\theta\,dx$$

(1)遂成

$$wy'\sin\theta\,dx = c.\sec\theta\,dx + wy'\cos\theta\tan\phi\,dx \qquad (2)$$

式中 θ 爲天然坡面與 X 軸所成之傾斜角，故

$$\tan\theta = \frac{dy}{dx}$$

整理(2)式

$$\frac{c}{w}\tan^2\theta - y'\tan\theta + \frac{c}{w} + y'\tan\phi = 0 \qquad (3)$$

令 $\frac{c}{w} = a$ 得

$$\frac{dy}{dx} = \frac{y' \pm \sqrt{y'^2 - 4a(a + y'\tan\phi)}}{2a} \qquad (4)$$

無黏性土壤　∴ c = 0　　則(3)式成

$$\tan\theta = \tan\phi \quad 或 \quad \theta = \phi$$

此關係表示無黏性土壤之天然坡面，與坡高及壓力均無影響，恆成 ϕ 角之傾斜，引伸至無限長度。

(4)式中 $a=0$ 則 $\frac{dy}{dx}=\frac{y'\pm y'}{0}$ 但 $\frac{y'+y'}{0}=\infty$ 與本題不適合，而 $\frac{y'-y'}{0}=\frac{0}{0}$ 則係一不定值，其極限值

$$\lim_{a\to 0}\frac{y'-\sqrt{y'^2-4a\,(a+y'\tan\phi)}}{2a}=\tan\phi$$

故(4)式與本題適合者為

$$\frac{dy}{dx}=\frac{y'-\sqrt{y'^2-4a\,(a+y'\tan\phi)}}{2a} \qquad (4a)$$

(4a)更可寫作

$$\frac{dy}{dx}=\frac{y'-\sqrt{\left[y'-2a\tan(45^\circ+\phi/_2)\right]\left[y'+2a\tan(45^\circ-\phi/_2)\right]}}{2a} \qquad (4b)$$

(4b)式中 $y'<2a\tan(45^\circ+\phi/_2)$ 時，$\frac{dy}{dx}$ 之值，即非實數，表示黏性土壤中，堆土面至土面下 $2a\tan(45^\circ+\phi/_2)$ 之深度間，因黏着力之作用，仍克保持平衡狀態，並無滑動發生，但因下部土壤移動，在此深度內僅發生裂縫，與土壤因含水消失，表面受拉力而產生之裂縫，頗形相似。其方向多非一致，以垂直方向為最多。今以 $y'=2a\tan(45^\circ+\phi/_2)$ 則 $\frac{dy}{dx}=\tan(45^\circ+\phi/_2)$，即天然坡面之切線，在此深度時，與水平軸成 $(45^\circ+\phi/_2)$ 之傾斜，在 $y=\infty$ 時，$\frac{dy}{dx}=\tan\phi$，即壓力甚大時，天然坡面之傾斜度等於 ϕ，故天然坡面之最大偏向等於 $(45^\circ+\phi/_2)-\phi=45^\circ-\phi/_2$。

第四圖中 O 點，為堆土面上用作討論之基點，ABO為黏性土壤在 O 點以下之天然坡面。設 P 為天然坡面上之一點，則該點之外壓力應等於零，在與 P 位於同一水平面 H—H 上之 O′ 點，其所受之作用壓力 $= wy$. 兩點間壓力差等於 wy. 此兩點壓力之差額，由土壤內部之阻力 $wx\tan\phi+wy'$ 以抵抗之，前者 $wx\tan\phi$ 為土壤內無黏性摩阻力保持平衡時所生之壓力差，後者則為黏着力所保持之壓力差。

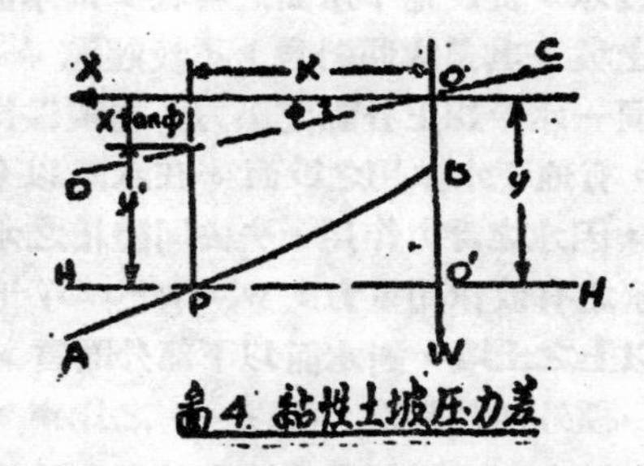

圖4. 黏性土壤压力差

黏性土壤內天然坡面之數學解法如下：第四圖，經 O 點作水平及垂直兩坐標，則 p 對於 O 之坐標為 (x,y)，O′ 與 P 間壓力之差。

$$wy = wy' + wx\tan\phi \quad 或 \quad y = y' + x\tan\phi \qquad (5)$$

(5)式中 y' 為黏着力保持平衡時土內壓力之高度，將(3)式代入(5)式，並命 $u=\tan\theta=\frac{dy}{dx}$，整理之，得

$$y=\frac{a\,(1+u^2)}{u-\tan\phi}+x\tan\phi \qquad (6)$$

將(6)式微分並整理之得

10239

$$dx = \frac{a\ (u^2 - 2u\ \tan\phi - 1)}{(u-\tan\phi)^3}\ du \qquad (7)$$

(7)式兩面積分

$$X = a\ \log_e (u-\tan\phi) + \frac{1}{2}\ a\ \sec^2\phi \frac{1}{(u-\tan\phi)^2} + K \qquad (8)$$

以 $u = \tan (45° + \phi/_2)$ 及 $x = 0$ 之關係，代入(8)式而求積分常數

$$K = -\frac{1}{2} a - a\ \log_e \sec\phi$$

因得 $$X = \frac{1}{2}\ a \frac{\cos\phi\ \cos(2\theta-\phi)}{\sin^2(\theta-\phi)} - a\ \log_e \frac{\cos\theta}{\sin(\theta-\phi)} \qquad (9)$$

以(9)代入(6) $$y = \frac{a\cos\phi}{\cos\theta\ \sin(\theta-\phi)} + \frac{1}{2} a \frac{\sin\phi\cos(2\theta-\phi)}{\sin^2(\theta-\phi)} - a\tan\phi\log_e \frac{\cos\theta}{\sin(\theta-\phi)} \qquad (10)$$

由公式(9)及(10)兩式，即可決定天然坡面之形態。式中 θ 之值，有其上下兩界限，超此界限，x 及 y 所決定之值，即不能與事實相符。前已述及，在 $2a\tan(45° + \phi/_2)$ 之深度內，僅生裂縫，其方向不一定，可垂直分裂，亦可稍向前傾，故(9)及(10)式中，θ 之有效值，位於 $45° + \phi/_2 > \theta > \phi$ 之間。

3. 地下水作用之天然坡面

無黏性土壤所成之土坡，如受地下水作用時，水面以上之安定土坡即形降低，如第五圖甲中，A'D 為浸水前之土坡，其最大安定坡度，可成 ϕ 角之傾斜，及後土坡下方浸水，促成地下水面之存在，則水面以上之土坡，其最大傾斜角，不致超過 ϕ_w 值，蓋同一水平線上各點之壓力，均須保持平衡也。有地下水作用之坡面，在水面以下部分者，因水之浮力作用，失去同體積之水重，土壤之有效作用重力，$w' = w - w_w$，地下水面以上之土壤，對水面以下部分而言，可視作一種外加之荷重，可以 $\frac{w}{w'}$ 之比率，化成相當於水面以下部分土壤有效作用重量之相當土坡，指示作用壓力均勻之土坡，無黏性之土壤，相當土坡之最大傾斜角等於 ϕ。故地下水面以上部分之天然坡度，應成 ϕ_w 之傾斜。ϕ 與 ϕ_w 之關係，成 $\tan\phi_w = \frac{w'}{w}\tan\phi$，一般土壤 ϕ 值並不甚大，可以 $\phi_w = \frac{w'}{w}\phi$ 表示之。

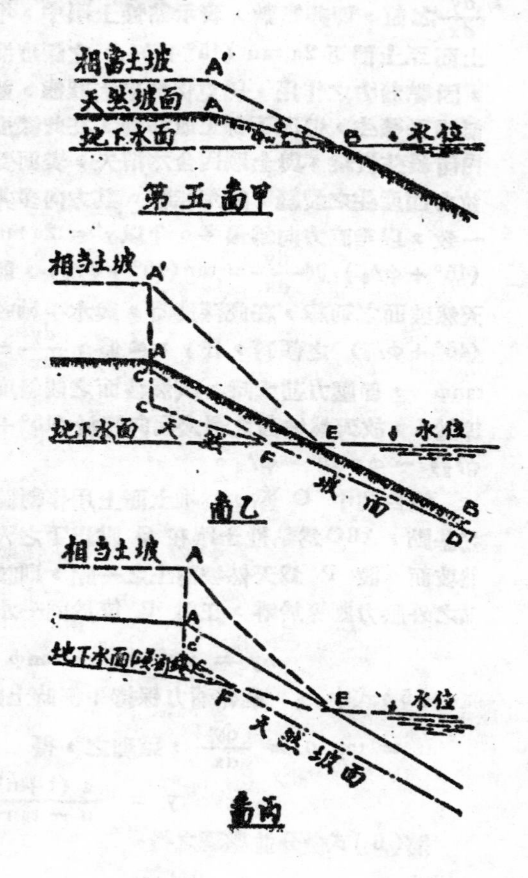

黏性土壤之天然坡面，因地下水之作用，坡度亦轉平緩。理論上，天然坡面亦可用公式計算，但計算相當繁雜，可用圖解方法

以求之。茲先就地下水面以上部分，如第五圖乙中 AE 部分，用 $\frac{w'}{w}$ 之比率折合成 BEA′ 之相當土坡，於是應用 w′, c 及 ϕ 諸值，假設土壤之抗剪力，不因含水之多寡而起變化，按(9)及(10)兩公式計算並繪製相當土坡之天然坡面A′C′FD，第二步再將相當土坡之天然坡面，在水面以上部分，用 $\frac{w'}{w}$ 之比率，折算成眞實之天然坡面，此種圖解方法，可以適用於任何性狀之地下水面。(浸潤線 Phreatic Line)惟地下水面爲一水平面時，天然坡面亦可用數學方法推算之。按地下水作用之天然坡面，包括水面以上及水面以下之兩部分。水面以上部分之公式爲：

$$X = \frac{1}{2} a' \frac{\cos\phi\cos(2\theta-\phi)}{\sin^2(\theta-\phi)} - a'\log_e \frac{\cos\theta}{\sin(\theta-\phi)} \quad (9')$$

$$Y = \frac{a\cos\phi}{\cos\theta\sin(\theta-\phi)} + \frac{1}{2} a \frac{\sin\phi\cos(2\theta-\phi)}{\sin^2(\theta-\phi)} - a\tan\phi\log_e \frac{\cos\theta}{\sin(\theta-\phi)} \quad (10)$$

水面以下部分之公式爲

$$X = \frac{1}{2} a' \frac{\cos\phi\cos(2\theta-\phi)}{\sin^2(\theta-\phi)} - a'\log_e \frac{\cos\theta}{\sin(\theta-\phi)} \quad (9')$$

$$Y = \frac{a'\cos\phi}{\cos\theta\sin(\theta-\phi)} + \frac{1}{2} a' \frac{\sin\phi\cos(2\theta-\phi)}{\sin^2(\theta-\phi)} - a'\tan\phi\log_e \frac{\cos\theta}{\sin(\theta-\phi)} \quad (10')$$

上式中 $a' = c/w'$

4. 水位驟降坡度降低理論上之證明

過去多數學者，認爲水面以上土坡之降低，係土壤內部抗剪力減小之現象。根據實驗室內水位驟降之實測結果，測知沙土之 $\phi_w = \left(\frac{s-1}{s+c}\right)\phi$。按沙土之黏性極小，土內滲流極速，當水位驟降時，坡內含水不及退出，仍保留充滿於土粒空隙之內，土壤之重量爲

$$w = \frac{s+c}{1+c} \quad (11)$$

式中 S 爲土粒之絕對比重，c 爲土壤之空隙量 Void Ratio，根據無黏性土壤天然坡面之理論，水面以上部分之最大傾斜度，應等於 $\phi_w = \frac{w'}{w}\phi$，w′ 爲土壤在水面以下失去浮力以後之重量，其公式爲

$$w' = \frac{s-1}{1+e} \quad (12)$$

故按天然坡面之理論，水面以上之坡度應爲

$$\phi_w = \frac{w'}{w}\phi = \left(\frac{s-1}{s+c}\right)\phi$$

此與實測之結果，完全相合，因知水位驟降，坡度低落之現象，非由內部抗剪力減小而發生，實因土壤有效作用重量不均，而構成一新的天然坡面。

5. 土坡之平衡

第六圖土坡 AB 以 i 之傾斜，屹立 h 之高度。如 h 大於土坡之危險高度，土坡必趨崩潰。坡頂向內收縮，坡脚向外擴張，形成土坡下部受壓力，上部受拉力之不平衡土坡，及至最後成 A′B′C 平衡之坡面而形安定。此項土坡之崩裂，完全基於土內應力之失調。今以土坡頂點 B 爲土坡應力討論之基點，凡土坡坡面在天然坡面以下者，受向上之浮力，在天然坡面以上者，受向下之坐沉力。今用(9)及(10)兩公式，自 B 點開始，作一天然坡面 BCD，交土坡面 AB 於 C 點，則 B 點對於 C 點之有效壓力等於零

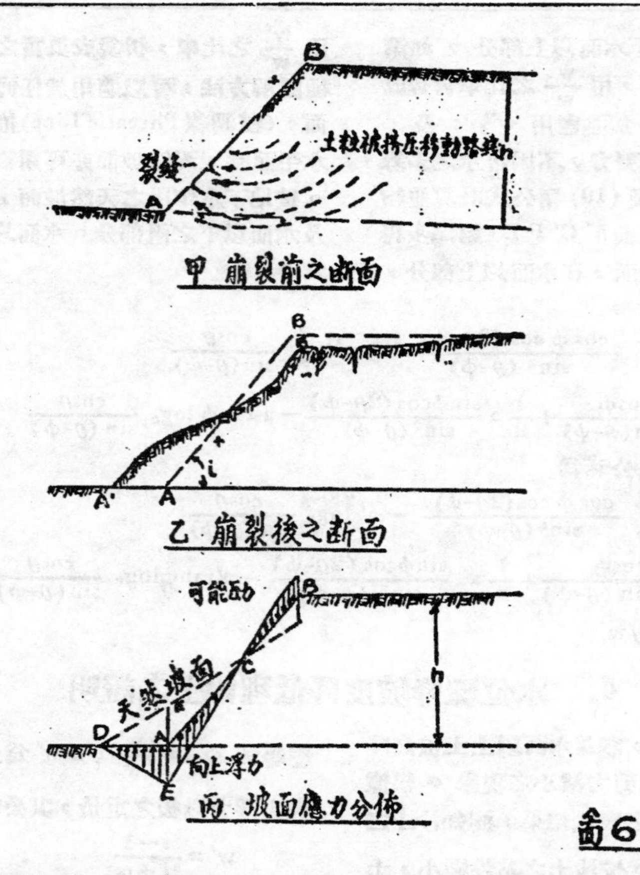

圖6

。C點無側向之土壓力，自 C 至 A，土坡因在天然坡面之下，B 點對於 CA 面上各土粒，因 B 點壓力較大，迫使 CA 面上有浮力作用。其浮力之大小，自零至 w.AE. 同時因浮力之作用，必有相互發生之土壤側向壓力，於是 CA 面內土粒，向外推擠，坡面亦漸隆起，受拉力而告分裂。坡脚裂縫漸大，坡內土粒擠出愈多，坡頂土壤因底層土粒外移，不克支持重力，亦漸沉落。故凡坡脚一經走動，必搖動整個土坡，趨於崩潰之途，設計土坡者宜相當注意。

至於 C 點以上，土坡面上各點，與 B 點高度之差，尙不及 B 點對於相當各點，因抗剪力所生之壓力差，其自 C 至 B 間坡面上各點，尙保持一部分未用盡之抗剪力，而 CB 間天然坡面上，由於土粒位置而存在之勢能，產生一種可能壓力。若土坡下層基礎穩定，此項可能壓力爲下層土壤之支承力所支持，勢能無由變成動能，整個土坡因得保持平衡。如下層土壤發生側向流動，或不克支持重力，土壤之支承力降低，於是可能壓力因支承力不夠，遂由勢能轉變而爲動能，土坡次第陷落低降。

研究土坡之平衡，可就坡面上各點爲討論之基點。觀察各該基點對於該基點以下坡面上之應力情形，凡坡面受可能壓力者，僅須注意基點下層土壤之支承力，一般土壤僅能承受壓力，對於拉力之抵抗，多不克勝任。土坡之受浮力及側向土壓力者，土坡必趨崩潰，設計時當避免之。

第六圖中 B 爲某一討論基點，C 爲對於 B 點之可能壓力等於零之點，亦爲向上

浮力開始之點。此兩種力量臨界之點，因其爲土坡面開始分裂之處，可名之曰分裂點。土坡之安定高度，爲討論基點與分裂點 Point of Rupture 間之高度差。同一土坡內安定高度爲最小者，名之曰危險高度。相當於此高度之分裂點，名之曰危險點。與危險高度相當之討論基點，名之曰危險基點。

天然坡面應用於土坡設計，僅在尋求危

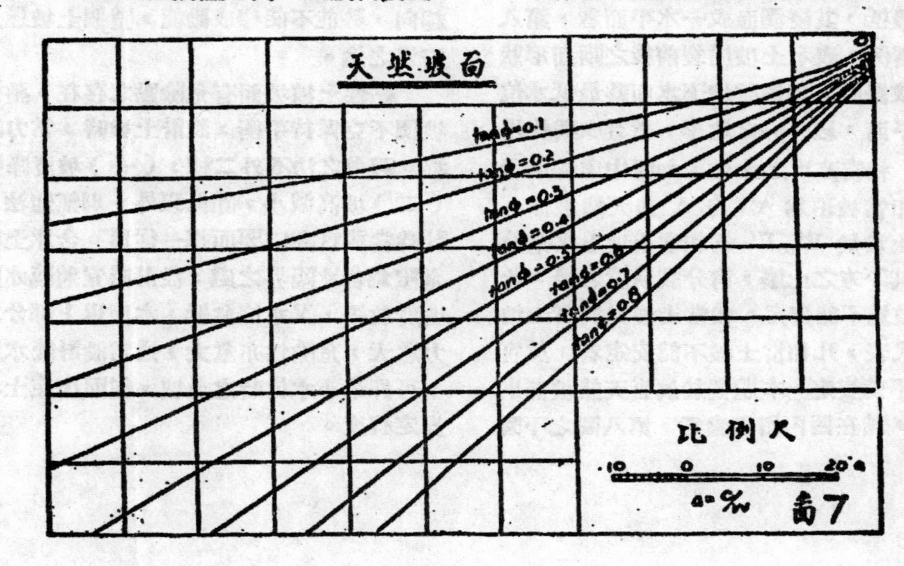

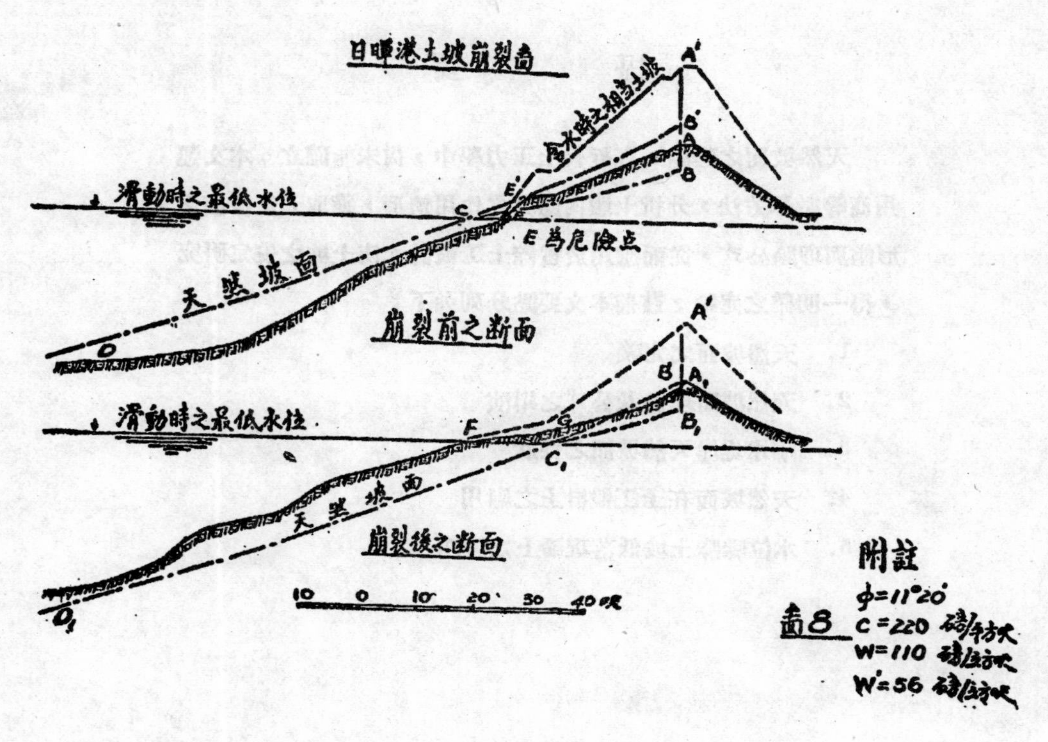

險點之有無，對於天然坡面眞實之形態，並無多大用處。第七圖示各種 ϕ 值之天然坡面，臨水土坡設計時，最先應決定地下水面之形狀。按土坡安定程度最低之情形，爲地下水面最低，其浸潤面成一水平面者，第八圖係一實例，表示土坡崩裂前後之斷面形狀。實際設計時，多假設地下水面爲最低水位時之水平面，以 $\frac{w}{w'}$ 之比率，折合成與作用重量 w 相當高度之土坡，如圖中虛線所示者，其相當坡頂爲 A'. 自 A' 作天然坡面，交相當土坡於 E'。E' 爲相當土坡上之危險點。在其下方之土壤，有分裂崩潰之勢，此相當土坡遂不能安定。相當土坡爲眞實土坡之應力代表，凡相當土坡不能安定者，眞實土坡亦不能安定。本題對於眞實天然坡面別無用處，繪在圖內留供參考，第八圖之下圖爲崩裂後之情形。危險基點仍在坡頂 A' 相當土坡之天然坡面，均在相當土坡之內，無危險點之存在。整個土坡均保存一部分可能壓力，但此可能壓力，因土坡下部無分裂之趨向，勢能不能變成動能，整個土坡遂入於安定之途。

黏性土坡坡面有危險點之存在，整個土坡便不克保持平衡，設計土坡時，當力謀規避。避免之法不外二種，（一）坡度降低，（二）坡高減小，除此以外，別無他法。設計時當視實際需要而擇一從焉。含水土坡最危險爲含水臨界之處，設計時宜將臨水附近坡度放平，又水位愈低，水面以上部分之壓力愈大，危險性亦愈大，通常設計臨水岸坡，可擇最小水位時之土坡，從而決定土坡之安定程度。

提 要

天然坡面之理論，在近代土工力學中，尚未能確立。本文運用高等數學方法，分析土壤內應力之作用情形，獲取天然坡面之形態與理論公式，從而應用於實際土工設計，使土坡之安定研究，得一明確之定論，玆將本文要點分列如下：

1. 天然坡面之定義
2. 天然坡面理論及公式之導演
3. 臨水堤岸天然坡面之性狀
4. 天然坡面在土工設計上之應用
5. 水位驟降土坡低落理論上之證明

固結構架梁柱相對堅量對撓力矩之影響及其通解

施　以　仁

浙贛鐵路諸衢段工程處第八分段

引　言

晚近關於建築形式之採納，無論其爲鐵路，公路抑房屋等，均以鋼筋混凝土爲最多，概以其材料及運輸之方便，在工程方面，復具美觀，持久，耐火及經濟等條件耳。吾人爲應付此時代，故對其中最常使用之固結構架一題特別留意，但往往因其分析之困難，與夫變化之無規律，令設計者常感時間之不允許，或潦草爲之，似不合經濟原則。以今日需要觀之，設計數量之繁重，似應列入系統力求分析之簡便，又非使之精確而不足以稱經濟也。作者有鑑於此，故樂與同好者一談。

本文以構架荷重情況之不同而分爲四類。其中第二類係第一類之特例 (Special Case) 首先須計算荷重對某一部份（梁或柱）所生之固定端力矩 (Fixed End Moment)，以之爲外力 (External Force) 加諸構架。利用角變撓度法 (Slope Deflection Method) 求得梁柱相對堅量對撓力矩之關係後，將撓力函數 (Function of Bending) 製成圖表，根據下式即可求得任何接點之撓力矩也。

$$M = \sum f(c) \times (F.E.M.)$$

或

$$M = \sum f_1(c) \times (F.E.M.) + \sum f_2(c) \times (H.R.F.)$$

其中

c＝ 梁柱相對堅量。

F.E.M.＝ 固定端力矩。

H.R.F.＝ 橫向合力。

第一章　應用原理——角變撓度法 (Slope Deflection Method)

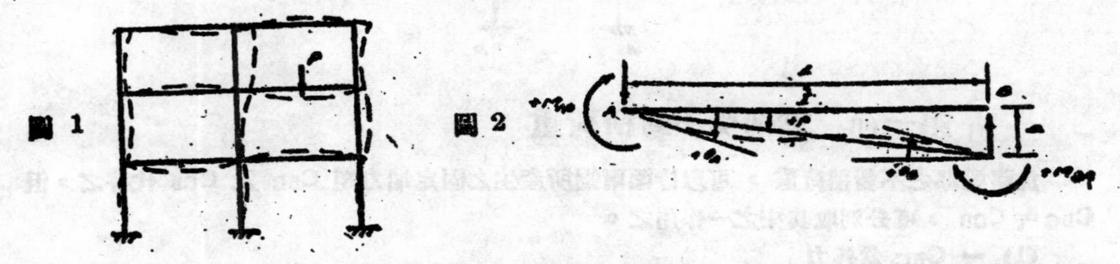

圖 1　　　　圖 2

構架 (Frame) 之某一部受外力後，即影響其他部份之變形(Deformation)。凡接點處均

發生旋轉 (Rotation) 及撓度 (Deflection) 現象，利用此兩變形因素求得與撓力矩 (Bending Moment) 之關係，首由 George A. Maney 發表者。

$$M_{AB} = 2EK\ (2\theta_A + \theta_B - 3\rho) \qquad (1)$$
$$M_{BA} = 2EK\ (2\theta_B + \theta_A - 3\rho) \qquad (2)$$

其中 $\rho = \Delta/L$ $K = I/L$ I： 惰性矩 (Moment of Inertia)

A. Ostenfeld 再加入第三因素固定端力矩 (Fixed End Moment) 而得一通化公式如下：

$$M_{AB} = 2EK\ (2\theta_A + \theta_B - 3\rho) - C_{AB}$$
$$M_{BA} = 2EK\ (2\theta_B + \theta_A - 3\rho) + C_{BA}$$

以上規定作用於部份 (Member) 之力矩，順時針方向為正，反時針方向為負。

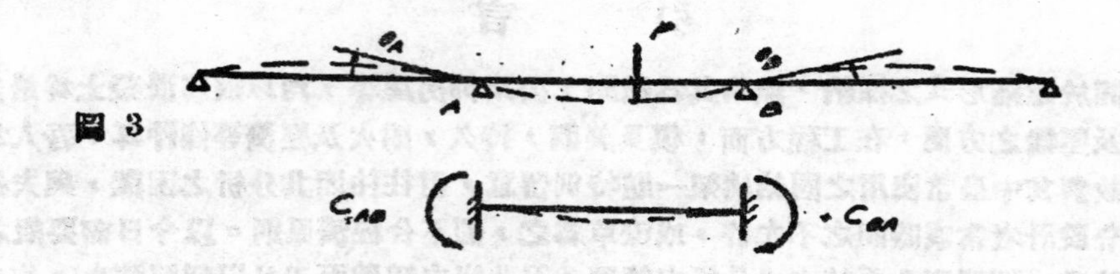

圖 3

第二章 構架梁柱相對堅量對撓力矩之影響

本文研究之對象為對稱構架 (Symmetrical Frame)。取 K 表梁堅量 (Stiffness)，K_2 表柱堅量，K_1/K_2 即所謂梁柱之相對堅量 (Relative Stiffness)。吾人欲分析固接構架 (Rigid Frame) 之先，首須假設梁柱之斷面，求得其堅量值，其大小恒隨所可能之負荷 (Loading Condition) 而變。若以各種對稱或不對稱之載荷加諸所選之構架時，其接點之撓力矩，因受不同之荷重條件，而發生複雜之情況，使吾人甚感其無規律也。作者目的在求簡化之方式，以探其變化程序，其方法係視作用於梁或柱之荷重，所產生於梁柱兩端之固定端力矩為外力以解求之。

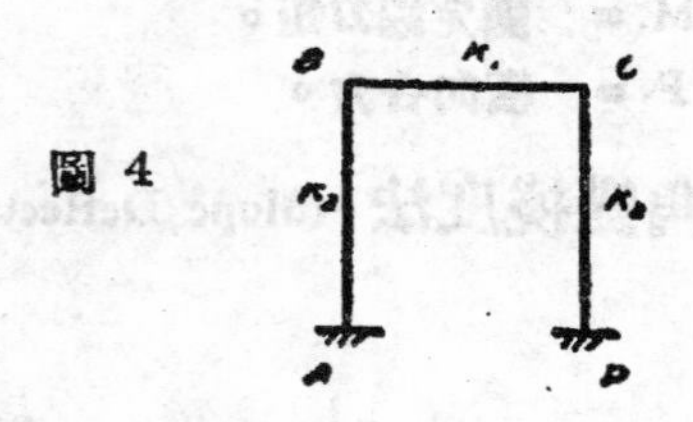

圖 4

第一節 梁部受不對稱荷重

加諸梁部之不對稱荷重，可以持梁兩端所產生之固定端力矩 C_{BC} 及 C_{CB} 代替之，但 $C_{BC} \neq C_{CB}$，可分別取其中之一作用之。

(1). 一 C_{BC} 為外力

$K = I/L$ I： 惰性矩 (Moment of Inertia)

$\rho = \Delta/H$ Δ： 橫 移 (Horizontal Sway)

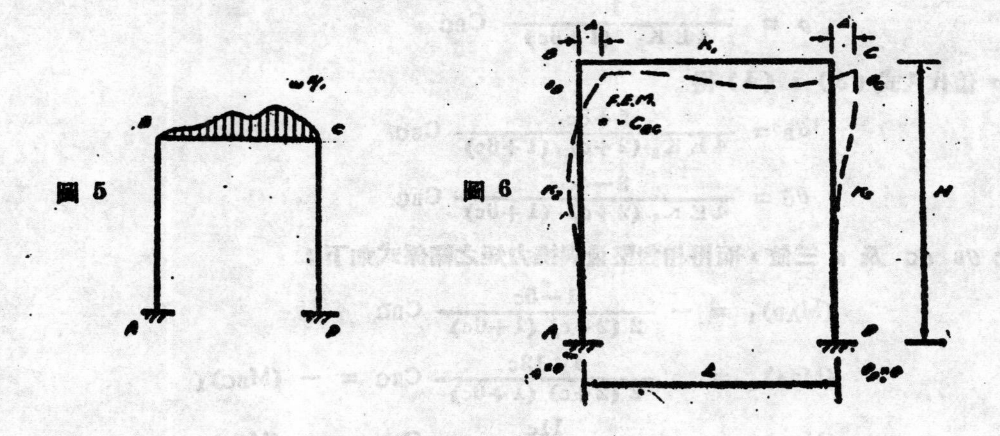

圖 5 圖 6

應用角變撓度法：

$$M_{AB} = 2EK_2(\theta_B - 3\rho)$$
$$M_{BA} = 2EK_2(2\theta_B - 3\rho)$$
$$M_{BC} = 2EK_1(2\theta_B + \theta_C) - C_{BC}$$
$$M_{CB} = 2EK_1(2\theta_C + \theta_B)$$
$$M_{CD} = 2EK_2(2\theta_C - 3\rho)$$
$$M_{DC} = 2EK_2(\theta_C - 3\rho)$$

$\sum M_B = 0$

$$2EK_2(2\theta_B - 3\rho) + 2EK_1(2\theta_B + \theta_C) - C_{BC} = 0$$

令 $K_1/K_2 = c$

得
$$2(1+c)\theta_B + c\theta_C - 3\rho - \frac{1}{2EK_2}C_{BC} = 0 \tag{1}$$

$\sum M_C = 0$

$$2EK_1(2\theta_C + \theta_B) + 2EK_2(2\theta_C - 3\rho) = 0$$
$$2(1+c)\theta_C + C\theta_B - 3\rho = 0 \tag{2}$$

解（1），（2）兩方程式得

$$\theta_C = \frac{\frac{c}{2EK_2}C_{BC} - 3(2+c)\rho}{c^2 - 4(1+c)^2} \tag{3}$$

$$\theta_B = -\frac{\frac{1+c}{EK_2}C_{BC} + 3(2+c)\rho}{c^2 - 4(1+c)^2} \tag{4}$$

$\sum H = 0$

$$2EK_2(\theta_B - 3\rho) + 2EK_2(2\theta_B - 3\rho) + 2EK_2(2\theta_C - 3\rho) + 2EK_2(\theta_C - 3\rho) = 0$$
$$\theta_B + \theta_C - 4\rho = 0 \tag{5}$$

$$-\frac{\frac{1+c}{EK_2}C_{BC} + 3(2+c)\rho}{c^2 - 4(1+c)^2} + \frac{\frac{c}{2EK}C_{BC} - 3(2+c)\rho}{c^2 - 4(1+c)^2} - 4\rho = 0$$

$$\rho = \frac{1}{4EK_2(1+6c)} C_{BC}$$

將 ρ 值代入式（3），（4）得

$$\theta_B = \frac{5+8c}{4EK_2(2+c)(1+6c)} C_{BC}$$

$$\theta_C = \frac{3-4c}{4EK_2(2+c)(1+6c)} C_{BC}$$

由此 θ_B θ_C 及 ρ 三值，而得相對堅量與撓力矩之關係式如下：

$$(M_{AB})_1 = -\frac{1-5c}{2(2+c)(1+6c)} C_{BC}$$

$$(M_{BA})_1 = \frac{4+13c}{2(2+c)(1+6c)} C_{BC} = -(M_{BC})_1$$

$$(M_{CD})_1 = -\frac{11c}{2(2+c)(1+6c)} C_{BC} = -(M_{CB})_1$$

$$(M_{DC})_1 = -\frac{3+7c}{2(2+c)(1+6c)} C_{BC}$$

(2) + C_{CB} 為外力。

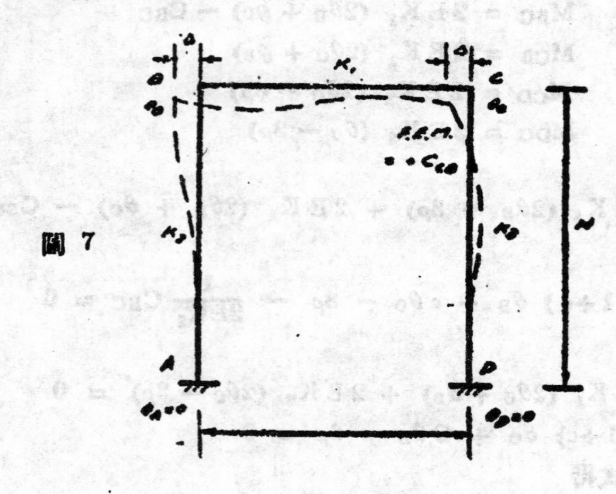

圖 7

同理

$$(M_{AB})_2 = \frac{3+7c}{2(2+c)(1+6c)} C_{CB}$$

$$(M_{BA})_2 = \frac{11c}{2(2+c)(1+6c)} C_{CB} = -(M_{BC})_2$$

$$(M_{CD})_2 = -\frac{4+13c}{2(2+c)(1+6c)} C_{CB} = -(M_{CB})_2$$

$$(M_{DC})_2 = \frac{1-5c}{2(2+c)(1+6c)} C_{CB}$$

α, β, γ 及 λ 爲撓力函數 (Function of Bending)：

$$\alpha = \frac{1-5c}{2(2+c)(1+6c)}$$

10248

$$\beta = \frac{4+13c}{2(2+c)(1+6c)}$$

$$\gamma = \frac{11c}{2(2+c)(1+6c)}$$

$$\lambda = \frac{3+7c}{2(2+c)(1+6c)}$$

合併此兩固定端力矩之結果，即為外力作用於梁 BC上，接點 A, B, C, D, 之撓力矩。

$$M_{AB} = (M_{AB})_1 + (M_{AB})_2$$

$$= -\alpha C_{BC} + \lambda C_{CB}$$

$$M_{BA} = -M_{BC} = \beta C_{BC} + \gamma C_{CB} \qquad -\text{〔A〕}$$

$$M_{CB} = -M_{CD} = \gamma C_{BC} + \beta C_{CB}$$

$$M_{DC} = -\lambda C_{BC} + \alpha C_{CB}$$

註：　　$C = K_1/K_2$：　梁柱相對堅量

C_{BC}，C_{CB}：　B，C 點固定端力矩之絕對值 (Absolute Value)

撓力函數（圖一）：

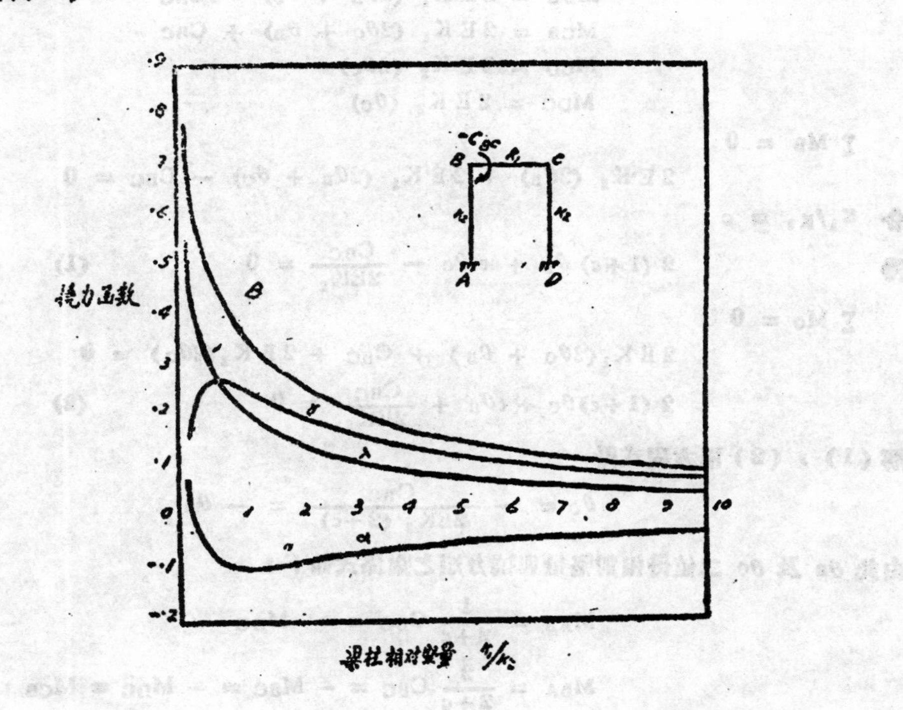

第二節　梁部受對稱荷重

加諸梁部之對稱荷重，可以持梁兩端所產生之固定端力矩 C_{BC} 及 C_{CB} 代替之，但 $C_{BC} = C_{CB}$ 可簡化前節公式。

應用角變撓度法：

10249

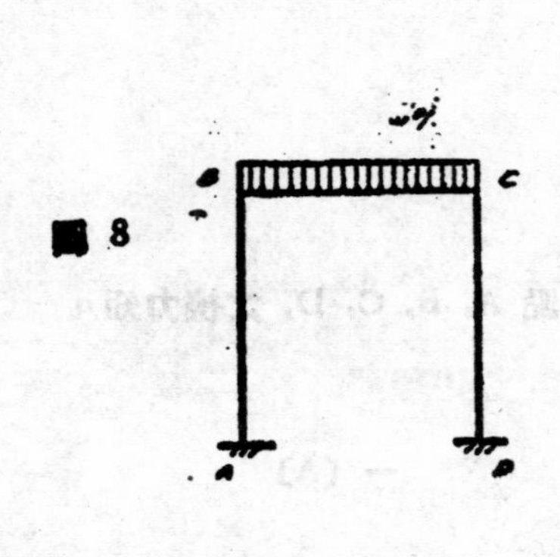

圖 8

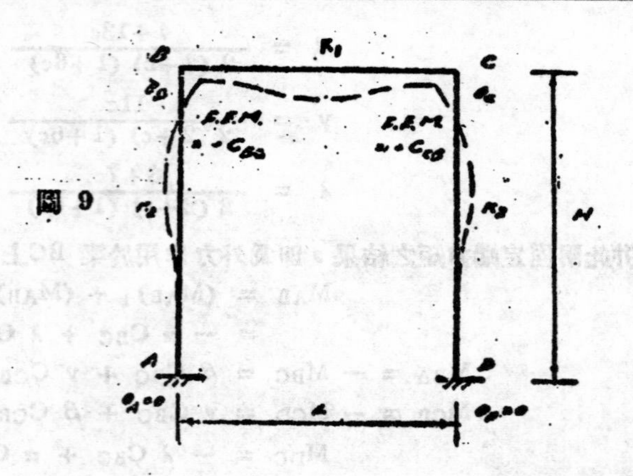

圖 9

$$M_{AB} = 2EK_2\ (\theta_B)$$
$$M_{BA} = 2EK_2\ (2\theta_B)$$
$$M_{BC} = 2EK_1\ (2\theta_B + \theta_C) - C_{BC}$$
$$M_{CB} = 2EK_1\ (2\theta_C + \theta_B) + C_{BC}$$
$$M_{CD} = 2EK_2\ (2\theta_C)$$
$$M_{DC} = 2EK_2\ (\theta_C)$$

$\sum M_B = 0$

$$2E{\cdot}K_2\ (2\theta_B) + 2EK_1\ (2\theta_B + \theta_C) - C_{BC} = 0$$

令 $K_1/K_2 = c$

得

$$2(1+c)\,\theta_B + c\,\theta_C - \frac{C_{BC}}{2EK_2} = 0 \qquad (1)$$

$\sum M_C = 0$

$$2EK_1(2\theta_C + \theta_B) + C_{BC} + 2EK_2(2\theta_C) = 0$$
$$2(1+c)\theta_C + c\theta_B + \frac{C_{BC}}{2EK_2} = 0 \qquad (2)$$

解（1），（2）兩方程式得

$$\theta_C = -\frac{C_{BC}}{2EK_2\ (2+c)} = -\theta_B$$

由此 θ_B 及 θ_C 二値得相對堅度與撓力矩之關係式如下：

$$M_{AB} = \frac{1}{2+c} C_{BC} = -M_{DC}$$

$$M_{BA} = \frac{2}{2+c} C_{BC} = -M_{BC} = -M_{DC} = M_{CB}$$

撓力函數： $\alpha = \dfrac{1}{2+c}$

$$M_{A,\,D} = \alpha\, C_{BC} \qquad —(B)$$

$$M_{B,\,C} = 2\alpha\, C_{BC}$$

註： $C = K_1/K_2$：梁柱相對堅量

C_{BC}：B, C 點固定端力矩之絕對值

在某一載荷之下，固定端力矩 C_{BC} 為一常數(Constant)，故

$$M \propto \frac{1}{2+c}$$

觀察上式，接點之撓力矩隨梁柱之相對堅量而異，即梁堅量逐漸增加時，則撓力矩逐漸減小，反之亦然，其極限值為

當　$C = \infty$，$M = 0$

$C = 0$，$M_{A,D} = \frac{1}{2} C_{BC}$

$M_{B,C} = C_{BC}$

撓力函數（圖二）

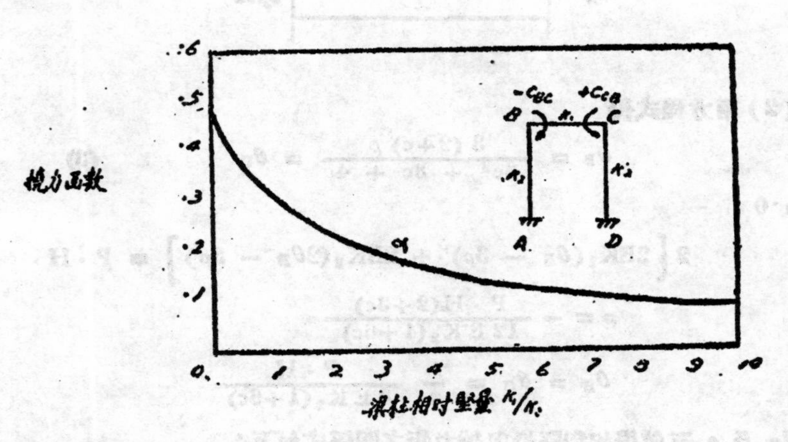

第三節　構架受横向集中力

應用角變撓度法：

$$M_{AB} = 2EK_2(\theta_B - 3\rho)$$
$$M_{BA} = 2EK_2(2\theta_B - 3\rho)$$
$$M_{BC} = 2EK_1(2\theta_B + \theta_C)$$
$$M_{CB} = 2EK_1(2\theta_C + \theta_B)$$
$$M_{CD} = 2EK_2(2\theta_C - 3\rho)$$
$$M_{DC} = 2EK_2(\theta_C - 3\rho)$$

$\sum M_B = 0$

$$2EK_2(2\theta_B - 3\rho) + 2EK_1(2\theta_B + \theta_C) = 0$$

令 $K_1/K_2 = C$

得
$$2(1+c)\theta_B + C\theta_C - 3\rho = 0 \qquad (1)$$

$\sum M_C = 0$

$$2EK_1(2\theta_C + \theta_B) + 2EK_2(2\theta_C - 3\rho) = 0$$
$$C\theta_B + 2(1+c)\theta_C - 3\rho = 0 \qquad (2)$$

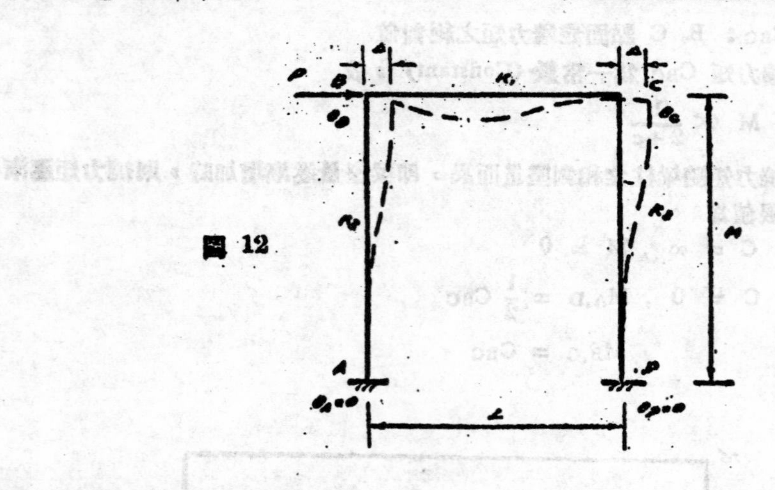

圖 12

解（1），（2）兩方程式得

$$\theta_B = \frac{3(2+c)\rho}{3c^2+8c+4} = \theta_C \qquad (3)$$

$\sum H = 0$

$$2\left[2EK_2(\theta_B - 3\rho) + 2EK_2(2\theta_B - 3\rho)\right] = P \cdot H$$

$$\rho = -\frac{P \cdot H(2+3c)}{12\,EK_2(1+6c)}$$

$$\theta_B = \theta_C = -\frac{P \cdot H}{4\,EK_2(1+6c)}$$

由此 θ_B，θ_C 及 ρ 三值得相對堅量與撓力矩之關係式如下：

$$M_{AB} = \frac{PH}{2}\left[\frac{1+3c}{1+6c}\right] = M_{DC}$$

$$M_{BA} = \frac{PH}{2}\left[\frac{3c}{1+6c}\right] = -M_{BC} = M_{CD} = -M_{CB}$$

α, β 爲撓力函數：

$$\alpha = \frac{1+3c}{2(1+6c)}$$

$$\beta = \frac{3c}{2(1+6c)}$$

故

$$M_{A,D} = \alpha \cdot PH$$
$$M_{B,C} = \beta \cdot PH \qquad -(C)$$

註： $C = K_1/K_2$： 梁柱相對堅量。
P： 橫向集中力。
H： 構架高

由是可知：

$$M_{A,D} \propto \frac{1+3c}{1+6c}$$

$$M_{B,C} \propto \frac{3c}{1+6c}$$

當

$$C = \infty \quad M = \frac{1}{4} P H$$

$$C = 0 \quad M_{A,D} = \frac{1}{2} P H$$

$$M_{B,C} = 0$$

撓力函數（圖三）：

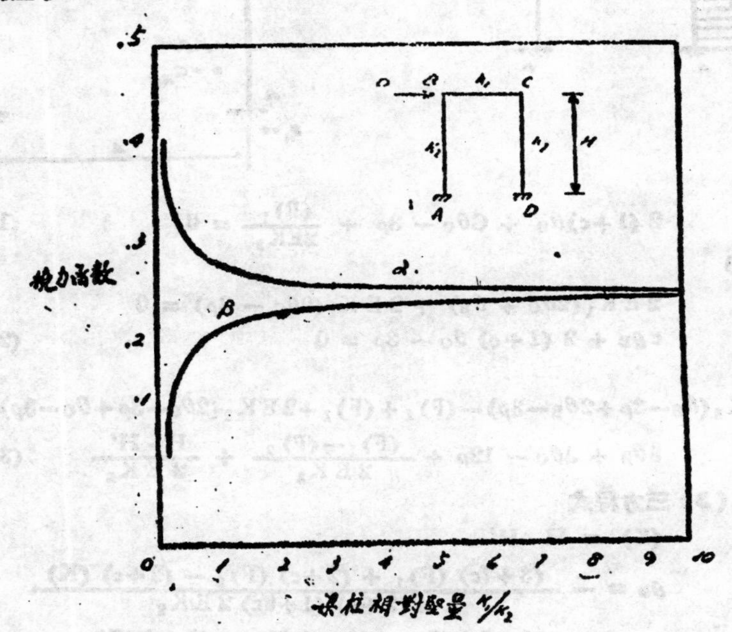

第四節　柱部受橫向荷重

加諸柱部之荷重，可以持柱兩端所產生之固定端力矩 C_{AB}, C_{BA} 及另一橫向合力 (Horizontal Resultant Force) H′ 代替之。

用角變撓度法：

$$(F)_1 = C_{BA},\ (F)_2 = C_{AB}$$

$$M_{AB} = 2EK_2(\theta_B - 3\rho) - (F)_2$$

$$M_{BA} = 2EK_2(2\theta_B - 3\rho) + (F)_1$$

$$M_{BC} = 2EK_1(2\theta_B + \theta_C)$$

$$M_{CB} = 2EK_1(2\theta_C + \theta_B)$$

$$M_{CD} = 2EK_2(2\theta_C - 3\rho)$$

$$M_{DC} = 2EK_2(\theta_C - 3\rho)$$

$\sum M_B = 0$

$$2EK_2(2\theta_B - 3\rho) + (F)_1 + 2EK_1(2\theta_B + \theta_C) = 0$$

$K_1/K_2 = c$

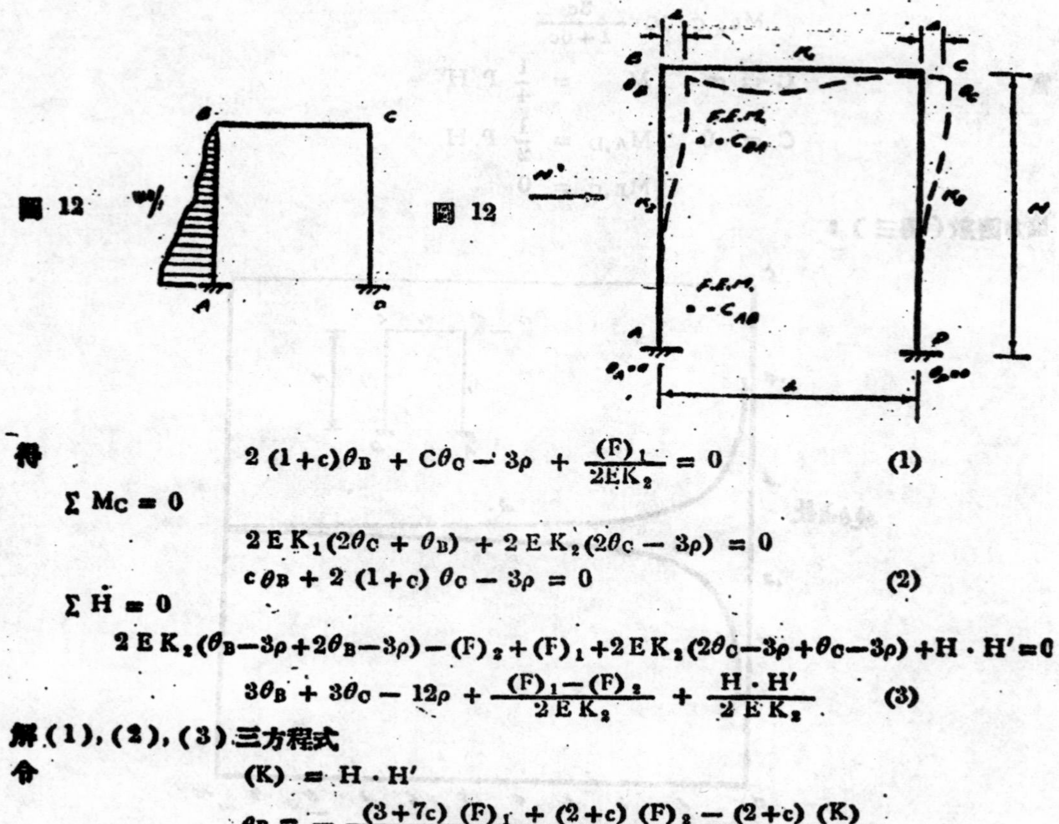

得
$$2(1+c)\theta_B + C\theta_C - 3\rho + \frac{(F)_1}{2EK_2} = 0 \quad (1)$$

$\sum M_C = 0$

$$2EK_1(2\theta_C + \theta_B) + 2EK_2(2\theta_C - 3\rho) = 0$$
$$c\theta_B + 2(1+c)\theta_C - 3\rho = 0 \quad (2)$$

$\sum H = 0$

$$2EK_2(\theta_B - 3\rho + 2\theta_B - 3\rho) - (F)_2 + (F)_1 + 2EK_2(2\theta_C - 3\rho + \theta_C - 3\rho) + H \cdot H' = 0$$
$$3\theta_B + 3\theta_C - 12\rho + \frac{(F)_1 - (F)_2}{2EK_2} + \frac{H \cdot H'}{2EK_2} \quad (3)$$

解(1),(2),(3)三方程式

令
$$(K) = H \cdot H'$$
$$\theta_B = -\frac{(3+7c)(F)_1 + (2+c)(F)_2 - (2+c)(K)}{2(2+c)(1+6c)2EK_2}$$
$$\theta_C = -\frac{(1-5c)(F)_1 + (2+c)(F)_2 - (2+c)(K)}{2(2+c)(1+6c)2EK_2}$$
$$\rho = -\frac{(1-3c(F)_1 + (2+3c)(F)_2 - (2+3c)(K)}{6(1+6c)2EK_2}$$

由此 θ_B, θ_C 及 ρ 三值得相對堅量與撓力矩之關係式如下：

$$M_{AB} = -\frac{(1+12c+3c^2)(F)_1 + (2+c)(1+9c)(F)_2 + (2+c)(1+3c)(K)}{2(2+c)(1+6c)}$$
$$M_{BA} = C\frac{(7+9c)(F)_1 + 3(2+c)(F)_2 - 3(2+c)(K)}{2(2+c)(1+6c)} = -M_{BC}$$
$$M_{CB} = -C\frac{(5-3c)(F)_1 + 3(2+c)(F)_2 - 3(2+c)(K)}{2(2+c)(1+6c)} = -M_{CD}$$
$$M_{DC} = \frac{(1-3c^2)(F)_1 + (2+c)(1+3c)(F)_2 - (2+c)(1+3c)(K)}{2(2+c)(1+6c)}$$

利用下列八條撓力函數曲線可分別查出各撓力矩之值：

(1) $\alpha = 2(2+c)(1+6c)$

(2) $\beta = 1 + 12c + 3c^2$

(3) $\gamma = (2+c)(1+9c)$

(4)　　$\phi = (2+c)\ (1+3c)$

(5)　　$\psi = c(7+9c)$

(6)　　$\xi = 3c(2+c)$

(7)　　$\eta = c(5-3c)$

(8)　　$\theta = 1-3c^2$

撓力矩之值如下：

$$M_{AB} = -\frac{\beta(F)_1+\gamma(F)_2+\phi(K)}{\alpha}$$

$$M_{BA} = -M_{BC} = \frac{\psi(F)_1+\xi(F)_2-\xi(K)}{\alpha}$$

$$M_{CB} = -M_{CD} = -\frac{\eta(F)_1+\xi(F)_2-\xi(K)}{\alpha}$$

$$M_{DC} = \frac{\theta(F)_1+\phi(F)_2-\phi(K)}{\alpha}$$

註：　$C = K_1/K_2$：　梁柱相對堅度

$(F)_1$，$(F)_2$：　B，A 兩點固定端力矩之絕對值。

$(K) = H \cdot H'$：　H' 爲橫向合力，H 爲構架高。

撓力函數（圖四）：

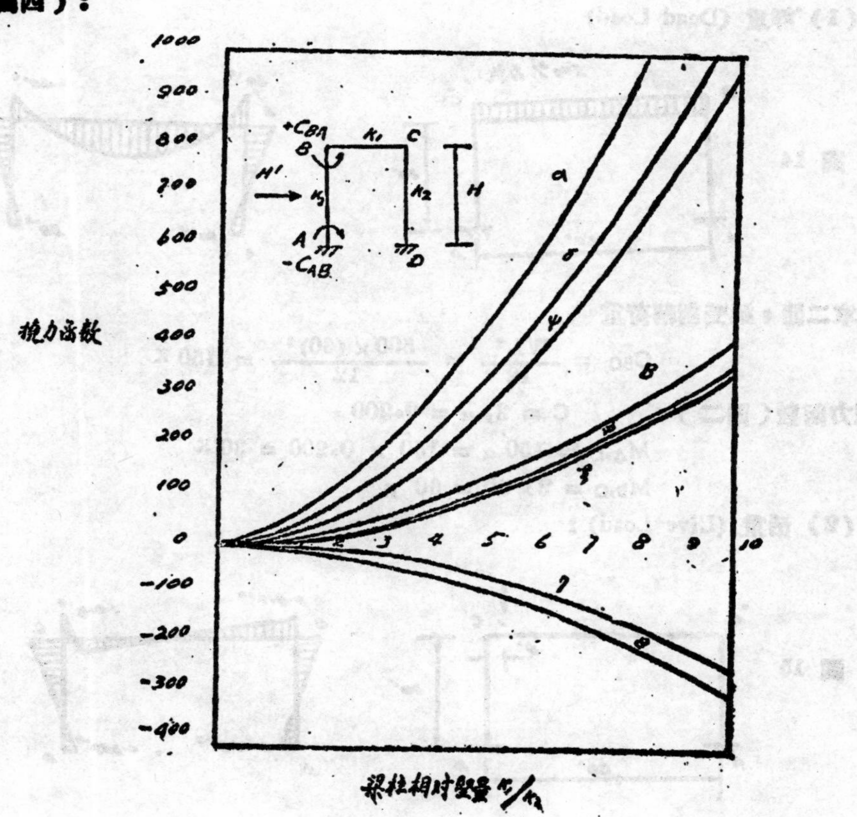

作者今完成文之各圖表，嗣後凡遇分析一對稱構架之問題時，無論其所承受之載重情況若何，構架各接點撓力距均易求得，其法應首先分辨荷重所屬類別，再選擇一梁柱相對堅量，由圖表中查出撓力函數，撓力距卽可得焉，此法堪稱簡便且有系統，其通化公式如下：

$$M = \sum f\ (c) \times (F.E.M.)$$

或

$$M = \sum f_1(c) \times (F.E.M.) + \sum f_2(c) \times (H.R.F.)$$

其中　　c：　梁柱相對堅量。

F.E.M.：　固定端力距。

H.R.F.：　橫向合力。

第五節　釋　　例

分析一座固結構架橋梁，載重爲 E－50

圖 13

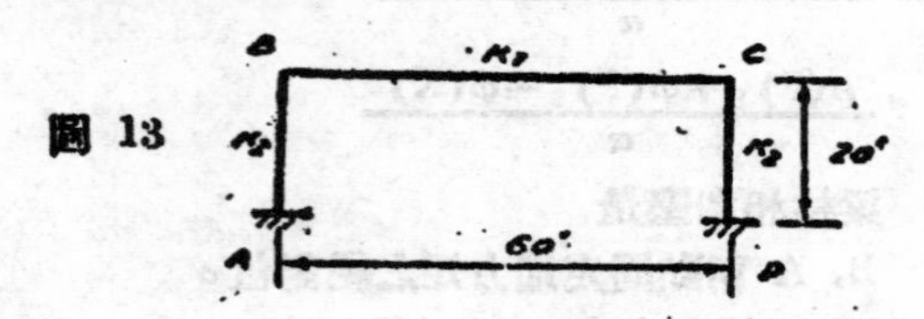

設 $K_1/K_2 = 3$

(1) 靜重 (Dead Load)

圖 14

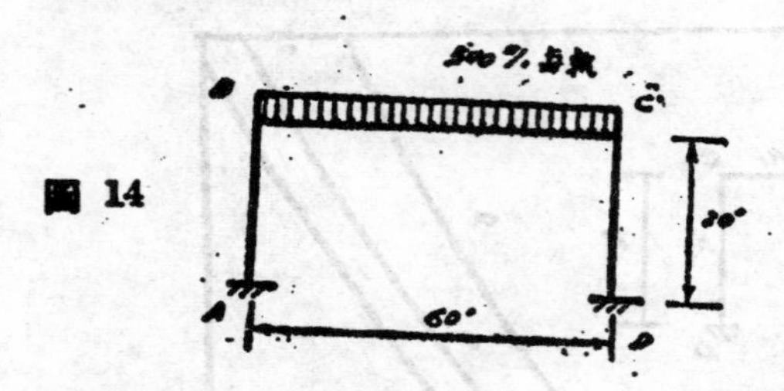

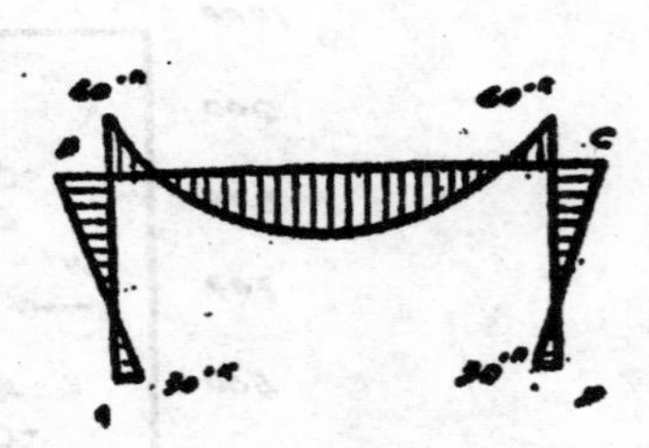

屬二章二節，梁受對稱荷重

$$C_{BC} = \frac{WL^2}{12} = \frac{500 \times (60)^2}{12} = 150^K$$

查撓力函數（圖二）：　　$C = 3,\ \alpha = 0.200$

$$M_{A,D} = 150\,\alpha = 150 \times 0.200 = 30'^K$$

$$M_{B,C} = 2 \times 30 = 60'^K$$

(2) 活重 (Live Load)：

圖 15

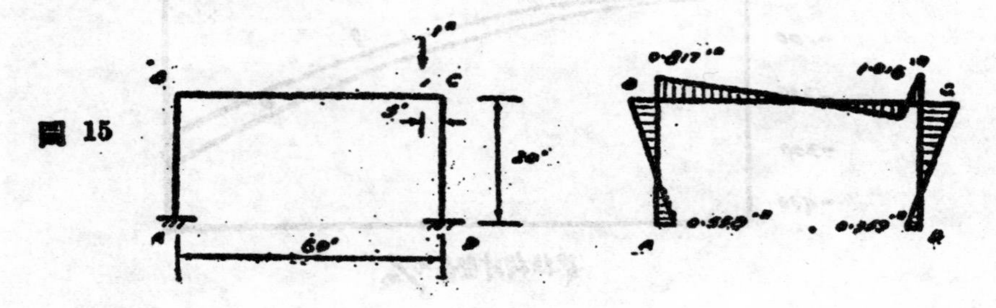

分梁 BC 爲 12 份，製接點 A, B, C, D 之感應線 (Influence Line) 暫置 1 lb. 重在斷面一時爲例餘類推之。

歸二章一節，梁受不對稱荷重

$$C_{BC} = \frac{Pab^2}{L^2} = \frac{1 \times 55 \times (5)^2}{(60)^2} = 0.382 \text{ lb.}$$

$$C_{CB} = \frac{Pa^2b}{L^2} = \frac{1 \times (55)^2 \times 5}{(60)^2} = 4.20 \text{ lb.}$$

查撓力函數(圖一)：　C = 3　$\alpha = -0.074$

$\beta = 0.226$

$\gamma = 0.174$

$\lambda = 0.126$

$M_{AB} = -(-0.074) \times 0.382 + 0.126 \times 4.20 = 0.558$ lb.

$M_{BA} = 0.226 \times 0.382 + 0.174 \times 4.20 = 0.817$ lb.

$M_{CB} = 0.174 \times 0.382 + 0.226 \times 4.20 = 1.016$ lb.

$M_{DC} = -(0.126) \times 0.382 + (-0.074) \times 4.20 = -0.359$ lb.

如繼續置 1 lb. 重於 2, 3,………11 斷面將所計算之值繪成曲線即感應線。

(3)　拖力 (Traction)：

圖 16

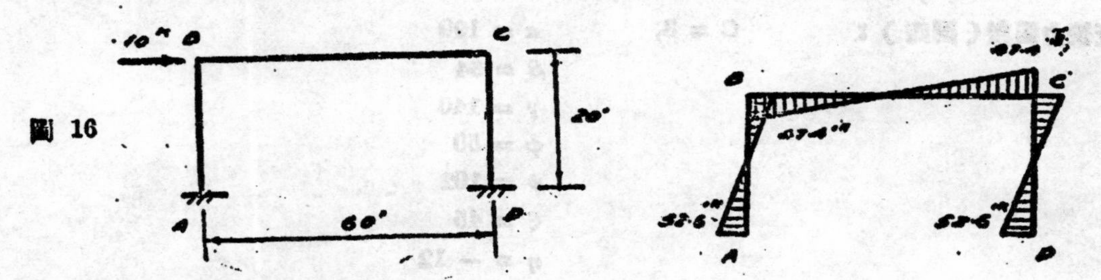

歸二章三節，構架受橫向集中力

$$PH = 10 \times 20 = 200^{K}$$

查撓力函數(圖三)：　C = 3　$\alpha = 0.263$

$\beta = 0.237$

$M_{A,D} = 200\,\alpha = 200 \times 0.263 = 52.6\ 'K$

$M_{B,C} = 200\,\beta = 200 \times 0.237 = 47.4\ 'K$

(4)　側壓力 (Lateral Loads)

圖 17

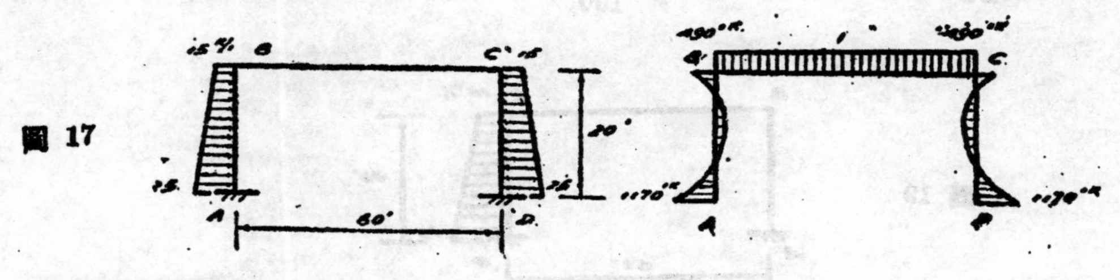

可分爲左右兩部計算之。

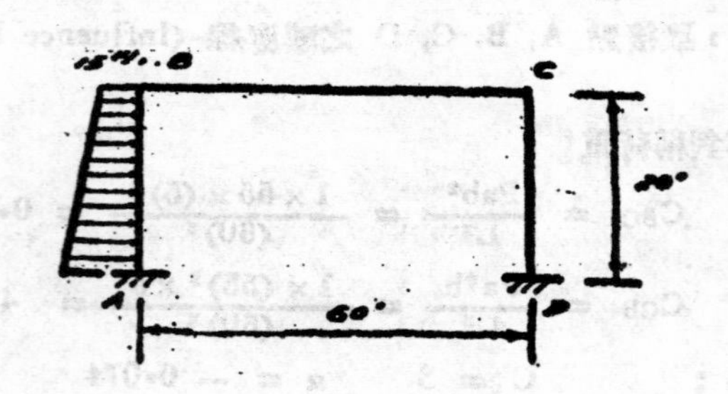

圖 18

圖二章四節，柱受橫向荷重

$$(F)_1 = \left(\frac{1}{30} w_1 + \frac{1}{12} w_2\right) L^2$$

$$= \left(\frac{1}{30} \times 25 + \frac{1}{12} \times 15\right) \times (20)^2 = 816\ 'K$$

$$(F)_2 = \left(\frac{1}{20} w_1 + \frac{1}{12} w_2\right) L^2$$

$$= \left(\frac{1}{20} \times 25 + \frac{1}{12} \times 15\right) \times (20)^2 = 1000\ 'K$$

$$(K) = H \cdot H' = 20 \times 400 = 8000\ 'K$$

查撓力函數（圖四）：　　C = 3,

$\alpha = 190$

$\beta = 64$

$\gamma = 140$

$\phi = 50$

$\psi = 102$

$\xi = 45$

$\eta = -12$

$\theta = -26$

$$M_{AB} = -\frac{64 \times 816 + 140 \times 1000 + 50 \times 8000}{190} = -3120\ 'K$$

$$M_{BA} = \frac{102 \times 816 + 45 \times 1000 - 45 \times 8000}{190} = -1220\ 'K$$

$$M_{CB} = -\frac{(-12)\ 816 + 45 \times 1000 - 45 \times 8000}{190} = 1710\ 'K$$

$$M_{DC} = \frac{(-26)\ 816 + 50 \times 1000 - 50 \times 8000}{190} = -1950\ 'K$$

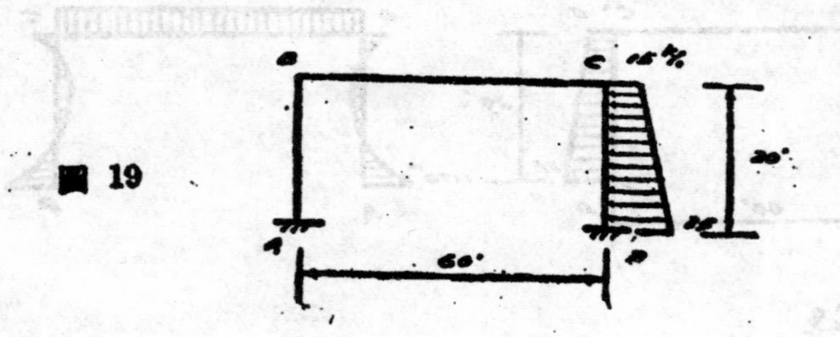

圖 19

$M_{AB} = \quad 1950\ 'K$

$M_{BA} = \quad 1710\ 'K$

$M_{CB} = -1220\ 'K$

$M_{DA} = \quad 3120\ 'K$

撓力矩總和：

$M_{AB} = -3120 + 1950 = -1170\ 'K$

$M_{BA} = -1220 + 1710 = \quad 490\ 'K$

$M_{CB} = \quad 1710 - 1220 = \quad 490\ 'K$

$M_{DC} = -1950 + 3120 = \quad 1170\ 'K$

第三章　各種荷重下之固定端力矩

(1)　不對稱荷重：

荷重情況	M_{AB}	M_{BA}
A, B; a, P#, b; L	$\frac{Pab^2}{L^2}$	$\frac{Pa^2b}{L^2}$
A, B; a, w#/'; L	$\frac{wa^2}{12L^2}(6L^2-8aL+3a^2)$	$\frac{wa^3}{12L^2}(4L-3a)$
A, B; a_1, a_2, w#/'; L	$\frac{w(a_2-a_1)^2}{12L^2}\left[6L^2-8(a_2-a_1)L+3(a_2-a_1)^2\right]$	$\frac{w(a_2-a_1)^3}{12L^2}\left[4L-3(a_2-a_1)\right]$
A, B; a, w#/'; L	$\frac{wa^2}{60L^2}(10L^2-10aL+3a^2)$	$\frac{wa^3}{60L^2}(5L-3a)$
A, B; a, w#/'; L	$\frac{wa^2}{30L^2}(10L^2-15aL+6a^2)$	$\frac{wa^3}{20L^2}(5L-4a)$
A, B; w#/'; L	$\frac{wL^2}{20}$	$\frac{wL^2}{30}$
A, B; w_1#/', w_2#/'; L	$(\frac{1}{20}w_1+\frac{1}{12}w_2)L^2$	$(\frac{1}{30}w_1+\frac{1}{12}w_2)L^2$
A, B; a, b, w#/'; L	$\frac{wa^2}{30L^2}(10L^2-15aL+6a^2)+\frac{wb^3}{20L^2}(5L-4b)$	$\frac{wa^3}{20L^2}(5L-4a)+\frac{wb^2}{30L^2}(10L^2-15bL+6b^2)$

(2)　對稱荷重：

荷重情况	M_{AB}	M_{BA}
	$\frac{PL}{8}$	$\frac{PL}{8}$
	$\frac{Pa}{L}(L-a)$	$\frac{Pa}{L}(L-a)$
	$\frac{wL^2}{12}$	$\frac{wL^2}{12}$
	$\frac{wa^2}{6L}(3L-2a)$	$\frac{wa^2}{6L}(3L-2a)$
	$\frac{w}{12L}(L-2a)(L^2+2aL-2a^2)$	$\frac{w}{12L}(L-2a)(L^2+2aL-2a^2)$
	$\frac{wL^2}{32}$	$\frac{wL^2}{32}$
	$\frac{5wL^2}{96}$	$\frac{5wL^2}{96}$
	$\frac{wL^2}{15}$	$\frac{wL^2}{15}$

参　攷　文　献

1. An Introduction to Structural and Design
   By Sutherland and Bowman, 1935
2. An Elementary Treatise on Statically Indeterminate Stresses
   By Parcel and Maney, 1936
3. Continuous Frames of Reinforced Concrete
   By Cross and Morgan, 1932
4. Strength of Materials
   By Timoshenko, 1940
5. Elastic Energy Theory
   By Van Den Brock, 1932

複曲線之新型設計

陸 韞 山

一 動機

鐵路路線定測標準中，規定同向曲線間之最短直線長度，比較異向曲線間之最短直線長度加長一倍，同時規定如同向曲線間之最短直線長度不足時得用複曲線。如粵漢鐵路株韶段，規定同向曲線間之最短直線長度為100公尺，異向曲線間之最短直線長度為50公尺；湘桂黔鐵路都筑段，規定前者為60公尺，後者為30公尺；綦江鐵路敍昆鐵路規定前者為40公尺，後者為20公尺；雖各路之標準高低不同，但原則却為一致。吾人固知反向曲線(REVERSED CURVE)在定線時絕對禁止應用之原因，而必須保持最低限度直線長度之間隔，然而同向曲線間之直線長度長於異向曲線間之長度且為一倍，其故安在？多年以來，本人為此到處求教。竊思其緣由或許有二：(1)論路線順適，同向曲線間之長度至少可與異向曲線相等，甚至短於異向曲線，惟以直線長度過短，則接近複曲線，不如逕用複曲線為宜。此種解釋，似兼牽強，亦不足證明同向曲線間之直線長度，必須為異向曲線間長一倍之理由。(2)從路線縱剖面方向看介曲線外軌逐漸超高之現象研究之，在異向曲線時，甲曲線之外軌超高度逐漸下降，經公有直線聯接乙曲線之內軌，則為順適之下坡道。(假定路基縱剖面坡度為平坡)在同向曲線時，甲曲線之外軌超高度逐漸下降，經直線聯接乙曲線之外軌，又逐漸上昇，因此兩曲線外軌之間，成為凹形豎曲線，為求行車之順利及令旅客感覺舒適起見，如異向曲線間之直線長度為最低限度時，則同向曲線間之直線長度，最低限度應加長一倍。此種解釋，似尚合理，但仍無充分之參攷資料以佐證之。從此吾人可以了解，同向曲線與複曲線之別，在於兩曲線間有最低限直線長度之間隔如下：

$$L = S + 2q$$

上式L為同向曲線與複曲線間之間隔長度，S為定測標準中規定同向曲線間之最短直線長度，q為介曲線中之一部份長度，由此式計算同向曲線與複曲線間之最短間隔長度，在湘桂黔鐵路都筑段為110公尺弱。(介曲線長50公尺)如在粵漢鐵路株韶段，則為160公尺弱。(介曲線長60公尺)因此在定線測量之時，吾人有時為地勢崎嶇，河道彎曲所限而勉在同向曲線之間，安置110公尺以上之直線長度，其結果往往非隧道過長，即谷架橋或覆土牆過高。定線工程司常因感於建築費用過巨而躊躇困惱，則複曲線之應用，實有其必要，此為本人鑽研複曲線動機之一。

複曲線之室內計算工作，相當繁重，而野外定測工作，又不易達到需要之準確程度，費時費力，或為定線工程司不願輕易採用之原因。本人在鐵路工作十餘年，僅知有三處曾用複曲線：(1)粵漢鐵路樂昌站至坪石站間之圓螺角隧道，即在複曲線上。(2)粵漢鐵路衡陽車站至耒河鐵橋間在出站北行經過北極閣山下，亦為複曲線。(3)四川綦江東溪兵工署所屬兩礦鐵路經過太平橋對河山頭，亦為複曲線。其他各路固亦有採用曲線者，但與同向曲線統計比較之，其所佔百分率甚低，可以斷言。中國鐵路建設，已推進到西南山嶺區域，側聞行將計劃興築由廣州灣經粵桂黔川陝省境直達蘭州之鐵路，此貫通西南西北各省交通之大動脈，路線所經多為崇山峻嶺，將來定測時，頗需吾人櫛風沐雨，披荆斬棘，以尋求可通之線，定線工程司在攀援峭壁曝日流汗之時，考慮到用同向曲線，而無法越嶺時，則勢非採用複曲線不為功，再山嶺區域，嶺高路近吾人為欲求得適當之坡度，常須設法展延路線長度，以應需要，惟吾人所有之參攷書籍中，其能啓示吾人之處，尚感不足，至須吾人加以發掘，因此本人復將由冷淡而生疎之複曲線理論，重行溫讀並加以演進之。此為本人鑽研複曲線動機之二。

茲將本人所得之筆記發表，公開請求指教。

二 擬定複曲線之分類

本人平常研讀關於鐵路曲線之書籍有二：(1) ALLEN RAILROAD CURVES AND EARTHWORK（以下簡稱ALLEN書）。(2) SEARLES FIELD ENGINEERING（以下簡稱SEARLES書）。兩書內容豐富，為吾人從事鐵路測量及新工工作者，不可缺少之參攷書。根據上述兩書所示之基本材料，吾人研討複曲線之變化，且從直覺之觀點言之，（參見ALLEN書第59頁101題附圖或本文第五圖第六圖）複曲線係由於結合兩個不同半徑之單曲線，而引伸另一邊之切線，相交一新交點 I.P. 而成。因此一個複曲線之因素，除包含單曲線應有之因素外，有下列各項因素：I.P.；$I.P_A$；$I.P_B$；R_1（或D_1）；R_2（或D_2）；Δ_1；Δ_2；………等。

吾人已知當單曲線之交點折角演進至大於180度時，則成為電燈泡式之單曲線，同理當複曲線交點折角演進至大於180度至360度以上時，亦形成各種新型式樣之複曲線，為便利研究起見，茲以折角90度為一階級，按其變化情形歸納之分類於下：

複曲線分類表

類別	$\Delta=\Delta_1+\Delta_2$	Δ_1	Δ_2	式樣	圖號	附註
1	Δ小於180度	Δ_1小於90度	Δ_2小於90度	普通式	第四圖	
2		Δ_1大於90度	Δ_2小於90度	普通式	第五圖	
3		Δ_1小於90度	Δ_2大於90度	普通式	第六圖	
4	Δ等於180度	Δ_1等於90度	Δ_2等於90度	普通式	第七A圖第七B圖	
5	Δ大於180度小於270度	Δ_1大於90度小於180度	Δ_2小於90度	電燈泡式	第九圖	
6		Δ_1小於90度	Δ_2大於90度小於180度	電燈泡式	第十圖	
7		Δ_1大於90度小於180度	Δ_2大於90度小於180度	電燈泡式	第十一A圖第十一B圖	
8		Δ_1大於180度	Δ_2小於90度	電燈泡式	第十二A圖第十二B圖	
9		Δ_1小於90度	Δ_2大於180度	電燈泡式	第十三A圖第十三B圖	
10	Δ等於270度	Δ_1等於180度	Δ_2等於90度	電燈泡式	第十四圖	
11		Δ_1等於90度	Δ_2等於180度	電燈泡式	第十五圖	

12	Δ 大於270度 小於360度	Δ_1 大於180度 小於270度	Δ_2 小於180度 大於90度	電燈泡式	第十六圖	
13		Δ_1 小於180度 大於90度	Δ_2 大於180度 小於270度	電燈泡式	第十七圖	
14	Δ 等於360度	Δ_1 等於180度	Δ_2 等於180度	螺旋形式	第十八圖	$\Delta_1\Delta_2$ 等於90度及270度時之圖樣從略
15	Δ 小於360度 大於360度	Δ_1 大於270度	Δ_2 小於90度	螺旋形式	第十九A圖第十九B圖	
16		Δ_1 小於90度	Δ_2 大於270度	螺旋形式	第二十A圖第二十B圖	
17	Δ 大於360度	Δ_1 大於180度 小於270度	Δ_2 等於180度	螺旋形式	第二十一圖	
18		Δ_1 等於180度	Δ_2 大於180度 小於270度	螺旋形式	第二十二圖	
19		Δ_1 大於180度 小於270度	Δ_2 小於270度 大於180度	螺旋形式	第廿三A圖第廿三B圖	Δ_1 大於270度 Δ_2 小於180度之圖樣從略
20	Δ 大於360度	Δ_1 小於180度	Δ_2 大於270度	螺旋形式	第二十四圖	

三　普通複曲線之形成及其概念

前節言及從直覺觀點複曲線係結合兩個不同半徑之單曲線各延伸其一邊切線另交新交點而成，此種解釋，在技術觀點，則過嫌簡略，須另行說明之。

從ALLEN書中第51頁第87題之附圖研究之，本文繪爲第一圖。此圖固定一邊切線，而平行向內移動另一切線，其垂直距離爲 P_1 同時固定曲線之起點不動，而改用適當較小之半徑以連接新切線。同理如將切線外移，則改用較大之曲線半徑。惟此種變化，仍屬於單曲線範圍內。吾人進一步研究之。如固定曲線之起點（或終點），同時固定一邊之切線及一部份曲線及半徑不許移動。同時又需要平行移動另一切線，其垂直距離，爲P，因此必須另行加用較大或較小半徑之曲線，以連接之，則此曲線有兩個不同之半徑，如此第一圖將演進成爲第二圖及第三圖。（第二圖見ALLEN書第64頁第114題附圖，第三圖見同書61頁第107題及第63頁第112題附圖）。從此吾人對於複曲線之構成，在技術上可得一概念；即複曲線之構成，係由一單曲線，固定其一邊切線及一部份曲線，而平行移動其他一邊切線內向或外移，同時換用局部較小或較大之半徑曲線，以連接舊曲線至新切線之結果。

再從第二圖及第三圖研究之，在由單曲線演進成複曲線之前，吾人已知曲線交點角 Δ 之度數，及曲線半徑 R_1（或彎度 D_1），因爲另一切線需要移動之垂直距離P，可於紙上定線時尋求之，故P之數值，亦爲已知數，則須尋求者，爲另一適當之曲線半徑 R_2（或彎度 D_2）及新切線之長度。按第二圖得計算式於下：

$$\mathrm{Vers}\Delta_1=\frac{P}{R_1-R_2}\cdots\cdots\cdots\cdots(1)$$

$$\Delta_2=\Delta-\Delta_1\cdots\cdots\cdots\cdots(2)$$

$$T_2=R_2\tan\frac{\Delta}{2}+\frac{P}{\mathrm{Sin}\Delta}\cdots\cdots\cdots\cdots(3)$$

$$T_1=R_2\tan\frac{\Delta}{2}-\frac{P}{\tan\Delta}+(R_1-R_2)\mathrm{Sin}\Delta_1\cdots\cdots\cdots\cdots(4)$$

10263

按第三圖得計算式如下：

$$\text{Vers}\Delta_2=\frac{P}{R_1-R_2}\cdots\cdots(1)$$

$$\Delta_1=\Delta-\Delta_2\cdots\cdots(2)$$

$$T_1=R_1\tan\frac{\Delta}{2}-\frac{P}{\text{Sin}\Delta}\cdots\cdots(3)$$

$$T_2=R_1\tan\frac{\Delta}{2}+\frac{P}{\tan\Delta}-(R_1-R_2)\text{Sin}\Delta_2\cdots\cdots(4)$$

第一式之來源，見ALLEN書第63頁第112題，茲不復述。以上數式應用於紙上定線時，爲選線研究，頗爲適用。但至野外測量，實際定線時，因爲Δ之數值，已由經緯儀量得之，Δ_1之數值，從紙上定線時決定之，Δ_2則爲Δ減去Δ_1之値，而彎度D_1及D_2（或半徑R_1及R_2），亦已由紙上定線時確定，則野外定測時，無須再費繁雜艱辛之工作，以尋求P之數値，因此上述第三式第四式求切線長度之計算式，用於野外定線時，則不適用，必須另用下列兩式如下：

$$T_1=\frac{(R_1+P_1)\text{Vers}\Delta-(R_1-R_2-P_c)\text{Vers}\Delta_2}{\text{Sin}\Delta}\cdots\cdots(1)$$

$$T_2=\frac{(R_2+P_1+P_c)\text{Vers}\Delta+(R_1-R_2-P_c)\text{Vers}\Delta_1}{\text{Sin}\Delta}\cdots\cdots(2)$$

以上兩式之來源見 SEARLES 書第102頁惟原書所證述者，未加入介曲線應用，在本文已加入介曲線應用在內，見第四圖再有須注意者，當 $\text{Vers}\Delta$ 之值，大於 90 度以上時，在 ALLEN 及 SEARLES 兩書中之附表內均無此項函數及對數，計算時必須先按 $\text{Vers}\Delta = 1 - \text{Cos}\Delta$ 之公式，算出函數後，再查對數方能適用之。

第四圖所示，爲普通所用之複曲線加入介曲線應用之式樣，其計算式如下：

$$T_{s1}=T_1+q_1+\left(\frac{P_2-P_1-P_c}{\text{Sin}\Delta}\right)\cdots\cdots(3)$$

$$T_{s2}=T_2+q_2-\left(\frac{P_2-P_1-P_c}{\tan\Delta}\right)\cdots\cdots(4)$$

$$\text{C.L.}_1=\frac{\Delta_1-S_{\cdot1}}{D_1}\times20-\frac{lc}{2}\cdots\cdots(5)$$

$$\text{C.L.}_2=\frac{\Delta_2-S_{\cdot2}}{D_2}\times20-\frac{lc}{2}\cdots\cdots(6)$$

說明：(A) lc 爲兩端曲線相接處（即P.C.C.處）應用之介曲線長度，選用時須注意其長度適合於D_2-D_1。

(B) lc 實際定測時須參攷ALLEN書第131頁第199題所示附圖說明及計算實例以定測之，茲不復敘。

(C) 第四式中$\left(\frac{P_2-P_1-P_c}{\tan\Delta}\right)$之前，當$\Delta$小於90度時，應爲負號，當$\Delta$大於90度時因$\tan(180°-\Delta)=-\tan\Delta$，故實際上爲正號，其來源請見 ALLEN 書第122頁，第191_B題之附圖及計算式。

第五圖及第六圖爲未加入介曲線應用之普通複曲線，其性質與計算式均可仿照第四圖，茲不復敘之。

第七A圖所示，當Δ_1及Δ_2均等於90度時，則兩邊切線平行，而切線之長度則爲無限大，因此 I.P. 交點樁無法定出，定測時祇能從 I.P.A; I.P.B 兩點量出，在未加入介曲線應用時，$T_1=R_1$, $T_2=R_2$。兩切線間之垂直距離爲 $l=R_1+R_2$。至第七B圖則爲加入介曲線應用後之計算式如下：

$$T_{SA}=R_1+P_1+q_1 \quad\cdots\cdots(1)$$

$$T_{SB}=R_2+P_1+P_C+q_2 \quad\cdots\cdots(2)$$

$$l=R_2+R_1+P_2+P_1 \quad\cdots\cdots(3)$$

其餘各項計算式，可仿照第四圖之式樣惟如第七B圖所示之式樣，理論上雖有可能性，但實際上應用之機會甚少。

四　電燈泡式之複曲線

前節談及當單曲線之 I.P. 交點樁其折角大於180度時，則成爲電燈泡式之單曲線。此項曲線爲求展延路線之長度，以配合需要之適當坡度，在山嶺區域應用之機會較多，亦爲本文所述新型複曲線中組合之一種。爲簡明起見玆將是項單曲線加入介曲線繪爲第八圖，其計算式列舉於下，至其與普通單曲線相同之計算部份不復述之。

$$T_1=Y_c-X_c\cot S_c \quad\cdots\cdots(1)$$

$$T_2=\frac{X_c}{\sin S_c} \quad\cdots\cdots(2)$$

$$\Delta'_c=360^\circ-\Delta \quad\cdots\cdots(3)$$

$$T_s=T_c-q=(R+P)\tan\frac{\Delta'}{2}-q \quad\cdots\cdots(4)$$

$$M_c=(R+P)\operatorname{exsec}\frac{\Delta'}{2}+\frac{P}{\sin(\Delta-180^\circ)}+2R \quad\cdots\cdots(5)$$

$$CL.=\frac{\Delta-2S_c}{D_c}\times 20 \quad\cdots\cdots(6)$$

第九圖第十圖第十一A圖所示之 I.P.A; I.P.B; I.P. 三個交點樁各據一角，成爲幅員廣袤之任意三角形。而複曲線則猶處於內或爲內切圓矣。雖 Δ_1 及 Δ_2 個別均小於 180 度但相合則大於 180 度，此種形式上之變化，已出乎尋常複曲線想像之外而另成新型，由此深入研究之，至饒興趣。上述三圖之性質大同小異，其加入介曲線之形式見第十一B圖，各部計算式之應用，參見第十二B圖。

第十二A圖所示爲一個電燈泡式之單曲線與另一個較小半徑之普通單曲線相結合，成爲電燈泡式之複曲線。在未加入介曲線應用前，關於切線之計算式如下：假定 Δ; Δ_1; Δ_2; 及 R_1（或 D_1）; R_2（或 D'_2）均已知之，其來源與第四圖同。（本圖所示之 Δ_1 角度不能大於 $360^\circ-2\Delta_2$）

$$T_1=\frac{R_1\operatorname{Vers}\Delta-(R_1-R_2)\operatorname{Vers}\Delta_2}{\sin\Delta} \quad\cdots\cdots(1)$$

$$T_2=\frac{R_2\operatorname{Vers}\Delta+(R_1-R_2)\operatorname{Vers}\Delta'_1}{\sin\Delta}+2(R_1-R_2)\operatorname{Sin}\Delta_2 \quad\cdots\cdots(2)$$

第十二B圖爲加入介曲線應用後之各項計算式如下：

$$T_1=\frac{(R_1+P_1)\operatorname{Vers}\Delta-(R_1-R_2-P_c)\operatorname{Vers}\Delta_2}{\operatorname{Sin}\Delta} \quad\cdots\cdots(1)$$

$$\Delta'_1=360°-\Delta_1-2\Delta_2 \cdots\cdots(2)$$

$$T_2=\frac{(R_2+P_1+P_c)\,Vers\Delta+(R_1-R_2-P_c)\,Vers\Delta'_1}{Sin\Delta}+2(R_1-R_2-P_c)\,Sin\Delta_2 \cdots\cdots(3)$$

$$T_3=T_4=(R_2+P_c)\tan\frac{\Delta_2}{2} \cdots\cdots(4)$$

$$Ts_1=T_1-q_1+\frac{P_2-P_1-P_c}{Sin\Delta} \cdots\cdots(5)$$

$$Ts_2=T_2-q_2-\frac{P_2-P_1-P_c}{\tan\Delta} \cdots\cdots(6)$$

$$Ts_3=T_3+q_2-\frac{P_2-P_c}{\tan\Delta_2} \cdots\cdots(7)$$

$$Ts_4=T_4+\frac{P_2-P_c}{Sin\Delta_2} \cdots\cdots(8)$$

$$C.L._1=\frac{\Delta-Sc_1}{D_1}\times 20-\frac{lc}{2} \cdots\cdots(9)$$

$$C.L._2=\frac{\Delta_2-Sc_2}{D_2}\times 20\frac{lc}{2} \cdots\cdots(10)$$

lc 爲兩曲線結合處（卽P.C.C.點）之介曲線長度，選用時須適合於D_2-D_1定測時參見ALLEN書第131頁第199題所示附圖說明及計算實例以定測之。

第十三A圖爲電燈泡式之單曲線，與另一較大半徑之普通單曲線相結合而成之電燈泡式複曲線。玆爲便利實際應用起見，加入介曲線應用之，另給爲第十三B圖，其計算式如下：

$$T=(R_2+P_c)\tan\frac{1}{2}(360°-\Delta_2) \cdots\cdots(1)$$

$$T_1=T+\frac{P_2-P_c}{\sin\Delta_2} \cdots\cdots(2)$$

$$T_2=T-\frac{P_2-P_c}{\tan\Delta_2} \cdots\cdots(3)$$

$$Ts_4=R_1\tan\frac{\Delta_1}{2}+\frac{P_1}{\sin\Delta_1} \cdots\cdots(4)$$

$$Ts_3=R_1\tan\frac{\Delta_1}{2}+q_1-\frac{P_1}{\tan\Delta_1} \cdots\cdots(5)$$

$$L_1=T_1-Ts_4 \cdots\cdots(6)$$

$$L_2=\frac{L_1\sin\Delta_1}{\sin(360°-\Delta)} \cdots\cdots(7)$$

$$L_3=\frac{L_1\sin(\Delta_2-180°)}{\sin(360°-\Delta)} \cdots\cdots(8)$$

$$Ts_1=L_3-Ts_3 \cdots\cdots(9)$$

$$Ts_2=T_2-L_2-q_2 \cdots\cdots(10)$$

$$C.L._1=\frac{\Delta_1-Sc_1}{D_1}\times 20-\frac{lc}{2} \cdots\cdots(11)$$

$$C.L._2=\frac{\Delta_2-Sc_2}{D_2}\times 20-\frac{lc}{2} \cdots\cdots(12)$$

lc 爲兩曲線結合處，（卽P.C.C.點）之介曲線長度。選用時須適合於D_2-D_1定測時參見ALLEN書第131頁第199題所示附圖說明及計算實例以定測之。此圖式樣可能應用機會甚多，其特點有三：(A)路線其他曲線啣接此複曲線時，可以在I.P.及T.S.（或S.T.）之間轉向他去。（B）可以在I.P.椿之上空跨越路線之自身而去。（C）路線一邊在I.P.及T.S.（或S.T.）之間轉向他去另一邊通過I.P.椿而去，定線工程司可因地制宜以應用之。至實地定測之步驟，參閱第六節容後述之。

第十四圖爲已加入介曲線應用之電燈泡式複線，假定 Δ 正等於 270 度，($\Delta_1=180°$，$\Delta_2=90°$）雖理論上有此可能性，但實際上應用之機會甚少，其計算式如下：

$$Ts_1=(R_2+P_2)-q_1 \cdots\cdots(1)$$

$$Ts_2=(2R_1+P_1)-(P_c+R_2)-q_2 \cdots\cdots(2)$$

$$C.L._1=\frac{180°-Sc_1}{D_1}\times 20-\frac{lc}{2} \cdots\cdots(3)$$

$$C.L._2=\frac{90°-Sc_2}{D_2}\times 20-\frac{lc}{2} \cdots\cdots(4)$$

lc爲P.C.C.點處之介曲線長度，選用時須適合於D_2-D_1。

第十五圖所示與第十四圖相同，祇Δ_1及Δ_2之角度數值互易而已，因爲Δ正等於270度之機會難逢，故本文對於$\Delta_1+\Delta_2=270$度之其他變化之排列，概從省略，關於第十五圖之計算式如下：

$$Ts_1=(2R_2+P_c+P_2)-R_1-q_1 \cdots\cdots(1)$$

$$Ts_2=(R_1+P_1)-q_2 \cdots\cdots(2)$$

$$C.L._1=\frac{90°-Sc_1}{D_1}\times 20-\frac{lc}{2} \cdots\cdots(3)$$

$$C.L._2=\frac{180°-Sc_2}{D_2}\times 20-\frac{l_2}{2} \cdots\cdots(4)$$

lc爲p.C.C.點處之介曲線長度選用時須適合於D_2-D_1。

第十六圖所示之電燈泡式複曲線，初視之頗與第十二A圖相類似，惟第十二A圖有一特點，卽Δ_1之角度不能大於（$360°-2\Delta_2$）但第十六圖Δ_1之角度已大於此限，則不能仿用第十二A圖及第十二B圖之計算式，勉強仿用之，除I.P.;I.P.A;I.P.B 外，須再加兩個補助I.P,以便計算，加入介曲線後，其計算尤爲繁雜。比較簡便者，以仿用第十二B圖之計算方法爲便利，此項複曲線應用之機會較少，故本文敍述從略。

第十七圖所示與第十三A圖相似，惟R_1所成之曲線終點在I.P.A至I.P.直線之外，此項複曲線應用之機會可能甚多，加入介曲線應用後之一切計算式，均可全部仿用第十三B圖所示之計算式，僅因Ts_3之長度已大於L_3，故第九式實際改爲如下：

$$Ts_1=Ts_3-L_3 \cdots\cdots(9)$$

定測步驟各點，亦與第十三B圖相同。

五 螺旋形式之複曲線

前節論及電燈泡式及單曲線及複曲線，在應用時其特點有三：（A）可以在I.P.至T.S.（或S.T.）之間，啣接其他曲線而轉向他去。（B）可以在I.P.椿之上空跨越路線自身而去。（C)可以一邊在I.P.至T.S.（或S.T.）之間轉向他去，另一邊通過I.P.點而去，但從第十七圖之趨向觀之，已發現在路線上空跨越曲線自身之需要甚大，而轉向他去之可能性則爲減少。當吾人困於山嶺崎嶇，雖經運用電燈泡式曲線，以延伸路線長度，但仍不足應越嶺需要時，故複曲線之新型式樣必須發展到螺旋形式，以担任越嶺之任務。

第十八圖所示螺旋形式複曲線，Δ正等於 360 度，($\Delta_1=180°;\Delta_2=180°$)，此圖僅示在理論上有此可能性，實際應用之機會甚少，故$\Delta_1+\Delta_2=360°$之各種變化式樣，如$\Delta_1=270°$ $\Delta_2=90°$……等，均從簡略，不再舉例，關於第十八圖之計算式如下：

$$P=2(R_1-R_2)-(P_2-P_1+P_c)\text{……}(1)$$

$$Ts_1=-q_1\text{……}(2)$$

$$Ts_2=-q_2\text{……}(3)$$

$$C.L._1=\frac{180°-S_{C_1}}{D_1}\times 20-\frac{lc}{2}\text{……}(4)$$

$$C.L._2=\frac{180°-S_{C_2}}{D_2}\times 20-\frac{lc}{2}\text{……}(5)$$

lc為P.C.C.點處之介曲線長度選用時須適合D_2-D_1。

第十九A圖為Δ_1大於270度之電燈泡式之單曲線，與Δ_2小於90度之單曲線結合而成螺旋形式之複曲線，至加入介曲線應用則為第十九B圖，其計算式如下：

$$T_1=R_1\tan\frac{1}{2}(360°-\Delta_1)-\frac{P_1}{\tan(360°-\Delta)}\text{……}(1)$$

$$T_2=(R_2+P_c)\tan\frac{1}{2}\Delta_2-\frac{P_2-P_c}{\tan\Delta_2}\text{……}(2)$$

$$T_3=(R_2+P_c)\tan\frac{1}{2}\Delta_2+\frac{P_2-P_c}{\sin\Delta_2}\text{……}(3)$$

$$L_3=R_1\tan\frac{1}{2}(360°-\Delta_1)+\frac{P_1}{\sin(360°-\Delta_1)}-T_3\text{……}(1)$$

$$L_2=\frac{L_3\sin(360°-\Delta_1)}{\sin(360°-\Delta)}\text{……}(5)$$

$$L_1=\frac{L_3\sin(180°-\Delta_2)}{\sin(360°-\Delta)}\text{……}(6)$$

$$Ts_1=L_1+T_1-q_1\text{……}(7)$$

$$Ts_2=L_2+T_2+q_2\text{……}(8)$$

$$C.L._1=\frac{\Delta_1-S_{C_1}}{D_1}\times 20-\frac{lc}{2}\text{……}(9)$$

$$C.L._2=\frac{\Delta_2-S_{C_2}}{D_2}\times 20-\frac{lc}{2}\text{……}(10)$$

lc為P.C.C.點處之介曲線長度，選用時須適合於D_2-D_1。

第二十A圖之性質為Δ_2大於270度之電燈泡式單曲線與Δ_1小於90度之單曲線，結合而成之螺旋形式複曲線，此種複曲線應用之機會比第十九圖為多，其加入介曲線應用之式樣，如第二十B圖所示。其計算式如下：

$$T_1=R_1\tan\frac{\Delta_1}{2}-\frac{P_1}{\tan\Delta_1}\text{……}(1)$$

$$T_2=(R_2+P_c)\tan\frac{1}{2}(360°-\Delta_2)-\frac{P_2-P_c}{\tan(360°-\Delta_2)}\text{……}(2)$$

$$T_3=(R_2+P_c)\tan\frac{1}{2}(360°-\Delta_2)+\frac{P_2-P_c}{\sin(360°-\Delta_2)}\text{……}(3)$$

$$L_3=R_1\tan\frac{\Delta_1}{2}+\frac{P_1}{\sin\Delta_1}-T_3\text{……}(4)$$

$$L_2=\frac{L_3\sin\Delta_1}{\sin(360°-\Delta)}\cdots\cdots(5)$$

$$L_1=\frac{L_3\sin(\Delta_2-180°)}{\sin(360°-\Delta)}\cdots\cdots(6)$$

$$Ts_1=L_1+T_1+q_1\cdots\cdots(7)$$

$$Ts_2=L_2+T_2-q_2\cdots\cdots(8)$$

$$C.L._1=\frac{\Delta_1-Sc_1}{D_1}\times20-\frac{lc}{2}\cdots\cdots(9)$$

$$C.L._2=\frac{\Delta_2-Sc_2}{D_2}\times20-\frac{lc}{2}\cdots\cdots(10)$$

lc爲P.C.C.點處介曲線之長度，選用時須適合於D_2-D_1。定測時參見ALLEN書第131頁第199題附圖說明及計算實例。

第二十一圖所示之螺旋形式複曲線，Δ之度數已大於360度，Δ_1大於180度，Δ_2等於180度，本圖爲已加入介曲線應用之式樣，其計算式如下：

$$P=2(R_1-R_2)-(P_2-P_1+P_c)\cdots\cdots(1)$$

$$T_1=T_2=(R_1+P_1)\tan\frac{1}{2}(\Delta-360°)\cdots\cdots(2)$$

$$Ts_1=T_2+q_1-\frac{P}{\sin(\Delta-360°)}\cdots\cdots(3)$$

$$Ts_2=T_2+q_2+\frac{P}{\tan(\Delta-360°)}\cdots\cdots(4)$$

$$C.L._1=\frac{\Delta_1-Sc_1}{D_1}\times20-\frac{lc}{2}\cdots\cdots(5)$$

$$C.L._2=\frac{\Delta_2-Sc_2}{D_2}\times20-\frac{lc}{2}\cdots\cdots(6)$$

lc爲P.C.C.點處之介曲線長度，選用時須適合於D_2-D_1。

第二十二圖所示之螺旋形式複曲線，其性質與第二十一圖相同，惟Δ_1等於180度，Δ_2大於180°度，因此形成之式樣，而有小異，其計算式如下：

$$P=2(R_1-R_2)-(P_2-P_1+P_c)\cdots\cdots(1)$$

$$T_1=(R_2+P_2)\tan\frac{1}{2}(\Delta-180°)-\frac{P}{\tan(\Delta-360°)}\cdots\cdots(2)$$

$$T_2=R_2\tan(360°-\Delta_2)-\frac{P_2}{\tan(360°-\Delta_2)}\cdots\cdots(3)$$

$$T_3=R_2\tan(360°-\Delta_2)+\frac{P_2}{\sin(360°-\Delta_2)}\cdots\cdots(4)$$

$$L=\frac{T_3-T_1}{\cos(\Delta_2-180°)}\cdots\cdots(5)$$

$$T_{s1}=T_1+q_1\cdots\cdots(6)$$

$$T_{s2}=L-T_2+q_2\cdots\cdots(7)$$

$$C.L._1=\frac{\Delta_1-Sc_1}{D_1}\times20-\frac{lc}{2}\cdots\cdots(8)$$

$$C.L._2=\frac{\Delta_2-Sc_2}{D_2}\times20-\frac{lc}{2}\cdots\cdots(9)$$

lc爲P.C.C.點處之介曲線長度，選用時須適合於D_2-D_1。

第二十三A圖爲結合兩個不同半徑之電燈泡式單曲線而成一個螺旋形複曲線。IP;I.P.A;

10269

及I.P.B三點連切線仍成爲任意三角形，至加入介曲線應用後，則如第二十三B圖所示其計算式如下：

$$T_1 = R_1 \tan\frac{1}{2}(360° - \Delta_1) + \frac{P_1}{\tan(360° - \Delta_1)} \cdots\cdots(1)$$

$$T_2 = (R_2 + P_c)\tan\frac{1}{2}(360° - \Delta_2)\frac{P_2 - P_c}{\tan(360° - \Delta_2)} \cdots\cdots(2)$$

$$T_3 = R_1 \tan\frac{1}{2}(360° - \Delta_1) + \frac{P_1}{\sin(360° - \Delta_1)} \cdots\cdots(3)$$

$$T_4 = (R_2 + P_c)\tan\frac{1}{2}(360° - \Delta_2) + \frac{P_2 - P_c}{\sin(360° - \Delta_2)} \cdots\cdots(4)$$

$$L_3 = T_3 + T_4 \cdots\cdots(5)$$

$$L_2 = \frac{L_3 \sin(\Delta_1 - 180°)}{\sin(540° - \Delta)} \cdots\cdots(6)$$

$$L_1 = \frac{L_3 \sin(\Delta_2 - 180°)}{\sin(540° - \Delta)} \cdots\cdots(7)$$

$$Ts_1 = L_1 - T_1 + q_1 \cdots\cdots(8)$$

$$Ts_2 = L_2 - T_2 + q_2 \cdots\cdots(9)$$

$$C.L._1 = \frac{\Delta_1 - Sc_1}{D_1} \times 20 - \frac{lc}{2} \cdots\cdots(10)$$

$$C.L._2 = \frac{\Delta_2 - Sc_2}{D_2} \times 20 - \frac{lc}{2} \cdots\cdots(11)$$

lc爲P.C.C.點處介曲線之長度，選用時須適合於$D_2 - D_1$；定測時參見 ALLEN 書第131頁節199題所示附圖說明及計算實例以定測之。再本圖定測步驟詳見後節。

第二十四圖所示爲Δ_1小於180度，Δ_2大於270度之螺旋形複曲線，加入介曲線應用後之計算式如下：

$$T_1 = R_1 \tan\frac{\Delta_1}{2} - \frac{P_1}{\tan\Delta_1} \cdots\cdots(1)$$

$$T_2 = (R_2 + P_c)\tan\frac{1}{2}(360° - \Delta_2) - \frac{P_2 - P_c}{\tan(360° - \Delta_2)} \cdots\cdots(2)$$

$$T_3 = (R_2 + P_c)\tan\frac{1}{2}(360° - \Delta_2) + \frac{P_2 - P_c}{\mathrm{Sin}(360° - \Delta_2)} \cdots\cdots(3)$$

$$L_3 = R_1 \tan\frac{\Delta_1}{2} + \frac{P_1}{\mathrm{Sin}\Delta_1} - T_3 \cdots\cdots(4)$$

$$L_2 = \frac{L \sin(180° - \Delta_1)}{\sin(360° - \Delta)} \cdots\cdots(5)$$

$$L_1 = \frac{L \sin(360° - \Delta_2)}{\sin(360° - \Delta)} \cdots\cdots(6)$$

$$Ts_1 = T_1 + q_1O - L_1 \cdots\cdots(7)$$

$$Ts_2 = L_2 - T_2 + q_2 \cdots\cdots(8)$$

$$Ts_3 = T_2 - q_2 \cdots\cdots(9)$$

$$C.L._1 = \frac{\Delta_1 - Sc_1}{D_1} \times 20 - \frac{lc}{2} \cdots\cdots(10)$$

$$C.L._2 = \frac{\Delta_2 - Sc_2}{D_2} \times 20 - \frac{lc}{2} \cdots\cdots(11)$$

lc為P.C.C.點處介曲線之長度，選用時須適合於 D_2-D_1；定測時參見 ALLEN 書第131頁第199題所示附圖說明及計算實例，野外定測步驟可仿照後節詳述之第二十三 B 圖定測法。

綜合以上各圖而研究之可得原則於下。任何式樣之複曲線均不能脫離 I.P.；I.P.A；I.P.B 三交點任意三角形之變化，吾人若以90度為一階段而精細分析排列之，則所得之式樣尚不止此，應用時須舉一反三以選用之。再如第十七圖第二十 B 圖及第二十四圖之式樣極相類似，但以 Δ_1 及 Δ_2 角度變化關係，致I.P.；I.P.A；I.P.B. 三交點所成之任意三角形隨時變更其地位故在應用時，如發現I.P.；I.P.A；I.P.B；任意三角形位置，為本文各圖中所未見者，則須仿照示例，改變計算Ts長度之計算式。

再本文擬定螺旋形複曲線之式樣，I.P.交點折角之最大數值已達560度以上乃至接近540度。在理論上固可繼續分析之，惟忖度鐵路上建築工程最高之谷架橋，如達40公尺，則可謂艱巨已極。如仍定線工程司採用到螺旋形複曲線至如第二十三 B 圖及第二十四圖之式樣時，恐已須建高數十公尺之谷架橋，或長數百公尺之隧道矣，故本文分析至此而止。

三心複曲線：——

ALLEN 書第133頁第201題，論及用三個不同半徑之單曲線，而結合成為一個複曲線之問題.SEARLES 書第123頁第164題起至第135頁止研究三個圓心之複曲線。在理論而言，甚至可發展到多心複曲線。惟計算及定測工作，比較兩個半徑之複曲線，尤為繁重。本人尚未見到有應用三個半徑之複曲線。本文研究範圍內原亦列為專章討論之，終以實際應用之可能性過少，而從簡略。茲僅舉一圖例第二十五圖以示三心複曲線應用於螺旋形複曲線之式樣。如實際定測時，竟採用到此種複曲線，本人以為所有各交點樁I.P.；I.P.A；I.P.B；I.P.C 均無法定出，而各切線長度算出後，亦無從量定之。本人主張定測時之主要步驟，在紙上定線後，在 I 地先從初測線上適當地點，用方向角交出 O_1 後，再由 O_1 點定出 O_2；O_3 點，再由此三點延伸定出T.C.；$P.C.C._1$，$P.C.C._2$；C.T.等點，再由各點定出切點之方向，再次依照次節所述者施測之。此種定測曲線之法，正與尋常定測法相反，惟本人以為山勢崎嶇，在建築工程之眼光看來，應用此種曲線之結果，恐谷架橋之高度，至為驚人。則應用此種曲線僅為理論上之可能性而已，故本文未深加研究之。惟如 ALLEN 書第133頁第201題所示之三心複曲線，當路線循河道山澗曲折而行時，定線工程司應盡量採用此種式樣，以求得最經濟之路線。

茲假定紙上定線研究時，認為第二十六圖中 R_1 及 R_2 所成之曲線部份之路線甚佳所需之建築費用，堪稱經濟，而其缺點，在公有切線之部份，因臨近峭壁，河邊須建甚為高大之禦土牆，如將路線內移，則可能在兩邊曲線部份，需要開鑿隧道，此時最理想之修正線，固定兩邊曲線而將公有切線部份內移之。如定線工程司遭遇是項地形時，本文謹介紹 ALLFN 書第133頁第201題，並重繪為第二十六圖再加說明之。

此圖 I.P. 僅為理論上之交點，實際上無法定出之。原始定線為I.P′.A及I.P′.B兩個交點及 R_1；R_2 之曲線，並由此而確知兩曲線間之公有切線長度，此為第一步驟，其計算式如下：

此時 Δ'_1；Δ'_2 及 R_1，R_2 均為已知數。

$$\Delta=\Delta'_1+\Delta'_2 \cdots\cdots\cdots(1)$$

$$T_1=R_1\tan\frac{\Delta'_1}{2}-\frac{P_1}{\tan\Delta'_1} \cdots\cdots\cdots(2)$$

$$T_3=R_1\tan\frac{\Delta'_1}{2}+\frac{P_1}{\sin\Delta_1}\cdots\cdots(3)$$

$$T_2=R_2\tan\frac{\Delta'_2}{2}-\frac{P_2}{\tan\Delta_2}\cdots\cdots(4)$$

$$T_4=R_2\tan\frac{\Delta'_2}{2}+\frac{P_2}{\sin\Delta_2}\cdots\cdots(5)$$

$$Ts'_1=T_1+q_1\cdots\cdots(6)$$

$$Ts'_2=T_2+q_2\cdots\cdots(7)$$

$$C.L._1=\frac{\Delta'_1-Sc_1}{D_1}\times 20\cdots\cdots(8)$$

$$C.L._2=\frac{\Delta'_2-Sc_2}{D_2}\times 20\cdots\cdots(9)$$

定測至此，公有切線t之長度，爲已知數矣，R_3之半徑，亦從紙上定線選用，同時選定P_3及lc_2之長度適合於D_2-D_3;P_4及lc_1適合於D_1-D_3，此後之計算式如下：

$$\tan\theta=\frac{R_1-R_2}{t}\cdots\cdots(10)$$

$$\overline{O_1O_2}=\frac{t}{\cos\theta}\cdots\cdots(11)$$

$$\overline{O_1O_3}=R_3-R_2-P_3\cdots\cdots(12)$$

$$\overline{O_2O_3}=R_3-R_1-P_4\cdots\cdots(13)$$

$$\cos O_1=\frac{\overline{O_1O_3}^2+\overline{O_1O_2}^2-\overline{O_2O_3}^2}{2\times\overline{O_1O_3}\times\overline{O_1O_2}}\cdots\cdots(14)$$

$$\sin O_2=\frac{\overline{O_1O_3}}{\overline{O_2O_3}}\sin O_1\cdots\cdots(15)$$

$$\Delta_3=180°-O_1-O_2=\alpha+\beta\cdots\cdots(16)$$

$$\beta=90°-O_1+\theta\cdots\cdots(17)$$

$$\alpha=90°-\theta-O_2\cdots\cdots(18)$$

$$\Delta_1=\Delta'_1-\beta\cdots\cdots(19)$$

$$\Delta_2=\Delta'_2-\alpha\cdots\cdots(20)$$

由此算出C.T.至P.C.C.$_1$之曲線距離爲$\frac{B}{D_1}\times 20$而定出P.C.C.$_1$點。延伸P.C.C.$_1$點至O_3之直線量P_4距離定出I.P.A至I.P.C直線上之一點，更從此點可交出I.P.A及I.P.C。同理算出T.C$_2$至P.C.C.$_2$之曲線距離爲$\frac{\alpha}{D_2}\times 20$而定出P.C.C.$_2$點，再量$P_3$距離而得I.P.B至I.P.C線上之一點，由此點可交出I.P.B及I.P.C點。再後可分別定測三個曲線矣。

以上所述，係假定分兩部手續定測之普通三心複曲線，茲爲便於野外工作順利起見，前定步驟可略加變更如下：(a)定I.P'.A；I.P'.B兩點量$\Delta'_1\Delta'_2$角度精量I.P'.A至I.P'.B間距離。(b)選用R_3半徑等，並根據上述第十式至二十式，計算各項角度。(c)再根據以下計算式計算之。

$$Ts_1=(R_1+P_4)\tan\frac{1}{2}\Delta_1-\frac{P_1-P_4}{\tan\Delta_1}+q_1\cdots\cdots(1)$$

$$Ts_5=(R_1+P_4)\tan\frac{1}{2}\Delta_1+\frac{P_1-P_4}{\sin\Delta_1}\cdots\cdots(2)$$

$$T_{S_2}=(R_2+P_3)\tan\frac{1}{2}\Delta_2-\frac{P_2-P_3}{\tan\Delta_2}+q_2 \cdots\cdots(3)$$

$$T_{S_6}=(R_2+P_3)\tan\frac{1}{2}\Delta_2+\frac{P_2+P_3}{\sin\Delta_2} \cdots\cdots(4)$$

$$T_{S_4}=(R_3+P_4)\tan\frac{1}{2}\Delta_3-\frac{P_3-P_4}{\tan\Delta_3} \cdots\cdots(5)$$

$$T_{S_3}=(R_3+P_4)\tan\frac{1}{2}\Delta_3+\frac{P_3-P_4}{\sin\Delta_3} \cdots\cdots(6)$$

L_1由實測時量得之

$$L_2=T_{S_4}+T_{S_6} \cdots\cdots(7)$$

$$L_3=T_{S_3}+T_{S_5} \cdots\cdots(8)$$

（註：L_1;L_2;L_3爲任意三角形，可用正弦公式複算其長度，其中A角爲$\Delta'_1-\Delta_1$;B角爲$\Delta'_2-\Delta_2$，C角爲$180°-\Delta_3$）

$$d_1=T_{S'_2}-T_{S_2} \cdots\cdots(9)$$

$$d_2=T_{S'_1}-T_{S_1} \cdots\cdots(10)$$

$$C.L._1=\frac{\Delta_1-Sc_1}{D_1}\times 20-\frac{lc_1}{2} \cdots\cdots(11)$$

$$C.L.=\frac{\Delta_2-Sc_2}{D_2}\times 20-\frac{lc_2}{2} \cdots\cdots(12)$$

$$C.L._3=\frac{\Delta_3}{D_3}\times 20-\frac{1}{2}(lc_1+lc_2) \cdots\cdots(13)$$

lc_1爲P.C.C.$_1$點處之介曲線長度選用時須適合於D_1-D_3；

lc_2爲P.C.C.$_2$點處之介曲線長度選用時須適合於D_2-D_3;定測時參見 ALLEN 書第131頁第199題所示附圖說明及計算實例以定測之。

(d)定I.P.$_A$;I.P.$_B$三樁位。(c)複量L_2;L_3之長度。(f)定P.C.C.$_1$; P.C.C.$_2$; T.S.P; S.C.; P.C.S.$_1$; P.S.C.$_1$; P.C.S$_2$; P.S.C.$_2$; C..S.; S.T.等點。(g)定測各部曲線。

六　野外定測工作之要點

（A）先決條件

定線工程司之工作，先在紙上定線研究得其概念後，其次步驟，即在參考紙上定線之成果，復在工地定出適合需要之路線，此項工作，常爲地形圖上等高線之準確程度所決定，故關於測量地形之重要性，誠爲担任是項工作之工程司不可疏忽者。尤以長距離之直線，及長距離之曲線，在測量時常令工程司處於困惱之境，尤以地形不準爲甚。山區定線，用長直線機會少，用長曲線機會多，如何使測量結果優良，切合適用，本人以爲須有先決條件如下：（1）測量儀器之性能，必須優良，不待煩言，測量工作進行中，尤須時時校正，俾一旦測量有誤時，足以證明，非儀器不準之誤。（2）測工技術問題，關係重大，爲測量時之最基本要素，對於量距離之方法步驟，尤須切實考驗訓練，令其量斜面距離之誤差，與量平面距離，至爲接近，必須訓練純熟，方能出發工地。（3）氣候之影響，非人力所能左右，如雨霧迷漫，視線不清，烈日當空，又或十字絲有跳動狀態，過大風則垂鉈不能穩定，轉鏡點多，可能積小誤成大差，事實上測量生活之辛勞，人所盡知，豈能等候理想之天氣，爲國家建設，工程司當不辭辛勞以赴之。

（B）工作之步驟

（1）測量基線長度　測量工作進行中，遇有障礙之施測法，如I.P.交點樁，不能安置經緯儀之處理辦法，以及曲線起點終點樁遇障礙時之施測法，如 ALLEN 書第五十六頁及五十七頁從第九十六題至第九十八題之附圖所示方法，定線工程司早能應付裕如，不待本文敍述之。惟本人於此提出研究之要點，如本文第九圖所示者，因I.P.至曲線起點及終點之距離，非常遙遠，致I.P.實際上不能定出之。工程司固知應用任意三角形正弦公式，量AB基線之長度以計算之，無奈AB基線之長度，已達300公尺以上至400公尺，且須經過陡坡深溝等地，測量工作費時費力難期準確。當此基線之精確長度，不能爲工程司所信任時，則全部曲線定測之結果，可以想見。本人主張另擇平坦之田地，定CD兩樁，量取CD兩點之精確長度，爲輕而易舉之事，再聯合AB兩點，成爲任意四邊形，仿照大地測量中測量三角網之辦法，測八個角度，以校正計算之，則AB兩點距離，可得精確，由此定測之曲線，自然可靠矣。

(2)尋求複曲線之P.C.C.點　按複曲線，既爲結合兩個單曲線加上介曲線應用而成，則野外工作時，必須首先定出其結合點處(P.C.C.)之位置，以爲定測全部複曲線之重要關鍵。而爲求工作進行之順利，須先選擇切線長度較短之I.P.A或I.P.B.及主要之一部曲線定測之，以便定出P.C.C.點，茲就本文中所附各圖，選擇第四圖第十三B圖第二十B圖第二十三B圖敍述定測步驟以供參考。

第四圖之定測步驟如下：

(a)定T_{S_1};T_{S_2}之方向線及量基線長度計算之。(b)定I.P.A或I.P.B,如能全部定出更佳。(c)定測P.C.C.點。(d)定T.S.; S.C.; P.C.S.; P.S.C.; C.S.; S.T 等點。(e)定測曲線。

第十三B圖之定測步驟如下：

(a)定I.P.B兩切線之方向線及量基線長度計算之。(b)定I.P.A及P.C.C.點。(c)定I.P.及T.S.及S.C.點。如I.P.點不能定出亦無妨。(d)定S.T.;C.S.點。(e)計算角度量測各點以證明各點是否切合實用。如發現誤差，須不待全部曲線測竣，立卽校正之。(f)劃分長曲線爲短曲線，分別定測之。

第二十B圖之定測步驟如下：

(a)定I.P.B;I.P.A兩點及各邊切線方向。(b)定P.C.C.點T.S; S.C.; C.S; S.T.等點。(c)計算角度，複測各點有無錯誤，如有差誤，立卽校正之。(d)劃分長曲線分別定測之。

第二十三B圖之定測步驟如下：

(a)定出L_2及L_3之方向線及I.P.B點，或量基線計算之。(b)沿切線定P.C.C.點及C.T.點。(c)各置儀器於P.C.C.點及C.T.點相交半徑R_2之圓心O_2點按是項曲線必在山谷盆地，故圓心可以交出。(d)延長P.C.C.點至O_2點之直線而定O_1點。(e)各置經緯儀於P.C.C.點及O_1點相交T.C.點。(f)延長O_1點至T.C.點之直線，量P_1長度，爲L_1直線上之T.C.交點。(g)置儀器於L_1線上之T.C.點，定出L_1之直線。(h)定T.S.; S.C.及P.C.S.; P.S.C.及C.S.S.T.諸點。(i)計算角度，複測各點是否正確。(j)劃分長曲線，分別定測之。

按上述定測步驟，其特點有二：(a)野外工作時，僅能在工地固定兩條切線，相交一個I.P.,如同時定三條切線，兩個I.P.;則不能配合紙上定線所決定之D_1;D_2及Δ_1或Δ_2;易言之必須D_1或D_2兩者，有一個不能成爲整數，而致現有介曲線已計算妥當之常數，不能引用，而必須重算之。因此之故。如第二十三B圖所需之直線爲L_1及L_2，如先固定L_1及L_2之方向，則尋求P.C.C.點，頗感煩難，爲便利施測起見，故先定出L_3直線，以爲補助，而利測事之推進。(b)一般測量習慣定測曲線除I.P.點外，定測任何樁位，均先用經緯儀定一方向線而循此方向線量所需之長度以定出之，但在遠距離時，此法甚難準確，故本文主張用兩組經緯同時工作，相交P.C.C.點或T.C.,故此法節省時間，迅速準確。以上所述之特點，施測時必須盡量發揮之。

(3)劃分長距離之曲線　當定測長距離之曲線時，本人主張先將一個長彎道，劃分成幾個短距離之曲線，則工作較爲輕易，可免誤差集中之弊，且爲將來施工時間，爲求保存路線之正確性，則劃分長曲線之樁橛，亦至有保存之價值。茲以電燈泡式之單曲線爲例其步驟如下：

(a)定曲線中心位置 M_c 樁(複曲線之各部不同半徑曲線，各定其 M_c 樁)

(b)定出介曲線交點位置I.P.S.樁

(c)視地形變化之需要，將 M_c 至 S.C.; 及 M_c 至 C.S. 中間，分成若干小彎道而定出 I.P.a; I.P.b; I.P.c; I.P.d 等樁。

(d)地形適宜時定圓心O樁。

(e)定測各部曲線中樁。

以上各點詳見第二十七圖，上述a.b.c三步驟，尙須分別詳述之。

(a)定曲線中心位置之方法有二：(1)將經緯儀置於I.P.點，後視切線點，轉 $\frac{r}{2}$ 角度，循此方向，量 M_c 之距離以定之。此法普通常爲工程司所應用，因由 M_c 點後視I.P.分定兩邊曲線，事實上已等於將一個彎道，分成兩個小彎道矣。惟在電燈泡式之曲線，以距離太長，山地崎嶇，量尺難期準確。且如I.P.樁不能定出時，此法不能應用。(2)見第二十七圖，選擇適當地點 B,C 兩點令 $\overline{AB}=\overline{AC}$，爲等腰三角形，在I.P.至 M_c 之線上相交D點，則分成兩個相等直角三角形。因 Ts 之長度及 $\frac{r}{2}$ 之角度，均爲已知數，I.P.點至 M_c 之距離亦爲已知數，B.C.兩點，可由T.S.及S.T.量回相等之距離a，或由H井量回定出之，其計算式如下：

$$CD=BD=(T_S-a)\sin\frac{r}{2} \quad\cdots\cdots(1)$$

$$AD=(T_S-a)\cos\frac{r}{2} \quad\cdots\cdots(2)$$

$$DM_c=AM_c-AD \quad\cdots\cdots(3)$$

$$\theta=\mathrm{Tan}^{-1}\left(\frac{DM_c}{BD}\right) \quad\cdots\cdots(4)$$

$$\alpha=90^\circ-\frac{r}{2} \quad\cdots\cdots(5)$$

$$\beta=180^\circ-(\theta+\alpha) \quad\cdots\cdots(6)$$

實測時用兩組經緯儀置B.C.兩點，互爲後視，各轉 θ 角度則可交出 M_c 點之位置。如後視切線，轉 β 角亦可。此法迅速準確，如地形適宜，逕用T.S.及S.T.兩點，或S.C.及C.S.兩點相交 M_c 點亦可。野外工作時，因地制宜應用之。(複曲線各部 M_c 點須由S.C.; P.C.C. 交之)

(b)介曲線交點位置I.P.S.樁，普通測量曲線時，均不定出，惟在電燈泡式曲線時，因須劃分一個一個大彎道爲數個小彎道，則必須定出，以利工作，其法由T.S.及S.T.各量出 $T_1=y_c-x_c\cot S_c$ 即可直接定出之(見第八圖)。至S.C.及C.S.兩點必須由I.P.S量出方能準確，其長度爲 $T_2=\frac{x_c}{\sin S_c}$ (見第八圖)。普通須用之偏角法，及 x_c; y_c 支距法仍可用爲複核之用。

(c)劃分小彎道法，將經緯儀器安置在I.P.S樁，後視切線點，轉 Sc 角，按地形量適當之距離，得I.P.a之大概位置，此時I.P.a至I.P.S間之距離，已量得爲T，曲線半徑R爲已知數，則 I.P.a 之交角 Δ_a 可用下式求之。

$$\tan\frac{\Delta_a}{2}=\frac{T}{R} \text{ 即 } \Delta_a=2\tan^{-1}\left(\frac{T}{R}\right)$$

但 Δ_a 最好爲以分爲單位之整數，故 Δ_a 之角度，仍須以調整後之角度回算T切線之長度，然後重定 I.P.a 點。再將經緯儀置於 I.P.a 點上，轉角度 Δa 量長度T得E點，則劃分第一個小彎道之條件方告成。用同法得 I.P.b 點，再將經緯儀置M_c點，後視B點或C點，轉角度θ，得M_c點之切線，依同法複核 I.P.b之位置及距離，如有誤差，須作數次校正，務合合宜而後已。用此法吾人在曲線之外可得 I.P.S;I.P.a;I.P.b; I.P.c;I.P.d 等控制點，在曲線上可得S.C.; E; M_c; F 及 C.S. 等樁點，則測量工作之推進，自然順利矣。此外須注意者，I.P.a;I.P_b………等最好距路線有相當距離，俾在施工期間內，不致毀滅爲原則。

（d）置經緯儀於S.C.;M_c;C.S.等點，交出圓心O樁。

（4）定測銳曲線應用之弦長問題。定線工程司在定測銳曲線時，往往喜用短弦，如每量10公尺，或每量 5 公尺之類，而結果每致曲線長度，因之有誤差，此點本人主張須視計算切線長度時，所用半徑 R 之值，如何而來定之，如 R 之值，係由於弦長20公尺計算而來如下式：

$$\text{弦長20公尺}\quad R=\frac{10}{\sin D/2}\cdots\cdots\cdots\cdots(1)$$

則測量時應先用20公尺之整弦量定整樁後，再回定加樁。如R之值，係用弦長10公尺計算而來如下式：

$$\text{弦長10公尺}\quad R=\frac{5}{\sin D/4}\cdots\cdots\cdots\cdots(2)$$

則量時應先用10公尺之整弦，量定整弦後，再回定加樁。如此方可免距離誤差集中之弊。本人於此曾在湘桂黔旬刊一卷十二期（三十五年十二月二十一日）爲文「我對於定測鐵路銳曲線應用短弦加長法之意見」以討論之，請參見原文。

再者有人主張轉鏡點愈少，則誤差愈小，此點在原則上誠無可厚非。但在實際上本人主張寧可多用轉鏡點，而必須每個轉鏡點，均能用經緯儀看到木樁之頂，必要時可垂線鉈，決不可信任花桿。語云「熟能生巧」，野外工作，原則甚爲簡單，定線工程司做得愈多則解決問題之經驗，愈爲豐富，非筆墨所能盡述也。

七　結論

綜上所述，吾人應用此項複曲線之計算工作及定測工作，確較普通之單曲線繁難數倍，惟工程司身負國家建設大計，既不惜胼手胝足，攀援峭壁，以尋求可通之線，豈宜爲局部工作之繁重，而疏忽大計。抑有進者，測量工作，爲策動有組織之羣力，發揮集體工作之成就，在分工之中，尤須勿失合作之原則，蓋工作之表現，不在某某組之快慢，而在全部組織之靈活，尤繫於主持者領導工作組織工作分配工作之才幹，統籌兼顧，在工作上則羣策以進，在個人方面則勞逸均衡。譬如運動，測量隊爲萬米之長跑，宜沉着巡進，而不宜急奔，欲速則不達，古有明訓矣。再往常習慣，比如担任經緯儀之工程司，常分爲交點及曲線組，職責分淸，似不容相混。然定測本文新型複曲線時，則非兩組經緯儀同時合作不爲功。再者測量隊之工作進度，習慣上以所測之公里數及所需之時日爲考核之標準，然山嶺崎嶇之地，究不可與邱陵區，平原區同日而語，建築鐵路爲國家百年大計，施工期間或爲數年，而測量所需時日僅爲數月，則局部須費繁重工作以定測之複曲線數日而已，是以負責定線之工程司。身肩國家建設大計，宜忍性沉着，以求工作之盡量美善，不宜爲工作進度之較速而躐等躁進，以致輕則增加重測之煩，重則疏忽大計，誠爲吾人必須深加警惕者也！嘗聞鐵路界先進有言「鐵路路線多加一番選測，多費若干測量費用，而其所得之貢獻，及所節省之建築費，絕非區區測量費所可比擬」。旨哉斯言，要在主持當局運籌帷幄之內，督導適宜，分別考核各個測量隊之工作，是否切實有效，寬籌經費，予以必須之時日，則結果貢獻必大，可以斷言。如主持當局雁着眼於工作進度，比以時日，限於費用，則測量結果，其不流爲走馬看花潦草粗製者幾希！

中國鐵路建設現已進入西部山嶺區域，關於定線上之技術問題，吾人已感現用之方法，不足以應付需要，至需吾人深進鑽研，開闢新途，俾在非常崎嶇之山地，尋求可通之路線。本人不揣譾陋，爰將讀書所得之筆記，公開請求指教，倘祈海內賢達，羣策以進，俾斯項理論技術，益趨完善之境，以爲國用。則幸甚矣。

附　錄

本文中所述之各項計算式，大體均從ALLEN及SEARLES兩書，演進而來，作者原假定讀此文者，均曾讀過ALLEN及SEARLES兩書，故文中祇述及引用某書某頁某題，而未詳加譯述。事實上在目前之苦難時代中，讀書並非易事，未見得讀者人人手邊均有ALLEN及SEARLES兩書，則因本人之估計有誤，致讀者有隔閡之苦，殊感歉仄。茲就引用原書材料，擇要譯錄，俾免讀者搜尋原書之煩。

〔A〕ALLEN書第63頁第112題之證明，茲移繪爲圖A_1及A_2圖。

圖A_1：　AP爲R_2半徑，

AB爲R_2所畫成之單曲線；

C爲P.C.C.點，

CO爲另一半徑R_1；

CB爲R_1所畫成之另一單曲線；

BE爲兩切線間之垂直距離爲P

則MN＝BE＝P

$$\text{Vers COB}=\frac{MN}{OP}$$

即

$$\text{Vers}\Delta_1=\frac{P}{R_1-R_2}$$

圖A_2：　依同理

$$\text{Vers}\Delta_2=\frac{P}{R_1-R_2}$$

〔B〕SEARLES書第102頁之證明見圖B。

令AP及PB爲組成複曲線之兩單曲線；

O_2A爲半徑R_2；其圓心角爲Δ_2；

O_1P爲半徑R_1；其圓心角爲Δ_1；

BV爲T_1；AV爲T_2；

延伸AP圓弧至Q其所成折角AO_2Q爲Δ；

延伸BP圓弧至J_1其所成折角PO_1J爲Δ_2；

畫AM及QS垂直於O_2Q及O_1B；

畫QN及AH平行於PO_1；

畫BG垂直於O_1J，BF垂直於AV；AE垂直於BV

畫QB弦用NQ爲半徑（$=R_1-R_2$）以N爲圓心，畫圓弧BQ。

畫AJ弦用HA爲半徑（$=R_1-R_2$）以H爲圓心，畫圓弧AJ。

則AE＝MQ＋SB

即$T_2\ \mathrm{Sin}\Delta = R_2 \mathrm{Vers}\Delta + (R-R_2)\ \mathrm{Vers}\Delta_1$

$$T_2 = \frac{R_2\ \mathrm{Vers}\Delta + (R_1 - R_2)\ \mathrm{Vers}\Delta_1}{\sin\Delta}$$

同理

$$BF = GJ - IJ$$

$$T_1\ \sin\Delta = R_1\ \mathrm{Vers}\Delta - (R_1 - R_2)\ \mathrm{Vers}\Delta_2$$

$$T_1 = \frac{R_1\ \mathrm{Vers}\Delta - (R_1 - R_2)\ \mathrm{Vers}\Delta_2}{\sin\Delta}$$

〔C〕參照ALLEN書第131頁，第199題示例，說明定測複曲線中兩單曲線啣接處之介曲線於下：

圖C: A點爲複曲線中一單曲線之P.C.S.點；

C點爲複曲線中另一單曲線之P.S.C.點；

L點及K點爲兩曲線之P.C.C.點；

LK間之長度爲Pc，正適合於(D_2-D_1)；

AL及CK爲兩曲線上併入介曲線之長度，各爲½ls；(誤差極微，可忽略不計)

AC爲所欲定測之介曲線。

計算步驟：

(a)從各路定測標準中，選用介曲線之長度，適合於D_2-D_1；同時可算出Pc之數值，(Pc之值，各路設計標準圖中，可以直接查用)

(b)劃分介曲線全長爲若干等分，計算出各等分點之折角爲i_1；i_2；i_3…………

(c)按經緯儀所欲安置之曲線，計算出各等分點之折角爲$\frac{d_1}{2}$；$\frac{d_2}{2}$；$\frac{d_3}{2}$…………

(d)經緯儀置於A點之總折角數計算法如下：

介曲線折角數

測點	曲線折角數（適用不@T.S.→S.C.）				總折角數
0	0	+	0	=	0
1	$\frac{d_1}{2}$	+	i_1	=	α_1
2	$\frac{d_2}{2}$	+	i_2	=	α_2
3	$\frac{d_3}{2}$	+	i_3	=	α_3
⋮	⋮		⋮		⋮

(e)經緯儀置於C點之總折角數計算法如下：

介曲線折角數

測點	曲線折角數（適用不@S.C.→T.S.）				總折角數
0	0	−	0	=	0
1	$\frac{d_1}{2}$	−	i_1	=	α_1
2	$\frac{d_2}{2}$	−	i_2	=	α_2
3	$\frac{d_3}{2}$	−	i_3	=	α_3
⋮	⋮		⋮		⋮

定測步驟：

(a)定測介曲線以前，兩單曲線均已測竣，L及K兩點，已在I地定出，其距離為P_c適合於(D_2-D_1)。

(b)由L及K各量出½l_s之長度，在曲線上定出A點及C點。

(c)置經緯儀於A點(或C點)。

(d)求出A點(或C點)之切線方向線，置角度於零。

(c)用總折角數定測介曲線。

示例：(採取湘桂黔鐵路都筑段定測標準)

$D_2=6°-00'$；$D_1=4°-00'$；$ls=50^m$

當$D_2-D_1=6°-4°=2°$時之l_s長度查標準圖為50^m；$Pc=0.182^m$；$S_C=2°-30'$。

將介曲線劃分為十等分後，計算各點之總折角數。

(a)當經緯儀置於4°—00′曲線上之A點，應用各點之總折角數如下：

介曲線折角數

測點	4°曲線折角數		(適用不@T.S.→S.C.)		總折角數
o	0	+	0	=	0
1	0°—30′.0	+	0°—00′.5	=	0°—30′.5
2	1°—00′.0	+	0°—02′.0	=	1°—02′.0
3	1°—30′.0	+	0°—04′.5	=	1°—31′.5
4	2°—00′.0	+	0°—08′.0	=	2°—08′.0
5	2°—30′.0	+	0°—12′.5	=	2°—12′.5
6	3°—00′.0	+	0°—18′.0	=	3°—18′.0
7	3°—30′.0	+	0°—24′.5	=	3°—54′.5
8	4°—00′.0	+	0°—32′.0	=	4°—32′.0
9	4°—30′.0	+	0°—40′.5	=	5°—40′.5
10	5°—00′.0	+	0°—50′.0	=	5°—50′.0

(b)當經緯儀置於6°—00曲線上之C點，應用各點之總折角數如下：

介曲線折角數

測點	6°曲線折角數		(適用不@S.C.→T.S.)		總折角數
0	0°—00′.0	—	0°—00′.0	=	0°—00′.0
1	0°—45′.0	—	0°—50′.5	=	0°—30′.5
2	1°—30′.0	—	0°—28′.0	=	1°—02′.0
3	2°—16′.0	—	0°—40′.0	=	1°—34′.5
4	3°—00′.0	—	0°—52′.0	=	2°—08′.0
5	3°—45′.0	—	1°—02′.5	=	2°—42′.5
6	4°—30′.0	—	1°—12′.0	=	3°—18′.0
7	5°—15′.0	—	1°—20′.5	=	3°—54′.5
8	6°—00′.0	—	1°—28′.0	=	4°—32′.0
9	6。—45′.0	—	1°—34′.5	=	5。—10′.0
10	7°—30 .0	—	1°—40′.0	=	5°—50′.0

〔D〕ALLEN書第122頁191題之說明，當兩種不同之介曲線同時應用時，則兩邊切線之長度，應分別計算之。

如圖D所示：$LK=p_2$，$BD=p_1$，

設　DE圓弧；EV'平行於LV；VS垂直於LV。

則　$VS=p_2-p_1$

$$VV'=\frac{p_2-p_1}{\sin\Delta}$$

$$SV'=\frac{p_2-p_1}{\tan\Delta}$$

$$LV=T_1=(R+p_1)\tan\frac{\Delta}{2}-\frac{p_2-p_1}{\tan\Delta}$$

$$DV=T_2=(R+p_1)\tan\frac{\Delta}{2}+\frac{p_2-p_1}{\sin\Delta}$$

〔E〕ALLEN及SEARLES書後附表，雖原書爲英制，與我國所用公制不同，除數字對數表，三角函數表，三角函數對數表，可以直接應用外，其餘表中，尚有可變通應用者，附爲介紹於下：

(a)RADII AND THEIR LOGARITHMS（在兩書中均爲第一表）表中數值查出後乘以常數0 2,即得所求之公制數值，但對數數值，須另算之。

例：D=1°—00；英制尺=5729.65；公制尺=5729.65×0.2=1145 93

(b)TANGENT DISTANCES FOR A I° CURVE（ALLEN書爲第三表）

(c)EXTERNAL DISTANCES FOR A I° CURVE(ALLEN書爲第五表)

以上兩表在SEARLES書合爲第三表均可以表中數值乘以常數0.2即得所求之公制數值，上兩表在野外定測(FIELD LOCATION)或紙上定線時，在研究公有切線是否合於規定之最低限度，以及研究選用彎度大小(DEGREE)以配合需要MC之長，應用上述兩表，至爲簡單而迅速，（校正數可忽略不計）但在正式定測時，仍以用規定之計算式爲宜。

(p)DEFLECTION ANGLES FOR TEN-CHORD SPIARL (@T.S.)

此表在ALLEN爲第七表，在SEARLES書爲第四十五表，如所需之Sc角度與表中數值符合，則可直接採用之。

(e)COEFFICIFNTS OF i_1 FOR DEFLECTION ANGLES TO CHORD POINTS OF SPIARL（在ALLEN書爲第七\表，SEARLES書爲第四十六表）此表適用於英制或公制，吾人據以計算介曲線表，以便經緯儀可置於任何點施測，對於介曲線上遇障礙時，極爲便利，尤以在隧道導坑中施測，最爲便利。

(f)CURVES FOR METRIC SYSTEM（ALLEN書爲第十表SEARLES書爲第十一表）此表可直接用之，惟須注意者，此表內Radius之數值，爲½D之數值，如查D=4°—00′之半徑，則應查2°行，方可無誤。

(g)其他如視距測量應用之高度差及更正水平距離表，以及三角公式等，均可直接引用之。

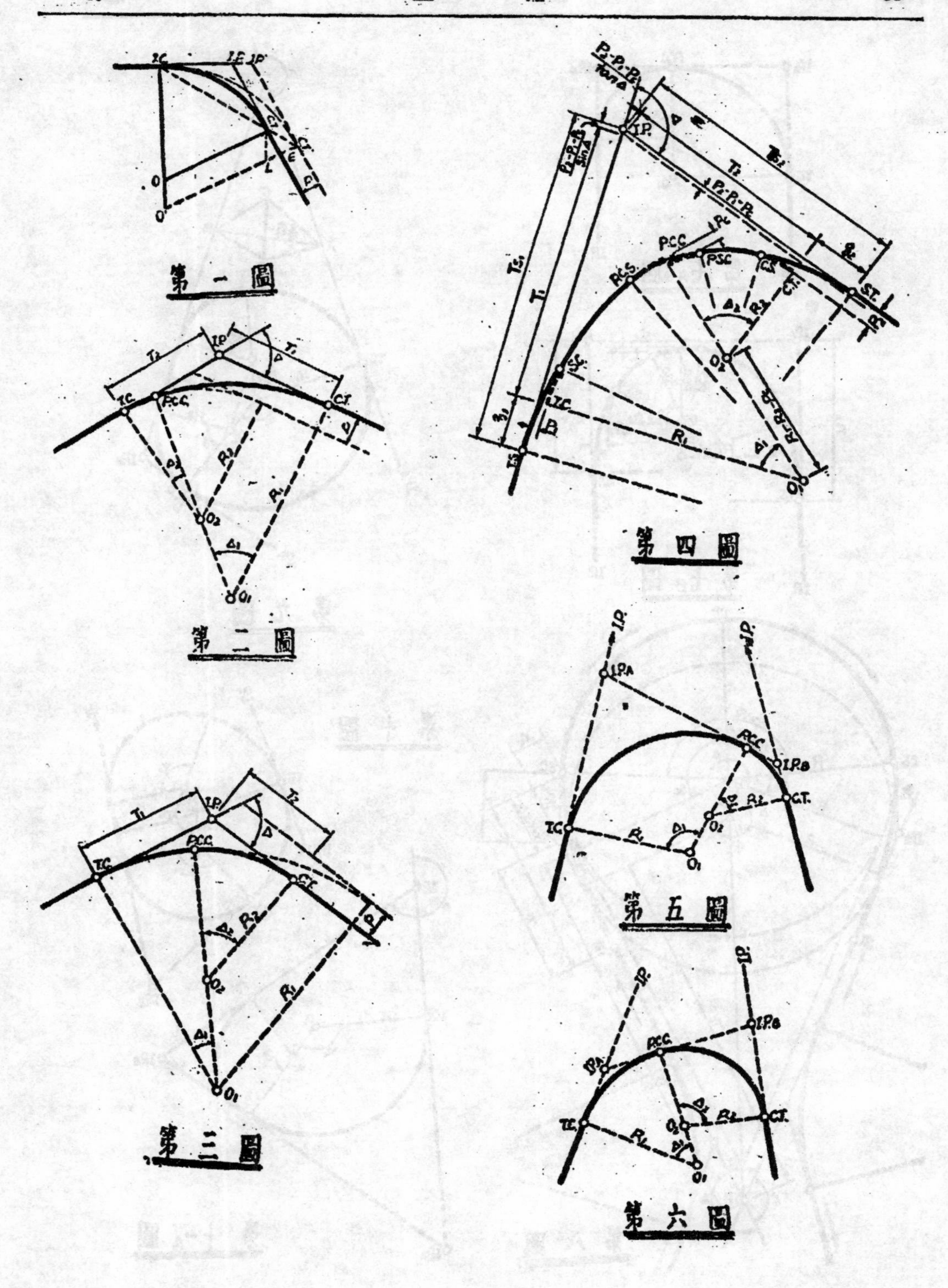

第一圖

第二圖

第三圖

第四圖

第五圖

第六圖

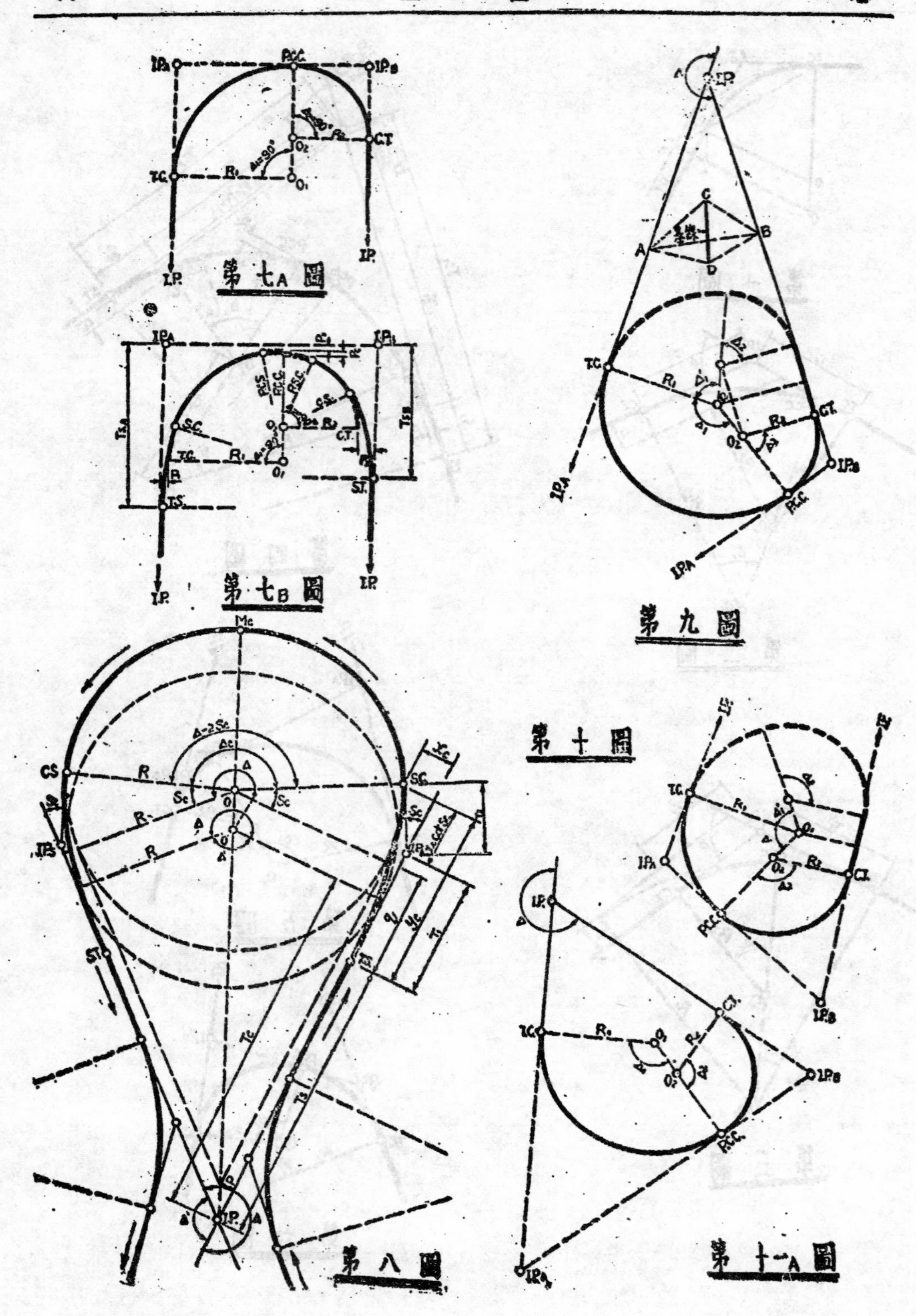
第七A圖
第七B圖
第八圖
第九圖
第十圖
第十一A圖

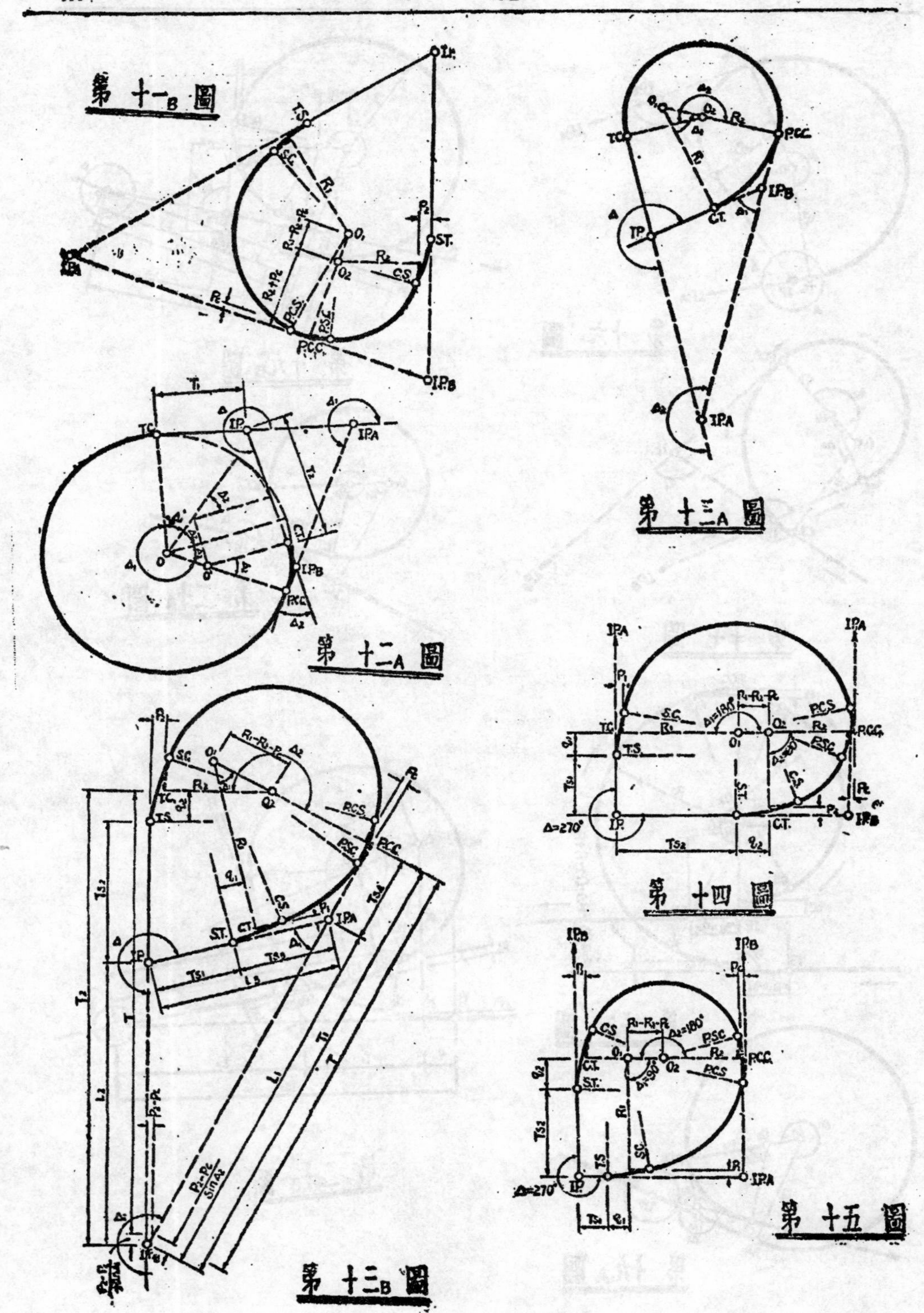

第十一B圖

第十三A圖

第十二A圖

第十四圖

第十三B圖

第十五圖

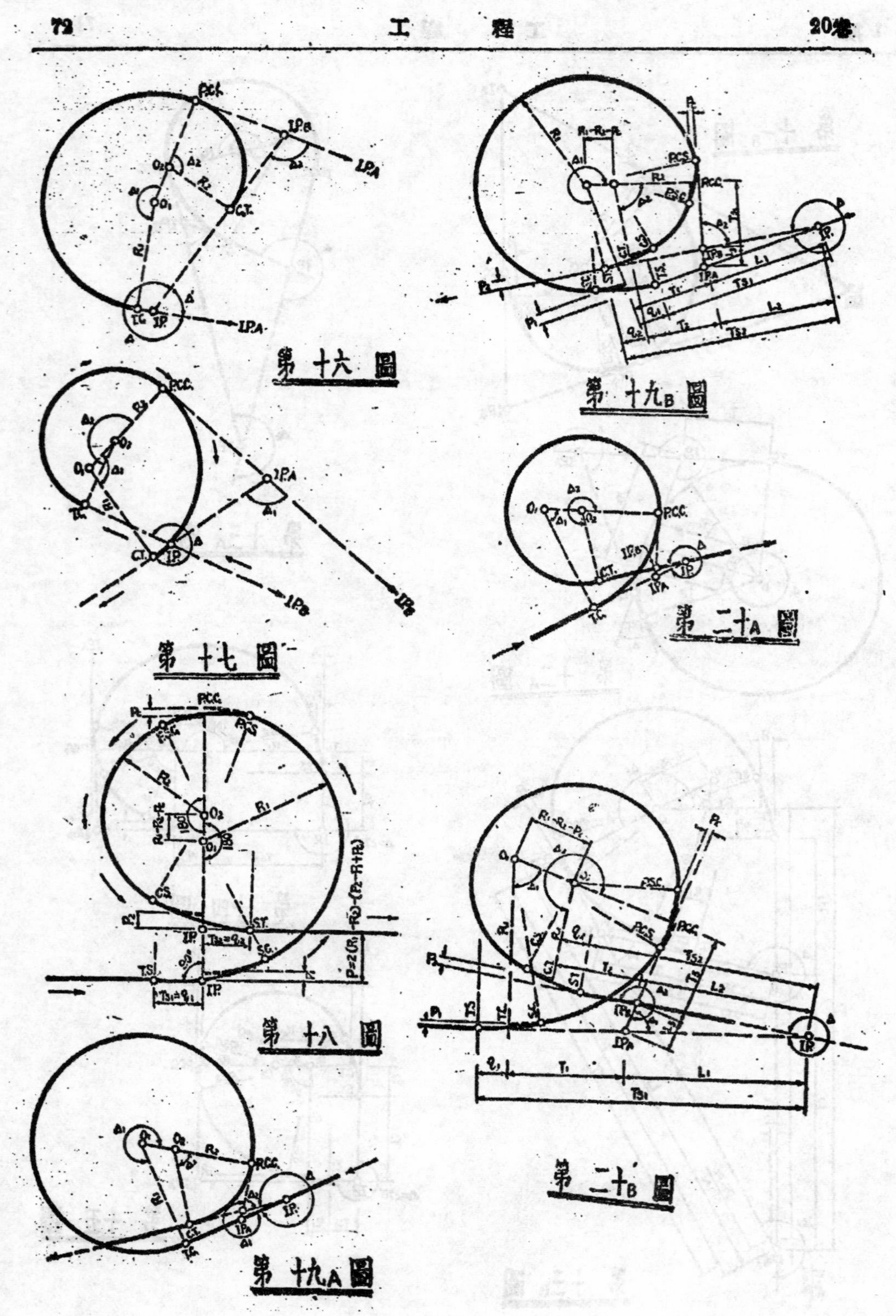

第十六圖

第十七圖

第十八圖

第十九A圖

第十九B圖

第二十A圖

第二十B圖

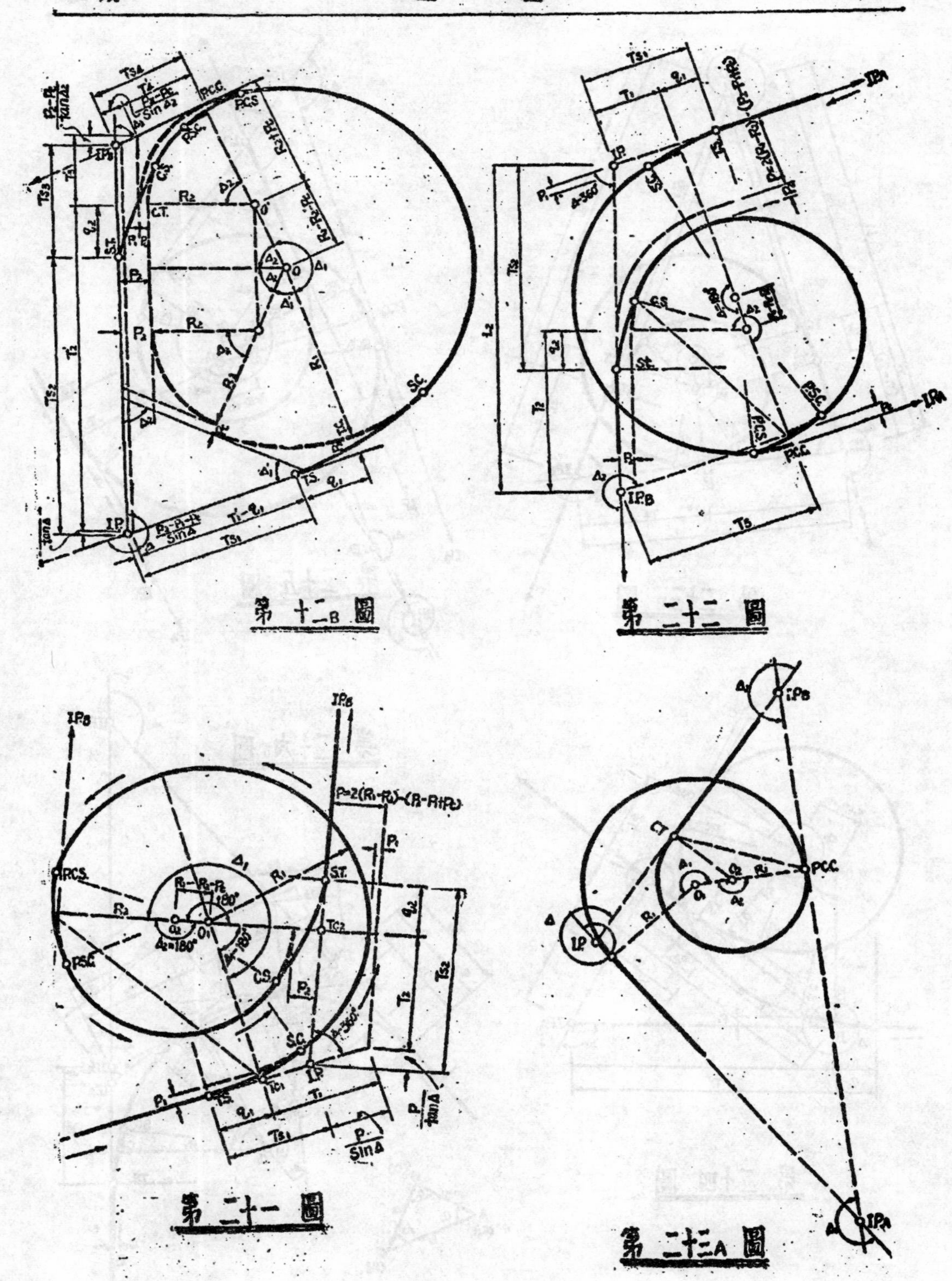

第十二B圖

第二十二圖

第二十一圖

第二十三A圖

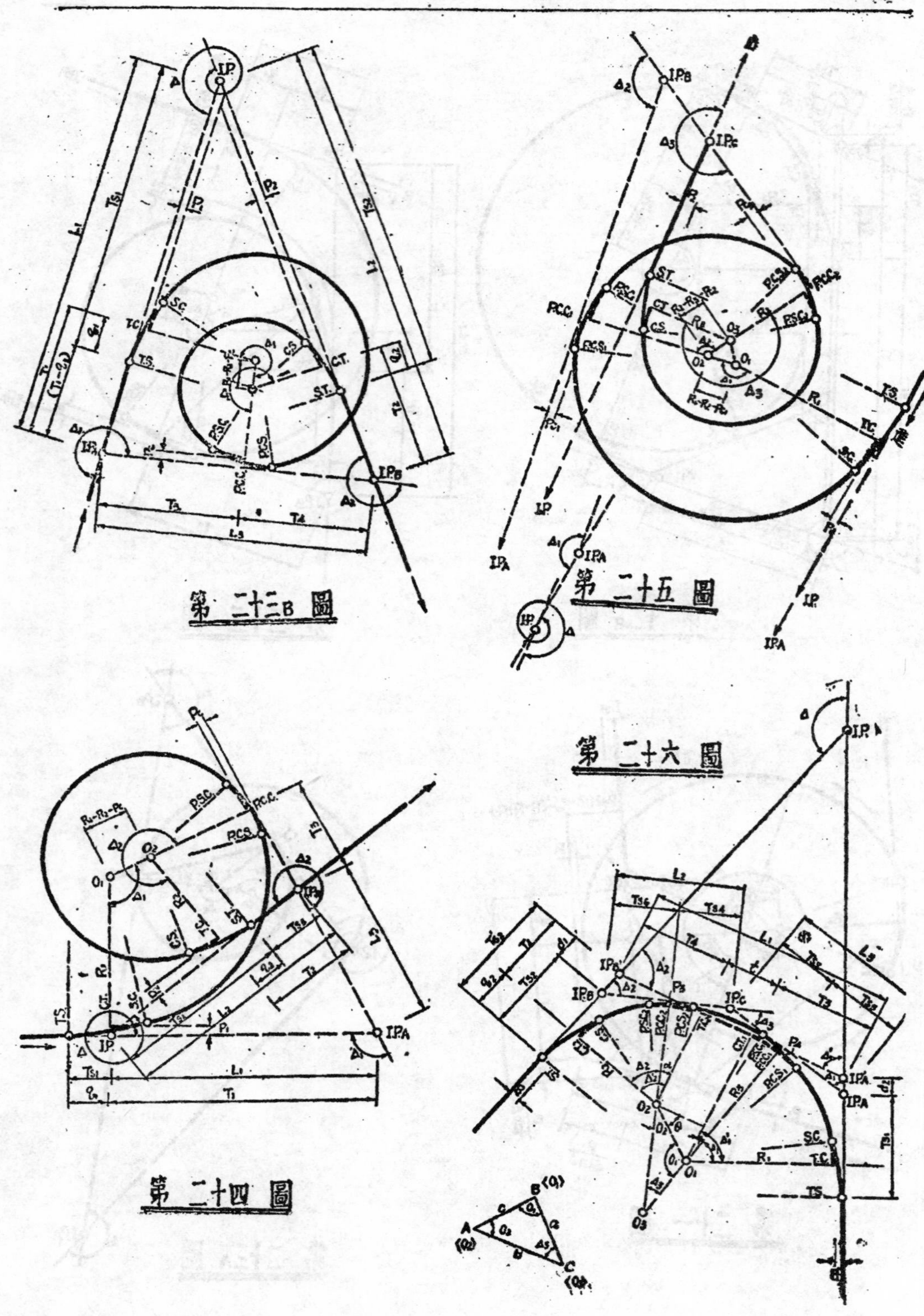

第二十三B圖

第二十五圖

第二十四圖

第二十六圖

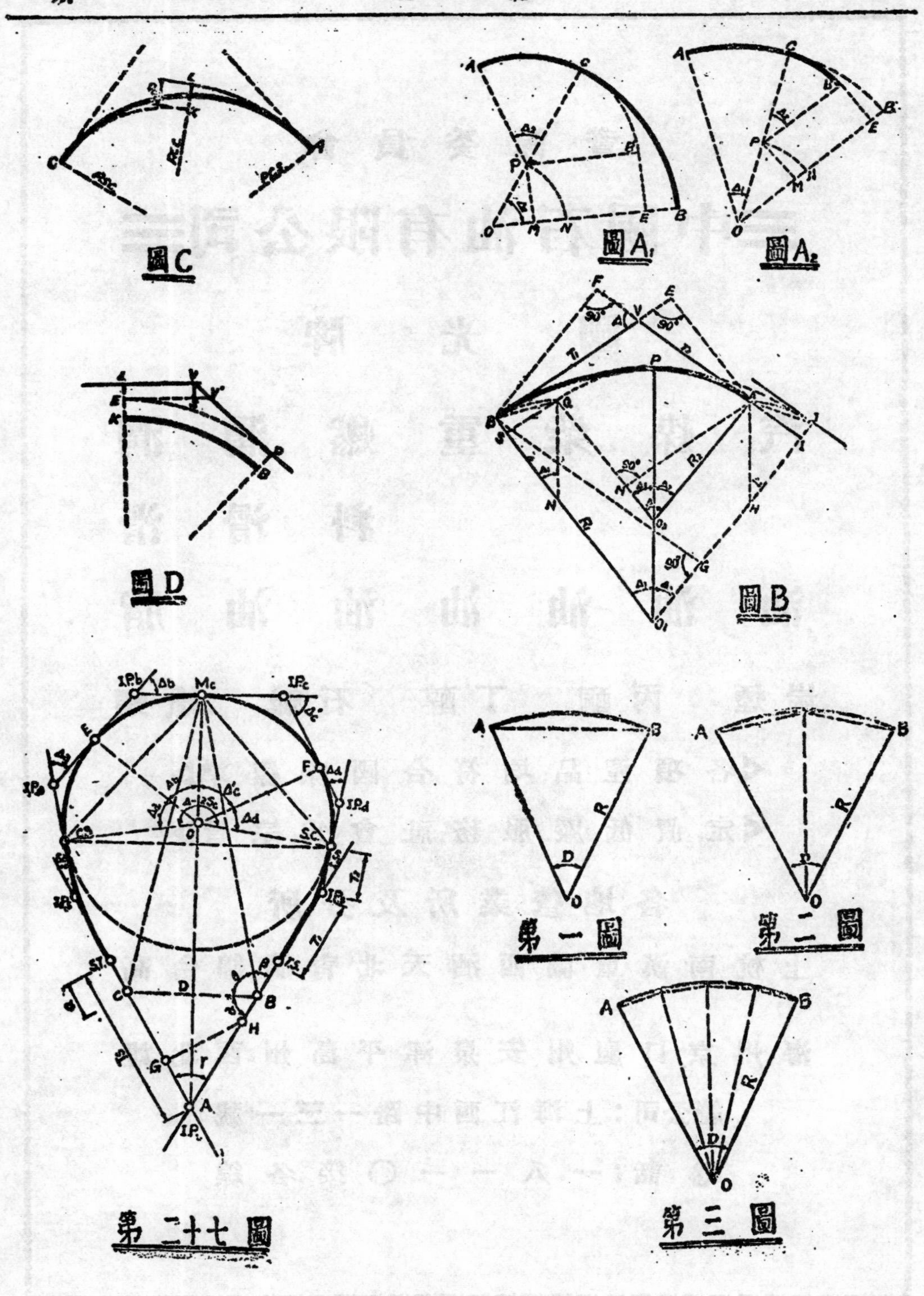
圖C
圖A1
圖A2
圖D
圖B
第二十七圖
第一圖
第二圖
第三圖

上海市之瀝青路面

周 書 濤

上海市之瀝青路面可分五類：

1. 地瀝青敷面（Asphalt Surface Treatment）
2. 灌地瀝青碎石面（Asphalt Macadam Surface Course-Penetration Method）
3. 片地瀝青面（Sheet Asphalt Pavement）
4. 地瀝青泥凝土面（Asphaltic Concrete Pavement）
5. 冷拌地瀝青泥凝土面（Cold-mix Asphalt Concrete Pavement）

地瀝青敷面，係用於車輛較稀少之道路，以及郊區之路，較為經濟，如閘北之大統路，場中路，南市之龍華路，及滬西各路等。灌地瀝青碎石面，係用於車輛較多之道路，如西體育會路，其美路，翔殷路等。片地瀝青面，地瀝青泥凝土面，及冷拌地瀝青泥凝土面，用於車輛繁密之道路，前二者如黃浦區各路，後者如南市老西門一帶，及閘北之寶山路，暨市中心區各路等。

茲將各種路面之原建築方法，以及今後之改進意見，論述於下：

一　地瀝青敷面

I. 建築方法

A. 材料

1. 地瀝青膠泥；	比重	77°F	1.00—1.05
	針入度	100克77°F5秒	50—60，　85—100，　110—130.
	燒熱損失	325°F，5小時50克	1.0—1.5%
	融解點		110°—150°F
	引火點		475°F
	延性	77°F	90⁺
	純瀝青量		99.9%
2. 石　料：	石屑通過	½″	100%
	通過	¼″	90%
	通過	⅛″	40%

B. 施工

此項地瀝青敷面，往往以碎石路（Clay-bound Macadam）作路層，先將碎石路面以鋼絲氈帚掃刷乾淨，所有鬆散石子，泥灰等必須全部掃去，並露出石子面為度。路面須維持乾燥，絕對不能潮溼，同時將地瀝青膠泥置於鍋內，熱至250°F以上，但不得超過325°F，使完全融化變成如水狀之流質，然後裝於噴壺或勺子敷塗於路面上，其熱度須保持150°F至200°F之間，用橡皮板展開括平，動作須敏捷；地瀝青膠泥之用量，每平方公尺用二公斤，立即撒舖乾燥石屑一層，以一百平方公尺舖石屑一立方公尺為度，並掃勻，在熱度未退時即施滾壓，以8噸重之滾路機，自路邊直向壓至路心，每次套滾以滾筒寬度之半爲限。

第二次澆敷地瀝青膠泥時，應仍將路面掃淸，並保持乾燥，地瀝青膠泥用量每平方公尺爲1.5公斤，敷塗方法同前，立即撒佈乾燥石屑一層。每一百平方公尺用石屑一立方公尺，掃勻，並即施滾壓同上法，在地瀝青未退熱時，使石子與地瀝青膠泥混合一起，待冷却後即開放通車。

II. 改進意見

1.此項敷面在敷塗地瀝青膠泥之前，可先塗柏油（Road tar）RT—3一層，作首塗層，或用MC-0亦可。但面層仍用地瀝青膠泥，因柏油對溫度變化之感應性頗大。上海煤氣公司所產之柏油，未能盡合乎標準，應予改良方可應用。

2.瀝青材料油質與用量，對於路面之好劣，關係甚大。如油質過軟，或用量過多，在夏季炎熱時，路面易於軟化，發生車轍；如油質過硬，或用量過少，在冬季嚴寒時，路面易於脆裂，故所用瀝青材料之針入度，應視氣候而定，並與車輛運量，亦有關係，氣候熱者油質可較硬，即針入度較低；氣候寒者油質可較軟，即針入度較高；運量多者，油質可用較硬，運量少者，油質可用較軟。根據上項論列，此種路面自十一月至三月（但在溫度50°F以下，不宜澆敷）地瀝青膠泥可改用100—120，120—150．在四月至十月地瀝青膠泥針入度可用70—85，85—100．

3.瀝青材料澆敷時，宜改用噴油機（Pressure distributor）較爲均勻，且用油亦可節省，不致有用量太多之弊。

4.所用石子太細小，宜改用下列石子，第一次敷塗瀝青後用A類石子，第二次用B類石子。

A.	通過 ¾″	95—100%
	通過 ½″	40—75%
	通過 4號篩	0—15%
	通過 8號篩	0—3%
B.	通過 ½″	95—100%
	通過 4號篩	25—50%
	通過 8號篩	0—15%

二　灌地瀝青碎石面

I. 建築方法

A.材料

地瀝青膠泥：	比重	1.00—1.05	
	針入度	40—50，50—60	
	燒熱損失	0.5—1.0%	
	融解點	110°—150°F	
	延性	90+	
	純瀝青量	99.9%	
石料：	八分子	通過1¼″	95—100%
		通過 ¾″	0—5%
	六分子	通過 1″	100%
		通過 ½″	50%
		通過 ⅜″	15%
		通過 ¼″	0%
	四分子	通過 ½″	100%

通過 ⅜″	50%
通過 ¼″	0—5%

B.施工

於路基上舖八分子一層，至所需厚度，其上再舖六分子填修，均用鏟背鏟平，以10噸重三輪滾路機滾壓，自路邊直向路心套滾，每次以滾筒寬度之半為度，須壓至堅實，滾壓速度每小時不超過200平方公尺，如石子面上有泥土者，須除去，或更換清潔者，並須保持乾燥。

同時將地瀝青膠泥置於鍋內，熱至250°F以上，但不得超過325°F，使完全融化如水狀之流質，然後盛於五介侖裝之扁嘴壺內，其嘴寬為20公分，澆時須與路綫成45°角，壺嘴不能提太高，離地面15公分為度，須澆舖均勻，務使石子面均沾有瀝青，並能透入相當深度，但在氣候50°F以下不得澆灌地瀝青膠泥用量每平方公尺為7.5公斤，灌注後立即以四分子均勻撒佈，每一百平方公尺用石子1.3立方公尺，在熱度未退前，即用10噸重三輪滾路機，滾壓至石子粘入地瀝青膠泥內為度，其滾法如上，第二次地瀝青膠泥澆敷時，仍須將路面掃刷乾淨，如有鬆散石子及泥土，須除去，其澆敷方法與瀝青敷而澆敷時同，以橡皮板括平，每平方公尺為2.5公斤，澆敷後立即撒佈四分子須均勻，每一百平方公尺用石子1立方公尺，並立即滾壓，其方法同上，待冷却後，即開放通車。

II. 改進意見

1.地瀝青可改用60—70. 70—85或85—100在低氣溫時可用100—120或120—150,灌注部份所用之瀝青材料，亦可用柏油(RT-11或RT-12)因柏油比地瀝青有較佳之灌注能力，或用輕製瀝青亦可(RC-5)。但第二次之澆敷仍用地瀝青膠泥為妥。

2.如以機器(Pressure distributor)(每平方英寸須有壓力25至75磅)灌注，則用油量可均勻，不致以用量過多之弊。

3.舖石子順序似可略予改變，於八分子舖竣後填少量六分子，即灌以地瀝青膠泥，隨撒佈六分子，壓實，第二次澆敷瀝青後，則用四分子。

三　片地瀝青面

I. 建築方法

A.材料　　包括黄沙，特別細沙，石粉，及地瀝青，其成份如下：

通過 10 號篩留於 20 號篩	3%
通過 20 號篩留於 40 號篩	13%
通過 40 號篩留於 80 號篩	34%
通過 80 號篩留於 200號篩	26%
通過 200號篩	13%
瀝青	11%

瀝青材料性質與前同，惟用地瀝青膠泥針入度為30—40或40—50；石粉用石灰石粉，其顆粒大小，須全部通過80號篩，及通過200號篩者不能少於65%；黄砂與特別細砂之比例為2:3.

B.拌製

此項片地瀝青之製成，須用機器拌製，先將地瀝青膠泥置於鍋內熱至250°F以上，但不得超過325°F，使完全融化成液體，同時將砂子裝入烘器內，使熱至300°F至370°

F 之間，卽輸送至拌機內。拌機上有石子秤，及瀝青容器，將所需成份配準，先以砂子與石粉拌和，再加熱瀝青拌和，至少一分鐘，方可放出裝車，運至工地，此時之溫度，仍須保持225°F以上。如運送遠處，應加帆布蓋。

C.舖築

先將路基掃刷潔淨，並絕對須乾燥，如有潮溼，應以噴火器烘乾之在舖片瀝青之前，須塗一層輕製瀝青，然後將片瀝青材料由車上自動卸下，立卽用鏟舖平，動作迅速，須將鏟背着地，緩緩將鏟抽出，使材料由鏟內自然滑下，不可拋擲，每次不能剩留，須完全舖去，此時溫度仍須保持225°F，鏟須置爐內燒熱方可使用。如遇窨井蓋茄莉蓋或側石邊，則在四周先塗輕製瀝青一層，方可將片瀝青材料舖足，舖竣一段，應立卽施以滾壓。先用 8 噸重二輪壓路機 (Tandem Roller) 滾壓，自路邊向中央直滾，並須套滾，以半滾筒爲度，同時再以 10 噸重之三輪滾路機(Three-wheel Roller)同樣方法滾壓，須在未退熱之前滾壓堅實，滾筒須使溼潤，勿令材料粘着，最後仍以二輪滾路機滾平，如側石邊等處，滾路機不能壓到者，則先用鐵夯夯實，再用鐵板磨光，如本日未能完工，而明日必須繼續舖築者，則在接頭處，應舖成薄邊，滾壓之，翌日將薄邊切去，塗以輕製瀝青，然後繼續舖築新料；路面壓實後，撒以石粉一薄層，每立方公尺撒佈200 平方公尺，撒後卽掃勻，再用二輪滾路機滾壓一遍，待冷却後開放通車。

II. 改進意見

1.此種路面壓實厚度以1½"爲最多，如再厚則路面易起波浪形。

2.片瀝青面應置於水泥混凝土或瀝青混凝土路基及有大石塊之底脚上，方能承受極大之載重，有堅實之路基，則此項路面不致發生龜裂。

3.舖築時材料溫度之保持，須十分注意，及氣溫在 50°F 以下時，不能舖做。

4.去年(1946年)所用片瀝青材料之成份如下：

石子	¼"—0"	64%
	½"—¼"	19%
石粉		9%
瀝青		8%

此項配製成份爲 Stone Filled Sheet Asphalt 一種，內有粗粒石子，所舖路面，比較粗糙，可無滑溜之弊，但以路面粗糙關係，而致雨水排去不易，往往不能卽行乾燥，故對於此項路面之滾壓及撒佈石粉，宜予特別注意，最好將混合料成份改進如下(¼—0 石子級配，亦予以規定)：

經過	½"	保留於 10 號篩	20—35%
經過	10 號篩	保留於 40 號篩	7—30%
	40 號篩	保留於 80 號篩	11—40%
	80 號篩	保留於 200號篩	10—30%
	200號篩		7—12%
	瀝青		7.5—9.5%

使 Voids 減至 5% 以下。

四 地瀝青混凝土面

I. 建築方法

A.材料 此項路面成份如下：——

通過 ¾″	保留於 ½″	12.8%
通過 ½″	保留於 ⅜″	12.9%
通過 ⅜″	保留於 ¼″	5.8%
通過 ¼″	保留於 10 號篩	19.8%
通過 10 號篩	保留於 20 號篩	4.9%
通過 20 號篩	保留於 40 號篩	14.7%
通過 40 號篩	保留於 80 號篩	5.0%
通過 80 號篩	保留於 200號篩	4.3%
通過 200號篩		12.8%
瀝青		7.0%

瀝青材料用地瀝青膠泥，其針入度爲40—50或50—60其他性質與前同，石子須堅韌之青石子，絕對無泥灰，石粉須石灰石粉。

B.拌製

用機器拌製，方法同前，先將石子烘熱至300°F與375°F之間，送至拌機，與石粉拌和，然後加入熱瀝青膠泥拌之，至少45秒鐘，或延長之方可放下裝車，運至工地，其溫度仍須保持225°F以上。

C.舖築

舖築方法同前，潮溼之路基，不能舖築，應保持乾燥，此項路基，往往爲壓實之碎石及大石塊底脚，窨井蓋等四周，須用輕製瀝青塗敷，然後舖瀝青混凝土，熱瀝青材料由鏟內自然落下，舖平後立卽用滾路機滾壓，方法同前，壓堅後撒佈石粉一層，待冷却後卽可開放通車。

II. 改進意見

1.此項路面一次舖築 2′ 厚爲度，如築 3″ 厚則以分二次舖築爲佳，但在底層未完全退熱時卽須舖上層。

2.此項路面宜澆敷地瀝青膠泥（針入度100—120）一次作封層，(Scalcoat) 每平方公尺用 0.7 公斤，卽撒石屑(B)一層，每平方公尺 15 公斤，並滾壓，待冷却後，開放通車。

3.此項路面，亦用作片瀝青面之墊層，如用於含石子之片瀝青面，則此項瀝青混凝土之石子級配上應改粗成份如下：

¼′—0′	31%
½″—¼″	13.5%
1½′—½″	43.0%
石粉	6.0%
瀝青	6.5%

五. 冷拌瀝青混凝土面

I. 建築方法

A.材料：1.冷溶油(Viscous-Flux)

針入度 40—50	地瀝青膠泥	90%
	輕柏油	10%
其性質	比重	1.027
	引火點	239°F
	定炭素	9%
	純瀝青量	99.9%

溜解度	水份	極微
	0°—200°C	1.4%
	200°—270°C	10%
	殘餘物	88.6%

2.天然瀝青粉 (Natural Pulverized Asphalt)

比重	1.26
針入度	1—2
純瀝青量	70%
融解點	260°F
定炭素	24.7%
灰	23.5%

3.液溶油 (Liquifier oil)

輕柏油 (Light tar oil)	50%
汽油	50%

4.石料

底層石子	通過 1½′—1¼′	15%
	通過 1′	35%
	通過 ¾″	40%
	通過 ½″	10%
面層石子	通過 ½″	5%
	通過 ⅜′	25%
	通過 ¼″	50%
	通過 ⅛″	20%

5.石粉 全部通過 40 號篩，及至少 65% 通過 200 號篩。

B.拌製

冷溶油之製法：先將地瀝青熱至 250°F 與 325°F 之間，使完全融解變成水狀之混質，待冷至 200°F 以下，乃將輕柏油加入拌和之，送至拌機內。

拌合方法：將已配好之乾燥石子，傾入拌合器內，同時即澆洒液溶油（天熱時不用），歷 25 秒鐘，乃加冷溶油拌和歷一分鐘，待各個石子完全塗滿冷溶油後，加瀝青粉經30秒鐘拌和，再加石粉，待完全拌和後，即開放裝車，送至工地，其成份如下：

	底層	面層
石子	92.2%	87.05%
液溶油	0.3%	0.45%
冷溶油	3.85%	5.95%
瀝青粉	1.65%	2.55%
石粉	2.00%	4.00%

C.鋪築

先將路基掃刷乾淨，並須保持乾燥，塗一層稀薄冷溶油，每公斤塗 2 平方公尺，於窨井蓋，自來水蓋等四周，及靠近側石邊等處，亦均須塗油一層，乃將冷拌瀝青混凝土用鏟展開鋪平，以鏟背放下，使材料由鏟中自然滑下，勿亂拋擲鋪至需要厚度，乃用 7 噸二輪滾路機，自路邊向中央直滾，並須套滾以半滾筒爲限，滾時速度，須遲緩每小時，滾壓面積，不得超過200平方公尺，滾筒須溼潤，免石子粘着，全部壓過一次後，再用 10 噸 3 輪滾路機滾壓，滾法同上，至堅實爲止，再用 7 噸滾路機壓平，凡壓不到後應用鐵板磨光並夯實，底層壓實後乃鋪面層，其鋪法及滾壓如前，路面壓實後，撒以石粉一層，每立方公尺鋪200平方公尺，撒後隨時掃勻，再以二輪滾路機，滾壓一次，即可開放通車。

II. 改進意見

1.此項冷拌瀝青混凝土成份，應視氣候之冷熱及車輛之稀密而變更之。

2.冷溶油及液溶油成份，均可視氣候而變動，故在冬季時亦可鋪築，但在氣溫 40°F 以下時，亦嫌不宜。

3.因「冷拌」關係所需拌和時間較長，故石子應選擇質地堅韌者爲佳，磨蝕損耗，於 Los Angeles Rattler 試驗，在100轉時，磨耗百分率不得大於 10，在500轉時，不得大於 40 。

4.面層石子顆粒尚可改小，使路面不致太粗糙，能有一高密度 (Voids在5%以下)之路面爲佳。

5.「熱拌」瀝青混凝土之鋪築及滾壓須保持相當溫度，而「冷拌」材料毋需保持溫度，堆置一二日亦無妨，隨時可以鋪築及滾壓。

6.「冷拌」之拌製步驟，機器設備及鋪築方法，均較簡單而經濟。

註：文內 RT—, MC—, RC—, 等係參照美國 A. A. S. H.O S4 規定之標準。

復員後之津浦鐵路管理局轄內路線概況

陳　舜　耕

一、緒言

津浦區鉄路管理局所轄路線係抗戰前之津浦膠濟兩路幹支線及敵人侵佔時期修築德石線之一部合併而成。津浦線縱貫南北，膠濟線橫跨魯東，均為國內主要幹線。戰前營業發達，設備完善，廿六年抗日軍興，兩線陸續淪陷，在作戰期間，除電信設備受損較重外，路線橋梁破壞均尚輕微。敵人佔據後，利用軍運均經修復並繼續營業，惟以攫取物資為務，對於路線修養，則不注意。因之鋼軌及配件，頗多損傷，尤以枕木腐朽佔總數二分之一以上，沿線橋梁亦多失修。至敵人降服，勝利來臨，原期接收以後，改進路務，修整設備以臻完善境地。不料奸匪肆虐，橫加破壞，國有路線中以本區所轄路線被毀為最巨。雖經數度搶修，而修復後復迭遭破壞，迄仍支離破碎。爰將自抗戰至今十年來本區路線所歷情況擇要簡述於後。

二、抗戰前本區路線概況

（一）津浦線　廿六年所轄路線長度，計幹線一〇〇九公里餘，良陳支線二五公里餘，濼黃支線五公里餘，兗濟支線三十一公里餘，臨棗支線三十一公里餘，輪渡軌道線兩公里餘，幹支線總長計約一一〇四公里，軌道天津韓莊間舖設十公尺41公斤鋼軌，備有墊鈑，每軌敷設木枕十四根。韓莊浦口間舖設九公尺42公斤鋼軌，每軌敷設木枕十四[illegible]。沿線大橋載重量，天津楊柳青間鋼橋為E50級者，楊柳青韓莊間除黃河鉄橋係E35及E26級者外，多為E22級之花梁鋼橋。間有E30級鋼鈑梁及極少數E50級工字梁。韓浦間除少數花梁已更換為E50級者外，多為E35級鋼梁，亦有E25級花梁及鋼鈑梁。全線號誌係手扳法聯鎖裝置，並備有電氣路簽，其他行車設備，尚稱完善。

（二）膠濟線　抗戰前所轄路線長度，計幹線三九五公里餘，青島四方貨物線五公里餘，張博支線三十九公里餘，黌山支線七公里餘，鐵山支線七公里餘，黃台橋支線四公里餘，八陡支線九公里餘，幹支線總長計四六八公里。軌道鋼軌青島城陽間舖設[illegible]尺43公斤者，城陽膠東間10公尺37公斤者，膠東張店間為21公尺43公斤者，張店濟南間為10公尺30公斤者，惟各車站內及所屬支線除鉄山支線係十公尺37公斤鋼軌外餘均係10公尺30公斤者，軌枕43公斤軌，每軌敷設木枕十八根至21根37公斤軌每軌敷設木枕十五根，30公斤軌每軌敷設鋼枕十二根。沿線橋梁載重量，青島周村間花梁，鋼鈑梁，工字梁及混凝土版橋，均已更換為E50級，拱橋涵洞多為E35級，周村濟南間及張博支線之工字梁及混凝土版橋亦更換為E50級，花梁及鋼鈑梁均為E25級。全線號誌係手扳法聯鎖裝置，並備有電氣路牌，其他行車，設備亦均齊備。

三、淪陷期間經歷情況

津浦膠濟兩線淪陷後，敵人將津浦線天津徐州間路線及膠濟全線與華北其他一切路線均置於偽華北交通公司系統之下，另分設區局，劃分管理津浦線天津德縣段及德石支線之一部劃歸偽天津鉄路局。德縣滋陽縣段及膠濟全線劃歸偽濟南鉄路局。津浦線滋陽縣至徐州段劃歸偽徐州鉄路局。至於浦口徐州段則劃歸偽華中鉄道公司管理，不囿於偽華北系統之內。凡此組織純為集中管制，便利軍運，故敵人佔據時期，一切設置亦以便於軍運及擾取物資為目標。因而拆除津浦之良陳支線，灤黃支線及兗濟支線等，而改築有利軍運之德石線，及便於煤運之南新泰支線，陶莊支線，並將柳莊炭礦線改為標準軌距，南段並添築蚌水支線，以與淮南鉄路連接。膠濟線則拆除青島大港間貨物線，鉄山支線並黃台橋支線，及八陡支線之一部，及大港調車處碼頭線岔道等。並將濟南膠濟車站軌道拆除，合併於津浦線濟南車站，而另築羅家莊支線。茲分列敵人拆除及修築路線統計表於後，以備參照(見附表一、附表二、)

附表1. 津浦區鐵路管理局日人拆除路線統計表

	線別	地點	拆除軌道長線(公里)	備致
津浦線	良陳支線	良王莊—陳唐莊	25.600	
	,,	陳唐莊站(岔道)	1.220	
	獨流站	給水線	1.550	
	灤黃支線	灤口—黃台橋	5.650	
	兗濟支線	滋陽—濟寧	36.045	
膠濟線	青島四方貨物線	青島—大港	1.630	包括蛯線4.517公里
	鐵山支線	金嶺鎮—鉄山	8.371	
	黄台橋支線	黄台橋站東—黄台橋	2.128	
	大港調車處	第二碼頭線	0.450	
	,,	,, 三 ,,	2.852.75	
	,,	,, 四	0.396.44	
	,,	,, 五 ,,	2.344.33	
	,,	修車線	0.567.41	
	,,	調車線	4.787.09	
	,,	石炭線	1.271.17	
	,,	貨物線	3.370.90	
	八陡支線	山頭莊	0.500	
	,,	二畝珖莊	0.500	
	濟南膠濟站	濟南站	12.282	
總計			111.516.09	

附表2.　津浦區鐵路管理局日人修築路線統計表

線名	修築年月	始終站		路線長度（公里）			備攷
		自	至	正線	岔道	計	
德石線	民國30年2月	德縣(180K653M)	(111K000M)	69.653	4.900	74.553	德石線本局管轄區域自德縣至衡水買家台間公里111+000處
赤柴線	民國30年4月	磁窰	赤柴	25.260	7.194	32.454	
南新泰線	民國33年7月	赤柴	南新泰	41.120	9.794	50.914	
羅家莊線	民國32年11月	南定	羅家莊	6.560	2.747	9.307	
柳泉炭礦線	民國30年3月	柳泉	柳泉炭礦	15.850	1.660	17.510	
陶莊炭礦線		山家林	陶莊	3.600		3.600	
蚌水支線		蚌埠	水家湖	61.015		61.015	
總計				223.058	26.295	249.353	

二十六年冬作戰時津浦線黃河鉄橋曾被炸壞，敵人於廿七年底於以修復。侵據全線後並陸續將楊柳青滋陽重E22級鋼橋更換爲僞制E20級，（近於部定C 20級）亦有將鋼橋改築爲混凝土拱橋者。滋陽縣浦口間E22及E25級花梁及鋼鈑梁，亦多更換近於E40級至E48者。膠濟線周村濟南間E25級花梁鋼鈑梁亦更換爲僞制E20級者，間有將鋼橋更換爲混凝土拱橋者，並將張店大臨池間鋼軌利用膠濟存料，更換爲12公尺43公斤者，大臨池高家間則更換爲九公尺42公斤者，高家龍山間更換爲10公尺41公斤者，龍山濟南間更換爲10公尺40公斤者。電訊設備在作戰時期幾全部蒙受摧毀，敵人侵據後陸續修復。號誌方面，濟南將膠濟站拆除，併於津浦站後就津浦站址，另設東中西三所號誌樓。東西兩樓按裝電氣機械聯鎖機，各一套，中號誌樓按裝電空繼電聯鎖設備全套。全站裝有軌道電路，號誌爲色燈式。津浦線浦口，蚌埠徐州，滋陽縣德縣等大站除原有聯鎖設備外，另設有電氣鎖論器。膠濟線青島大港埠頭四方等四站轉轍器仍用人工，惟號誌改爲色燈式。其他津浦膠濟各站號誌亦均稍有改進。房屋方面敵人將已拆除之各支線站房均一併拆除，而於改築各線亦稍有添築。濟南大槐樹機廠於三十四年春，曾受空襲轟炸，廠內主要部份之車輛廠機器廠、模型廠、鍋爐廠、材料廠、損壞頗重。辦公室宿舍亦被波及，被毀建築面積一三、〇〇〇公方尺。卅四年接收後，即着手修復已於三十五年十月完全修竣矣。

四、勝利後兩年來概況

勝利後交通部爲便利接收，於卅四年九月在北平成立交通部特派員辦公處，統一接收華北各交通機關。本局先於卅四年十月成立濟南分區接收委員辦事處，接收僞濟南鉄路局，至卅五年三月一日始奉　部令改組爲津浦區鉄路管理局。將所轄路線統一劃撥，計所轄兩幹線，德石線之一部及各支線總長約一七一八公里（見附表三）。當時因路線被毀，截成數段，另在浦口成立浦兗段管理處，就近處理浦口兗州間業務。兩年以來，全區路線，横遭破壞，雖經本局數度搶修，無如隨修隨毀，以有限之財力物力，應付無止境之摧毀，終乃料盡財絀，勞而無功，茲將兩年來所經歷情況擇要縷述於後。

附表3. 津浦區鐵路管理局轄內路線一覽表

線別	里程（公里） 起	里程（公里） 訖	共長（公里）	備攷
膠濟幹線	0.000	392.833	392.833	
津浦幹線	0.000	1009.160	1009.160	
德石幹線	111.000	180.653	69.653	德石線本局管轄區域自德縣至衡水賈家台間公里111＋000處
青島埠頭線	0.000	3.750	3.750	
博山線	0.000	39.220	39.220	
羅家莊線	0.000	6.560	6.560	
黌山線	0.000	6.980	6.980	
八陡線	0.000	9.330	9.330	
南新泰線	0.000	66.380	66.380	
臨棗線	0.000	31.020	31.020	
柳泉炭礦線	0.000	15.850	15.850	
陶莊炭礦線	0.000	3.600	3.600	
蚌水支線	0.000	61.015	61.015	
輪渡軌道線	0.000	2.241	2.241	
總長			1717.592	

(一)接收時路線情況

接收時本區轄內，路線破壞情況已極為嚴重。當時津浦線通車地段為天津東光鎮間一八〇公里，離城泰安間一二三公里，利國驛徐州間三六公里，蚌埠浦口間一一七五公里及柳泉炭礦線十六公里，其餘地段及德石線，南新泰、棗莊兩支線均遭破壞。通車地段共約五三〇公里，僅佔津浦線總長百分之三十。膠濟線通車地段為濟南棗園寺間四四公里，安家益都間六九公里，坊子青島間一六九公里，其餘地段及張博，八陡，黌山羅家莊等支線均因破壞不能通車。膠濟線通車地段共計二一二公里，佔全線總長百分之六十。全區通車地段共長八一二公里，僅佔全區總長綫百分之四七。

(二)接收初期之搶修

接收伊始，津浦線雖分由平津區，濟南區，徐州區及浦徐段管理處分段接收，但當時各區處均立即分別進行搶修。奈隨修隨毀，破壞日益擴大，除蚌埠徐州間分由徐州及浦口分向南北搶修，通車後未再遭破壞外，濟南方面亦派搶修，除將泰安磁陽縣間搶通，旋即又遭破壞。至卅五年一月上旬，泰安以南路線盡被共匪侵據破壞。濟南以北破壞地段，由禹城向南延至晏城，北段自東光鎮向北延至馮家口。膠濟膠接收時期，有一百廿公里之路線（正線約九十公里，支線約三十公里）及大橋十二座遭受破壞。接收後立即組成搶修工程車數列分向各破壞地段搶修。十一月五日，膠濟幹線一度搶修通車，張博支線亦由張店修至大崑崙，但青濟間僅順利通車一日，復遭破壞。此後隨毀隨修，時通時斷。至十一月下旬破壞日甚一日，全線遂告中斷。嗣於三十五年一月十三日政府頒佈停止衝突命令後，搶修工作遂進入另一階段矣。

(三)卅五年度破壞與搶修

三十五年一月十三日　政府頒佈停止衝突命令，當時本區路線破壞地段，津浦線計馮家口晏城間約一五七公里，泰安利國驛間約二〇四公里，南新泰支線，五十九公里，臨棗支線卅一公里，德石線七十公里，總計破壞地段共長約五二一公里。膠濟線破壞地段為張店譚家坊間五六公里，坊子女姑口間一三七公里，張博支線六公里，八陡支線九公里，羅家莊支線約七公里，總計破壞地段，共長二一五公里。全區路線破壞總長計七三六公里。

政府頒佈停止衝突命令後，原期和平有望，必能進行搶修。當時本局立即編擬搶修計劃，並組織搶修隊。津浦線天津隊擬定自馮家口向南搶修，濟南方面一隊自晏城向北進修，一隊由泰安向南進修。徐州方面由利國驛向北進修。膠濟線擬定張店搶修隊自張店向東進修。坊子組成兩隊分向東西進修，青島搶修隊自女姑口向西進修。不料搶修開始後，阻擾時生。津浦線雖四隊均能開始工作，旋即先後被阻停工。膠濟線僅張店搶修隊得能開工，不久亦被阻停工，青島坊子雖數度交涉，均未能開工。全區路線搶修停工後雖經各地軍調小組，多次交涉，而枝節橫生，搶修工事終未能順利進行。此次搶修計津浦線共修七一、五一〇公里，膠濟線共修三三、三四〇公里，此為三十五年第一期搶修，全區共修復路線總長一〇四八五〇公里。嗣後至五月再度開始破壞，津浦北段提地以南路線復被侵據。六月六日後，奸匪突行全面澈底破壞，桑梓店以北及黨家莊韓莊間路線，南新泰支線，臨棗支線，陶莊炭礦線，均完全被匪侵據破壞。當時幹支線破壞總長計五六二公里，膠濟線六月六日後郭店譚家坊間坊子女姑口間及已修復之張博支線等復被破壞二二八公里，並毀大小橋梁一四四座，車站四四站，路線破壞連前被毀未修之八陡及羅家莊支破總計二四四公里，電[illegible]二五五公里，均遭破壞，全區被毀路線[illegible]七六公里，（包括德石線七十公里在內）約佔全區路線總長百分之五十一。

迄六月下旬徐州以北，濟南以東，青島以西，軍事均日見推進，乃得再度進行搶修，為卅五年度第二期搶修。

津浦線徐州搶修隊於七月十八日自韓莊南運河橋向北搶修，曾一度被阻。至十月二十四日在沙溝北公里六〇七加七四〇處，與臨城出發之搶修隊接軌，計搶修路線二一、九〇〇公里，橋梁十四座。更於十月廿九日開始搶修臨棗支線，於十一月二十三日進抵棗莊，修復路線三十一公里，橋梁十六座。再於十一月十三日由臨城北公里六〇一加六〇〇處向北搶修，至十一月廿四日修抵公里五九八加〇二〇處受阻，計修復路線三、三三〇公里。總計本次搶修津浦南段徐州臨城間及臨城以北並棗莊支線，共修復路線長五六、二三〇公里，搶修橋梁三十座。並臨時修復給水設備與車站房屋及沿線電信設備，此外並於六月十一日至十九日，自雲亭南公里四四四加四八〇處，修至大汶口站四五一加九五〇處，計修復路線七、四七〇公里。

膠濟線六月下旬軍事沿膠濟線推進，本

路遂分組青島坊子、張店，濟南四個搶修隊。濟南搶修隊於六月二十七日由郭店以東公里三六五加八六〇處開始東進，七月二十四日修抵張店，計修復路線二八、五二〇公里，大小橋樑二十五座。張店搶修隊於七月二十二日至八月六日修復張博支線南定博山間破壞路線七公里及橋梁三座。自張店向東於八月四日起開始東進，至九月十九日搶修至益都，修復路線四一、四五〇公里，大小橋梁三十座。在濟南搶修隊自張店東進之前，坊子搶修隊已於七月二十九日由譚家坊西進至八月四日修至淄河橋東岸，公里二二七加四〇〇處，九月二日至十七日自淄河橋修至益都，與濟南隊接軌，坊子濟南間路線遂告接通。譚家坊益都間搶修路線一四、六〇〇公里，橋梁二座，坊子青島間路線早由青島搶修隊於六月廿日起，開始自女姑口西修至城陽後被阻停修。七月十六日再自城陽西修，十二月十二日修至太堡莊東公里一三二、九〇〇處，與坊子東進搶修隊接軌。修復路線一〇一、五五〇公里，大小橋梁七十八座。至坊子搶修隊於接通濟坊間路線後，折返坊子東進，自十月七日至十二月十二日在上述接軌處與青島隊相會，計修路線三五、〇五〇公里，大小橋梁六座。總計第二次搶修膠濟幹支線共長二二八、一七〇公里，橋梁一百四十四座，沿線各站站房，計一九二〇方公尺，電訊三二二、八一〇公里。此外搶修路線時期計路線零星被毀七十五次，橋梁被毀十九座均隨時修復。

綜計本局在三十五年度一年間，隨毀隨修之路線橋梁不計外兩期正式搶修路線計長三九六、七二〇公里（參閱附表四）橋梁一九〇座。

(四)本年破壞與搶修

三十五年十二月搶通膠濟線後，本年原計劃以全力搶修津浦線，以竟全功，未料二月下旬膠濟線軍事驟生變化，全線除青島南泉間坊子堯溝間郭店濟南間三段共長一一〇公里路線外，均再度淪陷匪區。事後調查破壞情形較歷次尤為巨烈，僅幹線及張博暨山西支線破壞路線計長三一六公里，破壞損失計幹線路基破壞二一七公里，計須填土約六十一萬五千公方。軌道被毀二七〇公里，連同各站蛇線岔道共長約三二三公里。鋼軌失去百分之七十，枕木全失，張蠻兩支線軌道四十六公里，共匪將軌距改為一公尺用以通輕便車，計損失枕木百分之二十二。此外幹支線共破壞大小橋梁一七七座，站房四十二站，給水設備十所，（以上破壞損失前被毀未修之八陡及羅家莊兩支線均未計入。）

津浦線臨棗及陶莊兩支線，於二月下旬初再度被匪侵佔，路線共長約三十五公里復被破壞。津浦北段六月十二日夜獨流鎮滄縣間路線突遭破壞，靜海縣以南各站均被侵據，六月下旬軍事向南推進，曾隨軍搶修自獨流鎮南公里四三加七〇〇處修至陳官屯南公里六一加〇八〇處後，七月四日夜靜海以南路線又被匪軍侵據，計靜海滄縣間路基被挖土五萬公方，待修長度七十三公里。鋼軌損失約百分之十二，枕木損失約百分之六十，此外被毀橋梁三座，站房八站，給水設備兩處，電訊設備七三公里。

津浦南段臨城至磁陽縣間幹線，勝利後卽被共匪侵據，破壞嚴重，計路線被毀八〇、五七〇公里，計須填土四十二萬公方。鋼軌損失百分之九十八，配件枕木全失，橋梁多被炸落於河底，橋墩橋台亦被炸壞，共破壞大小橋梁六十座，計十公尺以上大橋二十九座，小橋三十一座，沿線站房均被拆毀無一完整者，水塔被炸倒，水井用石塊填塞，電訊設備完全被毀。

二月臨城以北軍事進展，乃於三月八日自臨城北公里五九四加七四〇處向北填築路基，於四月二十九日修至鄒縣車站，與由兗州向北修築路基隊銜接修竣。舖軌隊於三月十一日自臨城北公里五九八加〇八〇處向北

附表4. 三十五年度津浦線全區搶修路線長度表

期別	線別	日期 自	日期 至	站間 自	站間 至	里程 自	里程 至	搶修長度(公里)	備攷
第一期	膠濟線	3月8日	4月19日	張店	淄河店東	280K150	250K800	27.550	搶修長度岔線未包括在內。
		2月21日	2月27日	張博支線		8K400	34K754	5.790	
		小計						33.340	
	津浦線	3月13日	3月15日	馮家口	泊頭			3.450	
		3月23日	4月17日	婁城	鄆城北	313K200	300K580	12.620	
		3月7日	3月28日	泰安	雲亭南	427K800	444K170	13.670	
		3月8日	4月3日	南新泰支線 華豐—樓德		6K990	18K800	9.570	
		3月12日	4月3日	利國驛	臨城	632K000	606K400	25.600	
		截止3月22日		臨棗支線		0K000	6K600	6.600	
		小計						71.510	
		第一期總計						104.850	
第二期	膠濟線	6月27日	7月24日	郭店	張店	365K860	283K230	28.520	
		8月4日	9月19日	張店	益都	282K050	240K600	41.450	
		7月29日	9月17日	譚家坊	益都	226K000	240K600	14.600	
		6月20日自 7月16日自	26K200 城陽	12月 12日 女姑口	太堡莊	26K200	132K900	101.550	
		10月7日	12月12日	坊子	丈嶺	168K600	132K900	35.050	
		7月22日	8月6日	張博支線		7K000	38K320	7.000	
		小計						228.170	
	津浦線	6月11日	6月19日	雲亭	大汶口	444K480	451K950	7.470	
		7月18日	10月24日	韓莊	臨城	運河橋	604K070	21.900	
		11月13日	11月24日	臨城以北		601K600	598K020	3.330	
		10月29日	11月23日	臨棗支線				31.000	
		小計						63.700	
	第二期總計							291.870	
第一第二兩總								396.720	

舖軌，兗州方面則於五月九日自公里五一一處向南搶修，兩隊分向南北並進，於五月十八日在程家莊東灘站間公里五二〇加六五〇處接軌。共計舖設正線八七、〇八〇公里，連同各站岔線總長九五、六二一公里，橋梁亦於同時竣工，係用枕木垛支架橋身，暫維行車。各站站房僅就原有較好牆壁加以修葺，藉避風雨，給水在滕縣站增設臨時設備一處，電訊因限於材料，僅設銅線一對，鐵線一條，以維通車。

三月臨城向北開始搶修後，為期打通濟南浦口間路線，即籌劃由濟南向南進修，惟濟方材料極為缺乏，雖擬在濟拆除站內岔道移用，所得有限，因而計劃泰安以北路基及橋梁由濟南出發搶修隊修復。舖軌則儘在濟所存材料數量，由黨家莊向南舖設，其餘一切軌料及主要橋梁材料，則須仰給部撥由浦口北運。自兗州向北舖軌。濟南方面乃於四月廿三日利用撤退來濟之棚工，由黨家莊向南修築路基，惟黨泰間治安不良，且限於材料，延至七月十二日始得自黨南公里三七一加一五〇處向南舖軌。至七月廿九日修至崮山南公里三七九加八二〇處。因料盡停工，共舖軌八、六七公里，且炒米店崮山間每軌只舖設枕木五根，僅能通摩托車藉以運輸材料。路基截至八月卅一日止，修至崮山南公里三八四加〇〇六處，共填土二萬五千公方。並自七月十一日起至九月十七日搶修黨家莊崮山間橋梁六座，正式修復崮山張夏間橋梁兩座。近因黨泰間治安恢復，自九月九日起黨泰間大橋七座已陸續開工。此外黨泰間尚有土方二十餘萬公方，正籌備由本局各處抽調工人填築。至兗州方面，於五月六日自兗北公里四九七加二〇〇處向北修築路基，至六月十八日修至大汶口，計填土三萬五千公方，並於六月六日自公里五〇八加一三〇處向北舖軌，至月七三日修至大汶河便道南端公里四五四加八七〇處。（原有大汶河小汶河兩大橋均被澈底破壞，修復困難，故暫修便道）便道已完成百分之三十，適山洪暴發所搭枕木垛被水壞冲，繼之魯南軍事又生變化，搶修隊被迫撤退至兗州臨城一帶，兗北新修路線再度淪陷。計此次舖軌五四、四三〇公里，搶修橋梁廿一座，幸不久軍事漸形開展，路線破壞尚屬輕微。惟因已入雨季，又值今年雨水特大，臨城以北新修路基既未十分沉實，且缺乏石碴，逢此連綿大雨，沿線軌道均須加工修護整理，因而搶修工作不能前進。至九月初臨城以北路線已形改善，乃再前進至大汶口，重修便道。惟因河水水面仍高，施工困難，現便道正在趕修，大汶口泰安間路基亦正在填築中。

津浦北段靜海陳官屯間路線，於七月初復被破壞後，七月下旬軍事推進，靜滄間路線完全收復，乃於七月廿九日再度由靜海南公里五二加五〇〇處向南填築路基，於九月十四日修抵唐官屯站。並於八月二日自靜海南公里五七加〇三〇處向南舖軌，至八月卅一日修至陳官屯南公里六四加五二〇處。因枕木用盡停工待料，計舖軌七、四九〇公里。

膠濟線於八月中旬全線完全收復，本局料款俱缺，除計劃在青島拆移岔道，先將南泉藍村修復外，並已編具十里堡。（郭店東公里三六六加，七一〇處所設之臨時站）。張店間及張博豐山兩支線搶修計劃及概算呈部審核，並請撥工款材料。青島搶修隊已於九月十日自南泉西公里四二加八〇〇處向西舖軌，正在進行中。

總計本年截至八月底止，除隨毀隨修者外，本區津浦線共搶修路線計長一五七、六七〇公里，（參閱附表五）膠濟線除南泉藍村間正在進行修復外，其餘尚未能開始搶修。

(五)此後修復計劃

本區路線，自敵人降服迄本年八月底止，僅津浦線天津磁陽縣間及膠濟全線之軌道即被破壞達一千八百七十次。除零星破壞隨

附表5. 三十六年度津浦區全區搶修路線長度表 (截止8月31日止)

線別	日期	站間	里程	搶修長度(公里)	備攷
津浦線	8月2日—31日	靜海縣 唐官屯	57K030M～64K520M	7.490	岔線未計算在內
	7月12日—29日	鰲家荒 固山	371K150M～379K820M	8.670	
	6月6日—7月3日	滋陽縣 大汶口	508K130M～大汶口河便道	54.430	
	3月11日—5月18日	臨城 滋陽縣	578K080M～511K000M	87.080	
膠濟線	——	——	——	——	本年度尚未能開始搶修
總計				1.57.670	

時予以修復外，每次大破壞後，一俟局勢好轉立即編擬計劃，進行搶修。奈局勢變化莫測，計劃亦不能不適應局勢隨時變更，本局本年七月曾擬計劃於本年十月將津浦線由兗州修通濟南，明年上半年通至天津，並修通膠線濟南張店間及南泉高密間下半年修通膠濟全線。惟近三月來魯南局勢一度變化，搶修工作停工兩月之久，修通至濟南或將延至年底，而膠濟全線亦於八月完全收復，局勢頓形改觀。此後自須配合軍事予以適當之變更，俟津浦線修至濟南後，或須先搶修膠濟線十里堡張店間路線及張博支線。然材料工款均有待於交通部之統盤籌劃，本局惟有積極於準備工作也。

五、結論

本局接收以來，幾無日不從事於路線之搶修，初尚期望短期內恢復全區通車，故隨毀隨修再接再厲，以與惡劣環境相抗爭。迄至三十五年一月中旬時歷數月之久，未曾稍懈，在事員工亦均不避艱險忠勇效命，終得一度將膠濟線搶修通車。乃自三十五年一月十三日政府頒佈停止衝突令後，共匪初則多方阻難，繼則變本加厲，迭次澈底破壞路線。僅以本區所轄津浦線天津磁陽縣及膠濟全線統計被毀軌道長一千二百餘公里，橋梁七百四十八座，九百五十孔，站房一百九十六站，給水設備卅七處，其他電訊機車車輛等均損害重大。(參閱附表六)本局逢此厄運，職責所在，惟有奮勉從事努力於路線之重建。目下轄內路線尚有百分之五十約長八百五十公里亟待修復。(參閱附表七)現政府已明令動員勘亂，所冀匪氛早日肅清，能得順利搶機修會庶全區修復通車早告功成。

附表6.

津浦區鐵路管理局
路產所受匪害損失情況表

津浦線——天津—磁陽

膠濟線——幹線及支線

(一)路線,橋樑,站房,給水設備,被毀損失統計表

36年9月18日製

年度	線別	被毀次數					被毀數量								備註
		軌道	橋樑	站房	給水	共計	軌道被毀長度及損失材料				橋樑		站房	給水	
							被毀長度(公里)	鋼軌(根)	枕木(根)	路基(公尺)	座	孔	(站)	(所)	
34年度8月15日—12月31日	津浦線 德縣—滋陽	375	50	23	2	450	97.903	4,280	55,901	41,910	45	48	23	2	津浦線天津至德縣段及德石線未計算在內
	膠濟線 幹線及支線	453	85	34	5	577	141.074	12,302	88,019	40,230	57	64	30	5	
35年度1月1日—12月31日	津浦線 天津—滋陽	220	238	62	8	528	276.803	35,847	249,511	160,370	204	302	48	8	
	膠濟線 幹線及支線	449	291	87	12	839	244.642	37,662	270,141	124,174	223	204	45	12	
36年度1月1日—8月31日	津浦線 天津—滋陽	102	16	8	—	126	83.681	3,238	143,205	134,540	16	27	8	—	德石線因未能調查故未計算在內
	膠濟線 幹線及支線	271	212	42	10	534	390.075	45,841	528,788	217,020	203	305	42	10	
總計		1,870	892	256	37	3,054	1,234.178	139,170	1,335,565	718,244	748	950	196	37	

附表7.

(二)電訊被毀損失統計表

年度	線別	被毀次數	電綫損失數量(公尺)	電桿損失數量(根)	備註
34年8月15日至35年9月30日止	津浦線德縣—滋陽	177	5,986,990	6,035	津浦線天津至德縣段，及德石線未計算在內。
	濟膠線幹線及支線	287	11,404,639	9,750	
36年10月1日至36年8月31日止	津浦線天津—磁陽	113	818,390	1,352	德石線因未能調查，故未計算在內。
	膠濟浦幹線及支線	64	6,374,639	7,054	
總計		641	24,584,486	24,191	

附表8.

(三)機車,車輛,被毀損失統計表

年度	線別	車輛損失數量	機車損失數量	備註
34年8月15日至35年12月31日止	津浦線德縣—滋陽	461	26	津浦線天津至德縣段，及德石線未計算在內
	膠濟線幹線及支線	140	18	
36年1月1日至36年8月31日止	津浦線天津—滋陽	14	98	德石線未計算在內
	膠濟線幹線及支線	147	11	
總計		762	153	

附表7. 津浦區鐵路管理局截至8月31日止尚未修復路線統計表

線別	站間	公里程	破壞長度（公里）	備攷
津浦線	陳官屯—桑南	$64^{K}520$—$337^{K}360$	272.840	1.津浦區鐵路管理局轄內幹支線全長計1717.592公里 2.尚未修復路線約佔津浦區轄內路線全長50%
	固山—磁窰	$379^{K}820$—大汶口便道	73.880	
	南新泰支線	$0^{K}000$—$66^{K}380^{M}$	66.380	
	臨棗支線	$0^{K}000$—$31^{K}020^{M}$	31.020	
	陶莊炭礦線	$0^{K}000$—$3^{K}600^{M}$	3.600	
	小計		447.720	
膠濟線	南泉—坊子	$42^{K}800$—$168^{K}700$	125.900	
	譚家坊—十里堡	$222^{K}500$—$366^{K}600$	144.100	
	張博支線	$0^{K}000$—$39^{K}220$	39.220	
	黌山支線	$0^{K}000$—$6^{K}980$	6.980	
	八陡支線	$0^{K}000$—$9^{K}330$	9.330	
	羅家莊支線	$0^{K}000$—$6^{K}560$	6.560	
	小計		332.090	
德石線	賈家台—德縣	$111^{K}000$—$180^{K}653$	69.653	
			849.463	

湘桂黔鐵路工程進展概略

袁夢鴻

湘桂黔桂兩鐵路，爲西南交通大動脈，關係國防民生，至爲重要，三十三年敵人內侵，全遭破壞。三十四年黔桂鐵路，將都匀南丹段修復，長僅二百餘公里。中樞爲統一事權，便利修復也見，於三十五年元月將兩路合併改組，成立湘桂黔鐵路工程局。路綫所經，計前湘桂綫由衡陽經廣西桂林柳州邕寧，以接南鎭段而出鎭南關，與越南鐵路同登相啣接，前黔桂綫由廣西柳州，經南丹獨山都匀，而達貴陽。支綫則湘桂綫有零陵支綫，黔桂綫有柳州至大灣支綫，全路共長壹仟肆百餘公里。三十六年初，中央決定興建西南西北國防大幹綫，爲溝通海口計，本路後奉命兼辦來湛段，廣東湛江市（廣州灣）至廣西來賓一段新工，長約三百九十餘公里，預計兩年完工，計本路全綫總長達壹仟捌百餘公里。將來全路完成，則西出安南，東啣粵漢，南達廣州灣，北至貴陽，而接川黔綫。西南鐵路網由是貫通，其對國計民生，實有莫大裨益焉。

本路係應抗戰需要而興建，當時因戰事方殷，財力物力均感缺乏，工程進展，困難萬分。幸賴在事員工之努力，卒能完成千餘公里。三十三年湘桂之役，敵騎內侵，深入黔南獨山一帶全綫破壞，情形至爲嚴重。當三十四年初，抗戰末期，當局爲（一）配合軍事反攻（二）樹立鐵路復員基礎，容納鐵路失業員工（三）搜存路料（四）安定民心，促進黔南農村經濟恢復等因素，遂於敵寇潰退至河池黔南，秩序漸次恢復之時，令本路積極進行都丹段復軌工作。茲將兩年來工程進展情形概略，分述於後：

（一）都丹段（都匀至南丹）復軌工程一三十四年初交通部曾派員來都丹段調查破壞情形，并擬定修復計劃。旋於四月中旬開始復軌工作，該段計長二〇二公里。沿綫破壞情形，除路基軌道略存殘餘外，所有機車、車輛、電訊、給水、房屋標誌，以及大小橋梁、隧道、涵洞等設備，幾破壞無遺。所能利用者，僅十之二三而已。更因款料之不足，故工程進展，困難叢生。惟鑒於本段之修復，乃爲爭取勝利，配合軍事反攻，及建立鐵路復員基礎，使命異常重大，在趕工條件不足之困難情況下，仍集中人力物力財力，并在（一）工程方面：作初步修復，祇求通車，俟後再加改善；（二）機務方面：盡量利用原有路料，修配機車車輛；（三）積極趕趕，盡量縮短修復期限；（四）所有廠房，均以最簡單方式并擇急需修復之原則下，經四個月之晝夜趕趕，卒於三十四年八月間，如期通車，而達成首期復軌之使命。

（二）桂柳柳來柳懷等三段復軌工程一本局於三十五年初改組成立，即擬具全面復軌計劃。計分正式及初步修復計劃兩種。奉准照初步修復計劃，先行搶修桂柳（桂林至柳州）柳來（柳州至來賓「包括大灣支綫」）及柳懷（柳州至懷遠）等三段。列爲第一期修復工程。該三段計桂柳綫長一七八公里，柳來綫長七〇公里，大灣支綫長一九公里，柳懷綫長一〇六公里，共長三七三公里。均係在敵人未投降前所收復者，故沿綫一切工程，及機務設備，破壞程度最甚，其修復工作亦倍加困難。爲縮短通車期限，配合復員運輸起見，所有修復工程，亦因陋就簡，積極進行，其間各大小橋橋梁，所需鋼梁，因無國產材料供應，外洋鋼梁一時亦不能運到，乃利用原炸毀鋼梁，盡量改配。其無法利用者，則暫建便橋，維持通車。經半年餘之全力趕趕，已先後通車，計柳來段於三十五年八月八日通車，桂柳段於三十六年一月十六日通車，柳懷段於三十六年二月間通車。

(三)衡桂及懷金段復軌工程一衡桂及懷金兩段，係第二期修復工程。衡桂段(衡陽至桂林)計長三五五公里，懷金段(懷遠至金城江)長五〇公里。在敵人佔據期內，未予修復利用、僅在桂林衡陽間，將路基略加修整，架設木便橋通行軌道汽車。迨三十四年春，敵人開始撤退，兩綫復遭再度摧殘，益以民間之盜竊焚燒，致使全綫支離破碎，滿目瘡痍，修復工作，已屬匪易。三十四年西南粵桂兩公路，爲搶修橋梁，以配合軍事進展計，拆用本路路軌三十餘公里。三十五年春，粵漢鐵路積極搶修，以鋼軌橋梁等材料不敷應用。又將全州以東至衡陽一段之鋼軌約二百三十公里，暨沿綫存置之鋼梁材料等，悉數拆除，運往濟急。該段僅存有殘缺之路基而已。全綫修復工程之艱鉅，概可想見。三十六年初本路奉准搶修該兩段復軌工程，原計劃衡全所缺軌料，除粵漢允撥還六十公里外，不足之數，將金城江至南丹一段路軌拆移舖用，期於三十六年九月底分別通車。嗣以外洋鋼梁未能如期運到，粵漢允還之鋼軌迨七月份始行延緩撥交，尤以半年來沿線物價高漲數倍，原預算不敷分配，致影響工進甚鉅。追加預算案，於八月初奉准追加後，乃配合加緊趕趕。其桂林至全州一段，已於九月初先行通車，至衡全及懷金兩段，預計十一月底，均可分別趕通。

(四)金丹段一金丹段復軌工程，以該段坡度較大，高架橋山洞亦多，戰時均遭澈底破壞，修復工程，頗爲艱鉅。所需大量外洋材料，一時不能運到，具該段一部份軌料，移舖衡桂段，故本年內先作準備工作，俟衡桂懷金兩段通車後，再行着手搶修。

(五)已復軌地段改善工程一本路已復軌都丹柳懷柳來桂柳等四段，均係照初步修復計劃施工，乘以施工期間，物價波動巨烈，預算不能照需要追加，所有設施，不得不因陋就簡，以資節省。惟通車以來，對於行車安全，營運業務諸待改善，尤以軌道欠佳，正式橋梁，亦待繼續完成，故此項工作，均在逐步改善。

(六)都筑工程進展概况一都筑段乃延長黔桂綫，由都匀至貴陽之最末段。除貫通湘桂黔全路外，將來尚可聯接川黔滇黔兩綫。其提早打通，實屬時務之急。該段計長一五二公里，於三十五年五月初成立都筑段工程處，負責辦理。該段新工路綫，跨雲霧山脈，所經多崇山峻嶺，地形複雜，本路工程以該段最稱艱巨。重要工程計隧道共三十七處，其中有長達九百六十公尺者，隧道總長六公里弱。土方約六百萬立公方。改河改綫約九千公尺，大橋二十五座，總跨度二千餘公尺。小橋壹百二十餘座，禦牆護坡約十八萬立公方尺。該項工程，大部均在山坡削壁之上。故工程至爲艱鉅。路基土方部份，係與黔省府合作進行，由民工分三期辦理。現第二期民工土方，業已完成。其餘橋梁山洞等工程，均已發包施工。如款料能源源接濟，可望於三十八年底全部竣工。

(七)來湛段工程進展概況——來湛段係西南西北國防幹綫吐納海口之一段。三十六年初，本局設粵境及桂境兩工程處，分別辦理，該段新工。粵境計長九十公里，桂境長三〇二公里。現定綫測量業已蔵事。該段路綫除紅水河鬱江兩大橋，及湛江港口等工程，較爲艱鉅外，餘尚簡易。預計三十八年六月底，當可完成。

本路工進概況略如上述。惟以物價高漲不已，預算不敷支配，雖盡力計款施工，仍感配撥困難。更以材料不濟，所有工程及業務進展，直接或間接所受影響，實非淺鮮。然中央對本路完成全面通車期望頗殷，本局仰體斯旨，自應全力以赴，庶全綫貫通，早觀厥成。以達交通建設之使命於一隅也。

資源委員會

天津紙漿造紙有限公司

鷹牌商標

產品種類

道林紙	新聞紙
鈔票紙	牛皮紙
證券紙	包裝紙
毛邊紙	各種捲筒紙
有光紙	各色有光紙
連史紙	紙板

各種加工花紙

地　址：天津第二區華安街十四號

電　話：四局 0896 1163 1367

電報掛號：3364

資源委員會中央機器有限公司

天津機器廠

歡迎訂購　交貨迅速

營業所：天津羅斯福路255號　電話(2)4566
北平王府井大街122號　電話(5)2156

辦公處：天津第三區小王莊　電話(6)1659

廠址：
一分廠：天津(3)小王莊　電話(6)1040
二分廠：天津(5)小孫莊　電話(4)1512
三分廠：天津(6)陳塘莊　電話(8)0500

主要出品

各種機械及配件
木螺絲
洋釘
鋼繩
刺鐵絲
鍍鋅鐵絲
自行車
各式鼓風機
各式水泵
織布機
捲揚機
柴油機

臺灣電力公司

總管理處：台北市和平東路一段三九號

電話：總機　三一〇一　三一〇二
三一〇三　三一〇四
總經理室　三一〇〇
協理室　四一四〇

供電普遍

服務週到

收費低廉

各區管理處
台北基隆
宜蘭新竹台中
彰化嘉義台南
高雄屏東東區等處

資源委員會台灣鋁業公司籌備處

大量供應　各種產品

品質優異　價格低廉

交貨迅速　歡迎採用

總公司　台灣高雄

台北辦事處　台灣台北中正西路二〇八號

上海通訊處　上海中山東一路(外灘)六號

產品

各級鋁錠

各種鋁合金

各種鋁鑄件

鋁矽鐵合金粉

工程雜誌第二十卷第一期

民國三十七年六月一日出版

內政部登記證 警字第788號

編輯人 中國工程師學會 總編輯 吳承洛

發行人 中國工程師學會 副總編輯 羅英

印刷處 京華印書館（地址：南京中山路九十四號 電話撥20後叫90143）

經理處 (一) 中國工程師學會總會（南京寧海路34號 電話 3 4 1 1.2）及

各地分會 重慶 成都 昆明 貴陽 桂林 蘭州 西安 泰和 康定 衡陽 西昌 嘉定 瀘縣 宜賓 長壽 自貢 大渡口 遵義 平越 宜山 柳州 全州 耒陽 祁陽 麗水 城固 永安 天水 迪化 辰谿 大庾 贛縣 曲江 灌縣 上海 南京 廣州 北平 武漢 南寧 湛江 錦州 老君廟 白沙沱 青島 濟南 天津 瀋陽 台灣 太原 蘇州 福州 杭州 塘沽 開封 香港 美洲 南昌 南平 內江 上饒 西寧

(二) 中國各專門工程學會 中國土木工程學會 中國水利工程學會 中國化學工程學會 中國機械工程學會 中國自動機工程學會 中國市政工程學會 中國建築師學會 中國電機工程學會 中國動力工程學會 中國衛生工程學會 中國航空工程學會 中國礦冶工程學會 中國紡織學會 中國造船工程學會等 及其各地分會

(三) 中國工鑛技師公會籌備委員會及各地各科公會籌備委員會

(四) 中國工程出版公司 南京四條巷163號（電話23989）

本刊定價表

每兩月一期 全年一卷共六期 逢雙月一日發行	
零售每期國幣 30 萬元 預定全年國幣 150 萬元	郵購時須寫明姓名或機關名稱及住址 上海或南京支票均可通用

廣告價目表

地位	每期國幣
外底封面	5000 萬元（繪圖製版費另加）
內封裏	3000 萬元（繪圖製版費另加）
內封裏對面	2000 萬元（繪圖製版費另加）
普通全面	1000 萬元（繪圖製版費另加）
普通半面	600 萬元（繪圖製版費另加）
定閱及登載廣告請向上列編輯人發行人及經理處印刷處函洽或面洽	

本刊總辦事處：南京北門橋唱經樓衛巷新安里新18號總編輯部吳潤東先生（電話33326）

交通部公路總局平津區汽車修配總廠
出品
飛鷹牌三輪汽車，各種汽車配件，汽車輪胎，電池，各種輕車胎，三角帶，平帶，泡沫滅火器。
承製
各種鋼鐵，鋁合金，銅合金鑄品，各種翻砂模型，各式客貨車身，各種築路工具，各種電鍍物品，各種橡膠質物品。
修理
各式汽車，各種機械，各式電機
代辦
車輛保養救濟，代管車輛，經銷各廠商有關公路工程運輸之產品。
總廠辦公處：天津南開三馬路一百三十三號
電話二局一〇七四四｜六一八五
天津營業所：東南城角兴安路五號電話二局一〇二五
北平營業所：西安門大街四號電話二局〇二七一
天津北平青島濟南石家莊
均設有修理工場
飛行牌保險胎

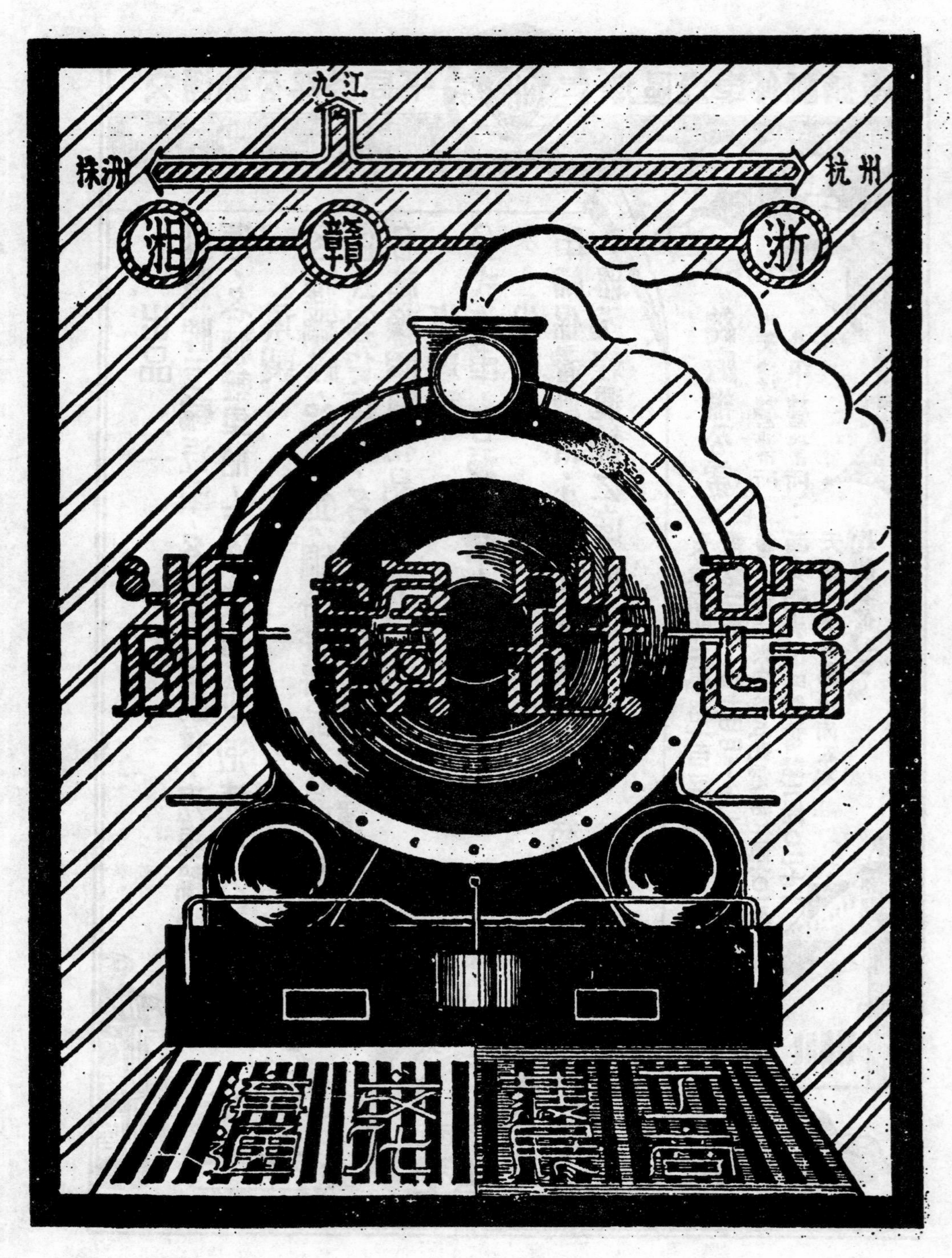

江西郵政管理局登記第四三一號

中國工程師學會會刊

工程

第二十卷 第四期

中國工程師學會暨各專門工程學會台灣聯合年會論文專號(四)

目次

中國工程師學會總會發行

廣州教育路蔚興印刷場承印

廣東實業公司

六大工廠榮譽出品

五羊牌

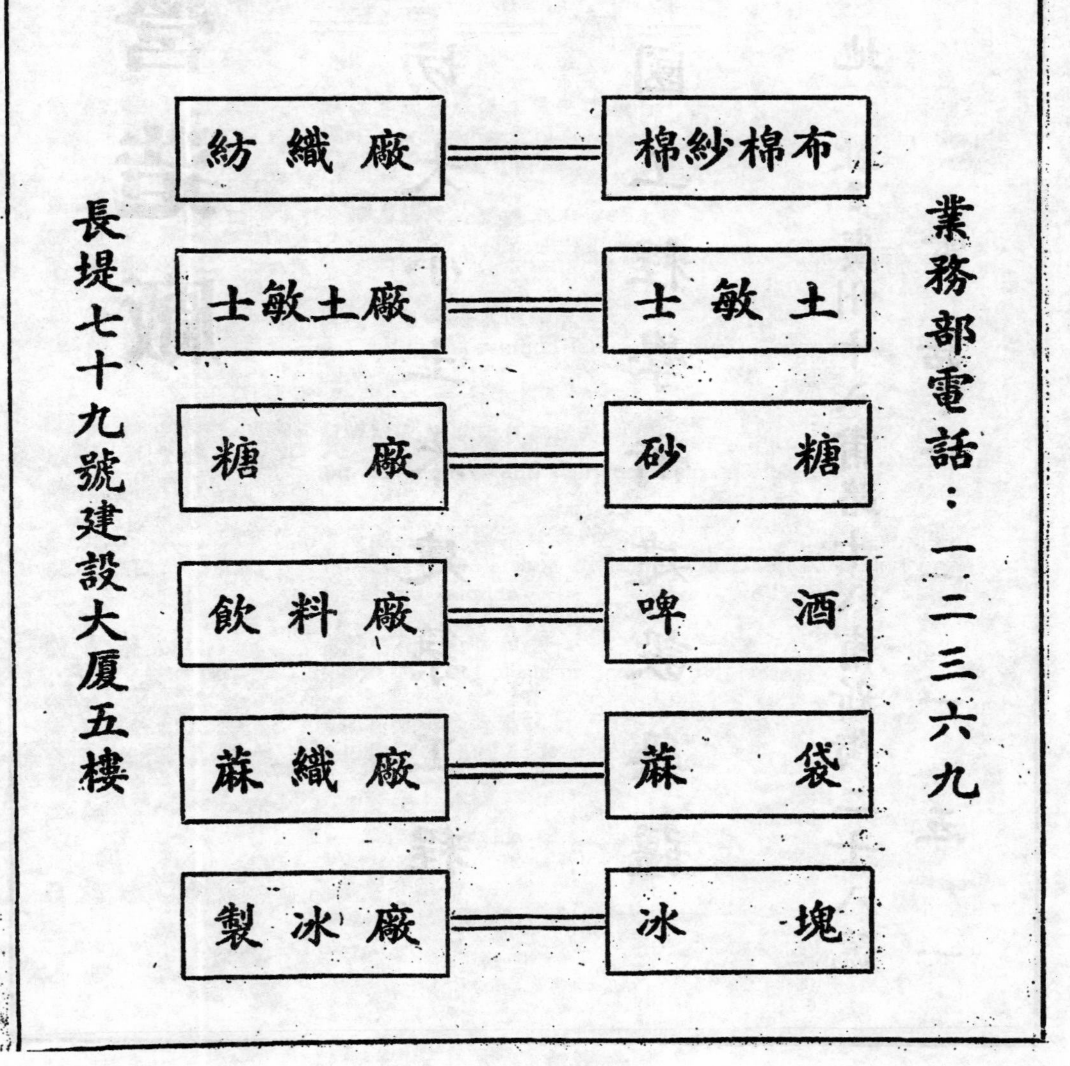

紡織廠
棉紗棉布
士敏土廠
士敏土
糖廠
砂糖
飲料廠
啤酒
蔴織廠
蔴袋
製冰廠
冰塊
長堤七十九號建設大厦五樓
業務部電話：一二三六九

中國工程師信條

一 遵從國家之國防經濟建設政策，實現國父之實業計劃。

二 認識國家民族之利益高於一切，願犧牲自由貢獻能力。

三 促進國家工業化，力謀主要物資之自給。

四 推行工業標準化，配合國防民生之需求。

五 不慕虛名，不為物誘，維持職業尊嚴，遵守服務道德。

六 實事求是，精益求精，努力獨立創造，注重集體成就。

七 勇於任事，忠於職守，更須有互切互磋，親愛精誠之合作精神。

八 嚴以律己，恕以待人，並養成整潔樸素，迅速確實之生活習慣。

三十年来之中國工程

中國工程師學會三十周紀念刊：

總編輯啓事：

一、業已再版出書，所餘册數不多，經本會議決作爲印刷基金，每部定價爲金圓劵十元。並鑒於寄遞遺失之多，今後一律掛號，郵費在內，航寄外加三元，亦一律掛號。國外美金六元，掛號郵費在內，航寄外加美金二十元，亦一律掛號。

二、中國工程師學會「工程叢刊」：本會現將前「會報」計十七卷及「工程」前十九卷中之重要論文，擇其有歷史性，及永久性者，編爲「工程叢刊」，先出十種，由各大書局承印，分期發行。

三、「工程師節與工程師」及「工程建國通論」：本會及各地分會，紀念工程師節，暨歷屆年會，及各地分會，倡導工程之一般通論，包括講詞，編爲「工程建國通論」及「工程師節與工程師」二種印行。

四、中國工程師學會戰時年會報告彙編：戰時年會，自民二十七年重慶臨時大會，歷經昆、蓉、黔、蘭、桂、渝，各次年會，開會情況，至爲激昂，對抗戰建國，貢獻良多，並足爲今後辦理年會之參照，茲已彙編成册，正在設法出版。

五、戰時刊物，如「工程」「會務特刊」「工程師節特刊」及其他報告，與美洲分會會刊等，尚有殘存。會員及各機關，願保存者，每份可附郵費一元，以便寄贈，贈完爲止。

六、本會「工程」復刊，力求質量提高，以符合國際工程學術標準，自第二十卷第一期起，以後按期出版，仍暫爲雙月刊，惟印費浩大，爲收回成本，達到自給，定價稍高，多盼各事業機構，予以刊登廣告之協助，尙祈鑒察。

THE DEVELOPMENT OF SYNTHETIC AMMONIA INDUSTRY IN THE U.S.A. SINCE THE WAR

By T. P. Hou

The Synthetic Ammonia industry started with the researehes by Fritz Haber on gas equilibria between H_2 and H_2 forming NH_3 in 1903-1904. In 1909, the first pilot plant working on this synthetic process was built in Germany by Dr. Carl Bosch. In 1913 the plant was completed and put in operation, proving that the synthetic process was a commercial success. This was known as the Haber-Bosch Process for synthetic ammonia manufacture. Nations not possessing natural sodium nitrate or guano deposits, were then made independent of the foreign supply of nitrate. This had a great significance in the production of nitric acid for war needs. Germany therefore felt free to pursue a war without fear of being cut off from the sources of Chilean saltpetre supply by the British Navy.

After world war I, the Entente and Associated Countries appreciated the of synthetic ammonia to a country during the War. The governments of these countries therefore started programs of researches on this Haber-Bosch process. Based on this, as many as six different modifications were developed, namely, the Claude, Casale, Fauser, General Chemical, N.E.C. and Uhde besides I. G. Farben. The essential difference among these processes was the pressure employed and these pressures are indicated as follows:

TABLE I

	Operating Pressure Used in the U. S.	*Source of Hydrogen Commonly Employed in the U. S.*
1. Claude Process	700-1000 atm.	Water Gas & Liquefaction of Coal Gas
2. Casale Process	600-700 atm.	Water Gas & Liquefaction of Coal Gas
3. Fauser Process	300 atm.	Electrolytic hydrogen and Water Gas
4. N.E.C. Process	300-350 atm.	Electrolytic hydrogen, water gas and natural gas reformed
5. I. G. Farben Process and General Chemical Process	250-300 atm.	Electrolytic hydrogen and Water Gas
6. Uhde (Mont Cenis)	50-100 atm.	Water gas and cracked natural gas

All of these used fused iron as catalysts promoted with small quantities of potassium and aluminum oxides, but the Uhde used iron cyanide.

In 1919, the U.S. Department of Agriculture established the Fixed Nitrogen Research Laboratory in Washington, D. C. which was both instrumental and fruitful in establishing the high pressure industry in the United States. Results of these researches were given to the public gratis and the American industry was greatly benefited by the lead the U. S. Government took in this high pressure work. No patents were taken by the Government and all U. S. citizens could have free access to the results of these researches. The U. S. high pressure industry made a direct start from the data obtained in the Government Fixed Nitrogen Research Laboratory and many able men engaged later in the high pressure industries obtained their first training in this laberatory. (The synthetic methanol precess, however, was eriginally developed in the Pittsburgh Station of the Bureau of Mines.) Soon the oducational institutions like Yale University, University of Illinois, Massachusetts Institute of Technology and others followed, all contributing to the development of the high pressure syntheses in the U. S.

One distinguishing feature in the synthetic ammonia manufacture is the source of hydrogen employed, as hydrogen is the more expensive of the two gases required for ammonia manufacture. In the beginning, electrolytic hydrogen was used because of its purity, of its simplicity and of no need for purification. This hydrogen may be produced from electrolytic cells using caustic potash as the electrolyte, or a by-product from the various alkali-chlorine cells. The electrolytic hydrogen, however, is only used where power is very cheap and abundant, and generally on a small scale.

In the early days, hydrogen was mostly used for the hydrogenation of liquid cottonseed oils to give hard fats using finely divided nickel as the catalyst. The source of hydrogen was usually obtained by the reaction of steam on hot iron and reducing the iron oxide formed with CO from water gas. With the advent of synthetic ammonia industry, hydrogen from this source was also used to a certain extent.

The commonest large-scale production of hydrogen was, and still is, obtained from semi-water gas using mechanical water gas generators. With the hydrogen is alse obtained CO in the molecular ratio, which CO is also convertible to hydrogen using a steam and an iron oxide base catalyst. Sometimes a gas producer such as the U.G.I., Wellman, Morgan or Galusha type is used to supplement the necessary nitrogen required in the composition. But by using blow-run gases from the water gas generators, a separate gas producer is not necessary and only the water gas generators are required to supply the somi-water gas required.

During World War II, natural gas was used as the source of hydrogen almost exclusively in the U. S. in the plants built to meet the war needs. As practiced in the U. S., the natural gas was generally reformed by means of steam using nickel catalyst at a temperature of 770-750°C. Prior to World Wer II, natural gas was used as a source of hydrogen in the Shell Chemical Plant located on the West Coast in California, but then thermal cracking only was employed.

Hydrogen gas may be obtained from partial oxidation of methane gas under medium pressure with oxygen or enriched air, or from thd electric cracking of acetylene gas from calcium carbide or of acetylene gas as a by-product from Fischer-Tropsch process, or from complete gasification of non-coking coals in the Winkler or Lurgi generator. All these were used by the Germans successfully. But none of these precesses were in use in the United States during World War II.

Prior to World War II, the United States was a small producer of synthetic ammonia, trailing behind Germany at a great distance. Moreover, in the production of ammonium sulfate, the United States was also behind Japan. When World War II, broke out, the United States Government went ahead building synthetic ammonia plants, having an increased capacity far greater than the total peace-time consumption for the whole country. People were wondering how such a large output or ammonia could be disposed of. Now, three years after V-J Day, since August, 1945, all of the ammonia plante have been in continuous operation at their maximum capacities. American people wished they had more ammonia plants, because of the world-wide shortage of food and the world-wide demand for chemical fertilizers. So great was the demand that the U. S. production alone of 1,430,000 tons of anhydrous ammonia during the year 1947 did not meet the demand.

Prior to World War II, the two major synthetic ammonia producers in the U.S. were the Du Pont Company at Belle, W. Va. and the Allied Chemical & Dye Corp. at Hopewell, Va. Today there are several large ammonia manufacturers outside of Du Pont and Allied Chemical & Dye Corporation. The net effect has been creating competition to the erstwhile two major manufacturers, which is consistent with the policy of the Democratic Party's Administration toward large businesses.

During World War II, new ammonia plants were huilt utilizing almost exclusively natural gas as the source of hydrogen. This his greatly reduced the cost of manufacture and represented a new departure from heretofore standard process for the production of hydrogen for the ammonia manufacture.. This low cost of hydrogen as raw material for ammonia manufacture has created a serious competition and constitues a challenge to the semiwater gas method from coke as employed by the Du Pont and Allied Chemical's Solvay Process plants.

Besides using natural gas as a cheap source of hydrogen, the greatest change in the fertilizer manufacture lies in the introduction of ammonium nitrate as a nitrogenous fertilizer in competition with ammonium sulfate. In the U. S. referming of the natural gas is the method almost exclusively used, while in Germany partial oxidation by cheap oxygen under medium pressure was employed to great advantage. The reforming process requires a large quantity of heat to bring about the reaction:

$$C_nH_{2n+2} + nH_2O \longrightarrow nCO + (2n+1)H_2 - \Delta H$$

where ΔH for methane (CH_4) is as much as 50,498 cal. per mol. Therefore, much natural gas, about 40% is burnt to furnish this endothermic heat of reaction, whereas in the partial oxidation method, the heats of reactions are balanced, i.e., the heat of oxidation is absorbed and utilised in furnishing heat to the endothermic reforming reactions.

The manufacture of ammonium nitrate has reached a stage of perfection in that it has become quite stable in the normal climate and by making into spherical balls, it has a minimum surface for moisture absorption and minimum surface of contact for caking. Thus, it is no longer too hygroscopic to handle. Further, these spheres may he coated with a thin film of moistureproof materials such as petrolatum, oils or waxes. The only drawback inherent to the ammonium nitrate fertilizer is ihe explosive character, which until now is still not thoroughly understood.

The following table represents a list of the synthetic ammonia manufacturers tn the U.S.A. after World War II.

	Company Name	*Process*	*Designed By*	*Built By*	*Daily Capacity Short Tons*	*Remarks*
1	Solvay Process Co. Hopewell, W. Va.	Water Gas (General Chemical)	Solvay	Solvay	900	
2	Ohih River Ordnance Wks. West Hender-son Kentucky	Water Gas	Solvay	Solvay	200	Will be leased on long terms to solvay.
3	Buckeye Ordnance Wks. South Point, Ohio	Water Gas	Solvay	Solvay	660	Bought by Solvay Process Co. and partly operated as a methanol plant.
4	Du Pont Ammonia Co. Belle, W. Va.	Water Gas (Claude & Casale)	Du Pont	Du Pont	650	Partly a me-thanol plant.
5	Du Pont & Co. (R&H) Niagara Falls, H.Y.	Electrolytic Hydrogen	Nitrogen Engineer-ing	R&H Co.	40	
6	Morgantown Ord. Wks. Morgantown, W.Va.	Water Gas	Du Pont	Du Pont	750	Loased on long terms to Hey-ded Chemical Corp. and oper-ated mostly as a mothanol plant
7	Shell Chemical Co. Pittsburg, Calif.	Nanural Gas Roforming by Shell Process of Cracking	Mont Cenis	Mont Cenis	280	Some methanol is also produc-ed
8	Midland Ammonia Co. Midla nd, Michigan	Electrolytic Hydrogen	Dow Chemical	Dow Chemical	40	Owned by Dow Chemical Co.
9	Mat hieson Alkali Co. Nia gara Falls, N.Y.	Electrolytic Hydrogen	Nitrogen Eng.	Nitrogen Eng.	20	

10	Penna. Salt Co. Wyandotte, Michigen	Electrolytic Hydrogen	Mont Cenis	Mont Cenis	35	
11	Dixie Ordnance Wks. (Commercial Solvents) Sterlington or Monroe, La.	Natural Grs Reforming by Shell Process from Shell Co.	Kellogg	Kellogg	180	Bought by Commercial Solvents Co. Essentially a methanol plant.
12	Mathieson Alkali Co., Lake Charles, La.	Natural Gas Reforming	Kellogg	Kellogg	180	Leased to the Mathieson Alakli Works.
13	Spencer Chem, Co. Pittsburg, Kans.	Natural Gas Reforming	Chemical Construction	Cbemical Construction	400	Bought by Spencer Chem. Co. Operated partly as a methanol plant.
14	Lion Chemical Co. El Derado, Arkansas.	Natural Gas Reforming	-do-	-do-	450	Bought by Lion Oil Co. P[illegible]y a meth plant.
15	Cactus Ordnance Wks., Etter, Tezas.	-do-	-do-	-do-	220	Burnt down mostly will be leased on long terms to spencer Chem. Co. Operated as a methanol plant.
16	T.V.A., Wilson Dam Ala.	Water Gas	Independent (C.O. Brown and J.G. Dely, etc)	Stone & Webster	180	Transferred to T.V.A.
17	Hercules Powder Co. Hercules, Cal.	Natural Gas (Claude, 1,000atm.)	Hercules	Air Liquide	30	1 unit
18	Hercules Powder Co. Louisiana, Mo.	-do-	-do-	-do-	150	5 units. Partially dismintled.
19	Dow Chemical Co. Pittsburg, Calif.	Natural Gas	Dow Chemical	Dow Chemical	10	
				Total	5,375	tons of ammonla per day.

From this must be deducted 150 tons capacity of the Hercules Louisiana, Mo. plant, which was dismantled. This gives a net total of 5,225 tons.

Another Ordnance plant (Alabama Ordnance Works) at Tallacoosa, Ala. with a projected capacity of 300 tons of ammonia per any was not completed before the War ended. It is left uncompleted today even though some major equipment had been already installed there.

It is seen that the total potential capacity for ammonia production in the U.S.A. in 1947-1948 is well over 5,000 tons of anhydrous ammonia per day, or about 1.8 million tons a year. The actual production is considerably less, about 80% of potential capacity in 1947. The distribution of ammonia in the U. S. was approximately as follows in 1947:.

TABLE III

DISTRIBUTION OF AMMONIA

For Export	22.2%
For Industrial Uses	33.3%
For Agricultural Uses	44.4%

When the plant is used for tne ammonium nitrate production, it is utilized as a war standby to the best advantage, because ammonium nitrate could be immediately diverted from the manufacture of fertilizer to the manufacture of explosives.

Another now development of the American ammonia plants is the diversion of a part of its equipment to the manufacture of methanol. This is evidently prompted by the fear of overproduction of ammonia, if and when the world conditions return to normal. The following plants are being partially or completely converted to methanol production, or are already in production.

TABLE IV

CONVERSION TO METHANOL MANUFACTURE

	Plant	*Extent of Conversion to Methanol-Manufacture*
1	Commercial Solvents Co.'s plant at Sterlington, La.	Completely
2	Heyden Chemical Co.'s plant at Morgantown W. Va.	Completely
3	Spencer Chemical Co.'s plant at Etter, Tex.	Will be completed for methanol plant.
4	Solvy Process Co.'s plant at South Point, Ohio.	Partially
5	Lion Chem. Co.'s plant at El Dorado, Ark.	Partially
6	Spencer Chem. Co.'s plant at Pittsburg, Kans.	Partially
7	Du Pont Ammonia Dept. at Belle, W, Va.	Partially
8	Shell Chem. Co.'s plant at Pittsburg, Calif.	Methanol operation may by started soon.

It should be noted that one plant (DFC war plant at Louisiana, Mo.) has been converted entirely into a synthetic fuel pilot plant far testing Bergius Process and Fischer-Tropsch process by the Bureac of Mines.

It has been reported that Du Ponn ammonia plant at Belle, W. Va. is planning to try continuous water-gas generator operation on the U.G.I. units using oxygon in the generators. This shows that contiunous water-gas operation is receiving serious attention from conservative U. S. ammonia producers.

戰後美國合成氨工業之發展

侯德榜

合成氨工業肇始於一九〇三至一九〇四年德人哈伯氏之研究，用氫氣與氮氣以媒觸劑之助直接化合成爲氨至一九〇九年德人包煦氏首建半工業式試驗室，落成啓用，始證明此法之功效，由是稱爲哈伯包煦二氏合成氨法，從此世界國家凡未有天然硝酸鈉或硝酸鉀之蘊藏者可不賴舶來之硝石，仍能製造硝酸，此對於作戰火藥之需要，具有絕大意義，而德國自身即覺將來作戰可以不虞，英國海軍截斷其智利硝石之來源矣。

自第一次世界大戰告終，盟國與聯合國深知此法對於作戰之價值，故其政府爭相研究此法，爲其準備，由是各國依據哈伯包煦二氏之原法加以研究另行變通，今除 I. G. Farben 原法外別有 Claude, Casale, Fouser General Chemical, 1, N.E.C. Uhde 等等竟六七種之多，要其實皆根據德國原法大同小異，其不同者乃在其所用壓力而已，茲此種壓力大都可列舉如下。

至其媒觸劑亦大都係熔結之鐵粒以鉀鋁爲促進品祇有 Uhde 法用鑄化鐵與鋁化合物而已。

第一次歐戰之後，一九一九年美國農部設立固定氮氣法研究室於華盛頓，乃確立美國合成氨工業之基礎，其研究結果公諸人民，凡屬美國公民均可仿用，由是美國高壓合成工業蒙其惠者至衆，蓋美國政府於此不求專利，使本國工業均得享用此不特創立美國高壓工業之基礎，實造就一班高壓技術人才分播全國，其造福工業至大，是後繼起者有耶魯大學，意利諾大學，麻省理工大學等處，各分途研究，對於美國高壓工業均有其一部份之貢獻，至其合成甲醇製造法乃嗣後silicon炭堡礦業試驗室所發展者。

氫氣爲氫氮二氣中較貴重者，故合成氨製造法又可以氫氣取給來源區別之例如電解法，半水性炭氣法等等，其初所需氫氣係由水中電解而來，蓋其氣純淨不需精製也，此種氫氣係用苛性鹼液電解而來，或由於鹼氯電解池利用其副產氫氣，但此法多消用於電力價廉之處，而其規模素不甚大。

前此氫氣大都用於氫化棉子油，使變硬脂，其法用鎳粉爲媒觸劑，此際氫氣來源多從鐵屑與蒸氣分解而來，然後將其氧化鐵用水性炭氣之 CO 還原，自有合成氨法後，此種氫氣間有採用者，但不多覯。

氫氣用於合成氨工業之最普通者，厥爲半水性炭氣，用此法除得氫氣外，尚有 CO，此 CO 用蒸氣與氧化鐵質之媒觸劑，亦可轉變爲氫氣，有時兼用氣發生爐，藉以調劑氮氣之成份，惟若用水性炭氣之吹風氣，亦可得相當氮氣，初不需要此炭氣發生爐也。

當第二次世界大戰時期，天然瓦斯有用作氫氣來源者，此在美國實最普通，依美國製法，此天然瓦斯可與蒸汽混合，通入鎳質媒觸劑，在攝氏溫度 720 乃至 750 度下分解之而得氫氣，此天然氣在第二次大戰以前固曾在加利福尼亞洲 Shell Chemical 工廠用過，但其法係用舊時之熱分解法耳。

氫氣之來源亦可由沼氣 CH_4 用氧氣局部分解而得，又可由乙炔 C_2H_2 用電熱分解或由 Fischer-Tropsch 法之副產而得，或可用煤炭在 Wingler 或 Lurgi 發生爐完全氣化而得，諸如此法，在德國戰時用之，成效卓著，但在美國當第二次大戰時期均未曾用及。

截至第二次大戰開始止，美國尚屬產生合成氨較少之一國家，比較德國實瞠乎後矣，即以硫酸錏生產而論，美國亦在日本之後，迨第二次大戰發生，美政府大量建造合成氨工廠多所，此時所增加產量已遠超過美國時所銷耗之總量，不知者以爲此種大規模產生氨將來究用於何處，而今勝利以後已三年矣，此三年中各該廠均開製生產達於最高峰，而氮氣肥料仍感不敷分配，全世界農產均期待此化學肥料，藉以增加糧食，美國產量一九四七年一年中共產無水氨一百四十三萬七千噸之多，而仍感供不應求。

當第二次大戰以前，美國製造家大者如 Du Pont 公司（工廠設Belle, W. Va.）及 Allied Chemical & Dye Corp）工廠設 Hopewell, Va）大戰告終，美國除此兩大公司外竟有復起數家，產量或可與比肩，或竟超過之，其結果此後起公司竟成爲該兩大公司之勁敵，由是該兩大公司在化肥工業上失却壟斷能力，此亦美國民主黨當政之打倒少數大公司壟斷之作風也。

又此後起製造家大都用天然氣爲氫氣極廉原料，其影響則氨之製造成本減低，此法乃爲合成氨工業之破天荒廉價製造法，以之與 Du Pont 及 Allied Chemical 兩廠所用焦炭發生爐造氫氣法競爭，大可佔優勝之勢。

合成銨工業除用天然瓦斯爲氫氣廉價原料外，間有不用硫酸銨而製硝酸銨以代之者，此在美國亦頗著成效，惟其天然瓦斯用蒸汽轉變法 Reforming 仍不如德國所用氧氣局部氧化法 Partial Oxidation 在較高壓力之下爲經濟，蓋美國所用轉變法需要大量之熱力，庶得發生以下化學反應。

$$CnH_2n+_{2}\,_{2}\,nH_2O \rightarrow nCo\,2\,(n+1)\,H_2 - \triangle H$$

此A工熱量以 CH_4 論之，每克分子量，需59,498 Cal. 之多，是以往之此天然瓦斯用於燃燒之量，竟達40%之多，不經濟殊甚，若夫用局部氧化法則各種反應用熱量正負相抵，即氧化作用發生之熱量可用作分解作用需要之熱量，兩相抵消，用熱最爲經濟。

美國硝酸銨 NH_4NO_3 之製法已臻完善，此種化肥在通常氣候不虞潮濕，其法將此化肥製成球粒，經約一分，面積既少，吸收水份可以減低，而接觸之面既小，則其結塊之機會亦少，間有參入小量之石油膏與蠟之類，攪拌混合，塗抹粒顆外皮，以杜水份之侵入，雖存放短時期，仍不虞潮濕，頗便於運輸，不過此物時有爆炸之患，其爆炸原因安在，仍在研究之中。

美國各合成銨廠總容量每日應有五千三百七十五噸之多，除 Louisiana, Mo. 之 Hercules 廠一百五十噸產量業經折毀去外，應尚餘五千二百二十五噸之生產能力。

此外尚有 Tallacoosa.Ala. 之 Alabama Ordnance 廠一處，此廠原定計劃每日有三百噸氨產量，但其工程未落成而戰事已告終，故其廠始終未完成，今日設備恐亦已散失矣。

美國各廠無水合成銨依 1947—8年之產量每日可達五千噸以上，即每年可達一百八十萬噸之譜，究其實際生產以 1947年論之，僅合其八成，至其分配詳情依 1947 年有如下者。

出口	22.2%
工業使用	33.4%
製成肥料	44.4%

查銨廠若製造硝酸銨爲肥料，則其廠對國家軍備爲最合理想之處理，蓋若此其所產之硝酸隨時可由肥料改爲炸藥，便利甚多。

又美國合成銨工廠有多由製造氨轉製甲醇之趨向，其用意大部以爲若世界狀況正常之時，化肥需求必不至如目前之大，則其氨產生勢必過剩，爲準備過剩計，其廠設備即爲更改製造甲醇，蓋此種甲醇可用作溶化劑或用於油漆製造，或用於轉製甲醛。爲製造塑性品之用。

尚有美政府戰備工廠 Dpc 之 Lousiana, Mo. 一所，已改作合成燃料試驗所，作爲美政府礦業處試驗液體燃料之 Bergius 及 Fischer-Tropsch 製造兩法。

更有進者茲聞 Du Pont 之 Belle, W. Va 廠及 Allied Chemical 之 Hopewall, W. Ta. 廠均在試驗水性發生爐之連續產氣法，用 C. G. I 發生爐通入氧氣與蒸汽，繼續不斷，此法在日本當大戰時期已經採用，美國穩重大公司此時亦在大規模試用此法。

AZEOTROPIC DEHYRATION AGENT FOR ALCHOL FROM TAIWAN CRUDE OIL

(台湾石油用於製造無水酒精之研究)

Reported by

M. C. Chang (张明哲) H. Matsumure (松村元) W. C. Chen (陈万铁)

As ethyl alcohol forms minimum beiling azeotropic mixture with water at 78.1°C (composition: 95.6% alcohol – 4.4% water), it is impossible to concentrate alcohol more than 96% simply by distillation or fractionation. Absolute alcohol is, therefore, produced by means of physical or chemical dehydration methods. The most common industrial process, hitherto known, are lime method (E. Merck), gypsum method (I. G. Farbenindustris A.-G.), salt process (alkali acetate being used, Hiag Co.), azeotropic distillation method (benzene being used; Melle Co.), azeotropic distillation under pressure (E. Merck), Drawinol method (azeotropic distillation with trichlorethylene) (Reichsmonepolverwaltung fur Branntwein; Government administration of spirits monopoly, Germany) and so on.

In this laboratory, gasolines produced in Taiwan were tested for preparation of absolute alcohol by azeotropic distillation to find out the most suitable and effective gasoline fraction as dehydrating agent.

At first azeotropic distillation was tested by batch process using various gasolines of different boiling ranges and ternary azeotropic mixture produced was analysed for composition to compare the effectiveness of dehydrating agents tested.

Then distillation was also carried out in continuous process to find out the possibility to be practised industrially.

I. Appratus

The apparatus used for batch azeotropic distillation consists of a glass distilling flash of 500 cc capacity connected with a column (length 100 cm, diameter 13 mm), which is packed with small glass rings and insulated with glass jacket. On the top of column a stillhead is attached, by which reflux is returned to the column.

For the continuous azeotropic distillation, the same distilling flash was used but a new stillhead was attached which is provided with effective inner cooler, separator, and feeding funnel.

II. Raw Materials

Grude alcohol from drum was once subjected to a simple distillation and used as raw material of this experiments.

Gasolines from Miaoli and Kaoshung Refinery were fractionated with iron fractionating apparatus of 3 meters height and once more with glass rectifying apparatus of 1 meter height. ɐach cuts obtained were used as dehydrating agents.

III. Procedure

(1) Batch azeotropic distillation

100 cc of crude alcohol were charged with definite quantity of dehydrating agent (gasoline) into the distilling flask and distillation was carried out cautiously. Distillate of ternary azeotropic mixture was collected until no more water distills over. Then receiver was changed and binary mixture of gasoline and alcohol was collected by further distillation until boiling point reaches to 78°, which indicated that gasoline had been completely distilled off. Then absolute alcohol was distilled at constant boiling point. These three parts obtained were separately analysed.

To control the operating condition and to ascertain the accuracy of analysis, pure benzene was used at first and the results were compared with known values and with those using gasoline fractions. Examples of experimental data are shown in Table I, II, and III.

(2) Continuous azeotropic distillation

Small quantities of alcohol and gasoline were charged to the flask and distillation was started under total reflux. After the equilibrium had been attained, raw alcohol, containing suitable amount of gasoline to supplement the gasoline consumed by dissolving into aqueous layer, was charged continuously at constant rats from the feeding funnel attached to the stillhead on the top of column. Vapors from the column were condensed and cooled in the specially constructed stillhead and separated in two layers. The upper layer which contains chiefly gasoline was returned to the column as reflux and the lower layer, consisting of water, alcohol, and small quantity of gasoline, was drained continuously. After all water contained in the crude alcohol had been distilled over, there was no more separation of two layers and a homegeneous binary mixture resulted, then the "hold-up" in the stillhead and column was further distilled over until boiling point reached 78°. At the moment, when pure alcohol began to distill, distillation was stopped and absolute alcohol was taken as residus, which was analysed for purity.

In this process also, pure benzene was tested for control and comparision. Examples of experimental data are shown in Tables IV, V, and VI.

TABLE I

Azeotropic Distillation of Alcohol with Benzene

Exp. No. R4–08–02 Date : 37. 4. 1.

Charge : 91% Ethyl alcohol 100 g ; 125 cc
Pure Benzene 100 g ; 115 cc } 240 cc

Method : Batch process

B.P.	Distillate Upper Lower	Combined	Layers	Composition	Total
64.0–64.0	20 cc 17.5–2.5	135 cc 114.5g	Upper layer 120 cc 102 gm 89.9%	98 cc: Benzene 84 g 73.9%; Alcohol 18 g 15.9%	B. 75.3% A. 17.2% W. 7.5%
64.0–64.3	20 17.0–3.0		Lower layer 15.0 cc 11.5g 10.3%	2.0 cc: Benzene 1.5 g 1.4%; Alcohol 1.5 g 1.4%; Water 8.5 g 7.5%	
64.3–64.4	„				
64.4–64.4	„				
64.4–64.4	„				
64.4–64.4	„				
64.4–66.0	19 cc 17.0–2.0				
66.0–70.0	5.5	5.5 cc 4.0 g	Benzene 1.8g Alcohol 2.2g	Benzene 3.0g 33.3% Alcohol 6.0g 66.7%	
70.0–77.0	7.0	7.0 cc 5.0 g	Benzene 1.2g Alcohol 3.8g		
77.0–78.0	20	71 cc 55.5g	88 cc; 68.5g Absolute alcohol Yield 68.5%		
78.0–78.0	20				
78.0–78.0	20				
78.0–78.0	11				
Residue	17	17 cc 13.0g			

(The 135 cc / 114.5g group covers the rows from 64.0–64.0 to 64.4–66.0. The 71 cc / 55.5g group covers the rows from 77.0–78.0 to 78.0–78.0 (11). The 88 cc absolute alcohol total combines the 71 cc group and the residue.)

Ternary Azeotropic Part	Dehydr. Factor	7.5
	Sep. Factor	3.7
	Az. Dist. Alc.	17.2
	Agent Required	10.1
Binary Azeotropic Part :	Az. Dist. Alc.	66.7

TABLE II

Axeotropic Distillation of Alcohol with Gasoline

Exp. No. R4–08–12 **Date : 37. 4. 16.**

Charge : 91% Ethyl alcohol 100 g; 125 cc
65–95° Cut from Miaoli gasoline 40 g; 54 cc } **179 cc**

Method : Batch process

	B.P.	Distillate Upper Lower					
1	55.0–62.5	20 cc 15–5	60 cc 47 g	Upper layer	36 cc 26 gm 55.3%	Gasoline 22g 46.8% Alcohol 4g 8 5%	G. 52.1 % A. 23.2 % W. 24.7 %
2	62.5–63.0	20 10–10		Lower layer	25 cc 21 gm 44.7%	Gasoline 25g 5.3% Alcohol 6.9g 14.7% Water 11.6g 24.7%	
3	63.0–66.0	20 10–10					
4	66.0–77.0	20	16 g 20 cc			Gasoline 10 cc ; 7.5 g ; 46.9 % Alcohol 10 cc ; 8.5 g ; 53.1 %	
5	77.0–78.0	20	85 cc 64 g	75 g Absolute alcohol Yield 75.0 %			
6	78.0–78.0	20					
7	78.0–78.0	20					
8	78.0–78.0	25					
9	Residue	14	14 cc 11 g				
	Total	179 cc					

Ternary Azeotropic Part	Dehydr. Factor	24.7
	Separ. Factor	1.8
	Az. Dist. Alc.	23.2
	Agent Required	2.1
Binary Azeotropic Part :	Az. Dist. Alc.	53.1

TABLE III

Azeotropic Distillation with Gazoline by Batch Process

Exp. No. R4-08-B6　　　　Date: 37. 7. 29.

Charge

Raw material　　: 91% Ethyl alcohol　　300 g; 372 cc

Dehydrating agent: 65-95° Cut from　　575 cc

Miaoli geaoline　　150 g; 203 cc

(1) Azeotropic Distillate

Boiling range　: 54-66° C

Amount　: 240 cc; 190 gm

Recovered agent: 108 cc; 80 gm

Becovered alcohol from aqueous extract

Boiling range: 78-80°,

Specific gravity d_4^{30} 0.8152.

Content of alcohol: 88.5 %; 83 gm

Composition of Distillate

Agent	108 cc;	80 gm;	42.1 %
Alcohol	104 cc;	83 gm;	43.7 %
Water	29 cc;	27 gm;	14.2 %

(2) Hold-up and Intermidiate

Boiling range　: 66-78° C

Amount　: 146 cc; 117 gm

Composition

Agent	61 cc;	48 gm;	41.0 %
Alcohol	75 cc;	69 gm;	59.0 %

(3) Absolute alcohol

Yield　: 122 cc; 96 gm; 32.0 %

Specific gravity　: d_4^{30} 0.7840

Purity　: 98.8 %

Total Yield

38.0 %

(4) Residue

Amount　: 23 cc; 18 gm; 6.0 %

Remarks: Dehydrating agent used was too much and it caused poor yield.

TABLE IV

Azeotropic Distillation with Benzene by Continuous Process

Exp. No. R4-08-41 Date: 37. 6. 30.

Raw material : 91% Ethyl alcohol
Dehydrating agent : Pure Benzene
Method & Apparatus : Continuous process with laboratorial apparatus

Charge	Initial charge	Continuous charge
Alcohol	20 gm; 26 cc	200 gm; 250 cc
Agent	30 gm; 36 cc	6 gm; 8 cc
	50 gm; 62 cc	206 gm; 258 cc

(1) Distillate (from lower layer)

Boiling point : 65.0° C
Amount : 64 cc; 53 gm
Recovered agent : 12.0 cc; 9.5 gm
Recovered alcohol from aqueous extract
Boiling range: 78-90°, Amount: 28 cc; 21 gm
Specific gravity d_4^{30} 0.8094
Content of alcohol 89 %; 18.8 gm

Composition of distillate

Agent	9.5 gm;	17.9 %
Alcohol	18.8 gm;	35.5 %
Water	24.7 gm;	46.6 %

(2) Hold-up and Intermediate

Boiling range : 65-78° C
Amount : 84 cc; 68 gm

Composition

Agent	30 cc;	23 gm;	33.8 %
Alcohol	54 cc;	45 gm;	66.2 %

(3) Residue—Absolute alcohol

Yield 165 cc; 129 gm; 64.5 % on continuous charge
58.7 % on total charge
Specific gravity d_4^{30} 0.7855
Purity 98.5 %

(4) Total and loss

Total amount 313 cc; 250 gm
Distillation loss 7 cc; 6 gm

Remarks:

10340

TABLE V

Azeotropic Distillation with Gasoline by Continuous Process

Exp. No. R4-08-50　　　　**Date: 37. 7. 16.**

Raw material : 91% Ethyl alcohol
Dehydrating agent : 65-95° Fraction from Miaoli Gasoline
Method & Apparatus : Continuous process with laboratrial apparatus

Charge	Initial charge	Continuous charge
Alcohol	30 gm ; 37 cc	200 gm; 250 cc
Agent	20 gm ; 30 cc	15 gm; 23 cc
Total	50 gm ; 67 cc	215 gm; 273 cc

(1) Distillate (from lower layer)

Boiling point : 59-61° C
Amount : 100 cc; 83 gm
Recovered agent : 12 cc; 8 gm
Recovered alcohol from aqueous washings
　Boiling range : 78-90°,　Specific gravity d^{28}_{4} 0.8302
　Amount : 78 cc; 64 gm
　Content of alcohol 82 %; 52.2 gm
Composition of distillate

Agent	8.0 gm	9.6 %
Alcohol	52.2 gm	63.0 %
Water	22.8 gm	27.4 %

(2) Hold-up and Intermidiate

Boiling range : 61-78° C
Amount : 54 cc; 42 gm
Composition

Agent	28 gm	66.6 %
Alcohol	14 gm	33.4 %

(3) Residue—Absolute alcohol

Yield 180 cc; 140 gm ; 70.0 % on continuous charge
　　60.9 % on total charge (230)
Specific gravity d^{28}_{4} 0.7894
Purity 98.5 %

(4) Total and loss

Total amount 334 cc; 265 gm
Distillation loss 6 cc; — gm

Remarks:

10341

TABLE VI

Azeotropic Distillation with Gasoline by Continuous Process

Exp. No. R4-08-54 **Date: 37. 7. 28.**

Raw material : 91% Ethyl alcohol

Dehydrating agent : 65-95° Fraction from Miaoli Gasoline

Method & Apparatue : Continuous process with laboratrial apparatus

Charge	Initial charge	Continuous charge
Alcohol	30 gm; 38 cc	400 gm; 500 cc
Agent	50 gm; 30 cc	20 gm; 45 cc
Total	50 gm; 68 cc	430 gm; 545 cc

(1) Distillate (from lower layer)

Boiling point : 59-61° C

Amount : 180 cc; 148 gm

Recovered agent : 33 cc; 22 gm

Recovered alcohol from aqueous extract

Boiling range: 78-95° **Specific gravity d_4^{20} 0.8352**

Amount : 130 cc; 105 gm

Content of alcohol : 80 %; 84 gm

Composition of distillate

Agent	22 gm	14.9 %
Alcohol	84 gm	56.7 %
Water	42 gm	28.4 %

(2) Hold-up and Intermediate

Boiling range : 61-78° C

Amount : 74 cc; 56 gm

Composition

Agent	20 gm	35.7 %
Alcohol	36 gm	64.3 %

(3) Residue—Absolute alcohol

Yield 338 cc; 263 gm; 65.7 % on continuous charge

61.1 % on total charge

Specific gravity d_4^{20} 0.7854

Purity 98.0 %

(4) Total and Loss

Total amount 592 cc; 467 gm

Distillation loss 21 cc; 13 gm

Remarks:

TABLE VII

Azeotropic Dehydration by Batch Process

Exp. No.		No. 1	No. 2	No. 24	No. 8	No. 15	No. 9	No. 16	No. 14	No. 4	No. 5	No. 11	No. 12	No. 13	No. 23	No. 21	No. 28	No. 25
Raw Alcohol		93%	91%	”	”	”	”	”	”	”	”	”	”	”	”	”	”	”
		100g	100g	”	”	”	”	”	”	”	”	”	”	”	”	”	”	”
Agent		Benzene	Benzene	Miaoli Gaso.	”	”	”	”	”	”	”	”	”	Chutung	Kaoshung	”	”	”
Boiling range		80	80	60–70	65–85	70–85	75–82	85–90	90-100	95-100	100-105	65–90	65–95	70–85	60–70	70–85	85-100	65–90
Amount used gm		80	100	40	40	40	40	40	40	40	40	40	40	30	40	35	20	40
Ternary Az.																		
Amount gm.		96.0	113.5	58.0	46.0	46.0	61.0	62.0	62.0	75.0	76.0	53.0	47.0	54.0	75.5	71.0	62.0	66.0
B. P. °C.		64.5	64.4	52–64	55–64	56–64	59–69	63–66	66–69	67–70	68–73	55–64	55–66	59–64	51–68	54–66	65–72	53–67
Upper layer	%	88.5	89.8	50.0	39.1	52.2	50.8	35.5	22.6	22.0	21.0	51.0	55.3	38.9	49.0	42.2	14.5	50.0
Agent	%	71.9	73.9	44.8	38.1	47.8	42.6	30.6	21.0	21.3	18.4	45.3	46.8	37.1	45.7	38.0	14.5	45.5
Alcohol	%	16.6	15.9	5.2	1.0	4.4	8.2	4.9	1.6	0.7	2.6	5.7	8.5	1.8	3.3	4.2	0.0	4.5
Lower layer	%	11.5	10.3	50.0	60.9	47.8	49.2	64.5	77.4	78.9	79.0	49.0	44.7	61.1	51.0	57.8	85.5	50.0
Agent	%	1.0	1.3	4.3	4.3	3.4	8.2	7.2	7.2	9.3	11.2	8.5	5.3	4.6	3.3	4.2	11.3	4.5
Alcohol	%	2.9	1.5	20.3	32.9	26.7	23.4	43.4	58.1	52.6	51.8	15.2	14.7	35.9	30.0	40.9	57.6	29.6
Water	%	7.6	7.5	25.4	23.7	17.8	17.6	13.9	12.1	15.9	16.0	25.3	24.7	20.6	17.7	12.7	16.6	15.9
Effectiveness																		
Dehyd. Factor		7.6	7.5	25.4	23.7	17.8	17.6	13.9	12.1	15.9	16.0	25.3	24.7	20.6	17.7	12.7	16.6	15.9
Sep. Factor		5.1	3.7	2.0	4.4	2.7	1.7	7.6	6.4	3.7	4.9	1.9	1.8	3.0	2.9	4.5	5.1	3.1
Az. Dist. Alc.		19.5	17.2	25.5	33.9	26.7	31.6	48.3	58.1	53.5	54.4	20.9	23.2	37.8	33.3	45.1	57.6	34.1
Agent Req.		9.6	10.1	1.9	1.8	2.9	2.9	2.7	2.3	1.9	1.8	2.1	2.1	2.1	2.8	3.3	1.6	3.1
Binary Az.																		
Amount gm.		8.4	9.0	11.5	27.0	27.0	13.0	26.0	27.0	29.5	40.0	23.0	16.0	12.0	20.0	7.5	8.0	9.0
Agent	%	40.5	33.3	52.2	44.5	57.4	30.8	55.8	46.3	52.5	25.0	52.2	46.9	50.0	17.5	60.0	37.5	44.5
Alcohol	%	59.5	66.7	47.8	55.5	42.6	69.2	44.2	53.7	47.5	75.0	47.8	53.1	50.0	82.5	40.0	62.5	55.5
Absolute Alcohol																		
Yield gm.	(%)	68.0	68.5	69.5	64.5	61.5	59.0	50.5	42.5	28.8	19.0	73.0	75.0	41.0	46.0	46.0	50.0	62.0

(3) Analytical Method

Ternary mixture of gasoline, alcohol, and water was analysed by following method. The mixture was at first washed with aqueous salt solution to extract alcohol and water in the mixture. Remaining oil was regarded as gasoline contained in the mixture. Aqueous extract was then distilled with a rectifying apparatus until all alcohol contained in the aqueous solution was distilled over. The content of alcohol was determined by measuring the specific gravity of the distillate. The amount of water was obtained by difference.

Analysis of two components mixture of gasoline and alcohol was achieved merely by extraction of mixture with salt solution and measuring the amount of remaining gasoline.

Purity of absolute alcohol was determined by specific gravity.

IV. Results

The results of experiments made in batch processes using various gasolines of different boiling ranges were summarised and shown in Table VII. For comparision, pure benzene was also used and the result was attached in the same table.

On the standpoint of economy, the effectiveness of dehydrating agents was characterised by four factors, These are defined as follows:

(1) Dehydrating factor (" Wirtschaftliche Wasserentziehung")

This factor expresses the content (%) of water in ternary azeotropic mixture, i.d.

$$\text{Dehydrating factor} = \frac{\text{Content of water in the aqueous layer}}{\text{Total amount of ternary azeotropic mixture}} \times 100$$

The greater is the factor, the better is the dehydrating agent.

(2) Decantation factor or separating factor ("Wirtschaftliche Dekantation")

This is a rate of separating water into lower layer and defined numerally as follows:

$$\text{Decantation factor} = \frac{\text{Total amount of aqueous layer}}{\text{Content of water in aqueous layer}}$$

(3) Azeotropic distilling rate of alcohol

This is a percentage of alcohol distilled over as an azeotropic mixture accompanied with dehydrating agent and expressed by following formule:

Azeotropic distilling rate of alcohol

$$= \frac{\text{Content of alcohol in ternary azeotropic mixture}}{\text{Total amount of ternary azeotropic mixture}} \times 100$$

If this factor is of smaller value, it shows a better dehydrating agent.

(4) Amount of dehydrating agent required

This is the amount of dehydrating agent required for removing unit amou.. of water in the alcohol as azeotropic mixture. This is, therefore, formulated as follows:

Amount of dehydrating agent required

$$= \frac{\text{Content of dehydrating agent in ternary azeotropic mixture}}{\text{Content of water in ternary azeotropic mixture}}$$

The values defined by these four terms were also shown in the Table VII. Besides these factors the specific heat and latent heat of agent should be considered, but in this study these thermal properties were neglected.

As shown from the tables, 65-95° out from Miaoli gasoline is most effective and economic as dehydrating agent. In this case the composition of ternary azeotropic mixture is shown as follows:

Gasoline	52.1 %
Alcohol	23.2 %
Water	24.7 %

The results of continuous azeotropic distillation are shown in Table VIII. In the continuous distillation the composition of overhead distillate is, of course, not the same as that of true ternary azeotropic mixture, because more alcohol should be distilled over in order to remove ex dehydrating agent so as to keep residue free from agent and water. In t continuous operations also 64-95° cut from Miaoli gasoline was shown to have e..ellent ability as dehydrating agent.

V. Conclusion

Gasoline containing aromatics can be used as dehydrating agent in stead of benzene for the preparation of absolute alcohol by azeotropic distillation. 65-95° fraction from Miaoli gasoline, which contains 25% of benzene, was found to be most effective and economic both in batch and continuous operations. Its application in industrial plant may be realized.

TABLE VIII

Azeotropic Dehydration by Continuous Process

Exp. No.	41	44	50	48	51	49	53	46	45	47	54	Ex. 2
Raw Alcohol	91%	”	”	”	”	”	”	”	”	”	”	”
Initial charge gm.	30	20	”	”	”	”	”	”	”	”	30	30
Continuous charge gm.	200	200	”	”	”	”	”	”	”	”	400	200
Agent	Benzene	Miaoli Gaso.	”	”	”	”	”	”	”	”	”	”
Boiling range	80	65–95	”	65–75	”	75–82	”	70–80	80–90	90-100	65–95	”
Amount used gm.												
initial	30	20	20	20	20	20	20	20	20	20	20	20
continuous	6	20	15	30	15	30	20	30	80	40	30	15
Overhead Temp.	65	59–53	59–61	57–59	59–68	62–63	62–63	60–63	64–66	67–69	59–61	59–61
Distillate from Lower layer												
Amount gm.	53	103	83	105	75	102	87	120	112	166	148	91
Agent %	17.9	15.5	9.6	11.4	9.3	21.6	19.5	24.2	28.6	14.5	149	15.4
Alcohol %	35.5	62.2	63.0	66.7	59.4	56.3	54.1	51.6	50.9	66.2	56.7	57.1
Water %	46.6	22.3	27.4	21.9	31.3	22,1	26.4	24.6	20.5	19.3	28.4	27.5
Hold-up and Intermediate												
Amount gm.	68	37	42	66	50.5	42	61	32	44	83	56	35
Agent %	33.8	48.6	66.6	57.6	59.4	71.4	37.7	65.6	40.9	42.2	35.7	60.0
Alcohol %	66.2	51.4	33.4	42.4	31.3	28.6	62.3	34.4	59.1	57.1	64.3	40.0
Residue Abs. alc.												
Yield gm.	129	127	140	112	134	132	118	128	123	45	263	138
” %	56.0	57.7	63.6	50.9	60.9	60.0	53.6	58.1	55.9	20.4	61.1	60.0
Purity %	98.5	98.5	98.5	98.5	98.0	98.5	98.0	98.0	97.5	98.5	98.0	98.5

Literatures

(1) K. R. Dietrich: Neuzeitriche Herstellungsverfahren fur absoluten Alkohol. Z. angew. Chem., 43, 40 (1930).

(2) J. L. Gendre: Die Bedeutung der Wasserentziehungsmittel bei dem azeotropischem Verfahren der Alkoholentwasserung. J. prakt. Chem., 130, 23 (1931).

(3) R. Fritzweiler und K. R. Dietrich: Der Azeotropisum und seine Anwendung für ein neues Verfahren zur Entwässerung des Aethylalkohols. Z. angew. Chem., 45, 605 (1932); 46, 241 (1933).

(4) Y. Tanaka and T. Kuwada: Minimum boiling azeotropic mixture of ethyl alcohol and petroleum hydrocarbons. J. Soc. Chem. Ind. Japan, 29, 162A (1926); 30, 404 (1927).

(5) S. Nakamura: Method of preparing absolute alcohol. J. Fuel Soc. Japan. 14, 1326–38 (1935).

(6) S. Hanada: Absolute alcohol for use of fuel. J. Fuel Soc. Japan, 14, 1339–50 (1935).

(7) K. Kurono: "Alcohol and absolute alcohol" (written in Japanese). Published from Maruzen Co. Tokyo, Japan (1937).

A CONTINUOUS METHOD FOR PREPARATION OF ACETIC ACID FROM ETHYL ALCOHOL

連續法自酒精製造醋酸

Reported by

M. C. Chang, F. T. Kiang,

張明哲 江輔濟

Vast amount of works have been done on the preparation of acetic acid from ethyl alcohol. Direct conversion either by vapor phase or liquid phase oxidation (11,12,13) had also been studied, but no successful commercial processes have been so far developed. In the two-step process, ethyl alcohol is first partirlly oxidized to acetaldehyde, then the acetaldehyde is further oxidized into acetic acid. Many workers have reported on the partial oxidation of ethyl alcohol (2,3,4,5,9) and claimed a yield of 77.0% (3) or 70.2% (9) using copper gauze or turnings as catalyst; 66.9% (4) using copper oxide on pumice; 80.6% (3) using silver gauze; and 76% (3) using an alloy of 90% Cu and 10% Ag based on dehydrated alcohol. Oxidation of acetaldehyde, has been carried out successfully in the liquid phase by batch process. Yield of acetic acid is approximately 90% (10) or above 95% (7). Well established industry, such as the acetic acid plant in the Shawinigan Chemicals Ltd. (14); employs a process by leading air through a solution of acetaldehyde in acetic acid containing cobaltous or manganous acetate as catalyst.

The oxidation of acetaldehyde by air is a gaseous-liquid reaction. Gaseous-liquid reactions are always preferably operated in packed towers where thorough contact of the two reacting components are available. Another advantage of the application of packed towers is that the operation can be made into a continuous one. Therefore, if an apparatus for oxidation of acetaldehyde employing packed towers ia installed and linked with that for oxidation of ethyl alcohol, the continuous preparation of acetic acid from alcohol is possible without condensing the acetaldehyde as an intermediate product. This paper is to test the feasibility of such a process.

(I) Partial Oxidation of Alcohol:

Keyes apparatus (3) was simplified as in figure 1. Acetaldehyde and other liquid products were condensed in three water condensers and another ice-cooled condenser. Part of acetaldehyde failed to condense was absorbed by water in five widemouth bottles immersed in brine bath. Acetaldehye in the condensates and absorbers was separated form water and unchanged alcohol by fractional distillation. Gaseous products and acids produced were not analyzed. The acetaldehyde produced was the amount actually obtained from fractional distillation.

Figure 1

Apparatus for Partial Oxidation of Alcohol

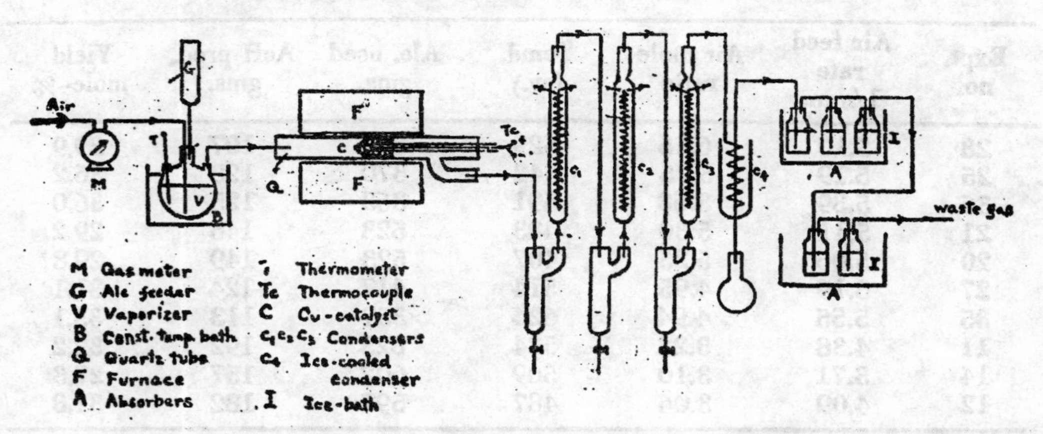

90% (by wt.) alconol was uged as raw material. Catalyst was a piece of 60 mesh copper gauze aolled in cone shape. Length of the cone was about 22 cm. The catalyst was reactivated ofter each experiment by heating the gauze in a reducing flame. Results are shown in table I. An average yield of 56.1% (air ratio: 3–5 approx.) was obtained, which was lower than that obtained by Keyes.

TABLE I

Oxidation of Alcohol in Quartz Tube

(diameter of tube: 3.14 cm)

Expt. No.	Air feed rate 1/min.	Air mole ratio	Temp. (ay.)	Alc. used gms.	AcH prod. gms.	Yield mole–%
3	3.72	7.30	614	285	76	27.7
10	3.50	6.45	636	296	135	49.3
4	3.00	6.26	589	240	107	46.6
1	3.71	4.74	609	390	207	55.2
6	3.44	3.44	631	442	239	56.6
9	3.53	3.07	631	474	233	51.4
8	3.50	3.01	628	479	275	60.0
7	3.53	2.88	636	434	237	57.1

The optimum conditions for the oxidation of ethyl alcohol in quartz tube were summarized as follows: (1) starting temperature of the catalyst is 370-400°C.; (2) preheating temperature is about 200-350°C.; (3) air mole ratio is about 3-5; and (4) space velocity is approx. 660 cc. of mixed vapor per square centimeter per miunte.

As iron tubes are usually used as oxidation tubes in industrial applications, the experiments were repeated by substituting the quartz reaction tube with an iron tube of similar diameter. The results are listed in table II.

TABLE II

Oxidation of Alcohol in Iron Tube
(diameter of tube - 3.40 cm.)

Expt. no.	Air feed rate 1/min.	Air mole ratio	Temd. (av.)	Alc. used gms.	AcH prod. gms.	Yield mole-%
28	5.10	6.15	529	374	107	29.9
25	5.19	5.75	542	370	128	36.2
36	5.39	5.68	591	363	125	36.0
21	5.11	5.30	483	523	146	29.2
20	5.06	5.25	407	523	149	29.8
27	5.19	4.95	514	417	124	31.1
35	5.55	4.94	624	357	113	33.1
11	4.38	3.22	534	623	192	32.2
14	3.71	3.10	509	602	157	27.3
12	4.09	3.06	487	597	182	31.8

A close cxamination of the oxidation temperatures (figure 2) shows that a part of alcohol was oxidized by the action of iron before the mixed vapors reached the copper catalyst. If the iron tube was not insulated, and the heat of oxidation was quickly removed so that the part of iron tube before the copper catalyst could not reach the temperature (about 400°C.) at which iron began to catalyze the oxidation, the reaction took place wholly in the position of copper catalyst, and it was very amooth and constant as in the case of using quartz tube (figure 3).

Figure 2

Temperature Curve of EtOH Oxidation in Insulsted Iron Tube

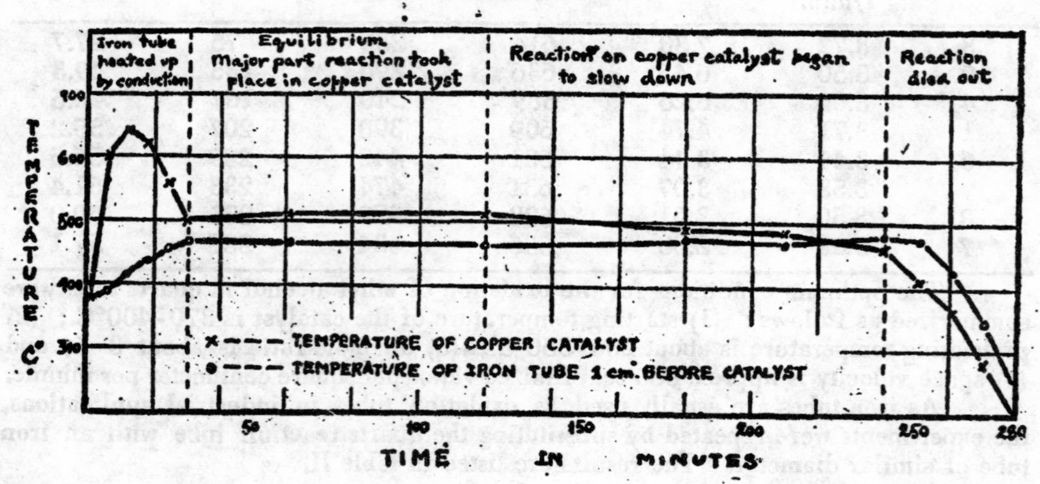

Figure 3

Temperature Curve of EtOH Oxidation

in Non-insulated Iron Tube

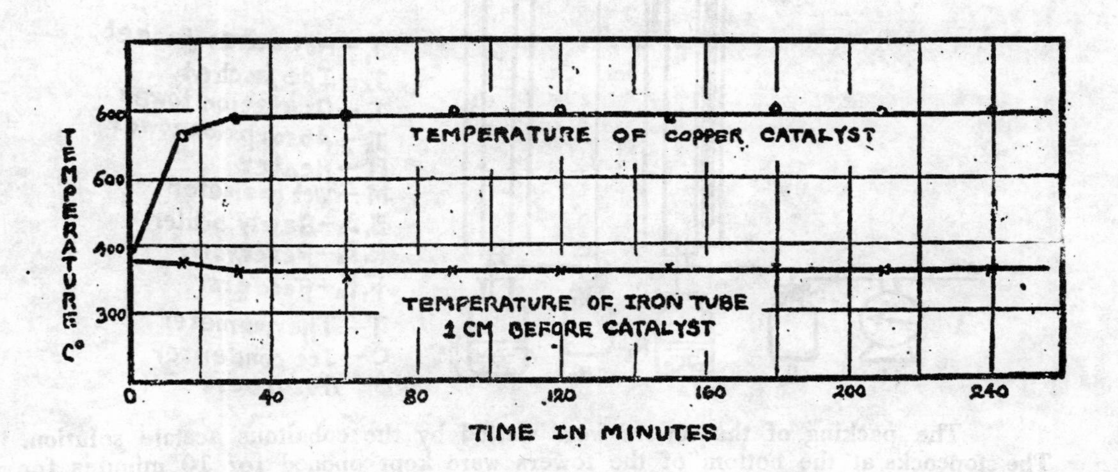

The average yield for experiments omploying iron tube was about 31.8%, which was lower than exeriments employing quartz tube. The defect for the application of iron tube was therefore: (1) iron would also catalyze the oxidation of alcohol and (2) iron would decompose acetaldehyde and alcohol at a temperature above 505°C.

(II) Oxidation of Acetaldehyde in Packed Towers:

A saturated solution of cobaltous acetate in acetic acid (at room temp.) was first analyzed for acid content and total acidity was calculated. 2,000 grams of this solution was taken and divided into two portions: 1,500 grams for preparing acetaldehyde mixture to be oxidized and 500 grams for preliminary absorption use. Known weight of acetaldehyde was added to the first portion and the mixture was shaken for complete solution.

Figure 4

Apparatus for Continuous Oxidation of Acetaldehyde

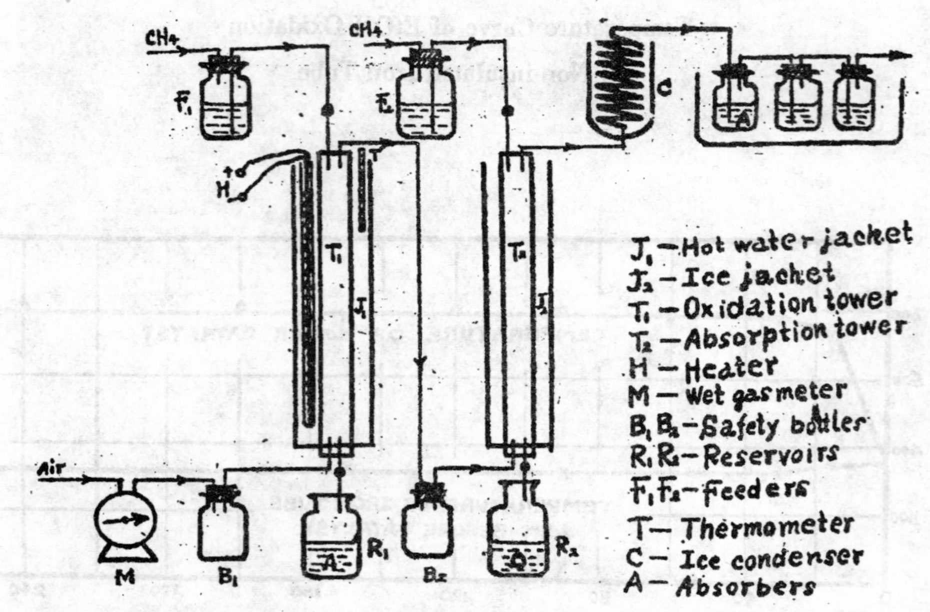

The packing of the towers were wetted by the cobaltous acetate solution. The stopcocks at the bottom of the towers were kept opened for 10 minutes for complete drainage. This operation war repeated at the end of each experiment, so that nearly equal amount of liquid would be hold-up in the towers. The temperatures of all parts were brought to the desired levels and the whole set of apparatus was tested for tightness.

Air and the liquid mixture were started to feed into the towers. The rate of feeding in the absorption tower was same to that in the oxidation tower. The stopcocks (s_3,s_4) were so adjusted that there were always a length of liquid colume maintained in the towers to keep them sealed. When the acetaldehyde-acetic acid mixture runned through the oxidation towers, part of acetaldehyde was oxidized and part was absorbed again in the absorption tower. Liquid drained from the oxidation tower (designated as A) containing a small percentage of acetaldehyde was transferred to the feeding vessel on the absorption tower and used further as an absorbing agent; while liquid drained from the absorption tower (designated as O) was transferred to the feeding vessel on top or oxidation tower and rerunned for further oxidation. This operation was continued until analysis showed no inorease of acid centent in liquid A. Then the part of operation on absorption tower was discontinued and remainder liquid O was runned through the oxidation tower. The total volume of liquid mixture was weighed, and analyzed for acid content and the total acidity calculated. The increase in total acidity was taken as the acetic acid produced. The absorbers were also weighed, analyzed and some amount of acetaldehyde separated out by fractionation.

TABLE III

Oxidation of Acetaldehyde Using One Tower

Expt. no.	Air feed rate 1/min.	No. of runs	Tower temp.	AcH used gms.	AcOH prod. gms.	Yield mole-%
9	3.05	7	40.2	93	117	92.1
8	2.97	6	40.2	140	121	63.4
10	3.00	6	40.8	141	105	54.6
14	3.21	7	42.0	140	109	57.2
12	2.90	7	41.2	190	148	57.2
13	2.95	7	42.1	202	183	66.4
15	3.11	7	49.3	272	235	63.3
11	2.85	7	41.5	274	254	68.0

Results are shown in tables III and IV (see page 9). Yield of acetic acid is 61.9% in average. Rate of oxidation was greatly increased with the increase of tower temperatures. (shown in table V on page 9)

(III) An Example for the Continuous Process for Preparation of Acetic Acid from Ethyl Alcohol:

Apparatus was a combination of the two as described in part I and part II. Absorbers in part I were removed; the acetaldehyde vapor produced together with other gaseous substances were led into the absorption tower surrounded by an ice jacket, in which acetaldehyde was absorbed by acetic acid solution of cobaltous

TABLE IV

Oxidation of Acetaldehyde Using Two Towers

Expt. no.	Air feed rate 1/min.	No. of runs	Tower T_1	temp. T_2	AcH used gms.	AcOH prod. gms.	Yield mole-%
19	3.01	6	46.0	44.4	296	217	53.8
18	2.77	6	46.0	46.0	288	188	47.9
17	3.36	6	49.7	48.1	281	217	56.6
23	1.49	5	45.5	43.9	213	178	61.2
22	1.06	5	44.1	43.0	202	134	48.6
24	1.48	4	62.8	60.1	198	171	63.3
21	1.82	4	47.1	44.0	191	189	72.8
20	1.90	6	39.7	42.8	177	156	64.6

TABLE V

An Example of the Rate of Oxidation

Experiment no. 21 bath temp. 45.6°	AcCH %	Rato oxid.	Experiment no. 24 bath temp 61.5°	AcOH %	Rate oxid.
start with	79.3		start with	79.0	
1st run	81.4	2.1%	1st run	81.7	2.7%
2nd run	85.9	4.5	2nd run	89.1	7.4
3rd run	88.0	2.1	3rd run	88.6	0.0
4th run	89.0	1.0			
5th run	88.9	0.0			

acetate and the other gaseous substances were passed through a water scrubber into air. Then the mixture of acetaldehyde and acetic acid containing the catalyst was runned inte the two oxidation towers successively to be oxidized by a procedure similar to part II.

3,000 grams of saturated cobaltous acetate solution in acetic acid was taken as starting material. After taking up acetaldehyde and being oxidized, it was recycled till the end of the experiment. The products, acetic acid and acetaldehyde, were obtained from the acetic soultion, the absorbers and the condensates. A small amount of ethyl acetate was also produced and its quantity was neglected in this experiment. Unchanged alcohol was separated from water and acetaldehyde from the condensates by means of fractional distillation. Results are shown in table VI. (see page 11)

(IV) Discusiions:

Owing to lack of suitable apparatus such as acetic acld pumps, etc., the recycling of the catalytic solution was operated by pouring the solution from one vessel to another in the oxidation of acetaldehyde to acetic acid in part II and part III. Handling loss was considerable due to high vapor pressure of acetaldehyde and acetic acid. So the results of acetic acid yield in these parts were low.

According to literatures, yield of acetaldehyde from dehydrated alcohol using copper catalyst is 70% and yield of acetic

TABLE VI

An Example for the Continuous Method of Preparation of Acetic Acid from Ethyl Alcohol

Time on tests .... 65 : 40 hrs.

Temp. of Cu Catalyst .... 730°C.

Temp. of oxid. tower .... 62.6°C.

Air-feed-rate for
oxid. of alcohol .... 2.54 1/min.

Air mole ratio for
oxid. of alcohol 3.75

Air-feed-rate for
oxid. of acetaldehyde .... 1.01 1./min.

	Alc. cont.	AcH cont.	AcOH cont.	Total wt. increase
in AcOH soln.	——	——	522	805
in absorbers	——	126	194	328
in condensates	414	148	——	2554
Total	414	274	716	3687

Alcohol (90%) added .... 3807 grams

Alcohol recovered .... 414 grams

Alcohol actually used .... 3193 grams

Yield AcH (mole-%) .... 8.97 %

Yield AcOH (mole-%) .... 17.19 %

Yield total (mole-%) .... 26.06 %

acid from acetaldehyde by batch oxidation process is 90%, so an overall yield of 63% acetic acid from dehydrated alcohol is possible. According to the experiments in this paper, the acetaldehyde yield from alcohol (90% by wt.) is 56.1%, i.e. about 62% on the base of dehydrated alcohol. Acetic acid yield from acetaldehyde is only 62%, which could be improved to above 90% by estimation, if loss is prevented by suitabie apparatus making the automatic control of the recycling of the catalytic solution in closed system possible. In view of this, an overall yield of 50-35 mole-% of acetic acid from dehydrated alcohol is not difficult to attain.

Since alcohol and molassed are abundant in Taiwan, the continuous process mam be applied as a profitable commercial method for production of acetic acid. Calcium carbide is anether seurce of acetaldehyde, and it is also in large scale production in this provioce. So the continuous production of acetic acid by oxidation of acstaldehyde in packed towors is highly recommended and more experiments on this topic are worthwhile trying.

LITERATURES

(1) D.B.Keyes: Ind. Eng. Chem., 21, 1227 (1929)
(2) D.B.Keyes: Ind. Eng. Chem., 23, 561 (1931)
(3) D.B.Keyes: Ind. Eng. Chem., 23, 1260 (1931)
(4) F.R.Lowdermilk and A.R.Day: J.A.C.S., 52, 3535 (1930)
(5) R.M.Simington and A.Adkins: J.A.C.S., 50, 1449 (1928)
(6) D.B.Keyes: Ind. Eng. Chem., 29, 1255 (1937)
(7) Tadahumi Yano: J.Soc.Chem.Ind.Japan, 42, 297-8 (1939)
(8) T.P.Hilditch: Catalytic Processes in Applied Chemistry, p. 381 (1937)
(9) T.S.Tso: Report on preparation of acetic acid, this institute, (1947)
(10) A.L.Klebanskii: Khim. Referat Zhur., 3, 86 (1940) (C.A. 36, 2520, 1942)
(11) D.C.Hull: U.S. Pat. 2,237,803 and 2,333,157 (1943)
(C.A. 37, 138 and C.A. 38, 5386)
(12) Wm.O.Kenyon: U.S.Pat. 2,184,556 (C.A. 34, 2395, 1940)
(13) Ho-Ling Chang: Chemistry (China) 94-6 (1942)
(14) A.F.Codenhead: Chen. and Met. Eng. 40, 184-88 (1933)

關於脫水及脫氫氣觸媒之研究

（第1報）

醋酸與3-甲基丁醇之氣相脂化

國立台灣大學理學院有機化學研究室　　陳發清　　賴永順

台灣化學工業製藥公司　科學研究所（所長杜聰明博士）吳灶

1. 緒　　言

不均一系接觸反應於近日之有機化學合成上可稱非常發展，故其應用於工業界者甚多矣。

在來 Alcohol 與有機酸之 Ester 化最普通者皆以濃硫酸爲觸媒之液相反應也。但吾人此次所研究之方法係用固體觸媒氣相反應也。*

本研究之主要目的即

(1) 求排除在來之 Ester 化之欠点。

(2) 用後記之裝置，經觀察試料之通過速度，反應溫度，觸媒之影響及 Ester 之收量，等項日以資確立本法之良好條件。以下擬報告至現在所得之結果，惟倘有不備之点待後日補充。

2. 液相下之 Ester 化

吾人先記過去四十餘年間各國之關於是項研究概況**以資觀察其發展趨向。

關於 Ester 化之機構有下列二說即

(a) R·CO [OH+H] OR′　　　(b) R. COO [H+HO] R′ 也。

在來因由 Mercaptan 反應大約惟定爲 (a) 也。〔1〕到近年由 Robert, Urey,〔2〕Mumm〔3〕諸氏利用含有重氧〔O^{18}〕之木精之 Ester 化研究實驗之結果，重氧盡入於所生成之 Ester 之事實，得以證明本反應之機構爲 (a) 式。

即　　R CO [OH+H] O R′ ⇄ R CO OR′ + H_2O

註.*. 在來因濃硫酸比較低廉，故被使用，而只爲促進反應速度而已。除驅逐生成水或 Ester 於反應圈外以外，Ester 化 Limit 全無變化也。以下指出使用強酸之弊害。
(1) 腐蝕容器。(2) 發生染色及碳化。(3) 於高溫度下同時發生脫氫氣反應。(4) 異性化之發生。特於如 Linalol 之第3級 Alcohol 時即發生分解等等。

**. 關於 Ester 化之研究報告及專利計共有460餘篇。

此反應爲可逆反應,故雖由何端出發皆可得一定之平衡也。要達其 limit 普通約要 100～200 小時。於 155°C 溫度下之醋酸與種種 Alcohol 之 Ester 化限度及其平衡恒數 K 以第一表表示於下〔4〕〔5〕

第一表 醋酸與種種醇類之 Ester 化比例及其限度(在155°C)

	Alcohol		Percent Conversion 1 時間後	limit	K
第一級醇	Methyl	CH_3OH	55.59	69.59	5.24
	Ethyl	C_2H_5OH	46.95	66.57	3.96
	Propyl	C_3H_7OH	46.92	66.85	4.07
	Butyl	C_4H_9OH	46.85	67.30	4.24
	Allyl	$CH_2{=}CH\cdot CH_2OH$	35.72	59.41	2.18
	Benzyl	$C_6H_5CH_2OH$	38.64	60.75	2.39
第二級醇	Dimethyl carbinol	$(CH_3)_2CHOH$	26.53	60.52	2.35
	Methyl ethyl carbinol	$(CH_3)(C_2H_5)CHOH$	22.59	59.28	2.12
	Diethyl carbinol	$(C_2H_5)_2CHOH$	16.93	58.66	2.01
	Methyl hexyl carbinol	$(CH_3)(C_6H_{13})CHOH$	21.19	62.03	2.67
	Diallyt carbinol	$(C_3H_5)_2CHOH$	10.31	50.12	1.01
	Menthol	(結構式) OH	15.29	61.49	2.55
第三級醇	Trimethyl carbinol	$(CH_3)_3C\cdot OH$	1.43	6.59	0.0049
	Dimethyl propyl carbinol	$CH_3\cdot CH_2CH_2\cdot C(CH_3)(OH)CH_3$	2.15	0.83	0.00007
	Phenol	C_6H_5OH	1.45	8.64	0.0089
	Thymol	(結構式) OH	0.55	9.46	0.0192

由上表可知第一級 Alcohol 大約相同。其中木精之 Limit, clinitial velocity 最大也。不飽和 Alcohol(allyl、alcohol) 比較含有同數之碳之飽和 Alcohol (Propyl Alcohol) 其 Limit, K 其小也。苯基有阻碍 Ester 化之趨向。總括之 Ester 化之順序卽如第三級＜第二級＜第一級。醋酸與 alcohol 之反應速度,時間,溫度,Ester 化%,亦以第二表〔5〕〔6〕

第　二　表

室　溫	15 年 間	65.2 %
100°C	200 時間	65.6
170°	24 時間	66.5
200	24 時間	67.3

此結果由 Uunit Hoff〔7〕Thomsen,〔8〕Urech 諸氏之討論皆認與質量作用定律一致矣。

雖由添加強酸(如硫酸,鹽酸等) Ester 化之速度大有被促進,但同時可發生加水分解,故其反應限度以無加強酸時無大差別也。如增加酸之用量亦不發現 Ester 化 % 之特別增加也。(試看第三表)

第三表

100°, 10 時間反應		
0.67 %	HCl	67.6 %
4.50 %	HCl	68.8 %

依乙酸甲脂 (Methyl acetate) 之加水分解之研究結果,吾人可知添加酸時之反應促進作用係由氧離子之故也。故可知酸性鹽類亦有同一作用。其中鹽酸最大。

因使用鹽酸,硫酸等強酸有上述種種弊害故過氯酸 (Perchloric acid), 燐酸,〔11〕 磺酸類 (P-toluene sulfonic acid 甲苯磺酸),〔12〕 Twitchells 試藥, dodecanesulfonic acid 〔13〕 硼及氟化矽類 (Boron and. Silicon fluorides),〔14〕 Dihydroxyfluoboric acid,〔15〕 Acid chlorid,〔16〕 酸式硫酸鉀,碳酸與銅鹽若之鹽〔17〕 $ZnCl_2$, $CaCl_2$, $AlCl_3$, $FeCl_3$, $MgCl_2$ 等以代試用。

此外尚有如金屬鹽 (Co, Pb, Mg, Sn, Zn,) 金屬之粉末 (Sn, Mn, Bi, Pb, Ag, Cu, Zn, 其中 Zn 最佳), 金屬之氧化物 (Al, Pb, Mg)* Silicagel** 等皆特有專利已资實用,又關學術上有興趣者如紫外線,〔20〕音波,〔21〕 Electrical vibration,〔22〕交流,吡啶 (Pyridine),〔23〕加壓 (Limit 不變) 等。待將來研究者有如使用 Esterases 等。

完全 Ester 化

取例於乙酸乙脂 (Ethyl acetate) 以說明此間劇本反應屬於可逆反應故其反應到 66.7 % Ester 化之時則既再進行,若要其再進行反應須將所生成之水 (或 Ester) 全部逐出,其時可得達 82.1% Ester 化,再將水驅出理論上可得達近 100% 之成績也。

$$CH_3COOH + HOC_2H_5 \rightleftharpoons CH_3COOC_2H_5 + H_2O$$

$$K = \frac{[Ester] \times [Water]}{[Acid] \times [Alcohol]} = 3.96$$

註. *. 作用為 Base exchange materials.

**. 尚有議論之餘地

10359

由本反應所生成之水可得依下列方法驅出也。

(1)在高溫度下送不反應氣體如二氧化碳 (CO_2),〔26〕以資搬運水分。

(2)在減壓下使其反應。

(3)使用過剩之試料使其一面流出一面搬運水分。

(4)添加 Blenzol, Toluene, Chloroform, Ethylenchloride, CCl_4 等。

(5)由使用 Betz—Holden 器得因水之自動驅除而無觸媒之存在亦可製造。

Iso amyl acetate 與水之二成分系在 93.8° (含有 H_2O 36.2%) 下則溜出。Iso amylacetate, Iso amyl alcohol 與水之三成分系在93.6°(各含 24.31.2.44.8 %之成分比例) 可使其溜出,故先使此等溜出,然後再使其反應則得其收量增加。使 Ester 化%增加之另一方法卽增加 Alcohol (或酸) 之使用量,例如用醋酸 1 mol Alcohol 5 moles 則其 Ester 化%依理論上則 94.5 %。Berthelot 氏等在 100°C 下於 83 小時之反應後得 96.6% 之結果矣。(附. Ester 化%與 Alcohol 之 mol 曲線表)

3. 在氣相下之 Ester 化

Berthelot, Pean de St Gilles〔28〕於 1863年使 1g 之試料 (Alcohol + 酸)放於容量 5cc, 25cc, 62c 之容器內在 200°C 下使其反應各 20 小時各得 66.4%,72.9%, 78.4% 之 Ester 化,又在非常大之容量下使其反應時只得 49 %之 Ester 化。依最近 Jatkar〔29〕氏之報告其 Ester 化成績在 260°C 下得 75% 也。又 Essex, Clark〔30〕諸氏已完成其熱 力學之研究。

又近年來氣相下之 Ester 化比較在液相下之 Ester 化因有非常之差故引得衆人之注意。卽液相 Ester 化之 limit 不由反應時之溫度而變故在 20°C 和 200°C 之時其 limit 無大差別。然在氣相下之 Ester 化則不得如此,其 limit 依溫度之高低有甚大之差別,例如在 300, 150, 76, 40〔31〕之 K 各 8.8, 30.0, 40.8, 122.0 也。氣相下之 Ester 化雖於 250° C 以上之溫度亦甚困難,由少量之脫水觸媒之存在得容易到達其 limit。普通所使用之觸媒有 Silicagel, 金屬酸化物,鹽類,〔32〕25% 燐酸含有活性炭素,〔33〕近來酸性白土,活性白土也被使用也。(但不見詳報)

氣相下之 Ester 化雖有下列欠點,(1)反應速度小,(2)要大容量等也。但由觸媒之活性得使其一被解除,卽可提高其平衡又無如使用强酸時之短点,故使其利用於工業上製造 Iso amyl acetate 也。卽使用 ZrO_2 爲觸媒於 240° 反應也。〔34〕

吾人選用 ZrO_2 以外之觸媒(十數種)其中特選可容易得到之本省產酸性白土(北投產)以資研究是次反應。

關於觸媒之活動機構雖有種種假說,惟現在一般所認定者卽 Alcohol 和無水酸化物之觸媒之間可生成一種不安定之中間生成物也。

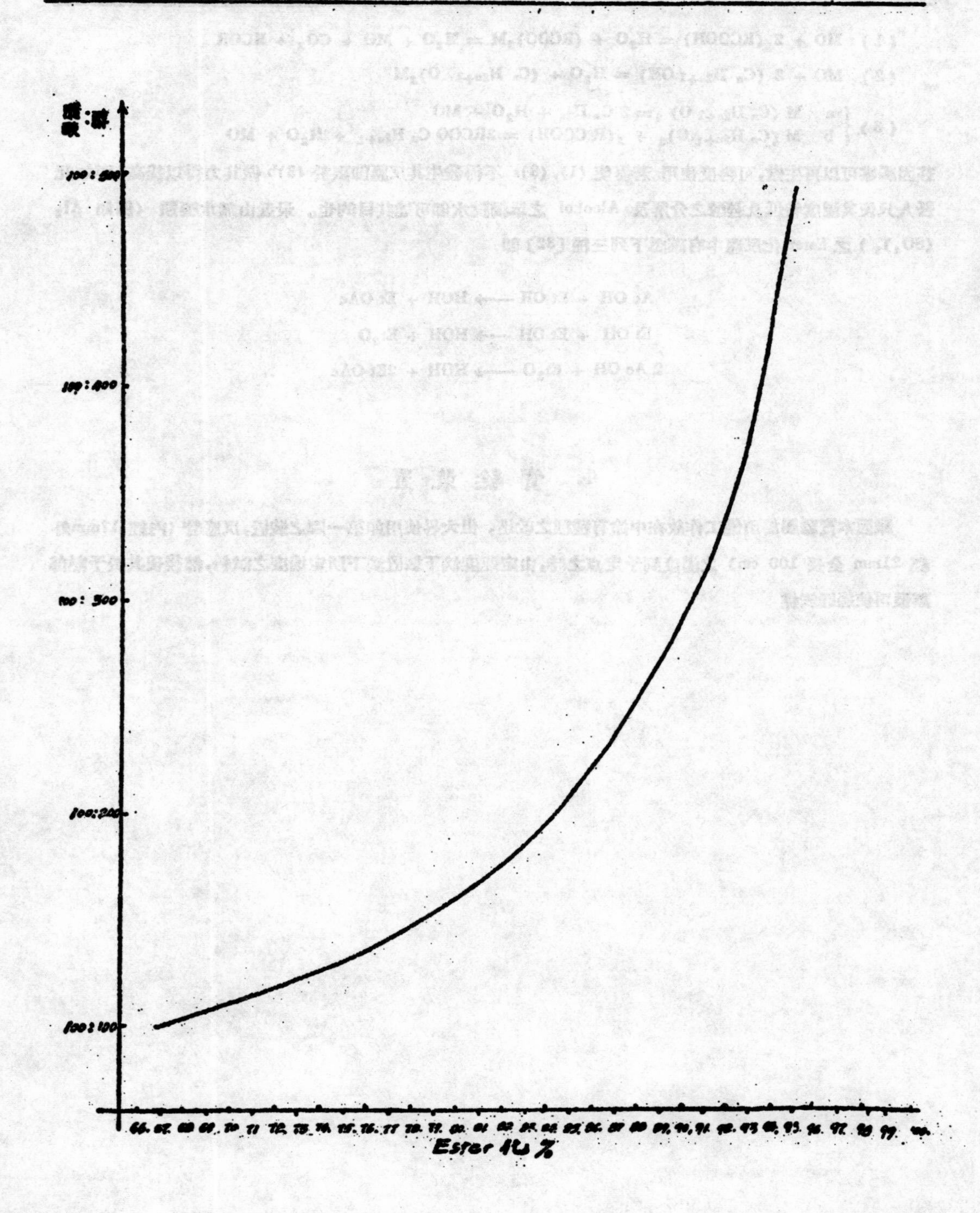
100:500
100:400
100:300
100:200
100:100
Ester 化%

(1) $MO + 2(RCOOH) = H_2O + (RCOO)_2M = H_2O + MO + CO_2 + RCOR$

(2) $MO + 2(C_nH_{2n+1}OH) = H_2O + (C_nH_{2n+1}O)_2M$

(3) $\begin{cases} a & M(C_nH_{2n+1}O)_2 = 2C_nH_{2n} + H_2O + MO \\ b & M(C_nH_{2n+1}O)_2 + 2(RCOOH) = 2RCOOC_nH_{2n+1} + H_2O + MO \end{cases}$

玆因觸媒可以再生做，可再度使用。若得使 (1), (3)a 不得發生其反應即限於 (3)b 做其力得以提高。要如此吾人只使其溫度較低及避酸之分解及 Alcohol 之單獨脫水即可達其目的也。最近由無水鹽類 (例如 $Al_2(SO_4)_3$) 之 Ester 化反應中有確認下列三種〔32〕即

$$AcOH + EtOH \longrightarrow HOH + EtOAc$$

$$EtOH + EtOH \longrightarrow HOH + Et_2O$$

$$2AcOH + Et_2O \longrightarrow HOH + 2EtOAc$$

4. 實驗裝置

雖因本實驗屬於預備工作故在中途有種種之改造，但大體使用如第一圖之裝置，反應管 (內經 17mm 外經 21mm 全長 100 cm) 之溫度到予定点之時，由定速度滴下裝置滴下所定速度之試料，然後使其於予熱部蒸發再使過通觸媒

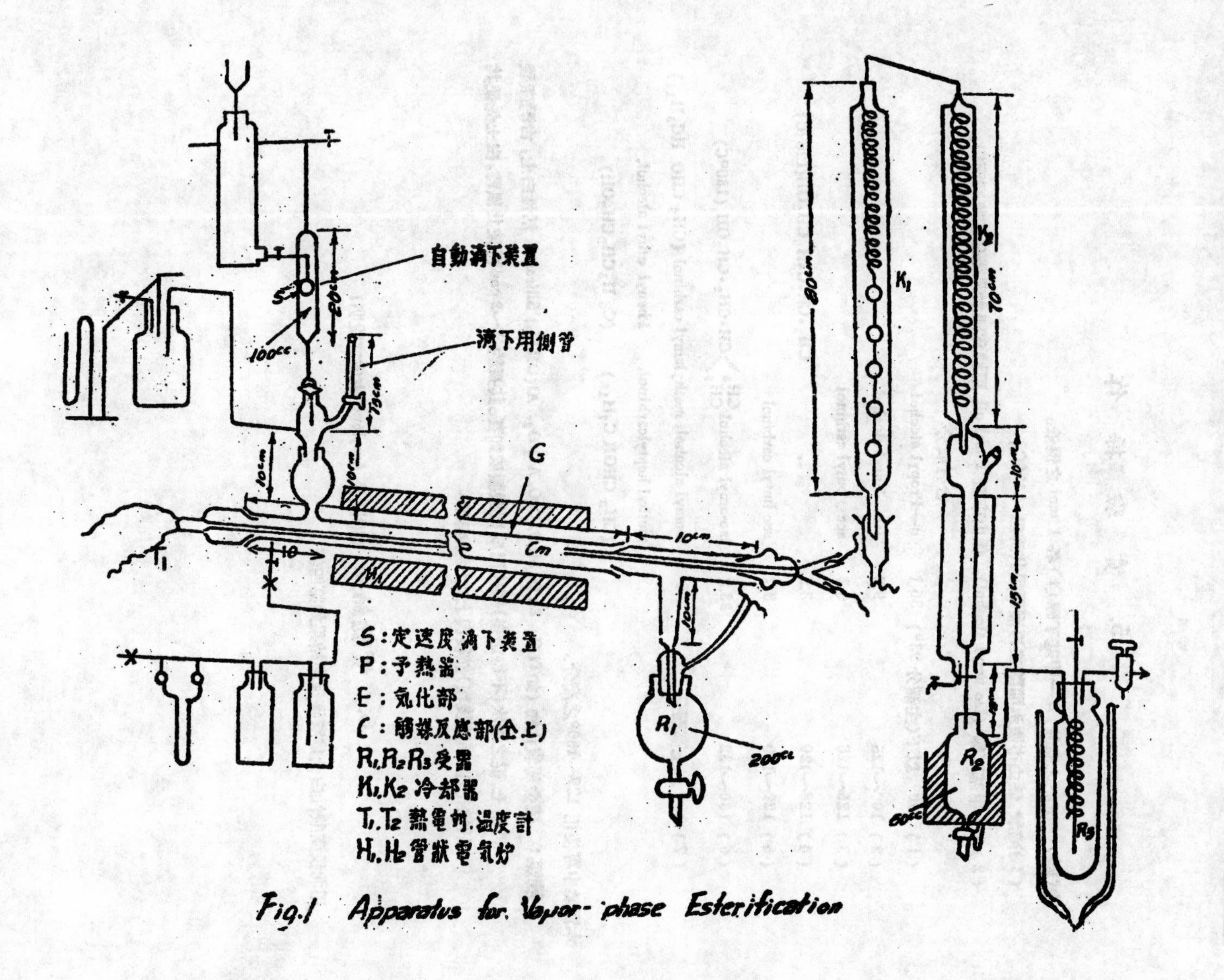

Fig.1 Apparatus for Vapor-phase Esterification

5. 實 驗 操 作

試料： 下記之醋酸，3—甲基丁醇〔1〕各 1 mol 之混液。

（1）醋酸，係由市販氷醋酸之再溜而得其沸點 117°C。

（2）3—甲基丁醇（Iso amyl alcohol），係由市販 Fusel oil 用濃食鹽水洗後分別蒸溜而得。

			含有成分
（1）	100° 以下（主溜分 93°）	36.1	n—Propyl alcohol
（2）	100～125	9.2	iso—Butyl alcohol
（3）	125～128	5.2	sec . butyl carbinol
（4）	128～129	3.5	" $CH_3 \cdot CH \cdot C_2H_5CH_2OH$ (128°C)
（5）	129～130	3.7	sec butyl carbinol
（6）	130～132	33.2	iso-amyl alcohol $\begin{matrix}CH_3\\CH_3\end{matrix}\rangle CH \cdot CH_2 \cdot CH_2OH$ (130°C)
（7）	132 以上高溜分	9.0	n-amyl alcohol, methylamyl carbinol (CH_3 CHO HC_5H_{11}) methyl heptylcarbinol, (CH_3 CHOH C_7H_{15}) Phenyl ethyl alcohol, ($C_6H_5CH_2CH_2OH$)

本實驗中專使用 129～130° 之溜分。

觸媒： 使金屬氧化物（如 TiO_2, ZnO, MgO, CaO, Al_2O_3, $Al(OH)_3$,）Silicagel, 活性白土，台灣產酸性白土，混之以水（不得過多）然後用成型機製成如麵。其長約 1～2 cm 再使其風乾，白土先使其活性化（詳細待後報）然後與上次同樣處理。

6. 實驗結果（附關於 Amylene 生成之說明）

用北投產酸性白土為觸媒反應結果如第四表

No	反應溫度	滴下速度	溜出量					減量		殘存酸定量		反應%		水洗除酸後					由加水分解所求之%				備考
			第一受筒				第二受筒	cc	%	$\frac{N}{10}$ Na OH cc		由減少量所求之%	理論上之%	粗製品(含有醇)			由理論上所求之%						
			上層			下層																	
			cc	g	D	cc								cc	g	n	粗製品	純品					
1	300	30/30	26.0	23.3	0.9	—	—	4.0	1.3	17.9	17.9	41		16.1	13.7	1.392	15.23	7.4					
2	„	„	25.5	22.2	0.87	3.3	—	1.2	4.0	13.87	13.81	53	81	16.3	13.8	„	15.80	9.5					
3	„	„	26.5	23.7	0.89	1.2	—	2.3	7.8	13.50	13.47	54	83	18.0	15.3	„	15.83	9.7					
4	„	„	28.0	25.5	0.90	0.8	—	1.2	4.0	16.60	16.60	45	69	18.5	15.7	1.394	15.80	8.2					
5	350	„	26.5	23.6	0.89	1.0	—	2.5	8.1	14.85	15.10	50	77	16.4	13.8	1.393	15.6[illegible]	9.0					

反應溫度 300°C, 流速 1cc/1 分鐘，試料使用量每回 30cc, Ester 化 % 45～54 %，理論上反應率 68～83 % 倘使其流速減少和提高溫度 (350～400) 想了增加。

減量……係由被觸媒吸收，及低溜分 (Amylene) 之飛散，與溜帶於容器所致，特因第一回之減量很多故由第二回以下始施行酸之定量。

反應%……反應後減少之酸看做全部爲 Ester 化所消費故由其殘量之定量依 Curve 1 求之。

殘存酸定量……反應後反應液分二層故取上層之液體洗之以水（每回用水 100 cc）然後與下層合一起取其 1 cc 再加水 10 cc 後用 $\frac{N}{10}$ Na OH 滴定，對平衡上之理論上 Ester 化 % 假定到達平衡狀態爲 100% 由 Curve 2 求之。

粗乙酸戊脂……減少酸之百分率看做反應 % 之時，水洗後應得之。Ester + 未反應烷基之 cc 理論上（但假二者都不溶於水）由 Curve 3 求之。

純乙酸戊脂……由 Curve 4 求之。

Curve 5 卽反應結果水洗後應有之減量曲線由 Curve 6, 7 求之。

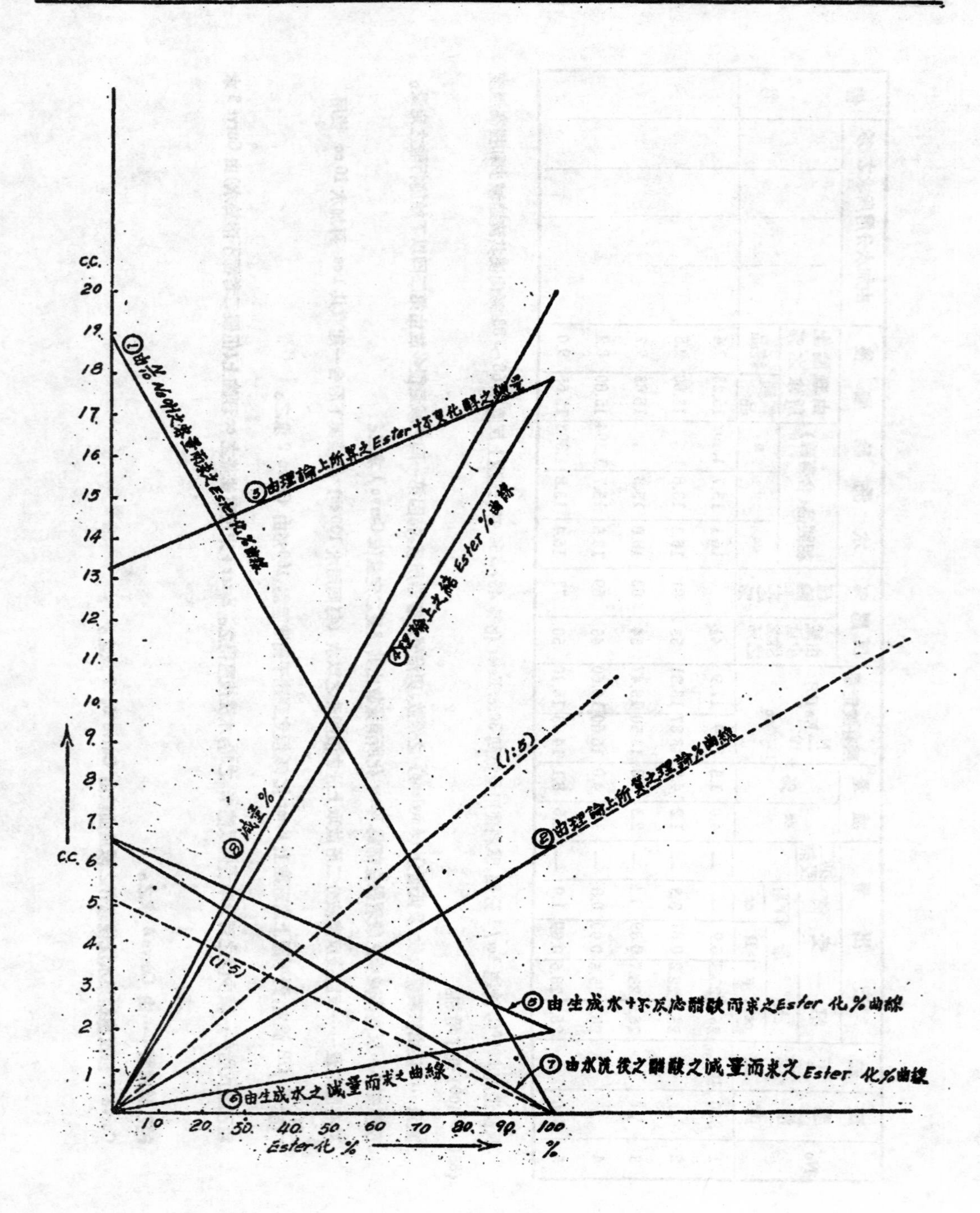
c.c.
20
19.
18
17.
16.
15
14
13.
12.
11.
10.
9.
8
7.
6.
5.
4.
3.
2
1
① 由 N/10 NaOH之容量而求之Ester化%曲線
⑤ 由理論上所算之Ester+不變化醇之總量
④ 理論上之結 Ester %曲線
③ 減量%
(1:5)
② 由理論上所算之理論%曲線
(1:5)
由生成水+不反應醋酸而求之Ester化%曲線
⑦ 由水洗後之醋酸之減量而求之Ester化%曲線
⑥ 由生成水之減量而求之曲線
10 20. 30. 40. 50 60 70 80. 90. 100 %
Ester化 %

第五表 由北投產酸性白土爲觸媒之脂化成績

No	反應溫度	滴下速度	溜出量 第一受筒 上層 cc	上層 g	上層 D	下層 cc.	第二受筒 cc	減量 cc	減量 %	殘存酸定量 $\frac{N}{10}$NaOH cc		反應% 由減少量所求之%	理論上之%	水洗 粗製品 cc	粗製品 g	除酸後 含有醇 n	由理論上所求之% 粗品	純品	由加水分解所求之%	備考
6	300	30/30	12.5	11.0	0.88	9.6		7.9	26.5					10.8	10.0	1.387				
7	„	„	28.5	19.7	0.86	4.5		2.5	8.2	15.28	15.00	49	68	13.7	11.7	1.392	15.60	8.9		
8	„	„	24.5	21.0	0.86	4.3		1.2	4.0	15.05	15.15	49	68	14.5	12.4	„	15.60	8.9		
9	„	„	27.0	24.0	0.89	2.7		0.3	1.0	15 20	15.10	49	68	13.7	11.6	„	15.60	0.9		
10	„	„	28.0	25.6	0.92	2.1				14.78	14.69	51	78	15.5	13.2	„	15.70	9.1		
11	„	„	27.3	24.2	0.38	2.4		0.3	1.0	14.69	15.36	48	74	17.0	14.5	1.393	15.55	8.7		
12	„	„	27.6	25.2	0.91	1.7		0.7	2.3	15.89	15.38	48	74	17.5	14.5	1.392	15.55	8.7		
13	„	„	25.8	22.2	0.89	1.6		2.6	8.7	12.89	12.84	57	88	15.8	12.5	„	16.00	10.2		鼠色着色

反應溫度 300° C 流速 1cc/1分鐘，脂化率 48～57% 對平衡狀態所集之理論上 %68～83% 雖因時間之經過不發現觸媒能力之降下，總共 13 回之反應後所得之低溜分（即只由脫水而生成之 Amylene）9.5 cc

捕集於 2, 3 的受器

夫夫 5 cc 3.5……….s. g. 0.70

4.5 cc 2.8 0.62

對使用 Alcohol 之百分率是 4.2%。

10367

關於溜帶於 R_2 之揮發性液體

3－甲基丁醇（Amyl alcohol）於 350° 以上之溫度下會發生脫水反應而生成 Amylene（理論上有五種之異性體）本研究所用之 3－甲基丁醇（Amyl alcohol）是沸點 130° 之溜分故其成分是 Iso butyl carbinol（大部分 B.p 130°C）及 Secondary butyl carbinol（小部分）之混合物。 故脫水反應後應生成 Iso amylene（大部分）及 Asymmetric amylene（小部分）倘因 Abnormal Product 之生成 Trimethyl ethylene 也得存在。

（1） $(CH_3)(CH_3)>CH \cdot CH_2 \cdot CH_2OH \xrightarrow{-H_2O} (CH_3)(CH_3)>CH \cdot CH{=}CH_2$ 大部分

iso propyl ethylene
(iso amylene)

} Normal product (bp 21°, 0.648)

（2） $(CH_3)(CH_3CH_2)>CH \cdot CH_2OH \xrightarrow{-H_2O} (CH_3)(CH_3CH_2)>C{=}CH_2$ 小部分

Unsym—methyl ethyl ethylene

（3） $(CH_3)(CH_3)>C{=}CH-CH_3$ b.p (37°, 0.668)……………………abnormal product

（4） C_2H_5OH / $\|$ / $H \cdot C.\ CH_3$ trans—amylene

（5） $C_2H_5 \cdot C \cdot H$ / $\|$ / $CH_3 \cdot C \cdot H$ cis—amylene

} 此二者亦同於（1）即無色可燃性液體不溶於水，溶於 alcohol 及 ether。 B.p 36.5°, sg 0.660.

第六表　觸媒

No.	反應溫度	滴下速度	溜出量					減量		殘存酸定量		反應%		水洗除酸後					由加水分解所求之%				備考
			第一受筒				第二受筒			量 $\frac{N}{10}$ NaOH		由減少量所求之%	理論上之%	粗製品(含有醇)			由理論上所求之%						
			上層			下層																	
			c.c.	gr.	D	c.c.		c.c.	%	c.c.				c.c.	gr.	n	粗製品	純品					
14	300	30cc/30分	27.0	24.2	0.90	0.5		2.5	12.5														
15	„	„	30.0	26.5	0.88	—		—	—														
16	„	„	29.0	25.0	0.86	1.5		—	—														
17	„	„	25.5	22.3	9.89	—		4.5	22.2														
18	„	„	28.5	24.9	0.87	1.1		0.4	2.0														
19	„	„	27.0	23.3	0.86	2.0		1.0	5.0														
20	„	„	28.0	24.7	0.88	2.1		—	—														

以上茲因想求之於蒸溜曲綫故附於蒸溜(成積待後報)

No.	反應溫度	滴下速度	上層 c.c.	上層 gr.	上層 D	下層 c.c.	第二受筒	減量 c.c.	減量 %	殘存酸定量 c.c.		由減少量所求之%	理論上之%	粗製品 c.c.	粗製品 gr.	粗製品 n	粗製品	純品	由加水分解所求之%				備考
21	300	30cc/30分	25.7	22.3	0.87	2.2		2.2	11	7.55	7.40	7.6	11.6	21.3	18.1	1.396							
22	„	„	26.5	24.3	0.91	1.4		2.1	10.5	10.00	10.00	6.7	10.2	21.9	18.5	„							
23	„	„	22.5	26.0	0.88	0.6		—	—	11.62	11.66	6.1	9.4	21.5	18.2	„							
24	„	„	30.0	27.0	0.90	0.4		—	—	13.05	12.90	5.7	8.7	23.6	20.0	1.397							

10 分間 300°C 加熱後再繼續

10369

第九表 觸媒

No.	反應溫度	滴下速度	溜出量					減量		殘存酸定		反應%		水洗除酸後					由加水分解所求之%				備考
			第一受筒				第二受筒			$\frac{N}{10}$NaOH量		由減少量所求之%	理論上之%	粗製品(含有醇)			由理論上所求之%						
			上層			下層																	
			c.c.	gr.	D	c.c.		c.c.	%	c. c.				c.c.	gr.	n	粗製品	純品					
25	300	30cc/30分	29.3	26.0	0.89	0.6		0.1	0.5	12.32	10.30	5.8	8.9	22.3	18.9	1.397							
26	„	„	28.5	2.45	0.86	1.6		—	—	10.55	10.55	6.5	10.0	22.5	19.0	1.396							
27	„	„	28.5	24.5	0.86	1.6		—	—	9.37	8.69	6.9	10.6	22.8	19.2	1.398							
28	„	„	28.0	24.3	0.87	2.2		1.0	5	7.80	6.51	75	115	23.2	19.7	1.396							
29	„	„	27.0	23.6	0.87	2.0		—	—	8.53	9.30	72	110	22.0	18.6	—							

TiO_2 比 ThO_2,ZhO_2,ZrO_2 更優秀在 300°C 30cc/30 分 之流速下得 61～76% (理論上 94～116%) 之 ester 化%將流速降抵到 1cc/3 分之程度想得更好之成績(有再試之必要)

第七表 觸媒(無)

No.	反應溫度	滴下速度	上層 c.c.	上層 gr.	上層 D	下層 c.c.	第二受筒	減量 c.c.	減量 %	殘存酸定 c. c.		由減少量所求之%	理論上之%	粗製品 c.c.	粗製品 gr.	粗製品 n	粗製品	純品					備考
30	250	30cc/30分	28.7	25.4	0.88			1.3	4.3	20.02	20.03	17	20	21.0	17.7	1.398							
31	300	„	29.3	25.8	0.88			0.7	2.3	20.52	20.56	18	24	19.6	16.5	1.399							
32	350	„	29.8	26.5	0.89			0.2	0.7	20.30	20.40	19	23	21.2	17.9	1.397							
33	400	„	30.0	26.8	0.89					19.61	19.00	20	31	20.2	17.0	1.397							

第八表 觸媒 Al_2O_3(反應前先加熱於 300°C 達 2 小時)

No.	反應溫度	滴下速度	上層 c.c.	上層 gr.	上層 D	下層 c.c.	第二受筒	減量 c.c.	減量 %	殘存酸定 c. c.		由減少量所求之%	理論上之%	粗製品 c.c.	粗製品 gr.	粗製品 n	粗製品	純品					備考
34	300	20cc/62分	15.5	13.5	0.87			4.5	22.0	11.22	11.24	41	62	9.7	8.0	1.399	15.2	7.40					
35	„	„	19.5	17.0	0.87			0.5	2.5	13.01	13.02	32	49	13.5	11.2	1.398	14.8	5.80					
36	400	„	19.5	17.0	0.87	1.0		—	—	12.27	12.32	36	55	10.1	8.5	„	15.0	6.50					
37	„	„	19.8	17.2	0.87	0.5		—	—	12.88	12.85	33	51	10.4	8.7	1.399	14.85	5.95					
38	450	„	15.0	12.8	0.87	1.7		3.3	17.0	13.20	13.14	31.	49.	6.5	5.4	„	14.80	5.60					

300°C, 20cc/60 分 Ester 化 % 31～36. 由理論上算之則 4?～55%

理論値與實驗値之差甚大，想因 amylene 之生成乎，(400°, 450°C)

39	300	20cc/60分	16.5	14.2	0.86	0.4		3.1	15.0	10.03	10.17	47		10.7	8.9	1.399	15.50	8.50				
40	”	”	19.5	17.0	0.87			0.5	2.5	11.68	11.62	39	60	13.0	10.8	”	15.15	7.15				
41	350	”	19.3	17.0	0.87	1.0		—	—	12.83	12.98	32	49	1.10	9.0	1.398	14.80	5.80				

於300°, 350°c 之溫度下 Ester 化 % 卽 32～39%. 由理論上算之則 49～60% 也。

第十表　觸媒，Silicagel (武田製) 重量20g 全長35cm

42	300	20cc/60分	10.7	9.6	0.9	3.3		6.0	30.0	10.70	10.69	44.0	—	5.5	4.6	1.399	15.35	7.95				
43	”	”	20.0	17.5	0.88	—		—	—	13.15	13.10	13.10	48	14.3	11.9	1.398	14.80	5.80				

Silicagel 雖頗被一般利用，但於本實驗其成績只 31.5%(Ester) 由理論上算之則 48% 而已。使溫度提高達 400°C 或施行 Silicagel 之活性化時想得提高其成績。

第十一表　ZnO (提前處理 4 小時於 150～200°) 重 60g 全長 26cm

44	300	20cc/60分	16.1	14.0	0.87	1.0		2.9	14.0							1.394						

因反應管不通故不得不中途而止矣。

第十二表　MgO, 重量 40g, 全長 46cm

45	300	20cc/60分	9.5	8.0	0.84	1.5		9.0	—	1.58	1.60	92.5		7.5	6.2	1.399	16.65					
46	”	”	15.5	13.0	0.84	0.3		1.2	6.0	3.25	3.34	83.5	12.5	12.7	10.5	1.398	15.00					
47	”	”	19.8	15.5	0.80	0.2		—	—	4.79	4.72	75.0	10.7	16.7	13.7	”	16.80	13.50				
48	”	”	17.6	14.9	—	—		2.4	12.0	4.40	4.47	78.0	12.0	14.5	11.9	1.397	16.95	14.05				

Ester 化 % 75～83.5 %。　由理論上算之則107～125%也。

第十三表 觸 媒

No.	反應溫度	滴下速度	溜出量 第一受筒 上層 c.c.	上層 gr.	上層 D	下層 c.c.	第二受筒	減量 c.c.	減量 %	殘存酸定 量$\frac{N}{10}$NaOH c. c.		反應% 由減少量所求之%	理論上之%	水洗除酸後 粗製品(含有醇) c.c.	gr.	n	由理論上所求之% 粗製品	純品	由加水分解所求之%				備考
49	300	20cc/60分	6.5	4.8	0.74	2.7		10.8	5.40	04.8	0.48	0.44	93.5	4.7	3.7								
50	„	„	9.7	7.9	0.81	2.7		7.6	3.80	24.2	2.42	2.53	8.70	8.6	6.8		15.65						

減量甚多,又成績不良,(要改良)。

第十四表 活性白土,(舊品)

No.	反應溫度	滴下速度	上層 c.c.	上層 gr.	上層 D	下層 c.c.	第二受筒	減量 c.c.	減量 %	殘存酸定 c. c.		由減少量所求之%	理論上之%	粗製品 c.c.	gr.	n	粗製品	純品	由加水分解所求之%				備考
51	300	20cc/60分	3.5	2.2	0.63	3.1		13.4	67.0														
52	„	„	8.0	5.5	0.70	8.2		3.8	19.0	15.08	15.16	21	32	6.0	3.8		14.30	3.80					
53	„	„	8.0	5.5	0.70	8.9		3.1	19.0	18.31	18.21	5	25	6.0	4.2		13.55	0.90					變黑

減量甚多,成績不良(特於水洗後)(想舊白土之品質不良乎)。

第十五表 MgO 重量 40g, 全長 46cm

No.	反應溫度	滴下速度	上層 c.c.	上層 gr.	上層 D	下層 c.c.	第二受筒	減量 c.c.	減量 %	殘存酸定 c. c.		由減少量所求之%	理論上之%	粗製品 c.c.	gr.	n	粗製品	純品	由加水分解所求之%				備考
54	300	20cc/60分	9.5	8.2	0.86	1.1		9.4	47.0														
55	„	„	16.5	14.1	0.86	0.3		3.2	16.0	5.95	5.85	69	10.5	12.5	10.3		16.50	12.40					
56	„	„	18.0	15.0	0.83	0.3		1.7	8.5	4.0	4.0	79.5	12.0	15.2	12.5		19.00	14.35					
57	„	„	17.0	14.5	0.85	0.3		2.7	13.5	5.3	5.0	73.5	11.0	13.0	11.1		16.15	13.13					
58	„	„	11.0	9.3	0.85	0.3		8.7	4.30	3.6	3.6	81.5		8.7	7.5		17.15	14.70					

(水洗除酸後收量較少,與理論值不一致)收量 69~75.5%

由理論上算之則 105~120%也。

第十六表 觸 媒

No.	反應溫度	滴下速度	溜出量 第一受筒 上層 c.c.	溜出量 第一受筒 上層 gr.	溜出量 第一受筒 上層 D	溜出量 第一受筒 下層 c.c.	溜出量 第二受筒	減量 c.c.	減量 %	殘存酸定 量 $\frac{N}{10}$NaOH c. c.	殘存酸定 量 $\frac{N}{10}$NaOH c. c.	反應% 由減少量所求之%	反應% 理論上之%	水洗除酸後 粗製品(含有醇) c.c.	水洗除酸後 粗製品(含有醇) gr.	水洗除酸後 粗製品(含有醇) n	水洗除酸後 由理論上所求之% 粗製品	水洗除酸後 由理論上所求之% 純品	由加水分解所求之%				備考
59	300	20cc/60分	10.0	8.0	0.80	3.5		6.6	33.0	6.80	6.89	64.5		7.3	5.6		16.30	11.30					
60	„	„	18.7	15.8	0.84	1.5		—	—	9.70	9.70	49.5	75	14.1	11.3		15.60	8.95					
61	„	„	19.2	16.5	0.86	0.8		—	—	10.40	10.30	46	71	23.3	10.7		15.45	8.35					
62	„	„	19.5	16.7	0.85	0.8		—	—	10.78	10.40	45.8	70	13.8	11.1		15.45	8.35					
63	„	„	19.2	16.7	0.86	0.3		0.5	5.0	10.00	10.00	48.0	74	14.7	12.2		15.55	8.70					

Ester化% 45.8～49.5%，由理論上算之則 70～75%

酸無處理(即活性化)之 Al_2O_3 更佳。

Ester 加水分解百分率之測定

試驗番號 64. 用純 Iso amyle acetate 26g 與水 3 6g 同時送入反應裝置(第一圖觸媒)流速 1cc/3分間。反應液分二層，上層 25.2g 下層 2.1g 照前同樣處理後用滴定法定量，其 Hydrolysis 成績 2.4%。

試驗番號 65. 用純 Iso amyl alcohol 9.0g 與水 1.2g 照前同樣操作得上層 8.7g, 下層 1.0g 滴定結果 Hydrolysis % 1.5 %。即在 300° c 之溫度下(無用觸媒)所生成之 Ester 之加水分解只 1.5～2.4 %也。

關於普通法(以硫酸爲觸媒在液相下)之 Ester 化。

CH_3COOH 24cc
iso $C_5H_{11}OH$ 36cc
conc H_2SO_4 12cc
} 加熱四小時由常法 ester 化用水洗後附於蒸溜 得溜分 29.3g。

(1) 72～100°C 1.3………4.4%

(2) 100～130 2.3………7.8%

(3) 130～135 2.0………6.8%

(4) 135～137 2.4………8.2%

(5) 137～139 7.8………26.6%

(6) 139～141 6.8………23.2%

(7) 141～142 4.3………14.7%

(4)～(7) 合計 72.7%

殘渣 2.3………7.8%

7 總 括

(1) 利用醋酸與 3－甲基丁醇於觸媒之存在下研究氣相下之 Ester 化反應。

(2) 在 300°C 之反應時試料之滴下速度 1cc/1 分，對收量之方面看來頗不適當。

(3) 普通法 Ester 化之粗 Amyl acetate 之收量對其試料（醋酸）所算之%爲 62.1（對平衡狀態時之理論上之% 爲 94.6%）又純 amyl acetate 之收量者 45.0%（對平衡狀態時之理論上 % 68%）也。

(4) 所用之金屬氧化物觸媒與其反應%如下。(表略)

(5) 北投產白土，氧化鐵俱有優秀之脫水觸媒之性質，得與 TiO_2，〔24〕（$Zr O_2$，$Th O_2$）並肩。

(6) 無用觸媒時之 Ester 化反應之逆反應，即 Ester 與水通於 300°C 之反應管內，得發現其加水分解百分率在 1.5～2.4% 之範圍內。

Litelatue Cited

(1) Reid, Am Chem J., 43, 489 (1910)

(2) Robert, Urey, J.A.C.S. 60 2391 (1938)

(3) Marum, Ber, 72, 1874 (1939)

(4) Knoblauch, Z. physik. Chem, 22 268 (1897)

Swietoslawski, J. Phy. Chem, 37 701 (1933)

(5) Reid, Unite processes in org, Synthesis, 621 (1947)

(6) Menschutkin, Ann, 195, 334 (1379); 197 193 (1879)

Ber, 13, 162 (1880); 42 4020 (1909)

Z, physik Chem, 1 611 (1889); 1 237 (1892)

(7) Varit Hoff, Ber., 10 669 (1877)

(8) Thomsen, Ber., 10 1023 (1877)

(9) Urach., Ber., 19, 1700 (1886)

(10) Ostwald, J. prakt. Chem, (2) 28 449 (1883); 30,93 (1884); 35 122 (1887)

(11) Smith, Orton, J. Chem. Soc., 95 1060 (1906)

Trimble, Risherdson, J.A.C.S. 62 1018 (1940)

(12) Zaganiaris Varsaglis, Ber. 69, 2277 (1936)

(13) Bun. I. Toi, J.E.S. Japan, 61 1279 (1940)

(14) Newand etal., J.A.C.S. 57, 1549 (1935); 58 271, 786 (1936):

Toole, Sowa, J.A.C.S. 59 1971 (1937).

Kästner, Angew, Chem., 54 273 (1941)

(15) Kroeger. ploe. Indiana Aed. Sei., 46, 115 (1937)

(16) Freudsuburg. Ber., 74. 1001 (1941)

(17) Senderens, Campt rend., 154 1671 (1855) 153 881 (1911); 155 168, 1254 (1912) 158 581 (1914)

(18) Kroeger, ploe; Indiana Acad. Sei, 50 106 (1940)

(19) Shen, Kus, Chem Abst, 31 3308 (1937)

(20) Palladina ,, — 33, 9469 (1939)

(21) Stormer. Ber, 47 1803 (1914)

Flosdorf, J.A.C.S. 55 3051 (1933)

(22) Forjaz, Compt rend 197, 1124 (1933)

(23) Bailay: J. Chem. Soc. 1928 1204, 3256

Schelsinger, Ber. 60 1479 (1927)

Smith, J. C. Soc., 95, 1060 (1906)

(24) Cohem, Z. physih., Chem., 89, 338 (1918)

Newitt etal, J. Chem. Soc, 1937 876, 1938 784.

(25) Diatz, Z. physiol: Chem. 52 279 (1907)

Fabisch. Biochem. Z. 234 84 (1931) 154, 292 (1924), 217 34 (1930). 221, 281, 223, 130 (1930) 129 208 (1922)

(26) Bellueii. Chem. Ztg. 35, 669 (1911)

(27) Liston, Dehn; J.A.C.S. 60 1264 (1938)

(28) Belthelot etal., Ann, Chom., 68 274 (1863)

(29) Jather J.A.C.S. 59 793 (1937)

(30) Essexetal J.A.C.S. 54 1290 (1932)

(31) Swietoslawski, J. Comp. rend, 199 1303 (1934)

(32) Dolion etal. proc. Indiana Acad. Sai.. 42, 101 (1933); C.A. III II 492

(33) Turona etal. J. Applid Chem. (U.S.S.R.) 7 1454 (1934)

(34) Mailhe etal. Bull. Soc. Chem. (4) 29 (1921) 101

(35) Sabatier, Compt. rend, 152 (1911) 358.

（第2報）

醋酸與3-甲基丁醇之醚化（台灣產白土之觸媒能力）

緒 言

茲因在來之關於液相亦氣相下之脂（Ester）生成之研究，專試用 $C_2H_5OH-CH_3COOH$ 系統化合物，故其他之化合物例如脂肪屬或芳香族系統之化合物之研究可稱爲不充分也。

著者等於第一報（1）即關於3-甲基丁醇〔1〕（Isoamyl alcohol）與乙酸之脂化之豫備實驗之研究時確認台灣產白土與氧化鐵皆帶有如氧化鈦之良好脫水性矣。

於本報擬繼續報告以台灣產白土爲觸媒之研究結果，吾人之目的者即求節約在來法之濃硫酸之多量浪費以及使高價之乙酸得充分反應以資減低生產費也。

1. 關於脂化用觸媒

關於利用觸媒由 $C_2H_5OH-CH_3COOH$ 製成 $CH_3COOC_2H_5$ 之研究既被許多之學者試用矣。即在來於脂肪屬酸，醇之脂化時被使用之觸媒者如下記之化合物也。

1921年　Silicagel〔2〕

1924年　ZrO_2,〔3〕ThO_2, ZrO_2, TiO_2〔4〕

1926年　MgO, MnO_2〔5〕

1929年　alkali and alkaline metal's comp.〔6〕

1930年　ZrO_2,〔7〕V_2O_5, Co-oxide, CeO_2, Silicagel.〔8〕

1935年　450°C 下之 HCl〔9〕等也。

在1936年以燐酸滲入活性碳爲觸媒用於乙＝醇與乙酸之脂化反應矣。

使醇類脫離氫氣而製成脂類時被使用之脫氫氣觸媒者如下也。

1924年　Wo_2, Al_2O_3, ThO_2, Silicagel.〔10〕CuO.〔11〕

1928～1932年　Zr, Cr, Mn, Ce, V, W, U, Cu, Cd, Pb 等之氧化物〔12〕〔13〕

1936～1938年　Cu-Zr〔14〕

1939年　$Cu(NO_3)_2$-$Mn(NO_3)_2$〔15〕等也。

爲以製造不飽和脂肪酸之脂類之觸媒者 MnO_2, H_3PO_4〔16〕（1939年），alkali，或 alkaline earth metal 之氫化物〔17〕等也。

2. 關於酸性白土及其活性化

酸性白土者產於日本各地之粘土之一也。其甚多之點類似英國之Fuller's earth〔18〕德國之活性白土，美國之Floida土也。依其×線之廻折圖觀察則知其本質者混合膠質珪酸之含水矽酸鋁之一種，〔19〕而再含有其

10376

他金属之氧化物，即結晶性含水矽酸氧化鋁與帶有非晶體 $Al_2O_3 \cdot 2SiO_2 \cdot H_2O$ 即 $\left(\begin{matrix}OH\\OH\end{matrix}> Al_2Si_2O_6\right)$ 而成也。其平均組成者 SiO_2 60～72，Al_2O_3 13～20，Fe_2O_3 2～4，CaO 0.5～2 MgO 1～5，K_2O+Na_2O 0.5～1.8，灼熱減量 17～15% 也。比重 2.4～2.7，粒子之大小（依×線廻折圖推測）約 $10^{-5}\times 2$ 之陰性 Sol（活性碳即陽性）而其 1 gr 之總表面積約 10 平方公尺也（活性碳即其 10 倍）。

其被稱爲酸性者即置其小片於小青色色紙上而以水濕時限於白土直接接觸之部分有赤變之故也。關於此原因有 Helmholz 之二重層說，吸着說，自己酸性說，塩基置換說等之學說，想與遊離酸全無關係也。依田中博士等之說明〔20〕即白土對 OH ion（離子）有選擇之吸着力故有如此性質也。〔下圖〕換言之則對陰離子，陰性原子團有强大之吸着力，例如選擇吸着水，醇等之 OH ion 也。尙有對種種之氧化酵素之呈色反應。例如與 Indophonol 之反應，與碘化鉀之反應，對 Molachite green 之 リッコ 塩基之反應，與氨基聯苯 Benzidine）之反應，〔21〕1，2，3 三羥基苯（Pyrogallol）之氧化反應，〔22〕蔗糖之轉化反應，〔23〕澱粉之變化爲麥芽糖之反應〔24〕等亦皆視爲酸性白土之對 OH ion 之選擇性吸着之故也，

3. 白土之活性化

白土可以酸處理而提高其活性度，通常用 2～3 倍量之 3～5 N HCl 或 3～5 NH_2SO_4 於 103～110° 下作用 3～5 小時然後以水洗之再經 120～200°C 之乾燥，或於 90°C 以上之溫度下與含有小量之 HNO_3 之 HCl 加熱攪拌數小時等也。於 300°C 以上時因發生構造轉移而晶成故其不取之故也。

雖依酸處理其結晶構造亦無轉移，只其表面被分解而生成非晶質之含水矽酸已。其觸媒能者專賴其表面之活性矽酸 gel 也。即由其表面之活性能分配吸收水蒸氣，水而由溫度之上昇有如濃硫酸，由有機物脫離其氧，氫於水之形體之接觸性脫水作用也。故得由醇與有機酸生成脂（於 440°C）或由 2 分子之醇生成醚（550°）也。

雖活性 gel 之皮膜構造仍有不明之點頗多，但得推想不同於結晶構造而有特種之配列。即可思爲有如下記之活性矽酸 gel 之考察圖之原子配列之矽酸 gel，因乾燥而失水分同時形成所謂 free bond 或不飽和之觸手致發生活性也。

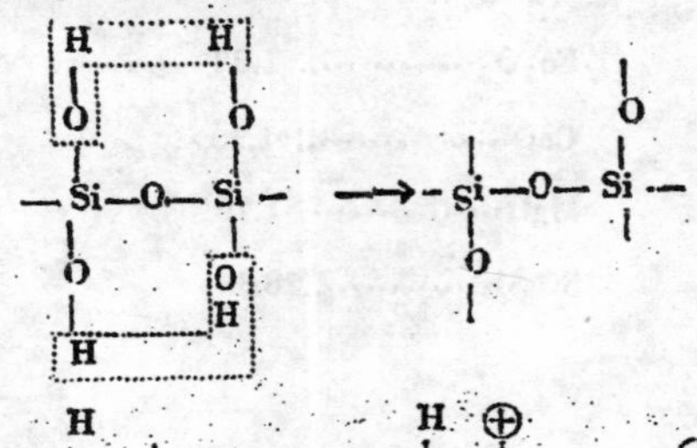

擬依電子說說明脫水現象。則有機化合物被酸性白土消吸時，最先如 OH 之陰性團被白土强引，而 ion 化，繼而分離爲陰離子，其結果分子之殘部被荷電爲⊕，若含有 H 原子時放出陽電子而安定也。被放出之陽電子立刻與 OH 之陰離子結合遂生成水之分子也。〔25〕

$$-\overset{H}{\underset{|}{C}}-\underset{|}{C}-OH \rightarrow -\overset{H}{\underset{|}{C}}-\overset{\oplus}{\underset{|}{C}}- + \overset{\ominus}{OH} \rightarrow -\underset{|}{\overset{|}{C}}-\underset{|}{\overset{|}{C}} + \overset{\ominus}{OH} + \overset{\oplus}{H} \rightarrow \underset{|}{\overset{|}{C}}=\underset{|}{\overset{|}{C}} + H_2O$$

萘（Naphthalene）之粉末與白土混合於封管中在 300°C 之溫度下加熱時即生成 $\beta\beta'$－Dinaphthly

〔26〕其機構亦得同樣說明。卽白土有牽引電子之本性故 Naphthalene 分子被吸着則分極，其結果如 Pauling 敎授所說〔27〕分子中之 C 原子被荷電爲⊖，而其他之 C 原子被荷電爲⊕，如此分極後之 Naphthalene 分子之力場內如有其他之分子接近，則新到之分子亦發生分極，其結果陽電子與陰離子氫氣遂被放出，由此二者之結合則生成 H_2 也。Naphthalene 分子被分極時被荷電爲⊖之位置有 α 亦 β. 但因其機會同數，故不得決定其一。然而 α 一位置有空間障碍故生成 β.β'－Dinaphthyl 也。

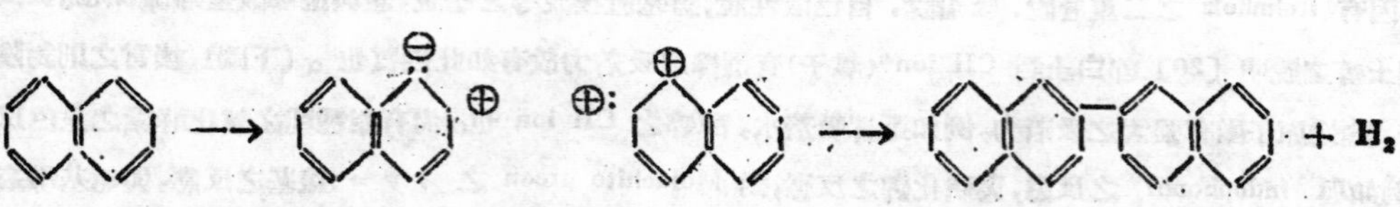

$+ H_2$

卽白土爲觸媒之本質者在其對電子之牽引性也。被吸着物質分子內之一對非共有電子(unshared electron) 被配位於荷電爲⊕之白土表面（或帶有⊕之性質）之某中心。其中心想是酸性白土之主成分 Si 原子或 Al 原子。簡而言之白土之根本性質者使被吸着物質分子內荷電爲⊕也。〔25〕

4. 以台灣產白土爲觸媒之脂化及醚化反應(脫水反應)

關於台灣產粘土及白土之成分與其利用之研究雖稱頗多，但利用以爲脂化，醚化反應之觸媒者尙未聞過也。

著者開始實施研究雖尙未可稱十全但得完成所期之研究，而關利用問題亦得見曙光故擬報告其結果。

吾人所使用之觸媒因鑒於實際利用之條件故選用產量豐富而容易入手之粘土类，卽台灣產粘土有北投粘土，恆春漂布土，七星白土，北投酸性白土，大坑粘土等而被使用於本研究者七星白土也，倘此等之効力比較卽用珪藻土，CaO, TiO 等也。其中大坑粘土者其成分如下記，近於美國之フロリダーアス，由中性鹽類溶液呈酸性反應等点得稱爲酸性土壤，而七星白土之組成由下記觀之知有不同之点也。

大坑粘土 灰白色		七星白土 白色	
SiO_2	62.85	SiO_2	17.76
Al_2O_3	22.60	Al_2O_3	32.87
Fe_2O_3	2.80	Fe_2O_3	1.32
CaO	0.29	CaO	1.50
MgO	0.30	MgO	1.70
Na_2O	0.51	SO_3	28.33
K_2O	1.06		

[II] 實驗及考察

本實驗所用之裝置，實驗操作法，試料等大凡皆於第一報實驗結果記於第 1～第 10 表。

第一表 觸媒 No.2

重量42g, 全長17cm.

No.	反應溫度	滴下速度	溜出量					減量		殘存酸定		反應%		水洗除酸後					由加水分解所求之%			備考
			第一受筒				第二受筒			量$\frac{N}{10}$NaOH		由減少量所求之%	理論上之%	粗製品(含有醇)			由理論上所求之%					
			上層			下層																
			cc	gr	D	cc		cc	%	c.c.			%	cc	gr	n	粗製品	純品				
66	300	20cc/60分	14.9	12.8		1.7		3.4		5.80	5.90	70.0	107	12	10.0		16.6	12.1				
67	,,	,,	19.7	17.2		0.7		—		7.05	7.25	63.0	97	15.7	13.0		16.2	11.8				
68	,,	,,	19.6	17.0		0.6		—		6.80	6.75	65.0	100	15.3	12.4		16.3	11.7				

使用TiO_2時於20cc/60min 300°之狀態 理論上得9.7～100%之脂化反應

第二表 同上 繼續

No.	反應溫度	滴下速度	上層 cc	上層 gr	上層 D	下層 cc	第二受筒	減量 cc	減量 %	殘存酸定 c.	殘存酸定 c.	由減少量所求之%	理論上之%	粗製品 cc	粗製品 gr	n	粗製品	純品	由加水分解所求之%			備考
69	300	20cc/60分	17.4	15.2	0.87	1.0		1.6	8	5.60	5.54	7.15	109.5	14.0 D=.85	11.8		16.65	12.85	0.4369	4.12	71.17	
70	,,	,,	19.2	16.8	0.88	0.6		0.2	1	6.50	6.45	6.70	102.5	15 5 D=.84	13.0		16.40	12.00	0.3937	4.50	73.38	
71	,,	,,	19.4	17.1	0.88	1.0		0.4	2	6.00	6.10	6.90	106.0	16.0 D=.84	13.5		16.50	12.45	0.3288	4.91	75.44	
72	,,	,,	19.0	16.4	0.87	0.6		0.4	2	6.05	6.00	6.95	107.0	15.6 D=.84	13.1		16.55	12.50	0.3710	4.59	73.37	
73	,,	,,	19.4	16.7	0.86	0.6				5.95	6.00	6.95	107.0	15.8 D=.85	13.5		16.55	12.50	0.3449	4.85	73.23	

使用 TiO_2 以第一表同條件之下操作得 Ester 化 %102～109 而其成績差不多一樣,因時間之經過亦不發現觸媒能之降下,故於同一滴下速度之下只變其反應溫度繼續實驗以資發見最適反應溫度。

第三表 同上 (續第二表)

No.	反應溫度	滴下速度	溜出量 第一受筒 上層 cc	上層 gr	上層 D	下層 cc	第二受筒	減量 cc	減量 %	殘存酸定 N/10 NaOH c.c.	殘存酸定	反應% 由減少量所求之%	反應% 理論上之%	水洗除酸後 粗製品(含有醇) cc	粗製品 gr	粗製品 n	由理論上所求之% 粗製品	由理論上所求之% 純品	由加水分解所求之%				備考
74	150	20cc/60分	19.8	17.4	0.87			0.2	1	11.80	11.80	38.5	59.5	15.6 D=.87	12.7		15.1	6.90	0.3377	6.49	40.15		
75	150~200	„	19.8	17.5	0.88			0.2	1	12.85	12.90	32.5	50.0	14.1 0.83	11.7		14.85	5.80	0.3160	6.90	31.08		上昇20分
76	200	„	19.6	17.4	0.89			0.4	2	14.05	14.00	26.0	40.0	13.6 0.85	11.7		14.55	4.73	0.3539	6.75	30.85		
77	200~250	„	20.0	17.8	0.89					12.95	13.18	31.5	43.5	14.1 0.85	12.1		14.80	5.65	0.3267	6.79	32.50		17分
78	250	„	20.0	17.8	0.89	2滴				12.18	12.30	36.0	55.5	14.3 0.85	12.2		14.95	6.95	0.3647	6.42	35.77		
79	250~300	„	19.9	17.8	0.83	2滴				9.75	10.00	49.0	76.0	14.7 0.85	12.5		15.60	3.82	0.3267	6.79	48.05		2[illegible]分
80	300	„	19.2	16.8	0.89	0.3		0.5	2.5	6.55	6.75	66.0	101.5	15.2 0.85	13.0		16.38	11.90	0.3330	5.14	63.25		
81	300~350	„	17.8	15.6	0.88	1.5		0.7	3.5	5.40	5.40	72.5	111.5	14.6 0.84	12.1		16.70	12.95	0.3375	6.35	30.13		40分
82	350	„	18.3	15.6	0.85	1.5		0.2	1	4.90	4.90	75.0	115.0	15.6 0.84	13.2		16.80	13.50	0.3510	6.62	33.90		
83	350~400	„	17.0	14.3	0.85	2.4		0.6	3	6.00	6.01	69.0	106.0	13.3 0.82	11.0		16.50	12.42	0.3166	6.35	44.02		45分
84	400	„	15.0	12.5	0.84	2.5		2.5	12.5	6.20	6.25	67.5	104.0	11 3 0.81	9.2		16.45	12.10	0.3482	5.98	48.05		

滴下速度 200cc/60分於150,⁰ 200,⁰ 250,⁰ 300,⁰ 350,⁰ 400⁰C 之溫度之反應結果300⁰C 之成績照理論上計算其 Ester化%115%可稱最佳也.

400⁰C 以上時其減量甚多故不適用.

10380

第四表　觸媒 No. 2.

No.	反應溫度	滴下速度	溜出量					減量		存酸殘定		反應%		水洗除酸後					由加水分解所求之%			備考
			第一受筒				第二受筒			量 $\frac{N}{10}$ NaHO		由減少量所求之%	理論上之%	製品粗(含有醇)			由理論上所求之%					
			上層			下層																
			c.c.	gr.	D	c.c.		c.c.	%	c.	c.			c.c.	gr.	n.	粗製品	純品				
85	400	22cc/60分	16.0	13.3	0.83	3.0		1.0	5.0	8.55	8.55	55.7	86.0	11.6 D=.83	9.6		15.90	10.00	0.3472	5.38	61.23	
86	400~350	”	17.8	15.4	0.86	1.5		0.8	4.0	55.5	5.65	71.0	109.0	14.7 0.85	12.5		16.60	12.80	0.3400	5.48	78.50	降下15分
87	350	”	18.5	16.0	0.86	1.1		0.4	2.0	55.5	5.55	71.8	110.0	15.3 0.84	12.9		16.65	12.92	0.3559	4.61	76.06	
88	350~300	”	17.7	15.6	0.88			2.3	11.5	7.50	7.40	61.5	95.0	13.4 0.86	11.4		16.18	11.05	0.3390	4.12	90.76	20分
89	300	”	20.0	17.4	0.87					9.05	10.05	48.2	74.5	15.0 0.85	12.6		15.58	8.60	0.3146	4.41	89.40	
90	300~250	”	18.0	15.8	0.88			2.0	10.0	11.00	10.90	43.0	66.0	13.3 0.83	11.0		15.38	7.70	0.3435	4.17	87.20	25分
91	250	”	19.6	17.1	0.88			0.4	2.0	13.00	12.90	32.5	50.0	13.8 0.84	11.6		14.85	5.85	0.3674	4.11	83.95	
92	250~200	”	18.8	16.4	0.87			1.2	6.0	13.05	13.00	32.0	49.5	13.1 0.83	10.9		14.80	5.70	0.3327	4.24	78,03	22分
93	200	”	20.0	17.6	0.87					14.45	14.40	24.42	32.0	13.8 0.85	11.8		14.45	4.35	0.3395	6.71	33.05	

與第三表同一條件所得之 Ester 化%

由上表觀察得知與第三表同樣理論上 Ester 化%最高之溫度者 350°C 也。其由理論上所算之百分率者 110% 也。

故於 20cc/60min. 之條件下 No.2 之最適反應溫度者 350°C 也。

第五表 觸媒 No. 11.

No.	反應溫度	滴下速度	溜出量					減量		殘存酸定		反應%		水洗除酸後					由加水分解所求之%				備考
			第一受筒				第二受筒			量 $\frac{N}{10}$ NaHO		由減少量所求之%	理論上之%	粗製品(含有醇)			由理論上所求之%						
			上層			下層																	
			c.c.	gr.	D	c.c.		c.c.	%	c.c.	c.c.			c.c.	gr.	n,	粗製品	純品					
94	300	20cc/60分	19.0	16.6	0.87	0.5		0.5	2.5	9.00	9.05	53.5	83.0	14.1 D=.83	13.2		15.78	9.50	0.3687	5.18	61.75		
95	„	„	19.3	16.8	0.88	0.7				9.00	9.00	53.5	83.0	14.3 0.84	13.4		15.78	9.50	0.3337	5.39	62.99		
96	„	„	18.0	15.4	0.86	1.0		1.0	5.0	9.00	9.00	53.5	83.0	13.6 0.83	11.3		15.78	9.50	0.3325	5.08	70.79		
97	„	„	18.5	16.4	0.89	0.7		0.8	4.0	9.60	9.60	50.2	77.0	13.8 0.85	11.4		15.65	9.05	0.3483	5.03	68.62		
98	„	„	18.5	15.9	0.86	1.0		0.5	2.5	8.85	8.90	54.5	84.5	13.6 0.83	11.3		15.85	9.80	0.3385	5.14	68.15		
99	„	„	18.8	16.1	0.86	0.7		0.5	2.5	8.50	8.45	56.0	86.5	13.6 0.83	11.3		15.90	10.05	0.3450	5.01	69.71		
100	„	„	19.5	17.2	0.87	0.6		0.1	0.5	9.35	9.30	52.0	80.0	14.7 0.83	12.0		15.72	9.35	0.3327	5.30	65.71		
101	„	„	18.4	15.9	0.86	0.6		1.0	5.0	8.85	8.65	54.8	84.5	13.8 0.82	11.3		15.85	9.80	0.3427	5.02	69.92		
102	„	„	18.0	15.4	0.86	1.5		0.5	2.5	8.40	8.35	56.5	87.0	13.5 0.83	11.1		15.95	10.01	0.3296	5.09	71.14		
103	„	„	19.5	16.8	0.87	0.5				8.65	8.65	55.0	85.0	14.6 0.83	11.8		15.87	9.90	0.3373	8.18	67.50		

台灣產白土爲觸媒時於 300°C 20cc/60min 之條件下最高脂化百分率者 87% 而通常卽 85% 內外也。

第六表 No. 12.

No.	反應温度	滴下速度	溜出量					減量		殘存酸定		反應%		水洗除酸後					由加水分解所求之%				備考
			第一受筒				第二受筒			量 $\frac{N}{10}$NaOH		由減少量所求之%	理論上之%	粗製品(含有醇)			由理論上所求之%						
			上層			下層																	
			c.c.	gr.	D	c.c.		c.c.	%	c. c.				c.c.	gr.	n	粗製品	純品					
104	300°	20cc/60分	15.4	12.5	0.81	4.0		0.6	3.0	9.95	9.95	48.5	75.0	11.7 D=.79	9.2		15.58	8.70	0.3707	3.75	90.53		
105	,,	20cc/70分	17.5	14.6	0.83	2.4		0.1	0.5	9.15	9.20	52.5	81.0	13.6 D=.80	11.0		15.75	9.45	0.3451	4.30	85.22		
106	,,	,,	17.0	14.2	0.84	2.5		0.5	2.5	8.75	8.80	54.5	84.5	13.1 D=.81	10.6		15.85	9.80	0.3393	4.40	84.45		
107	,,	,,	17.8	15.1	0.84	2.3		+0.1	+0.5	8.00	8.80	58.8	91.5	14.0 0.81	11.3		16.03	10.06	0.3229	4.42	88.27		
108	,,	20cc/60分	18.7	16.2	0.86	0.7		0.6	3.0	8.25	8.30	57.0	88.0	14.0 0.83	11.6		16.95	10.25	0.3323	5.10	70.33		
109	,,	,,	17.7	15.2	0.86	1.8		0.5	2.5	8.50	8.50	56.0	86.5	13.5 0.82	11.1		15.90	10.05	0.3225	4.86	75.79		
110	,,	,,	18.6	15.9	0.85	1.0		0.4	2.0	8.50	8.50	56.0	86.5	14.1 0.82	11.6		15.90	10.05	0.3255	5.10	71.80		
111	,,	,,	19.2	16.4	0.86	0.8	~	—	—	8.50	8.50	56.0	86.5	14.5 0.83	12.1		15.90	10.05	0.3590	4.98	69.62		
112	,,	,,	18.9	16.2	0.86	0.7		0.4	2.0	8.50	8.45	56.0	86.5	14.5 0.83	12.1		15.90	10.05	0.3390	5.00	71.17		
第七表 No. 11-B.																							
113	300	20cc/60分	20.0	17.2	0.86	0.6		+0.6	+30	9.85	9.90	48.8	75.5	14.6 D=.82	12.0		15.58	8.75	0.3429	68.60			
114	300	,,				0.6				10.00	10.11	48.3	74.5	14.3 0.82	11.7		15,57	8.70	0.3278	61.17			
115	300~400	,,	14.5	13.3	0.95			5.5	27.5	15.09	15.18	20.5	31.5	4.9 0.80	3.9		14.30	3.70	0.4047	67.61			
116	400	,,	8.8	8.7	1.0			11.2	55.1	8.20	8.20	57.7	89.0	油狀			16.00	10.40					

本觸媒於 20cc/60min 之滴下速度時達 300°C 以上卽減量甚多,同時發生分解,(脫水過多而生成 Amylene.)故其成績不得稍佳。

第八表 No. 13.

No.	反應溫度	滴下速度	溜出量 第一受筒 上 c.c.	上層 gr.	上層 D	下層 c.c.	第二受筒	減量 c.c.	減量 %	殘存酸定 量 $\frac{N}{10}$ NaOH c. c.		反應% 由減少量所求之%	反應% 理論上之%	水洗除酸後 粗製品(含有醇) c.c.	gr.	n	由理論上所求之% 粗製品	純品	由加水分解所求之%				備考
117	300	20cc/60分	6.5	4.9	0.75	6.7		6.8	34.0	13.10	13.10	31.5	49.0	4.5 D=.73	3.3		14.80	5.65					
118	,,	,,	11.2	8.6	0.76	5.5		3.3	16.5	11.80	11.80	38.8	60.0	8.2 0.75	6.0		15.10	6.95					
119	,,	,,	11.5	8.9	0.78	6.0		2.5	12.5	13.15	13.20	31.0	48.0	8.4 0.75	6.3		14.77	5.55					
120	300～350	,,	8.5	7.5	0.83	7.9		3.6	18.0	18.00	17.95	5.0	8.0	6.0 0.71	4.0		13.55	0.9					
121	350	,,	7.5	5.6	0.74	7.2		5.3	26.5	19.00	19.00	—	—	4.3 0.80	3.5		—	—					

爲檢驗本觸媒是否適於 Ester 化，而施行也。

實驗結果：有脫水過多之趨向。同時有發生醚化之傾向(詳細待後報)。

反應溫度於 350°C 時即分解爲 Amylene。

故本觸媒可稱不適用於 Ester 化也。

第九表 No. 14.

No.	反應溫度	滴下速度	溜出量 第一受筒 上 c.c.	上層 gr.	上層 D	下層 c.c.	第二受筒	減量 c.c.	減量 %	殘存酸定 量 $\frac{N}{10}$ NaOH c. c.		反應% 由減少量所求之%	反應% 理論上之%	水洗除酸後 粗製品(含有醇) c.c.	gr.	n	由理論上所求之% 粗製品	純品	由加水分解所求之%				備考
122	300	20cc/60分	13.7	11.3	0.83	2.2		4.1	20.5	0	0			12.2 D=.81	9.9				0.3210	7.32	20.61		
123	,,	,,	15.5	12.7	0.83	1.1		3.4	17.00	0.5	0.5			13.8 0.82	11.6				0.30302	7.18	22.56		
124	,,	,,	16.4	13.9	0.85	0.6		3.0	15.00	3.75	3.75			13.7 0.82	11.2				0.3475	6.99	26.21		

成績不良。殘存酸之減少者想因由 C_a 之消失乎？

故本觸媒不適用於 Ester 化也。

10384

第十表 No. 2.

No.	反應溫度	滴下速度	溜出量					減量		殘存酸定		應反%		水洗除酸後					由加水分解所求之%				備考
			第一受筒				第二受筒			量 $\frac{N}{10}$ NaOH		由減少量所求之%	理論上之%	粗製品(含有醇)			由理論上所求之%						
			上層			層下																	
			c.c.	gr.	D	c.c.		c.c.	%	c. c.				c.c.	gr.	n	粗製品	純品					
125	300°	20cc/60分	19.7	16.2	0.82			0.3	1.5	0.15	0.15			18.7 D=.82	15.3								Acid 1 Alc 5
126	”	”	19.5	15.9	0.81			0.5	2.5	0.2	0.2			18.5 0.82	15.1 1								
127	”	”	19.8	16.2	0.82			0.2	1.0	0.15	0.15			18.7 0.82	15.4								
128	”	”	18.5	15.4	0.83	0.7		1.5	7.5	0.89	0.87			17.0 0.83	14.2								Acid 1 Alc 2
129	”	”	19.0	16.0	0.34	0.4		1.0	5.0	1.30	1.30			17.8 0.83	14.8								
130	”	”	9.3	7.7	0.82			10.7	53.5	0.70	0.73			8.1 0.84	6.8								
131	”	”	18.5	17.1	0.85			1.5	7.5	0.6	0.65			16.8 0.84	14.0								Acid 1 Alc 3
132	”	”	20.0	16.6	0.83			—	—	0.45	0.45			19.0 0.83	15.8								
133	”	”	20.0	16.8	0.84			—	—	0.65	0.65			18.5 0.83	15.4								
134	”	”	19.2	15.9	0.83	2.3滴		0.8	4.0	0.4	0.45			17.8 0.83	14.8								Acid 1 Alc 4
135	”	”	20.0	16.6	0.83	2.3滴		—	—	0.45	0.40			19.1 0.83	15.9								
136	”	”	20.0	16.6	0.83	2.3滴		—	—	0.65	0.65			19.3 0.83	16.0								
137	”	”	18.8	15.4	0.83			1.2	6.0	0.2	0.2			17.7 0.83	14.7								Acid 1 Alc 8
138	”	”	19.6	16.1	0.83			0.4	2.0	0.05	0.05			18.8 0.83	15.6								
139	”	”	19.7	16.1	0.83			0.3	1.5	0.05	0.05			19.0 0.83	15.8								
140	”	”	19.1	15.6	0.82			0.9	4.5	0.05	0.05			18.3 0.82	15.0								Acid 1 Alc 10
141	”	”	20.0	16.4	0.82			—	—	0.05	0.05			19.7 0.82	16.1								
142	”	”	17.2	14.2	0.82			2.8	14.0	0.05	0.05			16.4 0.82	1.35								

爲求 Ester 之收量之提高，得增加與反應有關之要素之1則可達成者，旣於第一報記述矣。尙求使CH_3-COOH全部Ester化，以乙酸 1:Isoamyl alcohol 5 mol 之比例使時反應時則多滿足之結果矣。卽97.5～96.5%由理論上算之則 103.5～104.5% 也。

總　括

（1） 台灣產白土爲觸媒而硏究 $CH_3COOH + iso\ C_5H_{11}OH$ 之氣相脂化。其効力比較以 TiO_2，珪藻土 CaO 等爲標準。

（2） TiO_2 之脂化最適溫度者 350°C 也。由得量觀察其收量之程序如下。卽 350° ＞300＞250＞200＞150 而 400° 以上時分解甚多，由得量看之可稱不適合也。

（3） 台灣白土(無處理)爲觸媒時 300°C 20cc/60分 之條件下

脂化%最高 87%，平均卽 83% 內外也。

在 300°C 以上分解減量甚多，故不適合也。

（4） 台灣產白土(稀硫酸處理)爲觸媒時最高 91.5% 平均 86% 內外也。

（5） 台灣產白土(濃硫酸 400°C 處理)可稱爲優良之脫水觸媒而最適合醚化但不適脂化反應。

（6） 珪藻土，珪藻土＋CaO 爲觸媒時其結果不良

珪藻土比白土電子牽引力較弱觸媒作用薄弱之點與石村博士之報告相同。[28]

（7） 用醋酸1mol 3－甲基丁醇 5mol 之試料時 (TiO_2 爲觸媒 300°C 20cc/60分)所用之醋酸之脂化%近100%(96.5～97.5%) 故對之酸之完全利用之點可稱最佳也。卽合於理論值(第1報卽述)

（1）陳頓吳　本誌　卷頁

（2）Milligan, Reid Scaicece 53, 576 (1921)

（3）Edgar, Schutyler. J. A. C. S, 46 64 (1924)

（4）Mailhe, J. usines gaz, 48 17～21 (1924)

（5）Consartinm für Electrochem. Ind Ges, Brit P. 282, 448 (1926)

（6）Dreyfus,I lid, 335, 631 (1929)

（7）Frolich, Carpenter, Knox, J. A. C. S. 52 1562～70 (1930)

（8）Sandor, Maggar Chem. Foly airat 38 1～8 (1932)

（9）Klosky, J. phys. Chem, 34 2621 (1930)

（10）Brown, Reid, J, phys, Chem, 28 1067 (1924)

（11）Legg, Bogin, U. S. Pat. I. 580, 143 (1926)

（12）Lazier, Brit. P. 313, 575 (1928)

（13）Lazier, U. S. Pat. 1, 857, 927 (1932)

（14）Dolgow, Koton, Leltschuk, C 1936 II 1898, 1937 I 4086

G. Mell, J.P. 124364 (1938)

(15) Wasskewitch, Bulanowa, C 1939 1, 2401

(16) Distillers Co; Brt; P. 507778 (1939)

(17) E. I. du Pont de Nemours & Co. U. S. P. 2158071 (1939)

(18) 山本, 日工化 33 69, 307 (紹5)

(19) 山本, 日工化 34 244 B, 36 38B, 460B, (紹8)

(20) 田中,桑田,日工化 32 290B, 田中,桑田,古田 日工化 35 224B (紹7)

(21) 小林 日工化 26 29B

(22) 金子 日工化 45 189

(23) 奥野 日工化 28 407

(24) 加藤 日醸造學會誌 2 1023

(25) 石林 : Bull, Chem Soc, Jap.16 196 (1941)

(26) 井上,石林 : I bid 9 432 (1934)

(27) L, Pauling : "The Nature of the Chemical Bond" 1940, 152

(28) 石林 : Bull Chem. Soc. Jap. 9 498 (1934)

石林 : Rep. Tokyo Imp. Ind Reserch 36 No.8, 14 (1941)紹和 6

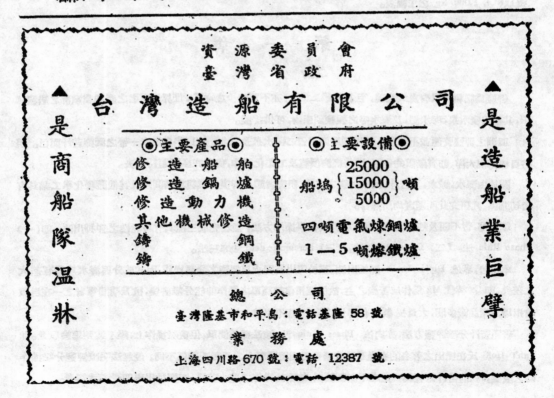

10387

由海水及關聯溶液抽出鉀之研究

Research in Potassium Extraction from Sea Water and from its related solution

台湾工業試驗所鹽鹹工業研究室

朱光憲　林　嚴

摘　要

本研究試用有機沉澱試藥從海水，鹹水，苦汁等提取鉀鹽，所用試藥爲 Scluble dipicryiaminate 使成 Potassium dipicrylaminate 次以酸液（爲提 KCl, 使用 HCl），及 Acetone 水溶液處理，分出 KCl（溶液），dipicrylamine 成沉澱收同，溶液蒸發收回 Acetone，再蒸發乾涸，得純度 99.2%之 KCl. 試藥之調製，使用後之回收率與損耗量，各種原料液得以得提取之鉀鹽之量及純度，經實驗一一闡明，並綜括結果製成由海水提取KCl, 1,000 Kg 之工程表。

第　一　章

論　總

鉀鹽爲肥料中具有重大意義，且在化學工業上，亦不可缺少之物質。世界最有名之產地爲歐洲之岩鹽礦床，其他爲鹽水泉，海水湖，及海水等之製鹽副產物，可供提製。

亞洲之鉀鹽資源並不豐富，僅可例舉四川省之鹽水泉及華北，遼東半島海岸一帶之晒鹽苦汁而已。但將目標轉視大洋，即有無限的資源，惜其經濟價值及工業化操作，尚有許多問題待解決。

關於由海水，鹹水，及苦汁，抽出鉀鹽之方法，研究者頗多鉀鹽工業與經濟問題及其他關聯化學工業具有密切關係，凡研究此問題者均所熟稔。

筆者等，暫不顧及經濟關係，專意研究其化學操作方法，並已完成三種具有可能性之鉀抑出法，即（一）Phase Rule 法，（二）Drpicrylamin法，（三）Perchicric acid 法等三法。

本報告，專述 Dipicrylamin 鉀抽出法。至於四川省鹽水泉鉀鹽之分離操作，因其成分與海水成分有甚大之差異，即 Ca 替代 Mg 爲作成苦滷之主，故依據相律經簡單之操作即能分離鉀鹽，抗戰期間筆者之一在自貢曾指導副產品廠多間，大量提製氯化鉀供給後方，茲不另述。

普通苦汁分離鉀鹽方法，亦向依 Phase Rule 法，該法雖然簡單，但實際操作上，難于達到理論收量。即 Van't Hoff 氏在提出之著名的海鹽五成分系平衡圖與實際上之平衡圖關係不同，幾無法明瞭鉀鹽分離操作時之溫度，時間，苦汁來歷與一定之平衡圖關係，故由於操作之些小差異，鉀鹽抽出率即受極大影響。

筆者等在此概念下進行研究，結論尚可稱滿意。(詳細內容請參閱工業研究月刊創刊號)

近來，有機化學工業日益發達，有機沈澱試藥，已能供作工業原料之使用。

鉀沉澱之有機試藥種類雖多，然能供給工業上用者祗有 Dipicrylamin. Na－5－Nitro－6－chior－Toluene－3－Sulphonate 而已 Diliturte acid 亦能使用，且可得溶解度更小之鉀鹽，惟難於將所得鉀鹽分解而使 Dilituricacid 再生，如能解決此缺點，可能爲實用上更有効之沉澱試藥。

原料海水及其他鹽水，苦汁之性質擬先略作檢討。

海水組成依地域雖有微小差異，但大洋海水組成地球上任何地方均有一定根據 G. Lyman. R. H. Fleming Composition of sea Water T. marine Research 3 (1940) 134—146，海水 1 Kg 中之含鹽類量如次：—

海水 1 Kg 之含鹽類量表 (Cl＝19‰)

Na Cl	Mg Cl_2	Na_2SO_4	Ca Cl_2	KCl	$KHCO_3$	KBr	H_3BO_3	Sr Cl_2	NaF	共　計
23.447	4.981	3.917	1.102	0.664	0.192	0.096	0.026	0.024	0.003	gr 34.482

卽海水一噸可得 KCl 724gr，換言，欲得 KCl 一噸需要海水 1381 噸。

在海鹽製造鹽田，將海水濃縮作成飽和鹹水，此時比重爲 Be 24°，卽約濃縮爲十一倍以上，故將該飽和鹹水作原料時，需要約 120 噸之鹹水。臺南縣安平一哩之海水分析結果如次表：

Cl	NaCl	$CaSO_4$	$MgSO_4$	KCl	$MgCl_2$
1.0253	2.6176	0.1410	0.2217	0.0725	0.3274

(表列數字示 100 gr 中之 gr 數)

卽與 GLyman. R. H. Fleming 氏等發表結果殆相一致。至製鹽殘液之苦汁共分析結果如次：

鹽田名稱	比　重	$MgCl_2$	KCl	NaCl	$MgSO_4$	MgBr
烏樹林	1.309	15.20	2.08	6.70	9.31	0.32
北　門	1.295	11.30	2.22	7.40	9.59	0.30
布　袋	1.292	12.40	2.66	7.20	9.48	0.29
鹿　港	1.247	9.80	2.30	9.93	7.72	0.25
安　順	1.237	6.70	1.51	15.73	4.47	未測定
安　順	1.243	6.13	1.35	16.55	3.98	”
安　順	1.243	5.45	1.26	17.35	3.79	”

(表列數字示 100 gr 中之 gr 數)

註：Diliturie acid＝5－nitro－barbiturie acid＝

$$O_2N-NH\left\langle\begin{matrix}CO-NH\\ \\ CO-NH\end{matrix}\right\rangle CO$$

即苦汁之成份，由於其濃度各有不同，但將 100 gr 中之 KCl 含量假定爲 2gr 時，製造 KCl 一噸，即需苦汁 50 噸。

以上署述原料之性狀，玆將海水，鹹水，苦汁之者之長短述及于後：—

(一)海水：— 產量無限，任何地方可獲得，惟由此抽取鉀鹽時需用有機試藥 (Dipiorylamine)，且其處理量極大，故須規模甚大之工廠。

(二)鹹水：— 自鹽田採取，濃度居苦汁與海水之中間，與海水同樣亦用 Dipiorylamine，處理容積約能減少爲海水之$\frac{1}{11}$，同時又可縮小工場規模，然受地域的限制。與苦汁作比較，其處理量二倍以上，但實際上在鹽田不易蒐集苦汁，其大量蒐收，亦受地域的限制。

(三)苦汁：— 該物質爲製鹽副產物，故鉀鹽製造廠應附設於鹽田，即工廠位置受限定，苦汁之鉀含量爲 2 % 以上，Phase Rule 分離法，Perchlorate 法，或 Dipiorylamine 法等均可適用。

第二章

研究報告

第一節 原料

鉀鹽抽出之原料有海水，鹹水，及苦汁等。筆者等之研究對象爲臺灣海峽海水。臺灣海峽海水分析結果如第一表，此記錄由鹽田鹹水與海水等諸多試料測定之，可稱爲標準組成。—

第一表 臺灣海峽海水之標準組成

比重	Bé	NaCl	$MgCl_2$	$MgSO_4$	NaBr	$CaSO_4$	KCl
1.0253	3.5°	2.620	0.3420	0.2110	0.0115	0.1410	0.0732
		2.685	3.51	2.16	0.118	1.446	0.750

註：本表欄所列數字示 100 gr 中之 gr 數、下欄所列數字示將上欄數字換算爲 1 m^3 中之 Kg 數。

其次揭示使用海水於鹽田所得苦汁成分之組成

第二表 臺灣鹽田苦汁之標準組成

比重	Be	NaCl	$MgCl_2$	$MgSO_4$	NaBr	$CaSO_4$	KCl	說明
1.263	20°	9.00	11.63	7.91	0.391	0.08	2.488	gr/100 gr
		113.7	146.89	99.90	4.94	1.010	31.42	Kg/1m^3

鹽田鹹水則將此海水濃縮者，故以此乘濃縮率則可知鹹水組成，大體 Bé 24° 之鹹水被濃縮爲 11 倍，惟其所含 Ca SO_4 已成石膏而析出，故含量大減。

調査本省周圍之海水，鹹水，及苦汁中鉀鹽含有量結果如第三表。—

第三表　海水,鹹水,及苦汁之氯化鉀含有量

地　點	比　重	KCl 含量 gr / 100 cc	KCl 含量 gr / 1 M^3
臺北縣大里海水	Bé 3.5°	0.0763	763
臺南縣安平海水	Bé 3.5°	0.0734	734
臺南縣安順塩田鹹水	Bé 1.5°	0.5624	5624
臺南縣塩田鹹水	Bé 2.4°	1.0240	10240
臺南縣塩田苦水	Bé 3.0°	2.5351	25351

由上表觀之。海水 1M^3 中 KCl 含量爲 763gr，惟台南安平海水，因被河水稀釋之故含量亦稍低（即734gr）。

第二節　Dipicrylamine

沈澱試藥 Dipicrylamine 學名稱 2.4.6.2.'4.'6.'—Hexanitro—diphenylamine，具有構造式如次：—

$$O_2N-C_6H_2(NO_2)_2-NH-C_6H_2(NO_2)_2-NO_2$$

分子量=439.11，黃色粉末，K－鹽分子量=477.20，此物質與 K. Rb. Cs. NH_4 起反應成爲塩，爲水難溶之紅色結晶。Potassium dipicrylaminate（以下簡稱 K.D.P.A.）在 100c.c. 之水中溫度 0°c 時溶解 0.0073 gr，在 25°c 時，溶解 0.083gr。製 D.P.A. 之塩溶液時若 P.H 過高，即有多少分解之虞。故在製塩時，以用 Mg(OH_2) 等弱鹼性者較用 MaOH 等强鹼性者，其分解率爲低。

第三節　可溶性 D. P. A. 鹽溶液之調製【鉀沉澱試藥】

欲獲 D.P.A. 之可溶性液，即以 $Mg(OH)_2$ 與 D.P.A. 結合其結果最佳。筆者等，先試製 Mg—D.P.A. 之飽和溶液。即將 MgO 與 D.P.A. 投入於（Beaker）燒杯中，加水攪拌 40 分鐘，經濾過後取其溶液，行蒸發乾固，於 100°c 溫度下乾燥卅分鐘後秤其殘量。結果如第四表：—

第四表　Mg—(D. P. A.) 溶解度

液　溫	MgO	D.P.A.	H_2O	Mg—$(D.P.A.)_2$ 溶解量
28°c	20 g	1 gr	50 c.c.	2.9495gr/100 c. c.

即能使成爲 Mg —(D. P. A.) 23% 左右之溶液，倘欲獲更濃厚之 D· P. A. 鹽溶液時，應須作爲 Na D. P. A. 或 Ca $(C. P. A.)_2$，惟如前所述有分解之虞。

工業化之應用時，以海水代用水操作更見便利，因 NaOH 之一部份變成 $Mg(OH)_2$，而減少鹼性之故。筆者等實施，於海水中加入 Na OH 溶液，對此溶解 D. P. A. 之實驗。其試驗目的爲先製 D. P. A. 之鹽溶液

後更行酸性，收回遊離 D. P. H. 沉澱，並測定殘留而成不能收回部份之量同時檢討 NaOH 添加之最適量，實驗方法如次：—

(一)以 NaOH 製可溶性 D. P. A. 鹽溶液之實驗。

於海水 100 c. c. 中，加入各不同量之 NaOH，使成鹼性海水後投入 D. P. A. 10 gr，加以攪拌，以鹽酸使成酸性後濾過，取其濾液，再用 Na OH，作成鹼性紅色物質，然後用比色法，與標準 D. P. A. 溶液作比較，NaOH 添加量與不能收回量表示如次：—

第五表 依NaOH之 D.P.A. 分解率 (28°C)

實驗號碼	於海水 100 c. c. 中所加入之 NaOH	不能收回之 D. P. A. (殘溶分)
1	0.80gr	11.5×10—7
2	0.40	12.3×10—7
3	0.32	32.3×10—7
4	0.24	35.8×10—7
5	0.16	8.7×10—7
6	0.03	8.3×10—7
7	0.04	4.5×10—7

由上表觀之，NaOH 添加量與 D. P. A. 之不能收回量成正比例，即實驗號碼 2 之不能收回量比實驗號碼 7 者增多 25 倍以上，由此可知 NaOH 之作用過强，其次使用 $Ca(OH)_2$ 進行實驗。

(二)以 $Ca(OH)_2$ 製可溶性 D. P. A. 鹽溶液之試驗。

先用海水消和化學用 CaO 2gr，再用海水稀釋成 100 c.c.，取此石炭乳之一定量，用海水稀釋成 100 cc. 加入一定量之D. P. A.，攪拌五分鐘，經濾過後取全濾液，加入鹽酸，使成酸性，濾過採取所析出之 D. P. A. 付之乾燥秤量，其濾液乃用 NaOH，再作成鹼性，嗣後以比色法測定殘量，其結果表示如次：—

第六表 由 $Ca(OH)_2$ 所製 D.P.A. 分解率

實驗號碼	石灰乳添加 c. c.	CaO 含有量 gr	D.P.A. 混合 gr	酸添加後 D.P.A. 溶液中殘之殘存數	自 D.P.A. 溶液中依酸所析出之量 (gr)	對於 D.P.A. 收回量之不能收回量百分比(%)
1	1.0	0.02	0.35	6×10－7	0.1819	0.033
2	2.5	0.05	0.80	7×10－7	0.3694	0.019
3	5.0	0.10	1.60	8×10－7	0.7300	0.011
4	10.0	0.20	3.20	10×10－7		0.0071
5	15.0	0.30	4.80	12×10－7	2.1263	0.0056
6	25.0	0.50	8.0	16×10－7	4.4849	0.0036

如上表結果可知石灰乳添加量與分解率不成比例，且較使用 Na OH時者分解率甚少，收回之 D.P.A.對不能收回之量之比，濃厚溶液即（Ca (OH)$_2$）使用量愈多，不能收回量愈減低，此一點頗值注意。又知製造可溶性 D.P.A.撿溶液時，將 D.P.A. 之分解率能減至 10 萬分之 3.6 程度。即製造可溶性 D.P.A. 鹽溶時，應于海水中投入石灰乳，然後使 D.P.A. 溶解。實驗號碼第二所溶解之 D.P.A.濃度約爲海水中 KCl 濃度之當量。惟實驗號碼第 6 則爲 10 倍當量。

第四節　鉀採取實驗

前次說明關於沉澱試藥之調製，在本實驗使用所得試藥，自海水，鹹水，及苦汁實際採取鉀，以決定其收回率與純度，沉澱試藥使用 Mg (D.P.A.)$_2$ 與 Ca(D. P. A.)之 3%溶液。

原料海水，鹹水，與苦汁之量及比重示於第七表第一欄，所含 KCl 總重量示於第二欄，對此加入比 KCl 相當量多 20% 量之 D.P.A. 可溶性鹽溶液，取所生成之 K.D.P.A. 沉澱，藉Class filter 行濾過，每次用 2 c.c. 之冷 K－D.P.A. 飽和溶液洗滌五次，再用溫度 0°C 之水洗滌五次（每次用水 2 c.c.）後，行吸引濾過卅分鐘，置 105°C 下乾燥一小時，秤量後用 Aceton，使全部溶出，對此加入稀撿，使成性，再用 Class filter 行濾過，分離所析出之 D.P.A.，另取濾液付蒸發乾固置 200°C 下經乾燥卅分鐘後秤量，並加以分析，KCl. Mg Cl$_2$.Ca Cl$_2$ 等。將實驗結果括於第七表：－

第七表

由 Mg－(C.P.A.) 之鉀採取實驗									
試料 (c.c.)	KCl含量 (gr)	3%Mg－(D.P.A.)溶液添加量 (c.c.)	所生成之 K.D.P.A.	所得之 KCl (gr)	分析結果 (gr)			製品純度	對於原料中KCl之收率 (%)
					KCl	$MgCl_2$	$CaCl_2$		
Bé3.5° 海水100	0.750	320	3.5240	0.5034	0.5500	0.0033	–	99.4	73.3
Bé 12.9° 鹹水100	0.5624	230	3.5831	0.5640	0.5590	0.0051	–	99.1	99.4
Bè24.6° 鹹水100	0.3072	125	1.9685	0.3142	0.3063	0.0078	–	97.5	99.7
Bé 30.9° 苦汁 15	0.38[illegible]3	160	2.4400	0.5891	0.3799	0.0081	–	97.6	99.9
由 Mg－(D.P.A.) 鉀採取實驗									
試料 (c.c.)	KCl含量 (gr)	3%Ca－(D.P.A.)溶液添加量 (c.c.)	所生成 K.D.P.A.	所得之 KCl	分析結果 (gr)			製品純度	對於原料中KCl之收率 (%)
					KCl	MgCl	CaCl		
Bé3.5° 海水100	0.750	320	3.4606	0.5443	0.5400	0.0040	—	99.2	72.0
Be 11.5° 鹹水100	0.5706	230	3.6515	0.5825	0.0633	0.0047	0.0092	97.6	99.6
Be24° 鹹水 60	0.6122	250	3.9191	0.6260	0.6098	0.0040	0.0121	97.4	99.6
Be30 苦汁 25	0.3240	260	2.0807	0.3347	0.3233	0.0035	0.0078	96.6	99.6

上表結果可得結論如次：

由海水得抽出其所含 KCl 總量之 72% 以上，由濃厚之鹹水或苦汁得抽出 99% 以上，所得 KCl 純度以使用 Mg-$(D.P.A.)_2$ 者較使用 Ca-$(D.P.A.)_2$ 者爲高。製品純度約爲 96～99%，但依操作方法，製品純度亦有不同。

倘於海水中，加入多量沉澱試藥時，由於 Mass action Law，或可增加 KCl 收量，惟經濟上不甚適當。

第五節 由採取鉀後廢海水收回 D. P. A. 之實驗

如前所述，海水中加入海水所含 KCl 相當量以上之沉澱試藥，故採取鉀後之廢海水中倘溶存 20% 以上之 D. P. A. 須全部收回。逆言之廢海水成酸性時決定其對 D. P. A. 之溶解度即可。

於海水及蒸溜水各 100 c.c. 中，投入 D. P. A. 1 gr，經充分攪拌後行濾過，各採取 80c.c.，加入各不同比例之 N/10 HCl，再作濾過，用 HCl，再作濾過，用 NaOH 使其濾液成鹼性，並與標準溶液作比較，按比色法決定濃度。結果如第八表：—

第八表 對于蒸溜水與海水之 D. P. A. 溶解度

海		水		蒸溜水
實驗號碼	對 D. P. A. 含有溶液 80 c.c. 之 N/10 HCl 添加量 (c.c.)	PH	D. P. A. 溶解度	
1	0.5	5.2	6.3 × 10—6	7.5 × 10—7
2	1.0	4.8	2.6	3.1
3	1.5	4.2	1.5	2.0
4	2.0	3.6	1.7	1.9
5	2.5	3.2	1.0	1.8
6	3.0	3.0	1.0	1.8
7	3.5	2.6	1.0	1.6
8	4.0	2.4	1.1	1.4
9	4.5	2.2	1.0	0.9
10	10.0	1.6	1.0	0.5

由上表得以明瞭，D.P.A. 之溶解度乃海水較蒸溜水大。其主因可推測 (1) 海水含有其他鹽類，(2) 由於溶存 CO_2 gas 所起之 Buffer actin 能抑制 PH 之降低。

大體 PH 3.2 者能維持 D.P.A. 之最小溶解度，故所加入鹽酸量爲對於 100 c.c 海水加入 N/10 HCl 3c.c. 即可。此時 D.P.A. 在海水中溶解 100 萬分之 1，即 $1m^3$ 海水中，溶解 1gr D.P.A.

第六節　分解K D.P.A. 收回KCl與遊離D.P.A.之實驗

倘欲分解K－D.P.A.，使成鉀塩與遊離D.P.A.時，加入HNO_3，HCl CH_3COOH，H_2SO_4 等之酸類卽可。加入上項各酸時，立刻起分解作用鉀與酸類作成塩，而溶解於水中，D.P.A.困難溶解，成黃色沈澱，而出於反應系外。

K－D.P.A.與D.P.A.均係難溶性，如使用HCl，H_2SO_4 ，所遊離之D.P.A.蓋覆K－D.P.A.結晶之表面，妨礙與酸之接觸，而在中途停止反應，故其分解率難于達到50％。如使用CH_3COOH，HNO 時，D.P.A.溶解力相當强，故反應能進行至相當程度。然本試驗目的爲KCl或K_2SO_4之獲得，故應考慮以HCl或H_2SO_4使能完全分解之方法。

本省有Butyl alcohol 醱酵工業，故可利用其副產物Acetone D. P. A.在Acetone中之溶解度大，並能使K. D. P. A.相當溶解玆測定於Acetone水溶液中之K.－D. P. A.溶解度，其結果如第九表

第九表 於Acetone水溶液中之K.－D. P. A.溶解度（溶液100 c. c.中）

acetone 水溶液組成 aceton：H_2O	K.－D. P. A.溶解度
對於溫度30°C Aceton水溶液之溶解度	
60：40	2.6457
50：50	1.9369
40：60	0.8790
30：70	0.3955
對於溫度27°C Acetone水溶液之溶解度	
acetone：H_2O	K－D. P. A.溶解度
69：40	2.4759

卽於30～60％ Aceton水溶液100 c. c.中，能溶解K.－D. P. A：0.4～2.6 gr.

Ethyl alcohol 亦能溶解K－D. P. A.，故使用alcohol與Aceton，對此投入K－D. P. A.，再加HCl後測定其分解率。alcohol與Acetone中混合各不同量之H_2O，以檢各溶液之分解能力，卽取用純KCl與Na－D. P. A.作成之K.－D. P. A. 15 gr，加入上述溶媒20 c. c.與12 NHCl 3.5 c. c.，充分攪拌後藉glass filter行濾過，用3 NHCl充分洗滌D. P. A.沈澱，蒐集全濾液，經蒸發乾固，從KCl後付之秤量。

實驗結果，使用Alcohol者成績未得滿意，Acetone溶液40～80％者能使完全分解，使用純Aceton者成績反而不佳。實驗號碼7, 8, 9,之分解率殆達100％，但No. 7, 8,兩者均示100％以上，此爲大概K－D. P. A.不純粹之故也。

由本試驗得知使用40～80％ Acetone水溶液，能完全分解HCl或H_2SO_4. 總括以上實驗結果示如第十表－

10395

第十表 用鹽酸之 Potassium Dipicryl aminate 分解實驗(其一)

實驗號碼	試料 K—D. P. A gr	溶液 20 c. c. 溶媒 Vol: 水 Vol	12NHCl 添加量 (c. c.)	KCl 收量 (gr)	HCl 收量理論值 (gr)	對於理論收量之收率 (%)
1	15.0391	96% alcohol H_2O 100: 0	3.5	1.3776	2.3738	58.0
2	15.1181	80:20	3.5	0.8851	2.3705	37.3
3	15.0321	60:40	3.5	0.9781	2.3503	41.9
4	14.8700	40:60	3.5	0.3375	2.3316	14.4
5	15.1009	20:80	3.5	0.1724	2.3578	7.3
		acetone H_2O				
6	15.1397	100:0	3.5	1.3358	2.3739	56.3
7	15.0429	80:20	3.5	2.3897	2.3572	101.3
8	15.2983	60:40	3.5	2.4317	2.3987	101.4
9	15.4397	40:60	3.5	2.4097	2.4194	99.5
10	15.9695	20:80	3.5	0.3062	2.5040	12.2
11	15.0534	0:100	3.5	0.2097	2.3603	8.9
註	約 0.0316 md		約 0.042 md			

其次將 Aceton 濃度分爲20～40%之六階段,以檢其分解能率,結果38%以下者甚差,由此可知Acetone溶液在 38% 以上者始可應用,使成 38% Acetone 溶液者之分解能力爲 99.8%,實驗結果如次表:—

第十一表 用鹽酸之 Potassium Dipicryl Aminate 分解試驗(其二)

實驗號碼	試料 K—D.P.A. (gr)	溶液 20 c.c. 溶媒 Vol : H_2O Vol	12NHCl 添加量(c.c.)	KCl 收量 (gr)	KCl 收量理論值 (gr)	對於理論收量之收率(%)
1	15.4393	aceton : H_2O	3.5	2.4095	2.4194	99.5
2	15.0104	40 : 60	3.5	2.3491	2.3536	99.8
		38 : 62				
3	15.0361	32 : 64	3.5	1.7480	2.3576	74.2
4	15.0527	34 : 66	3.5	1.5162	2.3602	64.2
5	15.0965	28 : 72	3.5	1.1034	2.3571	46.8
6	15.9695	20 : 80	3.5	0.3062	2.5040	12.2

第十二表 Acetone—H_2O 溶液中之遊離 Dipicryl—Amine 溶解度

實驗號碼	Acetone 濃度 (Vol%)	D.P.A. gr 100c.c. Soln
	(%)	(gr)
1	10	0.010
2	20	0.013
3	30	0.025
4	40	0.064
5	50	0.225
6	60	0.600
7	70	1.461
8	80	2.446
9	90	3.310
10	100	2.430

即於 40% Acetone 水溶液 100 c.c.中，D.P.A. 能溶解 0.064gr，此與 KCI 共同溶解，須由 KCI 分離回收。求以之現利用活性碳之吸着以最簡單之方法進行收回 D.P.A. 之研究。

第七節　以活性碳由 KCI 收回 D.P.A. 之實驗

將 KCI 溶拔之 Acetone 濃度作 40. 50. 60. 70%(Vol)，使用活性碳，收回 D. P.A.。Acetone 濃度 40% 以下者推測其收回率必佳，但在此實驗，假定使用 Acetone 濃度為 40% 以上，其試驗結果如第十三表，結論用活性炭回收 D. P. A. 其回收率約為 8～15%之程度。

用活性炭之 D. P. A. 收回實驗結果

實驗號碼	1	2	3	4
KCI 溶液中之 Acetone 濃度(Vol)	40	50	60	70
原溶液 100c.c. 中所含有之 D.P.A. 量 (gr)	0.0750	0.210	0.575	1.490
於溶液100c.c.中混入活性炭 1gr，以行吸着後液中所殘溶 D. P. A. 之量(gr)	0.014	0.130	0.498	1.110
活性碳 1gr 所吸着之 D. P. A. 量(gr)	0.0610	0.0800	0.0770	0.3800
被吸着之 D.P.A. 對活性碳之重量百分比 (%)	6.1	8.0	7.7	38.0
使用純 Acetone 11c.c. 由活性炭洗出之 D. P. A. 量(gr)	0.0057	0.0310	0.0460	0.1090
對於吸着量之洗出率(%)	9.3	38.8	59.8	28.8
對於原液中 D.P.A. 量之收回率(%)	7.6	14.8	8.0	7.3
吸着於活性炭中之 D. P. A. 對原液中 D. P. A. 之百分比(吸着率)(%)	81.5	38.1	13.4	25.5
自活性炭洗出 D. P. A. 後之殘存量 (%)	5.5	4.9	3.1	27.1

10397

第 三 章

結 論

經本實驗，知用Soluble dipicrylaminate,能由海水鹹水,及苦汁將鉀作 Potassium dipicrylaminate,以行提.取本研究結果實際應用於工業化時,由於 Material Balance 或原料性質之差異,自有種種不同之結果倘就各種情形作成一 Material Balance Sheet, 將極繁雜，用此茲總括筆者等所研究之結果,就由海水製造 Potassium Chloribe 之工程作一結論。

(一)爲便利計算起見,海水 $1M^3$ 中之 KCl 含量定爲 10 mol
(=0.7456 Kg) ———參閱第三表

(二)與此成當量之 D. P. A. 爲 10 mol (=4.391 Kg), 而應加入海水中之 D. P. A. 據量定爲 12 mol, (參閱第二章第四節)

(三)當製 D. P. A. 可溶性鹽時,將 12 mol (=5.2692 Kg) 之 D. P. A. 投入於 72 竔之海水中,再加混合有 CaO 12 mol (=673 gr) 之 34 竔海水,使全容積成 106 竔。(參閱第二章第三節 (二)),此時之 D. P. A. 分解率爲 0.0036 %即 5.2692 Kg × $\frac{0.0036}{100}$ = 0. 1897 gr. (參閱第六表實驗號碼 6)

(四)將海水 894 Litre 與上述 Ca (D. P. A.)$_2$ 溶液混合,其容積恰成 1 M^3, K. D. P. A. 生沈澱, (在製造 Ca—(D. P. A.) 溶液時已有約 1 mol 程度之 K—D. P. A. 沈澱),設 K—D- P. A. 析出率爲 72% 時,即析出 7.2 mol (=3 Kg. 4358) 之 K—D. P. A. (參閱第七表)

(五)析出 K—D. P. A. 後之廢海水中尙溶存 D. P. A. 應 12～7.2=4.8 mol 由此收回 D. P. A. 時,須加入與此當量之 HCI 及使海水成酸性,即須加使 PH 成 3.2 所需之 HCI, (參閱第八表)。將 1 M^3 之海水,使成 PH 3.2 時所需之 HCI 量爲海水每 80 c. c. 加入 $\frac{N}{10}$ HCI 2.5 cc. 對 1 M^3 須加入 0.1 NHCI 31.25 Litre, 即 3.125 mol 之 HC_I 便可,結果 3.125 + 4.8 = 7.925 mol = 12 NHCI 660 c. c. 此時析出遊離 D. P A. 而殘溶者爲 1×10^{-6}=1gr. 所析出之 D. P. A. 爲 439. gr 11 × 4.8 mol - 1gr = 2106.7 gr. 減去(三)項之分解量 0.1897 gr 得 2106.5 gr—0

(六)用鹽酸分解 7.2 mol 之 K—D. P. A. 沉澱,所用之溶媒爲 Aceton 40 Vol 與 H_20 60 Vol 之混合液,(參閱第十表實驗號碼9. 與第十一表實驗號碼 1),K—D. P. A. 7.2 mol (=3. Kg 435) 所需之 Aceton 水溶液爲 4.58 Litre (Aceton 1.83 Litre + H_2O2.75 litre), 應加之 12 NHCI 爲 80 1.7 c. c. , (9.620 mol) 濾過分解液經乾固後即得 KCI 結晶,設此時之分解率爲 99.5% (參閱第十一表) 時,所得之 KOI 乃 7.2 mol × $\frac{99.5}{100}$ = 7.164 mol (=534gr), 該數字表示純粹 KCI, 若換算爲粗製 KCI (純度 99.2%)時爲 538.3gr (參閱第七表),所析出之 D.P.A. 含存未分解之 K－D.P.A. 共 D.P.A.全析出量爲 3.1616－0.0028=3.1588Kg.

KCI 溶液爲 Acetone40% 溶液, 故共中溶解遊離 D. P. A. 共溶量爲 4.58 + 0.801 = 5.381 Litre, 共遊離 D.P.A. 百分比作 0.064% 時(第十二表實驗號碼 4)共量爲 2.8gr。

(七)爲收回上述 Acetone 溶液中 D.P.A. 起見,使用活性碳, 在本試驗用目 "Darco" 製品, 其收回率爲 5～15 %効果未見佳。

將 Acetone 蒸溜收回時,減少 D.P.A. 之溶解度;於 Acetone 全部蒸發後,析出 D.P.A. Acetone 蒸發後之殘液量乃在本試驗示 4.381 Litre-1.83Litre=2.55 Litre 所溶存之D.P.A.乃以6.3×10－6(參閱第八表)計算時,即示0.016gr,損耗極小。

總括以上結論,製造純 KCI 1 噸時之下 Flow Sheet 可示如第十四表。

(八) D.P.A. 之損耗率爲對所用 D.P.A. 之 0.0228%, 又對 KCI 製品爲 0.2258%。

第十四表　由海水抽出 KCl 1000kg 之 Flow sheet

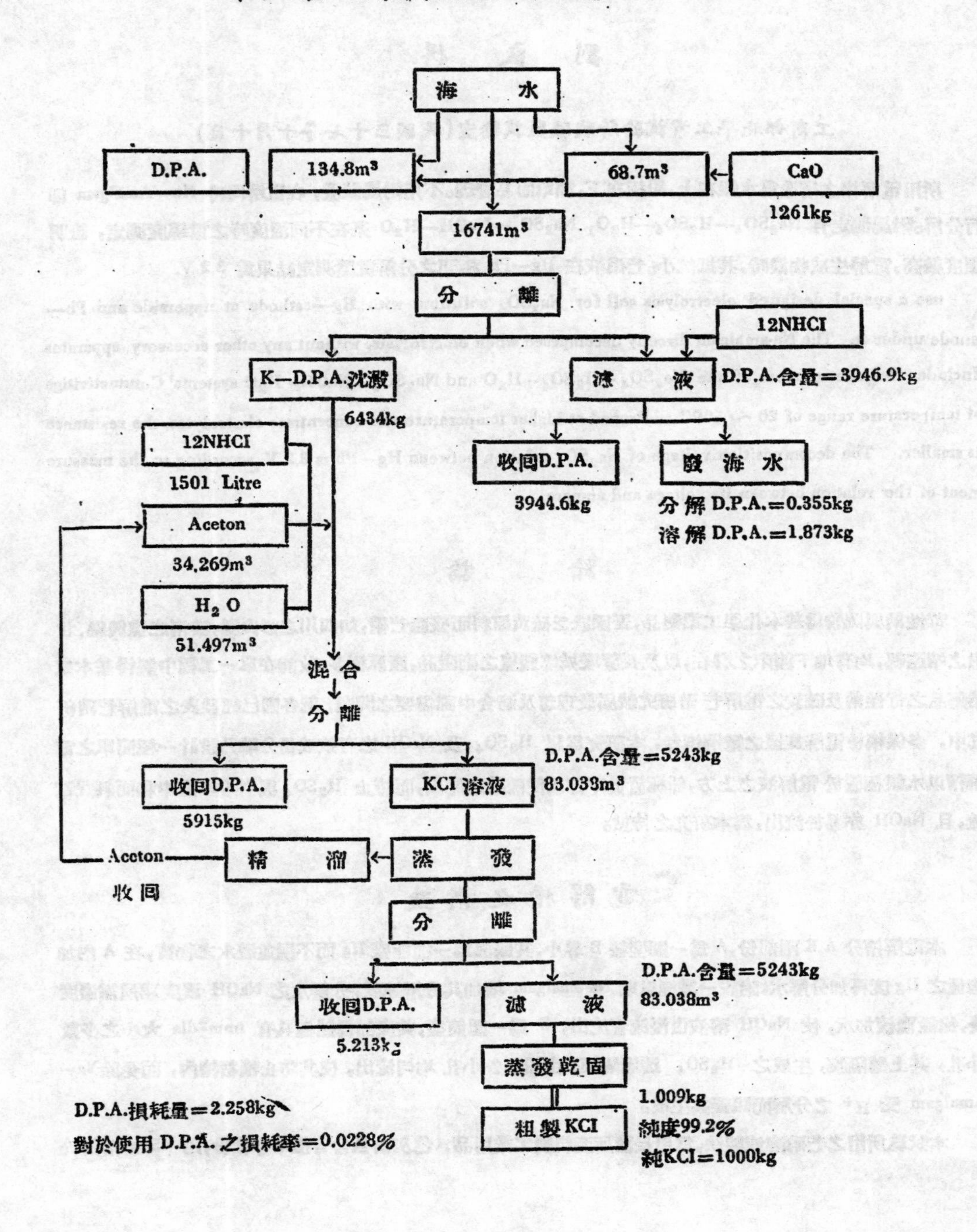

電解芒硝之初步報告

劉良梓

工商部北平工業試驗所酸碱鹽試驗室(民國三十七年十月十日)

所用電解槽之構造爲水銀在上,鉛極在下,簡單而易管理。不用附屬裝置,在電解同時 Na—Amalgam 即行分解。附屬測定有 Na_2SO_4—H_2SO_4—H_2O, Na_2SO_4—NaOH—H_2O 系在不同溫度時之電導度測定,證明溫度較高,電解生成物濃時,其抵抗小。芒硝液在 Hg—Pb 極間之分解電壓測定結果爲 3.2 V.

use a special designed electrolysis cell for Na_2SO_4 solution, with Hg—cathode at upperside and Pb—anode under it. The Na-amalgam directly decompesed when electrolysis, without any other accessory apparatus Includes the measurement of the $Na_2SO_4 - H_2SO_4 - H_2O$ and $Na_2SO_4 - NaOH - H_2O$ systems' Conductivitigs at temperature range of 20 ～ 50°C. Proved at higher temperature and concentrate electrolytes, the resistance is smaller. The decomposition voltage of Na_2SO_4 solution between Hg - Pb is 3.2 V, according to the measurement of the relation between its voltage and ampere.

緒論

苛性鈉與硫酸爲基本化學工業藥品,吾國缺乏硫黄原料而盛產芒硝,如四川之彭山縣,雲南之鹽興縣,甘肅之靖遠縣,均有地下礦床之存在,以及長蘆塩城等製塩之副產品,產源極多,故能在單一工程中製得基本工業藥品之苛性鈉及硫酸之電解芒硝研究誠屬最理想及適合中國需要之問題,就各國已經發表之電解芒硝研究中,多係模仿電解食塩之電解槽者,本研究爲謀 H_2SO_4 及 NaOH 之有效成份分離乃設計一極簡單之電解槽以水銀極置於電解液之上方,鉛極置於下部以便硫酸之流出,而防止 H_2SO_4 與 NaOH 因中和而耗費電流,且 NaOH 亦易於流出,爲本研究之特點。

電解槽之構造

本電解槽分 A.B 兩部份,A 爲一圓型較 B 署小,其底部爲一種能盛 Hg 而不漏並透水之物質,在 A 內加適量之 Hg 度再加分解水,附設一鐵極以助 Na amalgam 增加其分解速度,分解水之 NaOH 濃度達所需濃度後,徐徐繼續加水,使 NaOH 溶液由溢流管流出,B 爲一圓筒型,其底部爲鉛極具有 $1mm^2$dia 大小之多數小孔,其上舖隔膜,生成之 H_2SO_4 透過隔膜,由鉛極各小孔均勻流出,使其防止積蓄槽內,而免除 Na-Amalgam 受 H^+ 之分解而阻礙其生成。

本試驗所用之芒硝溶液製法,爲用長蘆所產粗製工業用品,色灰白且含有稻草等雜份,用 45°g 溶解於

1L之水中加 NaOH 及 Na_2CO_3 至 PH = 10 以上，使其中含有之 Mg, Ca, Al 等雜份沉澱，溫熱澄清後上層清液加以過濾，濾液用 $18NH_2SO_4$ 中和之，如此所得之芒硝溶液，其濃度約為 21～22%，即以之作電解溶液。

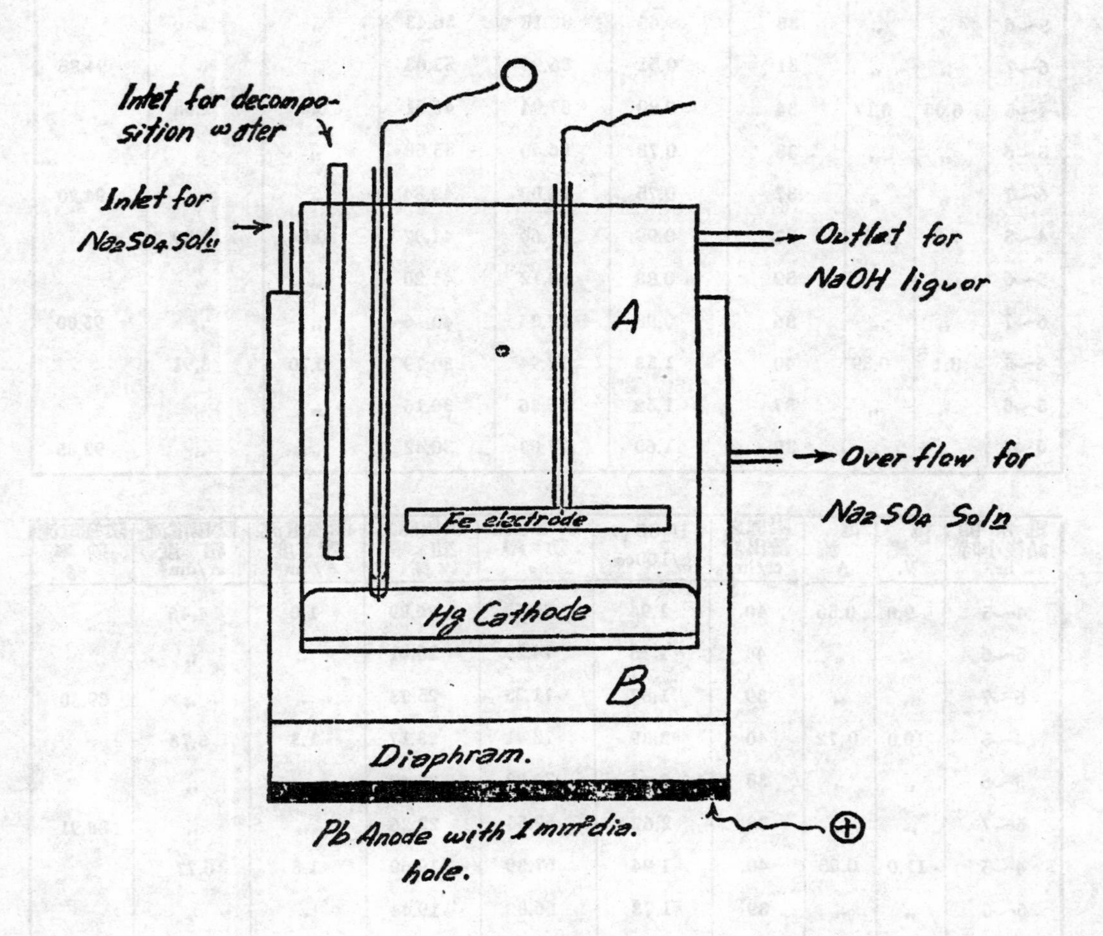

芒硝溶液之電解結果

芒硝溶液在開始電解後約三小時，電解液始達最高濃度，故本實驗記錄由四小時開始測定其流出液之 H_2SO_4 濃度，至六小時以後，H_2SO_4 之濃度大致一定。玆將各次之電解記錄摘錄如后，惟陰極電流効率因其平衡(Na-amalgam與分解液)較遲，故以其最後數值為準。

電解開始後小時 hr	電壓 V	電流 A	陽極之流出液 cc./hr.	H_2SO_4 g/100cc.	陽極電流效率 %	陽極能力效率 %	陽極電流密度 A/dm²	陰極電流密度 A/dm²	陰極電流效率 %
4~5	5	0.09	37	0.43	87.94	56.27	0.2	0.72	
5~6	„	„	35	9.45	88.18	56.43	„	„	
6~7	„	„	31	0.51	86.93	55.63	„	„	94.38
4~5	6.05	0.17	34	0.89	87.94	46.51	0.3	1.35	
5~6	„	„	38	0.78	86.40	45.68	„	„	
6~7	„	„	37	0.75	81.00	42.84	„	„	94.20
4~5	7.0	0.2	37	0.99	91.60	41.87	0.36	1.59	
5~6	„	„	39	0.88	90.12	41.20	„	„	
6~7	„	„	36	0.98	87.84	40.16	„	„	95.00
4~5	8.1	0.39	40	1.53	77.94	30.79	0.70	3.91	
5~6	„	„	37	1.62	76.36	30.16	„	„	
6~7	„	„	39	1.60	77.03	30.42	„	„	92.85

電解開始後小時 hr.	電壓 V.	電流 A	陽極之流出液 cc/hr.	H_2SO_4 g/100cc	陽極電流效率 %	陽極能力效率 %	陽極電流密度 A/dm²	陰極電流密度 A/dm²	陰極電流效率 %
4~5	9.0	0.56	40	1.94	75.65	26.89	1.0	4.46	
5~6	„	„	44	1.73	74.29	26.41	„	„	
6~7	„	„	39	1.87	71.25	25.33	„	„	89.30
4~5	10.0	0.72	40	2.39	72.41	23.17	1.3	5.73	
5~6	„	„	38	2.44	70.28	22.49	„	„	
6~7	„	„	35	2.62	69.55	22.26	„	„	88.91
4~5	11.0	0.85	40.	1.94	67.39	19.60	1.5	6.77	
5~6	„	„	39	1.73	66.82	19.44	„	„	
6~7	„	„	39	1.87	66.64	19.33	„	„	87.56
4~5	12.0	1.0	40	2.87	60.31	16.08	1.8	7.96	
5~6	„	„	35	2.67	59.20	15.79	„	„	
6~7	„	„	43	2.50	58.89	15.70	„	„	84.05

由上記電解結果而論，本電解槽之性質，適合於較稀薄電解 H_2SO_4 溶液，電流增加時，其電流效率與之成反比，在溫度方面以無冷却水管設備，無法控制，在 12V 時，最後電解液溫度爲 61°C. 其他實驗時之溫度，均在 35°C 以上，故無芒硝析出之虞，惟在 15V. 時則電解液溫度過高發生惡影響。

10402

本電解槽,其目的在設備及管理極簡單,且水銀在有適當盛器時,亦不下漏,同樣可達到電解之目的,惟因初次實驗一切尚待改良,僅在如此簡陋之設備中,H_2SO_4 亦能達到相當之高濃度,似甚有希望,待以後加以改善,其結果當再行報告也。

芒硝溶液之分解電壓

水銀電解芒硝液時設爲如後之變化

$$Na_2SO_{4\,liq.} \rightarrow Na_{Amol} + 2H^{+}_{liq.} + SO_{4\,liq.}^{--} + \tfrac{1}{2}O_{2\,gas.}$$

該反應之 Free energy 可由既知記錄計算之[1].

$Na^{+} + \theta$	$\rightarrow Na\ (100\%)$	$\triangle F_{298} = 62,588$ cal ……(1)
H_2O	$\rightarrow H^{+} + OH^{-}$	$\triangle F_{298} = 19,105$ cal ……(2)
OH^{-}	$\rightarrow \frac{1}{4}O_2 + \frac{1}{2}H_2O + -$	$\triangle F_{298} = 9,175$ cal………(3)
Na_2SO_4	$\rightarrow 2Na^{+} + SO_4^{--}$	$\triangle F_{298} = 0$…………………(4)
Na (100%)	→ Na (Amalgam) (Na-metal 之活量爲 1)	$\triangle F_{298} = 0$…………………(5)

(1)×2 + (2)×2 + (3)×2 + (4) + (5)×2

$$Na_2SO_4 + H_2O \rightarrow 2Na(Amalgam) + 2H^{+} + SO_4^{--} + \tfrac{1}{2}O_2\ gas.$$

$$\triangle F_{298} = 181,736\ cal.$$

$$E^0 = \frac{181,736}{2\times 23074} = 3.938\ V.$$

該值以 Amalgam 中之 Na 之 activity, Na-metal 假定爲 1 而算出者。且假定 Na 與 Hg 間不生成 Amalgam. 一切均爲標準狀態即 Activity=1. 但實際上,由 Na_2SO_4 2M 之濃度溶液消失 Na_2SO_4, H_2O 各 1g 一分子。混合溶液中則爲 Na_2SO_4 1M H_2SO_4 1M. $\frac{1}{2}O_2$ 作爲在 1 Atm. 之氣體發散時,有如下各項之補正。

(1) Na_2SO_4 2M 之溶液中,其水之 Activity 據 J. N. Pearce 氏[2] 之蒸氣壓測定 $a_{H_2O}=0.9363$. 故該 H_2O lg 分子在標準狀態時爲

$$\triangle F_{298} = RT\ln\frac{1}{a_{H_2O}} = 39Cal.$$

(2) Na_2SO_4 2M 溶液中 Na_2SO_4 之 activity Coefficient 據 J.N.Pearce [3] 之測定 $r\pm = 0.145$ $a_{Na_2SO_4} = (0.145)^3\times 2\times(2\times 2)^2 = 0.09752$. 故該 Na_2SO_4 I g 一分子在標準狀態時

$$\triangle F_{298} = RT\ln\frac{1}{a_{Na_2SO_4}} = 602\ cal.$$

(3) Na_2SO_4 1M. H_2SO_4 1M 之混合液中, H_2SO_4 之 Activity 據 Randall-Lanford 兩氏 (4) 之測定 $r\pm = 0.118$ $A\pm H_2SO_4 = (0.118)^3\times 2\times(1\times 2)^2 = 0.01308$. 故 Ig 一份子 H_2SO_4 移動成該狀態時

$$\triangle F_{293} = -RT\ln\frac{1}{A\pm H_2SO_4} = -1,143\ cal.$$

(4.) Na-amalgam 中之 Na activity, 據 H. E. Bont 氏 [5] 之測定,導出下式

$\log a_2/N_2 = -12.81441 + 15.6130N_2 + 7.530\ N_2^2$

N_2 爲 Na 之 mol 比　　Na 設爲 0.15%時

$\log a_2 = -14.72425 \qquad a_2 = 5.3\times10^{-14}$.

故將 2g 一分子之 Na 變成該狀態時

$$\triangle F_{298} = -2RT\ln\frac{1}{a_2} = -36,441\ \text{cal},$$

$$39 + 602 + (-1,143) + (-36,441) = -36,943\ \text{cal}.$$

$$181,736 - 36,943 = 144,793\ \text{cal}.$$

$$E = \frac{144,793}{2\times23074} = 3.14\ \text{V}.$$

茲用本實驗之電解槽求電流與電壓之關係如下

Na_2SO_4 濃度　　95.5 g /255 cc (98 mol/L)

溫度　　35.0°C

Hg－Pb 距離　　1 cm.

V.	0	0.25	0.5	1.5	2.0	2.2	2.4	2.6	2.8	30
mA.	7	0	4	8.5	9.5	12.5	13.0	13.6	17.0	20.5

V	3.2	3.4	3.6	3.8
mA	48.5	96.5	159	23.5

茲由圖表求芒硝液之分解電壓如圖。

Na_2SO_4—H_2SO_4—H_2O, Na_2SO_4—NaOH—H_2O

系電導度之測定

電解槽各部份之抵抗爲設計時之决定因素，而電解槽中最重要部份爲隔膜，其抵抗亦最大，故在隔膜間及其附近之電氣抵抗，影響甚大，實有知悉之必要，故就實驗時應用範圍內對於 $Na_2SO_4-H_2SO_4-H_2O$, $Na_2SO_4-NaOH-H_2O$ 系之電導度測定之。

$Na_2SO_4-NaOH-H_2O$ 之電導度

溫　　度	Na SO$_4$ 濃度	NaOH 濃度	比電導度 ×10^4	MhO
°C	g/100cc.	g/100cc.		1/Ω
20	14.2	2	829	0.0523
”	”	4	1,201	0.0768
”	”	6	1,541	0.0995
”	”	8	1,772	0.1117
”	”	10	2,147	0.1352
30	14.2	2	996	0.0629
”	”	4	1,462	0.0922
”	”	6	1,856	0.1172
”	”	8	2,203	0.1389
”	”	10	2,405	0.1517
40	14.2	2	1,187	0.0752
”	”	4	[illegible]45	0.1102
”	”	6	2,195	0.1385
”	”	8	2,555	0.1612
”	”	10	2,932	0.1850
50	14.2	2	1,360	0.0858
”	”	4	2,034	0.1275
”	”	6	2,537	0.1600
”	”	8	2,949	0.1861
”	”	10	3,394	0.2143

$Na_2SO_4-H_2SO_4-H_2O$ 之電導度

溫 度	Na_2SO_4 濃度	H_2SO_4 濃度	比電導度 $\times 10^4$	MhO
°C	g/100cc.	g/100cc.		$1/\Omega$
20	14.2	2	998	0.0641
"	"	4	1,785	0.1127
"	"	6	2,598	0.1639
"	"	8	3,295	0.2040
"	"	10	4,133	0.2608
30	14.2	2	1,109	0.0699
"	"	4	2,009	0.1268
"	"	6	2,919	0.1843
"	"	8	3,982	0.2316
"	"	10	4,458	0.2818
40	14.2	2	1,148	0.0725
"	"	4	2,096	0.1324
"	"	6	3,101	0.1958
"	"	8	4,106	0.2594
"	"	10	4,922	0.3108
50	14.2	2	1,192	0.0753
"	"	4	2,180	0.1377
"	"	6	3,322	0.2096
"	"	8	4,354	0.2748
"	"	10	5,176	0.3267

據以上之測定結果，以 NaOH 猶其爲 H_2SO_4 之濃度大其電導度增加，且在溫度較高時，其電導度增加，故在電解時以溫度較高，生成物濃度大時，其電導度較大。

10406

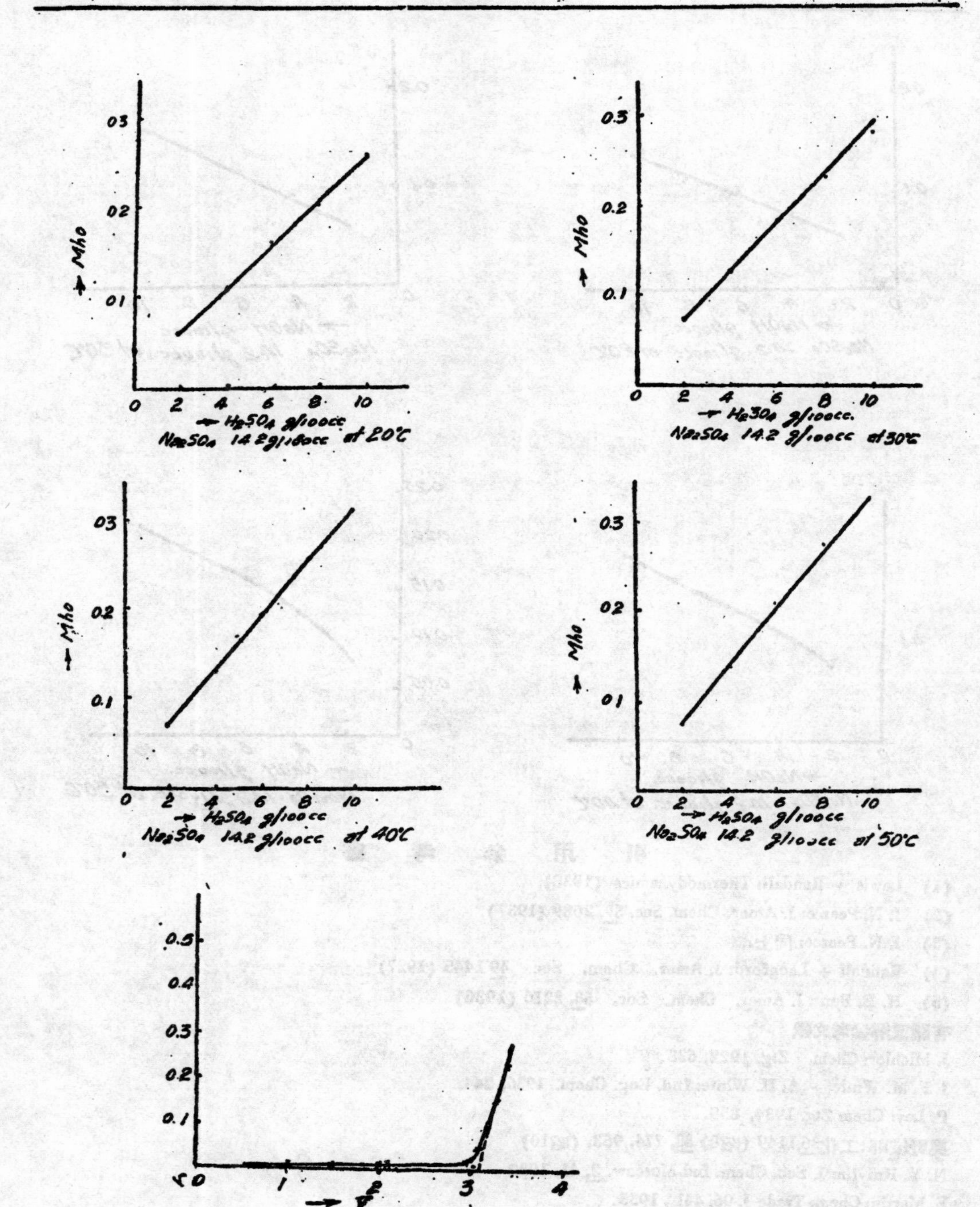
Mho
→ H2SO4 g/100cc
Na2SO4 14.2g/100cc at 20°C
Mho
→ H2SO4 g/100cc
Na2SO4 14.2 g/100cc at 30°C
Mho
→ H2SO4 g/100cc
Na2SO4 14.2 g/100cc at 40°C
Mho
→ H2SO4 g/100cc
Na2SO4 14.2 g/100cc at 50°C
→ V

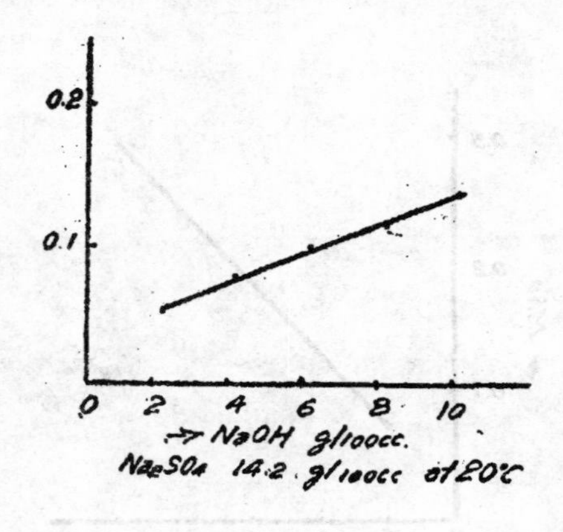

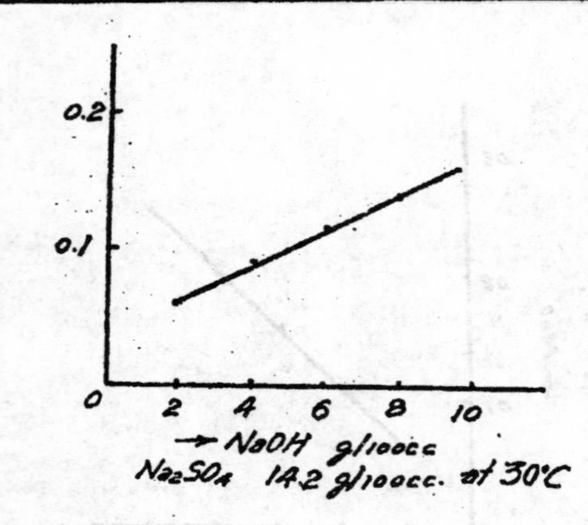

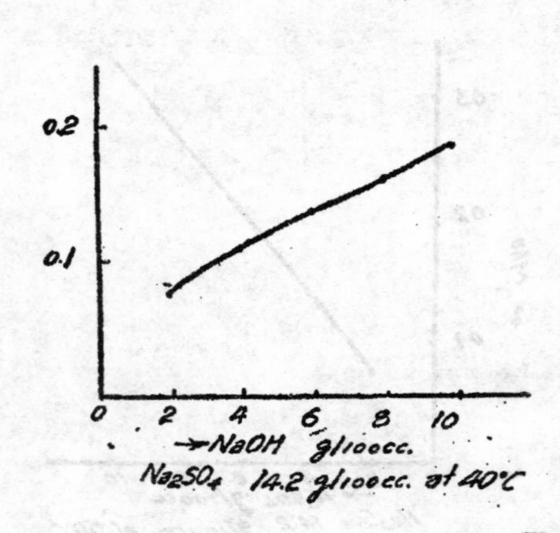

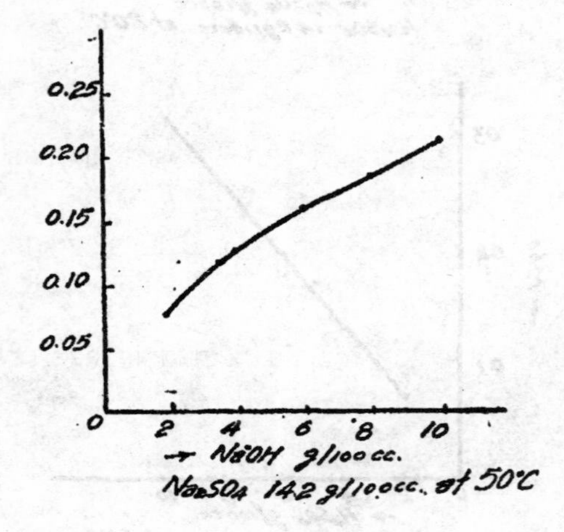

引 用 參 考 書

(1) Lewis + Randall: Thermodynamics (1938).

(2) J. N. Pearce: J. Amer. Chem. Soc. 59, 2689 (1937).

(3) J. N. Pearce: 同上.

(4) Randall + Langford: J. Amer. Chem. Soc. 49 1445 (1927)

(5) H. E. Bent: J. Amer. Chem. Soc. 58, 2216 (1936)

有關電解參考文獻

J. Michler: Chem. Ztg. 1922, 633.

J. F. M. White + A. H. White: Ind. Eng. Chem. 1936, 244.

P. Ley: Chem Ztg. 1934, 859.

奥野俊郎:工化36,1149 (昭8) 38, 774, 963, (昭10)

N. Y. Ruivlin: J. Soc. Chem. Ind-Moscow. 2, 41, 1932

E. Martin: Chem. Trade J. 96, 441 , 1935.

W. W. Stender + I. J. Secrak: Traus. Elec. Chem. Soc. 1935, 493.

G. Grube u. S. Stattgart. Z. ele. Chem u. Angew. phy. Chem. 1938, 640.

氧化高級脂肪酸之試驗

I. 氧化蓖麻油酸製備壬二酸

高國經　查國揚

工商部重慶工業試驗所

Oxidation of High Fotty acids.

I. Preparation of azelaic acid by the Non-Catalytic Oxidation of ricinoleic acid

(An abstract)

Azelaic acid was prepared by the non-catalytic oxidation of ricinoleic acid with concentrated nitric acid as axidizing agent. The amount of nitric acid and the time of oxidation were varified a 73.5% of theoretical azelaic yield was obtained when one part of ricinoleic acid was oxidized with three parts (by volume) of concentrated nitric acid (Sp.gr 1.42) for a period of twenty hours.

脂鏈烴二酸(Aliphatic dicarboxylic acid) 之製備爲時極早,以無工業上之應用一向不爲化學工業界所注意,近二三十年來合成塑料工業發展,脂鏈烴二酸之工業用途漸廣,殆至 1938 年 W. H. Carothers 研究聚醯胺類 (Polyamides) 塑料成功且工業化而大量生產之,脂鏈烴二酸,尤以含碳原子在六個以上者,成爲聚醯胺類及聚脂類 (Polgesters or alkyds) 塑料之主要原料,因此乃相究研製備脂鏈烴二酸之方法,目前工業上應用之製備方法大別之可分爲 (1) 氧化脂肪族環烴 (Alicyclic hydrocarbons) 及芳香族環烴 (Aromatic hydrocarbons) 或共衍生物, (2) 氰酸塩合成法, (3) 氧化油脂或脂肪酸,需視當地之原料供應及工業情形以取決製造方法。

我國資源蘊藏雖富,但化學工業落後,尤以有機化學工業爲最爲適應國情,現採取氧化油脂或脂肪酸之方法以製備脂鏈烴二酸,以濃硝酸氧化飽和脂肪酸可得多種脂鏈烴二酸 (1) 以重鉻酸塩高錳酸塩或硝酸氧化不飽和脂酸如油酸 (Oleic acid), (2) 及二羥基硬脂酸 (dihydroxystearic acid) 時脂肪酸之由雙鏈結合之碳原子易被氧化,使脂肪酸鏈斷裂而得壬二酸(Azelaic acid),後者更能再度被氧化而分解爲分子量較小之氧化物, (3) 脂肪酸脂鏈烴部份之雙鏈及碳原子上之羥基均易被氧化,故本試驗採用蓖麻油(Castor oil) 爲原料。

蓖麻油中含蓖麻油酸 (Ricinoleic acid)達百分之八十 (4) 蓖麻油酸具有一個雙鏈,及羥基,其構造如下。

```
     H  H  H  H  H  H  H  H  H  H  H  H  H  H  H  H
CH3 -C -C -C -C -C -C -C -C -C -C -C -C -C -C -C -C -COOH
     H  H  H  H  H OH  H        H  H  H  H  H  H  H
```

設以較强氧化劑如重鉻酸塩,高錳酸塩或硝酸與蓖麻油酸作用,則連有羥基及爲雙鏈所接連之碳原子易受氧化,設氧化作用激烈,此脂鏈烴於易受氧化之碳原子處斷裂則產生庚酸 (Heptoic acid), 乙二酸 (Oxalic acid) 及壬二酸,庚酸及乙二酸在濃硝酸中再度氧化,漸次分解爲二氧化,碳水及易揮發之低級脂肪酸所得壬二酸可用熱水溶液行重結晶法純化之。

試驗及記錄

本試驗之目的爲製備壬二酸，以硝酸爲氧化劑，以蓖麻油爲原料，試驗之過程如下：

甲、蓖麻油脂酸之製備——以氫氧化鈉按通常方法完全鹼化蓖麻油至不含游離油脂爲止，所得蓖麻油酸鈉與鹼化液分離之，並洗淨，溶蓖麻油酸鈉於熱水中，徐徐加入稀硫酸並不斷攪動之，至溶液呈微酸性爲止，冷却靜置之蓖麻油酸卽分離而出，集於上層，與下層之水溶液分開，洗滌乾燥之備用製成蓖麻油酸之量爲蓖麻油之 83%.

乙、氧化蓖麻油——置蓖麻油酸與濃硝酸（比重 1.42）各 25 cc. 於500 cc. 圓底燒瓶中於水鍋上加熱至約 50°C 時，激烈之反應卽開始，產生多量紅棕色之過氧化氮氣體，並發生大量泡沫，此時宜停止加熱，待此激烈及反應減退時圓底燒杯上裝一迴流冷凝管以直接火隔石棉鐵絲網加熱於燒瓶，使內容物沸騰繼續迴流蒸餾並隨時加入 10 cc. 量之濃硝酸數次，至熱瓶中之內容物於冷却時不再分爲油狀及水狀液體兩層，至成爲淡黃色透明液體爲止冷却後卽有白色結晶析出，卽爲壬二酸。

丙、純化壬二酸——壬二酸之溶解度在 20°C 時爲 0.24g, 在 65°C 時爲 2.2g.(5). 利用此項溶解度之變異用熱水重結晶法重復結晶三次卽得純白色針狀或葉狀壬二酸晶體，乾燥至重量不變，理論上一分子蓖麻油酸可得一分子壬二酸，理論產時應爲蓖麻油酸用量之百分之六十三，一、稍有重量測定所得之壬二酸之熔点，並以熔点法及中和當量法，測定有分子量其結果如下表：

第一表　測定壬二酸之常數表

試驗號數	蓖麻油時用 cc.	硝酸用時 cc	迴流蒸餾時間（小時）	晶形	熔点	分子	
						熔点下降法	中和數量法
101	25	75	9	白色葉片形	105.0 105.5	190.0 188.0	191.0 188.4
102	25	80	7	白色葉片形	104.5 105.0	189.0	188.0

丁、壬二酸之產量與硝酸用量之關係試驗——根據以硝酸氧化蓖麻油酸產生壬二酸之化學反應計算之，1 c.c. 之蓖麻油酸需用約 2.5 c c. 之濃硝酸（比重 1.42）其實際用量仍需以試驗方法得之，此項試驗之手續大致如乙項所述，但各試驗迴流蒸餾時間均定爲 16 小時，試驗之結果如第二表及第一圖

第二表　壬二酸產量與硝酸用量之關係

試驗號數	103	104	105	106	107	108	109
蓖麻油酸用量，c c.	40	40	40	40	40	40	40
硝酸用量，c.c.	70	80	90	100	110	120	130
壬二酸產量，gm.	10.90	11.50	13.75	15.20	17.45	17.60	14.25
理論產量，%	42.0	44.3	53.0	58.5	67.0	6.75	54.6

10410

第一圖　壬二酸產量與硝酸用量之關係

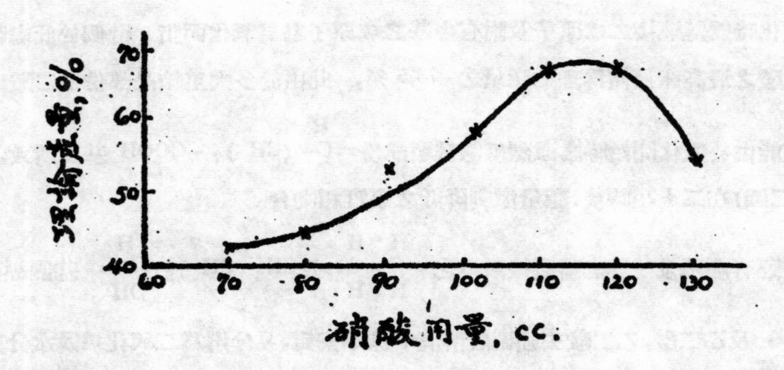

戊. 壬二酸之產量與氧化時間之關係——由丁項之試驗,可知硝酸用量以蓖麻油酸量之三倍爲最佳,茲根據此項比例如乙項所述之手續試驗氧化時間與壬二酸產量之關係,結果如第三表及第二圖所示:

第三表　壬二酸產量與氧化時間之關係

試驗號數	110	111	112	113	114	115	116	117
蓖麻油酸用量, cc.	40	40	40	40	40	40	40	40
氧化時間, Hrs.	4	8	14	16	20	24	28	32
壬二酸產量, gm.	2.32	4.70	8.96	17.55	19.12	15.16	14.02	14.10
理論產量, %	8.9	18.40	34.4	67.2	73.5	58.3	54.0	54.5

第二圖　壬二酸產量與氧化時間之關係

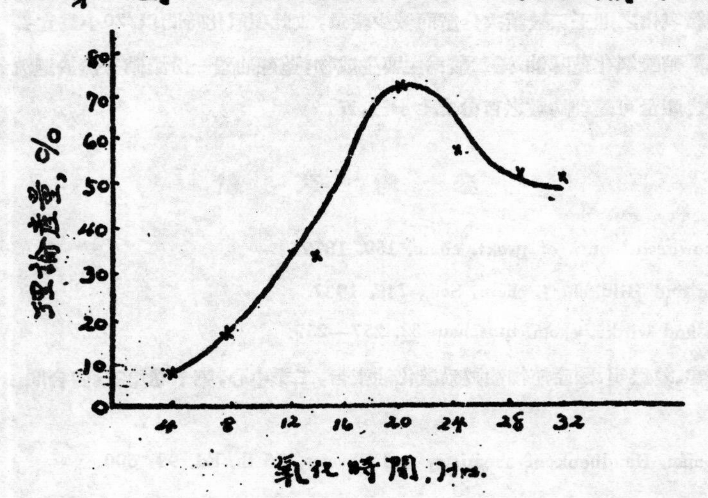

討論及結論

以硝酸氧化蓖麻油酸可得壬二酸此與 Lewkowitsch[1] Green. Hilditch[2], Grün 及 Wittka[3] 諸氏所陳述之不飽和脂發氧化時雙鏈連接之碳原子及附有羥基之碳原子易爲氧化而脂，鏈個於此處斷裂之理論相適合，試驗所得壬二酸之最高產量僅爲理論產量之 73.5%，此由於多次重結晶部份壬二酸損失於母液中致

產量減低，然亦可能由於氧化開始時之激烈反應破壞部份$=\overset{H}{C}-(CH\ )_7-COOH$ 基團所致，此與試驗所得氧化時間過久(第二圖)在二十小時後，產量激劇降低之事實相吻合。

蓖麻油酸鏈於連有羥基及雙鏈處斷裂後所得之$-\underset{H}{\overset{H}{C}}-\underset{H}{\overset{H}{C}}=$及$CH_3\ (CH_-)_5\ -\underset{OH}{\overset{H}{C}}-$ 基團經濃硝酸氧化成爲

庚酸 (Heptoic acid) 及乙二酸，乙二酸去强硝酸溶液中殊不安定，易分解爲二氧化碳及水分庚酸往長時間之氧化作用漸次氧化成分子較小之氧化物如二氧化碳，水，及易揮發之脂酸等 [25] 在氧化過程中燒瓶中之內溶物冷却後，即分成油狀及水狀液體兩層 油狀層可因繼續氧化而漸次減少最 後且全消失，此與上述庚酸 (Heptoic acid) 再行漸次氧化爲更小分子量氧化 物應有之現象符合本 試驗之目的在製備壬二酸．此項氧化作用之詳細情形作者，擬另文探討之。

蓖麻油酸與硝酸 (比重 1.42) 之用量在 1:2.5 (容積比) 以下，壬二酸之產量與硝酸用量成正比例；用量至 1.3 左右，壬二酸產量隨之增加之趨勢減少 (第二表，圖一) 故在氧化時，硝酸用量以蓖麻油酸一份，濃硝酸三份頗爲經濟。

壬二酸之產量與氧化時間之長火，關係頗大，氧化時間不足或過長，壬二酸之產量均不高，據試驗所得氧化時在十六小時時產量僅 67.2% 至 20 小時，產量增加爲 73.5% 氧化時間再行延長，則產量逐漸降底，至 28 小時，產量減底至 54.0% (第三表，第二圖) 氧化時間不足，蓖麻油酸未盡行氧化產量自然不高，至 20小時左右，產量增加，且再事延長氧化時間則降底產量，可知此時氧化 $=\overset{H}{C}\ (CH_2)_7(COOH)$ 基團爲壬二酸之作用已趨完全繼續氧化之則壬二酸斷次分解而減少產量，故此項氧化時間以 20小爲宜。

試驗所得以濃硝酸氧化蓖麻油，壬二酸爲主要生成物，蓖麻油酸一份濃硝三份於迴流蒸餾之情形下氧化 20 小時，壬二酸之產量可達理論數之百分之七十三、五．

參考文獻

(1) Lewkowitsch, Journ of prokt. chem. 159, 1879.

(2) Green and Hilditch, J. chem. Soc., 746, 1937.

(3) Grun and wittka. chem. umschau, 32. 257—259.

(4) 杜春宴、黎煜明：國產植物油製磺酸化油報告，工業中心，第十卷第三、四合期，P.4 (民國三十一年)。

(5) Hodgman, Handbook of chemistry and Physics, 26 th. Ed. 99. 600.

銅盐之鞣皮作用

(The Tanning action of Copper salts)

金 松 嘉　國立浙江大學

引　言

三價元素如鉻，鐵鋁之鹽基性鹽類能够鞣皮爲人所素知，唯二價元素如銅等之鹽基性鹽類，有無鞣皮性質，迄今尙未確定。以前研究工作，大都限於用中性之硫酸銅來處理皮粉 (hide powder) 所得成品甚不穩定，極易受水之分解或胰液素 (Trypsins) 之消化 (參考文獻，1,2,3)。而二價重金屬元素之鹽基性鹽類，因不溶於水，不易深滲皮內與皮之生膠質 (Collagen) 作緊密之化合，故有時雖能被皮吸收一部，亦不過爲機械之包含，因此被處理過之皮樣仍如生皮相若，往往不能經受各種眞革之試驗。(如收縮溫度 Shrinkage Temperature 試驗，耐水洗驗等)(參考文獻 4, 9,)

從製革學說上看，礦物鞣皮不過爲礦物鹽類之鹽基根與皮內生膠質之酸根化合而已。(不論其產生鹽類 Salt formation 抑分子化合物 Molecular Compound) (參考文獻 5, 6, 7, 8, 9,) 則二價重金屬元素如銅等之鹽基性鹽類，在適當條件下，並無理由言其定無鞣皮性質最多亦不過程度强弱之相差耳

今著者先將鹽基性之銅鹽，加氫水使其可溶於水，稍加酒精幫助其鞣合時之脫水，再將用如此溶液鞣製之皮革，試驗其性質。其結果似有利於肯定方面者，今特彙錄於下，敬請海內專家指敎爲幸。

實　驗　工　作

(一)銅塩溶液之製備

將 250 克硫酸銅 $CuSO_4 \cdot 5H_2O$ 溶於 700 c c 水內，滴加 29 % NH_3 之濃氫溶液，使開始產生之沉澱完全溶解爲止。(共計滴加 235.2 c c.) 最後，用水稀釋至一升。此所製之氫合硫酸銅液 (Cuprammonium Sulfate) 適爲 1.0 M. 濃度。此外，製取 $CuSO_4$ 1 M, NaOH 2.15 N, NH_4OH 17 N. 95%酒精各液按照第一表配成十種鞣液。

第一表

鞣液號數	各液混合之容量 c.c.					
	Cuprammonia Sulfate 1 M	NH_4OH 17 N	NaOH 2.15 N	Cu SO_4 1 M	蒸餾水	精酒 95%
1	20	—	4		40	20
2	20		4		20	40
3	20		10		30	40
4	20			2	14	40
5	10	2			40	30
6	10	2			30	40
7	10	2			30	40
8	10	4			36	50
9	10	8			32	50
10	10					70

(二)鞣製

從已去灰變軟之牛皮，剪取十片，每片約重 3 克。分別浸入各鞣液中，每隔數小時搖動一次。(讀第

1.2.3.4.5.6. 各號皮樣（shin samples）鞣浸 20 小時，第 7 號皮樣鞣浸 5 小時，第 8.9.10 各號鞣浸 48 小時，然後取出用 95% 酒精，洗滌半小時，等待乾後再試驗其性質。

（三）革樣性質之試驗

（甲）各片乾後之革樣（Leather sample）經括鋪後，觀察其柔性，彈性，充實性（fullness）各種而品評之。

（乙）耐熱能力——自每片革樣，剪下一長 5cm 闊 3m.m. 之革條，濕潤後緊附於溫度計之汞球上，按照標準方法，求得革樣之收縮溫度（shrinhage Temperature）

（丙）灰分（Ash）之分析——將每片革樣，分爲二半，每半約重 3 克左右，將半片切成碎片在爐內保持 105°C. 烘乾四小時，取出放入乾燥器內二小時，立卽稱其重量，再按皮革分析法燒之成灰，而定灰之含量。灰內所含之 CuO 用普通碘量法（Iodimety method）滴定之。

（丁）耐水性——將第 4.6.8. 各號革樣之另一半片，浸入蒸餾水內 24 小時。每隔數小時搖動一次。取出等待乾燥，重加括鋪後，觀察其所保留之物理性質。再將革片切碎在，105°C 烘乾，分析其所含灰量及灰內之 CuO. 一如前述，被蒸餾水洗出之銅鹽，亦用碘量法估計之用以比較。

結　果

銅鹽溶液之含銅濃度，鹽基度，酒精含量，均經計算彙列於第二表，實驗結果彙錄於下面第三表

第　二　表

鞣液號數	鞣浸時間（小時）	鞣液之成份		
		Cu^{++} 之分子濃度（M.）	OH^- 分子濃度（每分子 Cu^{++} 所含）	酒精濃度 %
1	20	0.24	0.42	22.8
2	20	0.24	0.42	45
3	20	0.20	0.18	38
4	20	0.274	—	51
5	20	0.122	3.36	36.5
6	20	0.122	3.36	46.5
7	5	0.122	3.36	46.5
8	48	0.10	5.0	47.5
9	48	0.10	14.4	47.5
10	48	0.125	0	84.0

10414

第三表

皮樣號數	縮水溫度 (°C)	浸漬前革之成份，性質			經水浸漬後之成份，性質			每克乾革被水浸出之CuO量(克)
		灰分 %	CuO %	性質	灰分 %	CuO %	性質	
1	64	5.10	3.41	硬	—			
2	74	4.28	1.74	尙佳，微硬	—			
3	66	3.15	2.94	硬	—			
4	75.5	3.73	2.22	軟佳	3.05	2.12	軟佳，	0.05
5	60.5	4.02	1.06	硬而薄	—			
6	74	3.04	2.04	柔韌，佳	2.60	2.03	軟，佳	幾無
7	70	2.16	1.67	佳，	—			
8	75.0	3.26	2.73	柔軟甚佳	2.94	2.71	柔軟佳，	幾無
9	74.0	2.31	2.61	佳	—			
10	59	3.92	1.08	硬而薄				

結果之討論

(一)若將第三表內之記錄，詳加審視，不難知道第 2, 4, 6, 8, 9 各號革樣，賦有各種眞革之性質。彼等柔韌，(soft)充實，(full)，浸在水內 24 小時並不膨脹 (swelling) 取出乾後，仍復柔軟如初。其收縮溫度(Shrinkage Temperature) 爲 75°C 左右，與鉻鞣及植物鞣製之收縮溫度相仿。其 CuO 之含量爲百分之二至四。此等革樣對消化酵素之抵抗因受條件所限，尙未試驗。然因各種革類對消化酵素之抵抗普通都與收縮溫度之變化一致，(參考文獻 9 10)，故結果或不致相差甚遠。

所製之第 1, 3, 5, 10 各號革樣，皆硬或脆，收縮溫度皆在 65°C 以下。雖其 CuO 含時有高至 3.4% 者，似亦不過爲機械之包含，並非眞實之化合。

(二)對銅鹽溶液之鞣革性，40% 之酒精含量似不可缺少。此或助於銅鹽鞣革時之脫水作用。若謂本文所製之革，係由酒精脫水所致，乃不可信。蓋用 95% 酒精，固可鞣製假革，然彼假革在水內不過二小時卽膨脹如生皮 (raw skin) 而收縮溫度亦在 60°C 左右，與本文所製之革，性質迥異。

(三)反觀本實驗第 10 號鞣液，因 OH^- 之濃度爲零，卽含 84% 之酒精量，亦毫無鞣皮性質。故 OH^- 之存在似爲必需。由此可知有鞣皮性質者，乃爲鹽基性銅鹽。

結　　論

本文對各種成份之銅鹽溶液之鞣皮性質，曾作初步研究。若將二价重金屬元素如銅等之鹽基性鹽類，變成可溶性，再用酒精等媒介物稍助之，其與皮之生膠質作緊密之鞣合，似亦可能。用銅鹽鞣製之革爲藍綠色，含2—3%之CuO，收縮溫度爲75°C左右。

參　考　文　獻

1. Thomas & Seymovr. Joned. Ind. Eng. Chem. 16. 157 (1924)
2. Bergmann. Pojarlieff & Thiele. Collegium 589 (1933)
3. A. Kuuntezl. Magyar Timer 1 (1938)
4. E. O. Sommerhoff, Collegium 381 (1013)
5. H. R. Procter & J. A. Wilson. J. Chem. Soc. 109 (1916)
6. J. A. Wilson. J. Am. Lestlev Chem. Asosc. 12 (1917)
7. D. Jordan. Lloyd. J. Intern. Soc. Leatler Trades Chem. 19 339 (1935)
8. Dr. E. Stiasny. J. Intern. Soc. Leatler Trades Chem. 20 50 (1936)
9. M. P. Balfe. J. Intern. Soc Leatler Trades Chem. 31 365 (1947)
10. K. H. Gustavson Svensk. Kem, Tid. 54. 249 (1942)

基本原子戰術

兵工學校 張志純

原子核能兵器的資料，現在是極機密的。但有關戰術課題，並不像想象那樣高深，只要運用一二普通數學公式，即可尋求勝負的方向，自然沒有秘密的價值了。茲爲通俗起見，避用軍事術語，僅舉五例以說明基本原子戰術。

例一：

想定——甲乙兩國，均以原子彈作戰，假設

	甲國	乙國
國土面積	A_1	A_2
人口（以百萬爲單位）	N_1	N_2
原子彈生產率（每日每百萬人）	W_1	W_2
原子彈殺傷率%	α	α
則全國每日原子彈生產量	$N_1\ W_1$	$N_2\ W_2$

開戰後兩國人口死傷率 $\frac{dN_1}{dt} = -\frac{\alpha N_1}{A_1}N_2\ W_2$　　$\frac{dN_2}{dt} = -\frac{\alpha N_2}{A_2}N_1\ W_1$

由上二式，可得 $\frac{dN_1}{dN_2} = \frac{A_2\ W_2}{A_1\ W_1}$

即 $dN_1\ A_1\ W_1 = dN_2\ A_2\ W_2$

或 $d(N_1\ A_1\ W_1 - N_2\ A_2\ W_2) = O$

所以 $N_1\ A_1\ W_1 = N_2\ A_2\ W_2 =$ 常數

答案——常數爲正甲國勝，常數爲負，乙國勝。

結論——人口土地，仍爲決戰之因數！

例二：

想定——甲乙兩國，均以原子彈作戰，假設

	甲國	乙國
原子彈工廠數	F_1	F_2
原子彈生產率(每日每工廠)	V_1	V_2
原子彈命中率 %	b	b
則全國每日原子彈生產量	$F_1\ V_1$	$F_2\ V_2$

開戰後兩國工廠損失率 $\frac{dF_1}{dt} = -b\ F_2\ V_2$　　$\frac{dF_2}{dt} = -b\ F_1\ V_1$

由上二式，可得 $\frac{dF_1}{dF_2}=\frac{F_2V_2}{F_1V_1}$

即 $dF_1^2V_1=dF_2^2V_2$

或 $d(E_1^2V_1-F_2^2V_2)=0$

所以 $F_1^2V_1-F_2^2V_2=$常數

答案——常數爲正，甲國勝，常數爲負，乙國勝。

F	V	FV	F^2V
1	8	8	8
2	4	8	16
4	2	8	32
8	1	8	64
6	½	8	128

結論——戰略廠庫，應該疏散。

例三：

想定——甲乙兩國開戰，甲有原子彈，而乙則無之，則

$N_2A_2W_2=0$　　$F_2^2V_2=0$

答案——常數永遠爲正，甲國操必勝之權。

結論——無原子彈的國家，應設法研究自製原子彈，或與擁有原子彈的國家同盟。

例四：

想定——甲乙兩國，均以數量相同的原子彈作戰，則

$N_1W_1=N_2W_2$

即 $A_1-A_2=$常數

假設，不分勝負，常數 $=0$，而 A_1 與 A_2 又不能相等

答案——A_1 及 A_2 必等於零

結論——兩國同歸於盡！

例五：

想定——甲乙兩國，均以數量相同的原子彈作戰，則

$F_1V_1=F_2V_2$

即 $F_1-F_2=$常數

假設不分勝負，常數$=0$，而 F_1 與 F_2 又不相等

答案——F_1 及 F_2 必等於零。

結論——原子彈工廠毀滅後，雙方恢復第二次大戰以前的打法！

卅七年十月七日，於吳淞兵工學校。

工程雜誌第二十卷第四期

民國三十八年六月一日出版

內政部登記證　警字第788號

編輯人　中國工程師學會　總編輯　吳承洛

發行人　中國工程師學會　副總編輯　羅英　盧鉞章

印刷廠　蔚興印刷場（地址：廣州市教育路十六號　電話：11617）

經理處 (一) 中國工程師學會總會(南京)及各地分會 重慶 成都 昆明 貴陽 桂林 蘭州 西安 泰和 康定 衡陽 西昌 嘉定 瀘縣 宜賓 長壽 自貢 大渡口 遵義 平越 宜山 柳州 全州 耒陽 祁陽 麗水 城固 永安 天水 迪化 辰谿 大庾 贛縣 曲江 灌縣 上海 南京 廣州 北平 武漢 南寧 湛江 錦州 老君廟 白沙沱 青島 濟南 天津 瀋陽 台灣 太原 蘇州 福州 杭州 塘沽 開封 香港 美洲 南昌 南平 內江 上饒 西寧

(二) 中國各專門工程學會 中國土木工程學會 中國水利工程學會 中國化學工程學會 中國機械工程學會 中國自動機工程學會 中國市政工程學會 中國建築師學會 中國電機工程學會 中國動力工程學會 中國衛生工程學會 中國航空工程學會 中國礦冶工程學會 中國紡織學會 中國造船工程學會等 及其各地分會

(三) 中國工鑛技師公會籌備委員會及各地各科公會籌備委員會

本刊定價表

每兩月一期全年一卷共六期逢雙月一日發行	
零售每期銀圓一元(平寄郵資在內) 預定全年銀圓三元(平寄郵資在內，掛號航寄航掛外加)	郵購時須寫明姓名或機關名稱及住址

廣告價目表

地位	每期銀圓
特種協助	五十元（繪圖製版費另加）
封底外	二十五元（繪圖製版費另加）
封面裏或封底裏	二十元（繪圖製版費另加）
封面裏或封底裏對面	一十五元（繪圖製版費另加）
普通全面	一十元（繪圖製版費另加）
普通半面	六元（繪圖製版費另加）
四分一面	四元（繪圖製版費另加）
定閱及登載廣告請向上列編輯人發行人及經理處印刷處函洽或面洽	

本刊總辦事處：
- 南京北門橋唱經樓衛巷新安里新18號總編輯部吳潤東先生（電話33326）
- 廣州長堤廣州電廠盧鉞章先生
- 昆明公路工程管理局羅懷伯先生

10419

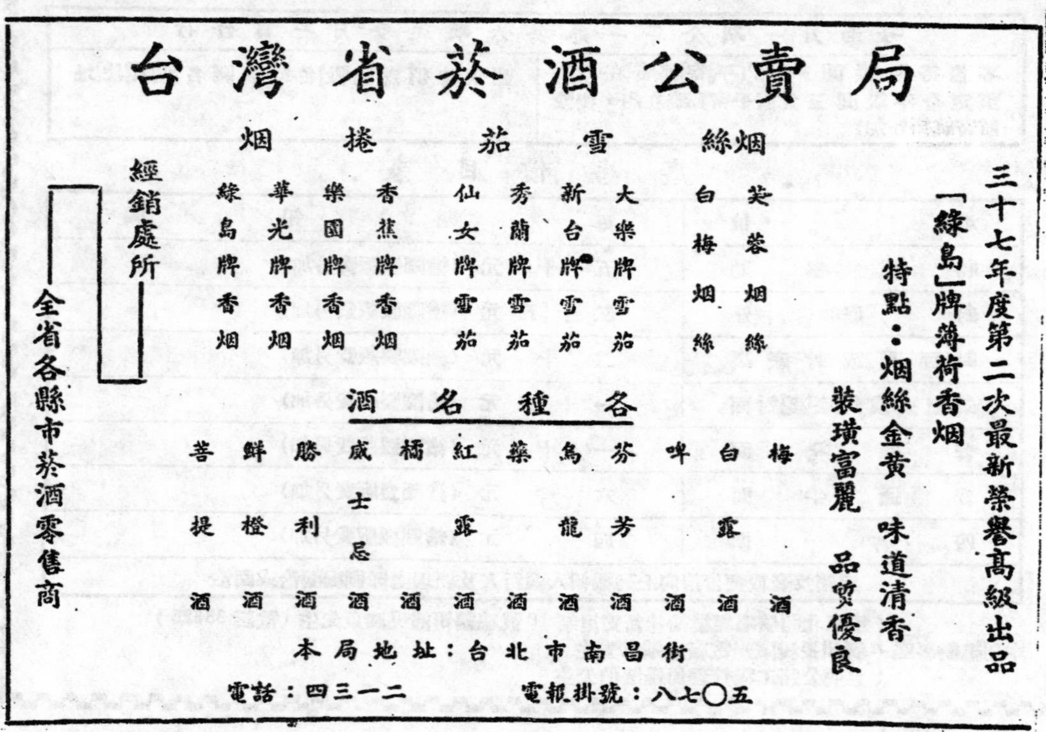

順記營造廠

廠址：教育路第三十四號二樓

電話：一三三九一

瑞記行營造廠

廠址：廣州教育路第三十四號二樓

電話：一三三九一

新新文記營造廠

廠址：惠福東路惠新東街第五號

電話：一六五三五

德聯營造廠

廠址：十八甫南荣欄東横街三十四號

電話：一二六八四

請飲……廣東實業公司榮譽出品

新五羊啤酒

香醇無比

色如黃金

隴海區鐵路
是中國的生命線
陝
甘肅
西
河南
江
蘇
推行服務運動
盡量便利旅客
歡迎直接託運
接受善意批評
西安　隴海區鐵路管理局營業處

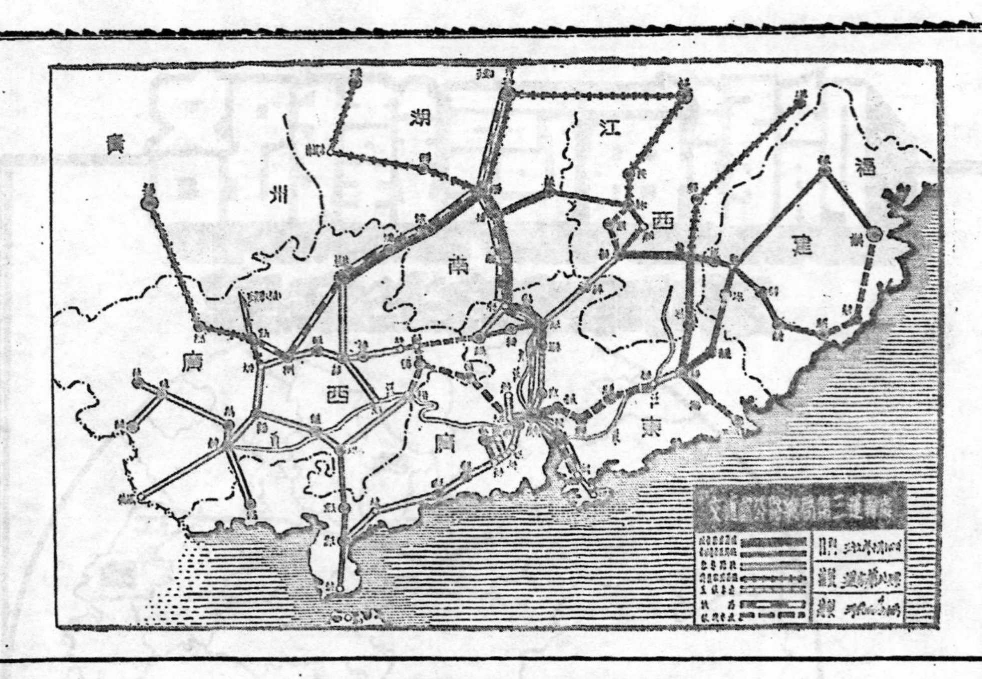

交通部公路總局

第三運輸處

辦理粵桂閩湘贛五省公路運輸

地　址：廣州市東園橫路一號　　郵　箱：第25號

電　話：10874　11223　11213　　電報掛號：5003

廣州分處　處址：廣州市東園橫路一號　電話：10474
辦理粵省各公路綫客貨運輸

柳州分處　處址：柳州展空路163號　電話：720
辦理桂省公路幹綫客貨運輸及五路聯運

贛縣分處　處址：江西贛縣文清路336號　電話：85
辦理贛南粵東公路幹綫客貨運輸及粵贛聯運

衡陽分處　處址：衡陽中正路198號　電話：105
辦理粵北湘南桂東各公路幹綫客貨運輸

駐京代表處　處址：南京中山北路940號　電報掛號：4634

廣州修車廠　廠址：廣州東園橫路　電話：10205
代客修理汽車　製配汽車零件

工程年會特刊

的進步中重安定
從建設裡認識統一

三十七年元旦本分會年會同人合影

編者的話

中國工程師學會，到現在有三十六年的歷史，國內外擁有五十二個分會及一萬二千七百三十位會員，在中國說，可算是個比較有地位的學術團體了。戰前總會曾出版過月刊週刊之類的東西，作有關工程的報導。在各分會中出版過成冊刊物的，除了武漢分會，恐怕是本分會了。這在學術空氣異常落寞的現代中國，勉强算是點點綴吧。

衡陽是個僻處內地的小城，沒有好的印刷設備和技工　分會會員大部是粵漢路的同事，因職業的關係，使同人們的興趣比較偏重於鐵路工程。加之學工程的人喜歡埋頭實際工作的多，願意拿筆作作文章的少。就是有些經驗，有點心得，多祗限於三五知己，談談說說而已。這本小小刊物，亦祗是幾個朋友，偷點餘暇，各就性之所近，寫點東西，作爲本分會三十六年度年會論文，彼此看看的。後來覺得能印出來，倘有讀者，大家看看，豈不甚好？萬一讀者們能從這裏得到點興趣或利益，使中國和中國的工程事業有些改進，那是意外收穫了。現在的一切，原都不該有什麼計劃和希望的。後來又有幾位遠道朋友寄來幾篇寶貴文章，使本刊充實了不少。在每篇文章題目前面，由編者加註了一兩句內容摘要，備讀者參考，這裏不預備另做單獨介紹了。

此外會內先進和會外的朋友們，在經濟及其他方面給了我們不少協助和鼓勵，使本刊在這兵荒馬亂的時候得以印出和讀者見相，是應該特別道謝的。

治明　三十七年元月一日

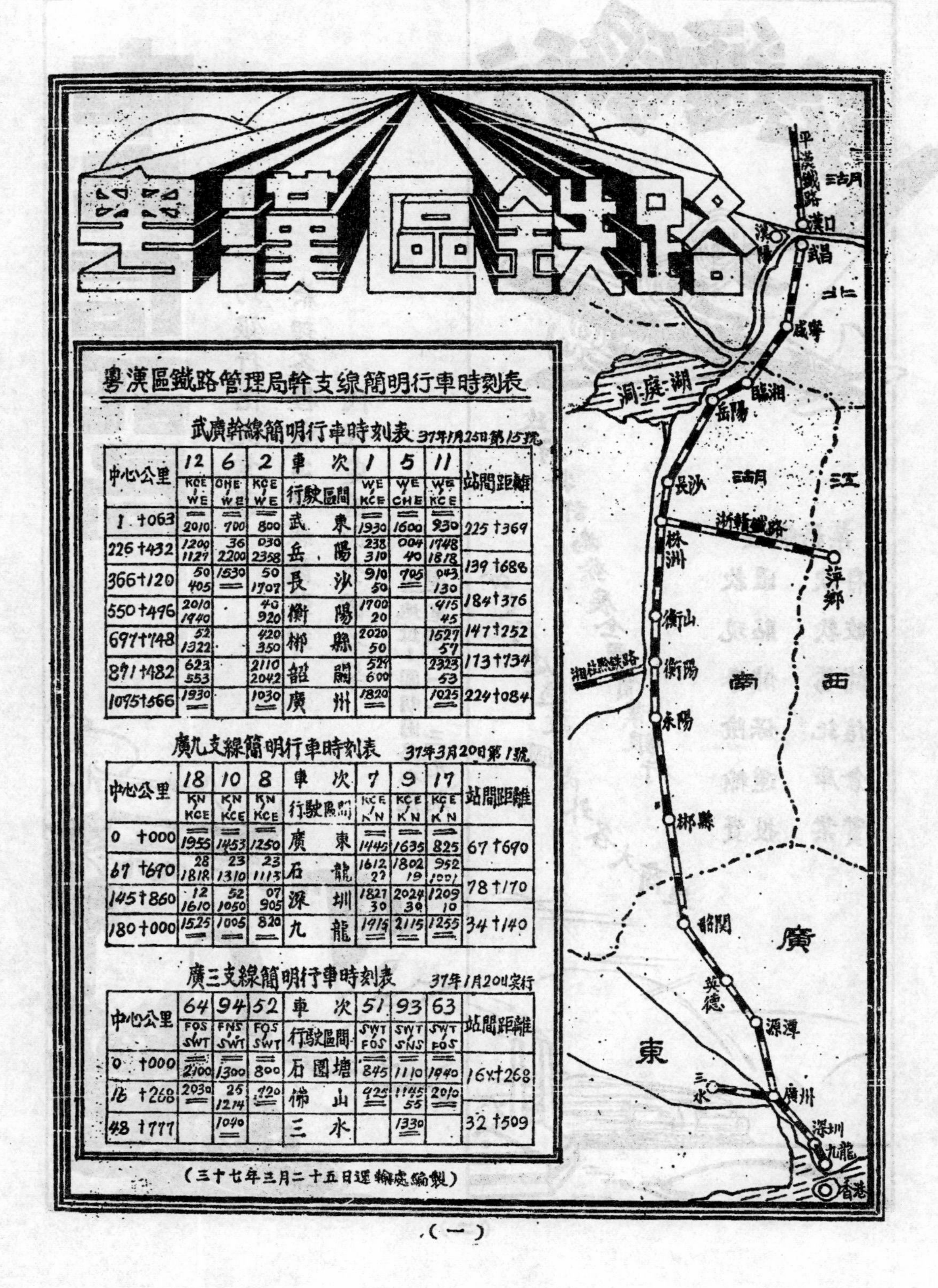

粵漢區鐵路管理局幹支線簡明行車時刻表

武廣幹線簡明行車時刻表 37年1月25日第15號

中心公里	12	6	2	車次	1	5	11	站間距離
	KCE / WE	CHE / WE	KCE / WE	行駛區間	WE / KCE	WE / CHE	WE / KCE	
1 +063	2010	700	800	武東	1930	1600	930	225 +369
226 +432	1200 1127	36 2200	030 2358	岳陽	238 310	004 40	1748 1818	139 +688
366+120	50 405	1530	50 1707	長沙	910 50	705	043 130	184 +376
550 +496	2010 1940		40 920	衡陽	1700 20		415 45	147 +252
697+748	52 1322		420 350	郴縣	2020 50		1527 57	173 +734
871 +482	623 553		2110 2042	韶關	529 600		2323 53	224 +084
1095+566	1930		1030	廣州	1820		1025	

廣九支線簡明行車時刻表 37年3月20日第1號

中心公里	18	10	8	車次	7	9	17	站間距離
	KN / KCE	KN / KCE	KN / KCE	行駛區間	KCE / KN	KCE / KN	KCE / KN	
0 +000	1955	1453	1250	廣東	1445	1635	825	67 +690
67 +690	28 1818	23 1310	23 1113	石龍	1612 27	1802 19	952 1001	78 +170
145+860	12 1610	52 1050	07 905	深圳	1827 30	2024 39	1209 10	34 +140
180 +000	1525	1005	820	九龍	1915	2115	1255	

廣三支線簡明行車時刻表 37年1月20日實行

中心公里	64	94	52	車次	51	93	63	站間距離
	FOS / SWT	FNS / SWT	FOS / SWT	行駛區間	SWT / FOS	SWT / SNS	SWT / FOS	
0 +000	2100	1300	800	石圍塘	845	1110	1940	16 +268
16 +268	2030	25 1214	720	佛山	925	1145 55	2010	32 +509
48 +777		1040		三水		1330		

（三十七年三月二十五日運輸處編製）

交通銀行
政府特許為發展全國實業銀行
分支行處遍設國內外各大商埠
業務綱要
存款 匯款
放款 貼現
儲蓄 儲券
信託 保險
倉庫 運輸
實業 投資
中央信託局
辦理一切銀行信託業務
兼理各種進出口報關裝卸
代理處遍設全國各埠
上海 地址：圓明園路八號
電話：一一三九號

怡和機器有限公司

THE JARDINE ENGIEERING CORPORATION, LTD

RAILWAY MATERIAL & EQUIPMENT

AIR BRAKES
The Westinghouse Brake and Signal co., London

INSPECTION TROLLEYS. (Hand and motor type.)
Messrs. Abtus, Ltd., London.

JACKS. (All types.)
The Duff-Norton Manufacturing Co., Pittsburgh. Pa.. U.S.A.

LIGHTING. (For trains, locomotive headlights, etc.)
Messrs. J. Stone and Co., London.

LOCOMOTIVES. (Steam, Diesel and Electric.)
The North British Locomotive Co., Ltd., Glasgow.
The Sentinel Waggon Works, Ltd., London.
The English Electric Co., Ltd., Stafford.

LOCOMOTIVE BOOSTERS.
Messrs. J. Stone and Co., Ltd., London.

RAIL CARS. (Steam Diesel.)
The Sentinel Waggon Works, Ltd., London.
The Metropolitan-Cammell Carriage and Wagon Co., Ltd., London

RAILWAY CARRIAGES. WAGGONS. TRUCKS. ETC
The Metropolitan-Cammell Carriage and Wagon Co, Ltd., London.

RAILWAY FOG SIGNALS.
Messrs. Kynoch, Ltd., Whitton, Birmingham.

RAILWAY WEIGHBRIDGES.
Messrs. W. and T. Avery, Ltd., Birmingham, England.

SIGNALS-SIGNALLING APPARATUS (All types.)
The Westinghouse Brake and Signal Co., Ltd., London.

SPRINGS. LAMINATED AND COIL.
Messrs. John Spencer and Sons(1928) Ltd., Newburn, England.

STAFF AND MECHANICAL SIGNALLING APPARATUS.
The Railway Signal Co., Ltd., Liverpool.

TICKET DATING MACHINES.
Messrs. Heatly and Gresham, Ltd., London.

TRACK REPAIRING EQUIPMENT.
Messrs. Abtus, Ltd., London.

HEAD OFFICE:	HONGKONG, 14 PEDDER STREET.
BRANCHES:	SHANGHAI, TIENTSIN.
AGENTS:	CANTON, KUNMING, SWATION, FOOCHOW, NANKING, HANKOW, CHUNGKING TSINGTAO, TAIPEH.
LONDON AGENTS:	MATHESON AND CO., LTD.
NEW YORK AGENTS:	BALFOUR, GUTHRIE AND CO., LTD.

地址 河南中路六六〇號
電話 一三七二八號
電報掛號 六五三四號

數日後 ③

飛熊牌油漆

建華製漆廠出品

地	址	電話
漢口廠	中山公園中正横路二號	三〇四八
業務處	保華街二十五號	二八七一
重慶廠	南岸上龍洁江邊	三〇四〇

中國銀行

政府指定發展國際貿易之銀行

分支行處遍設各地

10438

香港高理有限公司

進口商歐美名廠代理商

GOURLIE & CO. (H.K.) LTD.

電話三一三四一　　UNION BUILDING, HONG KONG.　　香港於仁行

Importers and Manufacturers' Agents.

Airline, Shipping and Insurance Agents.

Representing leading manufacturers in Great Britain and the United States of America of

Rails and their accessories, railway tyres, wheels and axles. Structural, reinforcing and special steels. Engineers' Tools and Tool Steels from Sheffield.

Earth Moving equipment and concrete mixers. Pumps, air compressors, diesel generators and prime movers. Railway carriage roofings, canvas and tarpaulins.

經理飛機輪船及保險等業務承辦歐美各廠鋼軌及配件輪箍車輪車軸車頂材料水泥鋼骨各種鋼鐵材料建築機具等

CHING MOW CHONG SCREW WORKS
SHANGHAI
上海
慶茂昌
五金螺絲製造廠
全國各大五金店均有經售
慶茂昌螺絲製造廠
CHING MOW CHONG SCREW WORKS
2 8
FLAT HEAD WOOD SCREWS
平頭木螺絲
CHING MOW CHONG
SCREW WORKS
One 慶 Gro
1/4 MILD STEEL ROUND HEAD MACHINE SCREWS 1"
風車牌
木用螺絲
慶字牌
機器螺絲
慶
註冊商標
註冊商標

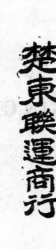

泰華貿易有限公司

TAI HWA TRADING CO., LTD.

總公司：香港皇后大道中七十八號三樓

電話二五八五四·電報掛號WATRADINGCO Hongkoug

上海公司：南京路沙遜大廈二百零三號

越南公司：河內　海防　西貢

暹羅公司：曼谷

駐歐代表：M.J.Patrouillean Boite Poseale 23 Ouida Maroc

聯號及代理：緬甸立生莊

昆明立生莊

紐約 Li Ya Industrial Development Corp

意大利 The American International Engineering Co'

埃及 Emile Gubbay, Murad Gubbay

敍利亞 Mayer. S. Gubbay

印度 M. G. C/O The Pan. Orient Co. Ltd.

印度 M. G C/O Pagnon and Co.

伊朗 M· Gublay

土耳其 M. Gublay

主要進出口貨品：生絲—茶葉—豬鬃—腸衣—礦產—紗布—絲織品—木材—油脂—皮革—糧食—燃料—五金—電料—機器工具—紙類—呢絨—麻袋—工業原料—化學原料—西藥—洋酒—化粧品—鐘錶—無線電機件—影片—顏料

經營業務：出入口貿易—信託及保管—代理國內外各工廠出品—工商業投資—國內外運輸—各項工程設計及裝置

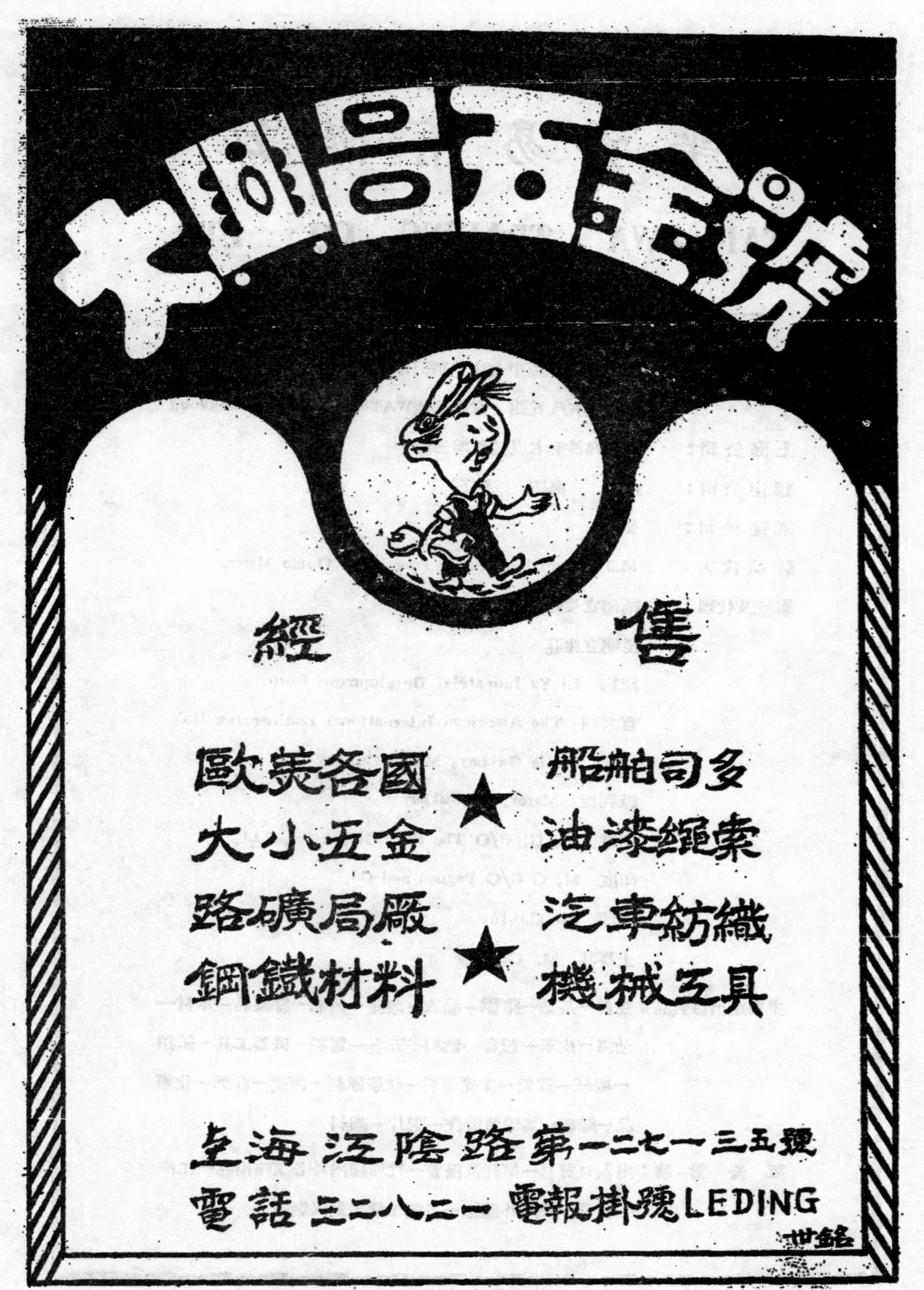
經 售
歐美各國 船舶司多
大小五金 油漆繩索
路礦局廠 汽車紡織
鋼鐵材料 機械工具
上海江陰路第一二七一三五號
電話三二八二一 電報掛號LEDING
世銘

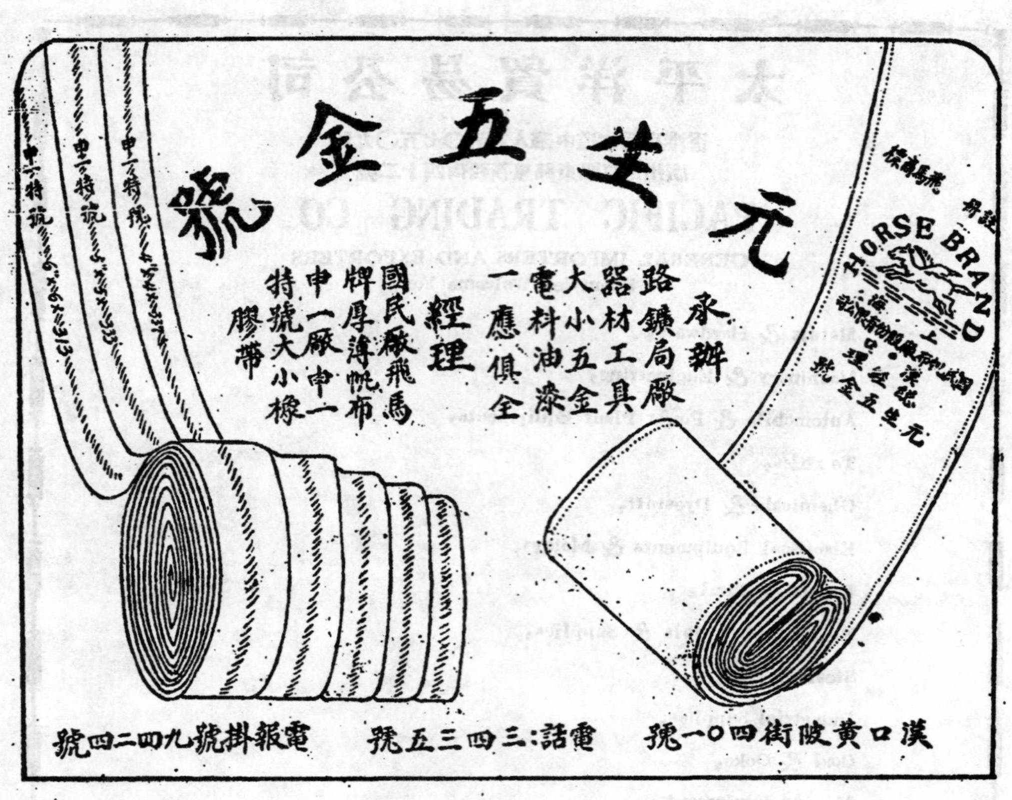
元芝五金號
承辦路鑛局廠器材工具大小五金電料油漆一應俱全
經理
國民廠飛馬牌厚薄帆布中一廠中一特號大小橡膠帶
HORSE BRAND
漢口黃陂街四〇一號
電話：三四三五號
電報掛號九四二四號

瑞昌泰五金號
專營歐美大小五金材料
如蒙賜顧
竭誠歡迎
上海大名路257號，電話：40979.

資源委員會
中央絕緣電器有限公司
（原名中央電瓷製造廠）
資
出品要目
電訊路線用各式絕緣子
無線電用高頻絕緣子
針式絕緣子 } 最高電壓 { 四萬五千伏
懸式絕緣子 連串使用可至數十萬伏
各式套管 十萬伏
裝燈、佈線用各式電料
耐酸耐熱陶瓷器
詳細出品目錄不及備載
營業處
南京 中央路許府巷口
上海 四川中路六七〇號
漢口 二曜路三號
重慶 兩路口金城別墅一〇號
天津 羅斯福路二三八號
宜賓 上硔通街二二號
撫順 永林區公園街八段一號
瀋陽 和平區中華大路四〇號
各處電報掛號均為三九一一（瓷）
電話
三三六〇二
一七一四三
三〇四一
二九二五
（二）〇七二〇
磁石機六號
五七八六
（三）分機六二二七號
雷電牌電瓷

中國工程師學會衡陽分會年會特刊

工程

三十七年六月六日刊印

總編輯　黃治明

編輯　左夢星（構造）　劉振寰（土木）　蘭世椿（機械）　張清漢（電信）　李爲坤（鐵路）

編輯　薛大中（機械）　范伯年（鑛冶）　黃劍白（造船）　潘世銘（美術）　陳偉英（校對）

會長　杜鎮遠　副會長　陳思誠　書記　陳宗漢　會計　詹永合

目錄

發刊詞

自助天助

——自進步中求安定，從建設裏謀統一。——

杜鎔

一般說起來，所謂天道是很渺茫的。但是細心的人們，如果仔細觀察宇宙的運行，生物的進化，人類的歷史，國家民族間的盛衰興亡，輕而至於個人的成敗利鈍，小而至於一事一物的臧否得失，都彷彿與這渺茫的天道，有血肉相連息息相通的痕跡。

就從耳目所及的現實來談吧，天堂地獄都似乎活生生的在我們現住的人間。想像天堂中的人們，可能是有合理衣食住行的享受，有安定快樂的生活，有自由獨立的意志，有不受匱乏飢餓和迫害威脅的保障，……。在另一面地獄中的慘況，想不外乎妻離子散，家破人亡，寒冷饑餓，貧窮污齷，再加上殘酷的鞭韃桎梏，無情的火熱水深，老幼男女都以垂死淒厲扎掙，來求生之獲得，……。讀者諸君，試閉目以思，天堂地獄，不是有幾分即在現實的人間嗎？

難道說是人種間有善惡的差別嗎？是地域間有優劣的區分嗎？是無言的蒼穹有什麽偏私好惡嗎？不，絕對不是。古人說「禍福無門，惟人所召。」又說：「天作孽猶可違，自作孽不可活。」讀者諸君，如能平心靜氣，以各人的生活經驗，或考究史乘中的興亡得失，都可以證明上面所引證的兩句話是相當正確的。

吾國自秦始皇一統天下之後，人民一直在專制暴政下，苟延殘喘的討生活。一人的喜怒，可以左右數萬萬人的意志和生活，數千年來雖有朝代之更替而無政治制度之改革，吾民族文化進步之慢，生活標準之低，官場中辦事的敷衍推拖和不負責任，怕均與這段不幸的歷史，有些關係。

現在繼八年艱苦抗戰之餘，內憂外患，紛至沓來，人心動搖，民不聊生。執政當局毅然決定實行憲政並召開國大，以結束這數千年來由上而下的專制政體，使我們能分享點現代文明之果的民主政治。眞算得一件値得慶幸的盛事。從此，如果能夠把握住眞正的民意，實現民有民治民享的政府，依人民的喜惡訂政策的轉移，即以中央政府現在政令所及的區域和人民，爲改革的對象，還是大有可爲的。而且如果我們做的好，使我們的同胞先能夠安居樂業，以恢復戰前的生活，再進一步使他們的生活狀況，能趕上歐美先進國家的水準，則眞會變成「耕者皆欲耕於王之野，商賈皆欲出於王之肆」的。又何患於人們的不望風景從呢？但如不幸，我們的「國大」仍不脫民元以來，歷屆議會失敗的窠臼，那麼「天視自我民視，天聽自我民聽」，是非曲直，是脫不了歷史的裁判的。

目下久亂未平，人心向治，生產停滯，建設當先。雖然陰霾籠罩了大地，而同時亦正可以看出一陽初動的生機。且國際間對中國問題的了解，亦漸透澈，我們殊無理由對我們的前途作過分的悲觀。但是「餡餅不是天上掉下來的」，是要大家誠心誠意和一心一德的努力爭取來的。

我們需要「安定」，不是停滯的意思。停滯是退步，是落伍，是製造不安因素的原動力。惟有從不斷的改革和進步中，纔能得到眞的安定。我們需要統一，但祇靠武力來爭取統一的，歷史上失敗的例子，已是數不清了。我們要從實行人民所急需的生產建設着手，改善同胞的生活，充實國家的力量，用活生生的事實去說服癡迷和頑固份子，以爭取民族的統一。亦唯有統一的中華民族，纔可以在這個危疑震撼的世界浪潮裏，獲得生存的保障。

地獄的門並沒有上了絕不可開的鎖，天堂的路亦不是捫參歷井般的高不可攀。祇看我們能否自助，——切實而衷誠的自助——富於進步性與建設性的自助。天道雖然渺茫，但是他的「無私」，他的「空而不空」，他的「無所不在與無時不有」，使我們相信，自助的人們必可以得到天的援助。

——三十七年三月二十八日於衡陽嘉樹軒——

本分會近年來之活動概述

本分會抗戰期內卽已成立，衡陽淪陷，會務中斷。勝利後於三十五年十二月八日上午在粵漢鐵路扶輪中學首次開會，始告恢復。當時新舊會員到會者約150人，選舉職員後由粵漢鐵路總工程司林詩伯先生演講黔桂鐵路工程特點如沙道阻力之試驗及橋樑材料之選擇等。

× × ×

卅六年二月二十一日至廿七日，本分會與粵漢鐵路同人進德會敦請湖南大學物理教授兼湖南省科學館館長方叔密博士由長沙來衡作有系統之講演，題曰：「原子能之研究」，共講七次。

卅六年六月六日本分會舉行慶祝工程師節大會，並發行「工程卅六年工程師節紀念刊」；上午舉行工程圖片展覽，聯繫新機車展覽，參觀粵漢鐵路衡陽機廠及衡陽車站與中正堂落成紀念，下午在粵漢鐵路中正堂開會慶祝，邀請地方首長並招待來賓，繼以餘興。

截至卅六年底止，本分會已登記之衡陽及粵漢鐵路沿綫之會員計198名，其中104名係36年度經本分會核轉總會核准之新會員，另有由本分會核轉總會尙在審查中之新會員31名。

× × ×

卅七年元旦下午，本分會在衡陽苗圃粵漢鐵路中山堂舉行年會，到會者約200人，改選職員並通過本分會章程後，由粵漢鐵路副局長兼機務處長茅以新先生講演題爲「從地略（Geostragy）亦譯爲戰略地理）上，看中國建設，工務處副處長吳廷瑋先生演講海南島工業建設。會畢攝影聚餐，並交換新年禮品。

本分會印有會員證，尙待製造鋼印，以便壓蓋相片，不久卽可分發各會員。

唯有立刻實行有計劃的建設，才能救中國，

唯有打開外匯的難關，才能够促進工業建設。

建設外匯基金的建立

茅以新

建設外匯基金

我國在建設的艱鉅途程中，所需要的外匯，無疑義的是一個驚人的數字。這個外匯的如何籌集與管理，及是否完美，實足以影響建設的進度，速度與合宜與否。爲顧及不妨礙普通進出口貿易起見，建設所需外匯，可以另立基金，依所可能獲得之國外信用，貸款，及普通進出口之許可出超部分，作爲建設外匯基金，然後建設事業之必須進口外洋材料者，可在這基金內動支。這種建設事業，同時期內可以進行的範圍，也可視此金額許可情形而決定。但爲廣泛採用人民承辦建設事業起見，利用這外匯基金來購買材料，不宜限制其購買程序與機關。易言之，人民聲請建設外匯時，經批准後，祗須保證其不移作所申請事業以外之用，人民可自由選擇其採購機關與採購方法。這裏主要的原因，又是儘量任憑人民利用他的聰明智慧來辦理他的事業。倘若我們能得到不祗一國的外匯信用或貸款或其他來源時，我們並可准許人民就其便利與適合，聲請其所希望的國別外匯來購置他所需要的材料。這樣可有一絕大的優點，便是某事業與供給材料者所發生的關係成爲多方面的，而不致被某一國據以爲特殊利益而妄想干預。

許可出超部分的價格

建設外匯基金的保證人爲國家。其保證物爲進出口貿易的許可出超部分。若有人疑問說我國向來未有出超，何能有這保證，這是不確的。以往的統計，多已將建設需用進口物資計算在內，而且戰前我國外匯率的異常穩定，足以證明我國的對外貿易地位不弱，今後的情形祗有進步，不致劣化的。況且我們都明白，我們不欲建設則已，或建設不需外洋材料則已，否則沒有出超貿易如何能建設。在這裏我們所以一致同意出超貿易的重要性，與我國建設的條件，是在提高可以出口貨品的生產量與價格。如桐油，茶葉，生絲，花生之類。中國的潛在力是偉大的，給以安定與保護，這些貨物的產量與品質都能增進的。可是增進的程度究竟也有限度，所以我們也迫得無從作過份的高度建設計劃。友邦的信用貸款，雖然可以提前一些建設，但並不能增加我們的建設範圍。倘如貸款的條件，不足以抵償建設提前若干年的利益，我們還是審慎些，不去接受這些貸款，只好耐心的等候先提高自已的出口貿易，再來建設了。

建設外匯基金的獨立

上面所提出的建設外匯基金，爲保證其完整與妥善運用，我們必須將其獨立，不令與普通進出口貿易相混。普通進出口貿易的管制是另一事，這裏且不討論。我又覺得爲樹立可以長久運用的基礎，這建設外滙，須具備基金性質。聲請的建設機關或單位，須以國幣現金，公司債票，或其他担保品，提供聲請外滙的交換品。其兌換率，須按公平市價計算。爲謀建設事業的陸續興辦，聲請人必須忠實其事，認眞辦理。不令有任何一次失於兌付其債票本息或其他應履行之事項，以保證基金的繼續服務。倘或事業本身有由國家補助之必要時，那是另一事。國家須規定必經過法定程序，根據事實與章則，另行頒給補助金或津貼。基金成立後，不論國營或民營，凡事業性質相同者，得享受同一待遇，絕不能任令現行的惡例，某鐵路是國營，即有優先取得信用貸款或物資，某工廠是民營，則限令繳納現金，方能取得善後救濟物資的習慣的繼續存在。凡事必根據章則與已公佈的條例辦理，事事公開，認眞公正，並能敏捷的應付，這是任何事業成功的最低條件，也是基金運用完美與成功的必備條件。

貸款建設

中國政府代表在華盛頓曾多次向美國政府代表進出口銀行談商貸款問題。中國政府確誠意的急需恢復緊急交通與工業用品器材，美國也極願在這範圍內同意供給這些器材。但是雙方談商，次數愈多，距離愈遠，以至今日，許多其他國家如法國，英國，蘇聯，意大利，波蘭，南國，希臘等國，都已獲得鉅額貸款，中國尚祗得到示意式的六千六百萬元的貸款而已。在中國尚未臻安定，金融未穩，外滙未受管制，建設基金也未成立的今日，美國的延遲貸款，事實上，對於我國的直接影響並不大，但是稍知雙方商談經過的人，對於雙方的鈎心鬥角與各人的幻想愚笨，雙方的單想思，必然要啞然失笑。

建設貸款的前提，爲計劃本身的價值

最初中國方面提出希望有二十萬萬元的美金貸款，並最好將支票簿交與中國，任憑中國使用。美國對於英國的三十七萬萬五千萬元貸款，除分數期支付外，事實上等於如此。以支票簿交與英國，聽英國自由支配款項，絕無限制，購買何項物品，更無必須經過美政府指定何處購買機關代爲購辦。這時美國政府的答復是請中國將用途列單送去審閱，

中國方面高興了，以爲貸款有百分之五十成功希望了，便不分晝夜趕開單子。試想這種閉戶造車的單子能盡善盡美嗎？美國方面接到單子後，認有不妥，又請編具計劃與說明。同時說且慢做全數，先做五萬萬元的。這樣變成四分之一了。中國方面想五萬萬元究竟比沒有好，便唯命是聽的修改單子，並趕編計劃與說明書。這種討價還價，所答非所問，各人拿出敷衍與應付的高明手段的態度，那裏在誠心辦理中國建設。雙方都像盲人騎瞎馬似的，糊亂交涉了一陣而已。美國是首先拖中國進四强的圈內的人，又對遠東抱有多重關係，如對日本之佔領，對蘇聯的均勢維持，對遠東市場的開發與保持盟主地位等等，使美國對於中國不得不繼續貸款的談商，不願斷然使中國失望而已，但也絕無誠意的。所以談了多久，除了上面所說的示意式的六千六百萬元購料貸款外，一無其他發展。

計劃書的提出人

這其中當美國人提出要計劃書的時候，雙方的認識與態度，眞是十分滑稽的。美國明知中國政府沒有計劃，美國實際上也不願中國政府立於對手地位似的，居於千百計劃中的每個計劃的提出人。因爲要有計劃書，走進一步的認眞行事。美國明知中國的建設事項不能全由政府一手包辦。在政治經濟極度不安的中國中，各項建設，也無從興辦。但爲使商談不致中斷起見，勉强出幾個難題，使商談拖延些時日而已。中國方面竭盡在華盛頓幾位少數中國官員的腦力，也不過在閉戶造車的範圍內，盡力編製一些想像式的計劃書，以應付美方，中國官員或明知這些計劃書應另由當事人與專家根據切實情形先作調查再來編製，不是少數在華盛頓的中國官員所能編製的，但是當事人還未指定，中國的工業化的方案還未公佈，若等候有了當事人，有了工業化方案的時候，再編計劃書則取得美貸款的機會，不將錯過了嗎？這足以表白雙方心理上的策略。既互無誠意，貸款自然也未成功。其中參夾美方忽以放款特權，授與調解中共糾紛的馬歇爾特使的一段，不過是政治式的穿插而已。中共問題顯然不能因馬歇爾特使的誘致而解決，貸款也可不必匆匆的實現。

計劃書是什麽

究竟美國方面提出所要的計劃書是什麽計劃書。最簡明的答復是一種切實的，有地名的，附有營業收支估計數字的「事業還本付息表」。事業所需的國幣部分如何籌集，負責人員履歷等等，也得附具。這些委實都無從臆造的。但確都是興辦事業的大前提。但爲立國張本計，這些計劃書只能提供建設外匯基金管理處爲止，未便盡待向美國方面請求備案或批准的，建設外匯基金成立後，我們可以要求美國以她對英國貸款的方式來貸款給我們。中國究竟是四强之一啊。

世界貨幣基金

現在世界貨幣銀行與世界貨幣基金成立了。這是給我們成立建設外匯基金的絕好的機會，不過世界貨幣基金的目的是穩定貨幣比率，而主要的是藉此維持世界貿易的預定數額。這預定額是經會議程序決定的，所以這基金似乎附帶有列强國支配弱小國的意味的。不過這些我們可以不管。只要我們誠意的想恐自已出超的力量來取得我們建設需用的外洋材料，我們可以藉美國貸款，或世界貨幣基金等，以提前實現我們一部分的建設。不過我們不要忘記，除非我們出賣我們的一部分，我們建設進口部分材料數額，是以對外貿易出超額爲最大限度。不論貸款或世界貨幣基金都不能增加這限度的。

建設終須有計劃

誠意的說，興辦建設事業，確實要從計劃開始。計劃是一切步驟的第一步，也無從避免的。現在不論國內政治經濟金融如何不安定，計劃仍可着手編製我們也可請許多友邦專家來幫我們編製計劃。計劃有了，倘如政治金融仍不安定，我們可進一步辦理測量，標準，訓練，整理這些工作。同時積極謀增加出口貿易，以積聚我們的外滙存款，增强我們日後的建設外滙基金。這樣的做，我們一樣可以不損失時間。甚而政治不安定的延宕，還更可給我們完美我們所編製的計劃，完成更佳標準，訓練更多人才等項工作的機會。但是我們希望努力協調政治的人，切不要因此而鬆懈他們的努力。建設工作得早一天開始，究竟可以早一天完成啊。

中央計劃機構

我有時疑問，這急待編製的計劃，何以不能早早着手？編製這急待應用的無數計劃書的大前提是什麽？這樣我們才推想到計劃的重要與它的必須先行着手。這使我們立刻想到我們不是有中央設計局嗎？不錯，倘若中央設計局本身加强些，他的工作，多受外界注視些，他的地位更予增高，再給以相當時日，這正是「計劃的規劃」的大本營。我們希望大家注視中央設計局。要他從現在的僅是審核各機關預算的另一衙門的地位，從速改善以期早日負起規劃國家建設與復興的大計的責任來。

結論

1. 我們都承認建設事業必須立時開始，不能再遲。我們同時承認我們的潛在力是偉大的，每年的國民積蓄與許可出超數字是相當大的，所以我們已具備建設的條件。
2. 建設必須進口器材物資與技術。易言之，建設必須外匯。但我們不能以我們全部的輸出所換得的外匯作爲建設需用。我們經常的消耗與日用品的一部分，也必須輸入，必需外匯。所以我們只能以許可出超部分作爲建設之用。

3. 我們應以這許可出超部分的外匯，作爲我們的建設外匯基金的保證。成立建設外匯基金，不與普通外匯平準基金相混，以利建設。建設外匯基金必須獨立，管理必須嚴密。

4. 我們有了建設外匯基金的基礎，便有資格向世界貨幣基金申請貸款，增厚建設外匯基金的力量，以促進建設的提早。

5. 政府估量國民能力，可採取以某宗輸出的全部或一部份作爲建設外匯基金。其數額須近於國家許可出超部分。例如以鎢砂，銻，錫，等數項由國家統制後，出口易得外匯，全數撥充建設基金。其他輸出則作爲平衡對外貿易之用。這樣我們就能估計建設的步驟了。

6. 向建設外匯基金申請貸款的創業人，不限政府機構。反之完全以創業人的能力爲判斷。創業人有能力經驗者，計劃能實行，有還本付息之可能者，不論私人公營，均可貸款。如此希望藉基金的建立，可以促建設事業的猛進。

7. 國家建設大計，終須有宏遠的計劃者。而一切的計劃，又必須根據於實際調査。中樞的中央設計局肩了這個使命，而可惜未作應做的準備。爲建設前途計，希望中央設計局或其他機構認眞的規劃進行。

10454

人類生活的安適與快樂，全靠其所能支配的各類資源，

要是沒有資源，其命運必遭不幸。

論世界資源

舒鴻藻譯

近代戰爭可說是一種爭奪世界資源的戰爭。科學與世界秩序會議中英國C.h.desch.Frs對世界資源問題詳加闡明而成此篇，立論多有可取，可供研究世界資源問題者之參考。
譯者註

人類生活的安適與快樂，全靠其所能支配的各類資源，要是沒有資源，其命運必遭不幸，所以資源的數量及其正當使用是爲目前急待研究的主要問題。

地球上的天然資源，非常豐富，足以維持比今日人口還多時人類的健康與安適。但是這些資源在地球上分配極不平均，這種不平均，實爲造成今日世界上許多經濟與政治困難問題的主要原因。我們應該使各國人民知道，這些資源問題，可以影響社會之安定。在大西洋憲章第四條亦已說明，更應該知道許多資源並非用之不盡，無節制的開發足以影響後人。所以使資源必須用之得當，並求利益均分，更需要有一種計劃的管制。

天然資源可分四大類：（1）土壤，（2）動力的資源，（3）礦產（不同於第二類者）；及（4）農產品（包括農作物，畜產，及其他由未經開發森林所得物資）。有些資源一經使用，便永不復得，有些則尚可復得。譬如農作物每年可收獲一次，木材則經一較長時間亦可望生長成材。所以使用第一種資源，如同使用資本，使用第二種資源，則似消耗利息，此種區別往往被人忽略，即在戰時亦常盡量使用資本，而不注重利息的增加。農業不斷的爲工業礦業而犧牲，所以天然資源的正當使用，即是其兩者間應保留一個正當均衡問題。

土壤爲農業主要財產，其得自天然，但亦可藉人力改善或摧殘。不毛之地可藉耕種方法而使肥沃，同時繼續不斷種一種作物亦可使土壤漸漸貧瘠。大多數農業國家的土壤經過過度的消耗而不使用人工肥料，已經降低其肥沃程度。以土壤當作資本，在中國可得證明。中國人利用廢物施肥土地，得保持土地繁榮，以維持龐大人口至四千年之久。此外土壤侵蝕（Soil—erosion）問題近年來亦已引起人們注意，其嚴重性亦爲人所承認。雖然認爲可以國際技術合作方法解決此種危機，但仍爲一個關係單獨國家的問題。譬如在非洲因爲增加家畜繁殖，特別遭山羊的的摧殘，光地愈來愈多，繼之被陣雨洗刷，荒野程度日甚一日。除非列强注意合作而採用一個有計劃的非洲殖民政策，任何農業改良方法不能實行。

森林及草原的摧殘，不顧保護只管强迫耕種，冀能增多收獲，實爲北美廣大土壤侵蝕的主因。爲發展工業到處破壞許多耕地，如利用耕地建築工廠，築公路，鐵路，飛機場等。雖然根據經驗，有計劃的利用可以避免許多浪費，仍然不免破壞許多耕地。同時開礦亦破壞大量土地。過去一世紀爲了無節制開發煤礦，英國北部及中部有許多地方已蹋下去，現在已成沼澤。在德國因爲土地珍貴，破壞土地的復原工作及採用其他補救方法，已經減少不少損失。開採沙金亦破壞大量土地。18 9年華盛頓農業局統計加利福尼亞因此類災害損失每年達2,400,000磅。

動力的資源可分兩種：一種爲可復得的，一種爲不可復得的。不可復得的用途極廣，包含煤礦油及天然氣，可以復得的包含水力，太陽輻射之直接應用，及今日各種燃料來源，如木材及酒精等。這些資源都是積蓄的太陽熱，但煤與油則僅能在特殊條件之下，經過若干地質年代而成，其他資源則年年可以利用。我們似乎應該建立重要工業於可避免用煤的區域。如同在挪威，瑞典，阿爾卑斯及太平洋海岸情形一樣。動力可以輸送很長距離。水電力估計僅佔世界上所利用的能力的百分之一二五。世界水力儲蓄估計爲320,000,000 馬力，我們應該多多利用他。潮水能力並非得自積蓄的太陽熱，而爲得自太陽及月亮對地球之吸引。這種能力雖然多，但僅能在幾種特殊情形之下，可以利用。西佛耳水柵（Fevern barrage）便爲此種利用最著名之一種，但亦僅佔英國全部需要十三分之一。因爲該種利用需要大資本，未便普遍施行。

再講太陽輻射的直接用途，如多霧的英國是不必談了。但在埃及已可小量利用，在那裏可以用鏡子反射日光於籐的水壺而能發生蒸氣。我們可能指出許多集中能力的有效方法，以高壓輸電方法可能使非洲沙漠成爲動力分配中心不盡的地球的中心熱力，目前僅不過使用其一小部份。譬如來雷克雅維克用火山的水泉以煖房屋，在意大利北部利用噴氣泉的蒸氣作動力廠的原動力，即爲其例。原子能力則不擬在此討論。

世界上所用大部份動力得自礦產。目前每年消耗煤爲1,300,000,000噸，油爲270,000,000噸，天然氣爲55,000,000噸，煤消耗數量差不多維持

常態，後兩者之消耗則日漸激增。這種現象不是由於因爲減少用煤數量，而是因爲用鍋爐燒煤得以經濟。一九三七年英國電力站燒煤所得效率與一九一〇年是否相同，以其消耗數量由29,000,000噸變爲11,000,000噸便可知道。即在目前仍有可以改善效率之處，原煤變爲焦煤時可以產生許多有價值的副產品，化學家對原煤的燃燒認爲可惜。電力站排出之蒸氣實是一種熱的浪費，爲什麽不改變計劃，利用牠作家用煖氣。這種計劃英國工廠已採用多年，現在蘇聯亦普遍採用。

世界上煤的資源尚可用數千年，即英國煤儲量亦可够數世紀之用。自從自動車及空運事業發達以後，油及天然氣已經十分重要了。據估計大多數油田只有有限的壽命，究竟還有無未經發現之新油田，實難預測。用綜合法可由煤中提出汽油，由無用植物發酵可得酒精，即說明可以得到其代替品。

動力的使用爲工業落後國家建國的基本問題。自從工業革命以後，已經藉使用機器而增人工的生產，其整個進步趨勢即是以機器代替人工。運輸工具之改良，得以利用世界的物產的資源及食料，並造成工業產品之市場。利用高壓電長距離輸送能力而可將工業分散，城市過度擁擠產生災害的補救方法，亦隨之引用蒸氣而發生。生活標準的提高，暗示代替人工或畜力的機械力的增加，家庭操作亦不能例外。

據估計1936年使用動力及人工熱力的不同種類，其中63%得自煤，18%得自油，12%得自木材，5%得自天然氣，2%得自水力。最後一種無疑已相當增加，但是遙遠的地方還蘊藏着大量的這種資源。

動力正當使用爲戰後世界重建計劃主重部份。在工業先進國家其主要問題是如何經濟使用。這個世界實在不能再浪費其寶貴資本。這種浪費的結果對十分需要資源的一些有悠久歷史工業化國家予以嚴重打擊。鄉村因利用動力得益較工業城市則少。但是有些國家已經克服了動力分配的困難，譬如在瑞士農莊使用電氣設備已在邁進中。至於使用汽油曳引機早已非常普遍了。

在工業落後國家，他們大部份靠農業，問題又不同了。這種國家佔有世界一半人口，有些國家全靠農業，需要運輸使他們交換產品以提高生活標準。有些國家已經很進步，但仍保持爲農業國家，而運輸仍然可使其提高生活標準。無論在那一種情形之下，都有工業國家供給其產品的需要。

據估計手工工人和他的牛馬所作的機械的工作總量並不太少於燃料及水所產生動力總量。人力及畜力得自太陽熱。一個人大概平均消耗二十倍能力用於獲得食物工作，英國每一農人生產食物足够維持十八所需。所以人口增加之限制，不關係農人之生產力，而在土地是否在肥沃區域。

上面已經講過礦產燃料，應該當作資本一樣看待，一經消耗便永不復得。現在再講到金屬礦。目前金屬用途極廣，每一種工業發明都影響一些礦產需要的增加，蒸汽機影響煤的需要，內燃機影響油的需要，電力工業需要大量的銅，飛機的發明促長目前鋁及鎂產品的製造。由近年來礦品生產數量增加情形，大概可以推測未來的趨勢。據估計本世紀最初二十五年，礦產開發數量，大於有史以來開發總量。礦產一經工業使用其需要量總顯示着一個穩定增加率，即在一定的若干年後增加產量一倍。以1860至1914年而論，煤（包含褐炭）及生鐵均十七年增加產量一倍，銅爲十二年，錫爲十八年。石油在1890年保持一個穩定的增加率，此後每八年半增加產量品一倍。自上次世界大戰後煤產稍稍增加，油的增加率則仍保持不變，這種增加率似乎可以保持至再一世紀，但是這個比率僅就西方各國生活標準所需金屬與動力而言。中國消耗極少金屬，龐大人口多利用可復得的天然富源，而少使用礦產。印度及非洲情形相同。我們可以假定保持目前的平穩的增加率的，僅限於幾種主要礦產。

地球中的任何一種礦產蘊藏之估計，都受各種假定的支配。某種深度地殼中的物質總量已經準確估計，但是在這種估計數量足能使人驚奇。鎳儲量爲鉛的十倍，爲錫的一百倍。鉛比銅儲量更多。上部份金屬散佈於岩石中，或是一種極精細分子，或爲稀薄溶液，在這種情形之下，實不能用工業方法提取。此外含有百分之二十的鐵的礦便認爲是壞礦。所以金屬之價值及提煉之困難爲決定儲藏可否利用的主要因素。大多數金屬只有能藉地質作用得以集中的礦方可開採。今日世界上的百分之九十的鎳取自渥太華的一個大鎳礦。錫礦亦有地域性。雖然可能在將來發現新的大礦。可是這種希望似乎極微，加拿大原始岩石區域仍被森林所密佈，可能有所發現，但是即或有之，其礦產品增加，亦必須採用非常有效的探礦及開採貧礦辦法。後一種是由於人工集中方法改良而產生。浮選法（Froth Flotation）的發明，已普遍用於選礦，希望更進一步自深礦中增加產量，自必費更多資本。

開礦之改良，似乎在由礦中取其有用的物質，尤其是開油礦應該如此。由礦裏提取有用礦產有時尚不足彌補提出來大量不值錢的低級礦量。在經常情形之下，開礦已有採取可以立刻獲利的礦產之趨勢，這種開礦辦法，如同外商取得開採權急求利潤的情形一樣。1937年國際聯盟報告中亦曾提及此點，有幾個國家對資源採取保守政策，拒絕讓外人開採。討論原料的國際管制計劃必須注意及此。

再講金屬的經濟使用的改善方法。經過工業使用時期以後，金屬將成廢物。即不說全部，最少有些必成爲各種廢物。鋼由生鐵而製成，直到1914年世界生鐵產量仍多於鋼。1914年以後，因爲用大量廢屑送入熔鋼爐，鋼產量方大於生鐵。不是說每種金屬都能這樣復原。因爲生銹及浪費，每年損耗金屬數量甚大。利用廢屑復原一點，對其他各種金屬亦極關重要。以鉛與銅而言，將來亦須採取與鋼的同樣辦法。至於其他許多金屬，特別是可用作合金的稀有金屬浪費甚多。如何補兹此諸點，自有客觀將來甚缺的研究。鎢鉄儲藏量有限，但是以錳鐵一項而論，已經消耗大量的錫。

技術的進步，增加需要許多地球中數量有限的礦產。電氣工業的主要需要爲雲母。近代工業（特別是飛機及高速度機械製造）及需要高溫度的化學工程，大量需要鋼及其他結構金屬，同時需要一些稀有金屬，如鎳，鎢，鉬，鈷及銀等。這些儲量有限且富有地區性。錫亦有同樣情形。除非能發現新礦，否則有些金屬很快就會用盡。現在大部份研究工作直接集中注意於經濟使用及復原辦法。軍需品製造則大量需要用作合金的稀有金屬之供給，代替品的發明至今還是很少。

金屬礦產並非爲近代社會的唯一不可少的礦物，譬如農業肥料所供給的氮，炭酸鉀及磷即是另一種必不可少的礦物。智利硝酸鹽僅在南美有些無雨地區發現，牠完全具有特殊地質條件，牠儲量顯然有限，預料可能提盡。1898年因爲提盡土壤裏的氮，預測將發生小麥災荒。現在已經發明將空氣的氮變成混合物以代替智利硝酸鹽，各國正可利用水力或便宜燃料製造氮的混合物以圖硝酸鹽的自給。豆作物的正當用途亦爲另一經濟辦法，因爲牠可以吸收大氣中的氮，有些地方可用自然方法集中炭酸鉀，因爲戰時的需要各地已實行此法生產。講到磷，問題更嚴重了。雖然磷分散甚廣，但數量不大，其中許多爲無機體。耕種消耗了有磷土地，在西方各國處置潛中廢物方法，將廢物中含有的磷送入海中，亦有損失，似乎有許多應該改善之處，譬如廢物流入海中，其中即包含許多有用的的有機物及礦物。所幸在製鋼程序中，能將礦塊中小量磷集中於溶滓中，這種副產品可爲很好的肥料。

用人工方法製造鐳的代替品便是製造金屬代替品顯明的一個例子。鐳爲一種稀有金屬，生產僅能以公分計，其用途甚廣，尤其是在醫療上用途極多，如將其儲量用盡，影響醫療方面甚大。所幸近代原子物理學發明其代替品，可作醫療之用。其他有用金屬迄未發明代替方法。

天然資源的經濟使用，是盡可能利用可以復得的物資代替不能復得物資。以金屬代替木材製造家俱，實屬不當。以前似乎認爲以植物產品代替金屬是爲不可能，自從發明可塑體以後，完全證明此種假想可成事實。有機分子靠本身連合的力形成一個大的機械力。紡織纖維的張力比相同直徑的鋼絲的張力還大，人造松香分子亦能成同輕金屬一樣的硬體。可塑體種類甚多，可用各種不同原料製造。煤蒸餾副產品可得因醇，空氣中的氮，二氧化炭及水可得尿素。酒精及其相似有機物可得他種混合物。人造松香亦爲一種極脆的可塑體，如紙，木或紡織纖維素中摻有此種原料，則可加強堅固。很奇怪的大軋床的軸承可用新的可塑體片製成，以代替青銅，且可增加使用壽命。由此推測將來可能用水代替油以作潤滑劑。橡膠亦爲一種天然可塑體，與金屬完全不同，但是抵抗砂礫磨擦的彈力性，其效用可與幾種合金鋼相抗。天然橡膠的生產限於有氣候性的地區條件，上次戰爭中來源斷絕促成大家對人造橡膠的研究，現在已能大量生產，且具有各種有價値的特性。

我們不知道植物究竟包含一些什麼神秘的東西。向日葵在短短時間由空氣中的二氧化碳與水以及土壤中少量的鹽而長成一顆很大重的新種子，但是牠的化學結構則極複雜，不僅僅含有纖維成分（如纖維素）並含有油，有色物質及香料。受日光及接觸體的影響，植物產生許多混合物，這些混合物僅能在試驗室中用試藥及高溫可以分析出來。有些複雜物質（如植物鹼質）即用此種方法而得。所以我們似乎應該致力研究取用各種植物中有用的東西，並對該類植物選擇育種並小心種植。本世紀初印度的靛青工業因德國的人工產用品的競爭以致失敗，如果印度肯化一筆如同德國用作選擇育種試驗用費，此種失敗似可避免。1914至1918年因德國來源斷絕，印度靛青工業才能得以復蘇。

許多特種用途的產品可得自小有機體的動作。長久以前發酵即用着製造酒精及醋。用其他許多有機體可以製造出來濃酒精甘油及檸檬酸。其中許多爲可塑體原料，與煤燃料所得大量副產品，可以供給無限最新的物質，其實用的重要性亦與日俱增，這便是可能挽救天然資源枯竭的極顯著一個例子。

木漿不僅是造紙原料，且爲許多人造纖維及可塑體的原料，對於民生之重要日漸增加。爲製造木漿及其他用途消耗許多木料，各處森林均遭摧殘，必須如同瑞士一樣採取代替辦法，方能挽救森林資源的摧殘。

注意土壤的有效使用及地球上各地域的氣候等問題的農業研究及計劃，其主要條件爲使食物及原料足够增加人口的生存，並維持改善其生活水準之所需。這必須靠一個極大的國家合作計劃了。同時所謂礦產管制，目的在開發豐富而可立刻獲利的礦，並不使開礦傷害農田。是種管制是遏止爲商業而浪費各種有價値的金屬。

再講英國在戰前已經成功的關鍵工業（幾種金屬橡膠糖等）製造商所組的聯合團體。其中有些製造商組織工業同盟（Carte ）有些組織性質較廣，其中包含有構成此種組織的消費利益的代表。鎳鉛錫及銅製造商成立了發展聯合會，供給此類金屬的消息或有關研究結果，工作成績甚佳。錫業及聯合團體中即包含有英國政府及荷蘭保國各方面代表。這些團體供給與他們有關的各種金屬儲量及生產等等報告。這些報告無疑有助國際當局的參考。

有關天然資源（包含可利用的水力及原料）資料的搜集及系統的研究爲新當局應注意的主要工作。許多問題已經在世界動力會議及國際地質會議加以討論，無疑的應該作更進一步的探討。近年來美國對此已經作了許多有價値的工作，其他各處對於所謂“戰時物資”（戰時無來源者）的探討亦曾稍稍努力。這類研究直接注意到其他許多問題，譬如用改良的集中方法處置貧礦，當富礦用盡以後，這種政策的採取似爲必需。此次戰爭中同盟國之合作已經證明資源的開發及分配的管制有助於和平恢復。近年來工業界保守秘密現象逐漸減少，同盟各國及各國工廠已有被迫交換有關原料生產技術消息趨勢。這些新的改善辦法，既可得永久效果，又可助合作，現尚遲遲不能實行。

全形的國際資源最高統治似尚不能立刻設立，但可先研究油橡膠煤木柴等幾種重要礦產製造商的國內聯合團體對商品的國際管制的幫助，更進一步研究對“國際原料同盟,,的幫助。（除煤與油而外的動力資源亦須包含在內）這種同盟包含各國消費及生產代表。如同盟國政府願意聯合保護生產及消費利益以求商品管制，則該種同盟統治權便可建立起來，並能逐漸推廣管制的商品。由於此次戰爭的需要，中英美蘇荷已經聯合採取此種步驟。不過仍需要有一個組織，研究如何經濟使用天然原料，以造福人羣，有用的燃料及貯蓄能力的方法改善，直接或間接由植物中提取礦物的代替品，太陽能力的直接使用等等，都是急待研究的問題。此外尚有許多關於提高營養標準與居室標準問題，亦待研究。

科學與世界秩序會議擬有一個世界資源局計劃，其要義如下。

物資來源的保存應認為需要。要想達到此種目的一個必須條件，一定要有一個機構十分明瞭資源情形及其效用，指示各有資源主權者如何能善其利用。此種組織最初即應具有國際性質，否則不能遏止不調和的發展，此類不調和的發展，過去造成許多經濟危機及戰爭。因此，應該設立一個與國際勞工局平行的國際資源局。

國際資源局計劃的許多工作中大部份現在已由各地方或國家機構實行，但是很少含有國際性。國際資源局的目的，並非想消滅這些地方的或國家的機構，而是加強其工作，以求擴展。這個局的主要工作如下：

（一）資源材料的搜集及統計分析
（二）資源與技術消息的傳播
（三）根據國際觀點調和現有聯合團體
（四）新工業及科學研究的促進
（五）監督各種標準，分類及工業法規之制定
（六）用會議，展覽，比賽，獎勵等方法促進工業進步

國際資源局不僅注意有關資源本身問題，且注意有關資源的主權問題，所以必須與國際勞工局密切合作，方得奏效。

10458

工程師是個多麼神聖而光榮的職業，

但是他們中的成功者，却亦不是偶然的。

工程師應有之基本修養

林家樞

建國首要端在民生，蓋民爲邦本，解決民生問題，方足以增植民力，民力充足，再進方足以言政治、軍事、國防、教育、道德，而立國於世界之上。解決民生問題之途徑，誠如衆所周知，除非積極發展經濟建設莫由。而主持策劃設計，以至完成經建事業者誰歟？則又非吾工程師莫屬。猶如原動力之於機器，是工程師對於一國之興亡隆替，其地位之重要可知。吾國長期抗戰之餘，復繼以內亂，國力空虛，民生凋敝，吾工程界報國有心，職力無從，其苦悶何如？惟天若不亡中國，戡亂工作，終有完成之一日，吾人所憧憬之大建設時代，自亦將隨之而來臨，而將來吾人所應負之責任，亦必益加艱鉅，亟宜借此時期，加强充實吾人自身蘊蓄潛力，以爲將來報國之用，是則作者提出本題之動機，並就個人體驗所得，略舉數端，有如下列，藉以引起吾工程界同志研討之興趣，亦聊示拋磚引玉之微意云爾。

一曰學問 吾國實業原屬落後，晚近雖倣法歐美，亦步亦趨，然他人日新月異，闊步疾馳，吾人則方步自如，永遠追隨不及，長此以往，縱僥倖國家不淪爲殖民地，亦將永仰他人鼻息，獨立自主，徒托空言，亟應迎頭趕上，以圖挽救。學校講授應儘速採用最新課本，個人參考進修，尤應廣搜最新資料，不斷力行。國家對研究所應儘量鼓勵擴充，公餘課外之讀書會座談會應儘量組織，以資互相觀摩策勵，充實最新技術知識。

二曰經驗 學以致用，實驗固以學術爲依據，學術亦因實驗而印證闡明。學驗並重，早爲公認之定論。吾人從事工程事業，應儘量爭取增加經驗之機會，政府宜儘量多派人員出國考察，並鼓勵國內組團參觀。

三曰精神 工程師既以服務人類爲終生事業，履野拓荒，開天闢地，改造大自然，彌補天地間物質缺憾，工作艱苦深鉅，故必須培成堅苦卓絕百折不撓之精神，方足以克服困難，趨向成功之路。

四曰體力 工程師擔負工作多屬艱鉅，既如上述，自非有强健之體力，不足應付。吾國工程先進每當其學驗地位到達相當高峯，正是推進事業良機之際，或則中途凋謝，或則衰老，不勝繁劇，以較歐美之人，方稱盛年，輒有遜色，寧非可惜。故工程師對身心體力之鍛鍊，實應爲基本修養之一，而三致意焉。

五曰常識 經建事業之實施與發展，與國際大勢，社會環境，民生需要，息息相關。故主持工程者，除學問經驗外，必佐以豐富之常識，方有遠大之眼光，精密之計劃，明確之判斷，妥善之人事佈署，應隨時隨地，排除障礙，克服困難。

六曰行政能力 行政爲推動事業之原動力，已往工程人員注意力多偏重於純技術方面，而對於行政則漠不關心，毫無修養。一旦臨事，泄泄沓沓，捉襟露肘，其影響於事業之經濟成敗，至鉅且大。行政要端不外下列三事：一爲人事管理，在吾國社會環境，尚在人治，未達法治情形之下，一事之成，七分在人，三分在事，故首應擇人。依其能力品性，予以適當工作，以達人盡其才，才盡其用之目的，再輔以聯繫指導，則人事問題解決過半矣。次爲調度支配，此點對於工程之成敗，完成之遲緩迅速，至爲重要。主持工程者，倘能於事前對於事之本身，先有全盤之瞭解，縝密之計劃，實施時對於款料工三項，作適當之調度配合，不特事業之成功成竹在胸，且可收事半功倍之效。三爲手續，工程不難，結束手續實難。工程界同人以雖對之，殆有同感。往往結束辦理手續時間，恒倍蓰於完成工程所需時間。且同條事業機關，所採取之工程手續表格，多互不一律，而愈演愈繁雜，解決此一問題，第一應由主管最高機關，釐訂簡化標準化之工程手續。如前此之鐵路會計則例，處理材料帳等辦法然。第二主持工程者對會計材料帳，理應有相當瞭解，並予注視。第三主持工程者對工程手續應有隨辦隨消之決心與精神，一掃以前先趕工程，後辦結束之習慣。第四爭取政治主動，已往一般人見解，以爲工程師應處於超然地位，不捲入政治漩渦，以致工程師永遠處於被動被用地位。此說實則似是而非，第一國家興亡，匹夫有責，吾人既爲國民一份子，自不應置身事外，妄自菲薄，放棄責任。第二吾人畢生所致力者既爲專門技術，對於經濟建設部門之規劃策動，見解應較周密，計劃應較詳盡，推行應較熱誠，今反拱手授人，俯首聽命於人，甚且工程計劃受財務之支配限制，而牽强遷就，不特爲天地間至不合理之事，抑亦建國前途之一大障礙也。

以上所述，不過舉其犖犖大端。深望我工程界同人，聞風興起，闡發而詳明之，本自强之旨，作充分之準備，以迎大建設新時代之來臨，國家前途，庶乎有豸。

在中國現代化的過程中，我們應以什麼態度去做些什麼呢？

現在是個什麼時代

敬　熙

原子彈剷平了廣島和長崎。有些新聞記者的標題是「原子時代到了」。輕金屬（鋁。鎂。鈹）的使用一天廣一天，有人就說鋼鐵時代已過，輕金屬時代來了。化學工業日見進步，從空氣。煤。木柴。大豆等原料造成種種炸藥，藥品，染料。人造纖維。范型物（Plastics）等等的物品，比一些天然產物，生產費低，而還更適用。有的作家就叫現代為化學時代，採取稍為比這更廣闊一點的眼光的人，看見了物理學和化學的進步達到一種程度，使工程師們，按他們的需要來製造要用的材料（例如，各種性質不同的合金，不潮溼的絕緣品等等），就想給現代起個「人造材料」時代的名字。現代的名字已有了這幾個，究竟我們應該用那一個呢？

這些名字都不切確，都不夠廣。人類現在才真真的走入科學時代。這個意見，好多人聽了必以為奇怪。自英國工業革命以來，科學在工業上的應用一天大一天，為什麼說現代才是科學時代呢？因為到了現在科學方法才使用在人生的各方面；科學方法才影響了各種人的思想。這次大戰，在美國和英國，不但數學家。物理學家。化學家被國家徵用，而生物學家。心理學家也須為國服務。這正是因為戰時必須使用各項的科學知識，並且發生許多問題，必須經過各種專家的研究才能解決。例如，英國在戰時食物輸入減少，必須採按口授糧的辦法。經過營養專家的設計，才有良好的辦法。在戰時，英國不但免了糧食的恐慌，而且保持了一般人民的健康。又如，航空工程師造成了高速度的飛機，但是沒有多少人能駕駛，必須經過生理學家的研究，找出不能駕駛的原因，改良了設計，這高速度的飛機才能有用。再看美國有名的TVA。這是利用科學改良人民生活的一個最好的例子。這個機關所用的不僅只是水利工程師。氣象學家，農業專家，化學家。也有生物學家和醫生。他們不只是應用他們的專門知識，而同時做種種的研究。這些研究工作並不專以應用為目的，而常常是一些理論的問題。例如，管理水流的部份固然是有一定的日常工作，根據區內各地的天氣和水文的報告，推測各閘的水量及如何開放或關閉各水閘。但是他們也研究怎樣利用自然的環境管理小河流的水量（一個實用的問題），和落雨後滲入地面下的水量如何流入河中（一個理論的問題）。又如，管理瘧疾的部份，除了瘧蚊的研究之外，還注意到河流之中各種生物怎樣保持他們的平衡——也是一個理論的問題。並且這一部份的人更須努力使防瘧的各種方法適合當地的人民生活程度，以求能得實效。以上所舉的例子，可以見出科學知識的應用不限於物理學和化學的知識，而且也包含生物學的知識。更重要的一點，是應用科學知識的人處處採實驗的態度：根據已知的事實和已得的知識，定出計畫，計畫能得效果與否，全靠實行後所得的結果來斷定；如得到預期的結果，計畫成功；如得不到預期的結果，就按所得結果來改正計畫，再去試辦。這種態度表現了科學方法實在影響了解決人生問題的方法。在美國和在英國，和青年人談話，往往使人覺到，他們對於各種問題都採這個科學的實驗的態度。由關於蘇聯的報告看來，蘇聯也是採這種態度。為了這個緣故，所以我們說，現在人類才真真的進入科學時代。

但是我們中國離這科學時代還遠呢，真真是遠得很哩。中國自己從未有過近代科學。近代科學必須由歐美輸入中國。在抗戰以前，輸入的科學方在萌芽，還沒有長成。每門科學之中，真能做工作的不過只六七人。而這六七人之中，傑出的往往不是在外國，就是在外國人在中國設立的機關服務。科學並沒有能在國內生長得住，更說不到能對一般人有何深的影響了。甚而至於科學的器具我們都不會用。三四十年前北平的自來水公司曾鬧過丟掉水管地圖的笑話。但是十年前我們的一個學術機關也曾失去了新蓋的大房子的電路圖。汽車輸入的數量年年長；可是過重和其他的濫用，使有名耐用的福特車到中國人手裏也不經用了。

可是我們倒是已經有了一些虛驕的見解，為努力輸入科學的阻礙。下面所說的就是幾個顯著的例子。

第一。我們中國是現在存在的最古的國家之一。我們以久遠的歷史驕人。中國誠然有長久的歷史；但是最古的國家並不是一定永遠存在的。

第二。我們誇我們古代的文化。在唐太宗的時代，中國是當時世界最文明的國家，這也是的。但是一個窮鬼想念十年前家裏富有的時候的盛筵能止住他目前的饑餓嗎？往日的榮華救不了眼下的貧困。

我們的祖先在藝術文學上確曾留下不少的好東西，但是我每次看見一位我們的「文化人」，含着外國香煙，喝着咖啡或外國酒，坐在舒適的沙發上，賞鑑一件殷彝，周鼎，秦磚，漢瓦，宋磁，或康熙的五彩；我不禁想到，這位「文化人」知道不知道，這件東西不是當時的「文化人」，而是當時他向來瞧不起的工人製造的？這位「文化人」肯不肯出一點汗，流一滴血，創造我們今日的文化？歌頌以往的成績，那只是遮蓋現在的懶惰！

第三。是關於我國「精神文明」的鼓吹。我們先哲有他們的哲學。但是他們的哲學並不一定比外國的哲學高明。自從梁漱溟先生發表了他那一本狂妄陆說的「東西文化及其哲學」之後，復古的言論時時出現。近年來出的揉中外於一爐的烏煙瘴氣的「哲學」書更多。前些日子我遇見了一位想創造國際語言的一個英國人，他說，中國文字完全是一種分析的文字，用中文寫廢話（Nonseuse）想是不可能。我恨當時手下沒有一本這樣的「哲學」著作給他看看。這種廢話是自欺，麻醉自已，使自已不求長進，並且可以給自已招來將來的大禍。日本不是曾經鼓吹過日本的「大和魂」「武士道」的「精神文明」嗎？

第四。最荒謬的是說，中國民族是世界上最優秀的民族。幸而這種議論尚不多見。覆車之鑑，並不在遠。德國的納粹，日本的軍閥，都曾說自已的民族是世界最優秀的民族。這種謬論必須撲滅！

知道自已不如人，才能努力趕上人。在「五四」的時候，我們曾經一度承認自已在學問上比外國落後。但可惜結果是只以「科學方法」整理國故。現在更該醒了。沒有科學，不能有工業；同時工業發達才能更促使科學進步。中國工業化的問題，是在人人的心中。提倡科學的呼聲却低了些。唯其我們要工業，更不能不要科學，要科學，我們就不能不承認比歐美先進國家差得多，這樣我們才能真真的努力去追趕。

我國是個窮國家，尤其在現在這個時期更不能像美國每年用幾萬萬美金提倡科學研究，也不能像蘇聯有那龐大的科學院。據N. Derjavine所寫的L. Academie des Sojonces deL. U. R. S.S.在一九四四年，蘇聯科學院有研究員一百五十人，通訊研究員二百三十名，各項科學及技術人員四千七百人。我們政府至少須使各項研究機關能盡量利用我們現代所有極少數的科學家，使他們能安心工作，繼續發展，並且能教出學生來。現時在美、英國和法國求學的中國學生之中，成績好的，比十年前的好學生成績更好。就此一點看來，我們科學前途是有望的。政府固須提倡，而在科學界中工作的人也須埋頭苦幹。科學和民主，是代現國家的兩大支柱，現當行憲之始，敬以此問題提供工程界同仁參考，希望由大家共同的努力把中國造成個近代國家。

惟有加强人的訓練和培植，纔能補助机械和設備的不足。

論機務技術人員之培養

石　峻　吉

無論何種事業，欲求辦的有聲有色，必須有合套的人手纔可，否則是不易成功的。例如建築一所洋樓，設計的固須精確，至於材料籌辦人，監工員，和泥瓦，木工各項技工，亦須選到好手。鐵路機務工作，也不例外，想要機務辦的好，對於所需的課長，廠長，段長，主任及各工務員，監工，領班，和各種工匠，均須有優越的經驗，學識及手藝纔能成功。

我國鐵路在戰前，即感合乎標準的技術人手缺乏。在抗戰時期，因爲路線縮短，人才集中的關係，故尚感人手敷用。但是因爲時局的不安，機務工作，也無暇改進。待至勝利復員後，因鐵路工作的倍增，以致有限的技術員工，又被約星散，結果各路均感覺機務技術人手缺乏。爲免除上項人荒起見，必須趕速注意培養技術人員始可。

茲將我國素來培養技術人員欠妥的辦法，及應行改善的意見，分別陳述如左：

（一）　高級技術員

查工務員爲高級技術管理員的基層人選，故欲求各級技術主管的健全，必須首先注意工務員的養成。工務員是由實習生選升的，所以欲求工務員有能力，有經驗，必須注意實習生的培養與訓練始可。查部頒實習規章，實習期限是一年。期滿即依據實習報告或再加以理論的筆試，考驗合格，即升充工務員。所以近年來，凡入路實習的大學畢業生，實習期滿一年，未能升充工務員的極少。這是因爲我國的實習生太聰明，對於提升的門徑甚了解，很注意，所以報告作的尚好。但是因爲他們對於實際工作的輕視，報告多不切實際，如果詢以實際經驗及工作，多張口無答。又加以各處考核的太寬，結果凡實習期滿的，均能及格提升。我可舉幾個實確例子來看，在一個春假的時候，曾約某路幾位新進的工務員，去南口長城上旅行，遇見有一列平綏路的火車，正在下坡道上極汽行駛的很快，那幾位工務員說，該列車行的如此快，同勵手把一定是提的很高，我們由關外初來的人，以爲論調不合，就起爭辯，結果他們纔屈服了。聽的有個高級技術主管說，鋼軌是鑄成的。又有一位機廠技術員說，機車鍋爐大修後，是用壓力空氣試壓。諸如此類不在行的話很多，推其原，大概是讀書未留心，實習未注意，加以我國對新進教練的不徹底，當局考選升用人員太馬糊造成的。高級技術員，如果無常識無經驗，工人及部屬是不敬服的。所以有許多感到工人不好管，事多做不通的苦痛。是以打算整理和改進，必須先着重在實習生的訓練纔可。

（二）　中級技術員

中級技術員如監工和領班，各路素來係由著有成績及有領導能力的技工中選升。這種辦法實行甚久，尚合實際需要。但是因爲我國素來教育的不發達，所以有許多監工和領班，識字無多，且不懂藍圖，結果對於改令推進，工作的改良，不無影響。

（三）　初級技術人

初級技術人即各種工匠，各路對於各項技工的培養，多不注意，大多是在需要時，始行招僱，僱來的技工，多以無鐵路修理工作的經驗，所以工作效率很低。

以上敍述的是我國各路的現況，均欠澈底，尤不合於預需改進的條件。所以打算整理和改善，非提高技術標準，和對新進技術人員嚴加訓練不可。茲將改善意見分陳如后：

（一）　關於工務員的養成

工務員是高級技術主管的基層人選，實有慎重升委的必要。工務員必須懂的各種機務修理，檢查，及行駛等工作。更應該明白所需材料的好壞，各種工作的方法及程序，各項工作需要的工時。如能對繁難的工作自能動手做榜樣更好。此外尤須有責任心，並須有管人的能力。實習生欲達到上述標準，必須脫下大學生的服裝，穿上工衣，把握住實習的寶貴光陰，去逐項澈底學習。在實習的時候，對工人要謙和客氣，他纔肯把他的各種寶貴經驗告給你。同時尤須注意用料的情況和工作方法。實習生設能照上述的態度去做，管保能成功。本人感覺現行的實習期限太短，實不足達到實習的需要，所以我希望再延長一年。各項工作實習完竣，均須予以嚴格考驗，如不及格必須責令複習，三次不及格者，停止其實習工作，以示懲誡。待各項工作實習完畢後，機務處再派但有經驗人員，嚴予複試，合格後始可發給證明文件，遇缺再爲選升。

（二）　監工領班和各種工匠的養成

對本項技術人員的養成，現行辦法，亦欠澈底。改善辦法，應依照各路的需要，設立技工教育補習班，和藝徒訓練班，俾能補給現有技工以需要的知識，及訓練新進的技工。但是訓練藝徒時，須特別注重實際手藝訓練，庶可免除訓練的人，太偏於理論，不合實際需要的弊病。技工的基本知識和技能果能如此訓練提高，再由工作著有成績，並俱有領導能力的技工中選升領班，由成績能力較優的領班中，選升監工，庶能使才得其所，給他一個發揮效力的機會。

設能使高級技術員，均有合乎需要的經驗和技能，中級技術員俱有基本知識，及優越的技術和領導能力，各種工匠俱有相當知識和技術，對於機務技術工作的改進，纔可免去以前的困難。這是本人的偏見，究否合乎需要，敬請明達指正。

運用國家的財力物力和權力，來經營一種事業，而辦起來反不如同類的私人企業效率高成績好，是什麼原故呢？

國營事業怎樣纔可以辦的好一點

求 眞

有關民生的基本事業，由國家來經營，是天公地道的。可是中國自古以來的官方組織只有衙門。就是辦事業的機關，除去臨時機構如築長城挖運河等以軍事組織形態出之之外，其餘運糧運鹽即使是官商合辦，亦都由衙門管理。衙門裏面是大官小官，官和衙門的作風，想該是大家所了解的。

晚清末年中央和各省都曾自己辦過些事業，如工廠、造路、輪船等等，都是國家人民所急需要的事業，結果不是中道崩殂就是由腐敗而趨於失敗，到今天有些剩了點軀殼，有些居然連痕迹都找不到了，倒是洋人替我們辦的些事業，如同海關，郵局，鐵路，通訊及租界地裏面的市政衛生工程等等還有點成績。

北伐成功以後，許多洋人代辦的事業由我們收回了，許多客卿送走了，初期亦還蓬蓬勃勃，勵精圖治。等到抗戰軍興，以迄勝利接收而後，雖然亦曾完成了些可泣可歌的任務，而對事業本身，好多有識之士，都認為有些江河日下了。

中國的政風，一向認為防弊重於興利，近二十年來，似乎這種趨勢更走極端。可是弊的花樣是愈來愈多，弊的數值是愈來愈大，弊的範圍卻亦愈來愈廣。

從事業本身看，是普遍的犯着遲頓，麻木，欺騙，浪費，效率低劣的種種毛病。從制度方面看是法令多如牛毛，圖案有如印刷機，公文手續有如福特廠製造汽車的過程。從人事方面看，則組織龐大繁複，人員浮濫優閒，登庸選進，全依私人利害，營私舞弊，已成一時風尚。從物資方面看，器材標準日益降低，使用及管理方法，漫無限制。從時間方面看則輾轉拖延已成習慣。從經濟方面看則浮支濫報，耗公益私已無處不然。從技術方面看不但新方法并無發明，即昔時已行之有效的舊方法，亦多湮沒失傳。而且官愈大距技術問題亦愈遠，大部份技術人員，皆辦的是工程事務方面的事。真正技術工作卻操之於未受完備訓練之監工工匠之手。——這些毛病我們自已雖然已覺不大出來，可是從西半球來的些美國朋友們，已一再向我們呼籲，評諫，提請改善了。

造成這種局面的人的因素，自然很大。可是不合理制度的鼓勵啓發與引導，亦無疑的佔了主要成份。戰時體制和通貨膨漲，又是推動這種制度的一部份原因。本文茲先就制度方面檢討如下

現行制度之檢討

（甲）基本精神

推動現行制度的基本精神是什麼呢？簡括起來說，是由於防止官僚和衙門的遺毒。官僚是祇說不做利己損人。衙門是舞文弄墨兒戲公事。要想防止這些毛病，一班新官所想出的辦法不是徒然增加了許多無用的牽制考核機構，就是平添了些繁瑣麻煩的法令規章。這種精神滲入了建設事業，則成為不論時間，不計成本，不講效率。至於一部份官吏，利用地位來貪污敲詐，尤其餘事了。正是中學為體，西學為用的血的事實。亦正是目前一切國營事業的致命傷。

（乙）疊牀架屋駢枝雜出的機構

要想一個組織靈敏，必須縱的階層少，而橫的聯繫密，如此方能構成一個整體。要想一種事業好，必須統屬專，配備齊，而上下協調。設如階層太多，則不但承轉費時，而上下隔閡，隨處皆有不易貫澈任務的危險，統屬不專，牽制太多，不但統制牽制各部份本身，已有浪費人力，物力，及時間之徵，其結果謹愿者不敢放手做事，奸巧者則藉機矇蔽以取巧

（丙）機關變成慈善事業

外國曾譏笑吾人寧肯用上兩個人看門，而不肯買一把門鎖。不知道因看門而找看門的人，還算好的，有些倒真是因為有看門的人，而修出許多門來。不說真的衙門，請到許多事業機關來看。直接生產的人，佔多少百分比呢？有多少人是離了他，機關就會停頓的呢？有多少人不在辦公時間看報，閑談，消遣的呢？漸漸已由沒有事，而養成不願意做事的風氣，而且不但無事可做的職員，不能隨意辭退，即工人亦都不能因不需要或低能而予以解僱。

（丁）待遇祇夠薪水

公務人員戰時僻處內地生活雖較清苦，惟一因一般水準低下，一因尚有將來希冀，故大多數尚能勉強維持掙扎到底。目今復員還地，物價日漲，其待遇雖稍有調整，而杯水車薪，且多緩不濟急，遂致黠者多方貪污，而庸者終日惶惶，自好者亦不得不改立門戶，以圖糊口。於是幹練熟手去而之他，在職者亦多分身分心於其他事務，以求生活之維持。以致事更繁多，人更形少，乃至鬆弛之機構，愈形泄沓。

（戊）人事銓叙抹煞真才

自從科舉廢棄以後，近二十年來，又有了銓敍制度。全國大小官吏，皆須經由中央遠在千百里外，由主辦人事的專人，以死板的公式，看看相片，查查籍貫，年齡，出身，經歷以核定其薪級及職務。經管幾百億工程的局長，竟無權作加減他部下某人五元薪水的決定。同時有些人的銓敍，竟會延遲到一二年，或更多的時間，不能批下。更進一層，國家用人，是用他的操守和才能，而絕不是用他的年齡籍貫出身和經歷等等。這樣衡量人才的結果，不但使傑出人才為之喪氣，卽可以造就的人才，亦慢慢變成昏庸腐朽了。

（已）標語教條大官先不遵守

不敎而誅，古人所戒。現時中國的標語教條，不能謂少。各級官吏之以正式訓練出身者，已遍地皆是。但是對實際政治發生理想作用者，恐距預期結果猶遠。其中原因雖眾多，而他們的師長長官之率不嚴，及不能以身作則，確為主因。

（庚）章制法令不切實際

現在為什麼普遍變成弁髦法令的欺詐習慣以及彼此掣肘以期朋分漁利的現象呢？這因為不合實際的章制，雷厲風行的下來，下面人要求修改，既不可能，若不遵守，定遭責斥。惟有公開蒙蔽，上下心照。設或言語不順，系派不和，只有從羊身上多拔下些羊毛來，彼此分潤分潤了事。這類例證甚多，在工程方面，如包商登記，材料購買，工專考核，差旅費及其他報銷等等，皆已視造偽欺詐為固然。

這些是人人知道的事實，我亦不預備多舉什麼事例了。

改善辦法及建議

那麼中國的各種事業，就這樣腐化下去以至於崩潰麼？當然，如果永遠這樣走下去，只有像秋深的葉葉，會日趨凋零的。然而按照窮則變，變則通的原則，而我們民族不自甘暴棄，國家不自甘落伍的話，總應該還有些辦法。現在內憂外患紛至沓來，可算是近於窮途末路了。假設我們能適時而變，通路還是會有的。古人說「周雖舊邦，其命維新」，在遼東安定的問題上來看，雖然我們蹉跎了兩年多的光陰，但是天時，地利，人和，三者，還可勉强佔着兩項。如果人們能再和一點，眞是想不盡的偉大前途。怎樣纔可以和一點呢？依目下看來只靠打是不行的，惟有立刻實行民生主義和推動經濟建設，纔是它的主要的鑰匙。但是以現在的這種制度，這種作風，在這個時期，來負担這種艱鉅任務，那眞會事倍而功半的。茲針對前述種種毛病，對改善國營事業提出下列辦法。

（甲）剷除衙門作風

事業機關，一定要商業化。要講時間，講成本，講效率。對大衆要講服務精神，對下級要盡提攜指導的責任。對從業員工不但要維持他們的生活，而且要使他們對工作發生興趣，對事業發生情感。

（乙）簡化行政機構

機關裏面縱的階層愈少愈好，現在的四級五級制度，要改成二三級纔好。考核，會計，稽核，統計等機構，如要時，最好合併為一個單單位，否則亦萬不宜各立門戶，各要表報，各存檔卷，各列入正式行政之程序。所有橫向各單位間，亦絕不可各自為政不相聯繫。至於與生產程序無關之機構與工作，應儘量裁撤和取消。

（丙）裁汰不必要之人員

人都可以由勞働而換得生活的。如果主管人能開闢新事業，以養這些過剩的員工，那是上策，否則亦絕不該姑息已成局面，以拖垮事業。

（丁）逐漸恢復戰前待遇標準

吾國戰前待遇，較之世界各國同級情況，已甚低下。但仰事俯畜，倘可維持。目下折合戰前標準約為三分之一至十五分之一。如以此為慈善施捨，實已過多，若使此猥員工，能趕上世界前進國家水準，以從事生產事業，則合理辦法，為先使其能逐漸恢復戰前生活水準，始可使盡其材美，以報效國家。

（戊）用新人

一個有機體生命的維持，全靠新陳代謝的作用，尤其在毒菌侵襲，肌肉腐爛的時候，更要靠着新血球纔帶來生機。但是這些生力軍，不是胡亂拉來批至親好友的子弟，就可以的。古人說「選賢與能」，更明瞭的說，目下擬選新人的標準，要操守重於學問，能力重於出身。

（已）施新教

十年戰爭流徙，降低了一切標準。而新時代任務的艱鉅，又遠非戰前可比。舊人日趨沒落，新人猶待培訓，欲求能完成將來偉大任務，最有效的辦法，莫如育訓練於工作之中。新敎的目標，是要人們能够「手腦並用」「智德雙行」。新敎的精神，要使人們能够認識「事業重於生命」，「工作重於吃飯」。

（庚）行新法

在以上各項步驟完成之後，纔可以談到行新法。新法的着重點，就在於考核所敎的，實行到什麼程度。更是體點說，是要以成績衡量工作，以法制推進業務。

能做到這種地步，物纔可以盡其用，人纔可以盡其才，地纔可以盡其利，貨纔可以暢其流，不但國營事業可以發揮它的作用，而國家民族纔可走向富强康樂之境。

就說砌磚罷，普通一小時砌120塊，研究改進後可建350塊，動作及時間的研究，工具使用和材料排列的改善，都是可以增進效率的基本方向。

工業管理與鐵路工程

龔紹篇

一

工業管理的歷史是與資本的發展史相並行的。不過我們通常所指管理二字的意義，則是工廠制度產生以後才有的。而工業管理的蓬勃發展蔚爲大觀，卻不過是近五六十年中的事，尤其是自第一次世界大戰開始以後。

隨着工業化的呼聲蕩漾在國內，工業管理也曾吸引了廣泛注意。而且在若干企業的進步些的部門裏，已經被應用而收到了很好的效果。（最著者如王雲五氏主持的商務印書館）坊間也出現了若干關於工業管理方面的書籍；大學裏開有工業管理的課程，並且已有設立專系的。不過即或在某幾種工業裏，工業管理已得到了它應有的地位；然在萌芽于中國工業田地裏甚早的鐵路工程內，似還不曾普遍而積極地提起與應用過。

二

但是在工業管理主要部門之一的工作研究的早期進展中，若干極重要的研究與成就中，都直接地或間接地與鐵路工程有關。試引證幾個例子：

動作研究中最有名的莫過于吉爾及里斯（Gilbreth）對於砌磚的研究。幾百年來，砌磚者砌每塊磚時，都屈伸身體各一次。全部動作可分爲十八種，其中有很多是不必需的：如屈身至地，以左手拾磚。拾起後經過觀察，將好的一面轉至牆的方向，於是以右手取灰漿，把它抹平在磚上，然後把磚砌到牆上。其實左手拾磚時，右手應該同時取灰漿，並且可以另外僱一名不需要技術的小工，令他把磚堆成一堆，高度與腰齊，而且使較好的一面放在一個方向，這樣砌磚者免去屈伸身體與選擇磚之較好的一面的動作。動作由十八種減至五種，再教砌磚者不必浪費時間去拾取偶然落下的灰漿，砌磚的速率由每小時120 塊增至350塊

司帶芬遜（StevenSON）與勃朗（BROWM）曾研究挖土的鍬應該多重，效率纔能最大。研究的結果是鍬頭應該六磅左右重，這種鍬頭適宜於各種土壤，也適合於普通身量的人。他們又把鍬的形式改良，應用的方法改良，結果是效率增加了百分之二十。而且，他們研究出：要維持挖地的效率，動作速率應該一律，鏟每分鐘約鏟十七次到十九次，鍬每分鐘約挖二十五到三十下。並且最好工作七八分鐘後就休息二三分鐘。這樣效率可以維持幾個鐘頭而不減退。

科學管理的鼻祖泰勒（F.Tayor）在Bethlehem Lron Works 所主持的對於鏟的大小的研究，發現爲避免過度的疲勞起見，一鏟所舉適宜的重量爲9.5公斤。但是9.5公斤的煤，灰，與鐵的體積均不相同，因此做成爲各種不同材料應用的大小不同的鏟，使每次實際鏟出的重量恰爲9.5公斤。這樣，工人的效率平均從每人每天鏟十六噸增加到五十九噸，也就是以140人做500人的工作而不感到更大的疲勞。

泰勒又觀察關於人工搬運鐵條的效率。每個工人自貨車上拾取九十二磅的鐵條，負至廠中放好，再回去負第二條，平均每人每日能運十二噸半。於是他指揮一個叫斯密特（Schmidt）的工人，用停表（Stop Wotch）指示他什麼時候動作。什麼時候休息，結果在以百分之四十三的時間搬運，百分之五十七的時間休息的情况下，每日運鐵四十七噸，比原來的十二噸半增加近四倍之多。斯密特照這樣做了三年之久，沒有減少他的效率，

至於以手推車運送貨物，車的裝載，也並不能如人所想像的簡單，放在一堆就可了事的，而是應該循一定的法則，使裝載物的重心，恰適合於車夫的身材。用氣消耗量測算這種裝置的方法，結果是裝七十塊磚一車的裝法應如圖一、裝六十塊磚一車的裝法應如圖二。

圖一

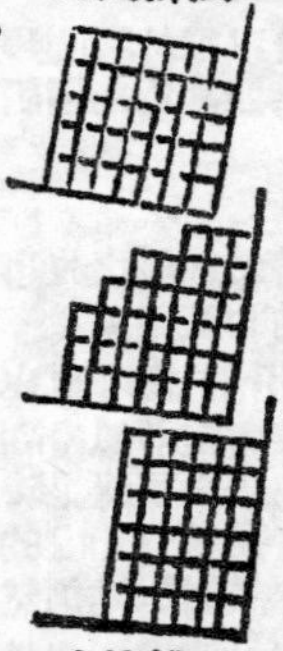

磚的排法	平衡高度（英寸）	手掌高度（英寸）
	36	34—35
	$34\frac{1}{2}$	32—34
	32	26—31

圖二

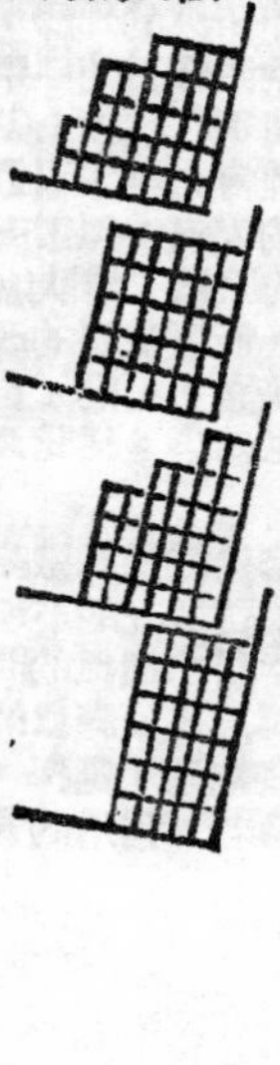

磚的排法	平衡高度（英寸）	手掌高度（英寸）
	$35\frac{1}{4}$	34—35
	$34\frac{1}{4}$	32—34
	$32\frac{3}{4}$	29—31
	$30\frac{1}{4}$	26—29

此外，爲減少舵推時將車扶起，與到達時將車放下的力：車輛上應裝置適宜長度的脚。至於車夫的步率，則以普通快步最好。下表是推車時各種步率生理消耗的平均指數

	慢步	普通快步	很快步率	跑步
平均指數	1.12	1.0	1.68	1.58

最後，倘可再用述一個例子，學過算學的人，都知道兩點之間，直線最短；卻不一定知道近代力學上的最小作用量原理（Principle ot Least Action）。因此，假如一個運動的循環包括三點，則與其聯成這三點作成一個三角形，不如作一個大弧線經過此三點的好，花謨（Farmer）亞當（Atim）與司蒂芬遜（Stephonsor）三人曾訓練使用鉗的工人，從後仍的一上一下的動作方法，變成很平順的弧線動作，結果使效率增加百分之十六。

上面這些例子中，或爲動作研究，或爲時間研究或爲工具的改善，或爲材料的排列，或則兼及幾方面。然而也許自我們「大國民風度」的眼光中觀之，簡直是太微不足道的事，研究它們的人，該當孔夫子「小人哉；樊須也」的譏罵而有餘了。不過事實擺在眼前，工業管理的前驅們，見微知著，認眞研究，從平凡中得出幾乎令人難以置信的奇蹟。西人工業革命的成功及其以後的飛速進步，豈是偶然？明敏的鐵路工程師，於茲是否也有若干悟澈，得到若干啓示呢？

（註：本節所作例證取自王書林譯心理學與工業效率及陳立著工業心理學概觀均商務版）

三

在這裏，我們不禁爲鐵路工程師之從事野外工作者，幻想起一幅美麗生動的鏡頭：

當夏日的驕陽，滑過草帽邊沿，使身體宛如在一個透不了氣的蒸籠裏時，或者當北風冷刮得像一把刀子樣地刺着面孔，雪花沾上了睫毛時；再或者是春雨過後的泥濘，或者是秋聲起處的肅殺、苦惱着心意時，許多鐵路工程師們，卻仍然不得不耐心守候在那邊，讓單調與枯寂進一步地啃着心房。如果同時有足夠的工作研究的知識，很自然地，會把注意轉向在觀察挖泥擊石的一舉一動，釘道機鋪的一起一落，磚塊正在往牆上砌，鉚釘正在往橋上加………心領神會之中，驅走了單調與枯寂，不自覺地向作惡的天氣，還了一個白眼。而且在一切落不科學化的原始工業狀態裏，很容易在較長的精明研究後，能有很好的改革方案產生。個人精神的滿足與快慰，增進了自己的工作效率。更重要地，鐵路工程裏，從此又多了一顆雖平凡而有用的果實。

再從具體的事項說吧！修造隧道是鐵路工程中極費時間的一樁工程了。地質情況的不明，工作地位的狹小，運輸的困難，排水通風的問題種種，使得以往的方法都不能認爲是最滿意的。全本隧道教科書，似乎只是一些經過了選擇，上加了批評的紀錄，提供一些可參考可利用的資料而已。導坑地位、打眼的數目位置深度和方向工具，工人，動作方法，運輸，通風，………等，均無一不倘可資實驗研究與改進者。工作研究是否會解決其中一部困難，而加速隧道工程的進行呢？

其次還值得提出來的是：動作研究與時間研究是完善工資制度的依據。在新式的工資制度如泰勒氏差別計工制（Taylors Diffcential Piece-rate System）甘第氏作業獎金制（Gantt Taskora Bonus System）及易莫森氏效率制（Emevsons Efficiency System）中，都是以精密詳慎的動作研究與時間研究的結果，作爲付給工資的基礎（參考林和成著工業管理頁三〇五——三一一，商務版）。目前國內各鐵路間已間有吸取獎金制之一部原理應用的。今後至少可能部分地採用新式工資制度，而動作與時間研究將益發與鐵路工程發生不可分割的關係了。

雖則應用動作與時間研究到工資方面，還不是目前的事；不過在現在鐵路工程師所經常接觸的單價分析中，已很有它的用武之地，而且對它的需要，竟可說是很迫切的。剛畢業出來的大學生，在鐵路上實習，對他最新奇別緻的，也許不是設計一個車站或車場，不是計算橋樑或屋架的應力，而是對各項工程項目工料的估計。每個人都競相收集抄錄關於這方面的資料。他們當然都帶着十分虔誠，相信每一個數字都是前輩工程師們寶貴經驗的累集，應用慎密工作研究後的標準結果；但是也許可能還夾雜着僅經過一二號工一番思索後就被記下來的數字，或許一二次觀察後的結論。從各工程機關對於工料分析的規定的不一律看來，很有理由使我們相信所有的資料，並不全都是可靠的，合理的。如果從現在起所有那些剛從大學畢業出來熱中於收集單價分析資料的青年工程師們，今後都能在他未來的豐富經驗中，正確地作一作工作研究方面的事項，則十年以後，能說我們不能有一個正確合理的工料分析標準？果眞如是，則是鐵路工程師及包工者的無上福音了。

以上所論，我們都把工作研究放在很狹的範圍中，從每一個單純事項着眼。擴展起來看，則工作研究對推動整個工作，使各單獨事項間適宜配合，銜接無間，依照計劃進行，尤具重要性。在十二分苦惱着鐵路工程師的報銷考工事項中，除開應從制度上根本改善外，方法上和配合上的改進，也未始不是有效的治標之法。

四

工業管理中除開我們上面所論及的工作研究之外，主要的還包括工業組織，生產管理，人事管理諸方面。要仔細地論述它們，不但爲本文篇幅以及筆者知識所不許，也許對不大接近它們的鐵路工程師是異常枯燥的，這裏只想大體上看看它們對於我國鐵路工程以及整個鐵路業務的關係。

如果我們仍從歷史的敘述開始，引述鐵路的

組織，已經若干年來就成爲鐵路工程中重要課題，已經採行的各種組織系統，與工業管理中所論的組織方式也正大同小異。則雖然這種論證對於我們仍是不大親切的。我們願意看得近一點。

卅六年十月，我國第十四屆工程師學會年會在首都舉行。鐵路界權威交通部次長凌竹銘先生發表了一篇精闢的論文。現行制度對於建設事業所生障礙之檢討。其結論第一點謂：「經建事業之組織，以儘量採取企業化方式公司組織爲原則。」交通月刊第一卷第四期短評中特予引述並加評斷：「認爲此係增進國營企業工作效率之唯一途徑，合理化會計人事制度之基本條件。」該刊同期中尙載黃伯樵夏光宇兩先生的鐵路管理制度改革之建議。其中提出改革組織之原則五點，概言之爲鐵路組織應該獨立商業化，級制簡單，效率加强，縱的方面分層負責，横的方面密切聯繫，並確立健全的人事制度。時賢關於這方面的灼見還很多，我們不想一一徵引。總括起來，自本文的觀點觀之，千言萬語必須歸結：一句話

我們必須全部把現代工業管理的精髓技巧地實際移植到我國鐵路上來。

五

論者或將以爲現在科學與技術日益進步，分工愈趨細密的時候，鐵路工程師必無法兼顧及工業管理的。爲達到鐵路企業化，應該多多造就國內工業管理專材，延攬之於鐵路。這種說法，自有其理由，不過我們不得不※感到以下諸點：

一，爲要達到鐵路企業化，必須喚起朝野一致的注意，爭取有利的客觀環境。鐵路工程師必先充實自已在這方面的知識，才能說服別人。

二，鐵路工程師如果本身沒有對工業管理的最低認識，則一定不易接受工業管理專家的建議，鐵路企業化的推行，必定受到內部的阻力。

三，我國鐵路技術水準低落，技術人員的學識，大都尙不及歐美，即或是有很好的技術上的改進意見，格於物質條件的限制，也不易實行。但工業管理方面的改進，受限制於物質條件者較少，也就是易於收到效果些。所以使一部分工程師以餘時作工業管理方面的講求，以圖亡羊補牢，也並非不智之舉。

四，而事實上如果我國鐵路事業眞正達到了全面工業管理的地步，則所需要的有管理知識的工程師的數目；一定是很大的。蘇聯在一九三七年（第二次五年計劃的最後一年）一月一日統計，全國計有國營企業及工場領袖三十五萬人，其中有很多是工程師，而不屬於上項人數中的工程師與建築師則只二十五萬人。（見王雲五，譯蘇聯工業管理頁十四）

本文的目的也不過說明工業管理在鐵路事業中應有的地位，以及鐵路工程師值得利用餘暇去加以講求，並實際應用之而已。在歐洲研究工業管很有名氣的法人，亨利費法（Henvy Feva）在他所著工業管理一書中，曾列舉工業從工業人員應具備的各類知識如下表所示。地位愈高的人，所需要的管理知識愈多。（見林和成著工業管理頁二七）

僱員種類	知			識			總值
	管理（%）	技術（%）	商業（%）	財政（%）	治安（%）	會計（%）	
工人	5	85	—	—	5	5	100
工頭	15	60	5	—	10	10	100
工廠管理	25	45	5	—	10	15	100
所屬主任	30	30	5	5	10	20	100
專門股部主任	35	30	10	5	10	10	100
經理	40	15	15	10	10	10	100
總經理	50	10	10	10	10	10	100

社會學者費孝通先生從另外一種觀點出發，也頗致憾於今日中國之工程師與工業管理完全脫節（參閱觀察三卷八期論知識階級），那末茲篇之作，似乎更有其題外的題外意義了。

三十六，十二，十，於衡陽苗圃.

一般人的彷徨苦悶，不全在生活的困難和

工作的乾燥，而在煩惱的找不出路來！

我們的出路在那裏

黃　　治　　明

抗戰勝利後已兩年多了。兩年來的過程，無容諱言的，在政治軍事經濟各方面，極度紊亂而惡化的局面之下，使政府失去了不少的「民心」，和友邦的同情。目下是和不能談，打何時了。政治的低能，扼殺了外援的可能。法幣有如已燃着藥信的炸彈，馬上就看到它的爆破和粉碎。人們在精神與物質雙重迫害之下，正如同熱鍋上的螞蟻，在焦灼不安和亂擾中渡生活。

這深思的一團真是找不出「出路」來嗎？讓我們先檢討一下所走的方向，再來看應該改良的方法。

兩大壁壘的形成和我們應取的態度

軸心國家崩潰了以後，很明顯的，世界上形成了美蘇對立的兩大壁壘，在中國這不平衡的角落，使以國共糾紛，發生了膠着持久而普遍的戰亂。使我們丟掉了勝利的佳果，使種得喘息的人民失去了復蘇的機會，使稍見鬆弛的國際局勢恢復緊張，使可詛咒的大戰戰神又發出猙獰的笑臉

無論主義說得怎樣天花亂墜，民族的界限一時總是不能抹煞的鴻溝。除了那自甘墮落和思想偏狹的人們，誰願意作賣身投靠的奴隸呢？誰願犧牲自己和子孫們的獨立與自由，以博取一時的快意呢？但是兩年來的事實告訴我們，問題不這樣簡單，挺而走險的人越來越多，戰亂的面積愈來愈大，不安的心理在每人心上劃了一片片黑影

翻開中華民族的歷史來看，我們的敵人大半是從西北兩方來的，就是民族血汗所造的萬里長城，亦無法改變這自然環境所構成的歷史趨勢。海禁打開以後，雖然數次遭遇過海上敵人嚴重的入侵，但終究因多種優越條件，敵人們都未能有所成就。最近東歐各小國的命運，吾國滿蒙所發現的事實，以及中共在各地擾亂，加之國際間對立的更形尖銳化，使我們不能不回想起歷來敵人入侵的方向，和我們民族下次戰爭中可能的敵人。

讓我們試從更大更遠的方向來看

美蘇兩强以主義及生活方式之根本不同，加之相互極力爭取與國及擴張勢力之後，又無第三力量為之緩衝，結果必有衝突之一日。吾國地理位置，適在二大之間，土廣而未經開發，民衆而未經訓練，貧窮飢餓，戰亂四起，失意軍人及野心政治家復乘機煽動，吾人之不能置身事外以脫離第三次大戰之漩渦，迨已瞭如指掌。那麼我們究應該採取什麼態度，以應付這次一個必然的危機呢？

關於這點，人們儘管有着不同的見解，對於兩大的誰勝誰負，有不同的估計，對於大戰爆發的地點和時間，有不同的看法，但是中華民族必需自己先挺起身來，以一個健康合理而有組織的機構，去應付它，纔可以談得到抉擇與國，進戰退守否則不是做了人家的附庸，便成了可悲的犧牲。

吾國目前的危機

但是從另一面看，如果一個建築沒有基礎，或者基礎不能負擔它上面繁複沉重的結構，人們都會知道它的危險。假如一個家庭中的家長，自己首不顧行，爲所欲爲，這個家庭想不會培植出賢良的子弟來，不會找得到真心共患難的朋友，恐怕亦不容易有人敢借錢給他去做生意。

假設一個國家，有强大的武力，可是沒有支持這武力的人民信仰，這種武力怕不見得會發生多少作用。有高尚的理想，可是沒有認真實行這種理想的決心與方法，這崇高的理想，充其量祇不過是空想而已。

目下人心動搖，經濟紊亂，其嚴重的程度已非筆墨所能形容。我們以國民的立場，可以提出些什麼解救的方法，來供國人參考呢？

從進步中求安定

勝利接收以後，突然遭遇到和談破裂的打擊，各級執政當局普遍的提出一個口號，是：「從安定中求進步」。表面上看起來滿有道理，實行了兩年多，既未能安定，更未能進步。只是替許多不合適的人事，及法令規章，做了一付續命湯。彷彿「安定」就是「以不變應萬變」，一切都無可置辯的凍結了，固定了。還會有什麼進步呢？自己不進步，以應付變局，一方面是損害自己的民衆，一方面卻是替敵人造成機會。如何可以得到安定呢？所以我們說要反過來，要「從進步中求安定」。不合適的人事和制度，要不顧一切大刀闊斧的改革，人民所要做的事，馬上切實的去做。國際間友人所建議的辦法，要擇其有利者儘量實行。敵人責難我們的要改，敵人對某件好事能做到八

分，我們要努力做到十二分。這樣望進步方向走，自然會有安定的一日。

從建設裏謀統一

古今來想亡人國者，大概是先想法要他內部分裂，做些個傀儡組織。再進而蠶食鯨吞以達其志願，以實現他自已的理想。而尤其於滅亡那些大的國家尋然。就是一個富厚家庭的破敗，亦多是先有些浪蕩子弟，勾引點不肖鄰人，慢慢的由偷，盜，搶掠，而抵押，典賣，以至於破，敗，覆沒，做人家的奴隸，廝役。更很毒些的人，是先替人們弟兄造些糾紛的口實和謠言，使他們自已火拚，而他却坐收漁人之利，當然這些受中傷的人們，自已亦是脫不開責任的。

這樣的家，這樣的國，在這樣可能有的環境之下，應該怎麼辦呢？團結和統一，是第一要務。惟有民族的團結，和國家的統一，纔能够發揮你的力量。纔足以應付那可能有的迫害和可能有的奸狡敵人。

在中國歷史上曾有許多統一局面，是靠武力打出來的。但是却沒有看到民族的團結，能單靠武力維繫到好久。就是武力的統一，亦要有開明的政治，充裕的經濟，及靈敏的機構，來補助武力統一的進行。

兩年多的戰亂，我們無計劃的花去了多年的積蓄，和那難得的敵偽產業，與善救租借物資，以致造成目前經濟瀕於崩潰的局面。而這種局面，正隨着爭取統一的鬥爭中，日趨擴大與嚴重。很明顯的，是我們的政治，經濟，組織和辦事的方法，都未能與我們的企圖相配合，以致造成這種事實。現在的問題，絕不是加些什麼考核機關，或者減低些公教人員的待遇，所能解決的。惟有從自力更生，和增加生產中，想辦法。有了充裕的經濟力量，纔可以改進政治，和配合軍事，以謀團結統一。所以我們提出「以建設謀統一」的口號。

在民窮財盡時候，來談建設，看來好似緩不濟急。但是你不建設，社會當更浮動紊亂。而且我們的意思，建設要快辦，能辦的都辦，要不擇手段不顧一切的辦去。大凡開礦，修鐵路，興工業，辦水利等，都可以辦。譬如目前有戰事的地方不能辦，無戰事的地方便可先辦。有外人投資和合作的固可大辦，否則亦無妨小辦。在現在金融紊亂，游資充斥的時候，做點生產方面的建設，總比搶買金鈔有意義些。而且國人有錢買金鈔，難道沒錢幫助政府做生產建設嗎？當然，國家要給他們充分的保障協助和指導。像現在處處予以留難，統制和摧殘，是絕對不行的。對於外援，無論是資金或技術的合作，不要太斤斤較量於目前的雞蟲得失，要放開胆放開手，大刀闊斧的幹去。須知多辦些生產建設，不但本身可以生產，而且工作者人人有事做，有飯吃，從工作中可以學習技藝，從團體中可以接受訓練，纔是中華民族可以翻身的基本方法。

一切為了人民

中國的人民與官吏，一直列於對立地位。尤其自民國以來，好官眞是不多。勝利接收後，更是笑話百出，怨聲載道。人民不是怕官如怕蛇蝎，就是看官們成為一特種愚蠢而可憐的人物。蛇蝎愚蠢原因雖然多，而最主要的却是政治與民衆脫了節。試想天下會有沒有民衆的國家嗎？那麼，我們似乎應該考慮一下，如何糾正並改善這種有害的觀念與事實。我們要使一切為了人民，人民所要求於政府的，固然要切實的去辦，政府對人民老早作了的諾言，更須要提前實行，切不可再敷衍因循，欺人自欺，以致造成信用全盤喪失，不可收拾的地步。至於一部份貪污官吏，只要上邊以身作則，而有整頓的決心，不會沒有辦法的。中國不是幾千年來，都這樣充斥了貪污的國家呀？

提高行政效率以獲致外援

我們一向是講無為而治的國家，所以數千年來的行政機構，亦比較簡單。可是亦沒有聽見誰說過我們的行政效率，怎樣低落的話。民國以來，機構是一天天加多，手續是一天天加繁，新制和新樣的新政，是日新月異而歲不同。會計獨立了，人事獨立了，還有七七八八的都獨立了，但是工作本身却擺起來，成了孤立無援。古今中外的好制度，來了個大雜會，雖然五花八門，其結果到可以一言以蔽之，是推不動而辦不通，無一利而生百弊。

這樣的情形，外國人看的比我們自已看的還清楚。而且他們亦曾有過跟我們實際合作的經驗呀。無論我們的粉飾工作做的怎樣高明週到，做不出成績，總是事實。這樣的朋友或伙伴，人們避之惟恐不及，就難怪外援不能大量的到來了。

我們不要因為人家說我們「無能」或「低能」而焦燥憤怒，我們要自已檢討一下。是否眞的這樣？和怎樣去改善。借人家的錢，是要適合人家的條件的。

結　　語

假設人們一定要堅持走那不通的路，那就沒有辦法。只好看看孫悟空能否跳出那緊頭的金箍了。如果人們眞心覺得現在是窮途末路，應該由變求通的時候了，那麼亦不必苦悶。那自已套上的金箍，原是可以由自已摘下來的，而那康莊大道，亦就會顯現在眼前。

「安全感」「工作權」和「優託邦理想」為集體生命之三大生活條件；

我們要呼籲成立一種國際機構來推動這種可以使市民得「安居」「樂業」而「追求進步」的城市建設運動。

城市建設的新觀點

朱皆平

構成「城市」名詞的兩個字，原代表着兩種不同的範疇。「城」雖以城牆或城堡為其特徵，但其含義是堡壘之擴大，那便是說在平時能保護其所在區域內人民的安全，在戰時可容納四鄉居民，而為其生命財產的保障。所以城之主要作用在能使人民安居，同時與其周圍鄉野原是分不開的。至於城牆之有無，倒是次要。「市」就是指市場而言，那原是由於在固定地點，固定日期，固定的物資交易行為，三者所構成。所以市場起始也是與其四周鄉野分不開的，而為鄉民一種臨時的交易場所，但漸至固定為百業開設門面的街市，而形成為今日大城市裏的無形「行市」（如市價所能代表者），可知「市」之主要作用，是在刺激人類經濟活動，百業於以興起，而使各種人民有樂業之機會。一般人都以為城市至少須滿足「安居」「樂業」這兩大條件，方專名實相符，可是，很少有人追問過究竟「城與市」這兩個不同的範疇，如何由二而一，形成了我們所熟知的大小城市。

為解答這謎，我們應當先從古代城市形成的過程討論。這種過程可能有以下四種不同的方式：

（一）先有城後成市者——此類城市起始於在戰略要點築城防守，繼以軍事勝利而為一方的保障與統治者，乃能吸引其周圍廣大地區之人民與物資，而發展成為市面；此種市面，坐賈多於行商——因為此類坐賈常是富農，一方面以其剩餘農產品作為貨物，一方面即以城市為其財富之安全儲藏所。現存的「治城」，或說軍政制中心，多屬此類，其平面圖形，以其預前有規劃，常為有規則的幾何形。

（二）先有市後成城者——此類城市之生長，乃屬於自然現象，常是依據水陸交通的交點，而漸次發展的。發展至相當規模，顯示其經濟上重要性，於是即刻為當時軍政當局所重視而以之為經濟政治據點，如是建立城堡，以保障市場之安全，同時即獲得物資供應的基地。現有的工商業城市，多屬此類，其平面圖形，以事前任其自然發展，常為極不規則之式樣，而以沿水陸交通線儘量伸展，成為條帶形者為慣例。

（三）城與市同時建立者——此種城市多係昔日之大小國都，在古代強力政治下，以勞役築城及徙民實城之方式出之，可謂完全出自人為。倘無自然經濟條件，允許其繼續存在，皆隨其國王統治力之消蝕而圮毀無遺。方志書上所記載的「古城」遺蹟不可考者，大概屬於此類。其倖而存留至今日者，城中街市甚少，而不稱其城牆範圍，荒涼情景似為其奄奄一息之象徵

（四）城與市遞為因果而發榮滋長者——近代國家之「龐大都市」（超過一百萬人口以上者）多屬此類，尤以巴黎與莫斯科可為其代表，即由單點發展，有了城牆以後，而居民與年俱增，城內不夠住，擴展至城外，城外近郊既為居民所充滿，於是城牆範圍擴大以包容之，如此，多次拆除與擴充城牆，而留剩有多數之「環城路」形成蛛網式之城市平面圖。另一種發展方式為多點聯合式者，如倫敦，柏林之類，即係由於在此地區內之多數城鎮村落，各自獨立作無限制之擴展，而終至聯合成為一大片之都市區域，漫無約束，不成形狀，象徵着十九世紀之紛亂。

以上四式之城市，歷史均甚悠久。而近代史上所發生之「無城的城市」，如美國一般城市所能代表者，實可視為第四式「龐大都市」之副產品。因為此類城市，多為歐洲強國海外殖民地政策實行之結果。當然以其宗主國國威為無形的城牆，而在其殖民地或租借地內，允許發展其市場。嚴格說來，此類城市可以歸類於第二式，但正以其無城牆之故，其所包含之意義，乃異於古代歷史上所發生的城市。「有城的城市」之為防守性者，而「無城的城市」則為侵略性者。此類侵略性在我國過去「租界城市」以及「越界築路」案件內，表現得最為明顯。「侵略性」是一個壞名詞——一個壞名詞正如一個好名詞，不能單純地用來說明城市的複雜性。

城市在形成的過程中，那便是說：在比較狹小的地區，人類集居着營其集體生活，而得到安居樂業的保證。在這狹小地區上面，無論有城牆無城牆，人民會感到被其現實環境所壓迫而求得超脫現實的。在古代城市，特別如歐洲中古大教堂城市之例所能代表者，人類的精神要隨着那教堂的尖塔，直指蒼穹——那是一種立體式的超脫現實之標記。十八世紀以來，人們的心智似為科學所解放，於是以「追求進步」代替「上天堂」的宗教感情，超脫方式，亦由立體而為平面式的擴張——所謂侵略性的殖民地政策，正是「追求進步」之一種壞的表現。因此，我可以試下「城市」的定義為：「城市者，人民安居樂業，

追求進步之場所也。」

當然，這個定義只能算是我們對城市一種認識，而不足以代表其一切的。可是，這一種認識卽刻幫助我們明瞭城市所以爲城市之道。城市决非僅僅人民集居的場所，而所有場所不是都能發展成爲城市。由此，可見現存的大小城市，特別繁榮滋長，是爲社會集體生命之徵象者，實以此類場所爲其生命之一部。原來安居、樂業、追求進步，此三大作用，互相影響，彼此維繫，成則俱成，敗則俱敗，而循環無端，形成人類社會之集體生命。此種生命，一方面係以其所在的地方爲活動場所，一方面此種活動場所卽爲其「生命構架」，城市建設之新觀點，便在以城市爲集體生命，從而供應其所以爲生者的種種生活條件，使此三大作用配合其「生命構架」而能够自强不息。

不管城市之實在情形，與我們所下的城市定義相差甚遠。可是，城市作爲城市存在，必不能離開上述的三大作用之能够維持不墜。所以我們必須明白城市建設之意義，建設的方向，方不致弄錯而發生反作用。如我國史書上曾以「大興土木」爲帝王的大罪名，有多少王朝確是由於此而衰敗或滅亡的。試考「大興土木」所包括之內容，多半是有關於宮室苑囿一類的城市建設。古代的城市建設，可以弄到國破家亡，推原其故，都是由於建設觀點錯誤，因而方向弄錯，發生了反作用。原來過去帝王，正如近代之獨裁者，從來未把人民生命看在眼裏。城市建設，在他們看來，不是爲着人民安居樂業追求進步，開闢場所，而是爲着擴張其王國門面，炫耀威武，以爲有效的征服或統治工具。城牆與宮禁代表着森嚴不可侵犯的權威。市場街衢代表着「取之無窮，用之不竭」的財富。如此，權威與財富集中於極少數地點，構成所謂「首都」與「陪都」或重鎮者，放在帝王及其代理人嚴格控制之下，以收强幹弱枝之效。然而，如以城市作爲統治工具，則其命運正如一切的工具，須隨其運用者之不幸，而同遭毀滅。「屠城」，「燒城」所以史不絕書者，正表現着這類城市失去其集體生命，在平時作爲强有力者之工具，在亂時便爲廣大民衆洩憤之目標！

城市建設之正當方向，乃係以種種物質建設，完成社會的集體生命。集體生命方是不可毀滅的。很不幸，城市作爲一種集體生命看待，一直到近年來，才由於英美文事學派社會學家的檢討與呼籲，而漸被接受爲一種新的啓示。但在這新啓示未被認識以前，便是以城市建設爲職業的專家們，無論是城市行政人員，抑或是城市規劃家與市政工程師、建築師，都以爲他們在那裏修繕或計劃建造着一件大規模的工具！既是工具，便無所謂生命，其規模無論如何龐大，終是抵抗不住毀設的。這樣，我們看到過柏林與倫敦互相毀滅的轟炸，廣島長崎之被原子彈，以至如現在美國許多大城對原子彈毀滅之恐怖，在在表示近代城市正如其過去的例子，祇是些工具，而未能形成集體生命。因爲集體生命，正有着一切生命的力量，自有其自解自救的智慧，足以抵抗外侮，控制環境，而揚達其生機的。

試想，一般人所認爲近代城市之代表，無過於百萬人口以上之「龐大都市」，可是此類「龐大都市」祇是近代文明的工具，俱有毀滅其內在的集體生命之勢力。當然，我們不能否認現存的龐大都市在其發展過程中，沒有一階段不因爲其已形成的集體生命，向外發展所致。可是，在其既達到「龐大城市」的階段以後，便替其離脫鄉土的奢糜生活。在這裏的人們脫離了鄉土感情，城市社會有如插在花瓶裏的花枝，焦萎卽伏在其嬌豔中！在此類龐大都市市民在五方雜處，無人認出的掩護之下，可以爲所欲爲，而對於集體生命毫無所覺，因之不負任何責任。所以人們在這裏爭權、奪利、盜名、欺世，而形成了近代政治經濟以及文化上種種理論——抽象，懸空，而別有企圖的曲解與偏見。這些曲解與偏見，祇是「集體生命」分裂瓦解的症候，如「民族優劣」「階級鬥爭」二者是爲其血脈氣最大的例證，終至引起國內變亂與國際戰爭。德國哲學作家斯賓格勒氏在第一次大戰後，似乎痛定思痛地，指出一個民族的悲劇過程，乃是由鄉野，而市鎮，而城市而龐大都市，而終歸於文明之毀滅。他認爲在「鄉野」階段，一個民族是度其原始的生活，無歷史之可言。「城市」是與歷史文化俱有的。但到了「大都市」那便有文明而無文化，失去其所以生生之道，祇有毀滅爲其悲慘的結局。法國一位社會學作家勒羅伊也以近代的龐大都市，爲一種「新遊牧主義」之症候。大都市居民不僅對其所居住房屋的地方，沒有留戀，而至厭惧，而至不願意有家室有定居的責任。二次大戰中巴黎對德國侵略之屈服，實證明這位作家所慨嘆者爲不幸而言中。巴黎雖在形骸上保持完整，而精神上至少宣佈了無期徒刑。這樣，我敢斷然地說，現在任何國家，無論是由政府資本，抑或私人資本，不去培養有集體生命的中小型城市，（卽人口在十萬左右至一萬左右者）而去加强這一類的文明工具——龐大都市，其結局等於帝王時代的大興土木，都是要起反作用的！

從這新觀點，來談城市建設，足見「安居」「樂業」與「追求進步」三者，原不是在某少數具有這類條件的場所範圍以內，可以求得到的。在古希臘羅馬時代，所謂「城市國」者實爲集體生命之具體的例證，所以能伸張其生命力量於廣大的空間與悠久的時間。但是這種「城市國」，以過去交通情形，及老死不相往來的習俗，原可以自成一個完整系統的。可是碰到了另一個「城市國」，卽發生戰爭而至互相毀滅。至於到了今日，不僅是城市愈大愈不能自給自足，便是任何一個國家也難於不仰給對外貿易的。現在祇有以全世界作爲一個單位，是完整的系統，所以爲担保任何一個城市，能作爲人民安居、樂業、追求進步的場所，必須藉全世界的大規模的城市建設運動，彼此呼應地建立着中小型城市，以滿足集體生命之三大生活條件，那便是（一）安全感，（二）工作權，（三）優託邦理想。

「安全感」之獲得，是為人類營羣居生活之最基本條件。而在近代文明，以人之官能爲科學發明所擴張，益發有「神經過敏」的症候。現在美蘇集團間的問題，都可視作爲缺乏「安全感」所致。愈是文明進步的國家，其人民之安全感愈爲銳敏。因之，爲滿足此項心理需要，而耗費鉅資在所不惜。我們知道許多國家，祇想在國防建設上鞏固起來，以解決這個「安全感」問題。殊不知，由整個國家規劃而建立一種普遍的中小型城市網，足以爲內在的國防堅強設備。尤其是在廣大地面的國家，此種城市之佈置，本身即爲「抗侵略性」者。而人民因此類中小型城市具有集體生命意識之故，而增加其愛護鄉土之感情，足以爲侵略國家之死敵。如此次大戰中，瑞典之對德，芬蘭之對蘇聯，均是明證。所以一個國家之安全感，基於其大小城市所表現集體生命之反抗性而形成者，最爲可靠，同時也足以消滅侵略國之野心。

「工作權」原是在法國大革命時代所要求的人權之一。正因此項要求未遂，而使富有革命熱忱的人們喊出社會革命。蘇聯與納粹德國，則以給予其人民以工作權，而取消了政治自由，乃至其生存權，英美國家之私人資本主義制度，能否維持下去，即視工作權問題，能否在政治自由與不亂殺人之原則下，得到解決。即使其人民個個有工做，所謂「充分就業」是也。所以工作權，實爲樂業之先決條件。否則，失業問題不能解決，總有大部份的人民，無業可樂。在城市裏情形將更加嚴重，而有「無產階級革命」之威脅！此種普遍的城市建設，包括有關人民住宅之建築以及公用事業公共工程，即能可担保人民有工作可做。同時此類積極性的工作，較之於軍事工業，以殺人爲目的者，更富有加强工作意志之作用，因而提高效率，消滅階級對立心理，罷工怠工事件，可以消於無形。而由於中小型城市之普遍建立與發展，可使兩城市間之距離縮短，其間可耕地均有化爲「負郭田」之趨勢，增加鄉野土地之價值，同時即穩定城市與鄉村經濟生活基礎。

「優託邦理想」實應爲追求進步之指南針。按此名詞是文事學派社會學大師蓋德斯教授所撰，以與「烏託邦」對照。後一名詞之含意爲「並無其地」；而前者則謂「此時此地，可以由壞而好而更好」。「優託邦」之整個意義，則已含有「優生」（指人民改善而言）「優工」（指工作進步而言）與「優地」（指地方改進而言）三者在內。尤以「優工」爲現代技術之進步結果，由「舊機械時代」之工作方法，以蒸汽機爲主之笨重設備，進展到「新機械時代」，以電力與內燃機爲主之輕巧設備；終將進到「生命機械時代」之工作方法。此時代之特徵，便是以生命力爲主種種超優技術，役物而不役於物，乃可使工作條件與生活條件完全一致。所以優託邦理想之實現，即是積極性的城市建設，以中小型城市（人口自十萬左右至一萬左右）爲最有效的集體生命之單位，而供給其必需的物質條件，使其發榮滋長。

今後的城市，必須不折不扣地按照這種新觀點去建設，方不爲工具或玩物，而具有不朽的生命機能，運用着，同時亦即發展着新的技術，可以排除一切生命的障礙，而實現其優美理想。這樣大小的社會集體生命，可能在世界各地普遍英勇地長起來，第一步解救了毀滅文明的危機，終將成爲「天下大同」的無數支柱。近來國際賢達，多主張趕緊設立「世界政府」，形成「世界國」，以免除人類戰爭，殊不知此路不通，正因其理想，祇是一種龐大都市的意念，屬於「烏託邦」者，懸空而不踏實。各國主權不會自動放棄，那末「世界政府」便無權力可以統治世界。即使各國主權放棄了一部份，以成立「世界政府」，則「世界政府」，集中相當權力，一方面就有濫用其權力之趨勢，而引起了强烈的競爭，結果世界仍不會太平。所以現在最實際而又便利的辦法，當是先成立一種國際事業性的機構，以重建世界的小型城市，成爲社會的集體生命爲宗旨。姑稱之爲「世界規劃重建總署」。這個機構應在滿足人類的「安全感」「工作權」與「優托邦理想」三大生活條件之下，進行着積極性的建設工作，倘能堅持五年十年，我相信世界和平，便無異從各國內部、建立起網狀的基礎，將不是任何野心家或侵略國所能破壞的。那時，世界上每一個城市作爲一個集體生命，實際，完整，富有血性與榮譽感，一方面容許人類的個性自由發展，一方面可以担保世界的秩序和諧前進。「組織」與「自由」，在人類歷史上二者不可得兼的東西，在爲集體生命的城市裏却可以相反相成了。

長沙浣花山莊

中國鐵路機務標準之編訂

茅以新

1° 導言

我國鐵路雖已有五六十年的歷史，但事實上僅爲列强在我國爭權築路的一段與收回後我國勉强繼續維持運轉的又一段而已。實際尚不足以言我國的鐵路事業與經營，而技術與標準爲尤然。

鐵路本是歐西傳到中國的一種新事業，我們的歷史裏，並無可以參證的地方，一應技術上的規定與細節，自然須參照歐西各國的楷模。可惜的是到中國來築路的各國，他們自身的鐵路程式不一，標準互異。而各國只顧他們自身國家的利益，與推銷各該本國的出品，以致我國鐵路成爲各國出品的陳列場與比賽場，全無標準可言。同時我國也未公佈過鐵路標準，也不限制各國所供應的物品程式。結果中國的鐵路事業先天不足，徒供作列强工業的尾閭，與過剩出品的銷市場而已。所以中國自有鐵路以來雖已五六十年，還是一無標準，一無系統。

缺少標準的鐵路，其發展是大受限制的，不經濟的，不安全的，也不能迅速的。現在我們在戰後復興的階段中應從速制定各項鐵路標準，以作準繩，以備今後鐵路發展過程中的應用。茲編所述，乃僅就機務方面的標準，應如何編訂，略加討論。

2. 鐵路機務標準與購料規範之區別

鐵路機務標準（Railway' Mechanical Standards and Standard Practice）與規範（Specifications），實在有很大的區別。我國在民國十一年公佈的若干規範包括四十噸標準貨車設計在內，不過是一種規範，供購料時應用，而實尚不足稱爲機務標準。規範可爲標準的一部分，而不是機務標準的本身。例如標準車軸須分若干類，與每類尺寸如何，可以事先制定，爲一種標準，而某批的車輛之車軸尺寸應爲何類，則是一種規範。必先有標準，然後規範才能制訂。

3. 鐵路機務標準項目

下列各項可爲鐵路機務標準的項目或綱目。

A. 基本標準 Fundamental Standards.例如
- 度量衡 Weights and Measures.
- 常用標準數 Preferred Numbers.
- 螺紋 Screw Threads.
- 製圖 Drawings.
- 機械單件 Machine Elements.
- 公差 Tolerances and Limits.

B. 標準名詞 Standard Nomenclature.
- 機車 Locomotives.
- 客車 passenger Cars.
- 貨車 Freight Cars.
- 風閘 Air Brakes.
- 機廠 Shops and Terminals.
- 材料 Stores and Purchases.
- 運轉 Operation
- 管理 Administration.

C. 材料規範 Material Specifications.
- 鍛鋼部門 Wrought Steel.
- 鑄鋼部門 Cast Steel.
- 鍛鐵部門 Wrought Iron.
- 鑄鐵部門 Cast Iron.
- 非鐵部門 Non-ferrous Materials.
- 橡膠部門 Rubber.
- 其他材料 Miscellaneous Materials.

D. 安全裝置 Safety Appliances.
- 機車安全裝置 Locomotives.
- 車輛安全裝置 Cars.

E. 鍋爐檢驗及試驗規則 Rules Covering Inspection and Testing of Locomotive Boilers.

F. 標準編號，標識。 Standard System of Numbering Marking and Stenciling

G. 有關機務之工務標準。 Construction Standards Related to Rolling Stock and Motive Power.
- 軌距 Gauge of Track
- 淨空，建築物最小限，車輛最大限。 Limiting Gauge,Minimun for Stuctures and Maximum for Rolling Stock.
- 坡度 Grade.
- 彎度 Curve.
- 軸重 Axle Loading
- 站台位置 Platorm Dimensions from Rail.
- 水站距離 Distance between Water Stations.
- 外軌超高 Superelevation of Outer Rail.

H. 有關運轉之機務標準 Mechanical Standards Relateb to Operation.
- 鈎高 Height of Coupler.
- 鈎型 Contour of Coupler.
- 解鈎裝置Uncoupling Arrangement.
- 輪緣斷面 Wheel Contour.
- 軟風管與接頭 Air Hose and Hose Couplings.
- 軟風管位置 Location of Hose Coupling.
- 暖氣管接頭及位置 Steam Heating Connections and Location.
- 電氣接頭與位置 Electrical Lighting Connections and Location.
- 列車傳警風管位置 Location of Air Signal Hose.
- 左右行 Direction of Traffic.
- 列車載重計算法 Tonnage Rating.
- 機車與列車之編組 Engine and Train Make-up.

機車牽引力計算公式 Determination of Tractive Force.
號誌燈位置 Loction of Marker Lamps.
載積限度 Loading Gauge.
軸箱棉紗之裝塞 Packing of Journal Box Waste.
洗爐注油規定 Oiling for Axle Boxes.
洗爐定義 Definition of Boiler Washout.
機車失效定義 Definition of Engine Failure.
過軌檢驗規則 Rules Governing Inspection of Cars for Interchange of Traffic.
標準驗規 Standard Inspection Gauges.
風閘氣壓，暖汽壓，傳聲風帶氣壓，車電燈電壓等規定。Train Line Pressure. Steam Heating Pressure, Air Signal Line Pressure. Train Lighting Voltage, etc.

I. 機車車輛運轉部份磨耗限度之規定 Wear Limits of Locomotive and Car Running Parts.
輪面及輪緣 Wheel Tread and Flange.
輪項及軸緣 Axle Journal and Flange.
軸箱軸瓦及楔 Journal Box, Bearing and Wedge.
車鈎磨損 Worn Couplers.
鈎高嫌低 Under Height of Couplers.
閘瓦，閘瓦頭 Brake Shoe and Brake Head.
閘樑之扭正 Brake Beam.
風管接頭 Hose Coupling.
旁承 Side Bearers.
中心盤 Center Plate.
弹簧 Springs.
三通閥滑瓣 Slide Valve of Triple Valve.
牽挽具行程 Draft Gear Travel.
閘缸鞲鞴行程 Brake Cylinder Piston Travel.
機車行動機關鬆曠 Wear and Play of Running Gear of Locomotives.
檢查符號 Symbols Used in Inspection.

J. 有關機務及運轉之管理章則 Administrative Rules Relating to Mechanical Department and Operation.
機車出入房授受檢驗規守 Procedures for Handling at Locomotive Inspection Pit.
行車人員薪給規定 Wage Scales of Enginemenand Trainmen.
（日薪，月薪，按機車牽引力計薪，及工作時數之詳明規定）
區段組織及職掌 Duties and Organization of Operating Divisions.
機車牽列費之計算公式 Locomotive Haulage Charges.
過軌檢修計費規定 Rules for Charging Repairs Done to Cars of Interchange Traffic.
運轉統計之編製與定義 Statistics of Operation.
成本會計法 Cost Accounting.
過軌機車損壞之處理
過軌車輛損壞之處理

K. 機車標準部品 Standard Locomotive Parts.
輪及輪箍 Wheels and Wheel Tyres.
軸及軸承 Axle and Journal Bearings.
汽缸頭及汽缸頭螺柱 Cylinder Heads and Cylinder Head Studs.
往復重量之平衡 Counterbalancing of Locomotives.
汽鍋接頭及螺柱 Boiler Connections and Studs.
鍋爐管襯圈 Flue Ferrules.
十字頭及滑鐵 Crossheads and Guides.
十字頭銷 Crosshead Pin.
射水器接頭Flanges and Couplinsg forInjector.
搖聯桿 Main and side Rods.
搖聯桿銅襯 Rod Brasses.
油潤器接頭 Fittings for Lubricators.
搖聯桿油潤裝置 Lubricating Main and Side Rods.
曲拐銷 Crank Pins.
機車重量分配之估計 Weight Distribution.
閘桿銷及襯套 Pins and Bushings for Brake Rigging.
鞲鞴及鞲鞴桿之裝置 Piston Rod and Head.
鞲鞴桿與十字頭楔之斜度 Piston Rod and Key Taper in Crosshead.
鞲鞴漲圈槽 Piston Ring Grooves.
汽缸襯箭，汽閥襯箭裝入壓力 Pressure for Applying Cylinder and Valve Bushings.
安全閥之計算 Safety Valves, Determination of Size Percentage.
機車彈簧之設計與修理 Design and Repairs to Springs.
撒沙佈置 Sanding System.
過熱設備之維持 Maintenance of Superheaters.
各種球閥標準 Globe Valve

L. 車輛設計及標準部品 Standard Car Design and Parts.
基本尺寸 Fundamentals of Car Design.
如軌面至中心盤磨面之距離 Height from Railto Center Plate Wearing Surface, Empty Car.
旁承至旁承之距離 Distance from Center to Center of Side bearings.
旁承隙 Side Bearing Clearance.
中心梁間隔 Distance between Center Sills.
輪背至輪背距離 Distance between Backs of Wheel Flanges.
標準車輪 Standard Axles.
標準中心梁 Stardard Center Sill.
車木板標準斷面 Standard Sections of Car Lumber.

標準中心盤 Standard Center Plate
平車插柱袋 Stake Pockets for Flat Cars.
標準車鈎 Coupler.
牽輓具鈎 Draft Gear Yoke.
牽輓具銷及銷扣 Draft Gear Key and Key Retainer.
牽輓具隨鈑 Draft Gear Follower Plate.
棚車車門車端 Box Car Doors, Ends.
客車車身斷面 Contour for Passenger Cars.
轉向架樑 Truck Bolster.
轉向架旁承 Truck Side Frames.
軸箱及蓋 Journal Boxes and Lids.
軸承及楔 Journal Bearings and Wedges.
塵隙 Dust Guards.
軸箱導鈑 Journal Box Pedestals
彈簧及帽 Springs and Springs Caps.
車輪 Wheels.
客車踏步 Platform Steps.
客車洗手設備 Lavatory
客車門鎖 Door Hardware
電車設計 Car Lighting Fundamentals.

四 當前的問題

或有人說標準制定以後，還是要推行，要應用這標準的功能，才能發揮。不然，標準徒爲標準，於事無補。所以有人主張先制定規範，以備採購材料車輛等之用。希望如是可以藉購買合乎標準的設備，然後便可推行標準了。這固然有一部份理由，但是總有捨本求末之病，我們若將當前中國鐵路機務的問題，及何以機務基本標準必須從速制定的理由，再加以分析，我們可以得到下列的推論。

（一） 今後國內各鐵路，不能各自爲政，必須向共同目標發展。而共同發展的條件，乃機務及運轉的標準的建立，否則車鈎掛不上，風管不能接，過軌檢驗規則不一，列車載重計算法不一，如何能互通車輛，互爲運輸。若求聯運效率的提高，甚至所有行車人員值勤辦法，薪給辦法，機車派班辦法等，都有統一的必要。

（二） 各鐵路舊有車輛，設備，材料等，爲數甚多，勢不能聽任其永久不合標準。各舊有車輛，設備等，大多尚有足供運用的較長年齡，若不使其標準化，將永爲標準前途之障礙。例如橡皮風管有"及1¼"者，若不使減爲一種，將永爲一種問題。螺擰紋距現有多種，若不於大修時逐漸簡化，將永爲機車修理時間不能縮短的原因。閘瓦不使簡化，則各站將永不能備有等候更換閘瓦。所以我們不能只顧到新購機車車輛的合乎標準，我們必須同時進行更改大多數舊有車輛的若干部品使合標準。這原是艱巨的工作，更改舊車，比較只買新車，確然工作繁鉅。但是我們中國爲鐵路前途，不能不去做的。

（三） 建立標準這件工作，不在將所有的機車限定幾個型式，將所有客車限備若干客位，或將所有貨車限爲棚車高邊平車的幾個種類。反之我們對于機車的設計，客車的佈置，貨車的種類等，應不限成規，力求進步，儘儘量採用新型設計，使效能增高，使客人舒適，使運用靈便經濟，而不受到阻止進步的限制。但既然如此，則標準又在何處？各標準因應僅限制於與運輸有關，與互換有關，與磨耗有關的各部部品而已。例如車鈎必須合乎標準，而不必定用某種型式或某廠出品。機車轉輪踏面寬度直徑應使合乎標準之一，可以互換，而不必定採用某固定式樣，貨車車輪直徑，軸承尺寸等應合標準，而毋須必用何種材料或設計的。倘若部品合乎標準，可以互換，則備品之貯備已經可以大爲減低，修理可以迅速，維持成爲簡易，而同時不致阻止精益求精的研究與進步。這樣標準的目的已經達到了。

所以我們不必去制定標準機車，標準客車或標準貨車，但應制定標準機車部品，標準客車部品，標準貨車部品。各路添購機車，應各就本身需要而自定型式，坡道陡的鐵路與平坦的鐵路需要不同，不必勉强用同式機車，熱帶與寒冷鐵路所需要的客車，可以互異。有大宗貨品的鐵路與祇有零星貨物的鐵路所需要的貨車，也可以不同，但是所有各車與互通運輸有關，互換部品有關及與磨耗有關的各部份，必須合乎標準。這樣我們可以有標準，而不爲標準所限制。

（四） 中國鐵路設備的程式以往受英國的支配影響甚大，所以車鈎是高的，（自動式高鈎是英人就原有四輪車螺絲鈎的一種敷衍的改造），風閘是英改良式的，站台是高的，靠左行車，客車電燈用24伏脫制，螺紋用英惠氏式等是，但是近年則美國的支配，勢力日見膨大，那我們今後除了車鈎，已於日本人代爲改低已與美國的相同以外，其餘是否也改用美快式風閘，也將站台剷低，改靠右行車，（城市與公路已改右行）車電改用32伏脫，螺紋改用美制？這是一個大問題，但是值得鄭重考慮決定的。我們爲中國鐵路前途百年大計，應作鄭重的決定。這點是我們的標準工作的一個大問題。

（五） 扶助民營鐵路工業，標準工作是永無止境的，常在研究改良中的，標準工作不是一勞永逸的，這是異常重要，常被人誤認的。新的標準固然是用的等待着制定與採用，舊的標準也時常等待檢討或予改良或被廢棄。標準工作是活的，不是死的。因此原因，標準工作是不能由國營鐵路一手包辦的，標準固應由國家承認的機構公佈，但是在採用一種標準以前，須旁徵博覽無數人的意見，要有若干學會，試驗所，及鐵路的先期研究與試用，一件改善的意見，才能構成。而這許多研究機構中，要算民營工業的研究室與試作創造爲最可寶貴了，這至少在美國是真確的，美國的鐵路設備（其他如飛機，汽車，無綫電，化學等等尤是）的突飛猛進，不是政府 I.C.C. 之功，也不是A.A.R.之功，也不全是那些巨大鐵路公司如New York Central，或Pennsylvania等之功，雖然他們的貢獻也很多，美國鐵路設備之進步，大多是那些無數的鐵路工業，製造廠家的日夜不斷的研究與試驗，所做出來的，美國是如此，英國等其他國家也是如此，實因鐵路的最終目的是運輸，不是研究，所以鐵路人員的惰性很大，鮮有根本上的發明與改進。鐵路工業與製造廠家則不同，他們的職志是出品精良，若再有競爭的存在，更足以鼓勵進步。中國鐵路若欲求進步，也必須行同一途徑，我們也要扶助民營鐵路工業；我們要鼓勵國人試製鐵路用品；我們要試用他們的出品，我們要請他們幫助研究改良鐵路設備，我們要他分負制定標準這件大事一部分的責任。

五　如何着手編訂鐵路機務標準

（一）　調査現有設備狀況，這是第一我們首先須調査各鐵路現有機車車輛的型式，主要部品，尺寸，其他有關事項等，備作編訂標準的指向。

（二）　逐項制定，編訂，並公佈之，公佈須有精良印刷，須另訂成單行本，低定售價，廣爲銷售，若僅在佈告欄內張貼的標準，不爲大家所週知的，絕難望其成爲標準，又要按時修訂，因爲這些標準，過時便又不完全，故必須依時補充增訂，保持他的合時。

（三）　從調査至編訂公佈所需的時間，定不在少，但還不能做憑紙片調査，紙上比較，若干標準，祇須調査數量，至型式細節，多爲早已確知者，其優劣點及應如何制定標準，早可事先研究決定。例如車鈎種類雖多，但何數類爲可以採用者，不待調査，已可決定，調査不過所以知待改裝者之數量若干而已，所以從調査至公佈的時間，亦可縮短。

（四）　參考日本鐵道法規的"工作編"與"運轉編"我們頭痛問題，日本大多也曾經過，可是日本已制勝許多困難，而獲得相當解決，我們並不希冀走捷徑，或抄襲別人，但是這是極好的參考，我們至少可以明白日本鐵道對於同一問題是如何解決的。

（五）　美國通用的慣例與方法（American Practice）也是我們極好的參考，中國是與同美國同樣的大陸國家。我們的運量雖尙不及美國的大宗，但有大宗的趨勢，所以不妨傾向於採用美國標準。

（六）　各鐵路的機務當局，在某種標準公佈以後，務必切實遵照，在新購設備時，固應絕對遵照標準，但對舊有設備之不合標準者，應卽擬定逐漸改正之程序，嚴格實行改正。這件工作的責任，在各路機務當局，而不在中央主管部份，因各路原有設備之應如何改正，惟有各路自身主管人，較能深切明瞭。所以中國鐵路機務之能否達成有標準之一日，關鍵在各路自身努力如何，及互相合作之程度如何。

（七）　但以上的一切，必須有中樞機構的主動與推動，在目前的情況。我們自然仰望着交通部的鐵路技術標準委員會來領導，事實上技術委員會已經有不少的進展。我們希望這種進展逐漸可以達成本篇所述的若干理想。同時各路間應否也有一種技術的集合，類於美國的A. A. R. Mechanical Division，也來貢獻一點力量，那就要請國內賢達指正了。

附錄(一)中國鐵路機務標準之編訂閱後意見

杜殿英

中國鐵路機務標準之編訂，實爲求裝造經濟，修配迅速及過軌方便所必須。茅以新先生所論，至屬正確。我國鐵路所用機車車輛，過去率皆仰給外來部品標準，自無法統一。根本之圖，端在發展本國機車車輛製造工業，如資源委員會所屬之瀋陽機車車輛公司，就設備與製造經驗而言，均屬不弱，但業務範圍，以東北諸省爲主，故技術標準，多循日本式。將局勢穩定，廠量可以增加，當有餘力可以供應其他鐵路之需要。如鐵路機務有劃一性之標準則製造成本可以減低，交貨時期，可以縮短，尤屬兩得其利。

次就編訂標準本身而論，經濟部中央標準局正在從事各項標準之編訂。鐵路機務標準，雖係一特殊部門，但亦應考慮與其他工業標準之配合。如螺紋標準，一般趨勢均傾向於「米頓」制。

又關於名詞之翻譯，亦有考慮之處。如Operation譯爲「運轉」Runningpast 譯爲「運轉部份」，易致混淆。茲擬譯Operation譯作「運用」。

又如 Piston譯作輾輪，不如「活塞」之爲普遍。

附錄(二)讀茅以新先生中國鐵路機務標準之編訂書後

孫竹生

民國三十二年在晉波大學圖書館看到茅先生二十年前的一篇論文，闡述中國鐵路標準化之重要性及方法。從那時起，我就知道茅先生是提倡我國鐵路標準化的前輩。這次他根據我國目前的需要，新寫這篇文章，告訴我們應當怎樣編訂合理的機務標準，從基本標準到專門標準，以致於編訂的方法，都一一論及，做了我們未來編訂鐵路機務標準的大綱。

編訂標準是一件很繁重的工作，定要集思廣益，容納各方面的意見才會成功。大家誠心誠意，共同研討，使每項都有個最切實際的決定，然後共同遵守，共同努力，排除萬難，使鐵路機務標準化早日實現，爲國家節省物力人力，茲就茅先生的倡議，補充兩點意見：

（一）　應卽請中國機械工程師學會發動召開中國鐵路機務標準編訂委員會籌備會，遴選專家，推定委員，包括各鐵路，各機車車輛製造廠，有關之國營民營工廠及大學教授，分門負責，採長補短，使編成一部標準，能切合實際，能推得動行得通，不要像過去似的，標準是標準，事實是事實。

（二）　在東北或華北，日本給我們留下許多與鐵路有關的工業，機車車輛以及其他有關機務的一些資料。「滿鐵」的機務，多半採用美國標準，同時也適合我國的國情，這些現成的習慣和資料，我們應當盡量擇優採用，以收事半功倍之效。

附錄（三）對中國鐵路機務標準編訂之意見

金　慶　章

一　吾國鐵路經抗戰後多數設備幾蕩然無存，當此百廢待舉之時，為實行標準化難得之良機。歐美各國原有舊式設備太多，改不勝改，且欲完全變動，犧牲過鉅，良機不再，稍縱即逝。

二　至於如何使原有設備逐步趨於標準化，則美國現下所採之方法，似可借鑑。例如美國貨車風閘，原則上係採用AB式，然有許多車輛，原已裝用他式風閘遽爾捐棄，損失太大，故特規壞須加更換時，祇准上AB式，不准再換他式。遇AB風閘需更換時，則祇准仍換AB式，不准換上他式。如客車輪，原則上採用鋼輪，然有原裝生鐵輪者，至使用逾限時，祇准換上鋼輪，鋼輪逾限時不准換上鐵輪。此種祇准甲換乙，不准乙換甲之淘汰方法，既屬合算，又可收最後標準化之效。

三　鐵路設備固無一不需釐定標準，然釐定大需年月，故須視其大者要者先定數種，以利目前購置之標準。例如機車類別，機客貨車風閘，究應採用何種式樣，即須及早規定，俾利統購。對于本國將來製造能力，亦應予以顧及。

四　貨車標準化，應較機車客車標準化更為重要，以收聯運時簡化保養之效。

五　就茅先生大著之各小節目，徵求各專家意見，在貴雜誌發表，以收通信討論之效。

附錄（四）"中國鐵路機務標準之編訂"討論

曾　潤　琛

中國鐵路機務標準，早就為人重視。交通部在三十年前就成立技術標準委員會，何以一直到現在，還是一無標準？癥結所在：一是原有機車車輛及部品之型式尺寸過於紛亂，雖定了標準，不合標準的仍是太多，不易一一改正使合乎標準。二是我國鐵路用品製造工業尚未建立，雖定了標準，須靠向國外購買，未必盡能照標準供應。標準本來脫離不了現實，各國標準都是就原有有設備演進而訂定的。照說實行標準後部品互換修理迅速，對于各路最有裨益的，各路應該很願意促其實現。但何以過去各路雖有對于簡化部品的片斷努力，而其效不彰？凡是必要的，一定會標準的。如所說的假使車鉤掛不上，風管接不通，如何能行駛。故即在既往部品方面雖是一無標準，而車鉤高度，車端風管位置等早已統一。戰後車鉤高度改低，現在湘桂黔粵漢隴海一部份猶有高鉤車輛及聯結高樑鉤車輛是必須統照低鉤標準改正的但風管接頭方面，因 1/4" 及1"風管接頭可以連用，至今仍兩種並用。兩種並用總是一個麻煩。如一律改成 1/4" 又不是很費事的事。但各路多數風管缺乏，如要將所有 1" 風管接頭作廢另換 1/4" 者，不免盡感到是一種浪費。風管接頭祇有兩種，問題尚是簡單，如貨車轎箱假定有二三十種，即使簡化成六七種最普通的型式已相當困難，總還有若干是無法改正的。各路因現實的觀點，對于更改，如不是認為十分需要前，惰性總是很大。故必須要各路有人參加在標準機構內，一方面可以感到休戚相關的需要，另一方面也可知實際艱難所在而謀個別解決之方，美國鐵路協會機械組各種委員會的辦法，我以為是值得仿照的。主持的機構，在交通部既有技術標準委員會，似無需另有技術的集合。但實際的工作，都要在各路分別由專人去做。凡調查，比較，簡化，標準，試驗，改善等等，均使逐年累積成一有系統之研究結果。

假使我們自已機車車輛及部品製造工業已有根基，則我們即使不去調查現有設備，一樣可以擬訂標準。若干年以後，合乎標準的機車車輛佔大多數，少數不合標準的逐漸淘汰。如日本在侵佔中國八年中間，制定了幾種2—8—2及4—6—2式的機車，照此供應東北及華北各路，現已為北方各路最普通的型式，無形中形成一種標準的趨勢。過去技術標準委員會先制規範，欲藉購買品推行標準，捨本逐末的辦法，倘若那時我國鐵路用品製造工業已有規模，則現在可能已有若干成就。不幸至今我國鐵路用品工業還是祇在萌芽，則今後標準編訂應以如何使將來添購機車車輛易于適合此標準為最要課題。普通一般鍛鑄品是沒有多大問題的，祇要制定標準，無論向何處購買總是一樣可以適合。半成品如貨車輪軸之類，在美國已有標準通行，照其採用，較為省事。形鋼如車輛底架或車體構架所用槽鐵角鐵之類，各國標準不同，我國尚未定有標準，嚴格訂定後，反使供應為難，同時又與修理互換無甚關係，可以不必詳細規定。成品如風軔設備，車電設備，機車發電機，射水器，油潤器之類，皆為專門廠家供應，是應分別考慮，或訂定一種，或規定互換。

茅先生提出不要標準機車，標準客車，標準貨車，但與互通運轉有關，互換部品有關及與磨耗有關的各部份必須合乎標準。一方面因爲不致阻止進步，另一方面或者也是爲了易于推行。但詳其所不必詳，固有削足適履之病；略其所不必略，也就不能收到標準的效果。機車方面若照茅先生所列舉之標準部品實行，恐所得的結果仍然是很雜亂。如鍋爐僅定汽鍋接頭及螺柱，似乎過于籠統。如汽鍋接頭係表示鍋爐與車架及汽缸連接部份，則無形中限制了長短大小，不如制定幾種通用鍋爐較爲具體，祇須說明應與其中之一互換，其詳細構造不必定須相同。修理時祇須準備少數幾種備用鍋爐互換，較爲迅速。如汽鍋接頭係表示鍋爐與其附件之連接部份，則似應分別制定，較易切合。且如僅有此一限制，非但鍋爐種類繁多，有失標準之意，即窄火箱鍋爐與板式車架皆可使用，似非所宜。如主動部份，既規定汽缸蓋及螺柱，轉轉及塞轉桿，十字頭及滑板之標準，無形中限制了汽缸尺寸。既規定搖連桿標準，無形中限制了軸距。搖連桿尺寸與汽缸尺寸，汽壓，車輛載重，往復重量平衡等俱有連帶關係，斷章取義，定幾種標準，恐不易配合。又如往復重量之平衡，機車重量分配之估計，安全閥之計算，過熱設備之維持等，與互通運轉與互換部品，與磨耗，均似無關。而有關之螺釘，軔具，軸箱及襯墊等，反未列入。機車部品繁，牽連太多，一一列舉制定，不易恰當。我以爲還是要制定幾種最普通式樣的機車，每式機車可有幾種輕重型，作爲慣例，儘量與其互換而不必全同。茅先生以爲陡坡鐵路與平坦的鐵路所需要的機車不同，固是事實。但陡坡畢竟是例外。我們不必因陡坡需要不同的機車遂不去定一般的標準，正如我們不因西南有窄軌鐵路便不去定標準軌距鐵路的標準一樣。在美國機車種類之多已發展到不易簡化成標準的局勢。在中國各已成幹綫客貨運輸的需要及使用習慣，相去不遠。藉幾種最通行型式的機車來推行標準，要比單制定部品收效爲大。同時並可制定互換部品標準，使其他機車部品，亦可儘量簡化。客貨車方面，目前倒是照茅先生單制定部品標準的辦法，較爲合宜。如轉向架部份，車鈎及牽挽具部份，風軔部份，車電部份，保暖及通風部份各種部品俱已標準，則可算已大半解決。車身及底架構造，除中樑間隔應有標準，使牽挽具可以互換外，都是與製造關係大而與修理互換關係小。爲就設計及製造習慣以及原料供應便利，不必詳細限制。如所列標準中樑之類，可以無需規定。但主要尺寸應規定大綱，使車輛較爲整齊。客車內部位置，則如時裝設計，不妨各趨新奇不必雷同。

總之標準不一定是要最好的，要點是在要爲得通。一個不太好的標準比沒有標準強。能夠標準到甚麼限度比一無標準強。我們談了三十年標準。仍舊標準自標準，實際自實際。擬訂標的人總覺得使用及供應的人喜歡別出心裁不肯適合標準。而使用及供應的人總覺得擬訂的標準是紙上談兵不切實際。因爲過去機車車輛就如茅先生所說幾乎是各國出品的陳列場，現在要在這種雜亂的情形中求相當的統一，同時並要顧到適應國內外成品及原料供應便利以及將來我國鐵路用品製造工業發展及鐵路運輸進步之趨勢。這需要是多方面的，各人着眼之重點不同，其看法亦異，除了開始時所說的兩點物質原因以外，這點心理的距離也是使標準不能順利推行之一大原因。故技術擬訂標準必須使用及供應有關的人參加，可使此種歧異減少。

附錄(五) 對於編訂中國鐵路機務標準的幾點意見

高 祺 瑀

向茅以新先生提供請教

中國事業機關談標準制規範者以鐵路爲最久，成績貢獻亦以鐵路爲最大，可惜若干年間，此項事業工作者人事屢變，經費不充，範圍不展，同時政策方針不定，前後不免稍有重複及精神不能一貫之處，又以缺乏澈底計劃，不免有零碎或捨本逐末之處。現茅先生提出機務標準上之通盤計劃及進行步驟，筆者完全同意，認爲際此鐵路待興之時，凡我朝野內外，均宜充分重視，促成此種事業之成功，樹立鉄路機務之百年大計，除對茅先生原文同意之處不加討論外，尚有一二點願就所見提供研究。

茅先生認爲建立標準應僅限於運輸有關與互換有關與磨損有關的各部品，不必制定標準機車，標準客車，標準貨車一節，筆者以爲不够澈底不敢同意。

在說明理由以前，我們認爲標準之設，既爲便於互換便於轉運，合於經濟合於安全，則其制定必須有若干基本條件及性質，第一必須帶有勉强性，不能彈性太大因，爲能勉强，才能更改各式各樣之部品，使用標準部品達到化繁爲簡，變多爲少而臻於標準化。第二須具有教育性，鐵路範圍廣大，員工衆多，知識見解自多不同，若能於制定標準時利用機會，利用人才，將良好方法良好設計，適宜材料適宜規則，儘量標準化不知可省去若干人之腦力，避免若干錯誤，節省若干金錢，尤以我國的現時工業不發達，技術人才不多；技術水準不高，其教育意義更大，第三須適合環境，歐美各國工業已達標準化境地，我國則尚在仰給於人之時期，以我國工業之落後要達歐美各先進國家的標準，實非一蹴而達，倘好高騖遠，制定標準不切實際情形，必至如茅先生所云「從供列强工業尾閭」而已。

標準旣具有上述之基本條件與性質，假使僅限於各有關部品之標準，不制定標準機客貨車，儘量採用新型設計，而不爲標準所限制，其結果必難達於化繁爲簡殊於統一的境地，更不能顧及我國現時工業發達程度，適應環境。過去鐵路機客貨車式樣繁多，更多未顧及國內之工業情形，致有脫節現象，倍受其苦，多耗費若干金錢職力，所以標準機車、標準客車，標準貨車、仍應整套設計制定。我們不妨觀各時各地之需要及我國之工業發展情況，定出幾種型式之標準機車、標準客車、標準貨車，以本國技術水準爲基礎，以自造爲原則，運轉修理製造均可省却職力金錢，較易收標準之效果，俟工業發展至某一程度，標準亦隨之改良提高，如此推行標準，方易收標準之功效。

此外原列機務標準之項目尙有可以增加者茲試舉如下：

一 機車部品

A. 鍋爐裝置及配件（Boiler Monntingre Fittingu）如：安全閥（Safely Valve），汽笛（Whistle）油潤器（Lubricator），注水器（Injector），水面器（Water gange），試水閥）Water test cock）等。

B. 汽缸附屬品（Cylinder Fittings）如：放水閥（Drain cock），空氣閥（Anti-vasum valve）旁通閥（By-pass valve）等。

C. 其他如：閘瓦（Brake Shoe），頭燈（Head light），速度表（Speed Meter），轉向架（Truck）等。

二 車輛部品：

通風，照明，保溫，設備部份及其他易於損壞更換部份。

三 工作方法：

關於機車車輛及其部品之保養維持及修理方法。

四 常用工具：

種類繁多不及詳列。

五 試驗規則（Test Code）

最後筆者認爲扶助民營鐵路用品工業是很重要的，不過制定標準百年大計，仍必國家負此責任，決心推行，領導並輔助民營工業步上標準化之大道，鐵路事業定可改觀也。

自然加於我們的災害，就無言的忍受下去嗎？

要追尋它的根源，要以累積的智慧和努力去克服它。

颶風地帶鐵路設計工程之商討

冉 媛

（一）引 言

我國沿海各省皆有遭受颶風襲擊之可能，但較嚴重地帶則爲臺灣及海南島與夫浙江福建濱海地區。三十四年冬季海南島鐵路被颶風吹毀，筆者奉派參加修復工程，得有機會實地詳細觀察，並認識颶風對鐵路建築之影響。特分述之，願與各同志研究。

（海南島鐵路被颶風吹毀圖一）

（二）颶風之概述

颶風係因氣壓差異甚多，而於低氣壓處發生者。低氣壓則因熱空氣從地面升起，到達高際，向四周分散，致中央部分重量減輕而形成。風力之强弱，則與氣壓差異之多寡成正比例。是以在熱溫帶及濱海地方，風力遠較大陸爲强，而颶風最易發生。

低氣壓之進行時，在前半部及遠離中心部份，空中現多卷雲。愈近中心部份，雲量增加，風漸次發生，漸次加强。約距中心四五公里時則降雨，形成暴風雨。及至低氣壓中心到達，雨更加急，而風暫停。俟低氣壓中心過後，立即發生强風，將雲漸次吹散。氣壓開始增高，天氣放晴，風亦漸停。

颶風風速自每秒三三・六公尺起，最高紀錄爲每秒五十四公尺，且有間息，風力極爲强烈。三十四年九月，海南島颶風風速約爲每秒三十七公尺。

（三）颶風地帶鐵路工程設計應注意之點

颶風影響於鐵路工程設計最重要者爲路綫之選擇，橋工及基礎之設計，與房屋之設計等。茲略分述於后：

（A）路綫選擇應加注意之點：颶風地帶選擇路綫，第一，要避免濱近海邊。因颶風之來，常挾洪雨潮水湧進，如路綫距海邊過近，極易受海潮冲擊之破壞冲刷，影響路基及橋樑基礎甚大。故於合理經濟原則下，應選擇山邊路綫。如爲地形所限，亦應選擇高地定綫。同時路綫之高度，必需超過颶風降臨時之最高洪水位。第二，路綫過河時橋址及橋位之選擇，應儘量避免高橋與斜橋。以橋位之高度及方向爲主點，而管束坡度及路綫。如路綫必須濱近海邊時，則路基需加築護坡，加鋪草皮，建築費必高，殊不經濟。且此並非治本之策，而養護之負担亦必增加。

（B）橋上設計應加注意之點：颶風每挾洪雨俱來，降雨日量可達100公厘，且短時期內之驟雨每易使河流泛溢，故橋樑設計應注意：

（1）橋孔應較河身爲寬，俾洪雨時期足資宣洩。

（2）橋頭護坡地段應加長，以防冲刷。

（3）鋼樑下面淨空須較最近五十年來最高洪水位高出少一公尺。

（4）基礎設計時，應仿照地震區域設計方法，將建築物本身重量增加百分之十至百分之五十；荷重能

（海南島鐵路被颶風吹毀圖二）

力，等於流沙作用於基底單位面積上之抗力，加基礎周圍與沙之摩擦力。如遇颶風洪水將地基冲

刷，必致荷重不均，極易傾倒。

故最適宜於採用井筒基礎(Open coisson)施工既易，收效亦宏。如遇特殊情形，未能採用井筒法時，亦可適應地區採用鋼筋混凝土樁或木樁基礎。唯應於樁基四周堆石，或打鋼板樁圍之，以防荷重之地層，日後鬆動。

（5）橋樑上部鋼樑及墩座設計時，對於風力（Wind pressure）之假定，應照各該處颶風速度另行計算。普通颶風地帶風力，應採用至小每平方公尺250公斤。

（6）房屋設計應加注意之點：颶風過境經過建築物，每產生局部之眞空。如屋頂牆壁之吹去，與倒塌，每由眞空之吸力所致，非皆係直接吹去或吹倒者；故房屋設計時應注意：

（1）屋瓦不得浮置，須由石灰黏固。如用瓦楞鉛鐵，椽木應加多，椽木與桁木間，及桁木屋架間，必須用長螺栓緊固；屋架與墊板間或與木柱聯接處，應用螺釘或穿釘或U形鐵及螺栓聯成一組。

（2）屋架間，每孔均應左右各加風撑兩條。

（3）木架房屋如無磚牆，房架兩端在屋外應加斜撑。

（4）磚牆如照普通厚度僅一磚或一磚半時，牆之長者每隔三公尺應加做磚柱，增加强度。灰漿以用洋灰沙漿爲宜。

（5）不宜建築過高之屋尾。

（6）屋頂坡度不應過陡，房屋愈寬，房頂愈低，其防風抗力愈强。

（7）房屋基礎設計時，應增加建築物本身重百分之十及百分之五十，採用青磚，片石或混凝土基礎，並應使建築物基礎超出洪水位。

（四）結論

上述關於在颶風地帶鐵路工程設計應注意各點，一部係就三十四年九月海南島鐵路被颶風吹毀實際情形，推論而得。一部係在該路工程修復時期，試驗之見解。缺乏理論之計算，願有興趣於颶風地帶工程設計之同志作進一步之研究。筆者所希望者僅在能供給些許材料，作少許介紹而已。

設備佈置和組織是決定效率的基本因素之一，

我們的車房要現代化嗎，這正是一面好鏡子。

美國現代車房設計之趨勢

薛　大　中

車房設備情形及工作能力各有不同。按美國現代趨向，可分爲甲乙兩種。乙種車房，又分爲保養車房及轉車房。保養車房能施行機車較重之修理，洗爐及政府規定之檢查等。轉車房可施行小修，祇求機車尚有駛行至保養車房修理前之能力爲已足。其設備有十字頭五金熔化爐，臂形起重機，鍛爐，小汽錘，及黃銅紫銅管爐等。所述各種設備，同時亦可專用於保養車房。機車在轉車房只須一時半至三時，即可修畢送出，但在保養車房，須得較長時間。轉車房只有一壓鑽機，車床，鑽管機，小型鉋床，及熔化五金設備。惟在保養車房，即須附設一機器場。場內如車輪鏇機，軸頸鏇機，連桿桿雙頭鏇機，臂形鑽床，落地鑽床，二十四吋至四十二吋立鏇機，膝形銑床，鉋床，十八吋二十四吋及三十吋車床，管紋及螺紋鏇機，成形機，七十五至一百五十噸壓套筒機，及圓柱形間斷式磨機，專附各種汽缸精鏇桿及精鏇頭。對於各種修理時運用一具時，均應充分與臂形及行動式起重機配合。

各種工作，如檢視、清火、洗爐、油潤、擦車，各種機械及鍋爐之上必要修理，生火生汽之準備出發，裝煤，裝砂，裝水等，均須於保養車房行之，絕不可遺漏一項，以致機車不能繼續行駛，而須再回程修理。

機車到房，常先送到檢視坑，澈底檢視後，即製成保養車房應如何加以修理用之詳盡報告。同時必須測驗車鈎之情形，及充分試驗自動式車輛管理之裝置。檢視坑在各平坦修車軌道上，均應分別建造，與車房間應裝有專線通話，或能按照近年來進一步之辦法而用空氣寄信，即能省去不少時間，而增加修理工作之效率。

自檢視坑移動機車第二步即至灰坑。如爲燃煤機車，則於灰坑上，必須將其滅火。第三步自灰坑移車至車房，則機車必須加煤加水及裝砂，即停於洗滌站。利用熱水及蒸汽，和以清潔劑之噴滌設備，將機車行動機關各部，汽缸外套，及各種保暖部份之油漬完全洗淨。

有甚多鐵路之修理程序則反之，必待車房修理檢視工作完成，及準備出發駛用之前，才能上煤上水及裝砂。

第四步機車自洗滌站再行移至何地，必須視其機械情形而定。如只須小修即可在車房出發綫上稍停，加以修理，俟運輸處通知，即可支配駛用。或有時亦可送至車房加以較小之修理。總之，機車在任時間，恆使有汽。如遇輕小修理，隨時施行後，仍可繼續駛用。因之車房出發綫上，常有水站煤站及砂站設備，在運輸處通知駛用機車前，必須得充分準備。如機車須大修，必送入甲種車房即大型車房落輪坑上，利用水力車輪頂機或電力落輪台，以便將車輪落下及裝入時，施工迅速。更用移動式起重機及升降台，以便搬移機車上笨重機件，如連桿桿，轉輪，輪套，車輪，風泵，熱鍋器等。附設機器場其他各種設備，如蒸汽管，暖水管冷風管，電力設備，用於電焊及各種移動工具之種種設備等皆應有盡有。至車房最重要之連繫設備，如清爐洗爐，裝水及生汽等切實工作，亦有妥善緊密之裝置。上項辦法，非惟於機車修理上達到一新步驟，使其熱單位實際上能全部保存在水中及蒸汽內，（否則完全吹洩無用，）以便暖水洗爐，及省卻鍋水再行加熱之勞，在施工期間，更可使鍋爐及火箱內溫度減低至最少量，且按照新近改良之直接生汽方法，亦可利用上述步驟，得予鍋爐以充分汽灰，使機車駛行出房時，不須再行生火。（此項生火，原必須於車房外生火站實行者。）此種改良方法，在設計上言，確屬甚爲經濟，又能增加機車恢復行駛效力之速度，而無意中確已解除車房施工時最大之阻力矣。一車房之如何維持機車之機械狀況，以至其採用種種利便方法之程度，完全依各種鐵路對於該車房估計施用何項修理範圍之目的而定。此項目的，再依鐵路機車之大小，區域之長短，及所有機車之數量，及小車房與機廠間之距離而決定。有許多鐵路，用大型機車作長程行駛時，大車房必須充分設置機器工具，以便處理最大修理。甚至第四級第五級修理，亦須舉行。另一種情形，則係大車房鄰近機車修理機廠，祇須有最簡單之設備，以對付修理工作，如此則機車可留在大車房，而修理部份可就近送至機廠。兩種情形中之無論何種情形，大車房中必須同樣有能移動幾個機車之起重設備。殊非在第二種情形下，大車房之機器場中，對於機車行動機構部份及各種機械上之必須修理確屬不需要者，則該項起重可以免置。

如須大量修理機車之某種共同機件部份，如風泵，暖鍋水器，射水器，保安閥，汽壓表，汽閥及水閥，輪套，導輪，拖輪，煤水車輪，風泵裝置，列車管制裝置，電動機等。全部可送至總機廠修理，因總機廠中必能按照工作原理，施以適宜修理。此項修理方法，已公認爲甚經濟，幾已完全爲大多數鐵路採用。

故各遠距離車房（Outlying Engine Hou:e）對於上述各機車配件，可不必希望其能加修理，祇宜自各車房庫房上取出同樣配件換裝其上，此種辦法，可大量減少機車不能行駛之時間，且於修理機械工具之佈置上，頗甚經濟。車房工作，率直言之，完全着重於換裝，以代替修理，可實際減少保養費用不少。在討論大修機車及起重大型機車各問題之前，茲先將甲種車房本身施工情形及設備狀態簡述之如後節。

甲種車房（即大型車房）

車房常爲圓形，其修車道，常依轉盤爲中心，而成輻射式。但在特種情形之下，及有時限於地域之位置，及取較大安適計，亦鋪設三角綫，（Wye Jrack）。或以移車台，代替轉盤，建造一長方形車房。轉盤與移車台之簡單說明，當於材料運搬章內另詳之。

車房之長度當與車房內軌道之長度平行，完全依最大機車與煤水車之總長而決定。當使機車前端約有十英吋之空間距離，煤水車後端亦必有相當距離。在車房內當煤水車與機車分開時，煤水車與車房後門之中，仍留有空間地，可使行人能往來行走爲原則。車房前端爲機車向前行駛距轉盤最近之一地段，車房後門應用滑門，不用轉門，約十三英尺寬十七英尺高。

新式車房常分十股存車軌，兩軌道間有火牆分隔。全賴房柱以支持房頂。在此柱上，備有熱水，冷水，蒸汽，與空氣系管與電線，以作移動及電氣裝置之各種動力設備。前端兩柱在軌坑之間者，每柱均可裝設臂形起重機。前述起重機便於移動烟箱門，車頭燈烟囱，及風泵與熱儲水器之裝在機車之前端者。第二柱上之臂形起重機，用以移動風泵，熱儲水器，連桿及空氣筒等。

新式車房燈光設備，常用壁式反光燈，與裝置在倒置丁字形懸梁架端之反光燈。用以大量代替夜間所用之油燃火炬及接光燈。但在機車底部及機車內部工作時，火炬及接光燈仍不可少，在車房內圓周圍及外圓周圍，同時予適當位置特別裝置大量泛光燈，供給最優美之電燈光。車房前端牆上，應儘量裝置玻窗，以求日間適宜之光線。

最近暖汽設備已採取分散式之各個暖汽爐裝置，使爐內空氣受盤繞之機車管烘暖後，再用吹風器使熱空氣分佈各處。惟直接自滑輪段及在地坑內裝置之暖汽管傳熱方法，許多車房仍將採用之。

車房內機車噴出之黑烟，常用固定之烟罩送出房外，有時爲合乎除烟律或其種理由，另行裝置特種移動吹烟機，直接連接機車烟囱，或用他種機械設備，使烟流至外面高烟囱而噴出。凡裝有直接生車設備之車房，送烟機可不必裝置。但在少數存機道上面，仍希望能裝數具，以備機車停房時生火之用。

機車底部修理必於地坑內行之，車房內必有一股道或數股道建置落輪坑，用水力頂機，或電力落輪台，移動機車導輪，拖輪，動輪，及煤水車輪。落輪坑必橫跨數股道建造，所有水力頂機及電力落輪台，均能在坑中地下軌道上行動，自甲股道移至乙股道。對於水力頂機及電力落輪台之概況，當於材料運搬章內另詳之。

上述落輪坑，常設置於接近機器場，賴移動式起重機，或起重車及且伸至機器場之車軌式起重機之助力，將輪件移至設備完善工具充足而能修理機車上各開動部份及其他各種機件之機器場內，加以修理。在車房附近，或即包括在車房內之一部份，應構造公事房，員工福利室，材料房，風閘室。並應有洗爐用之水泵及水箱設備，冷熱水管用之水泵設備，供應室內暖汽設備，及機車直接生汽用之鍋爐裝置，及研究鍋爐鍋水之設備。

尚有其他重要事項，在新式車房亦須加以注意者。如地面之如何鋪築，其人行道及汽車道之可以直達各鄰近房屋場所者，地面均應採用最新式方法鋪築之，俾能使轉動力移動材料之各種設備，暢行無阻。對於行駛車房地面之各種電力汽車，汽車，牽引車，及移動式起重車之如何加速，以增進運搬材料之效能，材料運搬章內所述者，實於車房管理之經濟上，獲益甚多。

車房內之機車修理

機車到終點站車房內，其機械情況之報告，應由負責該機車之司機及檢查坑上之檢查員，共同簽送。該報告送達車房公事房後，即有監工負責細看，并決定修理工作之範圍。當前曾述之機車入房，視其機械狀況，隨時須作第二次駛用之準備。有時祇須送到小車房或修車道上，加以小修，或送至大車房加以大修。

凡機車駛入有直接生汽設備之車房時，可先於灰坑上減火傾於灰，待機車到達車房內，如鍋爐不須洗滌，即可接於生汽系管供給蒸汽。

待火箱修理完成後，爐面即宜重製火層，待命生火駛用。在此項動作中，移動式油燃發火器，已經大量採用，以代替用油棉花或木柴作燃料，直接生火。有時火箱內爐火保持不滅，則機車即可不必連接於生汽系管，可逕移至爐面設有送烟器之車道內。

如車房內無直接生火設備，則爐火必須保存，殊非洗爐或須修理火箱，總汽門，保安閥，過熱汽及其他部份，遇鍋爐內有蒸汽不能動工時，則不必滅火。

當機車正駛行入房時，或甫到達車房後，車房監工員即指派鍋爐員及機器員等，按照檢查報告所列各項，求修理工作之完成。該項報告，保管在機車附近，各項工作完成，則負責修理員必須對於其所修之點簽字，待全部完工，則監工員即集合各種檢查報告，審核完工實況，而通知運輸處，告以機車即可隨時駛用。

如爲減少機車節用時間起見，監工員更可預定修理所須時期，明白通知運輸處，告以確實時點機車必可出房備用。如是則車房之保養力，對於監工員擬定時點，使機車限期修畢待用，始能負確切之保證。

機車修理，可按其關係，大概分類：如鍋爐，則包括生火部份，行動機關部份，機器及其附屬品部份等。至有關於每月檢查，每季檢查，半年檢查，每年檢查報告中，須按照聯邦商務協會所需要修理之各部份辦理。該協會需修部份，對於鍋爐與行動機關之狀況，及機械與其附屬品之狀況，尤為詳盡。茲按序詳列如後：

鍋爐修理與生火習練——車房內修理鍋爐時，包括洗爐，更換螺撑，及頂撑，擠緊鍋縫，鍋爐修補，換爐管，虹吸管，修管板等。有時須更換全部鍋管及火箱板，但於上列最後三項之修換，可運送到一專廠辦理之。同時對於灰盤修理，火床修理，火星網及隔烟板修理，更換火箱全部火磚，均須兼顧及之。

機車到車房時，排洩閥即用活動懸管與排洩系管相連。此懸管亦可用以與餵水系管及直接生汽系管相連。如機車須用直接生汽時，先將餵水系管閥門及蒸汽系管閥門關閉，再開排泄系管閥門，再閉排泄閥門。於是蒸汽與熱水混合流至排泄系管及餵水系管之各水櫃中，直至水與蒸汽自鍋爐流盡，修理工作方能開始。

在修理及檢查工作中，按照聯邦商務協會報告內所規定關於鍋爐，及其他部份如：止回閥，蒸汽管，過熱汽櫃，過熱器，總汽門，鍋爐前端，及各種機械之在鍋爐生汽時不能檢修之部份，均已完成後，再使排洩閥與排泄系管及餵水系管重行連接，鍋爐之水乃再放滿。

直接生汽方法，係先與直接蒸汽系管連接，使蒸汽流入鍋爐內，因而及於鍋爐各部份，既快且勻，能避免以平常方法生火時鍋爐受熱有偏重之情形。在生汽時間已過數分鐘後，再開與吸水系管爐連接之閥門，使蒸汽與吸水混合，流入鍋爐。蒸汽系管與吸水系管，均可與活動管節相連，直接接於鍋爐之排洩塞門。

熱水備用時，最少須有華氏170度温度。蒸汽汽壓，每平方英寸不能小於150磅，大概恆在200磅或250磅之間。此項蒸汽與熱水混合流入鍋爐，直到汽壓能達每平方英寸10磅至15磅。而爐水高度能達水表底部時，乃將吸水系管閥門關閉，蒸汽仍繼續流入，直至汽壓與全鍋爐水溫能同樣達至預期之行車汽壓時，始將直接生汽系管及門關閉。因須保持機車汽壓之固定狀況，仍可用蒸汽管上之小閥及浮閥以調節之。

如機車即須出段備用時，則橡偶活動節管即行解開。機車即同時上述汽力行駛，並未生火。行駛至指定生火站時，再實行生火。有數車房其直接生汽設備，係裝在房外，與裝在房內應用時同樣便利。

如不用直接生汽設備，可逕將鍋爐與熱水餵管連接，開閥門後，熱水經活動懸管及排泄閥流入鍋爐，至爐內盛水面水平已達水表底部時，火箱內再行生火，使鍋爐達至相當汽壓爲止。生火時吹風設備，可用車房蒸汽管內之蒸汽，直接與機車烟箱管節連至泛汽喉 ， 或利用裝於烟卤車內之吹風設備。上述設備，包括一個獨立電動風扇，自房頂裝置。或於裝於車軌上，使吸風器能自甲存車軌道移到乙存車軌道。風扇吹風筒與機車烟卤保持密切之接近，風扇在標準送煙器裝置中，於機車生火時用以送煙，如能利用蒸汽系管吹發者，當更經濟甚多，於小車房中尤覺有用。惟一年間除氣候寒冷用鍋爐取煖時，有蒸汽供給外，其餘時間均無蒸汽，祇可利用風扇。

機車行動部份之修理，及機械與其附件等之修理。——前已述及機上各種能互相換用之機械及其附件，如風泵煖餵水器，射水器，保安閥，各種壓力表，各種閥門，風閘部份，車輛管制設備部份，及其他部份等。按普通規律，均非在車房製造。實則均在此取下舊者，將車房中存貯之新件一一換裝。而將已換下之舊機件，送到機廠修理，因其設備完善，能達到車房中不能達到之經濟出品利益。但車房中仍須備有特別訓練之技工，能於上述各種機件隨時加以小修。此項技工或致力於風閘設備部份之修理，或用心於車輛管制設備部份之修理，或電氣設備等。但大部份技工，均能對各種機件，加以小修。

對於機車行動部份，及機械部份在車房中常能修理者，包括連搖桿兩端銅襯之換新，十字頭之掛五金，精精閥襯圈之更換，精精桿及精精閥桿套襯之更換，汽缸及汽閥之鏇新，閥動機件之修理，汽閥之調整，輪套之鏇新，彈簧及彈簧系桿之理修，動輪軸箱之修理，軸箱楔鉄等之校正，導輪拖輪及煤水車輪之拆裝，總汽門及蒸汽管之修理，過熱器之換新，過熱汽管之修銲，機車前部之修理，如火星網，洩汽喉，烟卤接管，加煤機及輔助機之修理，風閘裝置及閥動機構各部份之修理，司機棚內各配件，如壓力表，閥門水表，爐門等之修理，四動閥之修理，風筩及鍋爐之水力試驗等。除非某種車房係規定修理某種機車，則上述各種機件之修理，對於各種機車，均包括在內。至於各機件如何修理之詳細說明，因限於篇幅，不能在此詳列。但對於新式車房之進步到如何程度，車房中應用何種較新設備以發揮修理能力，已擇要言之。

電動落輪台之功用，在車房施工之經濟上言，如用以更換輪套，尤其顯著。更換時可先將待換之輪，置於台上，在連搖桿折卸後，落輪台即開始將輪落至相當懸空位置，便於卸下輪套。加熱於輪套，及裝上輪套時，則同時施工，即甚迅速。有時更輔從力起重機，及移動加熱輪套設備相助，其效用更大，省工更多。有時修理軸箱及軸箱楔鉄等，有時卸落彈簧及校正彈簧省工更多。有時修理軸箱及軸箱楔鉄等，有時卸落彈簧及正彈簧運動位置等，如利用落輪台，施工亦可省工不少。

有數處車房，裝有短節活動鋼軌，可以隨時移開再納入其他一節，用風座轉動，將動輪一一落下，如是祇用甚簡單手續，可校正各彈簧裝置。

車房修理機車，有大量專用小工具及機器以求加速工作。如修理連搖桿，十字頭，精精，精精閥，總汽閥，動輪軸箱，軸箱楔鐵，加煤機機件，輔助機件，閥動機件等，在事實上必須設立一合適之機器廠，才能應付各種機車大修。於車房內所設立之機器廠內，則車床，磨床，鑽床，水力壓機，銑床，成形床，刨床及豎式車床，豎式銑床，必用臂形起重機或天橋起重機輔助工作。於本章第二節中述及，但同時更須有鍛工設備，修理設備，木工場及工具室等，對於各種小工具之精密保養必不可少。

及時之機車檢查。——對於聯邦商務協會各鐵路，必須於各機車之現況，按月，按季，按半年與按年及時報告。每一車房常須有一鍋爐員及機器員，負責檢查機車。於修理前後，應在機車修竣部份，切實簽字，以昭慎重。此項報告須抄呈聯邦檢查員及機務處長。在機車修好經檢查完畢時，必須將檢查報告，置在司機棚顯明地點之玻璃框內，始能行駛出房備用。

中國工程師學會衡陽分會卅七年度一至三月份會計收支報告

37—3—25. 會計：詹永合

收入	摘要	支出
222,820,00	三十六年度結存	
2,000,000,00	株州機廠捐助	
20,000,000,00	粵漢區鐵路局捐助	
2,000,000,00	湘南煤礦局捐助	
	三十七年度會用費	18,166,000.00
223,500,00	會員入會費及常年會費	
24,446,820,00	共計	18,166,000.00
6,280,820,00	結存	——

鳴謝

本刊承陸以銘先生吳稚田先生郭振廷先生陳尚銓先生熱心徵求廣告謹此誌謝

征收廣告費一覽表

征求人姓名	地點	金額（萬元）	附註
陸以銘	香港	14,000	
吳稚田	上海	1,900	
郭振廷	漢口	1,200	
陳尚銓	長沙	1,090	
共計		18,180	

在破壞荷重下

鋼筋混凝土建築矩形截面之計算問題

（原文載建築論文第四號 1940）

KATSANOVICH著　　童謙瑞譯

鋼筋混凝土的實際檢驗，早已表露出實際情與學理論據之間有許多重大的分歧。除此之外，舊鋼筋混凝土的理論，對於不同强度的混凝土現與不同强度的鋼筋相配合所作成的各種建築物，也不能給以圓滿的計算，並且，舊的理論，在同一截面上，混凝土和鋼筋要用預先設置的不同的係數，因而全部結構具有的强度究竟如何，也被隱沒了。所有這些原因，推使科學思考在鋼筋混凝土理論上有再檢討的必要。在此不擬去敍述關於這方面各種不同的意見，僅指出所有的學者都同意一點；計算並不根據允許應力來導出，而是根據破壞荷重和危險截面上工作强度間的關係，並依據預設的係數，來計算。在所有新方法的區別中，也祇指出一點：有些學者完全丟開舊的理論不管，而另一些學者則在這種或那種形式之下引用一些舊的理論到計算中來。

Loleit 教授的方法是最常用的。這個方法是建基於中央科學院工業研究所鋼筋混凝土實驗室（以下簡稱工研所）的實驗研究上。這實驗的結果記載在Gvozdev 教授的一本討論矩形截面橫梁的小冊子上。它是在破壞荷重下鋼筋混凝土單元計算的新標準。

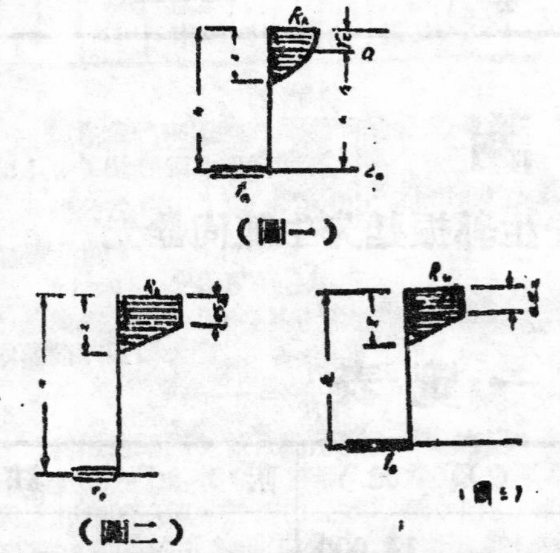

（圖一）

（圖三）

（圖二）

在本文中我們祇引用工研所提供的計算矩形截面的分析公式。如大家知道的，Lole t 教授從圖一所示的應力圖出發，導出了下面的一般公式：

$$M_K=a\left(1-\frac{r}{w}a\right)R_K b h_1^2 \qquad (1)$$

此處 $$a=\frac{f_a}{R_K}n \qquad (2)$$

$$n=\frac{F_a}{bh_1} \qquad (3)$$

F_a 爲鋼筋工作截面面積。

如果混凝土應力圖的曲線面積用一個有平行兩邊且其比率等於0.6 的梯形面積代替（圖二），則$r=0.39$，$W=0.75$，並且由之得$\frac{r}{w}=0,52$。

於是：

$$M_K=a(1-0.52a)R_K b h_1^2 \qquad (4)$$

此處F_a對2-3級鋼，取其值爲2,400 kg/cm²

由工研所以及別國的實驗結果中，Lole't 公式受了如下的修正：

（1）對于2-3 級鋼 $f_a=2.500$ kg/cm²，不是 2,400 kg/cm2

（2）R_K 用 $R_u=1,25R_n$ 來代替。R_n 的值，工研所建議用下面的公式來決定：

$$R_n=\left(0.85-\frac{R_K}{1,720}\right)R_K$$

（3）比率$\frac{r}{w}$取其等于0.53。這是當應力圖如圖三所表示的那樣時所取的值。

結果Loleit 公式變成了下面的形式：

$$M_K=a(1-0.53a)R_u b h_1^2 \qquad (5)$$

此處 $$a=n\frac{f_a}{R_n} \qquad (6)$$

由對試驗模型形狀的觀測結果中，Loleit 教授，尤其是工研所的集體工作者們，確立了如下的事實：

（1）當a 的值甚小時，在混凝土壓應力尚未達到最大抗力以前，鋼筋在變形限度內開始作用。當此時，從公式（5）計算出的彎轉力矩之數量與實驗得出的彎轉力矩相適合，由之一直到達鋼筋的變形限度。當彎轉力矩超過計算出的力矩約30%時，建築便破壞。

（2）當a 的值甚大時，相反地，混凝土的最大壓縮抵抗比鋼筋到達變形限度的時期發生較早。在這種情形，大量的實驗表明計算出的彎轉力矩要比實際上模型破壞時的彎轉力矩大得多。這種現象引起趨向一個結論：公式（5）在若干範圍內不適用。工研所實驗室在這種範圍內取$a=0.5$。

當a 爲若干一定數值時，混凝土的最大壓縮抵抗及鋼筋的變形限度，無疑地可以同時發生。

Stoliarv 教授首先考慮到這種情形。隨後，他確定每一組混凝土和鋼筋的a值，命這一定的a值爲 a_0，相應於它的鋼筋係數爲 v_0。他稱 v_0 爲最優等鋼筋係數值。所有這些情形，自然地引起了想去找出一種可以反映前面所說的各種特性的公式來的慾望。

爲了找出這樣的公式，我們利用下面的公式，這公式是Nikoeai教授提供的，它的條件是（1）應力作用圖取任意形式（2）僅具有一層鋼筋（3）矩形截面。（圖四）

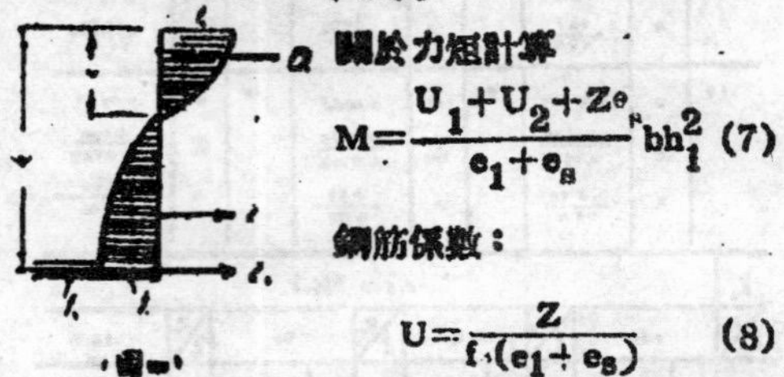

關於力矩計算

$$M=\frac{U_1+U_2+Ze_s}{e_1+e_s}bh_1^2 \quad (7)$$

鋼筋係數：

$$U=\frac{Z}{f_s(e_1+e_s)} \quad (8)$$

（圖四）

對于這公式，Nikolai用如圖五所示的所謂變形圖解代替前述的應力圖。

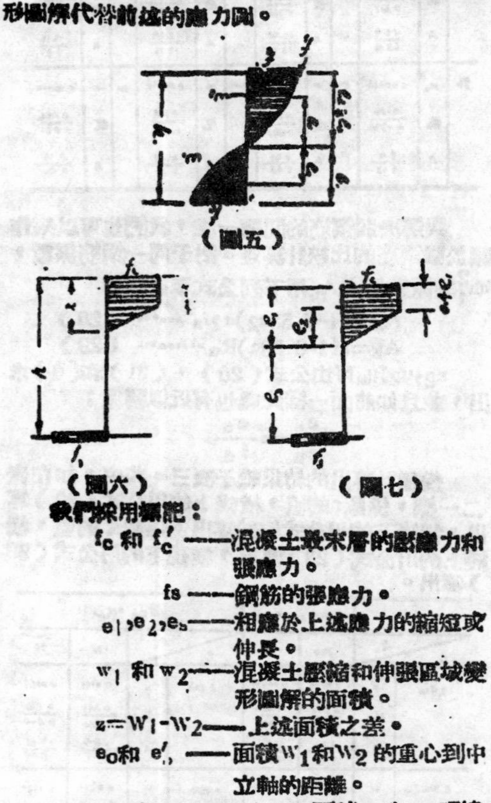

（圖五）

（圖六）　（圖七）

我們採用標記：

f_c 和 f_c' ——混凝土最末層的壓應力和張應力。

fs ——鋼筋的張應力。

e_1, e_2, e_s ——相應於上述應力的縮短或伸長。

w_1 和 w_2 ——混凝土壓縮和伸張區域變形圖解的面積。

$z=w_1-w_2$ ——上述面積之差。

e_0 和 e_0' ——面積 w_1 和 w_2 的重心到中立軸的距離。

$u_1=w_1e_0$ 和 $u_2=w_2e_0'$ ——面積 w_1 和 w_2 環繞中立軸之靜力矩。

我們所取的情形如圖六所示一樣；所取的條件跟Nikoeai的三條件一樣。在這種場合，Nikolai的變形圖解取圖七中形式，此處

$w_1=0.70f_ce_1$；得 $w_2=0$；$e_0=0.63e_1$

將這些數值代入公式（7）和（8），得

$$M=0.70\frac{e_1}{e_1+e_s}\left[0.63\frac{e_1}{e_1+e_s}+\frac{e_s}{e_1+e_s}\right]f_cbh_1^2 \quad (9)$$

$$u=0.70\frac{e_1}{e_1+e_s}\cdot\frac{f_c}{f_s} \quad (10)$$

取 $0.70\frac{e_1}{e_1+e_s}=a$ （11）

並且注意 $\frac{e_s}{e_1+e_s}=1-\frac{e_1}{e_1+e_s}$

於是公式（9）和（10）變爲：

$$M=a(1-0.53a)f_cbh_1^2 \quad (12)$$

$$u=a\frac{f_c}{f_s} \quad (13)$$

所得公式與Loleit 公式相似，不同的是公式）的a 值爲一定。現在來考慮三種情形：

（1）鋼筋係數 v_0 取最優等值，即混凝土的最大抗力 R_u 和鋼筋的變形限度 f_a 同時發生。

以 e_u 表示與 R_u 相對應的混凝土縮短度，e_a 表示與 f_a 相對應的伸長度。因而由公式（11），（12）和（13）得到：

$$a_0=0.70\frac{e_u}{e_u+e_a} \quad (14)$$

$$v_0=a_0\frac{R_u}{f_a} \quad (15)$$

$$M_0=a_0(1-0.53a_0)R_ubh_1^2 \quad (16)$$

（2）弱的鋼筋，即鋼筋係數的值爲 $v_1<v_0$，爲了要滿足這不等式，惟有在公式（14）和（15）中的 e_u 和 R_u 用 e_c 和 f_c 的數值來代替，並使其自身適合不等式：

$e_c<e_u$，$f_c<R_u$

於是 $a_1=0.70\frac{e_c}{e_c+e_a}$ （17）

$a_1<a_0$

並且 $v_1=a_1\frac{f_c}{f_a}$ （18）

$v_1<v_0$

結果得：$M_1=a_1(1-0.53a_1)f_cbh_1^2$ （19）

（3）強的鋼筋，即鋼筋係數的值爲 $v_2>v_0$

爲了滿足這不等式，惟有 $e_s<e_a$，$f_s<f_a$

於是：$a_2=0.70\frac{e_u}{e_u+e_s}$ （20）

即 $a_2>a_0$，$v_2=a_2\frac{R_u}{f_s}>v_0$ （21）

$M_2=a_2(1-0.53a_2)R_ubh_1^2$ （22）

或者，將最後一公式中括弧旁的 a_2 用從公式（21）得出的式子代入，則得：

$$M_2=(1-0.53a_2)v_2f_sbh_1^2$$

公式（14）—（23）所給的方法解決了所有前面提到過的問題。

第一公式（14）和（15）可應用于每一組混凝土和鋼筋，它們具有所謂最優良的鋼筋係數。

第二，公式（18）和（19）表示出在弱鋼筋的場合，鋼筋的變形限度在混凝土尙未到最大抗力時便發生。第三，從公式（21）和（22）可明白，在强鋼筋的場合，混凝土的最大抗力在鋼筋的變形限度到達之前便發生。

但是在實際應用這些公式時，必然要有相應于各種混凝土和鋼筋的某一定量應力的變形量才行，也就是說給了一定的應力，我們要有法子找出與它相應的變形量才行。但是要解答這個問題是非常困難的。以往文獻中對這問題雖有一些討論，然而完全不够。在此我們姑且演算幾個結果出來，也許可作爲實際應用這些公式時的指針。

我們從相應於鋼筋變形限度開始流動時候的伸長度e_a來着手。依照Stoliarov教授的意見，這個數值不大受鋼筋的性質不同而發生影響。他取其平均值爲 $e_a=0.002$。在以下的計算中我們就用這數值。

至于各種混凝土在其最大抗力時的變形量。其第一近似值可從下列公式算出：

$$e_u=\frac{R_u}{E_u} \qquad (24)$$

就中E 表示混凝土的彈性係數。

表一中給出了用公式（14）（15）及（24）所計算出的E_u，a_0和μ_0的值。這些數值顯然地僅具有大概的性質。

混凝土標號 R_0 kg/cm²	R_u kg/cm²	E_u kg/cm²	$10^3 e_u$	a_u	對 f_s = 2,500 kg/cm²	3,000	3,600
350	280	223,000	1,300	0.309	-	-	0.0209
300	240	210,000	1,190	0.302	-	-	0.0182
250	220	200,000	1,100	0.248	-	-	0.0152
200	180	180,000	1,000	0.210	-	-	0.0137
170	157	160,000	0.970	0.229	-	0.0110	0.0093
140	125	140,000	0.900	0.227	0.0122	0.0104	0.00845
110	110	129,000	0.850	0.211	0.00910	0.00780	-
90	90	110,000	0.819	0.203	0.00718	-	-
70	70	95,000	0.737	0.189	0.00327	-	-
50	40	75,000	0.600	0.175	0.00249	-	-

（表一）

現在我們來把我們所提供的公式與公式（5）和（6）做幾個比較的演算。

將公式（19）和（6）中bh_1^2的係數用A_1及A_k表示即：

$$A_1=a_1(1-0.5a_1)f_0 \qquad (25)$$

$$A_k=(1-0.5a)R_u \qquad (26)$$

取粗略的近似，有

$$\frac{e_1}{e_u}=\frac{f_1}{R_u} \qquad (27)$$

利用這關係，並且利用表一中e_u的值，則給一一定的應力f_c（f_c小於最大抗力），就可求出與之相應的e_c值。於是由公式（17）和（18）可決定a_1和u_1的值，a則由公式（6）求出。A_1和A_k的值由（25）和（26）求得。

幾種特殊數值計算的結果載于表二。其中，對同一鋼筋係數u和係數a的值，在橫綫上的是用公式（17）計算的，在橫綫下的是用公式（6）計算的。係數A的值，在橫綫上的是用公式（25）計算的，在橫綫下的是用公式（26）計算的。從係數A的值的比較中得出一個結論，即它們之間的差，也就是說力矩M_1與M_k之間，沒有超過4%。

試回想一下在前面已經講到，在弱鋼筋的場合，公式（5）算出的彎轉力矩與實驗所得的結果甚相符合，而現在又與公式（19）所算出的差少不同，是則公式（5），（6）的可靠性又得一理論的證明。也可以說公式（19）對Loleit教授以及工研究所工作者們由觀察模型試驗所建立的第一個結論，給了充分的反映。

f_s	3,600 kg/cm²					
f_c \ R_u	250		f_c \ R_u 180		f_c \ R_u 110	
220	μ	0.01475	160	μ	0.00900	70
	a	0.291 / 0.318		a	0.216 / 0.197	
	A	40.2 / 37.0		A	[illegible] / 31	
110	μ	0.00374	90	μ	0.0028	10
	a	0.1395 / 0.0957		a	0.1270 / 0.0760	
	A	12.40 / 13.0		A	9.39 / 9.57	

f_c (cont.)	R_u 110	
70	μ	0.0026
	a	0.210 / 0.187
	A	22.9 / 22.8
10	μ	0.0067
	a	0.100 / 0.0768
	A	9.00 / 9.68

f_s	2,500 kg/cm²										
f_c \ R_u	110		f_c \ R_u	105		f_c \ R_u	90		f_c \ R_u	70	
180	μ	0.0160	95	μ	0.0073	80	μ	0.00540	60	μ	0.0040
	a	0.210 / 0.187		a	0.193 / 0.166		a	0.187 / 0.150		a	0.180 / 0.160
	A	22.9 / 22.8		A	16.90 / 16.70		A	15.90 / 15.70		A	9.17 / 9.17
50	μ	0.00228	40	μ	0.00219	40	μ	0.00173	30	μ	0.00119
	a	0.100 / 0.0392		a	0.117 / 0.043		a	0.108 / 0.048		a	0.096 / 0.041
	A	5.0 / 5.17		A	[illegible]		A	5.02 / 5.21		A	4.15 / 2.80

（表二）

與解決弱鋼筋的問題一樣，我們也可以來作關於强鋼筋的比較計算了。對于同一鋼筋係數，bh_1^2的係數A_2及A_k用下列公式來計算；

$$A_2=(1-0.53a_2)u_2f_s \cdots\cdots \qquad (28)$$

$$A_k=a(1-0.53a)R_u \cdots\cdots\cdots \qquad (29)$$

a_2，u_2和a可由公式（20），（21）和（6）求出，並且如前面一樣此處也有近似關係；

$$\frac{e_H}{e_u}=\frac{e_s}{f_s}$$

幾種計算出的結果載于表三。其中，如在表二一樣，係數u的值，橫綫上的用公式（20）算出，橫綫下的用公式（6）算出，係數A的值，橫綫上的用公式（28）算出，橫綫下的用公式（29）算出。

f_s		3,600 kg/cm²		f_s		2,500 kg/cm²	
f_c \ R_u		250	135	f_c \ R_u		135	90
3,400	μ	0.0194	0.00955	2,300	μ	0.0140	0.0084
	a	0.270 / 0.286	0.236 / 0.249		a	0.241 / 0.260	0.210 / 0.234
	A	58.0 / 60.6	27.4 / 30.1		A	28.4 / 30.5	17.16 / 18.45
2,500	μ	0.0124	0.0156	1,800	μ	0.0241	0.0127
	a	0.324 / 0.467	0.281 / 0.413		a	0.251 / 0.170	0.254 / 0.353
	A	91.0 / 87.6	32.8 / 44.6		A	32.3 / 41.4	19.6 / 23.8

（表三）

從表三中顯然可以見出，在鋼筋百分率的若干範圍內（此範圍因不同種類的混凝土和鋼筋而不同）從公式（22）和（5）算出的彎轉力矩值之間的差異迅速增加。當鋼筋百分率接近30%時，係數A_2的值（公式28）比係數A_k的值（公式29）小得最多。如果回想一下，我們已經知道當鋼筋百分率甚大時，由實驗所得的係數$A=\frac{M}{bh_1^2}$比係數A_k變小，並且當這百分率到達30%時，小得最多。於是我們可以做一結論說：用公式（23）算出的力矩的值與實驗甚相接近，並且在公式（5）所不能應用的範圍內，公式（23）很可能可以應用。自然，如所有其他的結論一樣，這個結論還要根據實驗的驗證。

10489

「市鄉不可分」，為都市設計之基本原則。

都市與農村

王翩鄉

近代歐西各國，因工業革命之進展，人口集中都市，形成自然趨勢。更因機械力之發達而演成生產過剩，普遍之失業恐慌，實是社會經濟破產徵兆，於是高唱「回田」之調，激勵離村農民，仍致力於土地生產。藉以遏止都市人口之膨脹。即「田園都市運動」亦無非以安定鄉村生活為目的，蓋亦深知過去工業經濟支配農村經濟，與都市經濟支配農村經濟之畸形現象，有待糾正者矣。年來吾國都市，人口增漲，有加無已，而地方衰敝，則日甚一日，邦人士咸歸咎於工業建設之落後而急圖策進。殊不知都市基礎，原在農村。工業背景，不外農業。忽農業而言工業，病在原料不充。即可取給外人，亦難免因畸形發展而致生產過剩。歐西人民之因機械發達而失業，衡以吾國之因生產落後而失業，亦過猶不及也。鑒茲覆轍，欲維農業與工業經濟及都市與農村經濟發展之平衡，非促成農業之工業化與農村之都市化，實不為功，而發展都市，應以農村建設與農村事業為先決，更無疑義矣。書曰：「懋遷有無化居」，謂以有易無，以為日用，而定厥居也。又曰「正德利用厚生」謂人盡其能，物盡其用，則民生厚也。足見部落經濟時代，對於農村生產，已知所注重，處此國際商戰之場，若徒坐長消費，其無以自存，固不待繁言而後辨。回顧海通以還，所謂對外貿易者，無非以我原料，易彼製品，以我手工產品，易彼機器產品，彼此生產力與生產量之相差，幾難以道里計，入超之鉅，殊令人怵目驚心，果欲挽此頹勢，在促進全國工業化過程中，正宜同時爭取時間以從事於農村建設。蓋殖產要素，不外土地與勞力資力三者，如吾國農村之廣大，果能運用勞資，循序漸進，則產物豐，原料足，不惟可挽救入超危象，且可奠定工業基礎，誠如是，則農村繁榮，固拭目以俟，而都市繁榮，亦可於此卜之矣。環顧吾國，各大商埠之克臻繁盛，無非賴有相當之特產，而特產來源即在農村。如東三省產豆，大連商業則以豆為主。陝甘內蒙貿易產洋毛，天津商業，則以羊毛為主。又如長江流域產桐油，漢口桐油業，遂佔全國十之七八。此就原料與商業之關係言也。再言，如大連工業之製造豆油豆餅，天津之毛織業，廣州之繅絲業，均工業之著者，其原料皆農村之特產也。足見都市與農村為整個經濟網，範圍愈大，則出產愈多，工商業亦必愈形發達。都市經濟之發展，當有不期然而然者。吾國十年抗戰，通都大邑，多燬于兵火，值茲復員聲中，應如何促使遷徙人民，復員市廛？物質建設，迅復舊觀？地方經濟，恢復常軌？固屬當前急務。然以此而言都市復員，乃義之狹者，推而廣之復員工作固不僅在都市本身，而在都市與相連農村所形成之整個經濟網。因此離村人民，應如何促使早歸田里？農村生活，應如何力求安定？農村事業，如銀行合作社及金庫等之設立機械力之應用，應如何設法實現？農村建設，如道路之興築，水利之興修等，應如何分別策進？似又先于一切。上述各端，果能一一付諸實施，則農業經濟及工業經濟，與夫都市經濟及農村經濟發展之平衡，已基於是矣。而都市設計應以都市與農村之整個經濟網為對象，如都市人口之推測，都市面積之劃定，都市區域之劃分，都市交通之聯繫，與夫都市建設如碼頭倉庫等之籌劃，皆與農村之人口，農村之生產，農村之消費，農村之地理及農村之一切事業，息息相關，又早已為都市設計學者所共認，則農村復員，應與都市復員相提並論，義更明矣。

10490

鐵路鋼橋衝擊力之認識與應用

李　　芬

第一章　緒　論

第一節　引　言

鐵路列車行駛對於鋼橋之衝擊影響。爲近代橋梁學上一久懸未決之問題。由於包涵因素之廣泛，相互關係之錯雜，以及分析理論之煩複，因而使進行研究者，有茫然無從着手之苦？但從設計立場言，衝擊力通常佔全部應力百分之三十至五十倘估計容有錯誤，則對於設計結果影響頗大。蓋估計過高，有背經濟原則，規定過低，有損行車安全，爲求兩者兼顧不悖，對於衝擊力之估算，不能不設法力求精確。近數十年來，各方面提出之衝擊力公式，統計不下數十種，然均不出假想與經驗公式範圍，殊難令人滿意。自1919年起，英國及印度方面，根據試驗結果，提出報告，分析衝擊力之主要成因，大別爲動輪錘擊，軌道不平，及列車滾轉三種作用所合成。迄1931至1934年，美國鐵路工程協會復陸續進行大規模試驗，將結果所得，參以提氏(S.T.imoshenko.)及伊氏（O. E. Ing'is）之理論，詳加研討，證明由理論推得之結果，與試驗極爲近似。遂使此一錯綜複雜之問題，逐漸透露一線曙光。

第二節　設計規範書關於衝擊力之規定

1934年美國鐵路工程協會鋼橋設計規範書，因此摒棄原有衝擊力公式 $\frac{30000}{30000+L^2}$，接受新的概念，將衝擊一節，重加修訂。自此以後續加修正至194[illegible]年，其結果引譯如下：（我國三十五年部頒鋼橋規範書略同）

「對於規定活重應加之衝擊力，假定作用於軌頂，並分配於支承部份。可分爲下列兩項估算之：

（甲）滾轉作用。

列車滾轉而生之垂直力，對於一軌向下，而他軌則向上，其值相若並等於動荷重百分之十。

（乙）垂直作用

因蒸汽機車動輪錘擊，軌道不平，車輛衝擊所生之垂直力，平均分佈於兩軌，並垂直作用於軌頂平面，其值相等於軸荷重之百分數分別如下：

當L 小於100呎　　$100-0.60L$.

當L 等於或大於100呎　　$\frac{1800}{L-40}+10$.

因電汽機車軌道不平，車輛衝擊所生之垂直力，作用與分佈同上，其值相等於軸荷重之百分數爲 $\frac{360}{L}+12.5$.

用上式計算縱桁縱向鈑梁與桁架上下弦及主要桿件之衝擊力，L 即指桁梁與桁架之支點距離，以呎計。

用上式計算橫梁橫梁吊桿桁架副斜桿橫向鈑梁及其支承部份之衝擊力，L 即指橫梁或橫向鈑梁長度，以呎計。

凡承受雙軌或多軌橋梁之桿件，其衝擊力計算規定如下：

（甲）雙軌

當L 小於175呎，　兩軌道衝擊力應全部計算。

當L 介於175至225呎之間，一軌道衝擊力全部計算，其他一軌道應算一部 即 百分 數爲450−2L。

當L 大於225呎　一軌道之衝擊力全部計算，其他一軌道不計。

（乙）多軌

不論L之值爲何，僅計算任何二軌道中衝擊力之全部。

第三節　複算規範關於衝擊力之規定

複算舊鋼橋之實際可能荷重，評決其是否需要加固或抽換，亦爲吾人所常遇到之課題，惟複算與設計，目標不同，複算時，允許應力値可能提高，因此外力估算，更需精確，尤其是具有決定性之衝擊力，更不可不審慎。美國鐵路工程協會所擬訂之鋼橋複算規範書，對於衝擊力之規定，頗爲詳盡。茲將內容引譯如后：

「對於某一規定機車發生之衝擊力，可按下列三次作用，分別精密計算，而後求其總和，但結果不得小於活重百分之十五。

（甲）軌道不平作用

因軌道接頭不平所生之衝擊力，相當於集中荷重 $\frac{WS^2}{20,000}$ 作用於橋中點之每一邊鋼軌上所生之效果。式中W爲大輪荷重，以磅計。S 爲行車速度，以每小時哩計。但最大不得超過鋼橋之共振速度。

（乙）滾轉作用

列車滾轉所生之衝擊力，相當於軌道一方增加活重20%而其他一方減少20%。此項增減所形成偶力之效果，應分配於所支持部份。

（丙）錘擊作用，

錘擊作用，係於動輪所附均衡重量（Counfe r wei nf）轉動時所生之離心力而起。可視下列各種情形，分別决定之：

（1）跨度在20呎以下之鋼橋，其自然頻率太高，現時最大行車速度，不能達到共振速度，換言之，即不致發生共振現象，因之振動擴大率爲1，故在任何速度N'

$$H=100BN^2. \qquad (1)$$

（2）當鋼橋跨度增加，頻率較低，現時行車速度，可能達到共振速度，但機車軸承彈簧，尚未發生振盪作用，當達到共振速度時，即$N=r$，

$$H=100\frac{Br}{2P} \qquad (2)$$

（3）當鋼橋跨度在上述範圍內，現時行車速度，可能達到共振速度，同時機車軸承彈簧，亦已發生振盪作用，

（a）當行車速度可能達到鋼橋次高級頻率f，則在該項速度時，

$$H=\frac{100}{2Pf}\left(Bf^2-0.1\frac{D-D_u}{D}\cdot\frac{f^2}{f^2-5}\right) \qquad (3)$$

（b）當行車速度不能達到鋼橋次高級頻率，則在任何速度N時，

$$H=\frac{100}{2Pf}\left(BN^2-0.1\frac{D-D_u}{D}\quad\frac{f^2}{f^2-5}\right) \qquad (4)$$

注意（1）以上（2）（3）兩項結果，應加以比較，選用其較大者。

（2）假定在現時最大行車速度（$N=7$r.p.s）情形之下，對於跨度介乎60至60呎鋼橋梁身較高者，以及介乎40至30呎鋼橋梁身較淺者，第（3）項之H爲值較大。反之在行車速度較小時，對於多數跨度，以第（2）項所得之H爲大。

（4）對於任何跨度鋼橋，若行車速度在共振速度之下，即$N<r$則

$$H=\frac{100BN^2}{\sqrt{\left(1-\frac{N}{n^2}\right)^2+\left(\Delta\frac{N}{r}\right)^2}} \qquad (5)$$

上式可用以決定限制衝擊力在一定數值時允許之行車速度。本節所引各式（1）—（5）之符號，詮釋如下：

H＝錘擊作用所生之衝擊力，相當於活重之百分數。

L＝鋼橋跨度，以呎計。

b＝鋼橋負荷某重時橋中點之撓度，以吋計。

D＝鋼橋負荷全部活重發生最大力矩時橋中點之撓度，以吋計。

D_u＝鋼橋負荷列車，煤水車及機車軸承彈簧以下之不跳躍部份重量時，橋中點之撓度，以吋計。

D_h＝當動輪每秒鐘旋轉一次（$N=1$）其均衡重量所生之錘擊，作用於鋼橋上，其時橋中點所生之撓度，以吋計。

N＝動輪每秒鐘之旋轉數次。

$n=\sqrt{\frac{12}{d+D}}$—當鋼橋負荷某活重，而機車軸承彈簧不發生振盪時，鋼橋之頻率。

$n_1=\sqrt{\frac{12}{d+D_u}}$—當鋼橋負荷某活重，而機車軸承彈簧發生振盪後鋼橋之頻率。

$$B=\frac{D_h}{D}$$

$$\Delta=ZPn$$

P＝鋼橋尼阻常數，其值如下：

對於鋼橋樑，$P=\frac{?.2}{L+32}$ 對於鋼橋梁，

$$P=\frac{14}{L+350}$$

$f=\frac{n_1}{n}\sqrt{n^2+5}$＝當機車軸承彈簧發生振盪後，鋼橋之次高級頻率。

附註（1）對於所謂穿式桁梁，或鈑梁，縱桁，以及托式鈑梁等，如梁間橫撐結構完善，振盪時，可視若一體，所有雙方錘擊作用可假定平均分配於兩方鋼梁，否則一方所生之最大錘擊作用，應單獨作用於該方鋼梁，不得平均分配。

（2）照上項規定計算之錘擊作用，對於撓力及剪力同樣適用。但祇限於簡支性鋼橋。

第四節　兩種規定之比較

上述兩種規定，就形式上言，內容頗不相同，然細究其來源則一。易言之，設計規範書之規定，係由複算規範書中規定之分析方法演繹簡化，俾適用於一般情形而已，蓋在設計時，吾人通常僅預知鋼橋之跨度與荷重，此外關於機車性能與鋼梁軌道實際情形。均一無所知，故爲方便起見，就現時最大行車速度與機車鋼梁一般性能，求得各種跨度鋼橋可能發生之最大衝擊力，而後用簡單公式加以概括之，故其結果，每較實際略高。至在複算時則不然，機車實際性能，與鋼梁軌道等概況，均爲已知。故不難利用現有理論，詳加分析，如上節複算規範書中所示。步驟比較詳盡，結果自然可靠。惟是衝擊力各公式之有關因素，既如是複雜，苟不進而研究其由來，則對於應用時，每感模稜不易悉比擬。本文目的，除擬利用現有理論儘可能解析衝擊力之成因，同時對於鋼橋振動現象及有關各專門名詞，加以解釋。此外各種因素對於衝擊力之關係，亦擇要介紹。俾一般初學者，藉此可獲得進一步之概念，因而增進應用時之認識與判斷。惟應附帶聲明者，本文係倉卒草成，參考圖籍有限，謬誤自所難免，尚望讀者有以指正之。

第二章　鋼橋振動現象及有關各名詞之解釋

第五節　鋼橋振動現象

鋼橋衝擊力果胡自而發生乎？簡言之，即緣於鋼橋本身受外力擾動發生往復不已之振動而起。此種往復不已振動現象之形成，可以下例說明之。

設有一彈簧秤，於其上逐漸施以重量W，當重量W全部加上後，秤盤自A下降至A′，即行

靜止。其下降距離命爲h此時彈簧內部應力爲S，按功能原理，外功（External Work）等於內功，（Internal Work）卽$\frac{1}{2}Wh=\frac{1}{2}Sh$，或S=W，參看第一圖（a）。

今如在彈簧秤上，猝然加以重量W，開始彈簧秤盤仍自A下降至A′。惟達A′點時，S=W，但按功能原理，此時外功Wh大於內功$\frac{1}{2}Sh$。故彈簧秤盤不會靜止，勢必繼續下降。迨達A″點，使A′A″=2h時，外功W×2h等於內功$\frac{1}{2}S'\times 2h$，因下降距離兩倍於h，S′=2W故也。內外功能既相等，秤盤將停止不再下降。惟此時彈簧內部應力S′，倍於外附之重量W。換言之，卽有一上提之力量W，使秤盤照上述原理反躍回達A點。迨達A點後，又因重量W促秤盤回降至A″。如是循環不已，卽起往復不已之振動。其每秒鐘往復振動之次數，名曰彈簧秤自然頻率。

彈簧秤往復振動之範圍AA″，名曰振幅。振幅之一半，卽A′A或A′A″名爲半振幅。

第一圖

假如彈簧秤負荷靜止重量W時之下降撓度命爲D，彈簧秤受外力擾動後發生之半振幅命爲h，則因振動而生之衝擊力，相當於荷重W所生應力之百分數，將爲

$$I=100\frac{h}{D} \qquad (6)$$

鋼橋亦係一彈性結構體，當其受外力擾動所生之振動現象，與上例同，不過內容比較複雜而已。設h爲往復振動之半振幅，D爲活重在靜止狀態時橋中點之撓度，則上式（6）同樣適用。

假如鋼橋頻續受週期性外力所擾動，而此種外力每秒鐘擾動次數，適與該橋本身自然頻率相若，則振動將愈演愈烈。換言之，苟無其他因素存在，振幅將逐漸擴大至無限。此項施以外力之速度，稱爲共振速度。

因尼阻作用之關係，達共振速度時，振幅擴大至最大，但並不擴大至無限。此項擴大倍數，名爲振盪擴大率。

第六節　鋼橋頻率

鋼橋頻率之高低，視鋼橋本身彈性係數，結構體之剛度，與夫荷重情形而定。質言之，卽繫於其時橋上負荷呆重及活重在靜止狀態時橋中點之撓度。

根據歐氏（J.N.Goodie）之公式，

$$n^2=\frac{gC}{4\pi^2\left(\frac{Wl}{2}+\Sigma R\sin\frac{2\pi a}{l}\right)^2} \qquad (7)$$

式中n=鋼橋頻率。

g=地心引力加速度=32 2呎/秒²。

C=橋中點集中荷重使橋中點發生1單位（呎）撓度。

W=橋上每呎長之均佈荷重（呆重或活重）以磅計。

L=鋼橋之有效跨度，以呎計。

$R_1R_2R_3$=橋上集中荷重。

A1A2A=橋上集中荷重至一端支點之距離，以呎計。

假定一集中荷重在橋之中點，（橋本身重量不計）則上式內wl=o，$\Sigma R\sin\frac{\pi a}{l}=R$。假如d爲橋中點之撓度，以吋計，I爲橋斷面慣性率，E爲彈性係數，則　$C=\frac{48EI}{L^3}\times 12$，$R=\frac{48EId}{L^3}$。因此式(7)可簡化爲 $n=\sqrt{\frac{9.8}{d}}$　（8）

假如橋上負荷均佈荷重W，則式（7）內$\Sigma R\sin^2\frac{\pi a}{l}=o$，$\frac{wl}{2}=\frac{38.4EId}{L^3}$，$C=\frac{48EI}{L^2}\times 12$，故可簡化爲　$n=\sqrt{\frac{12.4}{d}}$　（9）

利用上列三式（7）—（9），任何種類及任何組合荷重之鋼橋頻率，不難確定。在跨度超過100呎者，所有集中荷重，均可化作均佈荷重計算。第一章第三節所示　$n=\sqrt{\frac{12}{d+D}}$，卽係按均佈荷重而定鋼梁頻率之普遍公式也。

第七節　尼阻作用

鋼橋受外力激起振動之後，苟無其他相反之作用，則振動將永不停止。若頻續受週期性外力之激動，而此項週期，恰與鋼橋本身振動週期相等，則振幅可能擴大至無限。然實際鋼橋，無論受何種外力影響，當外力停止後，其振動不久卽趨於消滅，是應歸功於尼阻作用。換言之，鋼橋在任何情況下，尼阻作用之一種或多種，固常相互存在故也。

尼阻作用之原因，至爲複雜，其對於振動之綜合影響，已可由試驗時求得之振動消減紀錄曲線推知之。然個別原因及數值，則所知尚鮮，不易確定。以下所述，不過現時已知概念而已。

（a）由於鋼橋內部物質彈性阻力誘導而生之尼阻作用乃最普遍之現象。其值與振動速度成化例。根據伊氏研究，此項尼阻作用，將使振幅依幾何級而遞減。其每次遞減率，可以$e^{-2\pi bt}$表示之。此處b爲尼阻係數，t，爲經過時間。假定原有半振幅爲h_o，則經過每一往復振動後，其半振幅將依次爲

$$h_1=h_oe^{-2\pi b}，h_2=h_o(e^{-2\pi b})^2，\ldots\ldots h_r=h_o(e^{-2\pi b})^r \qquad (10)$$

尼阻係數d，隨荷重之增加而減少。設a_1a_2各爲荷重w_1w_2時之尼阻係數，d_1d_2各爲荷重w_1w_2時橋中點之撓度，n_1n_2爲荷重w_1w_2時之頻率，據已知諸關係，$\frac{b_1}{b_2}=\frac{W_2}{W_1}=\frac{d_2}{d_1}=\frac{n_2^2}{n_1^2}$

即 $$\frac{b_1}{n_1^2} = \frac{b_2}{n_2^2} = p$$（常數）　（11）

此處p名爲尼阻常數，對於某一鋼梁，不論荷重爲何均不變。假定在某種荷重p已由試驗結果求得，則對於其他荷重之尼阻係數，可用下式求得之。

$$b_r = p n_r^2$$　（12）

根據上述原理，假定無他種尼阻作用同時存在，則鋼橋振動後，苟設法紀錄其振動消減現象，依次測量該項振動振幅遞減情形，則由（10）式即可求得該項荷重l時之值，因而可決定p之值，再由式（12）即可推求其他各項荷重時b之值矣。但彈性阻力所誘導而生之尼阻作用，每與其他尼阻作用同時存在，故實際由試驗決定此項數值，頗感困難。

因上述尼阻作用之存在，常能影響鋼橋頻率，故實際自然頻率S與由式（7）計算所得，不無差誤；根據提氏及伊氏研究，可用下式修正之。

$$n' = \sqrt{n^2 - b^2}$$　（13）

上式內，爲由（7）式計算結果，n′爲實際自然頻率，此項修正，除短跨度與剛度極大之鋼梁，比較重要。此外均爲值甚微，且忽略結果，常偏於安全方面，均可不加修正。但爲符合試驗結果，則此舉實屬必要。

（b）由於支座阻力而起之尼阻作用，亦爲最普遍而顯著現象之一，此項作用，常直接隨荷重而增減，與上章所述不同。支座之性能及保養良窳與否，亦有重大關係，一般短跨度鋼橋，支座爲鈑板，由滑動所生阻力，較長跨度鋼橋，支座爲輥軸，由滾動所生阻力爲大，即屬同類支座，苟座中積有塵垢或銹蝕現象。又較保養良好者爲大也。

此項尼阻作用，使振幅依算術級數而遞減。換言之，假定每一往復振動之半振幅遞減一常數2uho爲原有半振幅，$h_1 h_2 \cdots h_r$ 爲每一往復振動後之半振幅，則

$h_1 = h_0 - 2a, h_2 = h_0 - 4a$ ……………………

$h_r = h_0 - 2 \cdots$ …………………… （14）

上項尼阻作用，對於鋼橋頻率，不生任何影響。

（c）大部份機車與車輛，均裝有軸承彈簧。當鋼橋振動後，其振幅與頻率，使軸承彈簧以上重量本身之加速力，足以克服彈簧內部阻力，則車輛上部重量亦隨之而起另一自然振盪，結果因而減殺鋼橋振動之增長。故此種彈簧阻力，可間接認爲防止振動之尼阻作用。惟此項彈簧，祇能對於某種跨度之鋼橋，始有發生振盪之可能，故其尼阻作用，不如上述（a）（b）兩項之普遍。

（d）鋼橋之振動能，一部份可能爲墩座所吸收，尤以高而且細之橋墩或鋼塔結構爲甚。

（e）橋面對於鋼橋振動，亦可能發生阻力，尤以鋪碴之混凝土托盤橋面更形顯著。

上述之五種因素，以（a）（b）兩項影響最大，且常合併存在，相互消長。在荷重大之長跨度鋼橋，其自然頻率低，故a小，因之（b）項作用比較顯著；反之在荷重小之短跨度鋼橋支座阻力小，但自然頻率高，a′甚大，故（a）項作用較大也。

第三章　衝擊力之成因

鋼橋衝擊力之成因，大別爲軌道接頭不平，列車滾轉，以及動輪錘擊三種作用。其中以動輪錘擊關係最大，理論分析，亦比較完備；至若軌道接頭，及列車滾轉兩項，現時所知尚鮮，祇能根據試驗結果大致估算之。茲爲便於對照計，仍按規範書程序分節討論之。

第八節軌　道接頭不平作用

因鋼軌接頭不平或其他缺陷，當車輪運轉經過此種不平之處，勢必發生有規律或具有週期性之衝動（Impube）因而激起鋼橋之振動。此種現象，以短跨度鋼橋爲尤甚。此外車輪如有偏心不圓等弊，當運轉時，發生離心力，亦可引起鋼橋之振動，與上述現象相同，故可合併討論之。

可想像之嚴重情形，即爲動輪達到共振速度時，鋼橋中部恰有接頭不平處，當動輪之均衡重量發生向下最大錘擊作用；（參看本章第十節）同時動輪亦經過此不平處，發生另一衝擊。兩者相合其效將更顯著。

因上述原因引起之衝擊力，主要繫於行車速度，而車輛重量與軸承彈簧以上部份重量之比例，亦與有關係。此外軸承彈簧與鋼橋本身之頻率，鋼軌接頭及前後車輪之間距，均不無影響。關係因素，既如此複雜，以現時知識，欲由理論上詳細分析，確定其數值，殆不可能。故祇能由試驗結果，大略估計之。

根據試驗紀錄研究結果，獲知上述因軌道不平發生之衝擊力，隨跨度增加而減少，換言之，在短跨度鋼橋，作用比較顯著；跨度超過100呎以上，其影響甚微，幾可不計。基於此種概念，1943年美國鐵路工程協會擬訂之複算規範書中，規定上項作用，認爲可用一集中荷重$\frac{WS^2}{20000}$作用於橋中點每邊鋼軌上發生之效果估算之。此處爲最大輪荷重，以磅計。S爲最大行車速度，以每小時英哩計，但不得超過各該橋之共振速度。

各鋼橋之共振速度，即其本身頻率，視鋼橋實際情形及梁身高低而有差異。就一般情形言，鋼橋內部應力達到允許應力16000磅平方吋時其頻率約如第一表第二行所示。假定最大行車速度，以每小時100哩爲限，動輪直徑，自63吋至79吋。故各種跨度鋼橋最大速度或共振速度之可能範圍，見第一表第三行。

就E-60級荷重言，因集中荷重$\frac{WS^2}{20000}$作用於橋中點其所生之最大力矩$M_I = \frac{1}{4} \times \frac{WS^2}{20000} \times l = \frac{30000}{80000} S^2 l = \frac{3}{8} S^2 e$。因E-30級活重所生之最大中點力矩，約爲$M_L = (6000 + \frac{1250}{3} l) l$。

因此衝擊力如以活重百分數表示之，則爲

$$\frac{M_I}{M_L}\times100=\frac{9S2}{1920+100\times L}$$

式中 l 爲鋼橋跨度，以呎計。由此式計算之結果，見第一表第四行。

第一表軌道不平作用所生之衝擊力相當於活重之百分數

鋼橋跨度	鋼橋頻率 n		速度限度 s		衝擊力百分數		附註
l（呎）	高梁	低梁	高梁79吋動輪直徑	低梁68吋動輪直徑	最大限	最小限	
10	19	12	100		80.8		此表係就最大速度每小時100哩估計如可能行車速度不及此數則百分數可另由公式估算之
20	12	8	100		28.0		
80	9	6	100	68	18.8	8.4	
40	7.2	5	100	57	15.2	5.0	
50	6	4.4	85	50	9.4	8.8	
60	5.2	4	74	45	6.2	2.8	
70	4.5	8.6	64	41	4.1	1.7	
80	4.2	8.8	60	87	8.8	1.2	
90	8.7	8.0	52	84	2.8	1.0	
100	8.8	2.8	47	82	1.7	0.8	

根據1934年，美國鐵路工程協會試驗報告建議上項作用約相當於一集中荷重375N2 磅作用於橋中點而起之各項效果此處N 爲動輪每秒鐘之旋轉次數。

普通動輪直徑約在7呎左右設S爲行車速度以每小時英里計W爲最大輪荷重以磅計則上述375 N2與 $\frac{WS2}{20000}$ 之規定無異，基於之上述概念因軌道接頭不平引起之衝擊力如以跨度函數表示之約爲325/l 由此可知當L＝ 10 呎此項作用相當於活重32.5%迨L增至100呎則減低爲3.3%

因車輪偏心不圓引起之振動，有時相當顯著，尤以高速客車爲甚。其衝擊之頻率，相當於車輪每秒鐘之旋轉次數。83吋直徑之車輪，在每小時60哩之速度，頻率約等於 9。因此項作用激起鋼橋振幅之半振幅，可達到列車在靜止狀態時橋中點撓度10%至15%。換言之，即發生之衝擊力，可達活重10%至15%左右。但通常客車重量，小於機車或貨車甚遠。故上述現象，尚非吾人所須研討之最危險情形。

貨車車輛，因上述原因激起鋼橋之振動，更形顯著。對於長跨度鋼橋，機車所佔地段甚短，大部份均爲貨車所控制，則此項作用，更不容忽視。

貨車振動，繫於軸承彈簧係數，與其上支承之重量；此外行車速度亦與有關係。苟行車速度，使軌道不平發生之衝動，或車輪因偏心不圓發生之離心力，恰與軸承彈簧頻率吻合，則振動現象將因而擴大顯著。在列車行列中，若干車輛跳動甚烈，其他則平靜無事，即係此故。

車輛跳動之結果，連帶引起鋼橋之振動。惟此種現象，爲時甚暫，不久即歸平復。除非大多數車輛，同樣裝載，軸承彈簧，頻率相同，則強迫振動，可增長至相當强度。在長跨度鋼橋，貨車引起之衝擊力，每可與機車相頡頏，甚至更大，亦所難料。

據1934年美國鐵路工程協會試驗報告，建議車輛衝擊力，可達活重15%。但此種作用，不能與機車之衝擊力合併，除非後者所生效果，尚不足15%時，始計及之。第三節複算規範書規定三項作用之和，不得小於15%，卽係此故。

爲避免軌道不平引起之衝擊力，橋上軌道接頭，務宜平整，尤以短跨度鋼橋，中部不宜有接頭存在。橋上採用長鋼軌或銲接辦法，保持軌道平直，亦係一有效之措施。

第九節　滾轉作用

機車及車輛，大都裝有軸承彈簧。因此彈簧以上重量，除如上節所述，可能引起上下跳動外，並可能繞列車縱軸而發生週期性之滾動。其作用恰似一倒置之懸擺。在列車行進中，常可發現車輛發生左右相間有規律之浪形擺動，即係此種現象。

滾動之原因，大半由於鋼軌不平，車輪經過發生衝動所引起。當行車速度，使衝動頻率，與此假想之懸擺頻率相吻合，則發生共振現象，因之滾動愈形顯著，此在貨車爲尤甚。

現代新式機車，因爲支承方法逐步改良，故滾轉作用可望減少。

滾動實際現象，並非所有車輛同時向一方傾側，而係左右互間，成波浪形。換言之，即第一輛向右，第二輛向左，第三輛復向右，餘類推。即此原因，除短跨度鋼橋外，在長跨度橋上，前後車輛傾側效果，可望相互抵銷一部份。

根據試驗紀錄，該種滾轉結果，使鋼軌一方增加荷重，而其他一方則減輕。1934年美國鐵路工程協會報告內，建議因滾動而生之衝擊力，相當於活重之百分數，等於 $\frac{100}{S}$。式中S即指鋼梁之間距，以呎計。惟在現行複算規範書，則修正爲「列車滾轉所生之衝擊力，相當於軌道一方增加活重20%而其他一方則減少20%此項增減所形成偶力之效果，應分配於所支承部份。」其意蓋將此項作用，當作一偶力計算。對於標準軌距，兩軌中心距約爲5呎，其偶力矩適爲20%×5=100。如以鋼梁間距除之，即與1934年之規定完全相同。（參看第二圖）

滾轉作用並無隨行車速度而增減之現象，此與其他作用不同之點。蓋列車既經激起隨縱軸而滾轉之後，雖行車速度降低，而其滾轉也如故。其頻率視彈簧頻率爲轉移與行車速度無關。

第二圖

滾轉作用，與鋼梁間距成反比。新式上承鋼鈑梁間距，較舊式者放寬，即係此故。

第十節　錘擊作用

當蒸汽機車行駛於鋼橋上，其衝擊效果最大而且具有週期性之外力，即爲動輪之錘擊作用。蓋蒸汽機車動輪之裝置，爲求平衡活塞活塞桿，橫十字樑節等部份之慣性，俾轉動比較平穩起見，例於動輪轉動裝置之對方，附加一部份多餘重量，名爲均衡重量。動輪轉動時，此項均衡重量，因之發生離心力。當均衡重量轉到最低位置時此項離心力垂直作用於鋼軌上，猶如對鋼軌施以錘擊然。其值等於 $QN^2\sin 2\pi Nt$ 式中N爲動輪每秒鐘之旋轉次數，Q爲動輪每秒鐘旋轉一次發生之離心力，t爲動輪進入鋼軌以內經過之時間；當 $\sin 2\pi Nt=\pm 1$ 時，其最大值爲 QN^2。

蒸汽機車同軸之兩方動輪均衡重量之位置，相差90%。因之當一方動輪對軌道發生最大錘擊作用，而其他一方動輪則否。其兩方錘擊合併最大效果，適在均衡重量達到最低位置前後45°處。其值等於 $QN^2(\sin 45^\circ)\times 2=\sqrt{2}\,QN^2$。故各鈑樑梁，如兩片主梁間，橫撐結構完善，鋼梁振動時可視爲一體，則兩方合併錘擊效果可認爲平均分配於兩方主梁。換言之，即最大錘擊作用 $=\frac{\sqrt{2}}{2}QN^2$。否則動輪一方之錘擊作用，應由該方主梁全部承受之，即等於 QN^2。

電汽機車，例無均衡重量之裝置，故無錘擊作用發生之衝擊力，此其最大優點之一。

假定動輪每秒鐘旋轉一次，均衡重量所生離心力Q作用於鋼橋上，其中點撓度命爲 D_h。則當動輪每秒鐘旋轉N次時，離心力爲 QN^2，因此其撓度應爲 D_hN^2。但當N等於或近於鋼橋頻率n，則如第二章第五節所述發生共振現象。換言之，即振幅擴大。其振幅擴大率命爲k，則共振時振動過程中之最大半振幅 $=kD_hN^2$。代入（6）式，則得錘擊作用相當於活重百分數。

$$H=100\frac{KD_hN^2}{D} \qquad (15)$$

上式爲錘擊作用之普通公式，假如鋼橋實際情況，機車動輪均衡重量，與行車速度爲已知，則 D_h，D，N 均不難確定。至於振幅擴大率k，關係因數比較複雜，根據伊氏研究結果，可用下式表示之。

$$k=\sqrt{\frac{(N^2-n^2)^2+(2NT)^2}{V^2+U^2}} \qquad (16)$$

式中 $V=\frac{N^4}{n_1^2}-N\left(1+4PT+\frac{n_s^2}{n^2}\right)+n_s^2$。

$$U=2N\left(\frac{n^2-N^2}{n^2}T+P(n_s^2-N)^2\right)$$

n_s = 機車軸承彈簧之自然頻率

O = 機車彈簧之尼阻係數。

其他各符號，具見第一章第三節所示，茲不贅述。

上式所示K之數值，爲便利計，可分爲三種特殊情形分析之。

（甲）當鋼橋跨度在20呎以下，頻率太高，通常遠在7以上。現時最大行車速度，假定以每小時100哩爲限，動輪直徑約爲78吋，故每秒鐘動輪旋轉數，不致超過7次，即 $N\leq 7$，因此不能引起共振現象。此時k之數值，實際等於1或略小於1。換言之，即錘擊作用所生之半振幅，與作用在靜止狀態時之撓度相若，並無擴大作用。由式（15）則知此時。

$$H=100\frac{D_hN^2}{D} \text{ or } 100\,BN^2 \cdots\cdots (17)$$

上式與（1）式相同，$B=D_h/D$，N視動輪實際旋轉次數而定。但最大爲7。（相當78吋動輪直徑之時速100哩，或63吋動輪直徑之時速80哩）爲設計用，係假定N=1以定H之值。

（乙）當鋼橋跨度增加，其頻率隨之減低在7以內，現時最大行車速度，可能引起共振現象惟若鋼橋振動速度不夠快或振幅不夠大，機車以軸承彈簧以上重量，因振動所生之加速力，不足以克服機車彈簧內部阻力，因之彈簧不發生振盪作用。由式（16）中，可知此時 $n=n_s$，n_s 與0均等於0，故式（16）可簡化爲，

$$K=\frac{1}{\sqrt{\left(1-\frac{N^2}{n^2}\right)^2+\triangle\left(\frac{N}{n}\right)^2}} \cdots\cdots (18)$$

由上式關係，表示振幅擴大率，繫於尼阻因數△及N/n。假如無尼阻作用，即△=0，則當N=n時，k將擴大至無限，意即在共振速度時，鋼橋振動，將繼續擴大不已，結果可使其瀕於毀滅之境，假如有尼阻作用存在，則當N=n時，$k=\frac{1}{\triangle}=\frac{1}{2\rho n}$ 代入式（15），並令 $B=\frac{D_h}{D}$，則得。

$$H=100\frac{Bn}{2P} \cdots\cdots (17)$$

上式與（2）式完全相同，即表示機車彈簧不發生振盪，而行車速度達到共振速度時，（N=n）衝擊作用，相當於活重之百分數。

由式（18），可知N=n，$K=\frac{1}{\Delta}$ 尚非最大。只在 $\frac{N}{n}=\sqrt{1-\Delta^2/2}$ 時，$K=\frac{1}{\Delta\sqrt{1-(\Delta/2)^2}}$ 始為最大。又由 $h=KD_hN^2=\frac{D_hN^2}{\sqrt{(1-\frac{N^2}{n^2})^2+(\Delta\frac{N}{n})^2}}$ 之關係，亦知 $\frac{N}{n}=\frac{1}{\sqrt{1-\Delta^2/2}}$ 時，$h=\frac{D_hn}{2P}\cdot\frac{1}{\sqrt{1-(\Delta/2)^2}}$ 始為最大。換言之，如有阻尼作用存在，則最大振盪擴大率 k 常發生於 $\frac{N}{n}$ 略小於1之時。而最大半振幅h 或最大衝擊作用H，常發生於 $\frac{N}{n}$ 略大於1 之時。此種現象，從試驗紀錄中，亦可證明。

如行車速度在共振速度以內，即N∠n，則以（18）式代入（15）式，即得。

$$H=\frac{100BN^2}{\sqrt{(1-\frac{N^2}{n^2})^2+(\Delta\frac{N}{n})^2}} \quad (18)$$

此與（8）式完全相同，鋼橋荷重，不敷需要，往往須限制行車速度，以期減低一部份衝擊力，此式可用以計算應限制之速度。

（丙）當鋼橋跨度在某種範圍以內（40呎-175呎）鋼橋受衝擊作用強迫振動，其頻率為N，半振幅為n，以時計按簡諧運動原理振動所生之最大加速度 $a=(W)\frac{h}{12}=(2\pi N)\frac{2h}{12}$。因此彈簧以上重量$W_s$因振動而生之加速力，$=\frac{W_s}{g}a=\frac{W_s}{32.2}\cdot\frac{4\pi^2N^2h}{12}$。設r為軸承彈簧內部之摩擦係數則其內部阻力，應為r. W_s當上述加速力足以克服彈簧內部阻力時，即 $\frac{W_s}{32.2}\cdot\frac{4\pi^2N^2h}{12}=r.W_s$，或 $h=\frac{r}{0.1022N^2}$ (19)

上式在理論上表示強迫振動之頻率及振幅達到某種強度時，彈簧即發生振盪作用。但吾人對於彈簧實際摩擦係數r 所知甚鮮，不過從試驗紀錄上推知，r 不致小於0.1 或大於0.15。故藉上式以確定彈簧發生振盪與否，事實上仍不可能。

上述軸承彈簧阻力克服之後，彈簧以上支承之重量W_s，即隨彈簧頻率n_s而發生振盪。此與鋼橋振動頻率不同，因此兩者發生干涉現象，其勢足以減殺鋼梁本身之振動，而成為一種阻尼作用，如第二章第七節（C）項所述。此時鋼橋荷重減輕一部，因之共頻率亦自動提高至n1，當行車速度逐漸增高，鋼橋振幅起初大為減低，其後即能速度增高而加大迨達某種速度時，彈簧發生另一共振現象，其振幅可能較機車軸承彈簧未發生作用時為大。此種速度，名曰次高級共振速度通常以f表示之。

關於上述兩種振動相互干涉之結果，理論上比較複雜。惟吾人可得而想像者，即彈簧發生作用後，其上跳躍部份重量W_s發生阻力r.W_s。此種阻力間接對於鋼橋發生之撓度，等於r(D-Du)。此處D為鋼橋負荷全部活重時橋中點之撓度，D_u為鋼橋負荷列車，煤水車及機車軸承彈簧以下不跳躍部份重量時橋中點之撓度，因此（D-Du）即為彈簧以上跳躍部份重量所生之撓度，因此（D-Du）即為彈簧阻力作用於橋上所發生之撓度。惟此係假定阻力在靜止狀態時而言，當彈簧隨其本身頻率 n_s 而振動時，上述阻力發生之撓度，結果因而有擴大可能。根據（18）式之關係，可知撓度擴大之結果，應為

$$\frac{r(D-Du)}{\sqrt{(1-\frac{n_s^2}{f^2})^2+(2pf)^2\frac{n_s^2}{f^2}}}=\frac{r(D-D_u)}{(1-\frac{n_s^2}{f^2})\sqrt{1+(2pf)^2\frac{n_s^2f^2}{(f^2-n_s^2)^2}}}=\frac{r(D-Du)f^2}{f^2-n_s^2}$$

上式內n_s通常小於 f 甚遠，同時 p之數甚微，故括弧內 2 項可略去不計，由於上述阻力發生之撓度與動輪衝擊作用QN^2發生之撓度D_hN^2互相抵銷，故其結果為

$$h=D_uN^2-\frac{r(D-Du)f^2}{f^2-n_s^2}$$

當鋼橋達到共振速度時，N=f，$k=\frac{1}{\Delta}=\frac{1}{2pf}$，故由（15）式即得。

$$H=\frac{100}{2pf}\left(Bf^2-r\frac{(D-Du)}{D}\cdot\frac{f^2}{f^2-n_s^2}\right)\cdots\cdots(20)$$

設假定r=0.1，$n_s^2=5$，代入上式，即與（3）式所示完全相同。當行車速度不能達到次高級共振速度時，即N<f，因此$k=\frac{1}{\sqrt{(1-\frac{N^2}{f^2})^2+(\Delta\frac{N}{f})^2}}$

惟在上述情形，N 不致小於 f 甚遠，若果如此，則彈簧作用，根本不會發生。易言之，當彈簧作用發生後，即令N 不可能達到f，但亦必與N 極為相近。故$K=\frac{1}{\Delta}=\frac{1}{2pf}$雖嫌略高，但仍可用因此

$$H=\frac{1}{2pf}\left(BN^2-r\frac{D-Du}{D}\cdot\frac{f^2}{f^2-n_s^2}\right) \quad (21)$$

同樣假定（r=0.1，$n_s^2=5$，代入上式，即得第一章第三節所示之（4）式。

次高級頻率 f，可由下列關係確定之，即

$$\frac{f2}{n2+n_s^2}=\frac{n_1^2}{n^2}\text{或}f=\sqrt{n2+n_s^2}=\frac{n_1}{n}\sqrt{n2+5}.$$

彈簧發生作用，係理論上說法，然實際發生作用與否，蒋（19）式之關係，尚不能確定。故通常凡遇鋼橋跨度在40以至175呎之間者，均認爲有發生振盪作用之可能。須利用本節（乙）項所示之（17）式，與（丙）項之（20）式同時計算H之實際數值，而選用其最大者，此爲最簡捷有效之鑑別辦法也。

第四章 對於衝擊力應有之認識。

第十一節，衝擊力與全部應力之係關

鋼橋設計或複算所根據之基本應力，爲呆重活重衝擊力三者所合成。橋樑位於灣道上者，另加離心力。上述三種應力之相互關係如下。

根據統計結果，呆重應力對於活重應力之關係，視鋼橋本身材料式樣跨度及橋面情形而有不同。就一般情形言，上述兩者比率隨跨度而增加。橋面爲混凝土托盤舖設道渣者，呆重應力因之增高。就枕木橋面系估計，大致可用下式表示之。

$$S_D=(0.025+0.0025L)S_L.—(22)$$

上式S_D=呆重應力，S_L=活重應力，設Si=衝擊應力，則由設計規範書之公式得

$$S_I=(1-0.006L+\frac{1.00}{S})S_L(\text{當}L>100\text{呎})$$

$$S_I=(\frac{18}{L-40}+0.\pm\frac{1.00}{S})S_L(\text{當}L>100\text{呎})$$

由此可知衝擊應力對於全部應力之關係，當爲

$$L<100\text{呎}\quad S_I=\frac{1.00+\frac{1.00}{S}-0.006L}{2.025+\frac{1.00}{S}-0.0035L}\gtrless S\ (23)$$

$$L>100\text{呎}\quad S=\frac{18+(0.1+\frac{1.00}{5})(L-40)}{18+(1.125+\frac{1.00}{S}+0.0025L)(L-40)}\gtrless S\text{……………}(24)$$

上式L爲鋼橋之跨度，以呎計。S爲鋼樑之間距，以呎計，≷S爲呆重活重及衝擊力所生之全部應力，上式結果，見第三圖。

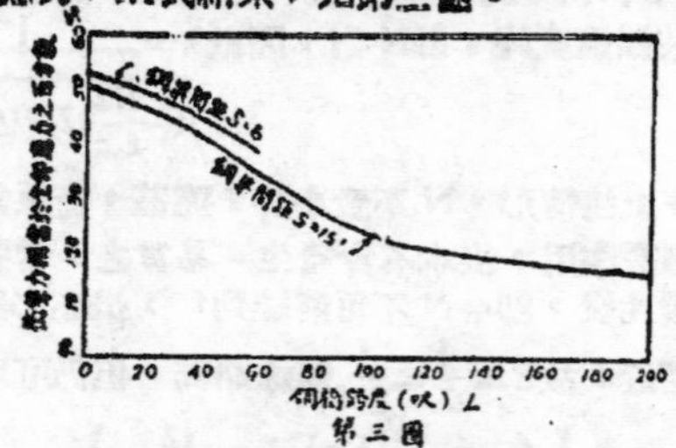

第三圖

第十二節 衝擊力與行車速度

行車速度，通常以每小時英里計，或以動輪每秒鐘旋轉次數N表示之。根據上章分析結果，除滾轉作用，似與速度增減無大關係外，在跨度20呎以下鋼橋，錘擊作用與軌道不平兩者，均與行車速度平方成正比列。設計規範書之規定，對於此種短跨度鋼橋之衝擊力，係假定行車速度最高每小時100哩左右，即N=7計算。惟吾國現時行車速度，鮮有超過50哩者。換言之，即不過上述最高速度1/2，因此實際衝擊力，亦不過規範書規定數值1/4，其餘可類推。速度每小時在10哩以下者，實際衝擊力可減低至1/100以下，故除滾轉作用外，其他兩者均可略去不計。例如10呎至20呎跨度鋼橋，間距S=5呎，假如該橋原按E-35級設計，當現時行車速度，最大爲每小時50哩，則因衝擊力之減少，該橋荷重可提高至E-50級左右，（內部允許應力照舊）即此可想見行車速度，對於橋梁荷重之一般。

在20呎以上鋼橋，除滾轉作用與軌道不平兩者仍如上段所述相同。至錘擊作用之最大值，係以行車速度達到共振速度爲限，即N=n。假如行車速度減低，不能達到n，而爲n之分數時，則衝擊力之實際數值，如下式所示。

設I 爲達到共振速度時錘擊作用發生之衝擊力。

I_1爲行車速度爲N時 〃 〃 〃，

$S=\frac{N}{n}$行車速度與鋼梁頻率之比例。

$$\text{則}\quad\frac{I_1}{I}=\frac{\triangle S^2}{\sqrt{(1-S^2)^2+(\triangle S)^2}}\text{………}(25)$$

上式結果見第四圖

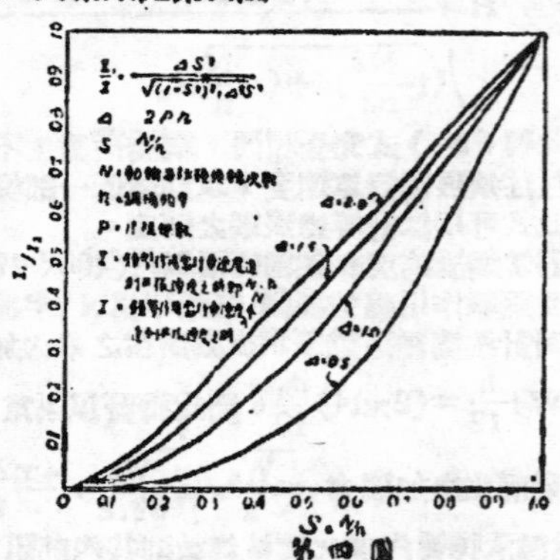

第四圖

機車錘擊作用與軌道不平作用合併之效果對於行車速度之關係，見第五圖。假如實際最高行車速度不超過50哩，則就63吋直徑之動輪言，70呎以下跨度之鈑梁或110呎以下桁梁，（就79吋直徑之動輪言，90呎以下跨度之鈑梁或140呎以下桁梁，）均不致達到共振速度。故實際衝擊力之值，均較設計規範書爲小。例如50呎跨度鈑梁，動輪直徑假定爲63，則共振速度約爲67哩。今如規定最大車速爲50哩，則不過上述共振速度3/4。故按規範書設計，衝擊力約爲活重59%，但在3/4共振速度時，衝擊力減至活重28%。（參看第五圖）其餘各例，可按圖求之，（注意第五圖不包括滾轉作用在內，須另行加入。）

10498

在行車速度不大，就般情形言，振動之幅度，不足以克服彈簧之阻力而發生振盪作用，故關於該項情形之衝擊力，毋庸討論。

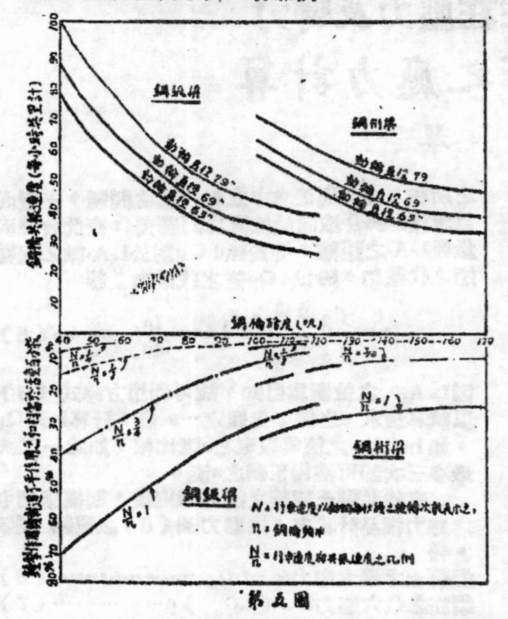

第五圖

第十三節　衝擊力與鋼橋頻率，尼阻作用等之關係。

鋼橋頻率對於衝擊力之關係，限於錘擊作用一項，若鋼橋頻率高，則達到共振速度時之錘擊影響亦大。

基於上項原因，凡同跨度同荷重之鋼橋，梁身高剛度大者，錘擊作用較大，穿式桁梁之高度與剛度，通常大於同跨度之鈑梁；鋼橋採用炭鋼造成者，其剛度較用高拉力合金鋼造成者爲大，此外穿式桁梁下桁方面，受縱梁影響；或橋面，混凝土托盤鋪設道碴者，均間接增加剛度，因之其本身頻率提高，而所生之錘擊亦較大。

鋼橋之荷重，達到最大限度者，其頻率較荷重不足時爲低，故錘擊作用之影響亦略小，此點在研究或解析試驗紀錄時，不可不知，否則極易引起過份保守之結果。1934年以前，規範對於衝擊力之估計，較現時爲高。即係以前根據之試驗，均爲荷重未達限度時所紀錄者，因而引起嚴重之錯誤。

尼阻作用對於鋼橋之振動有抑制性效果，故直接可減殺衝擊在之發生，關係至巨。

尼阻作用之原因與現象，詳第二章第七節。扼要言之，此項作用屬於本身物質內部彈性阻力而發生者，祇鋼橋頻率爲轉移；其屬於支座阻力而發生者，御視支座情形，荷重，與跨度而定。上述兩種作用，每常合併存在，相互消長。其合併結果，大致隨鋼橋跨度增加而減低。

動輪均衡重量與錘擊作用成正比例，故苟能設法減輕此項重量，即可減低錘擊作用，

動輪直徑較大者，在同一行車速度下，每秒鐘旋轉之次數少，故錘擊作用亦可較小。

機車軸承彈簧內之摩擦係數 r 較小者，當彈簧發生作用後所生之錘擊作用較大。

第十四節　衝擊力對於力矩與剪力之適合性

由上章之分析，薪知當鋼橋振動發生最大振幅時，衝擊作用爲最大，但最大振幅之發生，適當動輪軍位於橋之中部，蓋此時Dn或B爲最大也，此種荷重位置，與發生最大力矩時之荷重位置大致相合。換言之，即由上章分析之結果，適用於力矩，應無問題；但對於剪力則不然。當鋼橋發生最大振幅時，約在機車導輪進入橋上達跨度3/4處，但此種荷重位置，祇對於該處剪力，方爲最大，至於橋兩端及橋中部剪力，此時尚未達最大值。因端點剪力，恆發生於全橋荷重之時；而中部剪力，則祇須一半荷重。此與上述發生最大振幅之條件不符，故用上章分析之衝擊力。百分數，對於四分點剪力，尚屬相近；若一律適用於橋中部及兩端之剪力，則嫌過高，規範所規定衝擊力公式，同樣適用於全橋力矩與剪力，蓋爲便於應用之故，但實際之適合性，與上述之關係，則不可不知也。

第十五節　結論

現時所知衝擊力之情形，略如上述，就大體言之，此一錯綜複雜之問題，經十餘年來各方面之努力，確已透露一綫曙光，然理論上欠完備，令人難於滿意，尚待繼續研究之處仍比比皆是，例如滾轉作用之數值（20%）係根據試驗紀錄從寬假定，俾資應用爲度，至其滾動原因，現象，及影響，則所知尚鮮。關於軌道不平及車輪偏心不圓等所引起之振動，尤爲複雜，除設法利用無錘擊作用存在之電汽機車，處隨試驗，俾能紀錄振動情形及影響外，現尚無法在理論上著手分析。目前假定此項作用，相當於一集中荷重作用於橋中點所生之效果，蓋係不得已之近似折衷辦法，殊難令人滿意。動輪錘擊作用之分析，在理論上比較完備，然此種理論根據，係假定動輪在橋上僅發生旋轉而不致前進；實際當高速行駛時，動輪隨時變易其位置，因之錘擊所生撓度Dh 及鋼橋頻率n ，隨時變化。

此種假定引起之誤差，以長跨度鋼橋爲尤甚，不過在應用上，誤差偏於安全方面而已。此外尼阻作用個別原因之分析，車輛衝擊之影響，軸承彈簧之頻率與摩擦係數之確定，以及對前述各點作進一步之解決，以期臻於完善之境域，則有待吾人今後之努力也。

用三次方乘式來解算混凝土柱的設計是很麻煩的，
本文介紹美國混凝土學會第十八期會刊中所發表的一種新方法。

鋼筋混凝土柱在壓力及彎力聯合作用下之應力計算

友　琴

鋼筋混凝土柱在壓力及彎力聯合作用下所生之應力，如用普通之公式計算，常須求解繁複之三次方程式，極爲費時與費力。美國Wessman氏曾於1946年發表一逐漸接近法，以計算此種混合應力，極爲簡捷而準確，本文目的，即在介紹此一新的計算法。

原　理

此新法所根據之原理頗爲簡單圖(a)爲一鋼筋混凝柱之橫斷面，其中狹帶積爲鋼筋之當量混凝土面積。假定柱之橫斷面有一對稱軸X-X 并且偏心載重P在包含X-X軸之垂直面內。

圖(a)

設N.A.爲吾人所欲求之中立軸，L.A.爲與中立軸平行之載重軸，此兩軸自應與X－X軸垂直。

X_n＝微小面積dA與N.A.之距離。自N.A.向右量爲正，向左爲負。

X_p＝dA與L.A.之距離，自L.A.向右量爲正向左爲負。

n＝鋼筋混凝土之彈性係數比

a＝N.A.與L.A.之距離

f＝距離N.A.爲一單位長度之單位應力。

應用靜力方程式$\Sigma M=0$及$\Sigma V=0$，并以N.A.爲旋轉軸，則

$$Pa=\int_A x_n f_1 dA\cdot x_n=f_1 I_n \cdots\cdots(1)$$

$$P=\int_A x_n f_1 dA=f_1 Q_n \cdots\cdots(2)$$

(1)÷(2)得
$$a=\frac{I_n}{Q_n}\cdots\cdots(3)$$

方程式中之Q_n及I_n各爲柱斷面積對於N.A.之一次旋矩及二次旋矩。須待N.A.之位置決定後始能求出，故方程式（3）不適於求a值之用，因此應另謀出路。

設Q_p及I_p爲柱之斷面積對於L.A.之一次及二次旋矩，應用靜力方程式$\Sigma M=0$并以L.A.爲旋轉軸得：

$$\int_A x_n f\cdot da\cdot x_p=0$$

但$dA\cdot x_p$即係向量(Vector)dQ_p

故$$f_1\int_A x_n\cdot dQ_p=0\cdots\cdots(4)$$

此方程式乃表示諸dQ_p對於N.A.之旋轉矩之代數和等於零，由此可知諸向量dQ_p之合成向量之位置應與中立軸dQ_d吻合，此點實爲本計算法關鍵之所在；由此而使求中立軸位置之問題，一變而爲求諸dQ_p合成向量位置之問題矣，查此合成向量與L.A.之距離，等於諸dQ_p對於L.A.軸之旋轉矩之代數和，除以dQ_p值之代數和；即

$$a=\frac{\int_A dQ_p\cdot x_p}{\int_A dQ_p}=\frac{I_p}{Q_p}\cdots\cdots(5)$$

因L.A.之位置爲已知，故可利用方程式（5）以試算法求a之值；先假定一a值，計算I_p及Q_p，如I_p/Q_p之值與假定之a值比較，如此一二次最多三次即可獲得正確之a值。

有效混凝土面積之邊界確定後，則橫斷面中之應力極易計算矣，由應力圖（6）之直線關係，得

混凝土之最大應力$f_c=f_1 C_c$ ……（6）

鋼筋之最大應力$f_s=(f_1 C_s)n$ ……（7）

式中$f_1=P/Q_n$而$Q_n=Q_r+(\Sigma A)\cdot a$

實　例

例題1. 如圖柱之橫斷面爲梯形，將斷面分爲若干帶形，其寬度視所需之準確程度而定，（圖示寬度均爲2吋）并以數字標明之。一切計算如表所示，此表格對計算甚爲便利。表中鋼筋之當量混凝土面積，不問鋼筋受壓應力或張應力，均等於n乘鋼筋之面積。（在受壓力區域內之鋼筋本應用（n－1）乘其面積，但爲簡便計，亦用n乘之，因其對於準確度無甚影響。）又本例題中計算I_p時，因帶形面積之寬度甚小，故未計及其對本身重心軸之二次旋矩。

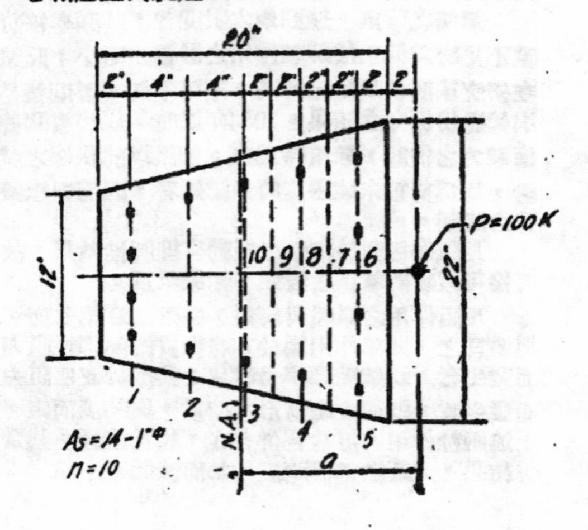

10500

第一步計算假定a＝8寸，用公式（5）算計得出之a＝Ip/Qp＝12.8寸故知假定之a值太小，修正a值爲12.0寸，重行計算得a＝12.1寸，兩數值甚爲接近不必再加修正。

部份		面積	x_p	Q_p	I_p
鋼筋之當量混凝土面積	1	10.0×4.0＝40.0	-20.0	-800	16.000
	2	〃×2.0＝20.0	-16.0	-320	5.120
	3	〃 〃＝20.0	-12.0	-240	2.880
	4	〃 〃＝20.0	-8.0	-160	1.280
	5	〃 4.0＝40.0	-4.0	-160	640
混凝土面積	6	2×21.5＝43.0	3.0	-129	387
	7	2×20.5＝41.0	-5.0	-205	1.025
	8	2×19.5＝39.0	-7.0	-273	1.911
			Σ₁＝	-2.887	29.243
			a＝Ip÷Qp＝12.8吋		
			假定2a＝6×2＝12.0		
	9	2×18.5＝37.0	-9.0	-333	2.991
	10	2×17.5＝35.0	-11.0	-385	4.235
		ΣA＝335.0	Σ₂＝	-3.005	36.475
			a＝Ip÷Qp＝12.1吋		
			假定2a＝10×2＝12.0		

N.A.與右邊線之距離＝18.1－8.0＝10.1吋

Q_{11}＝-3.005＋(335.0×18.11)＝1.045

$f_c=\frac{100,000}{1,045}\times10.1$＝970磅/吋²

f_s＝　　×19×10＝1580磅/吋²

例題1

例題2.　如圓柱之斷面積爲長方形。因其形狀規律故劃分混凝土之面積時，其最初部份（圖示部份3）應儘可能擴大使計算簡便，此時計算Ip時，其對本身重心軸之二次旋距（$\frac{1}{1}$bd3＝$\frac{1}{12}$×24×8³＝1,024必須計及。

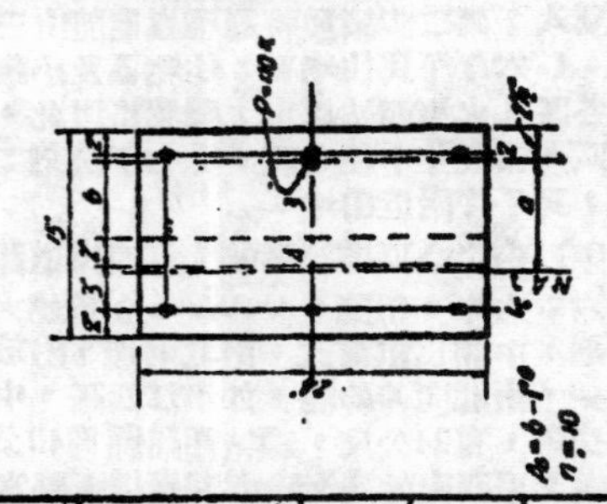

部份		面積	x_p	Q_p	I_p
	1	10×3.0＝30.0	-10.5	315	3.310
	2	10×3.0＝30.0	-0.5	-15	8
	3	8×24.0＝1.920	1.5	-288	432 / 1.024 ＝1.456
			Σ₁＝	-588	4.774
			a＝Ip÷Qp＝8.12吋		
			假定2a＝8.0－2.5＝5.50		
	4	2×24.0＝48.0	6.5	-312	2.030
		ΣA＝3.000	Σ₂＝	-900	6.804
			a＝Ip÷Qp＝7.57吋		
			假定2a＝10－2.5＝7.5		

N.A.與右邊線之距離＝7.57＋2.5＝10.07吋

Qu＝-900＋(300×7.57)＝1,375

$fc=\frac{110,000}{1,375}\times10.07$＝805磅/吋²

$fs=\frac{110,000}{1,375}\times2.93\times10$＝2.350磅/吋²

例題2

優點

1.　鋼筋凝混土柱之混合應力，既須求解繁複之方程式，故一般關於鋼筋混凝土設計之書籍，類多附有此項應力曲綫圖；檢查便利，自屬省時省力；惟此項曲線圖僅限於圓形及長方形斷面之柱，而鋼筋之佈置亦有一定之規則。如鋼筋之佈置或柱之形式一有改變，則此種曲綫即無能爲力。此新法則絕不受此限制，只須柱之橫斷面有一對稱之軸，而其彎曲面與此軸吻合，則無往而不稱便。此法之發明實予今後工程設計者一大利器。

——完——

10501

計劃中的抗戰紀念城—衡陽

歐陽　鳴

榮譽之由來

衡陽位衡山之陽，當湘南衝要，地處四戰，歷來爲軍事所必爭。昔武侯督三郡賦稅，洪承疇經略滇黔，曾文正治水師，均曾駐節於此。民國以還，護法北伐諸役，亦均以此爲策動地。三十三年夏，長沙三次會戰之後，日人企圖粉碎我芷江空軍基地，非先得衡陽不爲功，乃以十萬之衆，猛撲衡陽，我第十軍方先覺將軍，孤軍困守，抱玉碎之決心嗣後雖以彈盡援絕棄守，而四十八天之保衛戰，在抗戰史上，實寫下燦爛輝煌之一頁。總之，寇焰大挫，敗局漸顯，而日人投降。爭取時效，扭轉危機，實不能不歸功於四十八天之鏖苦，而全市經四十八天炮火之洗禮，亦已精髓頹毀，一片瓦礫矣！中央軫念災黎，追懷壯烈，乃決心重建衡陽，此唯一的光榮之榮譽——衡陽抗戰紀念城，緣於三十六年夏，應市參議會之請求由　國府主席蔣公，親自題名而確定，時賢章士釗先生爲文紀之。

現狀概述

衡陽自三十年起，開始設市，市區跨湘江兩岸，幅員230平方公里，較長沙市大一倍有奇。行政區有八，一、二、三、四、五、爲城市區，六、七、八、爲鄉村區。舊城區，經歷任政府之努力，拆除城牆，開闢馬路，頗具都市雛型。抗戰後期， 沙宜轉進，一度畸形發展，人口達四十餘萬。淪陷年餘，一切摧毀淨盡，據確實調查，房屋完整者，僅存五幢，損失之鉅，爲全國冠。光復後，繼以饑饉，致復員遲滯。建築方面，江東岸，除舊街，經粵漢鐵路局之經營，漸形成一小規模之林園市外， 其地如湖北路，沿江東路，仍多臨時建築。蒸湖已由湘救濟分署修築進水洩水節制等閘三座。 調節水利 ，以資灌溉。江西岸方面，三十五年秋起，市民始有能力，收拾殘燼，重整房舍。沿江西路，中山路，司前街，常勝街，剛直路，中正路，學宮路，屋宇櫛比，各銀行機關，平民住宅，亦次第興建。兩年來，恢復建築，在五千幢以上。張家山已建立守城將士公墓一所。岳屏山上，已由抗戰紀念城命名典禮工程籌建委員會興建石級三百餘級 ，紀念堂一座 ，紀念亭三座，碑塔一座，最近當可完成。交通方面，粵漢鐵路，全綫通車，湘桂黔鐵路，衡柳段通車。以此爲交點，由此放射之衡長，衡寶，衡耒，衡宜各公路，均已修復通車。湘救濟分署，新建之衡常公路，去年底完成通車，市區原有街道，最寬者爲十六公尺，其他多爲十二公尺，新修之沿江西路，爲二十四公尺，均已修復通車。惟限於財力，多爲碎石路面致未盡如理想。市區中心電話網，已由交通部衡陽電訊局裝修，逐漸完成，資源委員會衡陽電廠，兩部1000KW之發電機亦於去年雙十節，開始供電，市大放光明。都市條件粗具，是爲尤足多全者。

計劃中的遠景

衡陽抗戰紀念城，自中央正式正名後，各方均極重視，內政部選派專家蒞衡視察，省政府成立市政技術小組，市政府成立抗戰紀念城設計委員會，羅致專家，經常研究，茲綜合各方意見，概述其遠景如次：

（A.）一般原則：衡陽應爲富有紀念抗戰意識之近代化都市，應扶植其經濟地位，成爲工業區。

（B）區域劃分：係遷就事實，並因地制宜。（一）工業區：自合江套至茶山坳，爲重工業區，現資源委員會衡陽電廠即在區內設廠。東陽渡爲輕工業區，申新紗廠已在此購地，進行設廠中。（二）商業區：劃原有城區爲商業區，跨湘江兩岸，東限于鐵路，南限于五桂嶺，北抵蒸水，將來可能向西面發展，（三）農業區：三湖至雙江口爲農業區，水閘附近，闢市農場示範區；演武坪地勢低窪，易被水淹，擬築長一公里防洪堤一道後，可闢爲農場，及公共集會場。（四）文化區：自黃茶嶺起，至毛葉灘，現有中等學校六所，擬將克強學院，省市立中學遷至黃茶嶺，另闢廣大運動場，公路聯繫之，使成完整文化體系。（五）公園區：初步以岳屏山爲主，將洪家塘一帶劃入；第二步擴展將迴雁峰接龍山三角地帶劃入。（六）平民住宅區：住宅區及小學，應散處于各區，火車西站以東，榮譽路以北，劃爲市中心區，市民集中住宅區。（七）公墓：設衡寶路旁，瓦子坪附近山地。

（C）市中心區道路系統：江西岸道路系統，仿一六六六年，伍闌（O.Wren）重建火後倫敦之計劃，中間爲棋盤式，南北兩端，附放射式廣場各一，南北向幹綫，如沿江西路，中山路，上下長街，寬24公尺，環城西路闢爲40公尺之林蔭大道；東西向幹綫，除瀟湘橫街，學宮路，桑梓橫街爲24公尺外，餘爲16公尺。江東岸道路系統，以邊緣放射式爲主。平行綫路亦闢一40公尺林蔭大道，其他南北幹路，均爲24公尺，東西幹路均爲16公尺，次要道路，寬自9公尺至12公尺，段落間隔及火巷，各爲5及3公尺。幹路人行道一律爲水泥路面，車馬道爲柏油面或碎石面。林蔭大道爲雙條車馬道之交通路。

（D）自來水及下水道：自來水廠設五桂嶺，第一期按三十萬人口給水計算，每日需用水量六〇.〇〇〇噸。此項水量，自湘河最低水位，輸送至五桂嶺之水塔，然後分配至各用戶，約需動力1400KW，公司及其他部分備用電量100KW。全部給水量需1500 KW之動力廠壹座。原城區下水道，有三川九漏之稱，以年久汙塞不易清出。市中心區地勢，由南向北，均勻傾斜，道路應依

（本文下接第55頁下部）

竹子是華南最普遍與最廉價的建築材料如果能依現代科學原理加以利用則可以解決不少的「居室工業」問題

竹筋混凝土

零

——摘譯自1984年八月份美國土木工程雜誌——

以竹類代替混凝土內之鋼筋，在日本已被使用至相當限度，最初大規模利用者乃美國在非島建築卡維特海軍基地時應用者，竹在我國所產極豐，如此巫學之利用方法極堪研究，本篇介紹H·E·GLeen教授之研究報告，可供參考。（註：本文寸皆指英寸。）

爲研究利用竹類代替鋼筋混凝土內鋼筋之可能起見，美國克爾維學院工程試驗室曾從事於下列各項實驗：

1、 竹類之物理性質。

2、 竹筋混凝土梁與板之强力限度。

3、 竹筋混凝土之各項設計數字。

對於竹筋之拉力强度試驗曾用下列三種方法，而皆曾得到極相近之結果：

1、單根厚壁之竹劈開，用車床旋成標準試驗材料，至少八寸長，頂端不旋，以適合試驗機器，此八寸長竹之平均直徑爲。3／16寸。

2、第二組試材爲將劈開之竹妥爲膠合，然後於車床製成標準試材，直徑半寸，長亦八寸，尾端3／4寸徑。

3、第三組試驗拉力之結果，係得自一種試材之製造使可能將竹筋拉離混凝土，以試求竹與混凝土間之束縛力有數都因竹之直徑太細而埋入混凝土部份甚長，致竹筋在拉出以前即行斷裂。

拉力試驗之果結

各種拉力試驗之結果，得知竹筋之平均抗拉强度約爲每平方寸23,000磅各個結果爲每平方寸18,000磅至30,000磅但大多數之記錄均極相近似。竹之鮮乾似無多少改變，因試材中有係自新鮮綠竹new切下者，有係用爐烤乾至重量已不變之程度者。

試驗中有幾點可以注意者：乃竹節部份似爲拉力中之最弱部份，試材中有節者，結果其斷破之處每即在近節之處。更有可注意者即竹之纖維拉斷之處在竹節兩邊，而節之本身絕不破壞。

試驗時曾將竹在拉力下之增長尺寸加以記錄，以求定其彈性係數，上項各試驗中無論新竹或經烤製之竹，其彈性係數爲自2,000,000至2,500,000，無其他顯著之不同。

抗滑力試驗係在6×12寸之混凝土內，埋入二尺長之竹筋，一端挾緊於機器上，記錄竹筋拉出時之力量，此項試驗亦以新鮮之竹與烤乾之竹兩種同作試材。另有一種係新鮮綠竹埋入混凝土以後，因使變乾，然後加入試驗，各項結果略有不同，其平均結果有如下表：

綠竹（1）大頭埋於混凝土內　每方寸140磅。

（2）小頭埋於混凝土內　每方寸95磅。

乾製竹（1）大頭埋於混凝土內　每方寸190磅。

（2）小頭埋於混凝土內　每方寸150磅。

綠竹埋入混凝土後使之乾燥；

（1）大頭埋入混凝土內　每方寸110磅。

（2）小頭埋入混凝土內　每方 寸70磅。

如將竹節部份埋入混凝土，則其抗滑强度自

（本文上接第54頁抗戰中的紀念城）

系統，另立下水道系統，明溝與暗溝互用，可利用合水溝系，以排除雨水及污水比較經濟。

（E）紀念性建築：

（一）城之外圍爲兩岸之林蔭大道，兩大道圍成一炮彈型，以石鼓嘴爲其端，湘江鐵橋爲其底，全城即爲紀念型。

（二）兩林蔭大道，西正名爲抗戰大道，東爲勝利大道。沿江東西兩路，分別易名爲淑章路，船山路。上下長街，易名爲瀟湘路等。

（三）在已修建抗戰紀念碑塔之岳屏山上，加建船山圖書館，蒐羅船山遺著，及抗戰史實充實之。

（四）江西岸南廣場，建陣亡將士紀念塔一座，北廣場建自由神一座，勝利大道之南端，建領袖戎裝躍馬銅像一座，北端建凱旋門一座。

（五）接龍山建自由鐘一幢，紀念式噴水池一座，每年守城紀念時開放，以象徵烈士精神永生。

（六）恢復石鼓書院，祠胡（濟世）周（濂溪）兩先賢。

（七）黃茶嶺設遺族學校一所飛機場附近，建紀念營房兩幢。

（八）抗戰紀念大廈一幢，爲大集會之用。

尾語

衡陽現約有人口十八萬，本年元月份稅收，僅七億，市級公務人員生活艱窘已極，以如此財政狀況，侈言建設，實無異緣木求魚。然湘江鐵橋完成在即，交通便利之條件，自動形成，預料兩年後在戡亂勝利，財政蘇息之際，中央與地方財力觀策之下，一切計劃，逐漸實施，名實相符之東方支加哥，亦僅屬時間問題。紙上談兵，聊資引玉，幸高明有以教之。

需增加。

爲決定竹材乾後直徑與體積之改變起見，有些試材曾置入爐內加熱至攝氏110度，使之乾燥，至重量不變爲止。在二十次如此試驗中，得知體積之改變略小於10%，直徑之改變3.2%，此體積之變化，初看似危險，但當發現此種改變大部份係發生於竹之內部空隙部份時此種危險觀念大爲減少。竹之空心內週有一薄質體質物體，當乾燥時收縮甚大，此3.2%之直徑變化，大部緣此，實際實驗上亦並未證明有何巨大危險影響。

其次爲一組竹筋混凝土梁之試驗，樑之尺寸爲四尺半長四尺半寬及七寸深。綠竹乾竹及劈開之竹各作爲鋼筋代替品，其所得結果全部均甚爲平均。各種竹筋之排置方法均無大改變，相似斷面積之竹筋，與相同之載重加於三種竹筋之混凝土上，結果均相似，當竹筋之百分數少於34%時，乃即發生巨大之灣曲。

在所有情形中，即使加有剪力竹筋而試材之破壞皆由於剪力裂縫。有數種情形，剪力裂縫立刻在近竹筋之上部發生而繼之橫向裂縫，通過全樑。其他亦有發現普通對角線裂縫，有如鋼筋混凝土者。

多數情形最終之破裂，乃由於混凝土在載重下所受壓力，使生對角綫裂縫，而發展至樑之全保。又鋼筋混凝土樑常有下部脫裂而失敗者，但此處由於堅強之竹筋毫無此種情形。

竹筋混凝土樑試驗

如將竹筋整個排滿於樑內，其間相距約一寸，結果載重相當低少時，樑即失敗，原因由於橫向之剪力。

沿樑之中軸發生簡單橫裂縫，蓋混凝土在此處，之有效面積因竹筋之關係而減小，而此處之橫向剪力又爲最大也。

如將竹筋妥善乾製，然後應用，則當注意水的問題。如混凝土尚未發出相當强度以前浸入水中，必將因竹之膨脹而破壞，此表示乾製竹筋之極大弊點，除非竹筋先已經過防水處理。

瀝青爲極佳之防水塗料，可用刷塗於乾竹上，可以得極佳之結果，如用綠竹，則混凝土在任何情形之下，綠竹均無膨脹之弊。

在此類試驗中，可注意者即竹節上之小枝如不切斷，則可以有助於抵抗剪力。任何試驗中，竹筋均須妥慎放置，並儘可能集中扣固靠近樑之底部。如竹筋不加扣固，則可能因稀混凝土之倒置，而使竹筋上浮。

平板試驗

爲研究整塊平板之載重情形，可製作下列兩塊平板；一用整竹，一用半劈之竹。平板在兩端承托物中心之間，跨徑爲十一呎半，寬爲四尺全部厚爲五寸。竹筋平均直徑約爲半寸，依長方向排列，中至中間隔一寸，距板底一寸，板之有效深度乃爲四寸。其上分別加以平均重量及集中重量。

平板之一，其中所用竹筋不加劈開，竹筋斷面積每尺寬約爲1.44平方寸，竹爲新鮮綠竹，在前一日砍下，排放然後傾倒混凝土。用發揮强度甚快之水泥，一星期後試得每平方寸混凝土之强度爲2,750磅。

在最大集中載重4,320磅之下，並無顯著之抗滑力破壞現象。平板上有三處裂縫；一在中心，爲最初發現者，其他在距中心旁一寸半處發現。其中心之裂縫，繼續擴展直至破壞。頂部並無局部壓壞現象，有時雖發現竹與混凝土間有滑動之情形，但樑之灣曲乃由於壓力，而竹筋亦受壓致灣。

第二塊平板與前一塊相似，惟竹筋爲整竹，依中綫一劈爲兩。因混凝土能包圍竹之整個各面，結果較佳。由於一4,000磅之集中重力使竹筋拉力失敗。

兩板之破壞均由於過度灣曲。在第二板破壞以前，竹筋彎曲至十四寸，如此巨大彎曲，似可表示抗滑力之失敗。但經考察破壞後之板，並無此項現象可見，在支承處平板亦無對角綫裂縫，樑之底部亦無混凝土脫落情形，在計算上混凝土已超過其受壓强度但亦無受壓破壞之處發現。

此數試驗中，最有興趣者厥爲梁所承受而不壞之鉅大重量，及破壞以前中部之驚人灣曲度。乃至灣曲已至六寸八寸時，平板仍能承受相當載重，此現象在樑之試驗中，亦有同樣情況。

竹筋混凝土中之抗滑强度常不佔重要地位。適當設計中所用之單位抗滑力極低。蓋因理論上竹筋混凝土之破壞，常在混凝土之受壓力。竹筋所受壓力甚小，因僅其與混凝土接觸面之抗滑力而已。竹筋壓力在每方寸4,000磅以下時，單位抗滑力鮮有超過二十或三十磅者，在上列所有試驗中，在因剪力或壓力失敗以前，未有因抗滑力而失敗者。

此處似已充份證明，即使用新綠未乾之竹，亦可有足够之抗滑力强度，儘管經過乾燥階段，而致直徑收縮，亦不致因此破壞。

多數之樑的試驗中，失敗之原因均爲剪力，當單位橫剪力超過每方寸七十至八十磅時，常即發生剪力裂縫，除非已加剪力竹筋，此項竹筋增加後，單位剪力增至每方寸100至125磅，如再更細心排列竹筋，此力更有增加可能。

上列各種結果，自非絕對之結論，惟表示竹筋代替鋼筋之可能而已。自下表觀之，竹筋混凝土之可能與永久性，似可無庸懷疑者也：

竹在工程應用中之物理性質；

抗拉强度		每方吋25,000磅
彈性係數		2,000,000至2,500,000
抗滑强度	大頭埋入	每方吋140磅
	小頭埋入	每方吋60磅
平均束縛强度		每方吋100磅
乾後體積收縮		10%
乾後直徑收縮		3.2%

鐵路事業是領導美國走向富强之路的急先鋒，

我們不正在預備着建國嗎？這到是一面好鏡子。

美國鐵路之發展

柯立斯著　　吳廷瑋譯

（一）前言

運輸爲人類基本需要之一，對於人類文化方面及經濟方面之生活均極爲重要。自文化黎明時期以迄現代，人類之創造智慧，幾無一日不在探求如何改進使人與物自一地運輸至一地之方法也。

在人類努力進化過程中，所有各類發明之運輸方法，其中對文化傳佈財富之積聚與散佈，工業之發展，生活程度之提高，貢獻最大者厥爲鐵路。在美國無一項工業對於人民日常生活影響之重大如鐵路者。

吾人欲了解上述理論之眞實性，試一瞑想，凡建造房屋一切材料，房屋中一切傢俱裝飾，飲食之食物，穿著之衣服，及其他多種每日所用所見之物，幾無一不賴鐵路運輸之力始而能聚集者。上述大部物料，皆利用鐵路運來。途程近則已數百哩，或有遠至數千哩者。吾人如再進一步觀察，則製成前述物品之原料，又幾無一不賴鐵路之運輸，自産地運至工廠。由上觀之，則鐵路之運輸，對於吾人日常享受之舒適與便利，實無一日一無渕，不有密切關係也。

復次：吾人試再從國家之發展立論，鐵路之重要亦至爲明顯。在鐵路尚未發達之時期，國家之商業活動，最主要者爲依賴可航行之河流及少數之運河。此外少數原始大道則作爲河道之輔助。彼時旅行爲一困難之事，運輸遲緩，而陸地運輸之價値又極高昂。由于有效率運輸之缺乏，乃致影響社會之進步。商業僅能限于一小區域，國家富源之開發，備受限制。

但自鐵路敷設以後，遼闊社會則立變易爲一種新生活，新面目。在多數區域內，鐵路即爲一開始之先鋒。一通路之開闢者，手持文化之火炬，使此廣大之區域對於農民，木商，開礦者，工業家，不再爲一不可利用之棄地矣！

當軌道鋪設到達之地區，小城市立即興起，工業即漸萌芽，商業日趨繁榮，交通日臻便利，而農産物之收獲更日見增價。以往不値一文之土地價格，亦因而大增。處女之森林，及地下之富藏，漸可爲吾人所利用。距離乃不再爲商業之阻礙。是鐵路爲生産者建設新基礎，發展新銷路，爲消費者開發無數新貨品供給之源泉也。

（二）一八三〇年時之美國

當一八三〇年，第一條公共運輸鐵路建築之時，美國全境人民尚不足一千三百萬人，而其居住之範圍，幾全部在密西西比河以東。至密西西比河以西，以迄太平洋岸，其居民之人數尚不及現時「瑞共崇」一城之多。彼時全國在二萬五千人以上之城市，爲數僅五：即紐約，菲立得力菲亞，巴爾的摩爾，波士頓，牛奧林斯是也。且此五城均位於沿海，或近於海灣者。

現時則有二萬五千人以上居民之城市，幾逮四百，且遍佈全境。如支加哥，現爲世界最大之鐵路中心，擁有人口四百萬，彼時則僅有茅屋數十間，一邊境不重要之小鎭而已。現時美國重要人口，工業中心城市，如洛桑城，舊金山，波特蘭，西雅圖，鹽湖城，丹佛，濕斯俄，大拉斯，坎薩斯城，鄂爾薩，歐克拉哈馬城，德斯摩銀斯，西歐克斯城，密爾濕基，明立阿坡立斯，印地阿坡立斯，伯明漢，阿特雖他諸城，在鐵路初創之時期，均不存在。至同時期國內工業及農産之成長，亦同樣顯著。

美國之能發展至現時之階段，如謂其功績僅賴鐵路而已，實屬言過其實。其他因素尚多，但任何之治美國歷史之學生，幾無不承認美國建國之過程中，鐵路實曾盡其有較大部分之功績也。彼等更無不同意，任何其他運輸機構，對國家進步之貢獻，均不及鐵路遠甚。

鐵路對於國家經濟進步，較其他運輸機構之所以能有較大貢獻者，即由於鐵路之性能，「無物勿運」「無遠勿屆」。笨重之貨物，包裹，易損壞之貨物，客人及郵件均可運輸。且鐵路運輸迅速價廉，較爲可靠。一日二十四小時，無時停頓。大風雨及其他惡氣候，均不能阻礙其工作。故在任何運輸需要條件下，鐵路均能適應。

此外鐵路本身，即爲一龐大工業機構。任何爲鐵路通達地域，鐵路即爲一當地之投資者，重要納稅人。鐵路建築並維持無數車站站屋，機廠，車場，材料倉庫。對鉄路對於當地工人，爲一長時期之僱主。

最後，鐵路對於社會，城市及工業，供給一較有永久性之運輸工具。當鐵路進入一社會中，鐵路與社會即熔成一體。在任何情况下，任何時間，均共同存在。且此種富於可靠性及永久性之鐵路，並能促進社會之進步與繁榮。

（三）鐵路建設之開端

美國第一機車在公共鐵路行駛者爲「湯姆大指」號。此機車爲，試驗性機車，係古柏彼得氏在一八二九年所發明。彼得爲紐約一鐵匠，機車完成後，曾於該年九月在歐海歐鐵路作試驗性之行駛。其最令人紀念不忘者乃爲一具有歷史性之比賽。「湯姆大指」號於一八三〇年八月中與用馬拖行之列車比賽，結果馬車反行獲勝。當機車正在初步試驗時，歐海歐鉄路已辦理客貨運輸，其原動力爲馬而非蒸汽。

當上述各項事件發生於巴提摩城之同時期，在南部南卡羅頓拿州之卡斯勁城，另一鐵路正在萌芽。乾一八三〇年之十二月，已有正式蒸汽機車拖拉之客車，在該路行駛。此第一族客列車所用機車名「卡爾來斯頓之友」號，係在紐約「西點」鑄工廠所製造，完成後再由海運至卡城者。此機車曾使用數月，某一日司爐不愼，欲免蒸汽嘶嘶煩擾之聲，試將安全汽門設法堵塞，不幸汽鍋爆炸，此可愛之友遂不能再能爲吾人工作矣！

前述在一八三〇年通車之巴提摩及歐海歐南卡羅林那兩小鐵路，其里程雖僅數英哩，但實爲美國最初鐵路建設之開端。此兩鐵路雖爲多數繁雜問題所困擾，惟鐵路較其他運輸工具之優越性，已表現無遺。於是社會有識之士已充分明瞭現時已有一種運輸方法，具有極大發展之可能性，其運輸成本較低，可適應多種企業與商業之需要，且相當迅速，並可終年爲吾人服務者也。

鐵路建設之萌芽，雖面臨若干財政及技術之問題，但其發展仍有一日千里之勢。迄一八三五年之時，美國全境已有超過一千英哩之鐵路通車。在十一州同時成立之鐵路公司已數逾二百。當然，此多數公司中僅有少數能眞正建築鐵路，更少數能將鐵路維持相當之時期。但此一八三〇年最初開始建築之鐵路，或即爲今日各重要鐵路之一部，或即形成今日各重要鐵路之核心，此又係不可抹滅之事實也。

當一八五〇年之時期，美國全境鐵路已有九〇〇〇哩，大半均位於沿海各州，且路線均甚短。惟多數鐵路，已設法接聯他路，俾可聯運。譬如由而恩州之水村城，至紐約州之巴法樓城，已可直接通達。惟其中經過十二條鐵路，中途換車多次，且需時四日之久，較之今日乘坐火車由大西洋至太平洋橫斷大陸所需時間尚多耳！

（四）政府對鐵路公司之土地給與制

美國聯邦政府多年前，爲鼓勵公路及運河之建設，即採用一種政策，凡沿公路及運河兩傍偶數編號之土地之半由公家徵用。再給與建築公路或運河之公司或地方政府，俾可減少建築用費。

一八五〇年，美國議會首先通過一協助建築鐵路給與土地之法案。此法案係參議員 Stephon A. D uglas, Henry Clay, William King, 及其他負有聲望之政治家所共同提出。此法案之主旨，即在促成中央伊里諾及歐海歐兩鐵路之建築，使大湖區域與墨西哥灣間，完成一直接之通道，法案內容爲鐵路兩傍之國有土地其雙數編號之半給與鐵路公司，往昔政府曾以每英畝美金1.25元之地價出售，但以交通不便，多年以來迄無購主。

當此法案通過之後，政府立將保留之國有土地，售價增至每英畝美金2.50元，即較前增加一倍，但當鐵路決定修築時，此帶土地，立爲移民所爭購無餘。照上所論，政府增加地價後實際上並無損失，反獲利益。蓋所剩餘單數編號之土地，在鐵路左右給與土地之範圍內者，無論政府擬售如何高價，在鐵路尚未開始計劃建築以前已被售空。

自一八五〇年至一八七一年，聯邦政府繼續實行給與鐵路公司土地之政策，藉以鼓勵人民在居民甚稀或未開發之公有土地建築上之建築新鐵路。此項政策極著成效，對聯邦政府及各州政策，均裨益甚多。境內數條最具軍略價值之重要鐵路線，均賴此給與土地政策之鼓勵始得完成，對於美國西部之開發，此數鐵路貢獻最大。

美國公有土地，凡數萬萬英畝，往日因交通不便，無人過問，難於售出，因鐵路建築之刺激，此項土地，均可覓得購主。故鐵路之建設，無異爲公衆增加數千億萬之財富，無論公有或私有土地之價格因而提高。不可徵稅之區域，一變而爲可徵稅之財產，同時農業工業亦因之而大形發達。復次，新鐵路之展長至太平洋沿岸，適在歷史上最危險之時期中，將東西部聯成一氣，對於美國內部之聯合穩固，其功效尤不可忽視。

在現時美國全部之鐵路里程中，約有百分之八，曾受聯邦政府給與土地之輔助。此種土地給與辦法，常人每以爲係政府之一種賜與，考其實，政府實尚受此種鐵路之優待，如政府利用此段鐵路運輸軍隊及軍用品，其運費僅需支付半價。此種規定原載在給與土地法案，其他補充法律及法院判例中。多年以還，迄一九四〇止，凡曾受「土地給與」之鐵路公司，代運政府郵件，向按八折收取運費。此外爲免前述鐵路負擔偏重，凡屬競爭路線，雖未曾承受「土地給與」之輔助，亦應按照前述運價代運政府之軍用品，即所謂鐵路平等協定是也。

所有各鐵路公司，其受政府給與之土地，總數約爲一三〇，〇〇〇，〇〇〇英畝。當承受之時，每英畝地價，稍低於美金一元，即全部地價約値美金一二五，〇〇〇，〇〇〇元。但聯邦政府，所獲得優待運費之利益，實遠超過此數。照政府官方估計，此類鐵路，迄一九四四年止，對政府優待運費之損失，約爲一，〇〇〇，〇〇〇，〇〇〇元。在第二次大戰中，每日政府因優待少付運費每日約二千萬美金，可謂鉅矣！

（五）通達太平洋岸之鐵路

開美國開始建築鐵路以迄一八五〇年，在密西西氏河以西直達太平洋岸之廣大區域內，尚無一哩鐵路。惟自加州發現金礦以後，因橫越大陸貿易之易得重利及政府給與土地鼓勵，始促進鐵路之向西發展。當時社會，因已需要一種替代郵車與四輪大車，較速而較爲可靠之運輸工具，而鐵路實膺其選。故修築鐵路事，幾爲人人之口頭禪，於是在一八五〇年，已有數鐵路公司，開始西越密西西比河，延展其路綫。當一八六〇年時，歷史上著名之「鐵馬」號列車，最遠已通達密蘇里河畔之聖久西佛城矣！

當一八五〇年至一八六〇年之十年中，美國全境鐵路里程已由 9,021哩增加至30,626哩。斯時國家之擴張亦因鐵路發展之關係而躍進。除多數鐵路正在施工外，尚有若干新鐵路計劃正在醞釀之中。此多數計劃鐵路內，最可注意者，爲通至太平洋岸之路綫，此線須通過無人居住之大草原，崎嶇難行之落磯山脈。且其長度，較之世界現已通車最長者之鐵路綫，超出約達兩倍有半。

一八六三年，林肯總統決定此路線之東端起點為內布拉斯卡區之歐瑪哈城，即計劃中聯合太平洋鐵路是也。同時在加州，另一中央太平洋鐵路公司（現為南太平洋鐵路）計劃修築一鐵路，起自舊金山，向東延展，以與聯合太平洋鐵路銜接，於是不久在加州及內布拉斯卡兩區內，塵土飛揚，鐵路正式開工矣。

為使此巨大計劃順利進行，需用數千萬工人，無數之馬車及火車，大量之建築機具及給養。每隔一月，此兩鐵路中間之距離，即縮短若干哩。經六年之努力，終於一八六九年五月十日，此兩路在猶他州大鹽湖北之坡汝芒城宣告接軌。東來列車，及西來列車，各乘載眾多知名之士，漸行漸近，于相隔數英呎始行停止。於是在無數知名之士及數百工人注視之下，一金製道釘最後打入枕木。此舉乃紀念第一條穿越美國大陸鐵路之完成也。

同時自猶他至全國各地，拍發電報，報告最後一根鋼軌業已舖設；最後一道釘業已釘妥；此太平洋鐵路業已全線完成通車云。此一電在當時為一最富有刺激性之電報，其所富有刺激性者，實以此為當時最大之一鐵路計劃，且因此路貫通美國西部，從此不再為一孤立之局面矣。往日由東部前赴太平洋者，必須繞過南美好望角。海洋漂泊，動輒數月。或乘船至巴拿馬，穿過熱帶叢莽，再換船至加州。或遵山陸路，搭乘郵車或四輪大車經過大山，草原及沙漠，旅程更為艱苦。但自鐵路通車後，上述各項旅行方法，均已成過去，不再為人所採用。故太平洋鐵路之貫通，將東部與西部連成一片。大西洋岸之城市距離太平洋岸之城市已縮短為數日程，且廣大肥沃之區域，從此門戶洞開，佇候吾人移居與開發矣。

當大西洋與太平洋終於由鐵路連接之時，西部之開發，亦正一日千里。其他穿越大陸之鐵路線，經過廣闊之縣區，多線正在興築中。尚有更多線，亦在計劃籌備中。一八八一年，聖太飛鐵路，自坎薩城向西延展，與南太平洋鐵路在新墨西哥州之德民城宣告接軌。自此以後，全美已有第二條鐵路通達太平洋岸，且尚為第一條鐵路通達南加州者也。

兩年後，一八八三年，南太平洋鐵路已將其延長線向東銜接新歐理恩斯同年中。北太平洋鐵路，自聖保羅城至太平洋西北海岸之線亦告完成。再兩年後，一八八五年，Oregon Short Line and Oregon Railway and NavigationCompany兩鐵路通車，於是聯合太平洋鐵路，即與太平洋西北海岸之鐵路正式銜接。再後，迄一八八八年，聖太飛鐵路將其橫斷大陸自支加哥至加州路線全部完成。一八九三年北太平洋鐵路，復將其聯接大湖區域至渭界特灣之幹綫修通。此外在一九〇九，另一鐵路 Chicago,wilwoukee St.Paul 通車，於是通達太平洋岸之鐵路，又增一線矣。

在美國歷史上，自一八八〇至一八九〇年中，為鐵路建築最迅速之一時期，十年內，全國鐵路總里程，平均每年增加七四〇〇哩，即十年增加七四，〇〇〇哩。此種迅速發展，並不限於密西西比以西之區域。即如南部之佛羅里州，其鐵路總里程在此十年中亦增加三倍之鉅。又加密西西比州，里程增加兩倍。北卡羅來納州，兩倍有餘。其他若「阿拉巴馬」州，喬治亞州，肯塔開州，密斯下州，衛士康心州，其境內，鐵路里程亦均增加約兩倍。

上述之鐵路擴展運動，自一八九〇以後，迄一九一六年內，仍方興未艾。惟其擴展之速度，至一九一六年時，已漸低緩。彼時美國全境，每一州一縣，每一重要城市，均有鐵路直接通達，且每日均有正式班車可通至全國其他各地矣。

（六）鐵路本身業務之擴展

一九一六年，美國未參加第一次世界大戰前，鐵路總里程達到一最高點——254,000 哩。自此以後，總里程反減少至230,000 哩。此種現象實非鐵路本身之退步，而反為一種進步，其理由如次：

一九一六年以前，鐵路之發展，可謂為開創時期，為一種急需之擴張，自開發區域內，推進至處女地。在此時期中，鐵路里程之增加，至為迅速。惟當此未開發區域內，已滿佈鐵路網時，此種區域性之擴張，已不急需，反之，因此區內農業工業之進步，已成鐵路本身業務之改進，則急不可緩。故最近廿五年中，各鐵路最主要之工作，即為如何增加本身運輸力量，改進其工作効率兩端而已。

鐵路為增加其本身運輸力量，除加舖雙軌，延長車站串線，岔道，工業用岔道，擴充車房機廠，採用馬力較大之機車，採用容量較大之客貨車及其他方法外，對於增加旅客之舒適便利，行車之速度安全與効率，亦利用無數辦法向前邁進。自第一次世界大戰後，全美國鐵路投資於改良與增加其設備者，共達11,000,000,000美元之巨額。換言之，即在最近廿五年中。包括最景氣之時期，美國鐵路曾平均每日投資1,000,000 美元，以改善其設備也。

（七）美國鐵路之合併運動

美國鐵路之發展，幾無一日不在進化過程中。其趨勢為各鐵路業務及設備之統一，合作與合併，此種趨勢之形成並非純由經濟之需要，實在以社會上久已迫切需要全國各鐵路客貨之聯運。此外，因整個國家之急速發展，其運輸之需求，無日不在變易之中，勢非適應環境，無以應付也。

現時美國各大鐵路，均為多次鐵路合併後之產物，譬如紐約中央鐵路系統，自阿爾巴尼至水牛城一段綫路，原為十一個鐵路公司所分有，1851年始併為一組織。1853 年，哈得遜鐵路所轄自阿爾巴尼亞至紐約一段亦加入，始形成今日龐大之紐約中央鐵路系統。故紐約中央鐵路實為同樣，如Pennsylvania, The Southern, The近數百各自獨立營業，不相統屬鐵路合併而成。

Rock Island, The Burlington ,The Illinois-Central 等鐵路及其他大鐵路，其構成亦莫不如是。

合併運動之結果，即爲鐵路公司數目之日漸減少。在1911年，根據美國聯邦商務會議之報告，全美共有鐵路1312家，迄1920年時，此數目已減少爲1085，最近至1944年初，全國僅有鐵路73家，較之1811年，幾已減達半數矣。根據統計，1920年至1929年間，在合併運動中，鐵路里程合併於大鐵路系統中者，約達40,000哩之多。

（八）美國鐵路協會

除前所述，吾人研究美國鐵路之發展，尚有一事應注意者，即美國鐵路協會，及其以前各鐵路團體，對於美國鐵路營運管理之統一化，標準化及合作化，所盡之努力也。當美國南北戰爭之後未久，美國各鐵路公司，即開始將其某種業務問題需要協商解決者，經過各種大會或小組會議之商談，逐漸將其解決。此種問題，如各鐵路獨自工作，必將毫無結果。此鐵路協會在當時尚爲一新組織，其前尚有其他若干鐵路團體：一爲美國車輛建築協會，成立於1867年，其宗旨在從試驗中，以促成車輛之標準化。一爲美國鐵路標準時間會議，吾人今日標準時間制度所濫觴者也。一爲在1873年組織全美鐵路會議，所以謀鐵路管理制度之標準化者也。以上各團體及其他鐵路從業人員所組織之團體，謀所以改進鐵路業務者，現皆屬於美國鐵路協會之一部。在1934年，全美鐵路會議美國鐵路主管人聯合會，美國鐵路會計人員協會，美國鐵路財務人員協會，美國鐵路經濟研究局，及其他團體始舉行合併，組織今日之美國鐵路協會。

（九）標準時間之採用

美國鐵路協會及其以前之各鐵路團體，在以往七十五年內，其對鐵路之諸種改革，正表明爲美國鐵路之進步。其中最先一種改革，如上所述，爲標準時間之採用。此一舉對於全美一億三千六百萬人民之生活與習慣，實發生調節作用。因不僅將鐵路自混亂中整出規律而已。當1883年十一月之前，美國每一鐵路開行其列車。各採用其路線所經一城或數城之時間爲標準。最普通者爲採用其總局所在地之城市時間，故一時全國各鐵路所使用之時間，不下六十種之多。從各鐵路之共同努力，乃於1883年十一月，將此六十種不同之時間，整編爲兩個標準時間。此標準時間係以英倫洛林維治天文臺時間爲基點，每一標準時間，其差異爲一整個小時。

最可注意者，此爲鐵路議定之標準時間制度，不久即爲聯邦政府，及全國各州政府，各市鎮政府所採用，初未經任何立法手續也。直至1918年三月十九日，在第一次世界大戰時間，參議院始通過一標準時間法案，正式成爲法律。

關於軌距及車輛設備之標準化，亦爲鐵路協會最大成績之一。在1871年，美國全境鐵路之軌距，不下二十三種之多，每種軌距之鐵路多寡不等，最寬之軌距爲六英呎，最窄者爲三英呎，（後期尚有少數鐵路採用六英呎者）。此項將軌距標準化之工作，至爲繁重。蓋多數機車車輛及軌道，必須經過改造，始能符合標準也。迄1886年止，此繁重之改造工作，業告完成。

（十）進一步之標準化運動

從美國協會之鼓吹與指示，及各鐵路共同研究與努力，全國鐵路採用同一行車規章，區域號誌及聯鎖號誌設備規章，以及聯運互換貨車租用貨車延車費用等項辦法。

此外經聯合之研究與試驗，對於車輛風制，自動車鉤，自動號誌之進步，頗具成績。關於工程標準，如鋼軌，枕木及其他鐵路軌道建築之擬訂，亦有成效。

現時美國商業照吾人所最稱道之一事，即送貨者可將任何一貨車之商品，送至美國，加拿大及墨西哥三國中任何火車站交貨。此種顯著現象，爲美洲大陸商業最本根條件之一，推其原因，如非美國鐵路協會及其以前各鐵路團體經多年共同奮鬥，曷能臻此。

美國鐵路協會爲作較深技術之研究工作，計分設部門數逾三十。此外尚有各鐵路從業人員組織各種技術委員會，其爲數已逾二百。

（十一）鋼軌之進步

美國鐵路，並非在靜止狀態中，現仍無刻不在進化。其發展並無止境，對於環境隨地無不竭力適應，鐵路科學，日日進步，故鐵路業務發展亦蒸蒸日上也。

吾人應記憶，在美國第一條鐵路，其所用軌道，係用木料製造。上釘薄鐵皮一片，以備車輪之轉駛。鐵軌之採用，尚係借鏡英倫，以逐漸將木軌淘汰淨盡。彼時鐵軌之重量，約爲每碼（50）至（56）磅之間。

最早鑄製鋼軌，在1865年，迄1870年時，鋼軌已逐漸通用。因機車車輛之加重，及製造鋼軌方法之進步，鐵路所用之鋼軌之重要亦日見加大

現時鋼軌較十年前之質料已優異甚多，其重量自每碼（ 85 ）磅起始。全國鐵路鋼軌平均重量約爲每碼（ 98 ）磅。如僅將正綫估計在內，上述軌重數字，尚須加高。數千哩之軌道，已採用超重鋼軌。每碼重至（ 140 ）磅至（ 152）磅。

鋼軌之長度，其趨勢亦見增加。正在試驗中之軌道，其最長鋼軌可達（7700）呎之長。此種採用長軌之趨勢，在未來期間，至可注意。

（十二）機車之進化

蒸汽機車之進化，對於表明鐵路機構之進步，較其他部門尤屬顯明。最早在美國使用之機車如著名之大橋獅號，湯姆大指號，卡果斯頓城之友號，老鐵邊等，其重量每具不過三噸至五噸，其所用燃料多爲木柴，且均無頭燈，無警鈴，無牛擋，無後部司機之雨棚，其速度較其所將代替

之馬匹，並未甚優。當「約翰牛」號機車自英倫運來，其所給社會之印象，即為其龐大之體積，該機車僅重十噸，但彼時固無較此更重大者矣。

現時鐵路使用之機車，較之「約翰牛」號重幾達三四十倍，其效率之佳，更不能相比。

（十三）客車之改進

最早之客車，較之現代最舊之街車，為笨為粗。極少數之車輛備有彈簧。故每遇未鋪石渣，軌道不平之處，立將振動傳導及於旅客。且座位奇硬，靠背低，甚不舒服。

彼時客車間連接處，無鐵板之裝置，當列車行動時旅客自一車步行至另一車，頗為危險。舊式之鏈鈎，時常鬆弛，亦為旅客不舒服之原因。且鏈鈎時易折斷，列車因而脫鈎，釀生重大事變。此外車內通風不良，且乏紗窗。

在1836年，即現時之潘塞凡尼鐵路，其第一輛臥車，內分四間，每間分設三舖，車之後部，備有大便器，洗手盆及水桶各一具，車上並無臥具，旅客惟有拖其疲倦之身，臥於硬草墊之上，自覆大衣或肩衣。夜間可燃洋燭，內有火爐，可燃木柴或煤以禦寒氣而已。此種臥車，與現時比較不啻天淵。現代全鋼客車，實無殊一活動旅館，有電燈，有空氣調節設備且裝設彈簧座椅及舒適之臥舖，內且有單雙房間，布置華麗。此外尚附掛餐車，其一切服務，可與最高貴之餐館相比擬也。

（十四）流線型列車

美國鐵路之採用流線型列車者，為劃時代之一進步。最先使用流線型列車者，係聯合太平洋鐵路及柏林頓鐵路，其時為一九三四年。流線型列車大別可分為兩種，一為使用提士引擎電動機車，一為使用蒸汽機車者。但無論屬於任何一種，所有列車，均用特種合金所製造。此種合金較鋼為輕，而力量較強。其設計及建築之要點為同一馬力機車拖曳之列車行駛時，空氣阻力必須儘可能減至最小量。

列車內部，均採用空氣調節裝置，所有灰塵，煤烟，爐灰，冷風或熱風均不使進入車內。車內之空氣，經過調節後。其溫度恰使旅客感覺舒適。因灰塵煤烟不再能進入車身，故車內裝璜及傢俱，均採用悅目而引人注意之顏色，以增美觀。流線型之列車，確有甚多之新改進也。

柴油機發動之流線型列車，將紐約至舊金山間之行駛時間，由（76）小時縮短至（55 3/4）小時。又如紐約至佛羅里達州之傑克生城，行駛時間由（22 2/3）小時縮至至（18）小時。現時若干流線型列車之速度，在中途可能高達每小時九十至一百英里。

當美國參加第二次世界大戰之時，全境流線型列車正常行駛於各鐵路上者，已達（172）列車之多。

（十五）貨運業務之進步

貨運設備及貨車運轉，亦有顯明之進步。最早每一貨車之容量，不過數噸，近代之貨車，其容量已增至40噸至200噸。多年以前，自動風韌已將手韌淘汰，舊式之鏈子鈎已被新式自動鈎所代替，而風韌及自動車鈎之構造及運用，亦無日不在改進中也。舊日之木製貨車已為全鋼貨車，或鋼製底架及鋼架之貨車所代替。現時之新趨勢，正擬以新式合金——較鋼鐵為輕——製造鐵路貨車。

昔者貨車僅有兩種，一為平車，一為棚車，則現代貨車種類繁多，如油櫃車，冷藏車，高邊車，棚車，活動斗車，專載「汽車」用之平車，機件車，礦石車，牲畜車，雞鴨車，及其他特種貨車，不可勝數。現時之貨車，無論運輸貨物，幾均可適應矣。

（十六）兩次世界大戰中之鐵路

美國鐵路在第二次世界大戰中所完成之任務，如與第一次大戰相比，頗堪玩味。當第一次大戰時，政府接管各鐵路歸國有，結果每日虧折約二百萬美金。而在第二次大戰中，則各鐵路仍由其原公司負責管理，結果政府不費一錢，而各鐵路納於聯邦之各項稅款，每日計約三百萬美元至四百萬元之鉅，對於作戰，貢獻甚大。

第一次大戰，政府及鐵路公司雙方面，均曾作不少之錯誤，為政府貨運之優先權弊也。故成千萬之政府貨品優先蜂擁運大西洋岸之各港口，但此龐大數字之貨品，因候輪船之裝載，或以碼頭倉庫之擁擠，或以其種種建築計劃尚未開始無法接收之種種原因，短時期內此項貨品無法卸空。其虛糜車輛，至屬可惜。有一時期，滿載之貨車約二十萬輛——其長度約等於一千五百英里長之一列車，——將自港口起之軌道，無論車線，今道全部阻塞。故車輛之壅塞與車輛之缺乏，乃為不可避免之現象。惟此並非謂鐵路設備之不健全，不能應付需要也，實以所有軌道及車輛已作為儲存貨物之用而非運輸貨物之工具矣！政府及各鐵路公司，有鑒於此，為免重蹈覆轍，且使運輸效率增加起見，故於第二次世界大戰之前夕，已成立若干運輸機構，研究各項屬於全國性之軍運，民運及其他運輸之問題。

因有此項準備，故其成果，亦至可驚。第二次世界大戰時期，全國各鐵路較第一次世界大戰時，計機車減少約二萬五千輛，貨車減少約六十萬輛，工作人員減少約五十萬人，而其貨運成績反較前幾超過兩倍，客運成績較前超過兩倍有餘。且一切壅塞遲誤，如第一次世界大戰中之怪現象，皆一掃而空。

推考美國鐵路在第二次世界大戰之所以能担負較前鉅大之業務者，其原因蓋有數端：「一為鐵路本身各種技術方面之改進，一為與聯邦政府各機構間經過詳密計劃之充分合作，再即為輪船公司方面之誠意協助，卸貨與放回車輛之迅速。最後，鐵路本身負責運轉列車，管理車站，養護軌道，修養機車，車輛及其他設備之男女員工，精神團結，協合無間，亦為成功之大原因也。

現代貨運蒸汽機車

C.E·POND 著　　　　潘世甯譯

（附註：C.E.Pond爲諾福克及西部鐵路公司機務總副處長）

諾福克及西部鐵路爲一重要幹線鐵路，主要業務爲煤之運輸，在1940年內所運商煤達45,000,000噸。其中33%係向東運至海岸，67%則向西運至沃海沃州之哥侖布斯及新新納提城。

或以爲本路運輸情況甚合理想，蓋以爲煤之產區適在諾福克及哥侖布斯中間之山區，而以爲本路路線適向兩端下坡。惟其實路線情況並不如是理想。向東之部份必須爬過山嶺三道，須將列車提高總計達2574呎，其中有四處坡道必須使用輔助機車。幹線上之彎道有達12度者，其坡度則有達2 %者，故對於機車馬力之要求大而對速度之要求小，而此點對於機車之設計影響甚大。

爲比較新式貨運機車之發展起見，茲試將1925及1940年之情況加以比較。蓋在此二年度內，鐵路之收入，—10,5200,050 幾乎相同，故其比較可表示機車之改進及運用之情形，第一表爲最近15年來，關於運用效率改進之主要數字。在1925年內，運量爲270 億延噸哩，使用機車爲 653輛，在1940年內，運量爲 300億延噸哩，而使用機車則僅 347輛。在1825年時，每列車小時之總延噸哩——對於運用效率之最佳尺度——爲32 212 而在1940年則增至57 984 增加達百分之80。

在此時期之內，每1000延噸哩所消耗之煤節省頗多，自1925年之147 減至1940年之89——改進達百分之39。

對於機車之可靠性亦增進頗多，在1925年時，貨運機車損壞達388 次，至1490年，則減至74次，改善達百分之81，同時每次損壞間之里程亦增加3 倍以上，在1925年爲34,892哩，而1940年則增114,970哩。

在此項機車效率及可靠性增進之同時，維持費用亦漸減少，所有蒸汽機車每百萬牽引力磅哩之費用自1925年之7.35元減至1940年之4.99元減少達百分之32，而對於Y－6式機車，根據56個月之維持費用報告，每百萬牽引力一磅一哩之維持費用僅1 77元，本文後節當詳論之。

現代貨運機車使各項改進之實現

上述各項改進均係因使用現代貨運機車所得之結果。此項機車牽引力大，行駛速度高，可靠性及可用時間均高，而且同時所消耗之煤少，所需之維持費用亦少。此種需要似不易達到，然自統計數字視之，可證明其確係事實。

諾福克及西部鐵路公司在其洛諾克廠中自製2-8-8-2式複漲活節機車35輛，稱之爲Y－6式。

此項機車牽引力，複漲時爲126 838 磅，單漲時爲152 206磅，工作時總重連煤、水車，.8,

第一表　諾福克及西部鐵路1925年及1940年機車數字比較表

說明	單位	年份 1925	年份 1940	增減百分數（十）增（一）減
總收入，	美金	105,218,991元	105,228,631元	—0.003
淨收入，	美金	21,565,2?2元	31,383,976元	十18
總延噸哩（1000）（機車煤水車均除外）		27,037,?67	30,178,460	十12
駛用貨運機車（調車機車除外）	輛	653	347	—47
貨運機車平均牽引力，（調車機車除外）	磅	6?,633	88,947	十47
每貨運列車一哩之總延噸哩，（機車及煤水車除外）		2,613	3,803	十46
平均速度，貨運列車，每列車小時之列車哩		12.3	15.4	十15
每列車小時之總延噸哩，（貨運，機車及煤水車除外）		32,212	57,984	十80
每1000延噸哩所消耗煤斤（連機車及煤水車）	磅	147	89	—39
貨運機車損壞次數	次	388	74	十81

每次損壞哩程，（貨運）	哩	34,892	114,370		+230
每百萬馬力一磅哩之機車維持費用，	美金元	735	4.99		—82

噸。前鈎舌前面至後鈎舌面間之機車總長度爲114呎$10\frac{1}{2}$吋，每節之固定軸距爲15呎9吋，可行駛之最大彎度爲20度。

機車每一活節之底架爲汽缸及汽缸後蓋鑄成一體之鑄鋼件，後面高壓節之車架長38呎$4\frac{3}{8}$吋，重49000磅。前節車架長32呎10吋$\frac{3}{8}$，重75000磅。前節車架後端伸出部份與高壓汽缸座之凹處以7吋直徑之銷子相接，前節之重量係由第二三兩對動輪間之鍋爐滑動托鈑所傳達。

機車導輪，動輪，及從輪均裝有滾柱軸承，導輪，從輪所裝者爲通用式，動輪所裝者爲特別設計之浮軸式。其外套裝於輪心上，而其內套則裝於普通車軸外之一軸套上。動輪軸箱則卡於此軸套上而上下移動於車軸箱框內，自彈簧機件傳來之重量，由軸箱，及軸套直接傳至動輪。

此項機車之鍋爐係輻射螺撑式，其汽壓爲每方吋300磅，其最大內徑，爲$102\frac{1}{4}$吋，其火箱長14呎$2\frac{1}{8}$吋，寬8呎$10\frac{1}{4}$，爐箆面積爲106.2方呎，其總熱面爲7431方呎，其中蒸發熱面爲5，56方呎，而過熱面積爲1775方呎。裝有低水警報器以防鍋爐爆炸。

動輪直徑爲57吋，每節中之第三對動輪爲主動輪。搖桿，連桿，動輪軸及導輪從輪軸，軸拐銷，橫臂桿，導鈑，及聯合桿均用中炭鋼製造，加以兩次退火處理以得其佳特性。高壓汽閥直徑爲14吋，低壓者直徑爲18吋。

每機車上有四械油潤器，兩個用汽缸油，其他兩個用機油，用汽缸油之處爲受蒸汽高溫度之處，例如汽閥，轄箍，風泵，及加煤機等處，用機油之處爲軸箱楔，導鈑，鍋爐托鈑，中心銷，及聯鎖，閘件等處，此四油潤器所供油之處共210處。

煤水車裝煤26噸，水，22,000加侖，其底架爲一整塊鑄件，即作爲水櫃之底，其兩轉向架爲6輪式，採用33吋徑熱處理鋼輪，$6\frac{1}{2}$×12吋軸頸。

其特殊裝置包括加煤機，動力回動手把，給水溫暖器，自動司機棚內號誌，速度表，煙箱多閥式總汽門，起動閥，"A"式過熱器，及滾柱軸承閥動機件等。

若鐵路運輸繁忙，需要機車甚多之時，則機車可靠性之最佳測驗爲其在車房之轉頭時間。Y—6式機車自容諾克車房出發時係採用大輪班制。實際上，機車出房後係分向五線行駛，惟有一線有一哩與另一線相同，故作爲四方面。下表爲1940年12月自容諾克車房出發之Y—6式機車數目及平均在房時間：

出發之Y—6式機車	東	西	北	南	總數
輛數…………	221	308	109	103	741
平均在房時間…	3.48	3.39	4.26	3.23	3.47

自容諾克向北之路線係裝有自動電氣號誌者。Y—6之機車裝有此項設備者共計18輛，即在此區間內行駛，對於北方之蘇南多（Shenrandoah）段則並未指定特殊之機車，均係大輪班辦法。故唯一之條件爲向北行駛之機車必須裝有自動電氣號誌設備者，以Y—6式機車共僅35輛言之，每月出發者達741輛，而平均在車房時間僅3小時47分，其效率可謂甚高，尤以容諾克車房指定維持此式機車之處。故其在其他車房之停留時間尤爲短促，向北行駛之機車出房後須行駛320哩，直至回達本段爲止，其中並無其他地點可予以修理檢查。上述情況爲容諾克車房對Y—6式機車之日常工作情況，並非其最佳之情形。

Y—6式機車不但對重載緩行之貨列車爲適用，對於高速度之貨運列車亦甚合用，其速度可達每小時15至50哩。

A式機車之情況

諾福克及西部鐵路之A式機車爲2—6—6—4式單漲活節機車。此項機車共10輛，自1936年起加入行駛，機車連煤水車工作時重量爲474.3噸，計算而得之牽引力爲104,500磅。總長120呎$7\frac{1}{2}$吋，其煤水車可容水22,000加侖，容煤26噸，動輪直徑爲70吋，每節固定軸距爲12呎4吋，在低速度時可通過20度之彎道。與Y—6式機車相同，亦裝有鑄鋼整塊車架，各輪軸亦裝用滾柱軸承，亦採用機械油潤器共計潤滑227處，多閥煙箱總汽門，E式過熱器，給水溫暖器，及滾柱軸承閥動機件。

用牽引測驗車試驗結果其最大長時期馬力在每小時45哩時爲6300馬力，其最大蒸發率爲小時110035磅水，約每小時13,000加侖，其最大長時期燃燒率爲每小時7噸，約合每小時每方呎爐箆面積111磅。其牽引力及馬力之曲線如圖

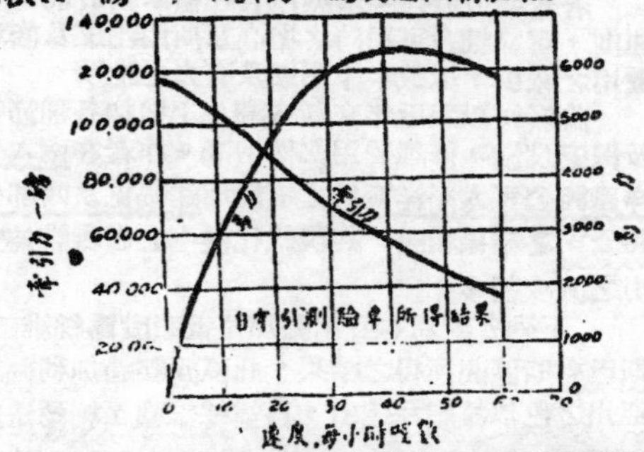

第一圖A式機車馬力及牽引力與速度之關係

牽引測驗結果此機車在平直路線上牽引7500噸之列車行駛速度可達每小64哩。此式機車可用於高速貨列車或重載客列車，即使列車甚重，在高速區間內，其最高速度可達每小時60至65哩，其每月行駛里程平均爲8540哩。

Y—6及A式机車結果均極令人滿意，故已將僅駛用10年之Y— 5式2—8—8—2複漲活節机車加以現代化，例如改用鑄鋼整地車架，加裝滾柱軸承及机械油潤器等。此式机車共計19輛均將加以現代化。

討　　論

博克墨爾特氏（專售滾柱軸承公司副總經理）之意見

對於机車運用及經濟情況，諾福克及西部鐵路之紀錄殊爲特佳

作者對於該路較其他各路之蒸汽機車裝用滾柱軸承者數量最多一點殊無慶幸，且該路之機車幾均係活節機車，故其裝用滾柱軸承之動輪軸項數目較其最近之足以比較之數目幾乎超過50%。

按著者所稱，諾福克G西部鐵路之運輸情况並非特佳，對而向東之線須越過山嶺三處，其中有大至2%之坡道及 12度之彎道。其成功完全在乎其機車設計及構造之有效及其運用效率之高。

在1825至194 年間之15年內，該路運輸量自270億延噸哩增至10 億延噸哩，增加30億延噸哩，而其使用機車輛數減少306輛，現在僅有347輛在使用中。於是，每列車小時之延噸哩自3,2，000增至58，000，而其煤之消耗量則自每1000 延噸哩147磅減至 89磅，且所有各項改進使同時機車維持費用亦見減低；著者認爲其理由在于「設計牽引力大，行駛速度高，可靠性及可用時間均高之機車，且同時煤之消耗量減少，維持費用低」此點可作爲現代鐵路車準則。

對于該路，Y—6式機車有41輛均係裝用滾柱軸承頗可注意。

該路A式2—6—6—4式單漲式機車10輛已開始使用，可發生6300匹力，實屬新式最大機車之一，而其製造費僅達每輛160，000元美金。

羅素氏之意見

（南太平洋鐵路公司機械工程師）

著者將最近15年來蒸汽貨運機車對於能力，速度，可靠性及可用時之增高及所消耗煤及修理費用之減少，以數字作明確及有力之說明。

論者恆以爲近年來新式機車上增加各種節省及保安設備，修理費用必然增高。作者在南太平洋鐵路公司太平洋區局之經驗與諾福克及西部鐵路公司之結果相同，其現代化機車之修理維持費用之減少甚多。

下列各表爲本公司薩加拉孟頭段露絲維爾斯巴克斯區間所得之結果，此區間經過加利福尼亞州之色以拉納瓦達山，自露絲維爾至柯爾法克斯間之35.1 哩內最大坡度爲1.5 % 繼以至諾爾登49.3哩內之2.42%。自露絲維爾至諾爾登間48.4哩內升高達 6722呎。自諾爾登至脫拉基間37.9哩內最大坡度爲1%，繼以至諾爾登15．9 哩之1．91%；其53．8哩內之升高度達2591呎。在此區間內彎道頗多，其最大彎度達10度強，向東之線彎度總數達10，186度，84．4哩內有47．8 哩係彎道，換言之，彎道佔56%。

在諾爾登與斯巴克斯間，彎道並不如山嶺西側之嚴重；然自諾爾登，至絲維爾之下坡道，彎道較向東行上坡道爲多，彎度總數達 13，288度，長度達53 2哩。

在此區間，運輸之方向均係向東上坡。其地勢較高之處，冬季氣候嚴寒，在降雪時必須有掃雪車始可通行，在山嶺雪有時深達20呎。

爲比較在此運輸困難區間機車運用之改良狀況起見，茲將雙軌完成後次年即1927年及1940年之運用狀況列表如次：

第二表　南太平洋鐵路公司1927與 1940 機車運用狀況比較表

說　　明	1927	1940	增減百分數
列車哩程	842061	628367	—25.34
機車哩程	1640191	1154451	-29.62
總延噸哩，千	1723275	1718218	— 0.29
列車總重，總重噸	2044	2730	十33.56
每機車牽引，噸	1060	1488	十40.38
列車速度，每小時哩數	1013	1418	十43.7
每列車小時之總延噸哩	21110	40705	十90.93

在此區間機煤消耗量，數字未經統計惟以全線言之，則在1925時，每1000延噸哩之機煤消耗爲133磅；而在1927時減爲121磅；至1940，已減至67．7磅，故在1925至1927 間，其減少量爲 6．8%，而自1927至1940，則減少達21%。

第三表　貨運機車維持修理費之比較

年　份	平均牽引力，磅	每貨運機車哩之修理費，美金分	每十磅牽引力一哩之修理費，美金分
1920	36340	44.36	1.22
1925	40800	31.14	0.76
1930	45800	31.17	0.68
1940	53660	33.75	0.63

至修理費用之趨勢如上列第三表，由表中數

字可知在20年內，每1000磅牽引力一哩之修理費用減少達50%，然機車馬力已增大甚多，節煤，省力設備，例如過熱器，給水溫暖器輔助機，動力回動手把等，均已裝置，在1940年終時，在駛用中之活節机車達175輛。

在色以拉，納夜達山區行駛之機車爲4—8—8—2式，最大牽引力爲1.4，0磅，汽壓250磅，汽缸尺吋爲24吋直徑及2吋行程；動輪直徑爲$63\frac{1}{2}$吋；動輪上總重量爲531，700磅；機車及煤水車總重爲1,051,000磅，煤水車容水23000加侖，容油160加侖，所裝係E式過熱器及韋森頓SA式給水溫暖器此項機車爲客貨兩用，行駛時其司機棚在前端。

此項机車之衡重速度以每小時`4哩爲計算標準，在直徑速度時，因衡重過多而生之動量增重僅110磅，或爲動輪靜止時載重之2.5%，此點較10年或15年前之机車改進甚多，爲修理費用減少原因之一，因其係客貨兩用，故其運用效率可以增高。

此項机車動輪軸係用軸油潤滑法，故其可用時間較多，牽引力較大，而修理及潤滑油之費用可減低。

依已往20年對於此項蒸汽貨運機車牽引能力，煤斤節省，及修理費用之改進成績而言，作者認爲此項機車可稱爲貨運機車中最經濟之一種。

雪尼韋新頓氏之意見

紐約芬及哈特福特鐵路公司電机工程師

對於著者所述，每1000延噸哩之煤斤消耗自1935年之147磅減至1940年之89磅，作者甚感興趣，惟此項數字是否包括機車本身之重量尙有疑問，若著者能將該路電化區間在相似列車所消耗電力之度數相比較，當更有價值。

此項煤斤之節省係由於加大機車之馬力，即加大其製造價格，及各種附件，即每輛之修理費用亦必增加，則在此期間內每延噸哩所需費用之機力費用之減少數字當更有興趣，此項數字當然包括機車馬力之增加，構造設計改良後行駛里程之增加，及校正廢汽及煤價後，熱力效率之增高，在發電廠方面，雖然熱力效率曾有同樣之改進，然用電者所出之代價並未能比例減少也。

著者結論

在討論本文時，博克屋爾特氏謂諾福克及西部鐵路公司Y-6式機車之裝用滾柱軸承者爲41輛，此項數字有誤，現在該路裝用滾柱軸承之機車如下：

2-6-6-4 A式單漲活節機車	10輛
2-8-8-2 Y-6式複漲活節機車	35輛
2-8-8-2 Y5式複漲活節機車	16輛
共計	61輛

在博克屋爾特氏之意見寫出時，即1941年6月4日Y—5式机車已有15輛裝妥，故其時數字應爲30輛。

韋新頓氏所謂每1000延噸哩之煤斤消耗量自1935年（應爲1925年）之147磅減至1940年之89磅，此項數字包括机車及煤水車之重量如第一表所示。

諾福克及西部鐵路公司幹線之已經電化者爲自布魯非特至愛斐頓間之55.6哩。其每1000延噸哩所耗電力數字尙未統計。

韋新頓氏所謂因近年來机車加大後，修理費用必然增加一節，適與事實相反，第一表之最後一項爲每百萬牽引力磅一哩之修理費用，自1923年之7.35美金元減至1940年之4.99美金元，減少達32%。至每1000延噸哩之數字本文內未經列入。在1925年貨運机車爲31.2美金分，而在1940年則爲16美金分減少達48.7

Y—6—2—8—8—2式複漲活節機車主要尺寸表

（單漲）152,206磅……………牽引力………126,838磅（複漲）

汽缸………………（前2，39吋直徑×32吋行程 / 後2，23……×32………

57″直徑之動輪………………………………8對

軸距（機車及煤水車）………103呎8 $\frac{1}{4}$吋

機車總重（工作時）……………582,900磅

機車總重（工作時，連煤水車）…… 961,500

汽壓………………………………………300磅

煤水車容水……………………22,000加侖

煤水車容煤……………………………26噸

總長（机車及煤水車）……114呎10 $\frac{1}{2}$ 吋

A式2—6—6—4單漲活節機車主要尺寸表

牽引力……………………………104,500磅

汽缸24吋直徑32吋行程…………………4對

動輪……………………………70吋直徑，6,對

軸距（機車及煤水車）……………103呎 $\frac{1}{4}$吋

機車總重（工作時）……………570,000磅

機車總重（工作時連煤水車）… 943,600磅

汽壓……………………………………275磅

煤水車容水……………………22,000加侖

煤水車容煤………………………………26噸

總長（機車及煤水車）……120呎7$\frac{1}{2}$吋

客貨列車之制動距離概說

楊 𤪌

鐵道上行走各種列車之制動距離，關係建立固定號誌地點，及規定行車最短停車距離，研究鐵路保安者，無不認爲重要，月前美籍顧問爲復興本路固定號誌，亦曾加研究。茲爲參考起見，摘錄其關係原理並列舉算例，以供研究。

一、制動距離與制動時間之關係

普通自軔機上閘至列車全部停車時止，所行走之距離，稱爲制動距離。但此種距離，在理論上，可分作兩個階段推想卽：

（1）自從着手上閘，至全列車之軔機發生充分作用時止之距離爲空走距離。

（2）自軔機均已充分作用後，至完全停車時止之距離爲實際制動距離。

茲就裝有風閘之機車車輛實驗結果以圖解說明於次（如第一圖）

圖中 O點係表示閘閥手柄正移於上閘之位置。OH 爲空走時間。惟速度乘時間等於距離，則在空走時間內之速度曲線包括之面積OABH爲空走距離，又△BCH之面積，爲表示閘機充分作用後，至列車完全停車時止之距離卽 OABC 之面積，爲表示用風閘或手閘及其他軔機等自開始上閘，至列車全部停車時止，所行走之距離。

二、空走距離與空走時間

凡軔機之使用，非經一個空走時間及距離，不能發生效率，已述於前節，惟該項時間與距離之長短，則視軔機之機能，列車編配輛數之多寡，使用閘機之方法而定。茲摘日本鐵道部實驗記錄列於第一表以作參考。

第一表．空走時間

列車種別	輛數	軔機種類及上閘方法／空走時間	風軔機 普通上閘	風軔機 緊急上閘	手軔機 緊急上閘
旅客列車	5輛	6秒		2.1秒	約 10秒
	10輛	7.9秒		3.2秒	約 20秒
	15輛	11.8秒		4.1秒	約 30秒
貨物列車	10輛		4.4秒	2.5秒	約 20秒
	30輛		7.0秒	4.4秒	約 40秒
	50輛		10.4秒	6.8秒	約 60秒
	70輛		14.4秒	9.4秒	約 100秒

然空走距離，係等於自上閘時列車之初速度，乘空走時間之積，設空走距離爲 S_1 公尺，上閘時列車之初速度每小時爲V 公里，卽每秒之初速度 $\frac{1000V}{60\times60}=\frac{V}{3.6}$ 公尺，空走時間爲 t 秒則

$$S_1=\frac{V}{3.6}\times t \cdots\cdots\cdots\cdots (1)$$

三、實際制動距離

凡列車在運轉中必具有兩種運能力，卽全列車之車輛向前直進運動時所有之能力，與車輪及車軸之迴轉運動能力。設列車之全體運動能力爲 E，各車輪車軸等迴轉部份所有之運動能力爲 E_2 列車直進體所有運動能力爲 E_1 又假定迴轉部份之運動能力 E_2 爲直進體之運動能力 E_1 之 6%，則得式如次：

$$E=E_1+E_2=E_1(1+0.06)=1.06E_1$$

$$\text{但}E_1=\frac{1}{2}mv^2=\frac{1}{2}\times\frac{W}{g}v^2=\frac{1}{2}\times\frac{1000W}{g}\times\left(\frac{1000V}{60\times60}\right)^2=3.94WV^2$$

又$E=1.06\times3.94wV^2=4.17wV^2$

茲以上各式之工學上單位

W＝列車全體之重量（噸），w＝列車全體之重量（公斤），

V＝列車速度（公里/小時），v＝列車速度（公尺/秒），g＝地心吸力之加速度＝9.8（公尺/秒2）

$m=\frac{w}{g}=\frac{\text{列車重量}}{\text{地心吸力之加速度}}$＝列車之質量。

故吾人欲使運轉中之列車停車，必須使全列車之運動能力等於全制動力F公斤，乘實際制動距離S_2之工作（Work）量即使制機之工作量與與列車之運動能力互相抵消使列車停止，

因 $4.17WV^2=FS_2$

$$S_2=4.17\times\frac{WV^2}{F}$$

但F＝全制動力與列車抵抗之和

$=W(R_r+R_c\pm R_g)+B$

式中R_r＝平均行走抵抗（公斤/噸）

R_c＝彎道抵抗（公斤/噸）

R_g＝坡道抵抗（公斤/噸）（上坡道用正十，下坡道用負一）

B＝平均全制動力（公斤）

茲設全制動壓力＝P公斤，全車制動率＝K列車重量＝W噸

則 $B=f_m\cdot P=f_m WK=f_m 1000WK$

因 $S_2=4.17\frac{V^2}{R_r+R_c+R_g+1000f_m K}\cdots(2)$

上式中$R_r+R_c\pm R_g+1000f_m K$為自制機開始使用至全列車停車時止之平均抵抗力，惟在此時期彎道抵抗R_c坡道抵抗R_g與速度變化無何關係，故無問題，但行走抵抗，視速度高低而變化，理論上的計算，雖相當複雜，然制動距離之計算，列車抵抗與制動力相較，非常些微，且視列車速度之大小而異，普通各項抵抗力之計算，不計彎道與風之抵抗，並以制機開始上閘時之列車速度為其速度也。

四、制動率

制動率為閘瓦壓在輪箍上之壓力，與軸重之比，倘閘缸壓力為3.5公斤時，對於任意之風管減壓時，閘缸之壓力，亦必減低即

$$K_a'=K_a\times\frac{P_c}{3.5}$$

又因全列車制動率$K=K_a\times\frac{\text{制動軸上重量}}{\text{列車總重量}}$

然全列車係具有不同制動率之車輛編配而成則平均全列車制動率K

$$K=\frac{W_1K_{a1}+W_2Ka_2+WKa_3+\cdots\cdots}{W_1+W_2+W_3+\cdots\cdots}$$

$$K'=\frac{W_1Ka_1'+W_2Ka_2'+W_3Ka_3'+}{W_1+W_2+W_3+\cdots\cdots}$$

茲以上式中

K_a＝對於全制動之軸制動率

K＝對於全制動之全車制動率

K_a'＝對於任意之風管減少壓力之軸制動率

K'＝對於任意風管減壓全車制動率

P_c＝風缸之風壓（公斤/cm^2）

$W_1\ W_2\ W_3\cdots\cdots$＝各車重量（噸）

惟依機車，車輛之構造規定閘缸壓力P_c（公斤/cm^2）與風管減壓力r（公斤/公分^2）之關係如次：

機車之缸閘壓力P_c＝2.5r

客貨車之缸閘壓力P2＝3.25r－1

又機車及裝有快動閥客車於緊急上閘時之閘缸壓力約為4.5公斤/公分^{2}其他車輛約為3.7公斤/公分^2

五、實際制動時車

吾人欲使運轉中之列車全部停車，究竟需時若干，茲計算於次，從制機開始使用，至全部停車時止之平均抵抗力為R以［$W(R_r+R_c+R_g)$］＋B表示之，m為全列車之質量d為列車之平均減速度（公尺/秒/秒）t2為實際制動時間，則均

$$R=md=m\frac{v}{t_2}$$

設迴轉部分之慣性惰力為6%

故 $R=1.06\frac{w}{g}\times\frac{v}{t_2}$

$$=1.06\times\frac{1000W}{9.8}\times\frac{1000V}{3600\times t_2}=30\frac{WV}{t_2}$$

故 $t_2=30\frac{WV}{R}=30\frac{WV}{W(R_r+R_c\pm R_g)+B}$

$$=30\frac{V}{R_r+R_c\pm R_g+1000f_m K}$$

六、線路有坡道變化之制動距離

制動距離內有坡道變化時，用公式(1)及(2)求制動距離，但此時列車之長度甚有關係設欲求正確數值尚有相當繁雜，普通將列車之重心定在中央以計算制動距離。

七、列車之行走抵抗

由車輛行走部之摩擦而起之抵抗謂之行走抵

抗，車輛運轉部份之構造不同，其走動所生之抵抗亦有相當變化故對於列車行走抵抗，有頗種公式茲列一例於次：

旅客列車之行走抵抗$R_r=\frac{R_{cm}W_2+R_{bm}W_b}{W}$

貨車列車之行走抵抗$R_r=\frac{R_{Lm}W_L+R_{wm}W_w}{W}$

茲以

R_r＝列車行走抵抗（公斤/公噸）

R_{Lm}＝平均機車行走抵抗（公斤/公噸）

R_{bm}＝平均有轉向架之客車抵抗（公斤/公噸）

R_{wm}＝平均二軸貨車行走抵抗（公斤/公噸）

W_L＝機車總重量（噸）

W_d＝有轉向架客車總重量（噸）

W_w＝二軸貨車總重量（噸）

W＝列車總重量（噸）

又機車行走抵抗及客貨車行走抵抗如次：

$$R_L=0.037v^2+(1.8+0.015v)W_t+[9.3+0.047(n-1)v]W_d$$

$$R_t=1.72+0.00061v^2$$

$$R_W=2.07+0.00066v^2$$

茲以上式中之

R_L＝機車行走抵抗（公斤/公噸）

R_b＝有轉向架客車行走抵抗（公斤/公噸）

R_w＝二軸貨車行走抵抗（公斤/公噸）

V＝列車速度（公里／小時）

W_t＝導輪，從輪，煤水車上重量（噸）

n＝動輪軸數

W_d—動輪上之重量(噸)

計算制動距離，從制動初速度至停車時止平均行走抵抗，非用R_r不可，惟較$1000f_mk$之值甚小，祇以計算太繁，故多從略，且多以制動初速度之半數時行走抵抗作爲平均行走抵抗。

八、坡道抵抗

$Rg=1000\times\frac{j}{1000}=j$ 即每噸若干公斤之坡道抵抗R_g值等於綫路上坡道之千分率如在1％坡道上坡道抵抗R_g每噸爲十公斤。若在2％坡道上之抵抗R_g值爲20公斤，很簡單可以求得，惟下坡道時，其值用負（一）記號，上坡道之値用正（十）計算。

九、彎道抵抗

列車之彎道抵抗，係視彎道之半徑，軌距，列車速度動輪直徑固定軸距其他車輛及路綫之狀態等不同而異。以其值較其他抵抗之值爲最小故可用極簡單之公式計算之。

機車之彎道抵抗$R_o=\frac{1050}{r}$（公斤/噸）

客貨車之彎道抵抗$R_c=\frac{525}{r}$(公斤/噸)

全列車之彎道抵抗$R_o=\frac{610}{r}$(公斤/噸)

但以上各式中r—彎道半徑（公尺）

十、結論

綜上各節，所得之全制動距離S_e等於空走距離，加實際制動距離之和，即以（1）式加（2）式是也。

$$因\ S=S_1+S_2=\frac{v}{3.6}\times t_1+4.174\times\frac{v^2}{1000f_mK+R_c\pm i+R_r}$$

（例1）設現在粵漢鐵路貨物列車用2-8-0式1101號機車牽引時，即機車之動輪上總重量共76.34噸煤水車未上煤水時皮重爲23.8噸，當煤水足全機車總重量148噸。牽引列車重量800噸（以共掛40噸車18輛內配有風閘完備之車10輛平均每輛車皮重18噸。在$\frac{15}{1000}$下坡道處以每小時25公里列車速度行駛使用緊急上閘時求制動距離？

（解）設機車閘缸之有效壓力爲由製機構造上規定通風管減壓量之倍數×通風管減壓量
$=2.5\times0.8=2\ Kg/cm^2$

又貨車軸缸之有效壓力＝由各製機構造上規定與通風管減壓量之倍數×通風管減壓量
$=3.25\times0.8=1.6\ Kg/cm2$

而機車之軸制動率—制動率×$\frac{閘缸之有效壓力}{閘缸之原壓力}$

$=0.6\times\frac{2.0}{3.5}=0.343$

又煤水車軸制動率$=0.9\times\frac{2.0}{3.5}=0.514$

又貨車軸制動率$=0.8\times\frac{1.6}{3.5}=0.366$

及平均車輛之行走抵抗爲 2.46Kg/cm² 及閘瓦平均摩擦係數0.15

則全列車制動率

$$K=\frac{76.34\times0.343+23.8\times0.514+18\times10\times0.366}{148+900}$$

$$=\frac{26.185+12.233+65.88}{1048}=\frac{104.30}{1048}$$

$$=0.0995$$

則實際制動距離

$$=S_2=4.17\frac{252}{2.46-15+1000\times0.15\times0.0995}$$

$$=\frac{4.17\times625}{2.3c5}=1062.7\text{公尺}$$

空走制動距離

$$S_1=\frac{Vt}{3.6}=\frac{25\times4.4}{3.6}=30.6\text{公尺}$$

故 全制動距離

$$S=S_1+S_2=1062.7+30,9=1123.3\text{公尺}$$

$$=1123\text{公尺}$$

（例2） 設例1.中之狀況將來改善路線$\frac{10}{1000}$下坡道列車速度爲每小時40公里牽引重量爲1300噸全列車裝有風閘完好車20輛以使用緊急上閘時求此制動距離

（解）同前例

$$K=\frac{76.34\times.343+23.8\times0.514+18\times20\times0.336}{148+1300}$$

$$=\frac{26.185+12.233+131.76}{1448}=\frac{1705178}{1448}$$

$$=0.1175$$

故 $S_2=4.17\frac{40^2}{2.46-10+1000\times15\times0.175}$

$$=\frac{4.17\times1600}{2.4-10+17.63}=\frac{6672}{10.1}$$

$$=660\text{公尺}$$

$$S_1=\frac{40\times4.4}{3.6}=49\text{公尺}$$

故 $S=S_1+S2=660+49=70.\text{公尺}$

（例3,）設現在粵漢鐵路旅客列車用4-6-0式1304號機車牽引時卸機車之動輪上總重量共56.3噸煤水車（空車時）皮重爲28.56噸當機車上足煤水全重量131.6噸牽引重480噸列車（以掛11輛客車均備完善風閘每輛平均皮重40噸在$\frac{15}{1000}$下坡道處以每小時40公里速度行駛使用緊急上閘時求制動距離

（解）設制動凡緊急上閘時時缸壓爲0.8公斤/cm2

又平均車輛之運行抵抗爲2.7公斤/噸

又平均車輛摩擦係數0.15

又同前（例1）機車閘缸之有效壓力爲2 kg/cm2 客車閘缸之有效壓力爲 26 kg/cm2

卽機車之軸制動率$=0.343$

煤水車之軸制動率$=0.514$

又客車之軸制動率$=0.366$

則全列車制動率

$$K=\frac{56.3\times.343+28.56+40\times12\times0.366}{131.6+480}$$

$$=\frac{19.311+14.679+175.68}{611.6}$$

$$=\frac{209.67}{611.6}=0.3428$$

故 $S_2=4.17\times\frac{40^2}{2.7-15+1000\times0.15\times0.3428}$

$$=\frac{417\times1600}{39.12}=170.55\text{公尺約}=170\text{公尺}$$

$$S_1=\frac{40\times4.4}{3.6}=49\text{公尺}$$

$$S=S_1+S_2 170+49$$

$$=219\text{公尺}=\text{約}220\text{公尺}$$

（例4,）如例3中將來設路線改善坡道爲$\frac{10}{1000}$列車速度增爲每小時80公里行駛時需緊急上閘求該制動距離

（解）同前（例3）$K=0.3428$

則$S_2=4.71\times\frac{80^2}{2.=0+1000\times.15\times0.3428}$

$$=\frac{4.17\times6400}{27-10+51.42}=\frac{4.17\times 400}{44.12}=605\text{公尺}$$

$$S_1=\frac{0\times4.4}{3.6}=97.8\text{公尺}=98\text{公尺}$$

故 $S=S_1+S_2=605+98=703\text{公尺}$

由高原鐵路說到康藏交通

劉　振　寰

前　言

中國在抗戰期中，國際路線全面打斷，許多物資與醫藥，都從緬滇印度爬過喜馬拉雅山，入西藏而西康，至成都轉重慶，經過半年以上的旅程，百數個馬站，上古時代的辦法重演到科學進步的現在，實在使人感覺的慚愧，是不能不為大中華民國而浩歎！

國父把康藏方面的鐵路，劃入高原鐵路系統，建國方略上的拉薩成都鐵路綫，也就是滿清末年所提出的川藏鐵路，（作者於抗戰期中在成都，曾目視川藏鐵路督辦公署的匾額，尚高懸耳宇）。這是我國西南部的一個國道，也就是一個重要的國際綫。

由於交通上走頭無路，大家在後方曾經把幾個目標，集中到邊疆，抗戰勝利，政府復員，大家望着江南「草長鶯飛」「秦淮金粉」，「邊塞」與「蠻荒」已經逐不為人們所注意的了，是裏居然來檢討康藏，也許有人以為不適時宜，不過偌大的邊疆很希望不為國人馬上遺忘，尤其果然不幸，再來一次大戰，確不希望喜馬拉雅山，再用犛牛，（西康運輸歸時有所謂「烏拉制」即犛牛運輸）來輸運物資。

康藏之歷史觀

有唐以來，（自文成公主下嫁）中藏關係日形密切，迄乎清末，始逐疏遠，而英藏關係，日見接近，茲就地理種族等關係分述如下：

1.地理：康藏在唐時即為中國版圖，經宋、元、明、清疆界各有出入，因地勢高寒交通不便，明清均以羈縻懷柔政策，國土聽歸地方，清末改土歸流，設駐藏大臣，而所轄不過康藏間官道驛所，光緒三十年，英兵入藏，辛亥鼎革後，干戈不息，無暇顧及邊疆，中藏關係益見疏遠，民國二十一年，「岡拖協定」以金沙江東西岸分防，從此往返日稀，漢藏間在地域上之隔閡，更形顯著矣。「岡拖」在德格，二十一年我駐軍與藏方代表簽訂停戰協定之處。

2.種族宗教與政治：康藏地居高原，人民因受大自然之化育，且與高寒環境奮鬥，智慧體康均甚優良，其種族大別之為漢、康、藏、蒙、回、夷、及路子、摩些、猓子、等九族，其中康族，在清代尚有七十九族之多，後以四十族撥歸青海，剩三十九族，宗教方面，佛教流行，計分四教六派分列如下；

政治方面，向極簡單，大部由喇嘛土司所出，西藏首府，即拉薩，為該地政教之中心，其活佛照例操縱行政，所謂政教不分，為況特殊，且故步自封，陳腐相沿，故政治設施之簡陋，一若數千年以前，元明之際，以羈縻政策，中央政治，不能貫澈邊陲，清初因循舊制，復給賞土地，懷柔益甚，清末雖改土歸流，但所設官吏，及武備，多為轉運糧械，鎮懾藏人，並非管理民政，融洽民情，趙爾豐積極經邊之際，政治設施，固有猛進，惟為時未久，鼎革以後，全部崩潰，至「岡拖協定」，從此往返益少。

勝利後之今日來研究康藏

康藏文物之優美高尚，實為世界文明史上之奇光異彩。——戴季陶先生言

康藏為我國西南部富藏之處女地，以物產而定。金屬各礦，幾乎無所不備，尤以金為最，是以康藏境內，向稱遍地黃金，實不虛傳。煤鐵各礦，產量亦豐，只是土法淘製，未能以新式方法開採，尚多埋藏地下，其他特產，亦多，皆因交

四教六派

四教

白教　黑教　黃教　紅教

六派

葛吉哇派　赤波哇嗎　格魯巴派　葛馬哇派

薩加哇派　泥莫哇派

附註：泥薩西派為紅教之前所有

通不便，不易向國內外運銷耳；茲將主要物產名稱表列如後：

康藏主要物產名稱一覽表

特產類	知母	沙金	杉木	西康山慈	枴棗	狼	麝皮
大熊貓	大黃	河金	檀木	貝母蜜	牛乃果	狐	狼皮
金絲猴	麻黃	麩金	櫟木	竹筍乾	無花果	虎	猴皮
雪豬	木香	馬牙金	椴木	毛胡蘆	毛桃	熊	羊皮
白熊	貝母	銀	食物類	洮定茶菜	山楂	犀	兔兒猻皮
虫草	硫磺	銅	熊掌	漢源梨	楊梅	猿	熊皮
阿魏	羌活魚	錫	白蘭	花椒		猴	牛皮
藏紅花	黃連	鐵	青蘭	黃柑	動物類	金雞	豹皮
藏青果	續子苻	煤	薇	石榴	犛牛	相思鳥	虎皮
香藏	金耳	鉛	水陸菜	葡萄	野牛	毛絨類	雪豬皮
藥材類	茜草	木材類	仙人桃	櫻桃	藏馬	藏毯	貂皮
麝香	獨一味	黃楊	瀘定西瓜	枇杷	岩騾	普氈	
鹿茸	紫草	白楊	蜂蜜	蘋果	綿羊	毯子	
虎骨	丹皮	楠木	胡桃	花	腳蛇子	毛毯	茶葉類
鹿骨	雪靈芝	青松	蜂蜜蠟	香櫞	貝母雞		春茶
鹿筋	長壽果	橡樹	洋芋	油柿	松鼠	皮貨類	虫囊茶
豹骨	礦產類	檜木	雅魚	白果	西藏犬狗	金絲猴皮	老鷹茶
鹿尾	粒金	樺木	爬子魚	佛手	麞	猞猁	藏茶
牛漆	山金	槭木	頭魚	木瓜	麂	狐皮	

至以文人而言，康藏風俗古樸，性習淳良，人民皆向宗教，佛學高深，有如戴季陶先生所言，「世界文明史上之奇光異彩」有此富藏與文物，倘能發展交通，開發寶藏，溝通文化，鞏定政治，實我國西南部最優美之一大區域，無怪英印方面，於數十年前，已遣大派人調查，其注意和用心可知矣。至我國晚近以來，因政治不曾納入正軌，對於康藏始終鞭長莫及，如不及早注意，將來之演變，誠有難預卜者。

四　舊時道路

1.古道：康定出關，經道孚、爐霍、甘孜、德格、同普、昌都、碩督、嘉黎，大昭、拉薩、經朱力橋、至江孜經亞東，噶倫堡，以達大吉嶺，全長凡一七〇〇公里，由康定至拉薩，計七十五個「烏拉」棧，由拉薩至噶倫堡二十一個棧，每棧計程一日，即九十六日，由噶倫堡至大吉嶺，現有汽車可通，此線亞東至拉薩，康定至昌都，計程約全綫五分之三，山勢平坦，建築公路，尚不艱難，（康定至甘孜已有公路）惟拉薩至昌都一段，地較崎嶇，一時不易行駛汽車，或分段加以改造，期能行駛板車，將來汽車，板車駄馬，三者，聯運，行期當能縮短。

2.南線：自康定、雅江、理化、巴安、以至寧靜，本康藏舊道之南綫，由寧靜，朱力橋，為不丹入藏大道之北段，全綫里程，與古道相伯仲，計約一五〇〇公里，自康定至寧靜，地勢崎嶇，不如北線。寧靜以西，沿途情形向無紀錄，惟哈普至朱力橋一段，約佔全綫五分之二，與雅魯藏布江平行。航運固待考察，傍水帶山，為鐵路公路選線原則，在理論上，選擇公路應無問題，此綫不妨作一比較綫，以供研究。

3.北綫：此綫由康定，甘孜、德格、鄧柯、昌都，類烏齊、拉貢、洞吉、碧竹、工卡、以至拉薩，舊路不寬，但堪騎馬，除鄧柯，至昌都附近有二三處山勢較峻外，昌都以西，所謂「富八站」，「窮八站」，「三十九族」，以達拉薩，沿途雖居民較少，均平坦高原，建築公路，似無問題，拉薩至江孜，江孜至亞東，道路寬闊，略加整理，即可行駛汽車。

1.開發邊疆，　2.建設邊疆
3.修好邊疆，　4.教化邊疆
5.移民邊疆，　6.充實邊疆
7.健全邊疆，　8.鞏固邊疆

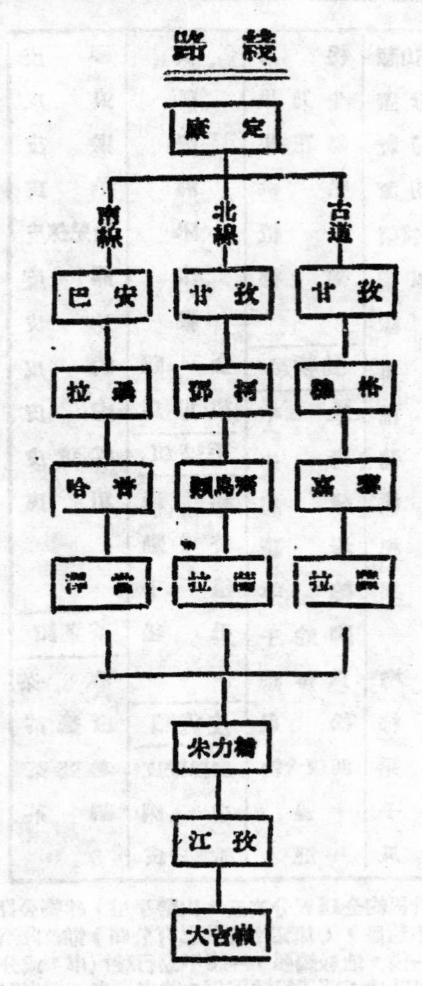

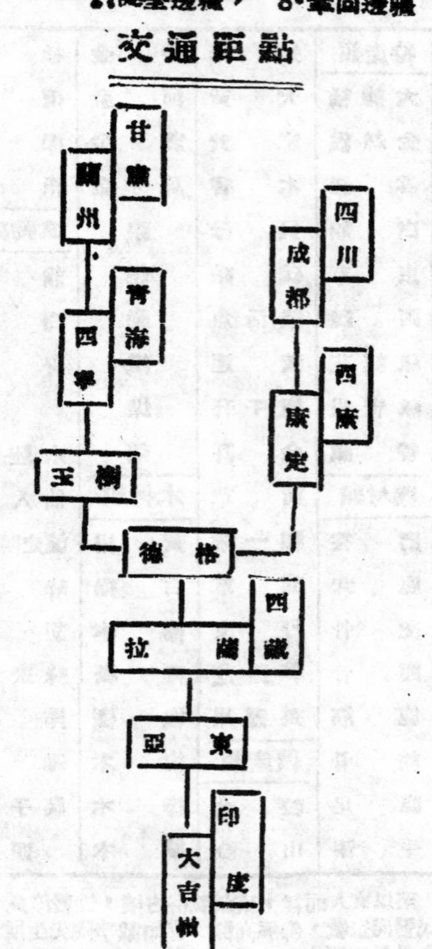

五　交通展望

抗戰期中，由成都至康定，由康定經德格至玉樹，由玉樹至西寧而蘭州，康藏東北部之一環，已完成公路，惟德格至拉薩，而亞東以至大吉嶺，亦即由西康貫通西藏以達印度之幹綫，尚待興築，如按建國方略，拉薩成都鐵路綫，將來必有實現之一日，則有興趣於邊疆問題者，未始不大有研究價值。

六　結語

結語，與其說是本文結語，不如說是作者的呼聲，凡是訂康藏歸來的人，差不多都有共同的呼聲，歸納如下：

舉世矚目的原子彈問題，我們雖無造製它的能力，却似乎不能不考慮它的防禦問題。

防禦原子彈的動向

徐　　愈

原子彈轟炸的效果

我們記得，自從美國在廣島，投下第一顆原子彈，立刻消息傳佈全世界，地面上人物建築損失之殘酷，駭人聽聞。至第二顆原子彈在長崎落下，日本馬上停戰投降，於是有人認爲第二次世界大戰之結束，是原子彈之功。但是我們要曉得，自從納粹德國投降之後，日本之敗已成必然之勢，就是不投原子彈，她遲早也要投降，不過僅是時間問題而已。或許美國爲使戰爭早日結束，而不得已使用原子彈，依我看，日本豬羅頑強會投降，實在是極其狡猾而厲害之舉。如果不然的話，即使不用原子彈轟炸，若戰爭再繼續下去，則政治，經濟，工業，文化，物力之損失要比兩顆原子彈所造成的多的多。但另一面如繼續使用原子彈，更可使她整個徹底消滅，因爲日本對空襲，尤其原子彈是毫無準備的啊！讓我們拿美國官方的報告作一個參考，便知眞相如何了。美國曾派一個調査團，對原子彈在廣島炸後之效果作一個有系統的研究，包括官方及民間許多人調査結果的報告，其內容如下：

第一、襲擊和損壞情形：八月六日上午第一顆原子彈落下的時候，正當廣島剛剛解除警報，廣島從未受嚴重的轟炸過，所以當天B—29飛來，他們也不以爲意，但是B—29過後，忽然空中有一種很猛烈的爆炸聲，他們並不曉得怎樣應付，以致大部人民及建築物遂在火海煙霧中消失。這次轟炸，人民死傷的情形本很可觀，但當時仍未十分重視。及至第二次在長崎投下第二顆原子彈，日本又未想到，並且也是在警報解除以後。當時空中有兩個B—29，長崎人民本可躲入防空洞中，但是他們並不介意，只有400人躲避，其實長崎的防空洞，幾乎能容全市人口之 83% ，於是死傷非常慘重。

第二、轟炸的效果：

（1）廣島——廣島爲一圓形城市，地勢很平坦，原子彈爆炸後，全城立刻化爲火海，人們遂在火聲咆哮，熱氣沸騰之中死亡，房屋也被摧毀。我們若分開來說，則有幾種事情可供研究的參考。

a、工廠：——廣島雖不是工業中心，但戰爭發生之後，有許多工廠疏散到那裏，但都沒有在市中心，而散處在市之四郊，所以工廠損失輕微。

b、公共事業：———一般城市內之公共事業均一損無餘，而災區鐵路則能在一二日恢復正常，水管在市內地面上者全被毀，埋在地下的則無損傷，蓄水池因爲是鋼筋混凝土的，所以也無損傷。

c 建築物：——城市商業區亦即災區中心，全部毀成平地，全市區中有50座鋼筋混凝土建築，內12座全毀，其餘修理可用，尙有5 座完整。離災區較遠處，許多磚瓦建築物，亦無甚大損傷，僅有部份瓦片及玻璃震碎而已。

總之廣島之建築有 60% 被毀，災區中心則更厲害，原子彈之威力實甚可觀。

（2）長崎：——也許是美國爲試驗原子彈之威力，所以選了兩個地勢不同的城市來投原子彈。

長崎市處山區，全市被山分爲兩部，比較崎嶇不平，故損失範圍較小，且因地勢關係，亦未成爲火海，而同時也因地勢關係，原子彈之爆炸力，比廣島更利害些。因爆炸後之熱氣，無處排洩，故離出事地點中心一公里以內的人，均因高熱的氣壓而致死，房屋建築幾被毀一空。一公里至二公里以內，少數人被爆炸震死，或熱氣燒死，或被塌倒之房屋壓死，大多數受重傷或輕傷，房屋大部着火。離中心二公里以外至四公里以內，則人畜死亡甚少，只受到碎玻璃片，瓦片及倒坍之房屋碰傷，四公里至八公里人畜僅受到輕傷及皮膚擦傷，且爲數甚微。

工業上之損失：——長崎大工廠有二，三菱兵工廠及三菱鋼鐵廠。因均在市區中心，故損失甚嚴重。然不過只有60%機器被毀，餘尙可用。鋼鐵廠之房屋，多種被毀。建築之材料足可影響原子彈之效力，木建築內之機器則有60%以上被毀，鋼筋混凝土建築內之機件損失甚微。

第三、一般之效果

（1）死傷數目：

死亡：廣島70,000人

　　　長崎30,000人

傷：　廣島1000 ,000人—180,000人

　　　長崎50,000人—150,000人

（2）死之原因：可分下列數種。

a、燒死，被非常快的閃光燒死佔 30%

b、震動及其他間接傷害（如被倒塌之房屋壓死）佔60%

c、受放射綫影響而死者佔10%

（3）死之情形

a、閃光死的——閃光過程甚快，死者多係皮膚露外，灼傷過重，因而致死。

b、爆炸致死——經過二三日後如發現，乃由於白血球被破壞及骨髓乾竭而死，初多患痢疾或敗血症。

原子彈威力來源和試驗結果

爲什麼一顆原子彈，竟有如此大的威力，其能與力之來源是什麼呢？現在讓我們來研究一下。

如今各國科學家，除英美一部專家外，均不得知原子彈製造的秘密。我們暫且不討論原子彈如何構造的方法，而只討論原子能的發生和原子能的威力。在原子彈爆炸以前就有人想到，並且研究如何利用原子能。原子彈的原子能是利用鈾的原子而來，鈾原子與金或氧以及其他的原子相似，其本身像太陽系，原子核如太陽，周圍繞有電子如行星。照物理學來講，原子核乃由於許多動搖不定的質子及中子所組成。其數目幾相等，質子荷正電，中子無電荷。鈾有U233，238及U234三種同位元素。最易分裂的是U235，現在原子彈用鈾就是這種U233。U233原子核乃由143個中子92個質子所組成，共計.33單位。中子不像質子行動容易改變方向，一個自由中子，極易撞入原子核內，而原子核可以把它抓住。如有一個中子自一原子核中飛出，而撞進另一原子核中，則被撞入的原子核，遂即膨脹。而不安定，且易分裂，即生裂變作用。在裂變的過程中，遂放出一兩個自由中子和其他元素如氪氣（krton）等。於是發生能。如上面的自由中子再撞進其他原子核中，那樣分裂的過程再重演，繼發生熱力震動和各種放射性質點，於是產生原子能。

U235原子原重235，如能這樣配合使其各個小於238，再加外力使之合併膨脹，分裂如此連鎖反應，遂發生很大熱，能和爆炸，同時發生幾種放射線，放射線有L、B、R三種：

L：——有燒傷力，但穿不透衣服，故露在衣外之部分，均可被此綫燒傷。

B：——穿透較力强，可以穿透衣服。

R質線：——最厲害，不但可以傷毀人，而且可以射透一切物體，可以說是三種射綫中殺傷力最大者。

爲了更明瞭原子能的性能，美國又在比基尼作一次試驗，比基尼乃由珊瑚島所組成，許多專家預料可將珊瑚炸沉。但試驗結果，並未能炸沉。海水中動物稍受損傷，未全死亡，作試驗的73艘軍艦中，沉沒5艘，重傷9艘，輕傷45艘，比起日本襲擊珍珠港時的損失還差的多。詳細情形因限於篇幅未能多講。

我們當進一步研究——原子彈能防禦麼？

原子彈有防禦的方法麼

自原子彈在廣島爆炸後，世人多以爲原子彈無法防禦，而生莫名的恐懼。認爲原子彈是毀滅人類文明，摧殘世界人類的怪東西，而放棄對人生對世界任何希望，以消沉待斃。然而原子彈究竟有無方法防禦呢？一個兩個原子彈還能防禦，設有了千萬個原子彈，能有多少人力物力去使那防禦計劃實現？因爲將來原子彈的威力，究竟能發展到什麼程度，我們目前實不敢斷定，所以現在不僅英、蘇、法等國在研究防禦方法，即是製造原子彈，使用原子彈的美國，也發生了恐慌。因爲原子彈的秘密，未必能夠永久保守，或許美國以外的國家也會製造原子彈呢？所以發明原子彈的科學家們也預言，原子彈的威力太可怕了，因爲將來一定可利用V式飛彈攜帶原子彈任意攻擊別國，或者利用第五縱隊，埋於他國後方。因爲原子彈很小，故可攜帶到任何地方，而隨時操縱其爆發，所以原子彈本身實在不易防禦。尤其工業先進之國家，工廠爲原子彈轟炸的最好目標，如爲原子彈而將工業遷到地下，則此項遷移費用確實可觀，而且也不易實現。所以有人主張與其這樣犧牲許多金錢、人力、物力、計劃防禦，況且還防不勝防，何如大家禁止使用於國際戰爭上呢。這是美國現在一些人對防禦原子彈的看法和主張，因爲他們認爲原子彈沒有別的好方法可防禦，唯一的方法是——國際管制。

但是假如我們自轟炸廣島，長崎的效果和比基尼島試驗的結果來研究一下，就可以知道目前原子彈的威力，除爆炸，灼傷及放放射性能等，和爆炸彈不同外，並非無法防禦。人物皆可利用防空洞來防禦，如在長崎，躲在防空洞內的400人，除洞口附近少數人被灼外，均無損傷，即爲一例。其他如房屋利用鋼筋混凝土建築使之堅固，將工廠、城市分散化整爲零等，均爲防禦之法。至少能減少原子彈損害的效果。這是第二派人的看法和主張，好像在抵抗德國空襲時英國人所做到的，雖然不能防止V式飛彈進襲，但消極的防禦還是很多有效的、而且抵住德人侵入英島的企圖，獲得最後的勝利，並且空中防止飛彈的侵入，也並非永無辦法呢！

過去防空經驗給我們的教訓

我們對原子彈究竟能否防禦的問題，暫不作肯定的答覆，可是我們可以知道目前原子彈的威力，並不像想的那樣無法防禦。但也不能斷言，他的威力即止於此、現在讓們看看過去。第二次世界大戰，東西戰場可以說皆以空軍爲主動。在西歐戰場方面，最初德國佔有優勢的空軍，壓倒一切。所以一開始，將英蘇打得落花流水，甚至能迫近莫斯科，準備渡海峽侵入英倫。後來美國參戰，美空軍加入而爲生力軍，英美空軍聯合起來，並以大批軍火援助蘇聯，戰局由此改觀，德國乃處於被炸地位，每日英美派去大量飛機，轟炸德國各地，柏林及魯爾工業區被炸得很慘，德國有鑒於此，知戰勝已不可能，而猶希望能獲得光榮的停戰。故計劃將工廠，油庫等遷到地下，佔領德國的盟軍在波蘭境內曾發現有二三十公里長隧道的地下工業城市，內部有各種工業設施，工作規模非常龐大，至今盟軍還在繼續，搜索她的地下工業中。可見德國的地下防禦已相當可觀，可惜遲了點，德國人也常這樣說，否則當時的空襲，是可以抵抗的住的。

再看東亞戰局，日本進攻中國，起初並未使出其真實力量，僅使用少量空軍，而預備她大部武力去攻擊美國，所以在最初期，日本並沒把中國看在眼裏。但後來中國居然能繼續抗戰，日本看中國不但不投降，反而愈打愈頑強，所以才陸續使出實力。加強轟炸，以期使中國人失去戰鬥精神。例如日本對重慶大轟炸，最初只用幾架飛機，逐漸增加爲幾十架，最後以至二三百架大轟炸時，也是頃刻化爲火海。其威力亦不亞於一顆小原子彈。個人對空襲之防禦，因最初轟炸並不厲害，也未注意其重要性，僅稍稍作些僞裝，以迷惘日本之飛機，減少牠投彈的準確性。後來發現僞裝無用，日機不分界域胡亂普遍轟炸，所以才開始疏散，初爲人口及機關疏散，繼而將兵工廠等疏散，但遷到郊外的工廠，仍爲空襲目標，乃計劃遷入山中或地下，久而久之，不但不怕敵機，而且認空襲爲家常便飯和一種休息了。所以我們由過去防空經驗，曉得只要有準備便可減少損失，便可以防禦牠的傷害，而使轟炸的效果減少到零的限度。

日本最初只準備如何轟炸他人，並曾孤注一擲集中轟炸珍珠港，實使美國大爲震驚。後來美國造成超級空中堡壘B—29，日本乃無力抵抗，以致稱之爲B先生，可見其慘狀之一般。起初日本的驕傲，使他們沒有防空的設備，以致後來日本人根本無法防禦空襲。等到原子彈轟炸日本時，日本更毫無準備，無法防禦牠的本土，只得投降，這可說是日本傲驕的結果。總之德日依仗強大空軍，稱雄於世，而本身對防空準備太遲，乃至人家武力增強，以致自己無力抵抗而慘敗亡國。由過去防空經驗，我們可以得到幾點教訓：

第一、只要對空襲事前早有準備，便可以減少轟炸的效果而減輕損失。

第二、英蘇日德諸國之工業均甚發達，而英蘇工業確因轟炸受到嚴重影響，日德兩國更因空襲而無力支持，然而何以獨中國能支持如此長久，而未受到嚴重打擊呢？原因就是中國不是高度發展的工業國家，而是農業國家，所以損失比較輕微，影響也比較小。這並不是說明中國仍須維持農業制的國家，而是要將新興的工業農業化，那樣在空防上比較有辦法些，也就是說工業和城市的散開，能減少空襲的威脅。

第三、只要肯努力研究，堅決去幹，認眞實行，無論多利害的武器都能防禦。因爲這些旣是人類頭腦所發明的；當然也可以用人類的頭腦研究出抵禦的辦法。例如第一次世界大戰時，德國所發明的潛水艇，最初舉世爲之震驚，但德國並未能獲勝，而始終被愛好和平的人類生存在世界上，那麼反對殺人武器的力量也就存于世界上。愛好和平的人們終究會得到最後的勝利，所以任何的能和力是在和平建設上，是受人類擁護，用在破壞上永遠被抵制的。

原子彈的威力和防禦，及由過去防空經驗所得到的教訓已說了，現在讓我們來談談。

原子彈防禦的動向

我們對原子彈的構造和牠的威力等還未能深切地認清，當然不能談原子彈的防禦。但是原子彈防禦的動向如何，則可推測。剛才已經說過，有一派人認爲現在一般人過分估計原子彈的威力，而以爲原子彈無法防禦是受宣傳的影響。我們由廣島，長崎被炸的情形，及試驗的結果，可以知道原子彈之威力到目前爲止還是有限的。我們可以不必悲觀，縱不能完全防止牠的破壞，至少減少實際損失是可能的。另一派人卻認爲卽使有防禦的方法，但實行起來，要把許多工廠，遷至地下，山洞或其他。地下防禦方法，不知要化費多少金錢，幾許時間，甚或需要幾十年以至一世紀的時間去研究實行，這豈不等於使人類的科學文明倒退數十年嗎？與其這樣，如根本禁止使用原子彈，而拿這許多人力，物力及時間去研究原子能，使用於爲人類謀福利的方面，以促進世界進步呢？這想法和以前禁止使用毒氣於戰爭一樣，但是要知道毒氣之所以不用於戰爭，並不是禁止法令的功效，而實在正由於對毒氣有了防禦的辦法，才致無人使用。

前一派人都認爲由全世界管制原子彈，這種理想是不錯的，可是照目前情形看來，恐也不過是呼喊而已！原子彈的威力並不比重大的炸彈大到那裏去，防禦不是不可能的。我曾於七年前著有防空工程與工業一書，就預料到將來會有更利害的炸彈產生，用來同時轟炸發生難以想像而嚴重的空襲，以致一次就可以毀滅一個城市。

原子彈轟炸廣島的效果，實在同許多普通重炸彈同時集中轟炸的結果差不多，其不同之點不過如下：

第一、原子彈的威力遠超過其他武器，其比例並非一與幾之比，而是一與萬之比。

第二、原子彈最易造成襲擊，將來作戰一定離不開這種襲擊。

另一派人認爲，消滅原子彈，國際合作管制原子能，恐不易作到，所以防禦準備有立卽實施的必要。因此英美國，或其他國家也開始動員人力物力，探求地下基地，以準備有效的防禦，這兩派人現均積極活動，這就是目前防禦原子彈的兩個動向。

我國現在還沒有製造原子彈的能力，但未必就沒有遭受襲擊的威脅，然而如何避免？如何防禦？尙待工程師們的努力。因爲我們不能等待原子彈落下時才去研究或準備，及時效力尙未爲晚。我們要設法保障中國之安全，就須有準備，人家才不敢輕易來試，才能避免原子彈的威脅和襲擊。固然我們希望列強消滅原子彈，世界永久和平，可是沒有原子彈的國家，不能坐待別人放下屠刀，而須要準備萬一的。如果大家都有防禦的準備，戰爭也就不會輕易爆發，我可以大胆的說，原子彈防禦是有方法的，我們若能看準方向，

（本文下頁接第76下部）

解答一個軍訊聯絡員所常遭遇到的問題

長途通話的有效距離

李紹美

(一)問題的引起

形學上有兩條人人所共知的作法：其一，從一點到他點，可作一直線；其二，凡直線可以任意延長。這兩條公法，在廣泛的全面抗戰當中，幾乎被引用到長途電話方面去了。平時來的工程設計，會到戰時，亦可應用而不待更張，但是需要懂得動員之理，再加上設計者的先知遠見才行，惜乎我國和外國的大戰爭，還是近幾十年來的第一次。譬如，在洛陽這地方，平常為通訊業務上着眼，對於鄭陝開封，當然有聯繫的考慮，一到了戰時卻不然了，彷彿和作詩鐘一樣，兩個風馬牛不相及的地點如洛陽衡山，都有扣合暢通的需求。平日工程設計者，應該是一位懂得經濟學的，市與市，省與省，國與國的通話，各有一定的標準，因此綫路的等級，設備的精粗，都有不同，一言以蔽之，所費必需恰到好處，若突然的需求，逾出原定標準之外，猶如花一分錢買一分錢的貨一樣，自然有不能盡滿人意的地方了。於是需求的方面，要根究能與不能的癥結之點，供應的地方，也應有以科學的論據去取得外方諒解的企圖。觀綫路所集中之點，就是這個問題——長途電話的通話距離，是有限制的嗎？

(二)通話有效距離與輸送效率

嚴格的說，現代技術進步，長途通話，應時是無往不如志，過去的事實告訴我們，最初貝耳與瓦特森試話的時候，有效距離，不過三公里，1915十年紐約與舊金山通話，已經增到了 5,470公里，七年前環球通話成功，通話距離最後高峯已達到37,500公里了。所以有效距離這一個名詞，到了現在，似乎已成過去，不若談談輸送效率，較為妥當。

祇要大家捨得花大本錢，綫路也造的好，機件也設備得很齊全，從業人員也多雇用幾位，要電話通多遠就可以通多遠，可是，我們生在這個窮人子的國度裏，一文錢差不多要作兩文錢用，單要綫路，大抵是注意到的，其他則哪有餘力供應我們的普遍設備呢？至今國內長途電話，鐵線仍未絕跡，還有一些地方，依舊原始地使用大地迴路的啊！

所以，各路有各路的特殊情形，通話的有效距離，因為綫路設備的差別，也不能一律，如能分別計其輸送效率，其義較為簡單明瞭。本來，普通電話機上的傳話器，磁石式的能夠發出0.1至0.8瓦特的電力，共電式則能發生8瓦特的電力，而在對方若用上等品質之受話器，祇要收到10個微微瓦特的電力，就可傳達言語。傳送電力和受到電力之比率，就叫做輸送效率。

(三)從輸送效率可否去推知有效距離？

要解決這個問題，先要將歐美各國歷來及現行的輸送單位提出來論列一下。起先，人們的腦筋裏，都離不開實際的東西，因此造出一種象徵綫路的儀器，名曰標準電纜，去比較輸送效率，例如，任何綫路的兩個終端站，若欲測得其傳話的清晰與否，可以折合相當的標準電纜哩數去判斷牠。在兩站的中間，最大不得加入標準纜三十一哩以上，因為此時的電力，祇有發出時電力的千分之一，凡是兩站之間，其通話在三十標準電纜哩以內的，音量保證清晰，過此則音量微弱，不易了解，很難收滿意的效果。此種標準電纜，約等於美規十九號綫電纜。用之既久，大家感覺得不甚方便，其原因有三：

標準電纜	每哩規定之電氣常數				每哩等於DB數
	耗阻	電容量	電感量	漏電率	
美制 19號綫	88 Ω	0.045VF	不計	不計	1.0560
歐制 70LB綫	88 Ω	0.045VF	1 VH	1 VM	0.9221

（本文上接第75頁文）

及早努力，絕對能防禦。况我國工業正在開始建設，不像其他先進工業國家，須要把現有工廠遷至地下，我們沒有這種麻煩，我們要能在建設之初，努力研究，認清方向，循着正確的路徑，建設我們工業的基礎，原子彈的防禦是絕對有把握的。對於世界管制原子能，消滅原子彈，使原子能用在有益於人類的事業上，我們也很同情，並且寄予很大的希望。可是現在我們能做的還是研究和準備，如何防禦，如何避免的方策啊。

1·歐美各有所謂標準電纜，其規定數常數互異，有如前表：

2·線路本身，也有用十九號心綫電纜的，易生含混的弊病。

3·標準電纜因通過的電流其頻率有高低之不同，效率亦各異，例如標準電纜三十一哩，在三千週以上，則其輸送效率又將減低。

因此，大家便捨棄了實際事物進而用想像的方法，他們直截了當，以發送站電力與接收站收站電力的比率做單位，去估計通話的成績。設發送電力爲Ps，接收電力爲Pr，則 $\frac{Ps}{Pr}$ 之值，即是輸送單位，爲紀念電話發明家貝爾起見，命其名曰貝耳，惟因此單位仍嫌稍大，復剖而爲十，簡稱DB。分母Ps大於分子Pr時，其値常大於一，若改用一般的效率公式表示之，則適爲其倒，數如 $\frac{Pr}{Ps}$ ，其值小於一。照輸送單位而言，發送電力充裕時，謂之利得，若依效率之公式而言，Pr常爲Ps的幾分之幾，故謂之損耗。

復次，兩個電話站的聯接，常有須經過兩三個中間局爲之轉接的，設此三局消耗電力一致，又假定Ps經過第一次段時，Pr爲Ps的十分之一，經過第二段時，Pr又必爲Pr的百分之一，經過第三段時，則Pr僅爲Ps的千分之一矣。此種算法，須用 $\frac{1}{10}$ 乘三次，頗不便利。乃有利用對數以資補救。如以電力之比率爲眞數，底用十，其對數則表示輸送單位，在上面的例子，每段電力之比率爲 $\frac{1}{10}$ ，應相當於十個DB，惟美制習用常用對數，而歐制則用自然對數，單位曰耐倍。茲以下表比較之。

輸送單位	數值	相當於標準電纜數（哩）	互算折合數
美制DECIBEL	$N=10LOG\frac{Ps}{Pr}$	1DB=1·056（美）=1.084（歐）	1DB=0·1151N
歐制 NEPER	$N=\frac{1}{2}LOG\frac{Ps}{Pr}$	1NEPER=9·16（美）=9·420（歐）	1NP=8·686DB

普稱交換機兩口輸送單位應爲ODB或ON，其意卽傳送電力與收受電力之比爲一，卽不增亦不減之謂，如3DB卽收受電力爲傳送電力的百分之五十是也。

（四）電話廻路輸送損失的規定

兩個天南地北的電話，要聯接起來，其間綫路經過地方，機械接轉的設備，說起來應該詳加分析，才能明瞭傳音清晰與否的原因。一個健全的通訊系統，對於市內長途的各種廻路，莫不分別有詳細規定。因爲通電技術日新月異，宜乎隨時修正，然而所爭者，不過一兩個 DB的問題，所以二十三年六月交通部所頒發的輸送暫行標準，足資參證：

1·在兩局以上之市區，其市內通話，用戶至用戶之輸送標準，應爲22DB或2·5N。

2·長途通話，甲地用戶至乙地用戶之輸送標準爲 2DB或3·6N。

從以上兩條綱領，分析出市內或長途通話，其間各部份廻路之輸送損耗，又須如下表之規定：

市內局間之中繼綫輸送損耗規定爲9DB，而市內局至長途局之中繼綫僅爲3DB，設計時，應

廻線種別	輸送損耗	
市內用戶綫	0.55N	4.8DB
市內局內部機件	0.15N	1.3DB
兩市內局間之中繼綫	1.10N	9.6DB
市內局至長途局之長途中繼綫	0.35N	3.0DB
長途局內部機綫	0.50N	0.9DB
長途綫	1.30N	11.8DB

分別打算，如損耗過大，市內局應按照規定，敷設專綫，不宜貪用市內中繼綫之便利。廻路係綫路與機件兩部所組成，再從而分析之，則知局內外各種機綫之輸送損耗，應爲若干DB。

（五）機件部份之輸送損耗

因爲，國內長途電力之輸送事業，尚未發達，與電話規定明綫入局，機件除必要者外，設備尚稱簡單。然而習見的事物，固當加以鉤稽，而將來勢所必至的，亦須預爲考慮，其詳列舉一表如下：

機件種別	輸送損失（DB）		備註
	實綫	幻綫	
熱綫圈	0.50		保安器用

76A 轉電線圈	0.65	0·25	
1000 Ω 號牌圈	0.15		折線表示器
500 Ω 號牌圈	0.98		折綫表示器
塞繩一對	.03—0.25		
司機耳機	0.5—5		橋接而無監聽綫圈者損失甚大
音下波電報機	0.70	0.70	
旁路濾波器	0.40		載波用
途用電話機	·15DB		用87A濾波器橋接
15A 單捲變壓器	.5		代替荷負線圈用於$\frac{1}{4}$哩以上電纜入局之處
120.0 轉電線圈	0.30		同上
線路濾波器	.20	.15	
保護變壓器	·1DB		用於與高壓線同桿之電話
平衡線圈	·5DB		減少高壓感應作用
消壓線圈	·5BD		電話與高壓線平行消除過量電壓之昇高用

市話內部機件規定輸送損耗爲1.3DB，長途局內部機件亦規定爲0.9DB，則接轉局所用之迴路程式，均須注意，監聽設備，不可付之闕如，欲求通話清晰，一切應照規定行事。

(六)線路的輸送損耗

線路的輸送損失，因線號的不同和線種的分別，又有天候的限制，環境的影響，變動甚大。目下我國所恃以通訊的爲裸綫網，綫號多採用SWG制。裸綫維持不易，將來仍應採用電纜，以求業務可靠化，故各種無負荷電纜之輸送損失，亦列入下表，以資參考：

各種電話線纜之平均輸損耗表

迴線種類				每公里輸送損失		備考
線或纜	線號	直徑		耐倍	十分培耳	
		MM	MIL			
	銅線					
	8BWG	4.191	165	·00219—·00280	·019 — ·020	（一）裸線輸送損失隨氣候而異潮濕時損失較高（二）表中所列每公里輸送損失之數係指1000週率每對線條距離30.5公里分之無負載實線而言
裸	8SWG	4.064	160	·00242—·00258	·021 — ·022	
	10 〃	3.251	128	·00334—·00368	·029 — ·032	
	11 〃	2.946	116	·00319—·00425	·034 — ·037	
	12 〃	2.642	104	·00472—·00540	·041 — ·047	
	14 〃	2.082	080	·00771—·00858	·067 — ·075	
	17 〃	1.422	056	·00909—·00990	·079 — ·086	
	鐵線					
	8SWG	4.064	160	·0126	·110	
	11 〃	2.946	116	·0200	·174	

	12 〃	2.642	104	·0230	·200	
	16 〃	1.628	064	·0331	·288	
線	銅色鋼線 11 SWG	2.946	116	·0186	·118	導電率80%
				·0100	·087	40%
	18AWG	1.880	72	·0357	·810	電纜輸送損失隨其程式而異 表中所列每公里輸送損失之數係瓣1000週率之無負載實線而言
電	16 〃	1.290	51	·0541	·470	
	19 〃	·912	36	·0806 —·0906	·700 — ·790	
纜	22 〃	·648	25	·1094 —·1289	·960 —1.012	
	24 〃	·511	20	·1467 —·1565	1.027 —1.086	

設甲乙兩地間之綫路距離爲已知，則以某號線每公里輸送損耗，去除長途綫規定之標準損耗，其商數則爲有效距離。惟是應以不良氣候的損耗爲原則，故應取某線號每公里輸送損耗之最大值。

溫度和濕度，變更綫條上之電氣常數，非常的顯著，舉一個例，如上列各種綫號，溫度增加5-50F，其輸送損耗亦將增加百分之七十二，表中所述之輸送損耗，率多爲華氏3度之溫度，故必留有餘裕，以資音量通暢，又如SwG十二號銅綫在具有每哩十個邁格歐姆隔電力時，其輸送損耗不過爲0·07DB，若爲0·2邁格歐姆時，則其輸送損耗增加到0.1DB。綫路之感阻，旣因氣候而波動甚大，吾人之設計，不當以天氣良好時可以暢通，便以爲滿足。

(七)國際間及美國所規定之輸送損耗標準

國際電話諮詢委員會，曾向各國提供下述建議，國內長途通話，其綫路損耗，不得超過1·5耐倍（約10.2DB），國與國間通話，其綫路損耗，不得超過1耐倍（約9DB）。其主要之叡端，就是長途通話，欲求音量清晰，其間所具之損耗，總量應在3.5耐倍以內，約相當於31 DB。於是對於兩端機件損失數量，仍保留有伸縮餘地，長話業務欲使人樂於接近，則輸送損耗標準，不宜規定過高，與其說嚇高人胆大，不如保滿持盈較爲合理。

在美國規模宏大的總設計的當中，其各級綫路輸送損耗，規定至爲詳盡。距離無間遠近，音量務求一致清晰，接轉次數務求儘量減少，計劃周密，（見附表）實值得我們欣賞：

長途線路種類		規定之輸送損耗
甲長途局至乙長途局	直途線	11DB
甲長途局經丙長途局——乙長途局	輔助線	14DB
甲長途局至接轉局		4DB
接轉局至區中心局		3DB
甲區中心局至乙中心局		3DB
中接轉局至乙接轉局		4DB

綫路的損失標準，旣已規定如上表，加上用戶線及接轉局之機件損耗，則各級接續的總輸送損耗，又如下表：

電　　路　　等　　級	輸送損耗總額	標　　識
(1)甲長途局至乙長途局	23DB	直　　達
(2)甲長途局經丙長途局至乙長途局	26DB	輔　助　線
(3)甲長途局—甲接轉局—乙接轉局—乙長途局	25DB	接轉二次
(4)甲接轉局—甲區中心局—乙區中心局—乙接轉局	29DB	接轉二次
(5)甲長途局—甲接轉局—甲區中心局—乙區中心局—乙接轉局—乙長途局	31DB	接轉四次

從上表觀察，綫路損耗所規定之標準極低，如距離極長，常有爲線號所不能勝任的，如(3)項至(5)項，則接轉局及區中心局不可不加裝幇電機，以資抵償此項高度的損耗。

(八)幇電機與通話距離

在電子管未發明以前，要增進輸送效率，惟有加大綫號以及裝置負荷綫圈，這自然是很費而且笨的事。通訊技術進步後，利用電子管之擴大作用，能將上在線路上所消失的一部份電力，設法挽回。例如我們設計時規定綫路損耗爲13DB，遇有線路遙遠的時候，共損耗減爲44DB(約5N)，則可於綫路適當之處，設計幇電機一兩處，每處可補償195DB(約2N)的損耗，若綫路爲59DB(約7N)，則可設幇電機三處，以補救之，那末，雖線路遙遠，通話音量仍甚佳。但是普通裸綫所用兩綫制幇電機，因機綫難於得平衡的原故，不免發生嘯聲，所以使用此項幇電機，最好不令超過三個以上，若是採用四綫制幇電機，則可以連續的使用，線路的損耗，雖大到100DB也可以用幇電機去補償，使其就規定的範圍。人們又不要以爲幇電機可以任意設置的，仍然須視電力衰耗的程度而定，電平最低不能小於−15 DB，否則雜音和串信的障礙非常顯著，最高也不能超過+6DB，否則必要引起失眞。所以幇電機不一定要按照地理上的距離而設，却要從各段綫路的衰減數值去着眼。例如某很長的線路，其總損耗爲7N,則必須裝置幇電機三個，才能通話順暢。若是線路的綫號一致，則以擬設之幇電機加一，去除綫路之總衰減，其商數爲每段線路之衰減，乃從而湊合，以定幇電站之距離。若各段線路之種類不一，有電纜，又有裸綫，各段綫路的綫號，復不一律，其設站之距離，又另有規矩可循：(A)如中間幇電機擴大率，則以鄰近兩段衰耗率的平均值爲標準。(B)靠近線路兩端的線電機，其擴大率等於終端衰耗，加上鄰近線路衰耗之半數，再減去全綫總衰耗之半數。玆將各式線電機列表，以資比較。

幇電種類	線路距離	機關限制	最大利得	電平		線種
				最高	最低	
二線制	100哩以下	3具	19.5DB	+6DB	−15DB	裸線
			2.0N	0.7N	−1.7N	
四線制	250哩以上	不受限制	42.5DB	+10DB	−24DB	電纜
			4.6N	+1.15N	−2.8N	

(九)載波機與通話有效距離

晚近人們都樂於使用載波機，爲的是成本低廉，消息較爲秘密，以及音量較爲洪大的原故。前者爲載波機的特性，無可置議，後者因爲高週遞帶，於傳送時即由擴大器提高其電平自1N至2N，不若語週電路，其輸送電平恆爲ON。雖說高週的阻感較高，而兩載波機終端傳送擴大器和收受擴大器的利得，可作互額果的補償，故其規定之線路損耗標準，恆較語週電路爲高，人們但以不需要其他設備之費綫而與載波電路作比較，在經濟上着眼，宜有軒輊於其間。故設計時載波電路之總衰耗，應以綫路在高週時單位里程的感阻去折合，尤應以天氣最潮濕時的感阻爲標準。通常美規八號綫，在八千週秒每哩的衰減損失爲0.054DB，若天氣非常惡劣，則其衰減損失增爲0.075DB，約有四分之一的出入。如以最壞天氣時的衰綫計算，則在天氣正常的時候，傳話固然清晰，即在最惡劣的天氣，也可以勝任愉快。

載波站所用幇電機，其利得亦較語週幇電機爲大，近來新式的機件不斷地創造，材料和費用，現在都可以節省很多了。國內各站所習用的德廠(歐陸系代表)所製的各種載波機如E型及T型，以及最近採用之美廠(新大陸系代表)所製的各種載波機H型及C型，先應知其性能，然後可推測其有效距離。所以綫路與機件，互有關聯，是不能分開的。下表列舉單身及三路載波電話，以爲計算通話有效距離的參考。

甲・德廠載波機，

程式	傳送電率	最大損耗	有效距離(公里)				幇電擴大利得
			2MM	3MM	3.5MM	4MM	
E_1	+1N	4 N 3.2Kc/s	400	520	625	680	4 N
T_3	+2.1N	4.5K 3.04Kc/s	270	360	390	420	5.3N

(本表轉入81頁下部)

機車輪距與軌道彎度之關係

歐陽達譯

欲求一適宜之輪距，於已知半徑之彎曲軌道上行駛，其先決問題，應視以下各項條件而轉移

(一)輪緣與軌肩之空隙：

第一圖所示爲英國鐵路 B.E.S.A. 標準輪緣外廓之尺寸。

A爲有引導輪架或轉向輪架之引導輪及後拖輪之輪廓。

A或 G爲前面有轉向架之連動輪輪輪廓。

A或 G爲後面有轉向架之後達動輪輪廓。

G或 E 爲不關引導輪及後拖輪之有無，(個)個或10個連動輪之輪廓。

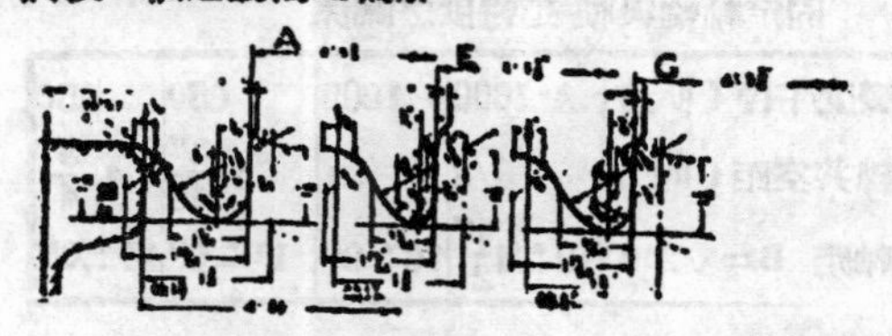

B•E•S•A• 標準輪緣外廓（1927）適用於4′—8 $\frac{1}{2}''$軌距。

×2 一欲適宜於某師車輪中心之邊緣，此尺寸可任意擇定，但至多以3/16吋爲止。

(二)軸箱與軸箱導鈑之空隙及軸箱銅瓦與軸頸之空隙：

平常此項空隙，均照普通一般規定之大小。但有的時軸箱與軸箱導鈑之間，（包括連動輪之軸箱及導鈑）常有另外增加側動機件之裝置。

(三)轉向架大圓銷或中心鈑容許側面移動之多少。

(四)彎道上軌距加寬之多少：

英國鐵路彎道軌距，普通均不加寬；車輛對外軌之推擠力，將軌距擠寬至一定最多限度，仍較正同復至原來規定軌距之寬度。歐洲各國彎道軌距，普通則均加寬。但各國規定加寬之量，差別甚巨。茲舉數條主要鐵路彎道軌道距加寬尺寸列表於下。由此表可知加寬最多限度，以 100公尺（1000尺）半徑之彎道，能容許加寬 30公厘（$1\frac{3''}{16}$）。表內尺寸均係採用公尺制。

（上接第80頁）

乙、美廠載波機

程式	傳送方擴大電率	接收方擴大電率	線時最大損耗	規定電率		帶電機擴大利得
				終端機的調整器	自還幅器	
H	十16DB	14DB或較小	28DB（在8.15Kc/8時）	一 13DB	十 4DB	20 DB
0	十18DB	十10DB	24DB（在28.4Kc/8時）	一 13DB	十 4DB	30 DB

(十)結論

我國電訊事業，一向是承襲着特別會計的餘陰。平時國庫很少有的款去建設牠，所以抗戰而後，雖說稍稍補助，然而準備仍覺不足。將來喘息之餘，我們應如何努力去建設牠，改善牠，增裝牠？爲國防兩字着想，是要積極地去進行的。若徒依違現狀，一旦有事，運用還是感覺不够的。這裏有幾個原則，亟待大家研究的：

（甲）關於一般的

一、指定專款，分期辦理較完美而又可战的全國長途通訊網。

二、設計時，應請國防部遴派嫺熟戰術的專家參加，庶平時通訊與戰時通訊可能打成一片。

（乙）關於技術的

一、提高輸送標準，其旨不應專在成本上打算務使音質清晰。

二、所有鐵線單線電路應一概屏而不用。

三、裸線還常受天氣的影響和災害，維持恆感困難，將來應逐漸考慮電纜的使用。

路名	彎道半徑(公尺)加寬尺寸以公厘爲單位						
	100	200	300	400	600	800	1000
Australian Fed. Rys.	……	……	30	24	12	12	12
Hunganian S. Rys.	……	……	……	20	10	10	10
Swiss Federal Rys.	20	20	20	20	10	10	0
Saxon Railways.	……	25	25	20	7	0	0
German Railways	30	24	18	15	9	3	0
Wurtemburg Rys.	15	15	15	12	9	6	0
Dutch Ry. Co.	15	15	15	11	8	6	5
Belgian Ry. Co.	10	10	10	10	0	0	0
Fracne P. L. M.	10	10	10	10	0	0	0
Dunish State Rys.	17	17	17	9	0	0	0

決定機車輪距之主要目的，爲欲使行駛於彎曲軌道上之迴轉阻力，減少至最小程度；因之彎度之側面壓力，而致輪緣軌頂所受之磨耗損傷，亦隨之減至極少。第二圖所示，爲兩個車軸之車在彎道上其輪緣與軌道關係位置之情形。其行駛方向，如矢頭所表。左邊前輪之輪緣與外軌接觸，在軌道上作繼續橫行之移動，而使車輛沿曲線進行。後輪之輪軸，因車架結構牽制，與前軸平行；故常保持其在此曲線半徑幅射線上之位置，而至右邊輪緣與內軌相接（如圖 2）。此位置爲引導車輛最易行動之位置。故輪距與彎道之關係，可用下式推演了。

命 R＝彎道半徑

B＝固定軸距

C＝輪緣空隙及軌距加寬使車輪側動之總距離

則 $R^2-(R-C)^2=B^2$

$2RC-C^2=B^2$

在此式中，C^2之數值比較極爲微小，可略去不計；

故上式可簡約爲：

$B=\sqrt{2RC}$

$R=\frac{B^2}{2C}$

$C=\frac{B^2}{2R}$

（例） 彎道 半徑600呎

空隙 輪緣總空隙3/8"

空隙 軌距加寬$1\frac{1}{4}$"

空隙 總 共 $1\frac{5}{8}$"或0.1354呎

∴ $B=\sqrt{2RC}=\sqrt{2\times600\times0.1354}=\sqrt{162.48}$

∴ ＝12呎9吋

下表爲應用此規則之數例，係德國鐵路聯合會所採用者。

固定軸輪與軌道彎度之關係

彎度半徑（呎）	1600	1600	650	650
總共空距（吋）	3/8	1	$1\frac{3''}{16}$	$1\frac{3}{4}$
軸距 $B=\sqrt{2RC}$	$10'-4\frac{1}{2}''$	$16'-6''$	$11'-0''$	$14'-0''$

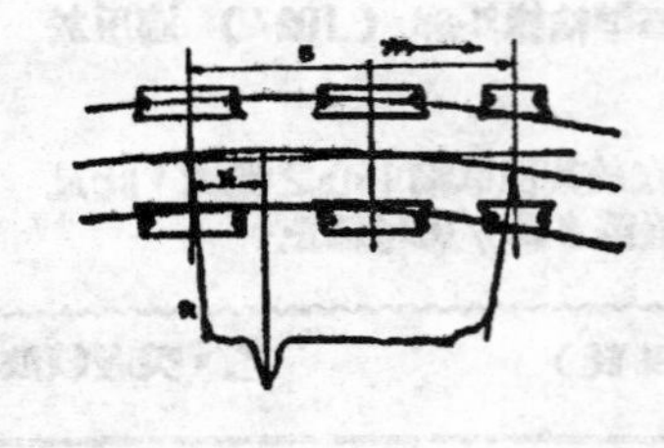

但軸距較長或彎度較小，其後輪常不依曲線半徑幅射線之位置進行；故半徑位置之關係，即失作用。爲第三圖所示，並以公式表明之：

$$X=\frac{B^2-RC}{2B}$$

求與某彎道適宜輪距之方法，平常將彎道由縮用縮尺畫出，再以輪距繪於曲線之上，曲線之半徑甚大，以之與長度比較極短之輪距求一輪緣與鋼軌空隙之精密尺寸，縮尺頗爲困難。羅耳氏發明一方法，能解決此困難，並能用尋常之圓規於普通繪圖紙上繪出其空隙之完全尺寸。

$B^2=R^2-(R-C)^2$

$B^2=2RC-C^2$

如將C^2之值略去簡約爲：

$B^2=2RC$ 及 $C=\frac{B^2}{2R}$

若於繪製圖形上，將B之尺寸定爲縮尺1/n，R之尺寸定爲縮尺$\frac{1}{n^2}$，則C之尺寸，將與原來大小無異。

圓形原來寸爲 $\frac{B^2}{2R}=C$

縮小尺寸爲 $\frac{\left(\frac{B}{n}\right)^2}{\frac{2R}{n^2}}=\frac{\frac{B^2}{n^2}}{\frac{2R}{n^2}}=\frac{B^2}{2R}\frac{n^2}{n^2}=\frac{B^2}{2R}=C$

惟應用此公式，只限R之數值較C之數值極大，須特別注意。

第五圖爲應用此方法繪製之2—6—0式機車輪距與軌道彎度之關係。曲線A表示外軌內側邊緣。曲線A'表示內軌內側邊緣。直線F表示輪緣與鋼軌相接觸之線。線之左邊表示左邊車輪接觸綫。線之右邊表示右邊車輪接觸綫。同樣直綫T表示前導輪與鋼軌之接觸綫。A'兩曲綫間G之距離，表示車輪橫側移動之總空隙。圖中左邊導輪及左邊前動輪與外軌相接，後動輪之位置則在曲線之半徑上。

如圖所示輪距之位置及尺寸，求在600呎半徑彎部上之空隙。

$$C=\frac{B^2}{2R}=\frac{111^2}{2\times600\times12}=7/8''$$

$$又\ E=\frac{D^2-B^2}{2R}=\frac{198^2-111^2}{2\times600\times12}=1\frac{5''}{8}$$

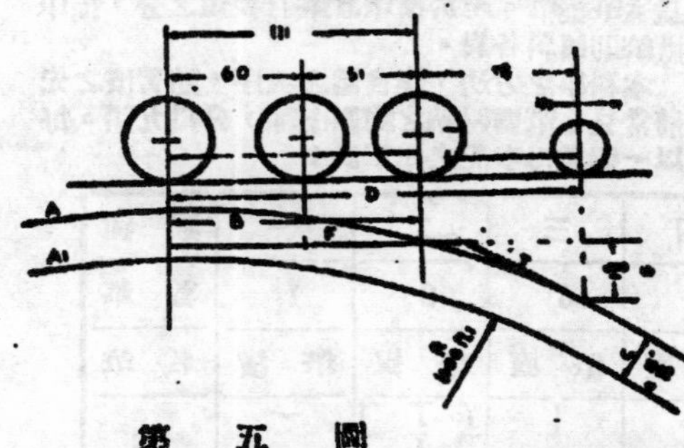

第五圖

若以3/8"爲輪緣之總空隙，則軌距應加寬1/2"。此圖爲應用縣耳氏方法所繪，爲適應紙張之面積，形狀極小。其採用之縮尺爲輪距1/20，曲線半徑1/400，再全部縮小四分之一。故其實際縮小之尺寸，爲輪距1/80，曲線半徑1/1600，空隙1/4。在實際應用上，下表所列之縮尺，頗爲合用。惟此表空隙之尺寸，係假定爲原來大小之一半。茲將三種縮尺列于下表：

空　距	1/2	1/2	1/2
軸　距	1/16	1/20	1/25
曲線半徑	1/128	1/200	1/3 25

表中數字爲1/n與1/n2之比，第一欄爲1/8 1/64。第二欄爲1/10，1/100。第三欄爲1/45，1/151.25。

1000呎半徑之曲綫，若採用表中第三欄之縮尺，則圖上半徑爲1000/312.5=3.2呎，30吋長之圖紙，可容30×25×2=15 0吋長之曲線。只須不違反1/n及1/n2比值之原則，其他大小之縮尺均可採用。

附錄

轉向架半徑桿之長度。（伯爾特來氏方法）

伯爾特來氏決定轉向架半徑桿長度之方法，如第六圖之圖解法所示。

第六圖

在直角三角形ABC內，AB邊等於由固定輪距中點至轉向軸中心之距離。AG邊等於固定輪距長度之半。將三角形斜邊在D點二等分之。由D點作BC邊之垂直線與AB邊相交於C'。則AC'爲所求半徑桿之長。

由此求得之長度在數理上十分正確，並由繪製方法，可知與彎道半徑絕不相關。茲再以算法方法計算如次：

Y=所求半徑桿之長度（AC'）

T=自固定輪距中點至轉向架中心之距離（AB）

F=固定輪距長度之半（AC）

$$Y=\frac{1}{2}\left(T-\frac{F^2}{T}\right)$$

但此定則，在數理上只能於車輪在軌道上之一假定位置，輪距之前輪後輪與轉向輪之空隙均相等時，方能正確。

命　Y=所求半徑桿之長

B=固定輪距

D=總輪距

X=自固定輪距後軸至曲綫半徑幅射點之距離如第三圖

$$則\ Y=\frac{1}{2}\left((D-X)-\frac{(B-X)^2}{D-X}\right)$$

明日歌　錢鶴灘

明日復明日，明日何其多，

我生待明日，萬事成蹉跎，

世人苦被明日累，春去秋來老將至，

朝看水東流，暮看日西墜，

百年明日能幾何，請君聽我明日歌。

「工程」是一種準確而週密的訓練，

這種訓練應用到「中文檢字」方面，便創出：

一三五九檢字法及其應用

朱詠沂

> 一三五九法爲本會會員朱詠沂先生所發明，簡便，易記，準確，迅速，爲四角號碼及五筆檢字所不及。人人均能於數分鐘內學習明瞭，而可應用無困難。迭經教育部，中央研究院，編譯館審核，內政部註冊，國學大師，科學專家評定，認爲特具匠心，精細周密，在現有檢字法中實無出其右者。特爲介紹。
>
> ——編者

一，緒言

根據中國年鑑：全世界上說中國話的有5,6000,0000人（見世界書局發行高小新算術）換言之用中國文字的約佔全世界人口之三分之一。中國字之被認爲難學，難寫，難檢，難記，是古今中外人士異口同聲的。中國有五千年之文化。悉惟此文字是賴。五千年之中國能至今日仍爲世界上之大國，亦惟此文字是賴。國人四萬萬五千萬之衆，各地言語均不盡同。若無文字統一之力，則中國未必仍爲一國，或許變爲歐洲之若干國矣。中國文字之功用如此，筆者以爲國人應設法解決中國文字之困難，而不必提倡中國文字之廢除。一三五九檢字法，證明中國字實比世界上任何文字爲容易。英文有23字母，常人學習非積日累月不能用。一三五九法將母筆分爲九類，人人均能於三分鐘之時間，記得「一三五九爲橫直撇點」即能明白文字之應用。現代科學雖進步，尚未有僅僅明白四個字之意義，即能把握文字檢查之方法也。約述如下：

原理：凡字皆由線與點配合而成。線有斜正曲直之分，筆有單複純變之別。正筆有二，曰橫筆，直筆。正筆之外有斜筆，向左者爲撇筆，向右者爲捺筆，均爲單純之線筆。多於單純之正筆者爲複筆（分橫複，直複，撇複），翹筆即曲筆矣。點爲頭尖而尾大有向左者，有向右者。其變形爲挑筆趨筆。至於橫筆直筆有長短之分，捺筆撇筆則傾斜各異。

本科學之方法，作自然之次序，隨習慣之先後將常見之筆畫歸納之約四十種，分爲九類。每類以一個數目字記之如下表：

種類	筆數	筆名	筆形	字例
一	1	橫筆	一	如「一」「二」「三」之各筆
二	2	複筆	㇕ ㇕ ㇕ ㇇ 了 ア ㇇ 丫 ㇈ 乙	如「民」「子」「司」「力」「又」「陳」之起筆「口」「水」「乃」及「風」之第二筆及「乙」「字」等
三	3	直筆	丨	如「同」「口」「中」之起筆
四	4	直複	亅 亅	如「小」「水」之起筆「猶」「子」之第二筆
五	5	撇筆	ノ ノ ノ 丿	如「千」「生」「人」「月」之起筆
六	6	撇複	く ㄥ ム	如「巢」「女」「幼」之起筆
七	7	翹筆	㇄ 乚 ㇉ ㇗ ㇗ ㇗	如「以」「母」「出」之起筆「山」「七」「心」「戈」之第一筆「沙」之末筆
八	8	捺筆	㇏ ㇏ ㇏	如「八」「人」「入」「近」「之」之末筆
九	9	點趨	丶 丶 丶 丶	如「小」之左右二筆草頭之第一「江」「河」之第三筆「地」「特」「前」「半」字之末筆

更以橫直撇點爲綱，一三五九爲目。或記以

筆名	橫	直	撇	點
筆形	一	丨	ノ	丶
筆數	一	三	五	九

則純粹之橫筆爲一，直筆爲三，撇筆爲五，點爲九。多於橫筆直筆者爲二四六。又如「七」之末筆者爲七。如「八」之末爲八。點趯同爲九。

附說：第一類爲橫筆，係自左而右者。第二類橫複前半爲橫筆，而後半爲向下向左或更向上者。第三類爲直筆係自上而下者。第四類爲直複，前半如第三類，而後半與第二類同爲向左者。第五類爲撇筆，頭大尾尖，自右向左之斜筆。第六類爲撇複，前半如第五類，後半向右，與第二類第四類之後半相反者。第七類係自上而下，及自左而右粗細均勻之曲筆，凡兒童初學寫字時，所有「七」字末筆之形狀，如「以」字之首筆，「心」字之第二筆，「氏」字之次筆及末筆均屬之。第八類爲捺筆，係自左向右之斜筆，可以「八」字「之」字之末筆代表之。第九類爲點及自左向上斜之趯筆。如「二點水」及「三點水」之末筆。

記法：中國字中之第一字爲「一」，有如天經地義者，故新舊字典中之第一字均爲「一」，而橫筆如「一」，故橫筆爲「一」，多於橫筆者爲橫複，多於「一」者爲「二」，故橫複爲「二」。與橫筆相對稱者爲直筆，「直」字之中有「三」，故直筆爲「三」。多於直筆者爲直複，多於「三」者爲「四」，故直複爲「四」。橫筆，直筆，均爲正筆，此外有斜筆，如「五」字中第二筆之斜者，爲撇筆爲「五」。多於撇者爲撇複，多於「五」者爲「六」，故撇複爲「六」。如「八」字之末筆，由左向右斜者爲捺筆爲「八」。記得「橫」「直」「撇」爲「一」「三」「五」，則「二」「四」「六」所代表者，爲其複筆，即橫複，直複，撇複可立而得。或記以「橫」起者非「一」即「二」，「直」起者非「三」即「四」，「撇」起者非「五」即「六」。除純粹之橫直筆外，第五類以前之末尾向左，第六類後之筆尾向右。正筆斜筆之外，有不正不斜之曲筆爲鉤筆爲「七」，爲由左向右彎曲（例如「戈」之第二筆）爲先直而後向右，與直複「四」適相反者，（例如「氏」之第二筆）或先直而後向右更向下向左爲粗細均勻之曲筆（如「母」字之末筆）。「點」之末部均爲「丶」而數之最末者爲「九」故點爲「九」。又趯與點相合爲二點水或三點水，故趯爲點之變形，同爲「九」，爲由左向右尖者。換言之，「一三五九」爲「橫直撇點」。一三五九單筆爲單數，複筆爲雙數。至「七」「八」各如其末筆之形狀，或僅記

　　橫　直　撇　點
　　一　丨　丿　丶
　　一　三　五　九

足矣。記憶便利，毫無困難，頃刻之間，人人能之。

筆數法：每字之筆數依正楷筆畫之種類及其先後次序定之。即（一）以正常楷書字體爲準，例如「言」「福」「衫」等字之第一筆均爲點。（二）字由一筆成者，數則一位。字由二筆成者，數即二位。（三）由第一筆得第一位數，由第二筆得第二位數。例如「大」字共有三筆則有三位數。由第一筆爲橫筆，得第一位數爲「1」，第二筆爲撇，第二位數爲「5」，末筆爲捺得末位數爲「8」。故「大」字爲「158」。同理「中」爲「3213」。筆畫甚多之字，每字可有二數或三數，但每數以多至五位或六位爲度，其後以……表示之。例如「魚」字爲「52321……」。

部筆及字首部筆　一字中之某數筆與他筆不相連，而與他字中之某數筆完全相同者，例如「口」，「日」，「土」，「車」，「力」，「女」等謂之部筆。凡部筆爲一字之起首者，例如一字之前半如「木」，「才」「氵」等，一字上半如「艸」「竹」「宀」等謂之字首部筆。蓋古人造字，源於六書，有基於象形者，有由於指事，諧音者，有原於會意，假借，與轉注者。部筆爲文字之母，互相配合而成字，愈聚愈好，此以前字書之所以重部首也。凡在部筆之數後均以一短號區別之。例如何與代二字均可分爲前後二半字。而前半「亻」完全相同，稱爲部筆，此處亦即爲字首部筆，「何」字之筆數爲「53-13214」，及「代」字之筆數爲「53-179」。每一部筆至少有二筆，但一字不一定都有一部筆，而一字亦有二三部筆者。

部筆短號之重要　部筆短號之應用，極爲重要。倘有錯誤，則足以影響編查字位之工作。例如「仕」與「斤」爲完全同筆畫及筆數之二字。若不注意部筆短號之運用，則因其筆數相同，二字均將誤爲同在一處矣。實則人人一望而知者「仕」字之前二筆爲一部筆，而其筆數爲「53-131」，「斤」爲並無部筆者，而其筆數爲「53131」。故應以「53-」與「53131」相比較而決定先「仕」字而後「斤」字。

位數法：平常言一數之大小者，皆以一比二小，二比三小，四五六漸大，而至七八九更大。又三位數比二位數大，如千比百大，比萬小是也，言數量之多寡輕重時亦然，如千人多於百人少於萬人是也。至有次序等級之意義者，則反是。如第一名比第二名高，第一級比第二級高，第一獎比第二獎多是也。先後次序，常以較小者在前，大者在後，如先50而後60，先900而後100是也。今茲所謂位數法者，（甲）不論全數之大小，（乙）不計位數之多寡。其先後次序之定則，爲（一）甲數之第一位與乙數之第一位相比，小者在前，大者在後。（二）二數之第一位相同時，再比較第二位。前者二位均同者。比較其第三四位（三）位數多者與位數少者之前一段完全相同時，少者在前，多者在後。例如11319.114.11499.131.513.529.2924.9159.11319等數。如論各數之大小，則其次序應如下58.114.131.513.529.2924.9159.11319。今以本法排列時，則爲11319.114.11499.131.2924.513.529.58.9159。即第一位一者在前，爲二者次之，爲五者更次之，爲九者在末尾，第一位相同時第二位照例比較之，第二位均同時，亦倣此。故11319，在114之前，131在

11499之後。513之第一位比2924之第一位大，故在後，529之第二位比415之第二位大，比58之第二位小，故其次序爲 513，529，580。又14爲三位數，與11499之前三位完全相同，故先114，而後11499，至53—131與53131實等於53與53131相同比，故先53—131而後53131。又53—131與53—197前半段完全相同，則等於131與197 之二數，故先53—131而後53—197。

二字以上之先後法：凡字先看第一筆，凡數先問第一位。二字之第一筆及第一數相同時，以第二筆及第二位決定其先後。即（一）就二字之第一位數，互相比較，小者在前，大者在後。（二）第一位數相同時，比較第二三位數。（三）位數少者與位數多者之前一段完全相同時，則少者在前多者在後。（四）同部筆後之位數，依照比較之。（五）有部首者，與無部首相比時，字首部筆後之位數可以不計，而依字首部筆與他字之筆數，比定其先後。例如「八，士，于，夕，王，六，示，玉，予，千，斤，仕」等字之先後次序，爲王（1131），玉（11319），于（114），示（11466），士（131），予（2624），千（513），夕（529），仕（53—131），斤（53—131），八（58），六（9159）。

筆數相同之字：二字或二字以上之結構及形狀不甚相同，而其筆畫及筆數完全相同時，則其先後以頭二筆分開，相離，或筆畫較短者居首。相連，相纔，或筆畫較長者在後。例如「八」在前，「入」居中，「人」在後。「工」在前，「土」居中，「士」在後。「田」在前，「山」居中，「冉」在後。及先「甲」而後「申」先「刀」而後「力」是也。二個以上，形貌與意義均不同，而筆數完全相同之字共有二十二，分列如下

（一）未，末　（二）天，夫　（三）厂，十　（四）工，土，士　（五）老，考　（六）工，士　（七）右，左　（八）太，犬　（九）巳，已，己弓　（十）刀，力　（十一）召，加　（十二）另，叨　（十三）目，且　（十四）甲，申　（十五）田，由，冉　（十六）午，牛，牛　（十七）朱，束　（十八）矢，失　（十九）勺，乃，儿，九　（二十）久，及　（二十一）八，入，人，乂　（二十二）佘，余。

零（〇）數之意義及用法第一類：本法之筆數，僅由一，二，三，四，而至五，六，七，八，九共計九個。十個數字中之零（〇），並不在內。今以「〇」爲數目以外之一種記號，用以代表二個以上之數碼。一字中之某數筆，爲某一部筆繼續重複一次者，則於部筆位數之後以一個「〇」表示之。同一部筆繼續重複二次者則用二個「〇」表示之。例如圭爲二個「土」合成則以1310表示之。即以一個「〇」用爲代表一個部筆短畫及三個數字（131），共計四項之用。

筆數繼續重複者：前言以一筆一數爲原則，但一種筆畫繼續重複至三次以上者，則以三次計，以省手續。例如「杰」爲 1359—999，末尾四點應爲四個九，僅取三個九是也。

筆數標記法：以上爲闡明本法對於一字之筆畫，可以數記之，任何二字之先後次序，均可以數字表示之。誠以各字先後次序以數字爲媒介，比以「橫起者在前，直起撇起者居中，點筆在後，」之說法，爲明顯簡便。雖數字有可以代表筆畫與文字之功用，但本法旨在利用數字爲津梁，並不是以數目代字筆。且每字亦非有必須以數字來指引之情形，如四角號碼然。因爲四角號碼，係以一字四角之形貌爲主體與構成之筆畫無關。故一字無號碼時，則先後地位之次序，無所依據，例如0021號，㢊，龐，亮，鹿，蔴，廳，㢊，交，衷，就，兀，㢊，㢊，㢊，㢊，㢊，等十八字均在一處，而除各字之四角之形貌外，則甚難得各字排在一處之理由也。今本法則不然，先後次序，係以筆畫爲主體，且有部筆與字首部筆之應用，凡起筆相同者，則均同在一處。普通每字之旁，無需數字之依附，實則比每字有數字之追隨者不僅節時省力，亦極合理自然，而無地位之虛耗也。所謂以數字爲索引之法者，即在第一頁每行末尾，附以該行末尾第一字筆數之全部或一部份，其他各頁各行第一字之筆數全部或一部份，附記於各行之上端。或每頁末行上角。凡字典，姓名錄，地名錄，electronic辭源，電報簿，及各種中外名詞對照表等均可如此用之。

查字法：欲查某字在何處時，先問正常楷筆之起首爲何筆何數。由起首之第一二三四筆。得一二三四位數，例如「中」字起筆爲直爲3。次筆爲橫折爲2。第三筆爲橫爲一，末筆爲直爲 3，故全數爲 3213。在索引數字中，查到比此數較大及較小之二數，在較小之數後即可得「中」字之地位。又如有字首部筆者，先查字首部筆之筆數。例如「信」字先查53之地位，再在53中查得911…之地位，則得「信」字矣。如遇筆畫有疑義，及遇起筆有二種，常由各人不同之寫法，而不能決定其起筆時，可在二處查考之。例如：「九」字有以撇起者，則爲52，亦有以撇爲末筆者則爲25。但一字祇有二處，二處之中必居其一，不若用部首時，非知「九」在「乙」部者，則無法查得矣。

二，字筆先後標準之原則

本法以筆畫爲主，數字爲導。起筆同者，筆數相同，地位亦同。各人之筆順有不同時，則筆數與地位亦隨之而異。或者以此爲本法之缺點。筆者以我國文字，自晉以來二千年，均以楷書爲主。書法悉宗於王右軍，柳公權，顏真卿等諸先賢，雖體有不同，而寫法則一，二千年之久，億萬人之衆，均既有所宗，則筆畫先後之必有標準，可以斷言。語云：「不以規矩，不能成方圓。」學字亦然，一撇一捺分開者爲「八」相交者爲乂，撇長而捺短者爲「人」撇短而捺長者爲「入」，差以毫厘，謬則千里，一字中之各筆長短遠近之差且如此，筆順應有一致與標準之重要，顯而易見。普通所謂中文之筆順，結構爲自上而下

，及自左而右者，乃就單筆而言，若論數筆組成一筆字之寫法，則又可得一原則，即「先左右而後上下」。與數學上一式之中，有加減乘除時，則先乘除而後加減之數法相同。此外更有取中綫爲起筆者。亦有違反以上之原則者。總之，本科學之方法，依自然之次序，及習慣之先後，可分下列之標準：

（一）自上而下。例如：「三」字；自左至右，例如「川」字。

（二）先自左而右，再自上而下，例如「十」「大」「朱」「馬」「力」「刀」「上」「占」等字。

（三）一字之上筆，形成一字或一部筆之寬度或局面者爲起筆，例如「有」「厚」「民」「尺」「皮」「門」「广」「百」「臣」「成」等字之起筆，爲橫筆、橫複，均爲決定一字或一部份之寬度或局面者。

（四）凡一部筆可以決定一字或一部筆之大小外圍者爲字首，如「門」「門」「戊」「戈」「广」等字。

（五）一筆有居中性，高出其下非單直無底者爲起筆，例如：「山」「水」「小」「止」「也」「變」「樂」等字之起筆，均爲直筆，直複，或點撇。

（六）一筆有居中性，高出其下單直無底者非起筆，例如「中」「半」「大」「夫」「火」「米」「小」「市」等字之起筆，均爲非居中之筆。

（七）一筆有居中性而不高出者，則仍依先左右而後上下之原則，例如「粥」之起筆爲「弓」而不爲「米」。

（八）左右相同，當中爲直或直複而與橫筆相交或相接者，直筆，直複，常爲橫筆之次筆，例如「巫」「求」「麥」「喪」等字，首爲橫筆，次筆爲直或直複。

（九）一直筆與數橫筆相間，而底部仍爲橫筆者除最低一橫筆外，起首均爲橫筆，次爲直筆，最後仍爲一橫筆，例如：「王」「士」「田」等字。

（十）一直筆與數橫筆或橫筆相間，而最低部份並非爲橫筆者，則起首均爲橫筆或橫複，末筆爲直筆，例如「干」「聿」「中」等字。

字筆先後標準之舉例：筆畫先後標準之原則既定，通常單字之起筆自明。茲更將一般單字筆畫、對於小學生初學習字，易致錯誤者，舉例如下。以待書法字學專家之指正，爲小學生之準繩。

（一）趯與點同類：「江」「河」等字之前半部，普通均稱爲三點水，古人必有以三筆同一寫法之時，即第三筆向上挑筆之程度甚微，而與前二筆之寫法十分相近。厥後因寫者於第三筆寫完之後，隨即向右繼續其書寫之工作，遂不期然而然的將筆勢向右移動，以致由第一第二筆之點，變爲第三筆之趯形。故本法以爲趯與點同類，如「凋」之二點水爲99，「江」「河」之三爲999。

（二）趯爲前半字之末筆：因趯爲點之變形，而其所以有此變形者，又爲書寫時一種自然之筆勢。在左部即將完畢，右部即將開始，有承左啓右之勢態，故趯筆常爲一字左部之末筆。試以三點水（氵），（趯土）土挑手「扌」，等均證明其如此。由是而知「門」字之起筆，應爲左邊之直，而不爲左半上頂之橫筆。但門字前半「王」之第三筆爲橫而非趯。故其起首爲橫筆，或即王橫而非直筆。又草頭（艸）之起首爲直，次筆爲橫。然一如前土（土）挑手「才」之例，亦爲前半部之末筆。「艸」之第三筆爲趯，第四第爲撇，然其後即第五筆，類似在左部另行開端者。

（三）點在一字或一部筆中常爲末筆：由點字之末部都是「丶」，故以點爲筆畫之最末一種。又以數字中之最末一數是「九」故以「點」（丶）爲「九」。實則以「點」爲「九」者，作者經四年之時間，二十餘次之試用，而後決定者。蓋各種筆畫最易而最初定案者，莫如橫筆與撇筆，其數爲一爲五，以橫筆如「一」，而撇筆則如「五」字中之第二筆也。次則爲直字之中有三橫如「三」，故直筆爲「三」，更次則爲橫複，直複，與撇複爲二，爲四，爲六。再次爲翹筆，捺筆，爲「七」，爲「八」。最難而最後決定者，爲點爲九。誠以字與字之間更有一定自然而又合理之次序者也。試觀常人對於「火」「八」字之末筆，固均爲捺筆，而亦有時爲點者。「炎」「炭」等字亦然，宋體均爲捺，而楷書則均爲點，更欲於「木」字之後，再有前木旁之字，（如「樹」「林」等字）「金」字之後，再有前金旁之字，（如「銀」「銅」等字）則均應以點在捺筆之後，而其數比八大。如木字在前木旁各字之後，「金」字在前金旁各字之後，不僅不自然亦不合理矣。此實爲點在筆畫中爲最後一種，而其數爲九之原因也。

（四）「方」字之末筆：由「刀」「力」字之起筆爲橫複，末筆爲撇，則（方）字之末筆亦應爲撇。

（五）「乃」「及」二字之起筆：由「久」字之起筆爲撇，次爲橫複，則「乃」

「及」二字之起筆，亦應爲撇次筆爲橫複。

（六）「馬」與「長」二字之起筆：同爲有以橫筆起首，亦多以直起者。依照「先左右而後上下」之原則，則起首應均爲直筆。又舊有部首中以「馬」，字爲十畫，亦證明應以直爲起筆。否則以橫筆起時僅有九畫而非十畫。

（七）「右」，「有」，「巨」，「臣」，「戊」，「皮」等字之起筆：有以橫及橫複起者，有以直與撇起者。由「大」之起筆爲橫，則「右」，「有」字亦應爲橫。由「厚」，「原」等字之起筆應爲橫，則「巨」與「臣」，「區」字之起筆亦應爲橫筆。由「尺」，「尸」字等之起筆爲橫複，則「皮」字亦應以橫複起，蓋各筆均爲決定一字之寬度者。

（八）「戊」，「戌」，「成」等字之寫法：各字之外廓均相同，有如「同」，「肉」，「岡」等字之以「冂」起筆，及「問」，「閑」等之以「門」爲起筆者。故各字均應以「戊」爲字首部筆，而以橫爲起筆。共筆數爲 15759。

（九）「戰」「裁」「哉」「載」「栽」等字之有「戈」者：舊時部首中各字有列在「戈」部者，有在「車」部者，又有在「口」部，「木」，「衣」部者。本法以「十」與「戈」合併爲「𢦏」爲起筆，與「戊」同爲一種字首部筆。或有以「戈」部末尾三筆爲一字之最末筆者，筆者依照「鈎爲前半字之末筆」之原則，則視其中是否有鈎筆如「咸」字之第五筆者。如「截」字中之「隹」部末筆爲鈎，而不爲橫筆時，則其末筆爲鈎，撇，點，其筆數爲……759。否則各字中無鈎筆者，均宜以「𢦏」爲一種字首。（即131759）

（十）「非」「北」「背」等字各筆之次序：「非」字居中之二筆，均當用而有居中性者，故各爲起筆。但前半字之直筆爲前半字之起筆，次爲直筆左之橫筆瀟筆。後半字之直筆又爲後半字之起筆者，次爲直筆右邊之三橫筆。同理「北」之起首爲左邊之直筆，次爲左邊之點鈎，更次爲右半之撇筆及鈎筆。

（十一）「兆」字筆畫之次序：有主以居中之二筆起者，有先前半而後半者，其次序以與「非」同。本法以居中之撇筆爲起筆，次則爲點與鈎，再次爲右半之鈎筆，而撇與點爲末筆。

（十二）「女」字之起筆爲撇複：兒童初學習字時，每易以橫筆爲起首。實則因前「女」旁之字（例如「好」「妹」等）前半字之末筆常爲鈎，故「女」字之末筆亦應爲橫。而以撇複爲起筆其筆數爲651。

（十三）「片」，「莊」，「將」，「出」等之起筆：平常多以起首爲鈎，次筆爲直者。亦有以起首爲直，次筆爲鈎者。本法取先左後右之規則，均以鈎筆爲起首，直爲次筆。

（十四）「道」，「養」，「第」，「曾」，「兌」等字起筆有二種者：宋體字均以撇爲起首，捺或點爲次筆但楷書則多以起首爲點，次筆爲撇者。本法以楷書爲標準，從俗爲原則，故其起筆均爲點。

（十五）「豈」，「幽」，「豳」等字之筆順：各字中均有「山」字之筆畫，結構依照「問」「開」「閑」「關」等字之有「門」部筆之例，同爲一字局架之部份。「門」爲字首部筆，則「山」字亦爲各字之起筆，而其字首筆數爲「373」。

（十六）「耳」字之寫法：依「干」，「十」，「申」等字之筆順爲例，則「耳」字之起筆應爲橫，次筆爲直，再次爲三橫筆，末筆仍爲直。至在一字之前半部時，則依鈎爲前半字末筆之通例，起筆爲橫第二三筆均爲直，再次爲中間之二橫筆，再次爲鈎筆。

（十七）「不」字之寫法：通常多以橫爲起筆，撇爲第二筆，直爲第三筆，點爲末筆，而其筆數爲1539。惟「不」字與前「木」之木部形狀不同而有同樣之筆畫。「木」字之筆順1358，「才」字爲 145。有撇筆者常有捺筆或點筆隨之，如「人」，「大」，「木」，「米」字等是也。「不」字又爲「一」「小」二字之配合而成。故其筆順應以1359爲標準，即先直而後撇，比先撇而後直或1539爲合理。

（十八）「卅」，「丹」，「冊」之筆順由「卅」字之第四筆爲橫，其後二筆爲點，則如「丹」字之第三筆爲橫，末筆爲點。「冊」字之起筆爲撇時則末筆爲橫。如起筆爲橫筆時，則次筆爲直。再次爲橫複，而其筆數爲13232。

（十九）「來」，「乘」，「齒」，「巫」等字之筆順：由「求」字之起筆爲橫，次筆爲橫複，則「來」字之次筆亦應爲居中之直複，再次爲左邊之撇點。「乘」字亦然，第一二筆爲撇與橫之後應先爲居中之直複，再次爲左右二邊之撇點。「巫」，「齒」二字之筆順相同，先爲橫筆，次爲直，再次爲粵漢用有限的財力，拚凑些舊有器材，勉强通了車。要想完成最低安全設施和恢復戰前標準，再進而使它現代化，還有相當要走的路。

粵漢修復工程述略

林　詩　伯

粵漢區鐵路，破壞既重，修復期限又迫，復軌之初，深感修復工程艱鉅，兼以材料、工具、工人均告缺乏，更感推進不易，乃訂定計劃，按步邁進，幸賴各方面協助，路局內外各部份之通力合作，與本路各級工程機構在事員工之努力，卒能克服困難，工事順利開展，如限分期通車。惟本路地位重要，為配合戰後建設，及經濟與重工業各方面之發展，有待於補充及加强者尚多。茲就本路通車二年以來趕工經過及今後工程計劃與展望，擇要概述，深望關心鐵路事業人士，賜予指教。

一、分期進行計劃

復路工程進行計劃，原定分為三期進行，第一期為初步通車，按照破壞之輕重，由武昌至廣州，於三十五年一月，全線同時動工，訂定分期通車計劃如下：

（1）三月一日由武昌通車至長沙；

（2）五月一日南段通車至曲江；

（3）七月一日與南段通車至廣州。

第二期為通車一年內工作計劃，即自卅五年七月一日起至卅六年六月卅日為止。訂立中心工作如次：

（1）架設正橋；

（2）整理路基軌道；

（3）補充設備；

（4）補修支線。

第三期為完成復路計劃，按事實之需要，視財力物力之多寡，由恢復本路戰前狀況，進而使其現代化，期自卅六年七月一日起，至卅七年七月一日全部實現，俾此重要幹線，得發揮其最大運輸效能，加速建國大業之早日完成。

二、復路工程標準

本路自武昌至廣州建築時，係分段分期完成，機構不同，主管不同，雖依我國鐵路工程標準，未臻統一，更加以淪陷期中，敵人草率接軌，是以全路工程標準，至為錯雜，為適應事實需要及準備將來發展計，特訂立修復工程標準如下：

（1）橋樑——（一）墩座及下部為永久式，載重規定為古柏氏E50級；（二）上部木便橋規定為E35級；（三）鋼樑A新者為E50級，原橋修理最低不得小於E35級。

（2）軌道——（一）第一期以接通為目標，不拘鋼軌種類，惟最小重量不得小於六十磅；（二）第二期將七五磅以下鋼軌全部換除；（三）第三期全部鋼軌改換至八五磅或以上。

（3）坡度灣道——（一）第一期便道最大坡度為1.5％，灣道為6度；（二）第二期坡度改善至1.0％，灣道改善至4度至5度。

三、工程之設計與施工

復員之初，交通艱難，非但參加復路工作工程人員來自後方，即一般較有工程經驗之包商，亦莫不由後方遠道而來，本路為爭取時間趕建工程起見，於三十五年一月先後設立各級工程機構，計十二個總段，每總段分三個分段，各大橋工程處，山洞工程處，拆軌隊，釘道隊，鋼梁隊，鍵修所，及機具保修所等數十機構，員司一千三百餘人，全路工人共計三萬餘名，即於一月展開全線工作，能於數十日之短期中，集中龐大人力亦至不易。

（本文接上88頁）

撇點。

（二十）「垂」「郵」等字之筆順：依「土」「王」「田」等字之例，「垂」居中之直為末尾第三筆而其筆數為5139 15131。「郵」為51391……23。

三，電報與筆順

中文電報迄今不能直接閱讀，必須假手於電報本，用者莫不認為中文之大病。中文筆畫並不如西文之橫行一律，而有上下左右之不同。致初學者與外國人之學中文者，習字之法困難重重。下表計列日常通用基本單字1359個。旁附數目（一）為表示筆畫之順序。（二）為表示電報可能採用之號數。於教育方面可以解決各字筆順之問題。於電報工作可以直接閱讀而無需乎翻譯。例如「志」字之旁有131—979)，表示志字之筆畫，上半字為先橫次直而又橫，下半字為先點次鉤而最後均為點。電報號數亦可為131—9799。從此中文之應用可與西文無異。固然，本表旨在用本法為1359個基本單字筆順之指南。如欲完全應用於電報工作時，請閱拙稿一三五九法甲種電碼本。（註：表略）

工程之計劃、標準及人事既定，同時主持推進者，則爲設計與施工。爲配合客觀條件，作因時因地之宜，爰決定原則如下：

（1）設計——（一）各項緊急工程，除由工務處製定標準圖外，直接主管單位，按實地情形，另製施工圖，編製預算。（二）非緊急工程，由直接主管單位按實地情形，先行擬具草圖，由工務處設計科，重行設計繪圖并編製預算。

（2）施工——施工方法，依照需要情形擬訂下列二種辦法呈奉交通部核准施行。（一）復軌工程施工規則。（二）復軌工程緊急施工辦法。此項復軌工程，施工規則與一般工程施工細則大致相同，惟爲防止包商拖延期限起見，單價不予調整，備給以米價補償，至緊急施工辦法乃復路工程之緊急措施，凡與通車有關，必須採取緊急措置，提前完成者，悉依此辦法辦理。是項辦法，發包原則，以選擇在本路已登記合格並在各路辦理工程著有成績之包商，簽約發包，預借工款即行開工，其工程單價，悉按照本路核定辦理，俾省去招標投標議價等手續而爭取時間。

四、工程進行中的幾個意外

戰爭結束，大破壞之餘，交通阻滯，供應不便，通貨膨脹，物價波動。工食既缺，料具尤困。艱難締造，自屬意料。復路計劃，既經決定，趕工如作戰，成功失敗，繫於一髮，只得咬定牙根，與內外員工日夜邁進。差幸各項工程，十之八九，均如計劃逐步完成。但是畢竟人力難以勝天，事過境遷，固不勝有今昔之感，但囘想之際，幾乎「功敗垂成」，迄今思之，猶覺悸悸難忘者，尚能追憶一二：

（1）高廉村隧道修復工程——該處地質不佳，建築之際，閱曾費時六載。此次澈底破壞。炸燬震撼，清理之際，山洞中段之上部數十公尺高地層整個沉落，兼值雨季，滲水泉湧，洞內空氣不通，黑暗不明。該處工作誠如所謂「從黑暗中摸索光明」，殊感心力交瘁。至炸燬於洞內之機車車輛，不易清理，尚屬餘事。時至三十五年四月，本人親赴該處視察山洞工程，認爲將誤本路五月一日武昌至曲江段通車期限，於是臨時決定趕築便綫，四月中旬開工，月底通車，便綫計長七公里，動員九千餘工人，於十二日內完成，差幸未誤整個計劃。

（2）撈刀瀏陽二橋——三十五年五月一日，既如期接通曲江以後，第一期工程，已完成三分之二，估計七月一日通車廣州，無甚問題。全綫員工，趕工精神，益覺興奮。不想在整個注意集中南段之下，五月上旬霪雨爲患，撈刀瀏陽敵人所建兩便橋，同日被冲斷二百餘公尺，材料既缺，雨勢不停，水位不退，眼見七月一日全綫通車，功虧一簣，在整個空氣沉悶之中，余奉命坐橋督修，當至工地，決定加强人力物力，大雨稍停後，擬於十日內將二橋同時修復，奈天雨連綿，水深流急，不得已於高水位急流中進行打樁工作。但水底支撐，無潛水工具，無法措進，乃覓僱泅工，每次入水一二分鐘，進行水底工作，卒於六月底將二橋搶修完成。

由於克服此二個意外工程，我獲得古人所謂「人定勝天」之啓示，並深深領會今人所謂「事在人爲」之意義。

五、兩年來完成各項工程數量

本路自三十五年一月開工，至三十六年十二月止，兩年來完成各項工程擇其重要者，約計如下：

（甲）橋工——（1）修復正橋墩臺混凝土工程五八，八〇〇立公方，（2）趕造木便橋約長八，二〇〇公尺，（3）利用原炸毀鋼橋加以修整架設者二八九孔，計四，一六〇公尺，共重八，六五六公噸，（4）英德，滃江及破塘口等木便橋被水冲毀，重行修復。（5）修理加固各大小木便橋。

（乙）路基軌道——（1）完成土石方一百餘萬公方。（2）敷軌四百一十公里。（3）更換輕軌計用110磅重軌，換敷白石渡至郴縣間原有四十三公斤鋼軌。利用上項換出之四十三公斤鋼軌，更換株州至長沙間雜軌。利用株長間換出之鋼軌，加以整理，更換良白間輕軌，合計換軌凡二百餘公里。（4）用部撥76磅鋼軌之魚尾板，更換土製魚尾板。（5）添敷道碴四五〇，〇〇〇餘立公方。（6）舖枕及抽換枕一百萬餘根。（7）改善波羅坑彎道，建築擋土牆長二百公尺。

（丙）房屋設備——（1）修理沿綫各車房計一四，〇〇〇平公方。（2）興建車站站屋計二三，六〇〇平公方。（3）添造各大站運輸機務人員行車公寓計二，一〇〇平公方。（4）擇設建造各站運輸機務警務管理各部份辦公室計宿舍計二四，〇〇〇平公方。（5）添建衡陽總局辦公室及住宅宿舍計二二，六〇〇平公方。（6）擇要添舖各站股道，計八十三公里。（7）擇要添建各站柵欄，計八，二〇〇公尺，又廁所三十一座。

技工或長工的工作效率，在中國已成爲工廠管理裏面的嚴重問題。

若不想法改進，實爲建國前途的一個大障礙。

效率工資制

陳宗漢

吾人習知之工資制度，有點工與包工二種：前者按時計値，故亦曰計時制，後者按件計値，故亦曰計件制。

用點工制者，產品可較精良，但工作時間，漫無限制，所費工資，常欠經濟，且因工人所得報酬，並不依其工作之優劣多寡計算，致勤奮工人與怠惰工人每日均依其工資率而得固定之收入殊欠公允，結果必致工人共趨於怠工。近世工業管理之發明者泰洛氏（Frederick Taylor）幼年爲工人時，曾感覺計時制下之工人，每日生產量不及應有產量之三分之一。筆者數年前管理湖南機械廠時，曾改點工制爲效率工資制，發現工作效率多有增加兩倍或三倍者，足資泰氏所言之不謬。又泰氏友人甘第氏（Gantt）嘗謂「如欲計時制可收良好結果，除非使每一工人與其隣近工人隔離，將每一工人之工作詳細記錄，並對優良者予以獎賞」，亦慨乎言之也。

用包工制者，生產速率較高，且包工工人對於工作之方法，材料之利用，常肯獨出心裁，予以改善，俾生產效率因之增高，惟出貨品質難免粗劣，須嚴加督察。包工之最大困難在於工作時間之不易精確估定。有時因估計失當，產量雖可大增，然生產費用太高，我因機器發明與工作改良，使工作速率增加，遂致包工工資率，須予變更，因而引起僱主與受僱者之爭執；故作包工之工人，亦多故意怠工，以避免管理者明瞭其眞實工作能力。又任何包工工人，必將所需時間，特別從寬估計，蓋恐爲材料不能應手，或身體偶有不適，或工作環境驟有變更等原因，致實計工作時數超出估計時數，因而所得工資，反較相同日數之點工工資爲少。

上述二種工資制度，既均不滿人意，近世管工業管理者，俾補偏救弊起見，遂創立各種獎金制與分紅制，達二十餘種之多。美國林肯電氣公司近年採用新式工資制度，一年之中每一工人之生產力增加12倍。各種新式工資制度種類繁多，

（本文上接第90頁）

六、今後工作綱要

本路自初步通車以至於今，爲期已近二年。在此時期中，運務頻繁，有加無已，部路同仁，鑒於本路所負使命之重大，認爲戰前設備標準，應迅謀恢復，而一切設備應如何促使趨於現代化，尤不容忽視。關於促使趨於現代化之計劃實現，應令繼續完成之復軌工作如下：

（1）全部正橋鋼梁之架設，尙有九千噸。
（2）添鋪道碴至少七〇〇，〇〇〇立公方。
（3）抽換硬枕至少九〇〇，〇〇〇根。
（4）更換35磅以下鋼軌五〇〇公里，俾全路鋼軌均在85磅以上。
（5）換敷舊損道岔及添敷道岔約一，二〇〇付，硬岔木枕一，二〇〇套。
（6）將現有八十五磅以上鋼軌所缺之魚尾鈑螺栓等配件，補配齊全。
（7）增添各站股道。
（8）增長各站串道。
（9）添置全綫號誌設備。
（10）完成波羅坑彎道改善。
（11）建設正式煤水設備。
（12）恢復各站站臺及雨棚。
（13）建造各站正式票房。
（14）建造各站柵欄、廁所、閘樓。
（15）添建各種必需廠屋，及倉庫。
（16）建造工段房屋及道飛班房。
（17）其他業務配合之必要工程

應行改善及添築之支綫。

（1）改善白揚支綫。
（2）將湘江支綫展築至五里堆，並完成湘潭大橋。
（3）建造狗牙洞支線。
（4）完成西南大橋以聯接廣三支線。

七、粵漢前途之展望

本路北據武漢，南抵港粵，東連浙贛以達滬濱，西接湘黔而入黔越，爲我國華南之動脈。舉凡本區內農業、工業、礦業等等，均賴本路交通爲之吞吐；即川、黔、滇及華中，華北大平原之物資，亦無不以本路爲其總出入口之樞紐。故粵漢所負責任之重大，於此可見。以余推測，十年內本路業務之繁，必十數倍於今日，目前一切設施，應以將來能擴充至足可應付未來之需要爲目標，例如廣州南站及總站之整理，應以將來擴充至足可應付廣梅、廣梧、廣雷合支線之業務爲原則。當前建設雖力求撙節，而計劃則不能不爲將來預留地步。又如全路一種號號誌問題應如何設計，使目前足可應付需要，而將來業務繁忙時，改爲C.T.C.亦不至耗損過多。以上不過例舉一二，以概其餘。總之，本路目前之建設，正在闊步邁進，前途展望至殷，願我工程界人士，不吝賜教，幸甚！

難以一一敍述，玆僅介紹其中最進步之艾麥生效率工資制（Emerson Efficiency System）以供有意增進工作效率者之參考。

合理之工資制度應具備下述兩個條件：

一曰保障原有計時工資，藍工人生活，常賴每週或每月依其工資率而獲得之固定收入，如因施行某種工資制度，使一部份工人因技術較劣或工作怠惰，或因遭遇偶發事故，致工作不能達到一定限度，遂有減少其素所獲得之收入之危險，則糾紛易起，難於推行。反之如對能力較遜之工人，仍保持其原有計時制之工資，同時對於工作能力較佳之工人，依其工作效率之高下，遞增其獎金，使技術愈優良工作愈勤奮之工人，得奬亦愈多，則人之好善好勝，誰不如我，奬多則榮，奬少則辱，無奬更恥，優勤者固益圖精進，劣惰者亦必急起直追。二曰奬金百分率應隨工作效率增高而增高。語云『行百里者半九十』，就是說，最後十里所需之努力，與最初九十里所需之努力相同。故工作效率愈增高，工人所費之努力亦愈大，奬金亦應愈多。艾氏效率工資制，對此兩項條件均能滿足，故爲最合理最進步之工資制度。

艾氏效率工資制之計算方法，試舉例說明之。假定某項工作，由技術相當優良，工作相當勤奮之工人担任，在十二小時可以完成，此12小時即定爲標準時間。凡以12小時完成此項工作者，其效率爲100% 即可得奬金20%；以10小時完成者，效率爲120% 得奬金40%；以8小時完成者，效率爲150%，得奬金70%；以13小時完成者，效率爲92%，得奬金12%；以15小時完成者，效率爲80%，得奬金3%；以18小時完成者，效率爲66.6%，無奬金，但仍得其原有計時工資。凡效率在67%以上者，均有奬金。其所制定各種效率之奬金百分率如表（一）。

效率%	奬金%	效率%	奬金%	效率%	奬金%
67.00—71.09	.25	89.40—90.49	10	101	21
71.10—73.09	.50	90.50—91.49	11	102	22
73.10—75.69	1	91.50—92.49	12	103	23
75.70—78.29	2	92.50—93.49	13	104	24
78.30—80.39	3	93.50—94.49	14	105	25
80.40—82.29	4	94.50—95.49	15	110	30
82.30—83.89	5	95.50—96.49	16	120	40
83.90—85.39	6	96.50—97.49	17	130	50
85.40—86.79	7	97.50—98.49	18	135	55
86.80—88.09	8	98.50—99.49	19	140	60
88.10—89.39	9	99.50—100	20	150	70

依艾氏效率工資制，如工人之計時工資率爲每小時五角，某工作之標準時間爲12小時，則其工資之計算如表（二）。

實際工作時間（小時）	工作效率%	奬金%	工作時間應得工資（元）	奬金（元）	工作完成之總收入（元）	每小時之實際收入（元）
18	66.6	0	9.00	0	9	0.50
15	80	3	7.50	.225	7.725	0.52
13	92.2	12	6.50	.78	7.28	0.56
12	100	20	6.00	1.20	7.20	0.60
10	120	40	5.00	2.00	7.00	0.70
8	150	70	4.00	2.80	6.80	0.85

上項工作，如用普通包工制，規定12小時完成。每小時工資五角，則工資之計算如表(三)。

表(三)

實際工作時間(小時)	包工工資總數(元)	每小時之實際收入(元)
18	6.00	0.33
15	6.00	0.40
13	6.00	0.46
12	6.00	0.50
10	6.00	0.60
8	6.00	0.75

由表(二)與表(三)比較觀之，可知同一規定12小時完成之工作，用艾氏效率工資制與普通包工制，在任何實際工作時間完成，其每小時實際收入，效率制均較包工制爲多。說者或將謂此項工作實例，如用包工制，其完成時間，當不止爲12小時。須知任何包工，如能節省其所估定時間之50%，其實際收入，可增至其計時工資之70%，已不爲薄。如太寬鬆，僱主未必肯予同意。況估定時間如有超出，在包工制則損失甚大，其效率制則倘可得較低獎金，或仍保持計時工資，得失相較尤爲顯然。

實施效率工資制之程序、約可分爲下例各項：

(1) 先將各個工人之工作詳細記錄，就其完成每項工作所需之時間，加以統計分析，並與其他工人所作同樣或類似之工作相比較，決定標準工作時間。如管理者經驗豐富，對於估計某項工作所需之時間，確有把握，亦不妨逕自估定標準時間。此準標準時間，應使技術特優工作特別勤奮之工人，可能節省50%之時間，即可完成其工作。又測驗工作時應使材料工具等等，毫無阻滯，既定標準時間之後，各種工作情形，亦必相同，方爲公允。

(2)標準 時間既定每次工人實做此項工作，亦必詳細記錄，完成之後。並須將製品詳加檢驗，察其是否合格。然後以實際工作時間除標準時間，計算其工作效率，再依上述表(二)內所列之獎金百分率，結算獎金。

(3)獎金 可於每種工作完成時，即予結算支給，如欲簡省手續，則每月將已完成各種工作結算獎金一次亦可。

效率工資制之運用，固宜使工人瞭解其內容與工人可能獲得之利益，但最初試行，並無取得工人同意之必要。因管理者決定標準時間後，凡中等以上之工人，祇須不太怠惰，多少得有獎金之希望，即懶惰之劣等工人，縱不得奬，亦無減少其原有計時工資之危險，自無可予反對之理由。及推行較久，工人鑒於得獎之利益，且爲競爭心與名譽心所驅使，必均不甘落後，結果多數工人之工作效率，自不難達到平均水準以上。

所謂良好工資制度，其重要知的有二：(一)使每個工人均能儘量發揮其能力，因而獲得較多之報酬；(二)使廠方減少生產費，作爲優良管理之代價，因而鞏固事業的基礎。淺識者或以爲施行新的工資制度後，應將由工資方面節省之生產費用，全數加給工資，作爲報酬。殊不知事業基礎之穩固，亦即工人保障之增强。苟生產費用，一經節省，即須由工人全數享用，然則在舊式工資制度下，工資如有浪費，又將向誰算賬。至若公營事業，工人亦爲主人之一，其應瞭然於事業之擴展，亦即本身之利益，更不待言也。

近世先進國家之各種工業，殆無不廢棄單純的計時制，與計件制，而採用新式工資制度，蓋以人民程度，日益進化，科學技術，漸成常識，經營任何事業者，競爭均甚激烈，不如此，則將無以生存。吾國工業落後，更不可故步自封，亟宜提高工作效率，減低生產費用，俾可迎頭趕上。依筆者過去實行效率制的經驗，敢信無論何項事業之工人與僱主，於實行效率制後，必感覺充分之滿意與愉快，決不致留戀於古老之點工包工制度，亦猶之今日用電燈者，決不思再用蠟燭與油燈也。

本會總會第十四屆年會之重要決議案

(一)本會會員徽章案，交下屆董事會籌辦。

(二)各專門工程學會應如何發展與成立案，交下屆董事會決定之。

(三)應否組織國防技術研究會案，交由董事會設置特種委員研討之。

(四)下屆開會地點案，交由董事會於台灣瀋陽青島三地，研究後擇一決定之。

(五)新選負責人計會長茅以昇，副會長顧毓琇，薩福均。基金監事莫衡。董事胡樹華、吳蘊初、支秉淵、顧毓瑔、侯德榜、譚伯羽、惲震、夏光宇、王星拱。

吾國水利工程發達最早，用現代方法來治河却是始終成績不多，

這亦算是政府與人民利害脫節的一端吧。

參加長江整治工作之回憶

邱　鼎　汾

查揚子江發源靑海，南流入西康省，繞雲南省邊界入四川境，皆曰金沙江，由四川之宜賓起，合岷水始曰長江，亦揚子江之別名，其流域由源頭起，經過九省，約長七千餘里，奔流到海，亦卽爲禹聖治水，分布九州中之三州故道，卽梁荊揚也。在四川境內，有巫峽瞿唐峽，湖北境內有西陵峽，共分三大峽。峽中灘多流急，舟行甚險，限制水道，不致泛濫。出三峽後，地勢衍爲平原，號稱盆地，水勢浩蕩，傾瀉而下。旣滙湘江洞庭之瀉水，復合漢水鄱陽之洪流，奔騰澎湃勢不可當。若宣洩不暢，易召水災，證之我國古時，洪水橫流，泛濫於天下，禹父鯀治水無功，舜殛之於羽山，禹聖繼父志出而治水，反父鯀築堤防水之道，使由地中行，握知大地形勢，隨水刊木，導江淮河漢而注於海，大約揚子江爲禹水必經之地，卽其一也。當時治水成功，禹錫玄圭，後人感戴，沿江各地，都有富麗堂皇之建築，稱禹王宮，啓迪後人之思。近以抗戰建國，我工程界人士於民國二十九年十二月在成都開第九屆年會時，爲崇功報德，策勵將來，以六月六日本禹聖之誕辰，會爲工程師節，永誌紀念也。我輩應本先聖偉大之精神，繼先聖未盡之遺志，以求達到盡善盡美之目的。考水之源，未有不出於山，水之勢未有不礙於山，故導水必先導山，自禹聖治水之後，距今數千年矣，地理上發生變化殊多。今昔不同，浚江之議，其在打開兩岸決路之出口乎？抑在疏浚江底乎？疏湖沼乎？以上皆爲當今之問題。江輪由漢去申，路出九江下游，見當石山矗立，小姑山砥柱中流，成爲孤島，但若干年前，必與南岸銜接，因放水關係，致成航道。近年以來，揚子江航道淤塞，枯水時障礙尤多。其中以漢口大通間，沙洲緊密，輪船上下，時被擱淺。爰政府乃有浚江之議。惟浚江必測量後，方可設計估價施工，於是先有揚子江技術委員會之設立，以測量漢口吳淞間之水平，俾得知吳漢間河床比降之情況，以爲設計之張本，以便測知漢口吳淞間水平之差別。一爲地形測量隊吳君南凱任之，專測兩岸臨水區域。一爲九江大通間流量測量隊劉竹君任之。一爲漢口蘄春間流量測量隊筆者任之。除水平及地形測量隊工作限於篇幅暫不贅述外，茲申說流量測量隊之工作情況如下。

漢口大通間水道測量

揚子江技術委員會，初隸內務部，後改獨立機關，於民國十一年秋，繼華北水利委員會暨吳淞浚浦局之後，開辦漢口吳淞間水道測量。主其事者爲專任委員揚君豹靈暨司君象賢，聘美國人史篤培君担任總工程師。除總局設在上海外，在漢成立四個測量隊。一爲水平測量李君謙若任之

（一）雇用民船四隻，每船舷上豎一木架，上部向外傾斜，約高兩公尺强，繫以流速計。通以乾電瓶，逐漸放入水內。其流量器因水流之活動，遂爾旋轉，用耳鳴器聽之。每分鐘響動若干次，隨紀錄之。譬如水深（20）公尺，則每隔五公尺錄聽一次，以便得知水流轉次，然後畫出水紋曲綫狀況。

（二）僱用小號吃水較深汽船一艘，因大水期江面寬約一公里半，水流湍急風高浪湧，民船不易施測，故用火輪拖帶，如取測四點，則分江面距離各佔四分之一以施測，若增測八點，則各船距離佔江面八分之一，然後測量人員手執測量儀器SEXTANT，在各船上測視角度，而岸上兩個目標測點之距離，事前必須得到，作爲基本點。由是用三角法，可以計算船之所在地點。

（三）在指定地位，如環境所許可，在南岸或北岸，各豎立大旗標桿兩個，要有相當距離，或南北江岸各豎一旗，當工作時，小汽輪載工作人員，前往測量江之截面，量水人須注視兩岸旗桿，合在一條線路上，方能擲下水鉈，鉈上繫白棕繩，繩上分別尺度，水之深淺，隨時紀錄。同時另一人員，手執六角儀SEXTANT，看視角度。此項工作須要速速準確，以便得知每次量水所在地位之角度，來回須測兩次，以免錯誤。由是江床截面，江水流量和流率，均可測算，而後繪圖。

（四）測量流量，按江水漲落情形，大約每次漲高或落低一公尺時，施測一次。

（五）流量測站全部工作，除測量流量與江床截面外，當地雨量水蒸氣和溫度暨水之漲落，概須紀錄。每一測站所轄三四百公里，施測地點，按着江道情形，分配測點。

（六）所測地點根據江漢關巡江司之報告，大約於江道變遷或江岸崩潰容易淤塞或洗刷之區域，施以測量。

按以上各點，江之截面，深度，流量，流率變遷與漲落，以及當地雨量溫度蒸發滲透情況等，皆由流量隊施以測量。是流量測量對於水道爲主要，而其他測量爲補助性也。

江道變遷與奔潰

江道變遷，因受地勢限制，不能蜿流，時有更動之趨向，茲就筆者管見，分別摟陳，（一）為水道大拐彎處。如漢口以下團風鎮，江身轉彎約九十度弱，北岸為山勢或硬石所阻，積極流向南岸，當洪水時期，江面寬闊，大型火輪沿南岸直下，通行無阻。枯水時期，江面分而為三，中部流沙變遷迅速，輪船來往若不按江漢關巡江司之標誌行駛，易於擱淺。（二）另一地點即黃石港以上之江道，地近南溪鎮。洪水時期，江面約寬數公里，中夾二洲。冬季水枯，深約兩公尺強，水流不速，按照巡江司佈置極密度之標誌，輪船沿北岸行，夜間不通行。故由申到漢，上水輪船抵黃石港後，勢須停留過夜，天亮開駛。該南溪鎮下游相距不遠處，兩岸山石江面狹窄，寬約一公里弱。在同一時期，施行測量，上部水淺處僅二公尺許，下面狹口處水深三十餘公尺。蓋因平的方面不能擴展。而深的方面則盡其發展能力矣。由是知水流通暢之處，水性湍急。偏於流向處則流緩沙積，成為淤洲。至淤集過高水流變其方向，於是北岸潰南岸淤，或者南潰北淤，此江水自然之性也。如維持水流之方向納入正軌，雇用鏈泥輪船，挖除積淤，不使漲高，以免侵害江道兼害及對岸堤身，亦屬維持航道急要之圖。

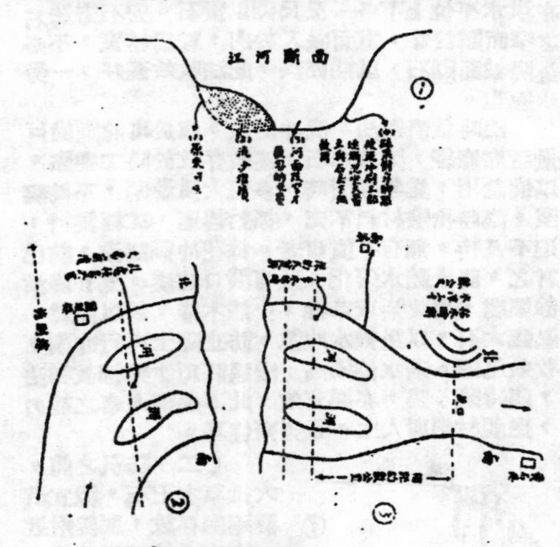

浚江之建議

筆者當年在外測量，經過鄉鎮，鄉人不識揚子江技術委員會之旗誌，對於民衆表示，云是政府機關測量江道，改良圩堤，避免水災，增加農產品收穫，鄉人聞之無不歡迎。我輩在野工作，得以不致阻撓。自開測數年後，技術委員會以各種測量圖案獲有相當效果，當時買分一部分中英庚款，作為水利事業。故不惜重金，聘請英國名水利專家 Palmer ，前來中國，實地考察。當時由申來漢，經過地方及省政府，俱有熱烈歡迎，期望甚殷，以揚子江開浚以後，沿江農產品收穫可期增加，航路改良，運輸便利，水枯時漢口可通巨舶。孰知期望愈殷，而事實愈遠。經此專家一度考慮後，按照測量所得之紀錄，彼以為揚子江水含有流動沙性，此浚彼塞，無開浚之必要，於是一重要喧嚷之案，遂爾閣焉無聞。

據揚子江測量報告，揚子江之含沙量與水重之百分比約百分之一弱。屬於流動性質很為顯然。筆者在外測量，曾見冬季際水枯時，航路淤塞，巡江司即用測量小火輪，在淤淺處來往梭巡，使流沙活動沖向別處，然後大型江輪循梭巡之航路而進，仍可通行無阻。

筆者管見，流沙淤積者，因水流不暢，因兩岸山峽狹窄，當洪水時期，排洩不暢，於是上流水位，逐漸增高，枯水時期，水流阻礙於前，沙洲發現於後，有礙航路。按之上項情形，浚江似具有兩種辦法，（一）打開江水出口之狹路，減低洪水位。（二）疏浚灘淤以便航行，所謂分工合作，較為有濟。客卿之來中國也，以最短時期，根據紙上談兵，引證測量圖案，不知歷史立場，祇能抓住一部份之理由，以若是重大之提案，片言作為折定，殊為可惜。民國二十年及二十四年，漢口大水災，在職人員只知搶險保護堤工，急於一時之應付，對於揚子江下游之狹口，如何開浚暢流，無人顧及。筆者今舉團風鎮與黃石港兩個施測地點為證，前者江道不入正軌，聽其泛濫，後者江流被阻於狹路之出口，以致沙灘逐漸淤漬，航路不暢。由申至漢水程約一千零十餘八里，類於團風黃石港兩處之江道情形甚多，今舉兩點較之泛泛空談浚江之問題略有佐證焉。

防汛

民十五年後，政府南遷，揚子江技術委員會改名揚子江整理水道委員會，為獨立機關，範圍擴大，事權統一，除揚子江幹流設立測站外，後在揚子支流添加水文站，並接收湘鄂兩省水利機關，除將漢口九江流量測量隊，升為江漢江贛二工程局外，並接收沿江防汛工作，建設武金水閘及各處隄垸工程。其間以防汛工作，尤為困難。當農田水利暨導河浚江之工程，只要經濟來源充足，易收效果。至防汛工作須與洪水對抗，禍召須臾，雖然材料充備，還須人事得力，天時協助，所謂天時地利人和也。據揚子江二十四年報告，是年水水位最高，除揚子江堤岸沖毀漫溢於兩岸平地者約數千平方公里外，襄河洞庭及鄱陽湖流域佔地倍之。全部計約佔地二萬五千餘平方公里。農產品之損失數目，更鉅，不但國家和人民沒有收入，復用巨量金額修復之，其堤工受害各部份，不外滲漏裂縫決口漫堤或被風浪沖刷而決口等種原因。水災之後，又有復堤工程。以湖北一省復工工款計之，估計約需二百五十餘萬元，若以湖南、江西、安徽四省合之，約近千萬元矣。於是水利會議前議後，參考洪水情形訂定標準，除特別情形外，應依照上述標準，修築堤工。至對於滲漏裂縫決口被浪冲潰情形，並未訂定辦法。茲抄錄該項堤高標準尺度如下。

地名	水位高度
	海關零點上公尺數
沙市	11,64
沂州	16,54
漢口	17,35
九江	14,57
安慶	14,20
蕪湖	10,54
南京	8,62
鎮江	7,30

（海關零點上公尺數）

原有堤工形狀

筆者由十九年起，由岳陽寧聯武昌鐵路總局服務，曾經數次被邀參加湖北水利工作，並經實地參觀工地，茲以在漢口姑嫂樹一帶，即二十四年大水搶險處，所見情形略爲述之。

（一）昔年動用民伕築堤，無技術人員之指導，各自爲政，只知築堤防水，應付官差而已。內外堤坡不按規則，堤頂寬度參差不齊，內堤脚下不留餘地，以致堤身危弱。

（二）爲取土便利及節省工作起見，由堤內脚跟取土。洪水高漲時，內坑已滿裏外夾攻，堤基浸透容易潰蝕。

（三）堤外脚下，缺少樹木或蘆荻，作爲防浪之掩護，水浪來時，直冲堤身。

（四）蘆席麻袋土木草石爲搶險堤工重要材料，事前未經籌辦，臨時抓用，抓船裝運，殊有緩不濟急之現象。

（五）風雨之後，堤頂積水，流冲堤沿，以致易召缺口，其緣因缺少人工，照料修理。

保護堤工

時筆者服務湘鄂鐵路，駐在湖南岳州，所轄一段路工，瀕湖居多。大水來時，兩面淹漫，受湘江與洞庭湖之水患頗多，茲以一得之愚，以防修路堤之方法，移用於防汛工程，但辦事組織亦應仿照鐵路工段辦法，選一地帶，作爲試驗，如獲有效，再行擴充。組織用水利土木工程技術人員。分處分段分班作爲三級制，維護堤工。如人事得宜，則潰堤決口等害，定可減少。茲事體大，略陳意見，藉請水利先進專家之指教。

前章第一第二兩點所述堤內脚下挖空土方坑，概須填實，并在不健弱之堤處加築堤埝，用增堤身堅固。且搶險時亦可利用堤埝之土較爲便利。

（一）堤外脚下栽樹，不宜用粗枝柳幹，可用多數嫩柳條，捲成一把，約十餘根，長約一、二公尺，在地上先挖一坑，樹條成把，橫放坑中，使樹條兩頭露於地面之上，中實以土，捶實灌水，較諸粗桿柳枝，容易發育，且不虞牛馬踐踏，或被牲畜揉壞，而致動搖。宜在交春之際施種，二、三年後樹條長成，使人工維持與堤齊平，風浪來時只在樹頭外圍掀風作浪，樹內風浪平靜。其效用等於海中防浪堤。其次者移栽蘆荻於堤外沙洲之上，水退之後，還可利用蘆荻作柴，一舉兩便，更是防浪之一方法。浪之破壞力勝於水，皆由風力所召，筆者維持洞庭湖南津港新牆河一帶路堤，即是栽樹防浪收效甚宏。

堤到頂上寬度愈窄，洪水漲至堤頂相等時，浪冲擊堤土，於是堤工發生恐慌，筆者維持岳州南津港新牆河一帶路堤，曾在洪水平位上下各一公尺砌以蠻石。安石方法石之窄面露於外，寬面嵌入於內，較爲結實，不必全隄坡面砌石，以期經濟，此法收效甚好，一勞永逸也。

臨時救濟辦法，浪冲隄沿，應於事前儲備巨量蘆席麻袋，柴草木石，逐段存放於隄工要點，以備急用，每年隄潰時，多値大風暴雨，不時驟至，臨時搶險材料不充，抓船趕運，工程候料，迫不及待，無有不僨事者。浪花冲刷隄沿，前已言之，隄土隨水溶化，致有潰口之虞，宜在隄沿蝕壞處，用蘆柴或草捆，中插木樁，繫以鐵絲，壓臨大石，以免被水冲散，防止隄土再行冲刷，收效迅速。若水位過高，漫過隄頂，其補救辦法，臨時築子隄，亦屬有效，此不過盡人事之能力，還視材料與人工，是否齊備耳。

（二）防汛之前，大批草木土石，概宜沿隄逐處存放，弱隄附近，尤宜多放材料，其中以蠻石宜預先購集，不但搶險時容易取用，且可杜弊，免得臨時開石不待丈量，已爲隄工使用，發生糾紛。

（三）隄工發生小裂縫，宜飭工人攜帶木夯隨時補實，不使擴大，不論隄面隄沿，被雨水冲刷而致裂隙者，皆宜迅補。

以上所舉，對於江道及圩隄，雖係小節目，然亦是經驗一得之愚，謹以公諸關心吾國水利專業者之參考。其內容皆補敍二十年前事也。

附錄重慶吳淞間水流降落表

站名	由吳淞至重慶直達公里程	各個地段分別里程	34年最高水位以吳淞水位為零點	區段間水之高低差別	區段間每公里水勢降落單位	附註
重慶	2360		188.00			
		640		133.31	.208	證明宜昌以西水流湍急
宜昌	1740		54.69			
		140		11.05	.078	證明宜昌以東傾瀉千里
沙市	1600		43.64			
		310		10.39	.033	
岳州	1290		33.25			
		230		5.64	.024	
漢口	1060		27.61			
		240		6.99	.029	
九江	820		20.62			
		150		4.22	.028	
安慶	670		16.40			
		210		5.38	.025	
蕪湖	460		11.02			
		080		2.34	.029	
南京	380		8.68			
		100		1.41	.014	
鎮江	280		7.27			
		280		7.27	.026	證明淮水加入
吳淞	0		0			

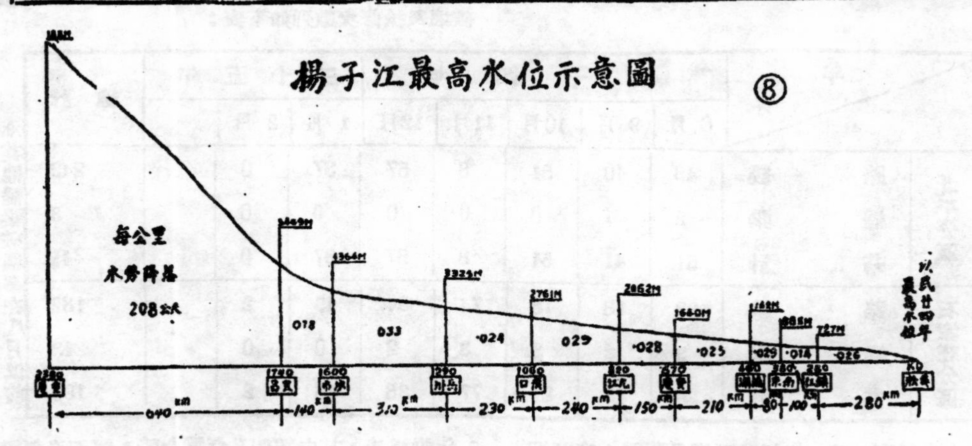

蔣主席於三十六年十月二日對本會總會在南京招開之第十四屆年會特頒訓詞

「中國工程師學會第十四屆年會全體會員鑒：貴會此次年會，集全國工程界之碩彥相聚於首都，研討今後建設之大計，其意義極重大，其責任尤爲艱鉅。所望諸君一本過去在抗戰期中英勇奮鬥之精神，而益加發揚光大。體察當前民生之急需，配合各地資源事業之實況，先求有效之整理，兼奠發展之基礎，本末先後，悉切機宜，脚踏實地，步步成功。使農村工業化日有進展，工業現代化啓其契機，庶地克盡其利，人克盡其才，則以我國天賦之厚，必能渡過經濟困難，而使舉國民生進於康樂之域。甚冀本屆年會，於此獲得特殊之成就，政府必當盡最大之努力，以致其實現，惟加勉之。中正酉江府交」

二年來我們六次大搶修，用去一萬七千多根鋼軌，二十五萬多根枕木，

還有其他必需鋼鐵器材來完成：

平漢北段搶修工程

金　恒　敦

平漢鐵路縮轂南北，對日抗戰以前，貨運噸位素冠全國各路。抗戰勝利，全線原可接通，實爲我國南北交通之動脈，惜國家不弗，元氏至彰德約200 公里路線，遭受徹底破壞於先，各橋梁及局部路線之破壞不已於後，惟至三十五年九月，平石間經積極整頓，行車速度已加至每小時六十公里。不意於九月二十九日，復遭空前大規模破壞，自是逐日搶修，迄三十六年十二月止，總共修復里程達210 公里。但大部份均隨復被毀，此種情形固不限於平漢北段，設接收以後戰亂不興，有一和平環境，使中國之工程師得逐步發展，則法國戰後鐵路復員之速，亦可見於中國。平漢北段工程進展情形，於平漢全線通車關係甚鉅，當爲國內人士所關心玆特專文節述於後。

接收時期之鐵路組織及搶修

交通部爲順利接收華北鐵路，於復員伊始成立平津區特派員辦公處於北平，專司接收交通部門工作。按僞華北交通公司原設區局地點，計有北平、天津、石家莊、張家口、太原、濟南、開封、徐州等八處。各成立分區鐵路接收委員辦事處，每處下設工、運、機、總、會、警等處，共負辦理接收及維持通車任務。北平至定縣南211 公里，爲北平分區管轄，自211 公里以南，迄於安陽，由石家莊分局管轄。自北平至石家莊南之元氏（公里程309 ），在接收後由兩分區分區搶修維持通車。元氏以南至於安陽已被澈達破壞，且因軍事關係不能接收。玆將自三十四年八月至三十五年二月平漢北段至元氏維持通車地段共被破壞及搶修次數列如下表：

年／月		三十四年 8月	9月	10月	11月	12月	三十五年 1月	2月		總計
北平分區	路線	49	40	51	8	57	37	0		242
	橋梁	2	1	0	0	0	0	0		3
	共計	51	41	51	8	57	37	0		245
石家莊分區	路線	23	16	18	74	34	15	2		182
	橋梁	3	2	3	3	2	0	0		13
	共計	26	18	21	77	36	15	2		195

含其他橋梁破壞多在八月以前

上表所列破壞，包括晝間遭受襲擊，夜間拆毀或炸毀路軌路基，及炸毀橋梁墩座與焚燒橋梁等。不特耗費人力物力，亦且疲於應付。北平至元氏被破壞大小橋梁共37座，在北平分區內北河大橋爲18孔9.68公尺及11孔19.08 公尺上承鈑梁。其第20、21兩梁及橋墩被毀，另（3） 孔（19.08 ）公尺橋鋼梁斜撑毀壞。新塘河大橋爲5 孔1.2公尺上承鈑梁橋，其第四孔梁全毀，第一、三兩墩炸毀，其餘四孔梁毀壞一部。在石家莊分區內第一沙河大橋爲八孔19公尺及7 孔31.2公尺鈑梁，其第12及15兩梁南端，及第12、15各橋墩炸毀。滹沱河大橋爲19孔20.5公尺，及2 孔30.7公尺，與2 孔31.2公尺〇梁，及一孔41.2公尺花梁組成。其第10號墩全毀，第11孔梁全梁及第12孔梁北端損壞。槐空河大橋爲12孔31.2及2孔31.5 鈑梁組成，其中第四孔鈑梁全毀，第五孔鈑梁一部彎曲，第10號墩底脚移動。以上五橋工程較鉅，均臨時用簡捷方法或建木便橋搶修通車，經過和平協商時期，破壞平息，遂能利用豐台橋梁廠所存鋼梁，與豐台及山海關橋梁廠工匠工具，及石分區工務處橋梁隊工具工匠，將臨時修復橋均換正式鋼梁，毀壞之橋墩座亦正式修復，三十五年洪水期間遂得平安度過。

和平協商與元彰段搶修

和平協商期間，軍事調處執行部成立於北平，於二月十一日發布和字第四號命令，規定交通線之恢復，應立即開始，而修復工作將於執行部監督之下，由國民政府交通部之代表機關完成之

石家莊分區爲適應此種局勢，特成立元彰段搶修工程總隊，初步查勘即因種種關係未能順利進行，旋軍調部石家莊三人小組在石商洽多日無結果，並於四月間赴邯鄲作進一步會商，奈以軍事對立未除，環境複雜支節横生，雖議定先修元氏至高邑一段，亦未實施。僅於元氏以南軍事綫衝間修復五公里，爲此一期間之維一珍貴收獲。惟和平期內破壞平息，石分區已接收北平至定縣一段，自北平至元氏積極整理軌道更換鋼橋及修復墩座，至九月初試車結果，北平至石家莊可安全行駛每小時六十公里之速度，至此平漢北段運輸能力逐漸增强。

平石間大破壞及平保定石兩段之搶修

石家莊分區於九月間改組爲平漢區鐵路局北段管理處，九月二十九日起北平石家莊間，涿縣至新樂，遭遇前所未有之全面破壞。松林店、高碑店、定興、北河店、固城、徐水、漕河、于家莊、方順橋、望都、淸風店、寨西店等十二車站，先後均被攻佔。車站、房屋、風具、及設備，各站間路綫橋樑，幾全毁壞。破壞幹線里程135.8公里，總側線20.5公里，橋樑破壞69座，段破鋼樑總長達1960公尺。平保間工程列車於九月三十日即出發搶修，至十月十一日竟因軍事關係退返長辛店。十月二十日繼續出發，自涿縣向南，保定向北，分別搶修。軍事初平，治安未復，晝修夜毁，重要材料如鋼軌、枕木、待拆支線，多向他區局商借，到達旣遲，而北河大橋以南，在便橋未完工前，運到河邊之鋼軌枕木，須改裝汽車向前輸送。汽車數量不足，有時尙遇伏擊，致阻礙叢生。然賴員工努力，平保段卒於十二月十六日搶修通車。保定石家莊間，除上述于家莊等站先後被佔領外，新樂站亦一度棄守。是段搶修於十二月十二日定縣至石家莊間接軌通車。是以三十五年年底時，僅保定至定縣一段軍事未平，材料已竭未能興工。而平石通車暫時遂難實現。

搶修通車後，平保間各橋鋼樑橋墩座之修復，即計劃實施，淸除場地，鑿除泥凝土橋墩庫，移吊鋼樑運回本路長辛店機廠拆改重製，修復橋墩座，然後吊裝修完竣之鋼樑，凡破壞最重無法復修者，於三十五年九月二十九日大破壞開始後，已向山海關橋樑廠訂製，是以平保間雖屢遭破壞，而橋樑問題均能圓滿解决。

第一次破壞搶修通車後，保定段定縣新安間於一月廿三日陷落，至是平石通希望益感渺茫。

固城保定間第二次搶修

平保通車未及兩月，忽於二月十三日夜固漕間又遭破壞，自一一七至一二二，及一二六至一三五，共被破壞十四公里。橋樑兩座均被破壞，工程列車先出發工地待命，隨即積極鑿運材料，自廿三日至廿五日爲時三日將第二次破壞路線全部修竣。

平保間第三次搶修

第二次搶修後，積極整頓，路線日趨佳境。至六月十三日夜，南崗窪車站及沿綫軌道橋樑忽又遭破壞，自十三日至二十日共發生破壞5、7次，路綫間隔斷續4500公尺，大小橋樑十座計十三孔，便橋二座計四孔，其中小扭馬河橋及漕河便橋被毁最重，此番搶修於六月廿日竣工。

第四次搶修

第三次搶修後僅通車五日，即又發生第四次嚴重之破壞。北河店。固城、徐水、漕河四站道

（本文下部轉入第102頁）

平漢區鐵路管理局北段管理處路線示意圖

豐台	豐台站外二公里	$216^{k}66$寨西店	
西道口	762	$226^{k}61$新樂	
$20^{k}13$長辛站		$23[illegible]^{k}28$東長壽	
$25^{k}70$南崗窪		$552^{k}95$新安	
$30^{k}90$良鄉		$262^{k}01$正定	
$40^{k}00$竇店		$270^{k}26$柳辛莊	
$15^{k}20$周口店	$49^{k}.2$琉璃河	$2^{k}20$正太線	石家莊$276^{k}72$
$58^{k}20$永樂	涿縣$63^{k}70$	$286^{k}40$高遷	
$73^{k}70$松林店		$294^{k}45$竇嫗	
$83^{k}60$高碑店		$308^{k}60$元氏	
$91^{k}60$定興		$316^{k}49$大陳莊	
$99^{k}10$北河店		$327^{k}05$高邑	
$108^{k}50$固城鎮		$333^{k}75$鴨鴿營	
$121^{k}70$徐水		$342^{k}90$鎮內	
$134^{k}10$漕河		$352^{k}54$馮村	
$145^{k}40$保定		$363^{k}82$內邱	
$157^{k}70$于家莊		$374^{k}63$官莊	
$107^{k}70$方順橋		$389^{k}[illegible]3$順德	
$178^{k}30$望都		$402^{k}40$沙河	
$192^{k}50$清風店		$413^{k}20$褡褳	
$205^{k}40$定縣		$422^{k}49$臨洺關	

平漢北段歷次搶修工作統計表

項		目	單位	平保第一次搶修	保元第一次搶修	平保第二次搶修	平保第三次搶修
開工日期				35年9月30日	35年11月28日	36年2月23日	36年6月14日
接通日期				35年12月16日	35年12月12日	36年2月25日	36年6月20日
起迄站名				涿縣→保定	新樂→定縣	固城→保定	長辛店→保定
起迄里程				k 67+400—k 139+000	k 211+500—k 225+000	k 117+000—k 135+000	k 2[illegible]+300—k 135+000
軌道	實修長度		公里	78,700 k	1,507 k	14,000 k	1,500 k
	路基土方		立方公	102,500 m3	40,050 m3	400 m3	613 m3
	使用材料	鋼軌	根	10,147	3,809	265	315
		枕木	根	92,449	33,167	15,900	2,698
		魚尾鈑	塊	24,602	8,[illegible]	3,832	385
		螺絲	個	55,646	13,225	9,188	848
		道釘	個	352,638	126,449	57,000	2,018
橋梁	搶修便線、或臨時橋		處	27 處	8 處	2 處	2 處
			公尺	1,570 m	78 m	120 m	120 m
	修復鋼梁		孔	37 孔	—	—	5 孔
			噸	445 T	—	—	23 T
車站	修復房屋		平方米	1,240 m2	80 m2	—	—
	給水設備		處	2	—	—	—
電訊	修復電線長度		公尺	214,560 m	190,760 m	67,200 m	251,120 m
	使用材料	電桿	根	405 根	245 根	215 根	15 根
		銅線	公斤	8,264 kg	5,5[illegible]0 kg	2,256 kg	2,285 kg
		鐵綫	公斤	8,720 kg	6,890 kg	4,353 kg	1,860 kg

（接下表）

（接上表）

平保第四次修�	平保第五次搶修	平保第六次搶修（第一期）	平保第六次搶修（第二期）	總計
正線 36年7月14日 支線 36年9月8日	36年9月7日	36年10月12日	36年11月7日	
正線 36年8月15日 支線 36年9月28日	36年9月26日	36年10月27日	36年12月22日	
正線 定興→保定 支線 琉璃河→周口店	南崗洼→保定	涿縣→高碑店	南崗洼→高碑店 及北河店→保定	
正線 97k000—141k000 支線 4+690—11+405	k k 26+300—137+000	k k 66+900—79+450	26k000—89k470 及101560—139+565	
正線 46k000 支線 6+770	k 2,500	k 13+480	k 32+330	k 210,350
m3 8,834	m3 938	m3 100	4,135	m3 157,520
1,670	305	162	711	根 17,384
66,610	3,003	5,271	37,810	根 256,908
16,127	738	289	4,636	塊 59,595
32,812	1,608	860	11,318	個 125,505
259,648	11,249	21,290	157,298	個 287,620
處 4	處 1	2	8	處 54
m 150	m 12	m 19	m 146	m 2215
孔 5	孔 6	—	—	孔 53
T 32	T 45	—	—	T 550
—	m2 297		—	m2 1617
—	—	—	—	處 2
m 192,280	m 123,000	m 52,800	m 255,720	m 1,347,410
根 381	根 203	根 121	根 368	根 1,953
kg 3,956	kg 3,267	kg 2,437	kg 2,201	kg 30,166
kg 8,715	kg 5,433	kg 3,472	kg 5,781	kg 45,134

如果這些大自然的清道夫都請個短假，這世界將會被垃圾所堆滿，但是他侵犯了

我們人類的建築和其他，我們要想些方法去預防和禁止的。

白蟻及其他防治方法

李　爲　坤

白蟻的生活

白蟻之蛀食木料，全世界的人都早已知道。在中國，及其在中國南部氣候溫溼之區，白蟻的繁殖和爲害也最顯著。全世界其他地域凡氣候適宜於牠們生長的，白蟻也幾乎普遍存在。但白蟻引起人們的注意和研究，還是最近三十多年的事，這因爲有許多白蟻爲害猖獗的地方，以前的人以爲觸犯神明，後來的人則認爲被白蟻蛀蝕的木料一定是木料本身的不好。同時白蟻的繁殖地并不在屋子裏，牠們如侵入屋裏後，也很容易被發現。到每年春天牠們必定成羣飛遊更予人以發現的機會。所以我們聽到被白蟻喫倒的屋子，究竟不多。

但這些說法并非證白蟻便不值得工程師和建築師們的注意，牠們的破壞性的確很大，終究是我們工程師的敵人。我們本樹木務滋除惡務盡的精神，還是應該對牠們作一個知己知彼的研究。

白蟻可與蜜蜂，黄蜂，和蟻同列爲有組織性社會性的昆虫。因爲這些昆虫聚族羣居，分工合作很有組織，但在昆虫學上作有系統的分類，白蟻雖名爲蟻，其實與普通螞蟻的血統并不太近。蜂和普通蟻類約有二千多種，普通蟻類，代表了社會性昆虫最高最特異的發展，但白蟻却代表了那最老和最低的一類。牠們的生活習慣也有許多和普通蟻類不同之處。

很希奇的便是那卑賤的蜣螂，乃是白蟻的近親。白蟻在這世界上已有很長很久的家譜，地質學家上在二疊紀曾發現過這東西的化石，粗計足足已有二千萬年歷史。另外一個美國學者Sn-der博士也從化石上發現過四百萬年前的白蟻祖宗。我們對於白蟻家世所知不多的原故，其實因爲牠們的家原來多在那廣漠的森林中和那渺無人跡的處女地上。雖然牠們也常常在城市或鄉村裏毀壞人家的房屋和家具，但遇到這類情形時人們都認爲是木料太壞或者變朽了。

全世界各地幾乎都有白蟻的蹤跡，昆虫學家已經發現過一千六百多種不同的白蟻。但這千餘種內可粗分爲三種。

巢壘白蟻

牠們建築很大的巢在樹上。

乾木白蟻

并不住在地下，牠們是從空中飛來侵蝕木類的。

（本文上接第99頁）

復失陷。幹綫九七公里起，至一四一公里止，毀去約長四一公里。各站綫側綫約五、七公里，毀壞鋼樑二孔，是時平保第一次搶修後修復之橋墩座工程，再被毀十四個。搶修於八月十五日在一二八公里五〇〇公尺處接軌通車。

第五次搶修

前次八月十五日搶修完竣，因漕河便橋被水冲毀，方積極搶修，預定九月三日完成。乃九月三日夜復有第五破壞，固城以南因軍事未停，不克立即搶修，至九月七日松林店車站再被攻陷，業次軌道斷續破壞一四二處，累計約長二、五八里，橋樑破壞五座，毀鋼樑五孔，搶修於九月二十八日在漕河橋接軌。

第六次破壞

第六次破壞可分兩期，第一期由涿至高碑店，於十月卅七日修通。第二期則南自南崗窪至高碑店，及北河至保定均行波及，共毀正、三二、三三公里，橋樑八座，於十二月廿二日修通。

平保間鐵路經六次重大搶修，及未計內之無數次小修，雖於三十六年年底勉強通車，但戰雲迷漫，展望前途，未容樂觀。在過去二年中工程師們，實已盡其最大之努力及忍耐，以待環境之改善，至於保石段及石家莊至臨洺關段搶修工程，均亦詳加計劃，以待時機之來臨。茲將已往歷次搶修工作作成統計表，附列如前，俾能補充以上各段所述簡略之處也。

自石家莊分區接收至今，在平漢路局副局長兼北段管理處處長楊發主持之下，始終參加北段工程者，計有工務處長陸爾康，作者，及工務各課長、段長、隊長、工程司、工務員、監工等。改製鋼樑由長辛店機廠員工辦理，電訊工程由電訊段搶修，至電訊大破壞及搶修次數，約與路綫相同。其修復總長度，及使用材料均詳附統計表。

附；北平至臨洺關間路綫里程圖，

平漢北段歷次搶修工作統計表。

地下白蟻

永遠住在地下，牠們蛀蝕木料，也是從地下去的，決不從地上去進攻。這兩種在美國中國都有，第二種多以房屋，野外電桿及欄柵之類，爲侵害目標，但爲害也甚輕微。第三種和第二種爲害的比例差不多是95比5。

第二種白蟻既不見重要，故現在把討論的範圍縮小到單以第三種地下白蟻爲對象。這種白蟻的成長，略分爲三個時期（A）蟻卵（B）幼虫，（C）成虫。成虫的白蟻國度裏，一樣如蜂或蟻，有完備的組織。其中有王，有后，有雌雄蟻，專爲傳宗接代。又有工人和職業的戰士。工蟻和戰蟻皆無眼無翼，身作白黃色，故普通叫牠們做白蟻。牠們不喜見光，常往暗處。那傳宗接代的雌雄蟻，全身作黑色，有眼睛，也有透明的翅膀，故又名爲飛螞蟻，每年只出現一次到二次。在春初或夏末，牠們擇了吉期結婚，先由那些工蟻從地下開了一條大路，然後是些穿着紗翼的青年男女，成行列地湧上地面，先在空中飛舞，消費好幾分鐘，然後落到地下，率性把那不便的紗衣脫去，結對成雙，不幸的是那新郎一結婚便短命而死。新娘便找到一個土洞再鑽進去，育成新的大家庭。

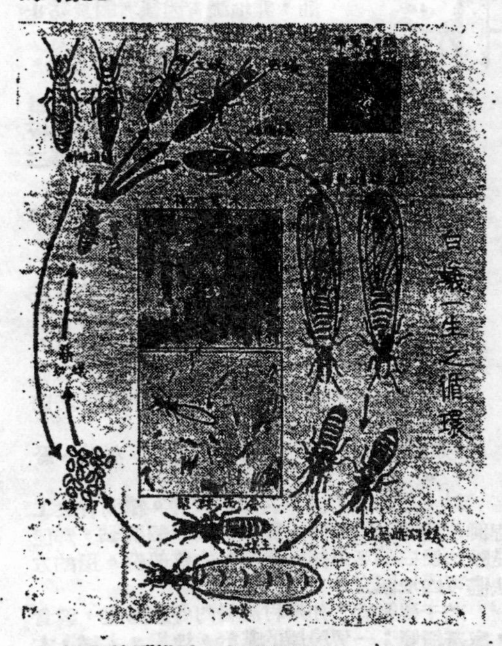

這樣的飛蟻羣，如在屋中出現，那便是屋內木料已經被侵害的象徵，如在屋外發現不必憂慮。雖然在屋內發現，你如將屋門關上，則他們決無繁殖機會，不過有些討厭而已。因爲牠們如不得出屋，找不到洞鑽，則馬上便要死掉。因爲牠們有這些特性，所以你如灑些除虫粉或打D.D.T.在你的房內，對於白蟻多少是無甚實效的，這三種形式的白蟻，直接做破壞工作的都是那些眞正白色的工蟻。

白蟻的巢藏在地下，很不容易被人發現，屋內雖然發現了白蟻，并非白蟻就營巢於屋內或一定在屋旁，可能牠們從很遠的地方跋涉而來。這些工蟻都是健步的旅行家，爲尋找食物可以在地下穿很長的地道。這些地道倘用牠們的尺寸大小純比例，那麼人們引以自豪的紐約的地道亦不免也要相形見細的。還有幾種白蟻，在一個特製的基盤上，種了好多的菌類，作爲糧食。

白蟻喜吃各種有纖物，但牠們的上品是木料，牠們會吃書，糊牆紙，蔬菜和皮鞋等等。只有很少的木料，如紅木，和柏木比較地能抵抗牠們的攻勢。有些在熱帶裏的樹，如柚木（teuk）又叫麻栗樹，則是牠們絕對攻不了的。

這些工蟻打洞吃木料的速度很驚人，美國鐵道工程師學會防護木材組主席歸曼博士曾親見牠們在一小時內做了一英寸的地道。在熱帶裏，牠們的工作效率還要活躍。有一位英國旅行家到南非洲的然柏斯河流域對於那裏白蟻的印象說：如有一個人按着木腿在那草原裏睡一夜，第二天早起，必會發現他那隻木腿變成一堆木屑。

人們對於白蟻如何取木類爲食料，很久很久不能明白。二十餘年前在美國克利才夫蘭火布金大學一個研究室裏，發現了白蟻的食道內藏着許多古代原虫，學名叫做原虫，這些原蟲能將木纖維分解爲白蟻的食糧，木料被一個白蟻吃過以後，排洩出來的又被第二個吃掉。這樣經過若干次的循環，直至木纖維全部消失爲止。最後的排洩物便成爲牠們的建築材料。除掉這些原蟲以外，水也是白蟻的生命綫，所以屋內如有白蟻牠們必定川流不息的往返到地下去吃水。如果絕其水道不通，牠們馬上便要渴死了。這點給與工程師們一個很好的防範方法。如果把牠們進入屋內的孔道找着後，而予以澈底的閉塞，那麼縱使在你屋裏有幾百千萬的白螞蟻，你也無需憂慮的了。

如果要敍述牠們的打洞方法，便需要很多篇幅。簡單的說，他們因畏光常要做些泥土障蔽管以自蔽。這些泥土作物有時做得非常堅硬。

茲將白蟻（第三種地下白蟻）進入房屋的情形，簡單地敍述一下。這種白蟻第一步，必從土內進入房屋，也可以說必從房屋的地面下攻入房內。牠們決不是從門窗內進去的。如果我們把一塊滿生着白蟻的木料，拿進我們屋裏，他們也無能爲害，是樣可以想到那最危險的侵入點在那裏了。

一個很可能的孔道便是從基牆脚下進入，那些基牆往往在外面看得很結實，灰漿也很濃厚。但牆內部的灰漿有時就覺得太稀，經過相當時候灰漿很可能開了裂，白蟻便得到機會。這樣的情形白灰砂漿比洋灰砂漿的機會多，因爲白蟻會放出一種液體，把白灰砂漿溶解。

第二個孔道便是靠近地面的窗門框，如地窖內的門窗和樓梯。水管從地板或牆內樓出時，也可給白蟻一個陳倉暗渡的途徑。至如沒有地窖的屋子，白蟻也能自築豎直的土管，達到牠們的目的。有人曾親自見過好幾尺高這樣的土管。

雖然。韓曼博士研究過好幾種情形，白蟻經過混凝土而入木料的。一種是沒有打得堅實的混凝土，裏面含着很多氣泡，給與牠們的機會。還有就是混凝土板接頭處或與牆的接縫處。當混凝土慢慢凝結時，雖然收縮并不很多，但很可能的是接縫處離開相當的孔隙足以容一白螞蟻進去。在美國堤可斯省貝滿城的火車站的候車室裏一個坐椅，一天忽然倒了。後來尋覓原因，發現是白蟻由混凝土縫收縮縫裏，爬到椅內吃空的。

另外一個實例是在美國西部的一個發電廠。這電廠的結構并無一塊木料。一天忽然發生電擾，細查原因，好容易才發現。原來是電纜上的隔電包紮物被白螞蟻吃了。手德博士在他研究的記載裏，有一段關於巴拿馬運河上一個主要水閘和白螞蟻的故事。是水閘的地下室中的各種電動機械一日忽然不靈，後來查出原來還白蟻做成一個土管把兩極連成一個短路。

防治方法

白蟻為害幾個特殊的實例，已經說了，現在再談一點防治的方法。我們怎樣能知道白蟻已經進了我們屋子呢？第一個最明顯的徵象，便是以前說過的牠們在春天會成羣飛出。如屋中有此蟻羣發現便顯示工蟻一定進入房屋的木料中了。如屋內并無白蟻發現，第二步可從最下層地板起檢查。如有地窖時，最好從地窖起檢查。如果地窖的頂棚是灰條和砂漿粉面可將灰條取開一部，仔細檢查底樑，嵌木和基牆頂。還有一件很重要的檢查對象，便是那泥管。泥管如存在，常可在基牆的表面發現。對於極近地面或牆的窗門和柱，也須作同樣的檢查。如房屋沒有地窖時，防治的方法便很難有一定的辦法了，若干房屋接近地面部份，會發生過許多有趣的白蟻故事。一個酒商在櫃酒內發現了白蟻，結果酒瓶塞已被吃得精光。酒也搞得稀糟，另外美國中部一個禮拜堂的檔卷室，設在一個全部混凝土的地下室內，無意中發現所有的紀錄卷宗，竟都被白蟻吃成粉末，這些事實足可暗示我們工程師對於房屋的設計，需要從一個新的角度加以一番改良。

設計房屋兼及防治白蟻一點在歐洲研究得比較早。大英博物館裏有兩巨冊1820年出版的關於房屋設計的書，裏面竟有七十五頁討論與防治白蟻有關的設計事項。在美國設計房屋而研究與白蟻的關係，還是比較近的事實，在我國一般關於白蟻的常識也不少，但比較作有系統的研究的尚無所知。現在我們已經知道設計一個完全防治白蟻的建築是可能的，而且所增加的費用也極微。

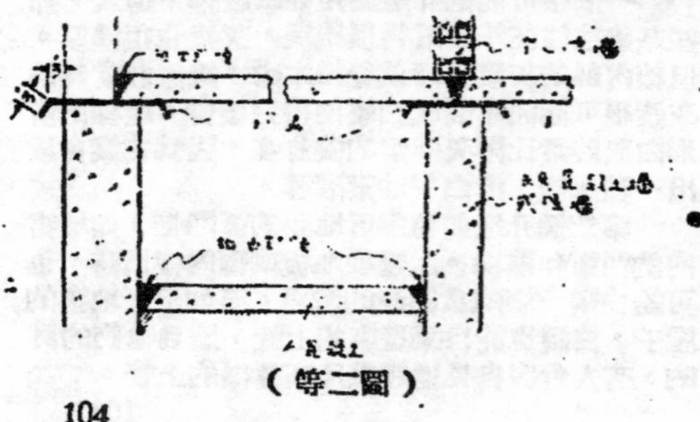
（等二圖）

這些設計的原則，可摘要略述如下。

1，基牆全部用洋灰砂漿。
2，基牆建至相當高度，使地板對地面間有相當距離。
3，設置銅蓋於基牆上，接頭處須密銲，斜邊之角距內外牆面至少三吋，45度之斜邊，闊度亦至少三吋。（見第一第二圖）
4，無論採用銅蓋與否，基牆頂須塗濾洋灰漿一層。
5，基牆上如開門窗，其框之四週應塗濾洋灰漿一層，以免白蟻乘隙侵入木框。

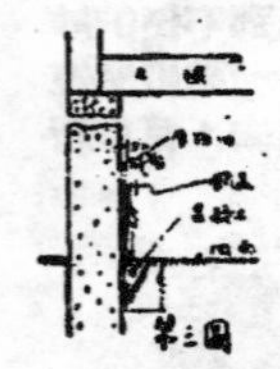

6、混凝土板互接或板與牆接縫處，宜留一三角形槽子，俟洋灰硬結後實以柏油須。注意塗柏油，非地瀝青因後者對於防止白蟻實無用處。
7，如屋下有挖空離地太近之處，宜於地面上加築一薄混凝土板，以防白蟻築construct泥管爬上地板。混凝土板互接及板與牆接處，均用柏油嚴密澆灌。（見第二第三圖）
8.建築地窖時，先築上述混凝土板，再置地板木柱等於其上。
9，各種管子進屋處宜加上述銅蓋。
10 木料之必需與地面接近者，如走廊之木柱等。宜用蒸製木料。蒸木之藥品種類雖多，目前公認確定有效果者似以蒸木油（Creosote）為最好。如蒸製前先將木料風乾并用標準的蒸法，則蒸出之木料既能防白蟻，又可防朽腐。
11.如可能時最好將基牆的外部塗上柏油一層。

以上數點，不過舉其犖犖大者。總而言之工程師或建築師設計時，要緊記住一個要點，那便是設法使白蟻無由達到房屋的木質部份。用的方法儘可因地制宜。

若干建築物，如鄉村農場內各類房屋，穀倉，家畜棚等；一切房屋的基樁，地樑，木橋，木製涵洞，木柱，電桿，以及鐵路上的枕木，平交道板，木柵欄，木站台等等，與地面接觸，易受白蟻侵害者，皆宜全部用蒸製木料，最好用蒸木油製過的木材，若干年的經驗已經證明蒸製木材的應用確係對于防蟻防腐有效而且經濟。

建造新的房屋如何防治白蟻已略如上述，現在再要研討的，便是已建成的房屋，如發現侵入了白蟻，應該怎樣辦呢？這點在短時間內很不容

想要提高機車效用以解決缺乏機車的困難

想要減少機班人數以解決缺乏優良技工的困難

實行機班大輪班應該先準備些什麼

邱　易　昌

粵漢鐵路現採用者爲兩班一機制，即一機車由固定之兩機班輪流駕駛。其利爲固定人員駕駛，易於熟悉一機件情形，且能養成愛護機車精神，機車不易損壞。大輪班制，則機車由全部機班輪流駕駛，換言之，任何機車可由任何司機駕駛，其利爲機車既不等人，人亦不等机車，可以增加機車行駛哩程，提高機車效用。且所需機班人數，較兩班一機制可節省一半以上。

大輪班制偏重于車房內之工作，固定班制則偏重于機班之工作，以粵漢路之情形，如欲節省機班實行大輪班制，則第一步須使各車房之工作適合於大輪班。

本人以爲在未實行前應取之準備

（一）各車房機車出發前，油潤之檢驗與加注，概由車房員工辦理，不再由機班辦理。如此，機班到房後，無須顧慮油潤即可開車。但于路上，機班仍須注意油潤。

（二）加强檢驗　機車每走一路程進房時，由機班報告機車損壞情形，車房檢驗員即憑報告檢驗全車，需修者由修理部份修理，再由檢驗員複驗後出房。如此機班可以不再顧慮機件之情况，而安全行駛。

（三）改進技術訓練

（A）使本路任何司機，能開本路任何機車。例如日式2—8—0與美式2—8—0汚通閥使用法不同，4—8—4式有自動加煤機與Boos'er之設備，日式2--8—0與美式2—8—0直式風閘使用地位不同等。故機班必要時尙須研究與教導。

（B）加油技工對於機車各部加油處不可有一處遺漏，此亦須車房之督察與教導。

（C）檢驗員技術之督察與教導。

（四）修理機車應除去車房界限之成見。

以上四條各車房如俱能辦到，積相當時間後，派員視察一次，如合乎標準，乃可通令實行大輪班。以本人估計，三個月內所有準備工作，可以完成。大輪班實行後，成績之良好與否，則賴於有關員工之合作與努力也。

（本文接第104頁）

易找出一些通則。每一件發生的情形，和另外一件幾乎都不相同。大概說來，有兩種辦法：第一改變房屋結構的一部份，以閉絕白蟻侵入孔道。第二將木料，基牆，或在基牆附近的地面下施以毒劑，使白蟻無法接近。

關於第一個辦法赫曼博士集三十多年的研究，認爲非常有效。這些結構改變的方法，所包括的(1)如在基牆四週挖溝清除表面後，塗上一層濃洋灰漿再加上夢柏油一二道。(2)門框窗框也可用同樣的方法處理。(3)如白蟻由基牆內鑽進屋內，基牆牆頂常有重建的必要，如加用銅蓋，換去底樑，嵌木，用蒸製木料代替，再如以前所述的做混凝土板於地上加柏油封口，或將不合用的地板，換成能抵抗白蟻的材料等。(4)將房外的木料換成蒸製木料，這些變換結構，有時是非常耗費的。譬如有一座很華貴的房屋內，發現了白蟻，我們有時也許用整月的工夫做了如同開礦一樣難的工作，才達到把白蟻的進口封起的目的。這封口，其實不過幾小時的工作罷了。

第二種用毒藥的方法比較新。他的效果究竟能達到什麼程度，現在還沒有肯定的結論。我們所知道的是美國的昆蟲學家和森林學家正在用幾十種不同的藥品，努力試驗研究中。現在所得的結果，大概可說多種毒劑注入土中，對於防止白蟻都不大有效。但注入木內的效驗雖有程度不同，比上法都見效得多。

在結束這篇短文以前，我不能不把這討厭的白蟻，對於大自然的貢獻再談幾句。我們常常咒詛天爲什麼生這些害蟲來和人作對，那知道這地球上無論什麼生物對於大自然的經濟，都多少有點貢獻。不幸有些東西的貢獻，究竟怎樣我們還未眞正發現罷了。可是幾百萬年來，白蟻在這世界上的影響，我們已經略領到了。簡單地說，牠們是這世界上得力的清道夫團中的一大羣，怎樣說呢？世界上若干的有機物，尤其是樹木，根幹枝葉凋死後，白蟻便能在很短的時間內，把牠們轉變成泥土。不單是樹木，其他的各種有機物，凡牠們喜歡吃的，無不如此。牠們與各種的蝕木的微生蟲，各種有相似作用的昆蟲，成千成萬的并肩做清道的工作。如果這些大自然的清道夫一旦都請個短假，我們可以想像這世界上將成爲什麼樣子。我們或者不會相信，只要牠們一齊請假十年或者更短些，這世界上將會被腐爛惡臭的一些垃圾堆滿，可使一切生物都無法插脚。白蟻幾百萬年來到如今一直做著是清道的工作，幫助其他生物能够發展和繁榮，這貢獻還算小嗎？吃木化土既然是牠們遺傳的天性，自然不問這木料對於我們人類的用處如何了。再說，這些吃木料的還是沒有眼睛的呀。

日本人太平洋上南進的重要基地，終於回到祖國來了，

我們在物質艱窘及崔苻逼地雙重壓迫之下、怎樣把它修復的呢？

海南島鐵路修復概略

李 潭 生

(一)緒言

海南島鐵路屬粵漢鐵路管理局，位於中國最南部之海南島，連接楡林港與北黎，經過崖縣、黃流、嶺頭、感恩等地，全長約一百八十公里。該路爲日人所建，於三十四年冬由我政府接收。原日人銳意南進，欲利用楡林港及其旁近之三亞港爲南海之軍港，并開發海南島之鐵礦乃建築該路，以利運輸，且資軍用。

該路循海岸而行，濱海平夷，路基工程，頗爲簡單。全線無一隧道，而橋樑涵渠，則爲數不少。計橋樑共一三六座，總長度爲三、零四四公尺，涵渠計五六四座。工程標準，茲簡述如下：

甲、軌距：　一・〇六七公尺(三呎六吋)

乙、坡度：　最大爲百分之一，連同曲線折減率在內。

丙、曲線：　最小半徑爲六百公尺

丁、活載重：　K.S.15級、相當於古柏氏E—33級載重。

戊、路基：　塡方頂寬四、五公尺，邊坡一比一五。沙質鬆浮地段頂寬六公尺，邊坡一：二，挖方路幅寬度七公尺。

已、軌道：　鋼軌種類繁雜，想係東拼西湊而成，最輕者爲卅公斤，最重者爲五十公斤，而以三十七公斤長度十公尺者佔最多數。

庚、道碴：　全線只有數段鋪有二三公寸碎石或河卵石道碴，其餘大都無道碴軌道乃鋪設於沙質之路基上。

(二)颶風襲擊

卅五年九月南海颶風襲擊海南島，鐵路遭受損毀，車站設備幾全部毀壞，路基冲斷，形成缺口多處，木便橋全部冲去，無跡可尋，即混凝土橋座，亦被冲擊而東倒西歪，或前後傾陷，且竟有全部沉落埋沒沙中。鋼樑坍塌，并有冲走至下游三四百公尺遠者，至於鋼軌，冲灣而成蛇形，亦待重新整理，大約估計，有如下列：

甲、路基缺口　約十萬立方公尺

乙、正式橋樑損壞　十五座

丙、木便橋冲去　三座

丁、橋樑翼牆損壞　十一座

戊、涵渠冲去　十六座

已、建築物坍塌　十七座

庚、電桿冲倒及損失者　約五百根

(三)損毀推原

當颶風侵襲之際，速度達每小時一百英里、急雨交加，海潮湧進，山洪暴發，沿綫河川，越槽漫溢，所有路基橋樑，全淹沒於廣汜海水中。該路係沿海岸建築，全爲沙質地基，一經雨水冲擊，即隨波濤流出，故路基冲成缺口，鋼軌懸空，涵渠與木便橋，乃相與隨波俱去。沿線之建築物如車站，倉庫，水塔等，全係木製，四周牆壁，係魚鱗板牆，故多爲颶風襲擊坍塌。至於正式橋樑，橋座係混凝土製，亦東倒西歪，前後傾陷者，實因基礎工程過於草率。(一)入土太淺，未建築於穩固石層或卵石層上，普通入土僅三四公尺。(二)其採用木樁基礎者，樁木直徑僅一五公分，長僅四公尺，樁頂距河底亦不過三四公尺。(三)墩座週圍未做防護工程。查沿線河流，河底多係細沙，一經洪水急流冲刷，河底加深，沙土流去，混凝土墩座下部土層即無保護，漸漸刷去，墩座因而傾斜，甚至歪倒。其用樁木基礎者，設計之時，木樁僅荷重一部份，或以採購木料困難亦未可知，故直徑甚小，長度不足(一五公分直徑長度四公尺者多)一遇樁間沙土冲去，即不克支持墩座之固定載重，乃折斷或傾斜矣。墩座傾斜，以向上游者爲多，而墩座本身，多向下游移動。如K84+434.50處之抱沱溪橋，爲四孔一六公尺之上行鋼桁樑橋其混凝土橋墩入土四公尺，下打 15 公分直徑基礎木樁，樁長約四公尺橋墩三個均被冲傾陷，鋼樑下倒。又K 122 + 036 處之白沙溪大橋，爲化孔九、八公尺混凝土組合樑及七孔一六公尺上行鋼桁樑，其混凝土橋墩入土三公尺，下打一五公分基礎木樁，長四公尺，橋墩三個被整個冲去至下游，皆其例也。沿綫有數大橋，其墩座基礎係採用開口沉井法，井底下沉至河底下一〇公尺至一二公尺，雖基礎仍築在黏土層或沙層上，但以河底冲刷深度難逾五公尺，且水流減緩時，河沙又形淤積，故均屹立無恙。如本線最長之寧遠水大橋，係一七孔一九、二公尺上行鋼桁樑橋，混凝土墩座用沉井，入土一二公尺。又K95 +428 處之望樓溪大橋，爲一四孔一六公尺上行鋼桁樑橋，混凝土墩座用沉井法入土一二公尺，基礎地質約四公尺深爲沙質，再下則爲黏土，故除翼牆外，均未損壞。要之，颶風之襲擊，主因在基礎不良，而沙質地基、爲海水冲刷掏空，建築物失掉支持，重者坍塌傾陷，輕者隨波冲去，至無跡可尋也。

(四)修復經過

路綫經颶風破壞，非大舉修復，無法通車。粵漢鐵路乃成立海南島鉄路修復工程處，主持修復工程，如路基缺口之塡復，軌道之整理，涵渠

之修補，電桿電線之重立建築物之修葺等，均循序而行，無足述者。不過海南島人力缺乏，材料短少，即枕木一項，所需九萬根，大不易得。其餘如技術工人之雇用，樁木之採購，材料之運輸與接濟等，亦大費周折。在工程方面，最感困難者爲橋工，若干橋樑墩座，東倒西歪，前後傾陷，既無法扶正，又不能移去，欲行炸毀清理，又恐於爆炸之際，影響鄰近之橋，費工費時，且其餘事。尤以混凝土橋座，橋面用鋼筋混凝土組合梁者，只要一橋墩傾陷，混凝土樑隨之傾裂，爆炸移去，施工殊非易事，兼之經費短絀，未敢大舉重新改建，大旨言之，凡橋墩只傾陷一二公寸，上面鋼梁未倒者，則於橋墩兩側，加建木排架或道木垛，頂起鋼梁，權用通車。其鄰近未傾陷之橋墩，加圍片石以保護之，或更打保護木樁。若一二橋墩傾陷過甚，無法利用者，則炸去重建。其有全橋沖毀，則多暫代以木排架便橋，因囿於經費之故。至於混凝土橋墩，橋面爲鋼筋混凝土樑，其有傾陷坍塌者，多無法利用，只有炸去重修，或竟填塞，而將橋墩位上下略爲移動，改移河道，重建新橋。施工之際，因近海濱，潮水有漲有退，而土質係沙層，建築防水壩，亦相當費工，如第二金雞橋，爲八孔一〇公尺鋼鈑梁，其混凝土墩座平均入土約四公尺，颱風襲擊之後，一橋墩陷落，其鄰近之橋墩傾斜，鋼樑沖斷。修復之際，將舊橋墩橋臺炸去，重新建造。炸毀之後，先作防水壩，因水位甚低，防水壩做法，係先於兩邊打一五公分直徑，長約四公尺之木樁，中間填土夯實，因土質係細沙，乃未料及海水於防水壩完成之後，漸漸滲入，先如細泉，逐漸滲孔擴大，沖出缺口，防水壩爲之破壞，於是又重新填築，而於兩旁加打木板樁或鋼板樁，以防潮水滲浸，費工耗時，損失甚大。原橋墩入土只三公尺，此次重修，擬爲之加深，殊不知正於掘挖地基之際，又發現其鄰近橋墩有傾陷趨勢，（原係完好未動），乃不敢加深挖掘，只加打二〇公分直徑長四公尺之基礎木樁，而於其隣近橋墩，又兼加木排架，幫助支持，且於橋墩四周，填砌片石，以保護基礎，其實此類之零星修復工程，較之新建，且爲費事費時也。

其次較感困難者，則爲治安問題，因嶺頭一帶，時有匪患，包商裹足，即本地雇工，亦不敢前去。路基填土，尚可勉強雇本地工人乘機冒險修復，惟其附近有二大橋，修復殊非易事，其一爲紅水溝橋，係一孔八公尺及一孔十公尺之鋼鈑梁，兩橋墩坍陷。其一爲南港溪橋，係四孔一六公尺之上行鋼鈑梁及九孔九、八公尺之鋼筋混凝土組合梁，大概係鋼梁缺乏，原日人建築時，中有一孔，係川扣鋼軌梁，下建三木排架，颱風襲擊後，木排架沖走，須重新修建，該兩橋工程雖屬平常，但因地區不靖，包商及工人均不敢冒險前去，乃加派重兵，并增加工價，始克冒險修復。

修復時期至三十六年五月，大旨工程就緒，乃不意於五月十五日又來一次颱風，連亙五日，已經修復之路基及橋涵，又爲之破壞一部份，計土方約一萬五千立方公尺，大橋一處，大橋排架三處計八排，於是又重新整理修築，好在破壞不大，修復尚易。原聞海南島于每年八九月間，可能有颱風，但亦非每年必至，此次五月降臨，殊出意料也。

（五）結論

海南島鐵路因係沿海濱建築，颱風時期，海水位超越路基高，全線均爲大水淹沒，爲求久遠計，路線可酌量內移，於土質不良處，加建護坡，或沿綫加鋪草皮，橋梁墩座應將入土深度增加，或用開口沉井法或用鋼筋混凝土樁排架，建築雖較費而永久可靠。海南島位於亞熱帶，木質建築如木排架，道木垛等，最易腐朽，均非久遠之計，惟該路全線所經，人煙稀少，農產無多，欲謀大舉改善，應配合該線之礦產，同時開發，運輸始有價值可言，前途發展，當亦無量矣。

大餅歌（新樂府）

白憂天

大餅昨天又漲價，可憐沒有前天大，
五天兩漲不稀奇，一翻三倍令人怕，
我悲生計欲開言，大餅居然先說話：
「嫌我瘦平君不肥，愁眉苦臉竟何爲？
有錢去買蛋糕吃，何必與吾較是非？
我昔深居堆棧中，黑煤白米結良朋，
年關過後狂風起，身價飛騰百萬重。
家主不曾錯愛我，從來呼我爲『奇貨』，
管他門外萬千人，盼我出門救飢火！
曾冀有緣到「泰康」，製造細點列櫥窗，
一朝也作豪門客，那有閑人問賤昂？
不料飄零馬路口，無端接觸骯髒手，
還嫌身價太荒唐，如此窮酸堪詛咒！
君不聞？東北中原苦戰爭，
無人安逸事耕耘，縱多機器印鈔票，
那有齊梁鑄餅金？」

安全是一切事業的第一條件，要獲得安全並不是太難的事，

要日常檢察你們的設備，了解機械的運轉現象，演習事變發生後的控制方法。

如何防止動力廠之意外事件

Robert Henderson 著　徐煥新譯

美國東部某大動力廠，一座五百匹馬力水管鍋爐，於停爐清洗之後，再行開用之際，即發生水沫，且逐漸惡化，雖經放水及化學處理，均歸無効，如此經過兩日之後，忽有人發現此種現象，與失蹤之鍋爐間工人有關，於是開爐檢視，在汽鼓內尋獲此苦力之工作衣，與少許骨殖。

此類事件雖不致逐日發生，然已足形成動力廠管理上之威脅。究其原因端在管理之欠嚴密耳。美國安全協會分析陸軍工程師所發表關於各種意外事件之冗長報告以後，斷定每五次意外事件發生之際，監督之工務人員不在場者，必有三次。又由於管理者之不能執行安全「規律」而致肇禍者，幾佔三分之一。

動力廠鍋爐閘門關閉，應在總工程師或同等權力者監督之下為之。若委諸下屬，必有危及生命或影響負荷之可能，甚至二者兼而有之。例如某戰艦之（Scot h）鍋爐，於檢視之後，其司水頭目偶然離開，而將關閉閘門工作委諸助手。及其返也，鍋爐正在進水，惟發現有一工人不知去向，遂令停止進水，開爐尋覓，果在爐內，幸未受傷，除頭目外莫不驚異。

又某公用事業之動力廠，其汽輪机與離心饋水泵間之生鐵聯接器，於重負荷時突然斷脫，汽輪机飛出，其破片洞穿牆壁而出。

為何超速控制器失效，細察其餘饋水泵汽輪機即可顯然。蓋控制器已數月未加檢校，因此無人得悉其完全失却效能。

汽輪機超速控制器之校驗，應定為例行工作。惟僅恐校驗尚不足以免除災禍。「想像」及預防亦為不可缺之因素。

試舉例明之，有某市區暖汽廠，某年冬季存有鎔性煤炭頗多，於嚴寒之日，擬將此煤燒完，但入爐不久，煤即鎔化，附結於水管表面，且有若火山鎔岩之流體，將飼煤器之通風槽堵塞，當時負荷，正步入高峯，需汽增多，汽壓因是不能維持。且所有附屬設備，又均用汽驅動，因此亦莫不滯緩。因果循環，遂致情況益趨惡化。當時使用長鏟清除鎔渣之企圖未能奏效，工人多名竟被煤氣熏倒，結果只得減去負荷半數，勉維其餘。

設在燃燒此種鎔性煤炭之先，稍一想像其後果，則此次不幸事件，必可避免。似此想像與先見，實無別異也。

究有若干動力廠對於防火有所準備？是否新進人員均熟知如何使用滅火機？又滅火帮浦機及水管，是否按期檢驗，抑有進者，每班當值人員，是否於火警發生時，各知所司之事？此皆應注意者也。

工廠如煉油廠或煤氣廠之類，若一旦失火，其後果令人駭懼，甚至工作人員，對「火」字不敢高聲輕率道及。但作者曾親見某煤氣廠之火警，其救火帮浦所排出之水量及其水壓，竟與浴室龍頭滲漏之滴水相若。

一以火警時臨事慌忙，足使火勢擴張，殆無疑議。不克於適當時机與火決鬥使之消滅。二可擾亂他人之救火工作，間接助長火勢。例如某公用事業動力廠，因地下電纜短路，致肇火警。一少年工程師未能鎮靜，致影響其他工人停閉發電機與開啓載電綫路之措施，旋另一工人則被迫停止其救火工作，而營救此少年，以免其由窗跳下而跌斃。

臨火警而張惶，固為常有之事。然若廠中各個人在火警發生之始，即預知其趨勢，且確知如何處置，則可沉着應付，均係管理中亟應注意之點。

動力廠工程月刊所載論文，曾多論及為總工程師者，間有視其特殊知識為彼獨有，絕不公開，若因此而肇禍，實可控告其過失殺人之罪。某次鍋爐間一晚班生火工，於將新生火之鍋爐併入應用之際，發現汽閥粘結。該工係初次加入高汽壓鍋爐間工作，不知利害，為期活動汽閥，竟大鎚敲擊之。不意兩三擊之後，汽閥突然破裂，該工隨之喪命，全廠因此停工，直至新汽閥裝妥，方復常態，為時已達數小時矣。

為總工程師者，應有不斷訓練工匠之責任。對新進人員，尤須特別照顧，蓋彼等缺乏經驗，實易招致災禍也。

工作人員之疲乏，每被人忽視，然實為災禍之源。有因監督者之失當，亦有係自身之原因。太平洋島上作戰時，該處某廠之晚班生火工匠，因酣睡而失事。該工當班時間太長，疲勞過度，或以警篩頻傳，未獲充分安息，因此臨班酣睡，已非一次，惟未遇意外。詎料此次彼方入睡，鍋爐進水泵適生故障，一座燒油鍋爐因而燬毀，彼雖未受傷，實出其意表也。

某大城市發電廠，晚間修理機器，有一工人被派司理開關，須不時經由樓梯至上層，以啓閉電流。至天明時，彼上樓太急，而將隔離開關閉合於二千二百伏電路上。登時發現錯誤，復將開關拉啓，則已全廠停電，彼亦已身殉。

此類禍變，疲倦固為其主因，但並非不可避免之事。若該工訓練有素，則其於閉合隔離開關之先，必經「停止」「細察」「考慮」之步驟。然當緊急關頭，決無時間容許思索。此時之動作，全憑平時訓練而自然運用，其不能如此者，皆缺乏訓練之故也。

大多數動力廠事變，既不足異，亦非猛烈之災害，例如某處曾有汽輪機於多年重載之後，並未加適相檢修，以致噴嘴腐蝕，葉輪間漏汽，終至不能承受預定負載。

復有某廠之凝結蒸汽機，使用潤滑油過多，同時無人注意濾油器，當鍋爐發生泡沫時，未追研究其原因，除加化學劑以外，別無所措，後將爐管拆下，發現管內附着油垢甚垢，遂相顧驚訝。

某次承軸損壞，其原因在潤滑失時，雖有離心加油器之設備，然值班工程師疏忽未加油不能辭其責。

防減動力廠意外事變之基本方法有三，或防止其發生，或限制其擴大。

第一爲檢查

凡動力廠至少每週檢查一次，以除潛伏之災禍，若視察正確，每能窺見未來事變之陰影。有某廠鍋爐間之屋頂，因其高而暗，經年無人檢查，致其木質屋頂與鐵烟囪相接觸，亦未加注意。卽於某冬夜在重負荷時，屋頂突然着火，雖經撲滅，然損失重大，停工一週，始復常態。

倘認眞檢查潛伏之危險，並稍想像其後果，此次事變必可避免。

第二爲了解運轉現象

機器損壞之先，每每發出警訊，只在吾人之能了解與否而已。太平洋戰區某柴油驅動之油船，裝有兩座主要機器，其中一座，經月運轉之下，其曲拐箱內，每有儲足衝破視察門之輕微爆炸，此實爲警告故障之將臨，然無人注意及之。乃某日正以全速航行時，該機曲拐箱內，發生巨烈爆炸，該機幾全毀，幸賴另一機器，將該船駛返港內，數月不能參與戰事。

如果汽輪發生震動，或減速齒輪發生響聲，此卽事變之預兆，吾人尙有机會作第二步措施，若不理會，機器必致損壞，永爲吾人之遺憾。

第三爲演習

萬一事變業已發生，如何制止事態之擴大，實爲當務之急。在海軍方面，「災害控制」之當否，有關性命。故「災害控制」訓練，成爲每日例常工作。陸上工廠，至少每星期演習一次，以至於緊急時期，各個人均能自動執行所指定職務爲止。以後小廠每月演習一次，大廠每三星期演習一次，卽已足矣。

每次演習，必有使人驚異之缺陷暴露。如太平門鎖閉，面具不在固定位置，救火水管破裂，司理人員面臨汽閥而手無所措，或對何處電流應供給，何處電流停止，茫然不知。此種現象之存在，災禍發生之機會必多，蓋惡運每喜降臨未有準備之工廠也。

「檢視」「了解」「演習」三者，聯成一系，成爲動力廠運轉之規律，則可免災禍之發生，或使災禍無由擴大耳。

本會總會於三十六年十月二日第十四屆年會時向　蔣主席致敬電文

「國民政府主席蔣鈞鑒：鈞座英明决策，領導抗戰，終獲勝利，舉世崇敬，方期致力和平，實施憲政，還政於民之際，正值本會第十四屆年會開幕之期，集全國工程人員於一堂，今後凡我同人，自當盡厥天職，務期配合國防民生，以副　鈞座和平建國之旨意，特電致敬，並乞垂察。中國工程師學會暨各專門工程學會聯合會叩。」

本會總會第十四屆年會之三項重要專題討論

(一)加緊建設挽救當前社會經濟危機　陳立夫召集

(二)現行制度對於建設事業障碍之檢討　凌鴻勛召集

(三)促進首都建設之基本條件　沈　怡召集

以上三題，均已討論得有結果、經大會通過後送請政府採擇實行。

介紹本分會會長杜鎮遠先生

公誠

以精到之識，用堅持之心，運勤勉之力，硬定脚跟壯定膽氣，則金石可開，絕不會有什麼難做之事，難成之功。

近五十年的中國工程師，算起來人數誠不爲少。其間能獨樹一幟，創造環境，識人之所不識，能人之所不能的，自詹天佑先生而後，杜鎮遠可算得一時的風雲人物了。

他這位五十九歲的老工程師，微胖的身軀，炯炯的目光，緩長週到而和藹的語調，看起來絕不像年近花甲的人。有時你亦會從他的步履和聽覺方面，發現他有着走入老境的象徵，但是這絕無礙於這位富於倔強進取性格的巨人。回首卅多年了，一直固守着交通崗位，尤其自國民政府成立以後，他雄據在鐵路工程的最前綫，領導着許多青年工程師，用去多少心血，作開發交通工作。事實上中國的進步，並未如他的希望，而環境并沒有給他充分發展才能的機會。看吧！一千二百多公里的殘破粵漢鐵路，能在勝利後六個月內修復通車，而二年後的今天，雖因物價飛漲，外匯困難的種種原因，他猶未能完成粵漢路應有的最低安全設施。然而他的確盡了他最大的努力，至今仍保持着中國鐵路工程界最優良的紀錄。——用費省，完工快，儘量的自己解決經濟問題。

杜鎮遠作了卅年的工程師，廿年的鐵路局長，到粵漢路亦有五六年了。粵漢是中國目前唯一暢通的幹綫，擁有一千二百公里以上的路綫，二萬五千多的員工，一年數千億的管理用費，但是因爲國內政治和經濟的不安，正如同其他部門，許多事都未能做到合理標準。但是他儘量吸收人才，爲國家保存元氣。他目前的助手，如：茅以新、林詩伯、陳思誠、劉傳書等，皆一時知名之士。他常鼓勵他們說：「如果我們辦鐵路辦不好，請問中國還有什麼人能辦的好些呢？」他無論對上級或對同仁公開演講或私人談話，總是勸人固守崗位。「人人守住崗位，國家自然會好的，」而他自己便是以鐵路工程爲終身的崗位。

杜氏是苦幹出來的人。民國三年畢業唐山工程學院，民國八年奉交通部選派赴美國留學，十一年得康乃爾大學土木工程碩士學位。先後就任美國郵慈堡，及阿利翁，他得里等鐵路公司工程司。十三年奉交通部令派他考察歐美各國鐵路工程及材料，由美經加拿大及英、法、意、瑞、比、德、俄、諸國，經西比利亞、中東、南滿等鐵路，於十五年返國。在外八載，專心於鐵路事業的研習。他常對同仁們轉述外國鐵路從業人員的服務精神：「就以我在那裏做工程司而論，對於行車規章的條文，亦要練習到從頭一個字，背誦到最末一個字。」

他扛起了築路籌款劃時代的大纛旗

翻開中國鐵路史，很明顯的看出列强鐵路侵略的血跡。初期鐵路建築，多按所謂勢力範圍，由列强借款派人主持。不但條件苛刻，喪失權利，而因來款充裕，工程方面，亦未免稍形糜費。自國府定鼎南京以後，交通建設之聲，洋溢全國，但是因爲大亂初平，威信未立，國外借款，一時無法辦到。當時浙江省主席張靜江氏，以杭江鐵路局局長兼總工程司的職務，約他担任。許多朋友勸他說：「沒有可靠的工款不必就，」亦有人譏笑他：「不自量力，必遭失敗」。但杜氏憑他卓越的識見，以爲（一）中國築路之不可或緩。（二）中國資本之可予利用。（三）工程和技術的標準，可以酌予變更，以求造價的低廉。遂毅然允就。

說來亦算奇蹟罷，他以六萬元的測量費，和二十萬元的工程費，開始了跨越三省長逾一千公里的浙贛路建築。

這點錢來築路，眞是一下就光的。中間連發動這個工程的浙江省政府，都打了退堂鼓，數度命令他停工，或改修公路。但是杜氏仍立定脚跟，堅持原議。等到商得中國銀行董事長張嘉璈先生的同意，訂立借款和約後，工款有着，同仁們勇氣倍增，於是杭州金華蘭谿段的二百公里，得於二十一年三月完成。

該段通車以後，杜氏鑒於借款之不易，合同之尊嚴，及前途之困難，乃極力撙節開支。如架枕木以爲站屋，借民房以作宿舍。同時儘量擴展業務，如改良三等客車，使有軟枕靠椅及衞生設備，以招徠旅客。辦理負責運輸，以便利客商。於是得有盈餘，始可以逐步實施改善工程，并按期還本付息，樹立信譽。遂相繼獲得中國銀行領導之銀行團，担任國內建築用款，英商怡和洋行及德商禪臣洋行，以信用貸款方式，供給材料。自是國內築路籌款，纔有了個新途徑，而全部得於二十六年夏完成通車，於是湘鄂粵浙贛聯成一氣，使東南西南之交通，不因日寇封鎖長江而致斷絕，裨益國防及經濟者不少。

其能以一個人的識見與毅力，創造環境，排除萬難，白手成家，寫出中國築路史中劃時代的一頁，誠然值得慶幸。但是玉杭段通車前夕，杜氏因積勞咯血，幾致不起，經年餘之休養，始得恢復健康，亦見得他的成功，的確是付了相當的代價。

一日一公里創鐵路新工新紀錄

自二十六年京滬撤守以後，政府、人民、及大量物資，均須向西南遷移。再加上西南各省部隊之調動，軍用品之轉移，均提起了當局提前籌建西南路鐵的決心。且顧及港粵繼上海後再遭封鎖，亦必早籌一國際通路，以求注入新血輪。於是決定先建湘桂路，以期通達越南。杜氏奉命長衡桂段工程局。

還次工款雖無問題，但限期極爲迫促。杜氏乃建議中央，決定與湘桂兩省合資經營，由兩省各自征用民工，修築轄境路基土方，其所需枕木，亦由兩省代爲徵購。此種辦法在我國尚乏先例。管理若不週到，糾紛必定甚多。杜氏卒能部署適當，聯繫密切，以獲得兩省當局之竭誠合作，發動大量人力物力，於二十六年九月開工，翌年九月完成衡桂間三百六十公里，全段通車，創造平均每日築成鐵路一公里之最速紀錄。樹立民工築路之基礎，爲國際間所稱譽。

蠻煙瘴雨深入不毛

八年抗戰之中，一大部份國力，是用於國際交通綫之爭奪戰。應運而生的滇緬鐵路，可爲中華民族抵抗强寇及征服自然的代表作。中央很明快的於二十八年夏，選擇了杜氏領導這個工作。

滇緬鐵路起自昆明，與滇越鐵路相聯，西行經祥雲，南至中緬交界之滾弄止。另由滾弄延伸至臘戍，與緬甸鐵路銜接。計國境內路綫長八百公里，緬境一百五十公里。

雲南爲我國高原地帶，有無量山，點蒼山等大山脈。及元江，瀾滄江等大河流。忽然直上雲霄，倏爾下墜深谷。鐵路綫跨越此種區域，工程實極艱鉅。加以雲南迤西一帶，氣候惡劣，夙稱瘴區。祥雲滾弄間，更爲人跡罕到之地。不但無工可征，即從遠道運來工人，所有食糧、菜蔬、住房等等起碼生活必需品，皆須臨時籌措，施工尤爲困難。杜氏動員民工數萬人，費時三年多，深入不毛，備嘗艱苦。惟其間英法美三國借款，數談無成。加以滇越鐵路運料的困難，滇緬公路之一度封鎖，工程進行甚爲遲緩。雖杜氏於三十年曾飛美接洽材料車輛，價值兩千萬美元，俱已成功，終以太平洋大戰爆發，越南、緬甸、相繼陷入敵手，致外洋材料無法輸入，這已有雛形的鐵路，便不能不停止進行。但是在軍事上它既已達到誘寇西進，以與英法衝突之目的；在交通方面，爲西南鐵路系統，奠一基石，亦可算是不無成就。

六個月完成六百公里的西祥公路

二十九年冬，政府因鑒於滇緬公路內運物資，遶道貴陽以達重慶，路線迂曲過長，費款耗時誤事。便派杜氏兼縮西祥公路工程局，自祥雲起，修達西昌止，與東西公路銜接入川，以縮短內運物資的里程。杜氏就移調了滇緬鐵路大半員工，并商請地方政府征調民伕，晝夜趕築。沒滿六個月，便完成西祥全段六百公里的工程，也創造了公路工程中的新紀錄。

半年內修復了殘破的粵漢路

三十一年起，杜氏奉調接長粵漢鐵路局，其時南北兩段或已拆毀，或半淪陷，所餘惟株韶間，勉可行車。此路首尾既斷，中間經濟價值較少，以致營業不旺，入不敷出。經他號召員工自力更生，擴展業務，不久就能自給而有餘了。三十三年六月，敵傾全力猛犯長沙，陷衡陽，未幾全路隨軍事轉變而破壞。

抗戰勝利後，粵漢奉令改組區局，廣九廣三及海南島支綫皆併入管轄，并限期於六個月內趕修幹綫通車。

粵漢經數度修復破壞，接收時只武昌至衡陽，湘潭至廣州，及廣州至九龍間可以勉通火車。岳陽衡陽間，僅通軌道汽車。其餘皆已澈底破壞。就是能通車各段，亦大部殘破，亟待整理。時值復員初期，人力、物力、財力、皆不充足，幸能招集舊日員工，劃全路爲數十單位，分頭搜集整修料具，并規定簡單原則，個別限期，利用就地材料，趕辦各項工程。實行以來，竟能按預訂計劃，於半年內完成武廣間一千二百餘公里之初步通車。三十五年七月一日全線通車的一天，主席蔣先生迭電獎勉，是爲復員後吾國交通界的第一件盛事。

「先求其通，後求其備」

杜氏在十七年就提出「先求其通，後求其備」的口號和辦法，很受不少正統工程司們的反對與譏評。但是二十年後，吾國勝利復員這個口號，竟由中央採取了，作爲全國交通政策。

二十年來友情之回憶

——幾位印象較深的工程師——

劉醒儂

(一)老將周良欽

在南京鐵道部時期，周老先生由粵漢鐵路回部，同事們都尊稱他周老將，因爲他是山海關鐵路學堂的第一班畢業生，也就是中國鐵路工程師比較早的一批，曾經參加詹天佑先生主辦的平綏鐵路新工，後來不斷參加當時國有各鐵路新工。至顏德慶先生督辦川漢鐵路時，周先生主持夔府總段。聽說辛亥革命，總段尚存現金若干？同事主張瓜分，周先生堅持不可，結果僱了一個小火輪，直放上海。顏德慶先生督辦公署，正因政變，經費來源斷絕，沒有辦法，幸虧得此一助以辦理結果。周先生交清公款，自住亭子間，賣衣物以維持全家生活和少爺教育費，這回事，鐵路界同仁曾經傳爲美談。二十六年 先生主持 正太鐵路工務處，三十六年復員後復奉令主持正太路工務。

民國二十一年時，我們在一個測量隊工作，周先生以老大哥的身份，領着一羣小弟弟。測量隊有羅忠詠，金其毅，翁元慶，鄭鴻翔，諸先生。那時金翁二人，剛剛回國，我算一羣小弟弟之中，最小的一個。周先生主持測量隊，有幾個始終不移的原則：

（1）每日開燈吃飯，見亮出發

（2）晚上員工睡盡，隊長才睡。記得有一次地方鬧匪，老先生安排大家去睡他自已吸香煙守夕通宵。

（3）不隨便損傷老百姓田地房屋，和一草一木。

（4）不住城市，不受招待，不招搖，不因受惡勢力之壓迫而改線。

飯後茶餘，有時談到管理新工，他主張嚴格取締偷工減料絕對不受包工應酬，至於包工送錢，他認爲這是莫大的恥辱，曾經動手打人，一付正直無私的臉孔，直到現在，還可以回憶得到，老先生值得記述的事很多，這裏不過略舉一二而已。

(二)鐵面汪菊潛

這裏不是說汪先生如何在交大考第一，而奉派出國；也不是說汪先生工程學識如何淵博？更不是說他如何幹練，當過幾次處長，而是極小的幾個行動，十多年來，偶然的一提，便很容易使人可以回憶，

因爲要檢査南潯鐵路的橋樑，部派汪先生出差，照例由南京先去一個電報，路局得着部電，準備派員迎接，不想先生到九江，一直上路檢査與照相，鐵路局迎接的人，撲了一個空，後來才打聽到，汪先生任務完畢，已經回京去了。

敍昆鐵路昆明的小石壩，和粵漢鐵路衡陽的苗圃大概相彷彿，因爲路局首長集中，人事複雜，新村和公共事業的管理最傷腦筋，鐵面先生被推爲小石壩村長，聽說交通汽車上，有某夫人違犯規約，攜帶過量的東西。鐵面先生照樣執行村長的任務，親自扣留。汪任村長不多久，一切居然上軌道，到過小石壩的人，多半知道先生的鐵面無私。

記得在綦江鐵路時，汪先生以副處長兼工程課，住在地爲綦江仁沱，偶然一個機會，在重慶見面，曾邀我去過仁沱，汪先生實眷在上海，所以參加公共伙食，和八桌同事，同樣啃平價米。聽說每次至重慶住辦事處，宿舍擁擠時，副處長常睡地板。

卅五年，和卅六年兩次來苗圃，仍然牛一般的健康，每次來時，必須找到我的住處，閑談一回。聽說長公子已經上高中了，記得民二十四五年南京同事時，三牌樓吃衛生餐，看新生活麻將，小朋友才桌子般高，忽忽又是十多年了。汪先生約人吃便飯，也照例準備麻將，可是定時而散

（本文上接第111頁）

有些人說，杜氏用錢太緊，太小心謹愼，太注意不必要的規章，不合非常時期通權達變的需要。這雖是厚愛於杜氏的言論，但在中國這個窮而且亂的國家，太通權達變起來，怕亦不一定會好。

看吧！出於杜氏之門的有多少人才，侯家源、龔繼成、張海平、吳祥麒、王節堯、譚嶽泉、熊亨靈、曾世榮、都替國家負担了獨當一面的責任，在抗戰建國中有所建樹。

二十年來，杜氏領導新築鐵路三，修復鐵路一，共長三千六百餘公里。新築公路一，計長六百公里。役工最多時，日達二十萬人。用款最多時，月達數百億元。生平不嗜煙酒，不求享受，亦不治產業，專心致力於鐵路事業的發展。今建國即將開始，這位劃時代的工程師，必定又可以創造些人們意想不到的新紀錄。

——轉載三卷一期「程工界」——

，標點一致，馬上叫停車下達著令，我名之爲「新生活麻將」。

（三）叫花子工程師王孫楚

王工程師是湖大廿六年班學生，我們是由內地而後方，抗戰八年，同事八年，王工程師是不折不扣的湖南人性情，他有鐵一般的毅力，堅苦卓絕的精神，尤其「叫化子般的生活」他過得若無其事，在斯文中實爲鳳毛麟角，亦難能可貴。

湘桂鐵路時，他在祁陽工務總段，以兩個實習生，襄幫一個分段，居然搶得未誤通車，在敘昆北段，土匪叢中，出死入生，去無人敢去之境，後到西康，搶料建橋，在藍子玉先生領導之下，有一度帶罪圖功，曾經連升三級，後來周鳳九先生約去西昌，担任最艱鉅的一個分段，結果首先通車，大業奇功，抗戰勝利，陸爾康先生約去石家莊，以設計課長兼橋工總隊長兼搶修總隊長等職，不幸石家莊淪陷，有說已被某方送去政治大學受訓，有說因曾當主管，現尚監禁。

王先生管工時的模樣，非但其貌不揚，簡直不如工人，尤其他的一張繩榻，牛吃破被，和骯髒的枕頭，令人不敢就舖而坐，我在西康時，曾經爲他寫了一個「叫化子工程師傳」可惜原稿遺失，此處略記數語，亦聊作關懷王先生的朋友們的一個「報導」。

（四）金柳庭先生

金柳庭，就是前段所說金其毅（號柳庭）我們曾在土匪叢中一同測量，可說是患難之交。金先生固然膽小，但是很鎮靜，他具有特殊敏銳的思想和善於理解的頭腦，有時更歡喜發表一點特殊的理論，使你永遠不易忘記。

他寄寓南京獅子橋時，剛接家眷佈置住宅，有一天約吃便飯公館裏購置了一些傢具，新買一張鋼絲床，這床的代價大概有四十元錢。他說一生在床舖上的時間，佔全生命的二分之一，所以床舖不能太壞，家常的生活，雖然不說全外國派，但是總算合理。

南京同事六年，至淪陷後彼此分散，大概是在國民三十二年，他奉令踏勘後方某段鐵路，在重慶見面，三十四年，抗戰進入最艱苦的階段，偶然在交通部碰頭，他住國府路，我住上清寺，早晚過談。先生由鋼絲床而木板床，由洋裝而中山服，尤其在逆旅中，一家數口，大非當年獅子橋洋樓私人公館之況。談及社會世風，生活行動，彼此浩嘆，由他同來的事務員口中，知道先生生活雖然艱苦，但是公私分明一貫的精神，絲毫不改，當年。比方兒女們上學，一紙一筆之微，嚴禁使用公物，并且常常沉苦的說，雖這小事，可是下一代貪污之始！

復員後袁夢鴻先生請他主持湘桂黔工務處，曾經兩度來過衡陽。戰事結束，河山光復，但是這位處長衣着的破爛，仍然不改抗戰時期的舊觀，來湘爾公私匆匆，忙中抽閑，一定要找到我的寓所，相與敘談。他那嚴禁子女們不使用公物的令，仍然沒有廢止。後來不久噩耗傳來，聽說金先生因勞成疾，逝世滬上。嗚呼！中國工程師之中，又減了一個有品德的好人。可惜我沒有去上海，如果醫生的診案是因爲「食少事煩，營養不足，那國家太對不起金先生了。

工程師與國防

錢昌祚

吾國貧弱已久，天賦資源，既非特優，又未及廣爲開發，工業基礎，未曾樹立，交通又極困難，以言近代國防，除人力之外，物力、財力、科學技術程度，條件俱屬不足，對於工程師之要求，尤屬殷切。

自抗戰以來，吾工程同人，多能各本所學，於國防方面，有不可磨沒之貢獻。茲舉歷屆工程師學會已得有及被提名奬牌諸君之成就而言：如凌鴻勛之完成粵漢鐵路，茅以昇之建造錢江鐵橋，孫越琦之開發玉門油礦，支秉淵之建設湘桂路各鐵橋，曾養甫之開闢西南炸機基地機場，龔繼成之舖設中印路油管，李承幹之兵工生產，朱光彩之黃河花園堵口，或係在國內之空前鉅大工程，或經外國工程師不敢嘗試或嘗試失敗後之工作，或處邊荒艱困之環境，或須善用大量人力及因陋就簡之工具，或把握時機，適應軍事要求，其各個工程對於國防之影響，當時實不亞於數十萬大兵，固非僅工程技術上造詣之榮譽也。

勝利以還，收復光復各區之工礦業生產工具，多受外力破壞，鐵路交通，又因匪亂不能順利恢復，加以工資之高漲，金融之紊亂，原料之缺乏，從事交通建設生產工作之各位工程師，處境之艱困，較之抗戰期間，並未減少，甚且有如張華夫俞再麟諸先烈之被戕殉身於建設崗位者，即係國家之瑰寶。吾工程同仁，當能明瞭本身職責之重要，非羣策羣力，殫智竭力，擁護政府，完成動員戡亂工作，無以求民生之安定，國家之復興與個人之出路。

國防部負督導執行動員工作之主要責任，對於全國技術人才之是否人盡其長，有無個別徵用之需要，關懷至爲深切。尤以新定之國防部組織，以科學研究與發展，列爲最高參謀業務之一。作者以工程後進，奉派推進此項工作，欣逢復員以來，中國工程師學會與各專門工程學會，在京舉行第一次聯合年會，深盼與會諸賢，對於工程師如何能直接間接參加協助國防計劃之實施，有所研討指示，庶國防方面之物質及技術諸問題，得以解決，實國家之幸也。

大石橫路、懦者視爲行路之障碍、勇者以爲進步之階梯。

盧作孚與民生公司

未　明

民生公司是在二十四個年頭以前創始的。當時，只「民生」淺水輪一隻，總計噸位不到八十噸，行駛於重慶合川間。其後發展於長江，最多時達一百二十餘隻，三萬多噸，到現在仍然有九十隻左右。這樣的運輸量，照說民生很可以有錢可賺了，但是復員時調配機構的調配不當與軍差的繁重，軍差的計費不及普通客貨運的二分之一；勝利後接收的船隻，統統交給招商局，民生一隻也未分得，以僅有的噸位，有限的收入，加上繁巨的工作，不能不使「民生」虧折不堪了。民營事業之艱苦可見一斑。

「民生」的誕生

民生的創辦人盧作孚既未鍍過金，也未作過洋買辦，更無什麼後台撑腰，道地的來自民間。他是四川合川人，生在一個小商人家裏，並未受過好高深的敎育。是一個三等身材瘦瘦的人。他作過縣政府的錄事，小學敎員，民敎館長等；這些工作，把他鍛練成一個有熱情，有計劃實幹的人物。在他負嘉陵江三峽治安責任的時候，他除了使那區域平靜外，力求經營成一個現代的鄉村。三峽離重慶一百八十餘里，當時交通太不方便，盧氏爲了要完成他現代化鄉村的計劃，便進行開闢渝合航線而成立公司，這便是「民生」的誕生。

負責則專的性格

抗戰初期，出任四川建設廳長及交部次長時受到了不少責難，很多人異口同聲的說：「盧作孚作官了，民生公司他已經不管了，現在糟透了」。其實正是忽略了我前面所論述的盧氏負責則專的性格；同時也忽略了當時民生客觀的環境，以及一般民營事業不幸的遭遇。

有計劃和有眼光

盧氏的成就實由於第一作事有計劃，譬如盧氏認爲今後的航運事業日愈發展，輪船公司如要獲得生存只有客貨上力求安全，客運力求舒適，設備力求完善。據說「民生」最近在加拿大定購的船是最新式流線型。將來定可恢復戰前在長江的聲譽了。又譬如盧氏對於中國戰後航業的發展，提議應按各公司的環境人力物力財力來分配航綫，可惜未獲當局採納。

幹部決定一切

第二是氏盧能用人，民生公司一部份中下層幹部許多是由練習生訓練刻苦升遷而來的。一部份中上級負責人都是在別的工作上有相當成就才被聘請來的。由於這些人都有很好的操守，由於盧本人不苟且，所以大家都能集中全部力量在作事業上。譬如現在負責服務的鄭璧成他是公司的常務董事，也是像盧一樣一聲不響的實幹家；負責業務的翁經理是航業界有悠久歷史而有很大貢獻的。

刻苦實幹不計個人得失

第三是刻苦實幹不計個人得失，民生公司從開始，不僅民生，凡盧所負責經營的事業，會計都是獨立的，盧自已分文不苟且，他一直生活很簡單，長年穿一件北碚三峽布的灰色學生服，謙恭有禮，處處可以看見他的眞誠。最近他的兒子盧國維去美國半工半讀，據說路費還是朋湊合的。

陽光的承繼者

蘇金傘

太陽的脾氣
變得好多了：
伸出帶沫的舌頭，
到處舔拭着；
又將體溫
賜予一切生物。

但秋草只剩下一片骨骸，
穀物也吐盡了珠粒，
棄屍在打禾場上。
所以承繼得最多的，
只有蘆花和棉絮。

蘆花是浪子，
把得來的一片溫暖，
隨手撒在原野，
又因風飛散天涯。

棉絮却是辛勤的守業者，
坦開胸脯恣意的吸吮着陽光，
一絲都不肯遺漏，
連反芻的工夫也沒有。

冷風吹着口哨，
打河邊走來，
赤裸裸的蘆莖
擠在一起瑟瑟的顫抖着。

而棉絮，
却傾盡所有的儲蓄，
繁榮貧枯的鄉村，
並給人間增加溫暖。

六河溝製鐵股份有限公司

香港製造廠

廠址：九龍馬頭圍道庇利街一號

電話：五〇一二二・五〇六五四

電報掛號（中文）四八〇〇（洋文）LIRONWORKS

主要業務：

（一）鑄鋼部

翻沙普通鋼，高炭鋼，錳鋼，各種合金鋼，鑄鐵，鑄銅。

（二）製造部

承製鐵路車輛，車輛配件，手推平車，搖車，道轍，起重機，船舶用鋼錨，鋼舵，絞盤機，鑛冶用機具，抽水機，煤斗車，化工廠用機具。

中興木業公司
國外進口 洋松硬木
國內採辦 雜木松杉
設廠製造 樓板貨箱
直接運銷 枕木榼木
第一廠 上海長寧路三九二號 電話二〇六四三
第二廠 上海長壽路二號 電話六一七七三
上海中山東一路一八號二一七室
電話 一七七四四 一三三九六
電報掛號 中文 〇五一三 英文"CHUNHSIN"

香港

公基貿易公司

KUNG KEE TRADING COMPANY

專營

歐美名廠

鋼鐵銅錫

路鑛器材

大小五金

地址：香港雪廠街國民行一〇四號

電話二四七八三　電報掛號九八七三

總公司　上海

分公司　廣州　廈門　台北　高雄　加爾各答

分支行處遍佈全國
國民政府特許設立唯一農業金融機關
中國農民銀行
久大昌五金號
大小五金機器零件
路礦輪船紡織用品
應有盡有
上海虹口
南潯路一一八，一二〇
百老滙路口
電話四六六四七號

亞米茄錶

世界準確紀錄之創造者

亞米茄錶廠爲瑞士唯一規模最完備之鐘錶製造廠始創於西歷一八四八年廠內設有研究院圖案設計部原料化驗部工程製造部試驗室營業部廣告部郵政局等工程師數千員技工萬餘人日出時錶三千餘個現今行銷於全世界者已有數千萬個茲將其特點略述於后：

原料優美

構造精良

計時準確

式樣華麗

中國總經理 寶信洋行

上海 江西路三二〇號

香港 德輔道一七六號

OMEGA

WORLD PRECISION RECORD

新興公司

SUN HING CO.

SHIPCHANDLERS AND HARDWARE DEALERS
NO. 144, WELLINGTON STREET,
HONG KONG
NEL, N°. 32370 CABLE ADDRESS 1444 HONG KONG.

專營

歐美大小五金建築材料輪船鐵路水喉雜項用品

◀歡迎各埠廠商詢價採購▶

香港威靈頓街一四四號　電話三二三七〇　電報掛號一四四四

俊興行

專辦

各國枕木

暹羅柚木

各江杉櫸

建築木材

香港德輔道中八號A國民行六樓五〇六號A　電話二五二二七

香港金龍金屬製品廠出品
註册商標
REGISTERED
TRADE MARK
Length
Length
GOLDEN DRAGON METATAL MFG. LTD.,
108-112 Portland Street,
Kowloon, Hong Kong.
Teleqhone 50951
九龍砵蘭街一〇八至一一二號
電話：五〇九五一號

浩昌和有限公司

專辦

五金銅鐵輪船用品

鐵路礦務工程材料

營業部香港干諾道中伍壹至伍式號電話二〇五九壹及二貳三八壹

貨倉銅鑼灣興發街一號

電話二七四式九

康泰貿易公司

代理

各國五金

藥材洋什

枕木柚木

建築木材

代客買賣

忠誠服務

香港德輔道中八號A國民行六樓五〇六A電話二五二二七

香港大地貿易公司

GRANDLAND TRADING CO.

IMPORTERS EXPORTERS & GENERAL AGENTS

出口部

桐油，茴油，猪鬃，石棉，雲母，鎢砂，錫，生絲，茶葉，竹器，樟木器

入口部

洋紙，五金，玻璃，化學原料，顏料，枕木柚木及其他水陸交通工程器材

代客買賣　服務忠誠

歡迎訂購　物美價廉

香港畢打行六樓七號房　報電掛號 GRALATRA HONGKONG

T. H. LEE & CO., LTD.

天利行

有限公司

電話：三二五八五

香港砵甸乍街十六號

營業要目

測量儀器　工程圖籍　繪圖用具　晒圖紙張　摹圖紙布　歐美文房　教育用品　各國洋紙　石印材料　零沽批發　格外克巳　附設晒圖部　交貨快捷　清楚玲瓏

中國工程師學會歷屆年會地點時間小統計

屆數	地點	日期 年	日期 月	附註
成立會	南京	20	8	中華工程師學會與中國工程學會合併之成立大會
1	天津	21	8	
2	武漢	22	8	
3	濟南	23	8	
4	南寧	24	8	與中國科學社中國化學會中國植物學會等合併舉行
5	杭州	25	5	與中國化學工業會聯合舉行
6	太原	26	7	因抗戰軍興未能如期招開
7	重慶	27	10	亦稱重慶臨時大會組織總理實業計劃研究會
8	昆明	28	12	提出計劃經濟推進工業化等六大中心問題
6	成都	29	12	就國父實業計劃分爲55項由九個專門學會分任研究
10	貴陽	30	10	決定繼續與中國經濟建設協會合作研究實業計劃
11	蘭州	31	8	研討甘省所提關於西北交通水利工礦等四大問題
12	桂林	32	10	討論豬羯水電及桂省之錫礦等之可能發展
13	重慶	34	6	原訂於33年4月在衡山舉行因湘桂戰起延期
14	南京	36	10	原訂於35年在長春舉行因交通困難改期

本刊廣告索引

漢區鐵路
復員以来,在物質條件
艱窘中完成:
接通路綫 1,355 公里
架設木便橋 8,500 公尺
拼架鋼梁 9,000 公噸
土石方及堤埂 1,200,000 立公方
添鋪枕木 1,100,000 根
增鋪道渣 520,000 立公方
起復沿綫機客貨車 238 輛
大中修機客貨車 1598 輛
改裝標準車鈎 779 輛
裝復各車風手輛 829 輛
新造客車 257 輛
架設通訊線路 1000公里
天行健,
君子自強不息.

工程會報

10579

工程會報

創刊號

三十五年九月九日

中国工程師学会
長沙分会

本刊已申請長沙市政府登記　中華郵政特准認為新聞紙類

湖南第一紡織廠

主要出品

1 紗
- 十支紗
- 十六支紗
- 十四支紗
- 二十支紗

2 白布
- 十四磅布
- 十六磅布
- 漂白粗平布

3 色布
- 天青灰藍
- 天青灰斜
- 藍斜
- 藍平
- 黃平
- 黃斜

接洽處　湖南安江第一紡織廠

工 程 會 報

目 錄

發刊辭

余籍傳

吾國學術，始誤於重道輕器之習，繼誤於中體西用之論。所謂形上爲道，而文以載道，形下爲器，而工以製器。海禁既開，國勢日蹙，始知重道輕器，重文輕工之弊。於是，遂有倡爲中體西用之論者。意謂中學近道，西學近器，中學爲體，西學爲用，亦卽道體器用，文體工用。然其結果，中學失之空洞，無以爲體，西學襲其皮毛，更無以爲用。洎我　國父，以爲固有道德學術，尙待從根恢復，現代科學工程，尤必迎頭趕上。從此過去輕重體用之謬見，始能一掃而空。吾人秉承　國父之遺教，體察過去之得失，深知救國之道，非發展工程學術及事業不爲功。今日世界，已進至原子時代。原子學理，豈吾人之道所能賅？原子功用，豈吾人之器所能盡？同人涵泳科學，研習工程，以爲科學與工程，亦道亦器，亦體亦用。吾人必須對於工程學術，研究促進，對於工程事業，協力發展。因此，聯絡全國工程人才，組織本會，聯絡全省工程人才，組織本分會。吾國原料豐富，產業落後，工程事業，百端待舉。尤以吾湘地點適中，民性勤樸，農鑛產品，均極富饒，不獨爲輕工業適當之區，更當爲重工業集中之地。同人學有專攻，事無旁貸，自應羣策羣力，黽勉以赴，旣道器之並重，亦體用之兼資，使吾國一切皆能高度工業化。立國於今日之世界，內而生產，外而軍事，皆非有高度之工業化不可。同人不敏，以爲救國之道，舍此莫由，報國之途，於是乎在。惟是工程學術，如何研究？工程事業，如何提倡？分會設於各省，同人散居各地，感情如何聯絡？心得如何交換？發展工程，非少數工程學者所能厭事，必須與黨政當局，社會賢達，共策進行，其間如何聯繫？如何商討？均須有定期刊物，方能適應上述之需要。因此本刊應運而起。本分會同人，願力雖宏，能力有限，本刊倉卒問世，內容形式，多欠完善。惟山嶽積於拳石，河海發於涓流，千里之行，始於跬步。如何發揚光大，日進有功，此固同人之責，尤有借於各方之助者也。古言文以載道，工以製器。今本刊之論述，則文也，其所論述者，則工也，論其理，則道也，述其事，則器也。然則本刊之作，其非文與工之合流，道與器之總匯也乎？

正圓漲圈之研究製造試驗及性能

戴子驥

「編者按：本篇作者曾研習機械於英國倫敦大學帝國學院，對於內燃機造詣尤深。回國後歷任各公路運輸局總工程司顧問及戰時運輸局機料處長等職，於汽車技術方面並有普用炭氣車之創作及氣流式二行程V形四缸汽車煤氣引擎之設計，近年來復創設正圓漲圈製造廠，致力活塞環之研究，深得汽車界之贊許。爰請發表此文，公諸同好。今後為本刊增光之處必多。用誌數語，以為介紹。」

目次

1 緒言

漲圈亦名活塞環，為汽車引擎中重要配件之一。此項配件，係汽車消耗品，每年需要數量至鉅，而其製造技術又極艱深，故歐美汽車製造廠家並不兼製此件，而另由若干活塞環廠從事專業製造焉，其在我國，以汽車牌式，年型及缸徑加大之煩複，由外洋供應，每感緩不濟急，國內修造廠場，乃有自製之舉，然原則上殊極不妥善。試觀美國活塞環專廠，多達數十家，而其製造方法，則各闢途徑，各守祕訣，足見此項製造工作，殊非草率所可從事。是以創設專廠二三所，謀國內活塞環之自給，實有必要。蓋製造技術，必須有長期不斷之專門研究，方有合用之出品；而施工必須以專業生產方式從事，方能減低製造成本也。

作者由服務汽車界之經驗，深感此項專廠對於汽車運輸之重要。乃於民國三十二年發起組織正圓漲圈製造廠於貴陽；並自兼總工程司，依過去搜集之資料，擇定熱處理定形之途逕，從事實地試驗；為期兩載，方有符合歐美工程規格之出品。大戰結束後，隨經遷廠長沙，一面生產，一面作再進一步之研究。茲就過去研究之結果及現在出品所具性能，提出簡明報告，以供同好之研討，並求先進之指正。

活塞環之技術問題，經歐美近年不斷之研究試驗，已成為艱深之專門學術，殊非二三短篇文字所能發揮於萬一。本篇限於正圓漲圈之一般研討，文內提及專題與算式，未能一一詳加說明，只好容後另篇分別討論，並乞讀者有以諒之。

2 漲圈基本製造方法之檢討

近代高速內燃機所用活塞環，需要條件，至為苛刻，故其製造方法雖多，而求其合於飛機汽車引擎之用，所可運用之基本法則，則僅有三種。一曰內張定形法（*Internal-Hammering*），即將車好之圓環切口後，隨置定形模內，以特製機具於內圓錘擊或滾壓，使之產生漲力；而其祕訣，重在內張機具之設計與研究，二曰母模車製法（*Cam-turning*），即先按環應具之張開形狀，鑄成環坯，車製時再令刀架藉桃形母模之作用，將環車成自由張開形狀，然後切斷一節作為開口。此中重要技術，在機械之精度與母模之研究。三曰熱處理定形法（*Heat-forming*），即將車好之圓環開口後，令套於母模軸桿上，加以熱處理，使鐵分子固定，保持其張開形狀。此中重要祕決，在軸桿形狀及熱處理之研究。

上述三種基本方法，為使活塞環具有適當之自由張開形狀，俾置入汽缸後，即能與缸壁週圍相密合，然環之基本原料，概為生鐵，如何使此環料具有充分之彈性與強度，則有賴鑄工或熱處理之深刻研究。如環形係用母模車製，則環坏宜用單體翻鑄法（*Individual castiug*），使環坏一經翻鑄，即成一張開形狀之單體活塞環，僅於表面留有厚度，以備精細機作而已。此項鑄物，因剖面單薄，冷卻迅捷，故所具顆粒，特別細緻。如環形利用內張法定形，則離心力鑄坏（*Centrifugal casting*）甚為合用。此項鑄坏，因鐵液受到離心壓力而後凝結，故分子潔淨而緊密，彈性及張力均強。利用熱處理定形從事製環者，可用圓筒砂鑄坏（*Sand pot casting*）即用通常翻砂方法鑄成長圓筒，以為環坏。此項活塞環成功之要訣，端在鑄物之化學成份或鑄後之熱處理。

3 正圓漲圈之製造方法

綜上所述活塞環各製造方法，因時因地，各有優劣。其在正圓漲圈製造廠，則經作者幾經考慮，決定採取熱處理定形之方向，從事研究製造，頗以為較能適合國情，其理由有二。一則我國公路不夠標準，加以汽車裝載例多過重，以致配件消耗特鉅，而經多次熱處理之活塞環，按全世界之經驗，有效壽命最長，且缸壁磨蝕亦最小，適為在我國之重要條件。二則特種鑄工機作，我國一般技術情形，尚欠精練，一時難於設備與訓練，而此項製造方法，可集中精力，專向熱處理方面研求，反多成功之望。

製造方式既經決定，作者乃循此方向，就國內生鐵原料，熱處理用料，及可能自製之儀具，作一有系統之長串熱處理試驗，為時兩載，果得符合最新歐美標準之出品。

現在正圓漲圈之製造方法，係首鑄環筒，次內外車光，使其外徑與缸徑相等，再次切成圓圈，將兩側面磨光，並切開口，然後施以各項特種熱處理。各環於熱處理前一一施以砂眼及精度檢驗，於熱處理後再一一施以圓度，彈力及平正檢驗，然後方包裝出廠。各項特種熱處理工作，包括顆粒精煉(*Grain-refinement*)淬硬(*Hardening*)回火(*Tempering*)及定形(*Form-setting*)等項目。其中所謂定形熱處理者，即令活塞環成其應具之大小形狀，再加以高熱，直至鐵分子能保持此張開狀況後，方令冷却，凡材料之強弱，彈性之是否完全，張開形狀是否合理，缸壁壓力是否適度，側面是否平正，硬度是否適當，一一均惟此各項熱處理是賴。換言之，正圓漲圈之平面形狀，及其所具性能，均取決於熱處理，故正圓漲圈製造方法，可以名爲熱處理定性定形法。

4　正圓漲圈之材料強度

活塞環製造之成就，首重材料強度，即在未斷前所能承受之最大張力（*Ultimate tensile strength*）。惟最大張力之數字，與試驗方法及樣品之形狀大小，大有關係。爲謀活塞環材料強弱之準確表示計，工程標準規格中，乃有「圓圈料料試驗」(*Drum test*)之規定。按此試驗，應先將環料照製造方法車成與活塞環大小相等之圓圈，次在圈之一處切口。再與沿切口互成直角之直徑綫上，用力將圓圈拉開，如第一圖，並將拉斷時所施之拉力量出。如此則環料應按以下規定公式算得其最大張力。

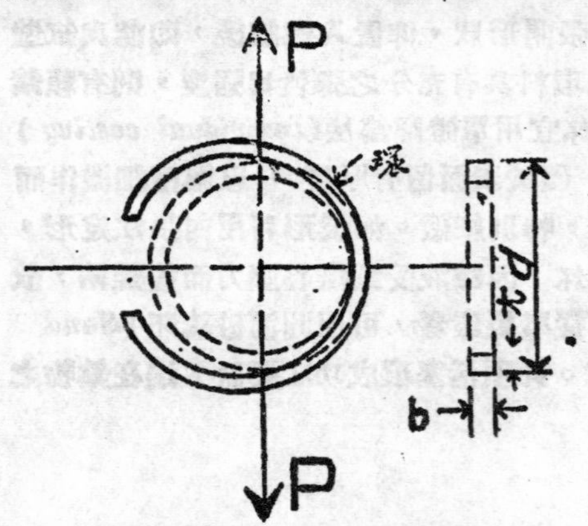

第一圖　圓圈材料試驗

$$S=\frac{Pd}{1200bt^2}\quad\ldots\ldots\ldots\ldots(1)$$

其中　S＝最大張力，噸／方吋(每噸＝2240磅)；

P＝圓圈折斷時所施之拉力，磅；

d＝圓圈未受外力時之外徑，吋；

b＝圓圈寬度，吋；

t＝圓圈半徑方向之厚度，吋；

並按最新標準，此法算出之最大張力，至少須在16噸／方吋以上。（舊標準爲9噸／方吋）。然活塞環原料爲生鐵，普通所具最大張力，僅9噸／方吋左右，故如何使之達到上項標準，則爲重要技術研究問題。

第一表　圓圈材料試驗

樣　　品	d=3.447吋，		b=0.125吋，		t=0.141吋，	
負　荷　(P)	2.2	5.5	11.0	16.5	18.7	19.25磅
延　展　(e)	0.275	.0950	.1845	.2670	.3110	0.331吋

正圓漲圈材料，經特種熱處理後，張力大增，按上述圓圈材料試驗，其平均結果可列如第一表，並可繪成負荷延展曲綫如第二圖。表中延展數字，係圓圈受拉力後，沿拉力方向延長情形，此試驗中，圓圈折斷時之負荷或拉力爲 19.25 磅，而折斷時之延展爲 0.311 吋，因按(1)式計算，則正圓圈漲環坏材料，所具額定最大張力爲

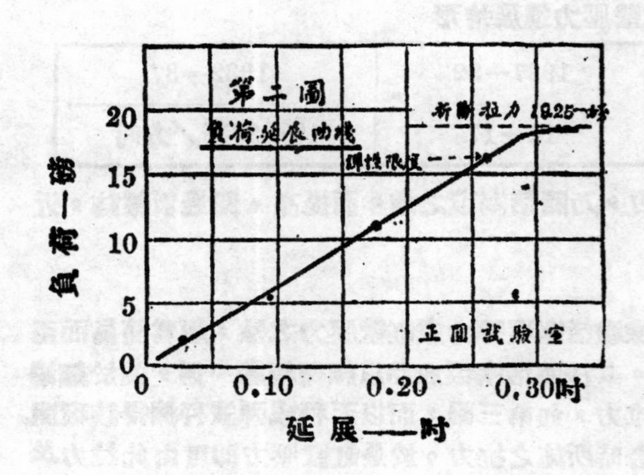

$S=22.2$ 噸／方吋，

可知其材料强度，超過 16 噸/方吋頗遠，足見其充分達到環料之最新工程標準矣。

圓圈材料試驗公式，係歐美工程界任意公定算法，故其計算結果，僅可稱爲額定最大張力，並非實際最大張力。如按理論推算，則圓圈材料試驗求得之實際最大張力，應爲

$$S'=\frac{P(d-t-\frac{e}{\pi})}{747\ bt^2}\text{噸／方吋,}\cdots\cdots\cdots\cdots(2)$$

其中 e 爲沿 P 方向之圓圈延展數字。因此可見正圓漲圈材料之實際最大張力。由表一數字計算，實爲

$S'=33.3$ 噸／方吋。

以此與其原具最大張力 9 噸/方吋之環坏生鐵原料相比較，即可知熱處理之重大成就。

再就其負荷延展曲線(第二圖)觀察，知負荷在 15.7 磅以內時，此曲綫幾爲直綫，故可以此點爲彈性限度，如按理論推算，則此彈性限度，應爲

$$S''=\frac{3P'(d-t-\frac{e}{\pi})}{2240\ bt^2}\text{噸／方吋,}\cdots\cdots\cdots(3)$$

按此式以 $P'=15.7$ 磅，$e=0.270$ 吋及圓圈尺度一一代入，即推得正圓漲圈環料之彈性限度爲

$S''=27.2$ 噸/方吋。

此項數字，相當鉅大，因此正圓漲圈之開口，經長時壓縮，開口間隔，仍能完全復原。是乃完好活塞環重要條件之一，亦即正圓漲圈重要成就之一。

[5] 正圓漲圈之彈力

活塞環圓周，須以相當彈力與缸壁相密合，此項彈力，名爲缸壁壓力(*Radial wall pressure*)

，以圓周面積每方吋若干磅量之。美國汽車活塞環所具缸壁壓力，一因引擎轉速之逐漸提高，一以環業技術之逐漸進步，故亦隨年代而增大。據美國汽車界之調查，其進展情形，略如

第二表　缸壁壓力進展情形

年　　份	1920—27	1927—32	1932—37
缸　壁　壓　力	11—14	14—17	19—27磅／方吋

第二表。由此可知其在美國之開展，缸壁壓力，乃隨活塞環之進步而提高。閱最新雜誌，近年竟已增至30磅／方吋之高矣。

檢驗活塞環彈力或缸壁壓力之法，頗為簡易而至重要。其法將活塞環成品以細繩繞纏一週，並於繩端漸施拉力，如第三圖，而以天秤或彈簧秤測得該環開口閉合時所施之拉力。於是缸壁壓力即可由此拉力及環之尺度按下式求得

$$p=\frac{2T}{b\,d}\cdots\cdots\cdots\cdots\cdots(4)$$

其中　p＝活塞環對汽缸壁所施平均壓力，磅／方吋；

T＝開口閉合時沿環切線方向所施之拉力，磅；

b,d＝環之寬度及外徑，吋。

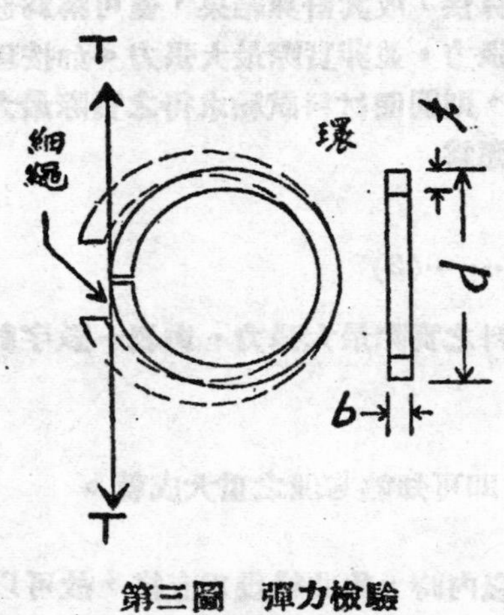

第三圖　彈力檢驗

正圓漲圈如按以上方法，加以檢驗，其平均結果可列如第三表。由（4）式計算，則其平均缸壁壓力為

第三表　彈力檢查

樣　　品　：	d＝3.447吋，b＝0.125吋
切　綫　拉　力	T＝5—6磅(平均)

p＝23—28磅／方吋。

再就其他大小各正圓漲圈之總檢驗，其平均缸壁壓力可作為

p＝20—30磅／方吋，

適能符合歐美最新標準。惟國內一般自製之活塞環，倘直徑及厚寬相同，則彈力約僅及上數之半，蓋材料之最大張力及彈性限度有以限制之也。苟此項壓力不足，則在高速引擎工作情況下，活塞環每難維持其與缸壁之經常密合條件，不獨潤滑控制失效，而塞氣及傳熱等功效亦因以消失。正圓漲圈之達到上項標準，亦即作者認為滿意之一最要條件。

6 正圓漲圈之彈力分佈

活塞環置入汽缸後，其相互接觸面對缸壁之壓力，應如何分佈，實爲重要技術問題之一。過去環業，多採壁壓均勻分佈方式，即各環缸接觸面，均施以相等之壓力，是項活塞環在未裝入汽缸前所具自由張開之平面形狀爲蘭吉斯特弧（*Lanchester Curve*）。其法，首按活塞環尺度製成圓圈，鋸開細口，再以引力T依切線方向將環端拉開如第四圖，以至應具之開口間隔爲止，則該圓圈此時所成之弧形，即活塞環不受外力時之自由張開形形狀。此法爲蘭氏所發明，故有蘭氏弧之稱。過去製造廠家，即多按此蘭氏弧製成樣板或桃模，以爲製環之用。

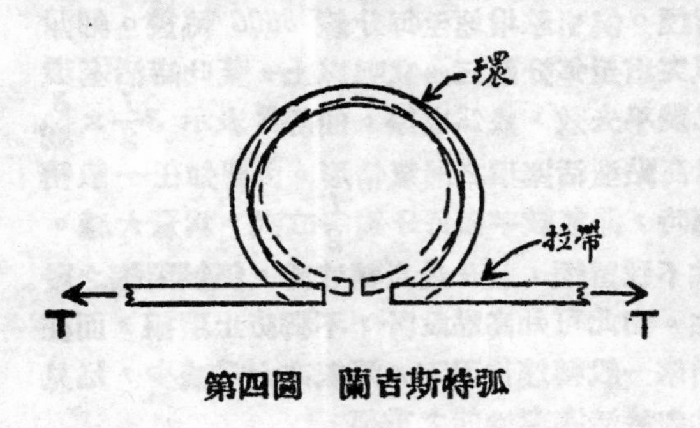

第四圖　蘭吉斯特弧

成蘭氏弧之活塞環，按力學推算，則其各接觸面對缸壁之壓力，適分佈均勻而互等，故最初認爲甚合理想。但經若干年資料之搜集後，發現許多特殊現象。一則由燃燒室經活塞環至曲軸箱而外逸之氣體頗多，並於曲軸箱通風管口顯有薄煙，適與設計初意背道而馳。二則如引擎轉速增至某數時，此項漏氣突增至極大限度，一若缸內無活塞環之裝設然，三則經相當時間之使用後，發現活塞環之兩端折斷成若干塊，每端可能有長約$\frac{3}{16}$吋之短節三四塊。此項現象，久經研究後，認爲屬於振盪性質，名之曰環振（*Ring flutter*），並察知活塞環圓周對於缸壁力，如屬均勻，則環振之發生，常在所難免。繼經試驗結果，知防止環振最有效之辦法，莫若改良蘭氏弧，使開口處壁壓特高，成不均勻之分佈情況，遂成所謂高點設計（*High-point design*）之理論。

高點設計之意義，在變更蘭氏弧形，使環之開口兩端，較爲凸出，成爲高點，因以防止環振之發生。第五圖表示一高點型活塞環對於缸壁所施壓力之分佈情形。圖中箭頭之長短，所以表示壁壓之高低，於此並可見開口端點之壓力最高，開口對面之環弧爲次高，而開口鄰近之環弧爲最低。至壁壓相互比例關係，則各廠各有標準，鮮有公開詳細數字可供參考。惟高點設計所生之成效，則可以簡單之漏氣試驗（*Blow-by test*），作清晰之表示。其法，在引

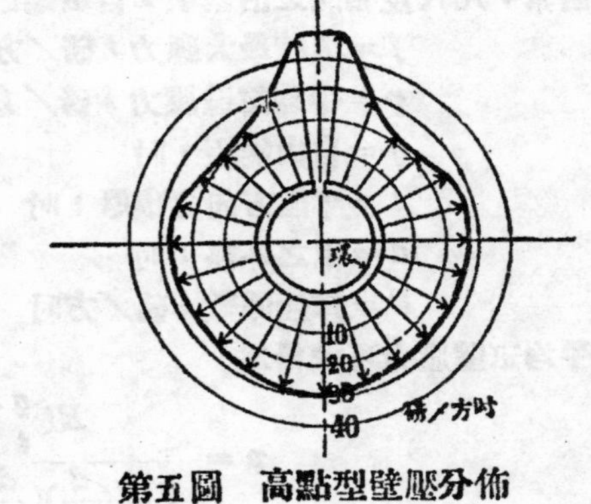

第五圖　高點型壁壓分佈

舉各轉速情况下，將曲軸箱之通氣管連於氣體測驗器，因得測出其每分鐘經環逸出之氣體，乃可製成漏氣曲線如第六圖，以作研討之資料。圖內有兩曲線，以示均壓型與高點型活塞環之重大區別。曲線A爲$3\frac{1}{2}\times\frac{1}{8}$吋之均壓型活塞環漏氣情形之表示。由圖知漏氣數量每分鐘達1.5立呎之多，故曲軸箱通氣管口，可見冒煙。俟引擎增速至每分鐘3600轉後。則漏氣突增至每分鐘三四立呎以上，蓋此時活塞環已幾乎失效，成爲環振。曲線B表示$3\frac{1}{2}\times\frac{3}{32}$吋高點型活塞環之漏氣情形。由圖知在一般轉速時，漏氣數字僅每分鐘$\frac{1}{2}$立呎，爲量大減。故不致冒煙，且在最高轉速時，仍無環振之發生。由此可知高點設計，不獨防止環振，而在引擎一般轉速情况下，漏氣亦大爲減少，足見其對於活塞環性能之重要。

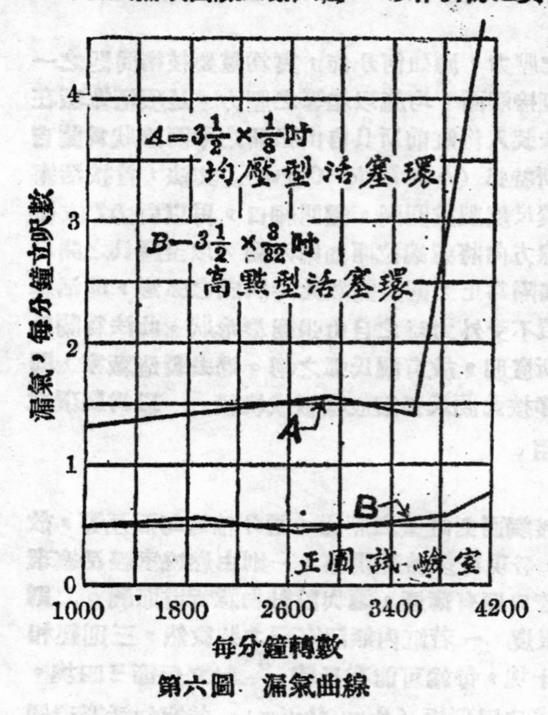

第六圖　漏氣曲線

正圓漲圈之平面形狀即按上述原理，由關氏環弧加以改正，使開口兩端之壁壓提高，而成高點型活塞環。因此環之兩端曲度略平，漏氣數值近每分鐘$\frac{1}{2}$立呎左右，而環振及環端折斷現象，均因以防止。

7　正圓漲圈之開口間隔及應力

活塞環在自由張開狀態時，所具之開口間隔或自由環端距離，爲決定平均缸壁壓力之最要因素。凡尺度相同之活塞環，自由端[illegible]之大，則壁壓愈高，而環壁應力愈大。設

f＝環壁最大應力，磅／方吋

p＝平均缸壁壓力，磅／方吋

g＝自由端距，吋

t＝半徑方向之環厚，吋

d＝環之外徑，吋

E＝彈性係數，磅／方吋

則平均缸壁壓力可求得爲

$$p=\frac{E(\frac{g}{t})}{7.07(\frac{d}{t})(\frac{d}{t}-1)^3}\cdots\cdots\cdots\cdots(5)$$

而環型所受最大應力爲

$$f=\frac{E(\frac{g}{t})(\frac{d}{t})}{2.356(\frac{d}{t}-1)^3}\cdots\cdots\cdots\cdots(6)$$

由此兩式，可知缸壁壓力及環之應力，均視 $(\frac{g}{t})$ 及 $(\frac{d}{t})$ 之兩比値而定。按現時標準，環端距離約爲環厚之 3.5 倍左右，即

$$g\doteq 3.5t\cdots\cdots\cdots\cdots(7)$$

端距愈大，雖缸壁壓力隨之增高，惟裝入汽缸後，環之應力容易超過彈性限度，致有折斷之虞。端距較小時，環之應力隨之減少，惟壁壓過低，不合高速內燃機之用，且將環套過活塞頂裝入環槽時，則又須外張太多，尤更易於折斷。

正圓漲圈之自由端距及應力情形，可由以下數字（第四表）分析之。由（5）式，

第四表　　端距及應力

樣　品	d=3.447吋；　t=0.141吋
端　距	g=9/16吋
壁　壓	p=28磅／方吋

以 p, $\frac{g}{t}$ 及 $\frac{d}{t}$ 等値代入，可知正圓漲圈之彈性係數爲

$$E=1.54\times10^6\text{磅／方吋}$$

復由(6)式，以 E, $\frac{g}{t}$ 及 $\frac{d}{t}$ 等値代入可知此活塞環裝入汽缸後，其與開口相對之環弧所受之最大應力爲

$$f=50{,}000\text{磅／方吋}=22.3\text{噸／方吋。}$$

依材料强度試驗，知正圓漲圈之環料具有 27.2 噸之彈性限度，故此環所受應力遠在彈性限度以內。然此應力已超過生鐵之最大强力（9 噸／方吋）遠甚，苟非材料强度合格，則上述尺度之活塞環殊絕無產生所期望壁壓之可能。

8　正圓漲圈之壽命與磨缸

活塞環之有效壽命及其對缸壁之磨耗，甚爲汽車界同仁所注目。倘環命短促，則配件費用固因以增高，而換環所耗工料與時間，尤爲昂貴。至若汽缸磨耗過鉅，則修理搪缸之次數增多，整個引擎壽命減短，自爲更顯明之損失。論者每以爲活塞環較硬，則環命較長而磨缸較烈。反之活塞環較軟，則環命較短而磨缸較輕。因此若求環命長而磨缸輕，勢不能兩全云云。據近來各國活塞環研究之結果，乃知環命與磨缸竟無直接關係，而以環料生銹傾向爲其主要原因。其解释，蓋一則環缸間有滑油存在，兩物並不直接相磨，二則活塞環在引擎工作狀況下仍綏綏生銹，以此銹粉與機油混和，成爲磨擦粉漿，存於環缸之間，既所以减短環命，亦所以促進汽缸之磨蝕也。故其結論，認爲增高環命，減少缸壁磨耗之方法，端在如何減

少環料生銹之傾向，而不在環缸之比較硬度。嗣復發現生鐵經多次加熱與淬冷後，生銹傾向可大爲減少。因此又知經多次熱處理製成之活塞環所具壽命最長，而缸塞磨蝕最輕。

正圓漲圈，係經顆粒精煉淬硬，回火及定形等多次熱處理手續，故依歐美製環經驗，環料生銹傾向必可大減 而環命較長磨缸較輕二者得以兼備。惟公路情況，裝載輕重，與運用技術等，各有不同，故汽車用環之壽命及缸耗數字，難以確定。按戰時之西南公路上汽車運用狀況言，則用正圓漲圈時，缸徑磨耗約爲

$\Delta d=0.001$吋／千公里

而環壁磨耗約爲

$\Delta t=0.001$吋／千公里

至其他市面上之國產活塞環，則缸徑磨耗約爲

$\Delta d'=0.003$吋／千公里

合正圓漲圈之三倍，而環壁磨耗約爲

$\Delta t'=0.004$吋／千公里

竟達正圓漲圈之四倍。因此汽車在西南公路上行駛，於未改用正圓漲圈前，每行三四千公里，即須重行搪缸大修，蓋此時缸徑加大，已增大0.010吋以上；且引擎大修壽命期內，並須加換活塞環一次，蓋行駛一二千公里後環之磨耗已甚鉅也。下列第五表，爲西南公路運輸局馬王廟修車廠所舉行之活塞環比較試驗紀錄。依此試驗，在同一行駛狀況，同一時間內，正圓漲圈之環壁平均磨耗亦僅及通行市面某國產環之四分之一，故推得改用正圓環，則壽命

第五表　　環缸磨耗試驗

西南公路運輸局馬王廟修車廠製

引擎號碼		T78－4800(道奇)		T76－2514(道奇)	
試用活塞環		正圓漲圈 (正圓廠送請試驗)		上等國產活塞環 (本廠過去經常採用)	
	缸別＼環別	平環	油環	平環	油環
試用後環端距離	1	0.027	0.046	0.095	0.115
		0.030	0.033	0.092	0.110
	2	0.026	0.040	0.089	0.112
		0.030	0.042	0.094	0.114
	3	0.024	0.026	0.100	0.115
		0.022	0.036	0.095	0.120
	4	0.024	0.045	0.095	0.114
		0.035	0.041	0.093	0.112
	5	0.024	0.037	0.094	0.110
		0.035	0.039	0.098	0.112
	6	0.027	0.042	0.098	0.114
		0.037	0.040	0.096	0.112

環磨壁耗	用後平均端距	0.028	0.039	0.095	0.114
	用前端距	0.005	0.005	0.005	0.005
	環壁平均磨耗	0.0055	0.0086	0.0236	0.0297
用後缸壁磨耗	徑別 / 缸別	直向	橫向	直向	橫向
	1	0.0025	0.0045	0.0065	0.0125
	2	0.0025	0.0045	0.0075	0.0115
	3	0.0025	0.0045	0.0065	0.0115
	4	0.0025	0.0045	0.0095	0.0125
	5	0.0015	0.0045	0.0065	0.0135
	6	0.0025	0.0055	0.0095	0.0135
缸磨壁耗	缸徑平均磨耗	0.0023	0.0047	0.0075	0.0125
	缸壁平均磨耗	0.0012	0.0023	0.0038	0.0062
試用情況	試用日期	三十三年四月六日至五月十七日		卅三年五月十八日至六月廿八日	
	試用小時	616小時		636小時	
	耗用機油	14加侖		14加侖	
	引擎負荷	本廠發電用負荷約全載		繼前引擎作同樣用途	
	停試原因	引擎軸承燒壞卸下修理		因引擎無力卸下	
	試後環況	活塞環完好彈力仍舊		活塞環報廢	

可增至四倍之高，且正圓漲圈對缸壁之磨耗僅及該國貨之三分之一，故推得用正圓環時之引擎壽命應可增至三倍，兩項數字，均堪注目也。

9 正圓漲圈之圓度及平正

活塞環在自由張開狀態下，各具一特種弧形；置入汽缸後，則環周應與缸壁完全密合。此項圓度，雖係最低之要求，然每難望一一確切達到目的。故製造專廠，均另設漏光檢驗(*Light test*)，以便查驗此項要求之是否滿足。其法將活塞環出品，平置於內面正圓之圓度儀內，以電光射經環儀相互接觸面如第七圖，並將圓度儀旋轉一週。如環周有不密合之處，則漏出光線即經反射鏡現出光點於影布上，即示環之不合格。為保證各環一一滿足圓度之條件計，此項漏光檢驗早已定為正圓漲圈製造必經程序之一。因此正圓漲圈之圓度，即以環缸密合程度 100%數字之表示之。

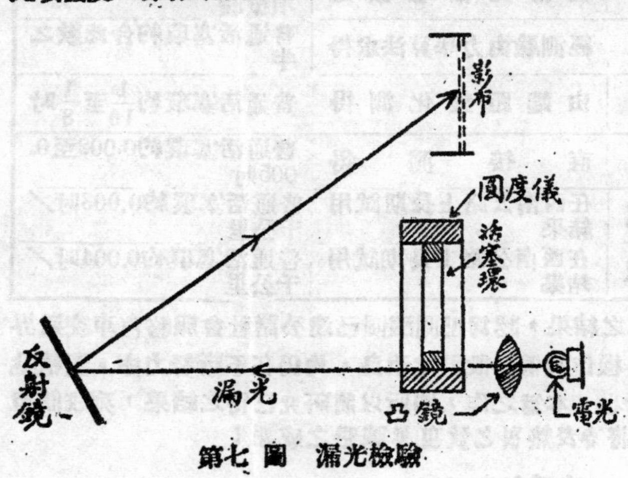

第七圖 漏光檢驗

生鐵翻鑄後，鐵分子相互間內應力（Internal stress）之存在，常在所難免。因此活塞環經車成開口後，即可測得環之兩端並不在同一平面內。其互出平面之上下差異數字，竟通常達0.003至0.005吋之大。不獨此也，且環之中節側面，亦每每可成波浪形。此兩種不平正之環用於高速內燃機，每為環槽卡制，不能活動自如，因以失去環之效用。故正圓漲圈乃就定形熱處理時，同時將環之側面壓平，使鐵分子間內應力消除，以維持此壓平狀態，因以得到側面平正之結果，亦正圓環熱處理之一成就也。

10 結論

正圓漲圈經各項研究試驗之結果，可以列表作概括之說明，如第六表，以為本編之結論。

第六表　正圓漲圈之性能

性能	測定數字	測定方法	備考
額定最大張力	22.2噸／方吋	經測驗由規定算法求得	歐美新標準規定最低16噸／方吋
實際最大張力	33.3噸／方吋	經測驗由力學算法求得	普通灰口鐵約9噸／方吋
彈性限度	27.2噸／方吋	經測驗由負荷延展曲線推得	普通灰口鐵無彈性限度
彈性係數	15.4110^{6}磅／方吋	經測驗由力學算法求得	普通灰口鐵約14.5×10^{6}磅／方吋
韌性係數	47.9吋磅／立吋	經測驗由負荷延展曲線求得	折斷時對每立方吋所施工作
硬度	約250布利需	由鋼球壓入深度求得	所用儀具不精數字尚待校正
圓度	缸圈密合程度100%	經漏光檢驗檢定	本廠出品均一一經過此項檢驗
缸壁壓力	平均20-30磅／方吋	經測驗由力學算法求得	普通活塞環約合此數之半
永久變形	端距內最大0.030吋	由端距變化測得	普通活塞環約$\frac{1}{16}$至$\frac{1}{8}$吋
寬度差誤	0.0005至0.001吋	直接測得	普通活塞環約0.002至0.005吋
汽缸磨蝕	平均0.001吋／千公里	在西南公路上長期試用結果	普通活塞環約0.003吋／千公里
環壁磨蝕	平均0.001吋／千公里	在西南公路上長期試用結果	普通活塞環約0.004吋／千公里

依作者研究試驗之經驗及實際使用之結果，認為正圓漲圈已達公諸社會服務汽車交通界之時期。至環料熱處理之研究，翻鑄，機作及儀具設計之改良，均仍在不斷努力中，蓋精益求精與專中求專乃正圓設廠之基本方針也。本篇之作，即所以將研究已得之結果，列成簡單報告，公諸同仔。任可批評及指教，均將寺長熱烈之歡迎與誠懇之感謝！

論湖南鑛帶及其生成時代

·田奇瓗·

(一) 緒言

礦帶學說，創自法人特羅南，(*Delannay*)及我國翁文灝二氏，且嘗以此研究中國之鑛產。惟特氏當時之依據，以得自法蘇[illegible]國之調查為多；法人偏重雲南，蘇俄人多詳西北，其餘部份則材料極少，故其研究結果多缺略而不精確。翁氏當時依據之材料，雖較特氏為多，但南方諸省，除雲南外，仍屬有限。以是氏在其「中國鑛產區域論」一文內，所作之中國鑛產分帶圖，關於湖南方面，不特缺漏甚多，且嘗將異時代之鑛產，劃入同一鑛帶內，似難免遷就附會之嫌。故吾人今日觀之，亦覺不無遺憾。

湖南礦產，經吾人近十餘年來之普遍調查，其在地理上之分佈，誠如翁氏所云，確各有一定區域，且各有一定地質因素，爲之範圍，並非漫無規則者。吾人今日研究此項因素，不特能知湖南某地鑛產如何生成，且能知其何以獨生於此地而不生於他地。要之，吾人今日對於特翁二氏之鑛帶學說，在學理與實用方面，均不能不承認其存在，或以體積甚小之火成岩體如（*Lacolith*）者爲核心，得見由高溫而中溫而低溫依次排列而成之各種環狀礦帶；或以甚大之火成岩體構成山嶺如（*Bafholith*）者爲骨幹，於其頂部與兩側，得見由高溫而中溫而低溫依次排列而成之各種並行條狀鑛帶。此二者在湖南均有所見，尤以後者特爲顯著，斯篇所論即着重於後者。唯湖南成鑛時代不止一次，而地質因素亦甚複雜，加以地史悠久，屢經演變，各種鑛產露出地表後，在地理上之分佈，自不能整齊劃一，而無參差重複之象，有如翁氏之簡單四礦帶，即錫帶　銅鋅鉛帶，銻帶及汞帶所能依次概括也。

斯篇之作，一方固在證實特翁二氏之說，他方亦在將湖南之鑛帶，就所已知者，聊作補正，以期就教於海內大雅，俾於斯說更能有所闡明，爲深幸焉。

（二）　湖南之鑛帶

世界上一切鑛產，除去少數可由水成而外，靡不直接或間接與地殼內之火成岩，尤其深成火成岩，如花崗岩，石英閃長岩等活動有關。此類火成岩即由地球內部之岩漿上侵凝結而成。當其上升侵入水成岩時，或進入後而進行凝結時，岩漿每可起分泌作用，將內中所含之各種鑛質，分類聚積而成鑛床。倘屬前者，則其分佈所在，當不離火成岩與水成岩之接觸帶，是即所謂接觸礦質鑛床。倘屬後者，除一二可由氣化而成鑛床，如臨武癩子嶺與其他各地見於花崗岩內之錫石而外，餘則多由鑛液而作鑛脈之狀態產生。唯岩漿分泌時，所含之各種鑛質，因溶融之有高低，沈澱遂有先後，因沈澱之有先後，距離母岩亦遂有遠近。於是高溫鑛物如鎢錫等，其停聚處所乃離母岩最近，低溫鑛物如汞礦等，其停聚處所乃離母岩最遠。至中溫鑛物如銅鋅鉛等以及中溫以下之銻礦，則又依次停聚於二者之中間地帶。此即由岩漿分泌而成之各種鑛產，爲何有分帶現象之由來也。

事實上，岩漿侵入後，其與水成岩之接觸面，恐絕不會如吾人理想中之簡單，而成一完整之平面，使所成之各種礦帶，得以母岩爲中心，由高溫以至低溫，依次見及，有條不紊。至少其接觸面，必呈高低不齊之狀，使所成之各種鑛帶，在地理上之分佈，多少亦呈參差與重複之象。再則深成火成岩如花崗岩，石英閃長岩等，假設侵入之處，離地較深，而其後復

帶分佈圖

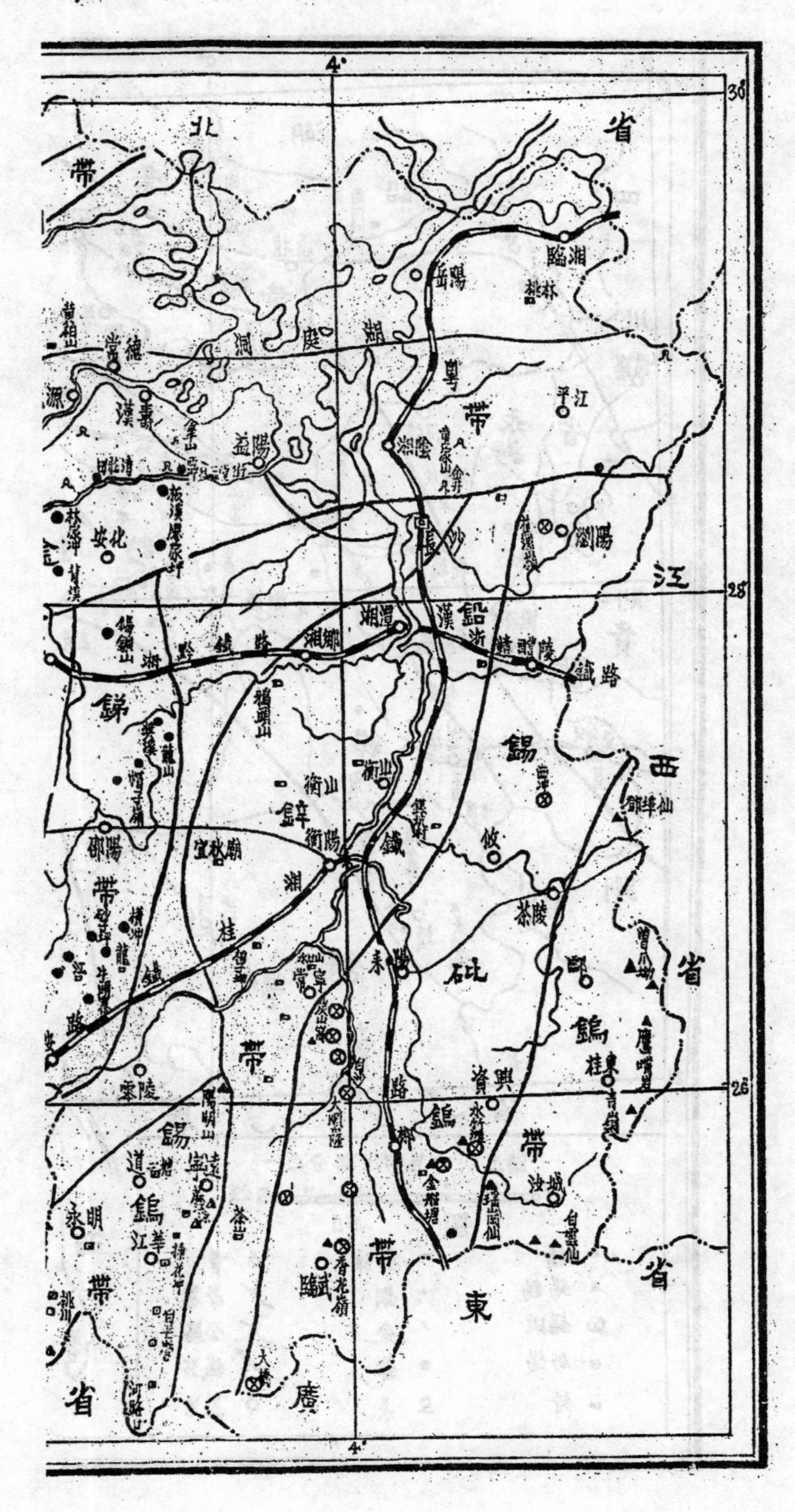

洞庭湖
岳陽
臨湘
常德
益陽
湘陰
長沙
瀏陽
湘潭
湘鄉
醴陵
湘黔鐵路
浙贛鐵路
衡山
衡陽
邵陽
攸
茶陵
耒陽
郴
永興
資興
零陵
道
江華
臨武
省
東
廣

湖南鑛

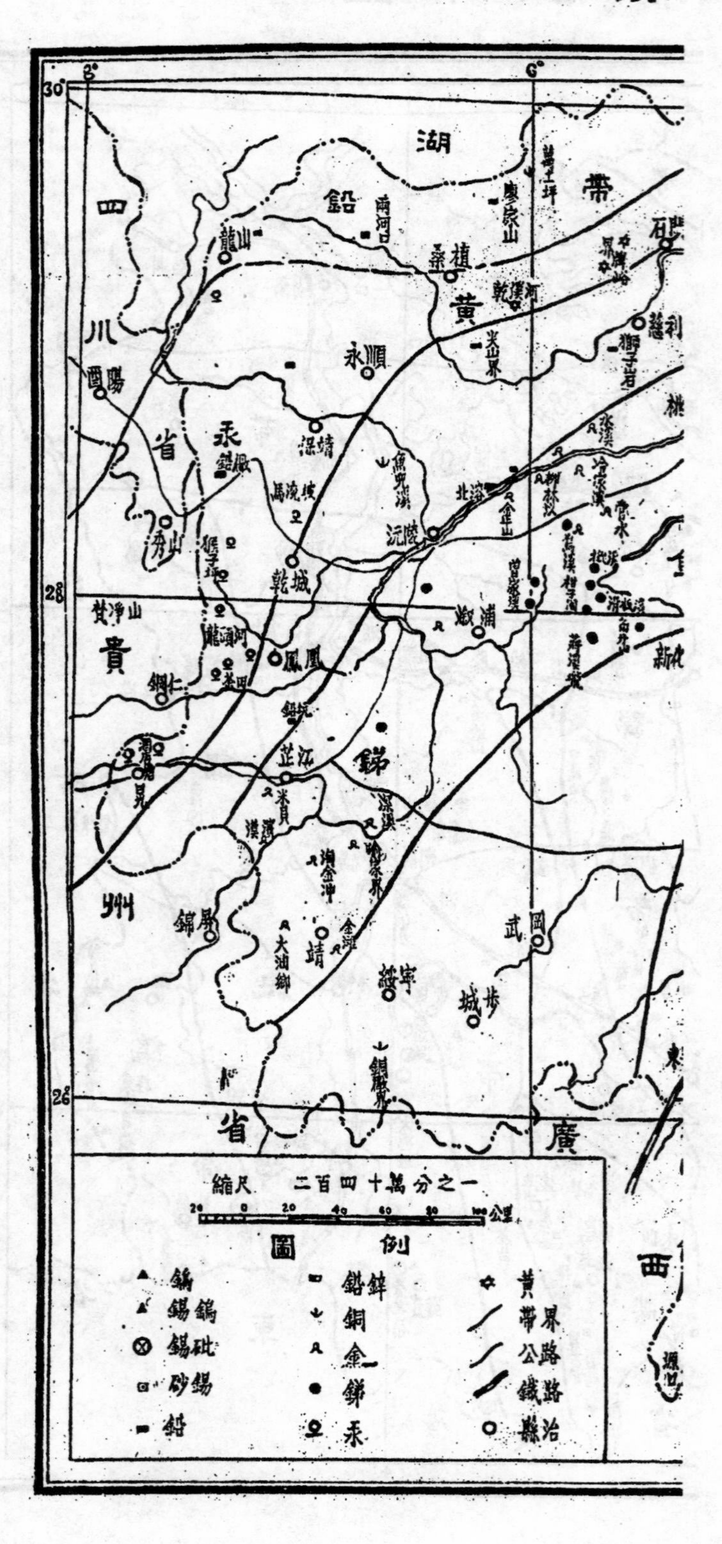

有較新岩層沈積其上，爲之掩護，則其出露之機會，自必少而且難。反之，假設侵入之處，離地較淺，而其後又無較新岩層沈積其上，爲之掩護，則其出露之機會，自必多而且易，在前種情形下，吾人在地表可能發現之鑛產，當以屬於中溫與低溫者最多，甚或止以此二種爲限。在後種情形下，則又當以高溫者最多，中溫者次之，而低溫者則最少，甚至不見；因其生成較淺，常被爽去也。總之，上述二種情形，任何一種存在，吾人今日在地表上，即無機會能將各種鑛帶，自高溫以至低溫，完全見及。此所以吾人今日研究各種鑛產所成之鑛帶，皆發現一區域內，非高溫鑛不見，即低溫鑛有缺也。

尤有進者，地球自脫離太陽，演化至今，其所發生之造山運動與火成岩活動，曷止一次，故鑛之生成，當亦不止一次，是則一區域內，自可有二次以上之異時代鑛產同生其間。如遇此種情形，則所成之鑛帶，除參差重複現象外，當尚有後來加入之鑛產混雜其間。

吾人根據上述鑛帶生成之原理，對於鑛帶之劃分，除同類外，必同時代，同構造者而後可；猶如地理學家劃分山脈然，除同區外，必同時代，同構造者而後可也。此乃劃分鑛帶一定不易之原則。吾人本此原則，並就以往之綜合觀察與分析，湖南之各種鑛帶，就其與花崗岩體及與地質構造之關係，大而言之，除汞帶簡單顯明，有如翁氏所想像者而外，其除如翁氏所分之錫帶，銅鋅鉛帶，及銻帶，則每參差重複，遠非翁氏以前所想像者之整齊單一，且事實上錫帶在湖南，應可分爲鎢帶，錫砒鎢帶，及錫鎢帶三帶。又銅鋅鉛銻諸鑛，在鑛帶之中，對於鎢錫，時呈有獨立或附麗之形勢，此可能於較大鑛帶之中，另有小火成岩體產生其自有之鑛帶，或更有其他之因素存在，尚待今後之詳細研究。他如沅資兩水流域之銻鑛，因時代與構造之不同，自不能如翁氏劃入一帶，而汞帶至澧水流域，又全有爲礦鑛（雄礦雌礦）代替之現象。玆分述之如後：

鎢帶

本帶在湖南之分佈，限於東南一隅，乃自廣東延伸，以入湘贛。其在湘省境內者，起自汝城南之白雲山，大小園山，北北東延，經桂東之青峒，酃縣之鷹嘴岩，曾瓜坳等處，直達茶陵東北之鄧埠仙。長凡五百華里，寬自四五十至一百華里不等。見於帶內之花崗岩均作岩基狀（*Batholitic*）出露，展向北北東。鎢錳鐵鑛大都生於花崗岩本身之石英脈內，其生於石英砂岩中之石英脈內者，如汝城之白雲山及大小園山，亦均不出接觸帶之範圍，此外則絕無鑛脈發現。其與花崗岩關係之密切，於此可見。伴生鑛物雖常有錫石毒砂輝銅鑛黃鉍鑛等之見及，但爲量均極有限，殊不足重視也。查湖南鎢錳鐵鑛在抗戰期內，每年產額，平均不過四百噸左右，而產自本帶者，至少在三百噸以上，以是凡較重要之產地，幾全爲本帶囊括殆盡云。

錫砒鎢帶

本帶在上述鎢帶之東，走向亦爲北北東，且屬同時生成，在原理上自應劃歸一帶，惟本帶內除與鎢帶接近之金船塘，水竹灘兩處，鎢錫砒同等重要產地外，其餘均以錫砒爲主，甚至僅以砒爲主，如見於本帶北部攸縣之西冲及瀏陽之蕉溪嶺是。爲事實上便利計，乃另劃爲一帶。南起於藍山之大橋附近，北北東延，經臨武之香花舖，香花嶺，郴縣之安源，金船塘，資興之水竹灘，桂陽之蜈蚣嶺，綠紫坳，常寧之大義山，白沙等處，由是再經攸縣之西冲，以迄瀏陽之蕉溪嶺，長凡八百餘華里。花崗岩在本帶內出露甚多，除二三處體積不大，可視作岩盤狀（*Lacolitic*）外，餘如見於大橋附近，郴縣以南至安源附近，以及蜈蚣嶺大義山，均作岩基狀，佔地頗廣，岩性亦係一種顏色較淡之偉晶花崗岩，與鎢帶內各處所見者相似。錫砒鑛悉見於花崗岩接觸帶附近之泥盆紀及下石炭紀石灰岩內。鑛脈多作柱狀或圓筒狀。錫石在是類鑛脈內，其量不僅常較毒砂爲少，且顆粒細微，不顯結晶。此外與之伴生之金屬鑛物尚有黃銅鑛，藍銅鑛，孔雀石，方鉛鑛，閃鋅鑛等，大都見於鑛脈之上部，尤以銅鑛爲然，有時甚可兼作銅鑛開採。至於脈鑛物，除普通之方解石，白雲石與石英外，最可注意者，則爲螢石與蛇紋石，且每遇螢石較多之處，錫石亦往往較富。斯種情形，尤以見於香花嶺及炭山窩爲最顯著。

錫石在本帶內，除與毒砂在花崗岩接觸帶附近之石灰岩內，常見有價值之鑛床外，亦有單獨生於花崗岩本身之雲英岩內，成氣化鑛床，其最顯著之實例，即爲香花嶺附近之癩子嶺。是處花崗岩盤之頂部，有厚約一二公尺而成平舖狀之雲英化花崗岩一層，錫鑛即作塊粒等狀散佈其內，結晶頗多完好，與生於石灰岩內之粒狀脈而絕少結晶者，殊大有別也。

鎢錳鐵鑛在本帶內，其產狀亦全與上述鎢帶之各鎢鑛相同，即均見於花崗岩本身，或其接觸帶之石英砂岩或變質石灰岩中之石英脈內是也。惟爲數不多，且較重要者，均見於本帶之南部及與上述鎢帶接近一帶。錫砒同等重要之鑛山，則均見於本帶之中部，至僅以砒爲主者，則又悉見於本帶之北部。其在同一鑛帶內，由南而北，顯具如是之現象，實堪吾人注意也。

錫鎢帶

本帶自桂北富賀鍾三縣延伸入境，經江華，永明，道縣，寧遠，達於陽明山，趨向北北東，長凡四百餘華里，爲湖南砂錫鑛之主要產區：計(1)河路口經白芒營，大路舖直達江華縣城，(2)自源口西南至桃川，(3)自都龐嶺，衣架山至永明縣城以下。(4)自麻江源以北及以下。(5)九疑山以下。(6)道縣縣城附近。查上述各處砂錫鑛之分佈，均不離花崗岩與其下游一帶，其來源之爲花崗岩，自無疑義。例如(1)來自姑婆山花崗岩。(2)來自源口西南與桂省恭城交境之花崗岩。(3)來自都龐嶺花崗岩。(4)來自麻江源以北之花崗岩。(5)來自九疑山花崗岩。(6)或亦來自都龐嶺花崗岩。但就吾人今日實地見及者，僅麻江源以北，都龐嶺及源口西南三處，於若干附近尚有少許水成岩殘留之花崗岩山頂，見有錫鎢共產之石英鑛脈，錫石多生於脈之兩側之雲英岩內，結晶完好，鎢錳鐵鑛則生於脈內。因雲英岩較石英脈經風化後，易行瓦解，故附近之山間窪地及下游之溪谷，乃普遍有砂錫之沉積。至於姑婆山，吾人今日僅於山之邊緣如金子山羊慈山等，見有含少量鎢錳鐵鑛之石英脈。而於其中部之廣大範圍內，並無鑛脈發現。又其四周與泥盆紀石炭紀各石灰岩之接觸帶，殊爲廣泛，亦鮮見有如錫砒鎢帶生於接觸帶附近，石灰岩內呈圓柱狀之錫砒鑛脈。且錫砂鑛中，錫石結晶多大而且好，甚有錫塊發現，其伴生鑛物，除常見之磁鐵鑛，赤鐵鑛外，亦僅少量之鎢錳鐵鑛，而毒砂則絕未之見，故其成因，當與麻江源癩子嶺等鑛而非與香花嶺安源等鑛相似明矣。至於吾人今日在姑婆山花崗岩中，不見任何錫鑛脈者，大抵不外該項鑛脈多生於花岩頂部與水成岩接觸帶附近，唯至今日，此等含鑛部分，或因當時地勢隆起特高，侵蝕特烈，遂全部剝去，復由河流搬運堆集，乃成今日分佈甚廣之砂錫鑛床也。帶內之鎢錳鐵鑛，除上述與錫石共產及金子山羊蔥山有含鎢甚微之石英脈外，單獨產生者，僅陽明山花崗岩本身及源口西南與花崗岩接觸之石英砂岩及千枚岩之石英脈，惟產量均不多，不足重視，故本帶雖稱錫鎢帶，實仍以錫爲主也。

鉛鋅帶

鉛鋅鑛在湖南分布甚廣，唯以其生成時代，不止一次，其最古者可生於震旦紀冰磧期以前，最新者可生於第三紀之末，他如燕山期更不待言，即如泥盆紀前之加利多寧期或亦有其產物。故其在地理上之分佈，頗形紊亂。就吾人今日所已知者，除產於寧遠以北，邵陽以東，與攸縣以西之常甯，郝陽，衡陽，衡山，湘鄉，醴陵，瀏陽諸縣及汞黃帶以北之龍山，桑植，大庸，慈利諸縣之鉛鋅鑛，似可組織成一帶外，他如南部見於鎢帶與錫砒鎢帶，及錫砒鎢帶與銻鎢帶之間者，均零星散佈，不成帶形。至如西北部見於銻金帶西北如桃源，沅陵，辰谿，瀘溪，麻陽，黔陽諸縣者，雖其分佈略具帶形，但異時代與異成因之鑛甚多，自原理上說，當不能將其劃入一帶也。

點綴於鎢帶與錫砒帶間之鉛鋅鑛，較著者爲郴縣之金船塘，及永豐鄉大坡，與資興之瑤仙附近之大嶺三處，而點綴於錫砒鎢帶與銻鎢帶間者，則僅有臨武香花舖附近之茶山清明山爲著名。查上述各處鉛鋅鑛均生於鎢鑛或錫砒鑛附近，其爲同時生成，似無疑問也。其見於銻金帶西北者，則包括甚廣，西南自懷化起，直抵東北之臨湘，除濱湖各縣外，幾無縣無鉛之。據吾人今日依其產狀加以分析，當可分爲：(1)生於震旦紀冰磧期前千枚狀頁岩與寒武於紀初或震旦紀末泥質石灰岩內之石英脈或石英——重晶石脈，均以方鉛鑛較閃鋅鑛爲多，如懷化銅灣市以西之銀廠坳，沅陵東南之藍溪鄉，桃源西北之黃柏山，及臨湘南之桃林。(2)生於寒武紀與奧陶紀石灰岩內之方解石脈，均僅見方鉛鑛一種，如鳳凰之桐木壟，鋼流溪，永順之展筆山，大庸之尖山界，慈利之獅子岩。(3)生於第三紀或白堊紀之紅色岩層內之重晶石脈，方鉛鑛與閃鋅鑛均有，但爲量不多，如麻陽東南及沅陵北溶西北。此三種鑛脈之分佈，雖常相錯雜，但大體上仍以(1)種多靠近銻金帶，(2)多靠近汞磺帶，(3)種則介於(1)(2)兩種之間，似亦不無規律可循也。

見於湖南中南部之鉛鋅帶，最重要之產地，爲常甯水口山此外較爲著稱者，則有邵陽之銀坑山，宜秋廟，衡山之銀坑村，湘鄉之鵝頭山，醴陵之長嶺坡，瀏陽之七寶山，芭蕉嶺等，是帶各鑛除宜秋廟一處外，餘均以閃鋅鑛較方鉛鑛爲多，而黃鐵鑛黃銅鑛亦常伴生乃其特徵。

至見於汞礦帶西北之鉛鋅帶，其較著者，有龍山之猫完灘及套虎坡，桑植之河口，大庸之尖山界，及慈利之廖家山，獅子岩數處，鑛均生與陶紀石灰巖之方解石脈內，除方鉛鑛外，閃鋅鑛與其他常相伴生之黃鐵礦黃銅礦，均柱鮮見，或全不見。故嚴格言之，本帶實僅能稱之為鉛帶也。

銅礦在湖南單獨成脈產生者，僅綏甯銅廠界及永順魚兒淡附近之銅廠均二處。前者生於震旦紀末或寒武紀初之泥質石灰岩及頁岩中之石英——方解石脈內，除各種銅礦外，當有黃鐵礦、赤鐵礦等伴生。後者則生於震旦紀冰磧期前之千枚狀狀頁岩中之石英脈內，礦物除黃銅礦，藍銅礦，孔雀石外，亦常有黃鐵礦伴生。此外見及者則概為附產礦物，或與錫砒礦共生，如見於錫砒鎢帶之炭山窩，香花嶺，倒石湖，綠紫均，金船塘，或與鉛鋅礦共生，如見於水口山，銀坑村等。至如大庸之大米界以及桑植永順各縣之銅礦，則概屬水成，或則雜生於二疊紀陽新石灰岩底之黃鐵礦層內，或則零星滲雜於白堊紀或侏儸紀砂岩中，為量均殊不多，且與金屬礦之分帶無關。總之，銅礦之在湖南，除少獨立之形勢出現而外，實無與鉛鋅兩礦共成一帶之現象也。

銻帶

銻鑛之在湖南，除極少數見於湘南，點綴於鎢帶與錫砒鎢帶，及錫砒鎢帶與錫鎢帶之間，如宜章長城嶺，桂陽大石嶺，以及郴陽下禹山等處銻鑛而外，其除則多集中於沅資兩水流域，依其構造與分佈，顯分兩帶：

1.純銻帶——本帶延向近乎南北　南起東安，新寧，經武岡，邵陽，終於新化之錫鑛山。帶內銻鑛悉發現於穹地，或背斜軸部而無例外。其最著者，自南而北，計有(1)牛頭寨穹地之東安横冲及藍塘橋銻鑛，(2)金紫山穹地之新甯江與龍口，及武岡沙子江與福祿冲銻鑛鑛，(3)帽子嶺穹地之新化坪上與三尖峯銻鑛(4)龍山穹地之邵陽龍山，後洞冲及龍溪銻鑛，(5)錫鑛山背斜之新化錫鑛山，七里江，飛水岩及江冲等銻鑛。其所產在之地層，自震旦紀以至泥盆紀均有，惟震旦紀前與泥盆紀後，則尚未之一見也。除錫鑛山一處為滲入與代替鑛床，不具一定之石英脈外，餘悉生於多循岩層面之石英體內、伴生鑛物極為簡單，僅見甚少之黃鐵鑛，赤鐵鑛。且本帶內除銻而外，亦無其他與火成岩有關而可供開採之鑛產，因是乃稱之為純銻帶。

2.銻金帶——本帶西南自黔東之天柱，錦屏，延伸入境，經靖縣，會同，黔陽，芷江，漵浦，辰谿，沅陵，桃源，漢壽，安化，益陽，湘陰，長沙而達瀏陽，平江，並由此延入贛境。其在西南一段，自靖縣以迄漵辰，趨向北東，過是則轉向東北東乃至東西，全與今日雪峯山脈之構造趨勢一致，本帶雖為湖南銻金兩產之主要地帶，但分佈上，顯可分為三段，即(1)西南段——靖會至漵辰。(2)中段——漵辰至益漢，(3)東段——益漢至平瀏。在西南段除懷化附近一處，曾發現銻鑛脈外，餘所知者概為金鑛。最著者，有靖縣大油鄉，會同漠溪，淘金冲，芷江朱貝，黔陽深溪等處，均產於震旦紀冰磧期前　石英砂岩千枚岩之石英脈中，伴生鑛物除常見之黃鐵鑛，黃銅鑛外，輝銻鑛，方鉛鑛，辰砂等亦可常見。在中段按銻金兩鑛之分佈，復可分為三副帶，即南副帶全為銻鑛，位於溆浦及資水以南，包括溆浦槳溪壠，安化滑板溪，柑子園，木李坪，斗笠灣，林家冲，廖家坪，新化背溪及益陽板溪，王家冲等處。中副帶為銻金雜處或共產，位於溆浦及資水以北。北副帶中銻鑛較重要者，為溆浦以北之觀音堂　曾家溪，安化資水以北之渣滓溪，縱溪，益陽資水以北之田莊灣，西冲，與夫辰谿西北之高家坪，沅陵以東之烏溪。後二者則為銻金共產，尤以烏溪最著。北副帶位於沅水南北兩岸，全為金鑛。其中最著者，有沅陵之金牛山，柳林汊，桃源之冷家溪及麥菜溪，與益陽兩縣交境一帶之各金鑛。東段與西南段完全相同；除瀏陽丰林洞一處發現銻鑛外，餘悉為金鑛，尤以平江黃金洞　湘陰童家山，長沙金井三處為最重要。本帶內所有之銻金兩鑛，概生於震旦紀岩層內之石英脈，尤以見於該紀冰磧期以前最多（金鑛即全如是），又觀二者在上述中段之分佈，銻鑛聚於南部，金鑛聚於北部，而銻金雜處與共生者，則見於中部，顯示成鑛時，溫度自南而北，逐漸增高。至西南段及東段銻鑛之所以較金鑛為少見者，亦得無由於銻鑛之成鑛溫度較低，生成較淺，而多被剝去歟。

汞磺帶　本帶可分汞鑛及磺鑛兩段，前者分佈，悉見於湘黔川三省邊區，即翁文灝氏所稱之東汞帶(見中國鑛產區域論)是也。其在湘境內者，西南起於晃縣之酒店塘，北北東延，經三雀灣，向家地，鳳凰之麻子坳，茶田，杜望，龍豬河，猴子坪，獐坡，乾城之勞神寨，麻滯坡，迄於保靖北之水銀廠，及龍山南之白竹園，過是即再無汞鑛發現。磺鑛段則見於汞鑛段之東北，分佈於大庸，慈利，石門三縣，作東東北之展向，鑛均生於奧陶紀石灰岩內之方解石脈，且常與石灰岩發生交代作用，而成甚大之囊狀鑛體，如慈利界牌峪磺鑛是。此不特為全省全國，即全世界亦匪有也。至於汞鑛則全產生於寒武紀石灰岩內，脈石有以石英最多，亦有以方解石白雲石最多，或重晶石最多者。大體言之，見於南部者如晃縣與鳳凰各汞鑛，成鑛溫度似普遍較高，因其常與輝銻鑛共生，而見於北段者如乾城與保靖各汞鑛，成鑛溫度，則又似普遍較低，因與之伴生者，不特鮮有輝銻鑛之見及，且可有雄磺之發現也。觀此，磺鑛出現於本帶之東北段，產於層位較高之奧陶紀石灰岩內，自無足怪，且以此故，吾人乃將磺鑛與汞鑛合為一帶，以示二者之關係。

（三）　鑛帶生成時代

翁文灝氏嘗謂中國鑛床生成，可有下列之三時代(見翁氏著：中國鑛床之生成時代)：一

(1)震旦紀前　凡中國之金鑛，以及北方見於泰山系內之鉛銅鑛與五台系中之鎢，或震旦紀前變質地層中之鐵，均生於此期。

(2)古生代末　除認定雲南東部合於二叠紀玄武岩流之銅礦，屬於此時代之產物外，對於中國其他各處生於古生代地層中之鉛 鋅，銀 銅等礦，或亦有生於此時代可能。

(3)中生代至新生代初　翁氏認此時代，即為燕山造山運動期，並可再分為二期，更想像中國北部及中部發生銅鐵接觸鑛（如安徽之姚冲鐵鑛，山東之金嶺鎮鐵鑛，及湖北陽新大冶之銅鐵鑛等。）之花崗閃長岩，相當於香港之戴楷木花岩，即屬於燕山第一期，而中國南部發生鎢錫銅鉍之花崗岩，則相當於香港花崗岩，即屬於燕山第二期。但亦可能較新，即前者屬於燕山第二期，而後者則發生於第三紀之初。

現在可知翁氏顯然將中國南部金屬鑛產，除金與生於古生代地層中之鉛鋅銅等鑛而外，其餘概與香港花崗岩為同時之產物。就花崗岩而言，湖南亦顯有兩種：即有一為顏色較深之黑雲母花崗岩，吾人曾稱之曰南嶽花崗岩，其分佈均見於耒陽以北。一為顏色較淡之普通花崗岩，吾人曾稱之曰南嶺花崗岩，其分佈均見於耒陽以南。第一種花崗岩——南嶽花崗岩，吾人在湘中曾有數處直接見其侵入於下石炭紀岩層內。第二種花崗岩——南嶺花崗岩且直接見其侵入於侏儸紀岩層內。在南嶽附近一帶，常見衡陽紅砂岩之底礫岩，無花崗岩礫岩，僅於湘鄉潭市附近約相當於衡陽砂岩上部，見有由花崗岩風化供給而成之紅綠色長石砂岩，在宜章縣城南郊，吾人亦常見衡陽紅砂岩距南嶺花崗岩甚近，不惟無接觸變質現象，而底礫岩亦無花崗岩礫石，是可知二者均必生於衡陽紅色砂岩停積以前，且亦不能相隔太久，否則其底礫岩中絕不致無花崗岩礫石也。又南嶺花崗岩出露之區，均有鎢錫砒等鑛，不見於本身，即見於接觸帶，由其生成，毫無疑義。至於南嶽花崗岩，其在湖南北部分佈之面積，實不亞於南嶺花崗岩之在南部，但除一二鉛鋅鑛，如見於衡山銀坑村，福田舖等處，生於其附近，似多少與之發生關係外，在其本身與其接觸帶，並無任何其他鑛產之見及。此種情形，確與香港一地所見相似，即南嶽花崗岩或與戴楷本花崗岩相當，侵入稍前，與成鑛關係極少，而南嶺花崗岩，則與香港花崗岩相當，侵入稍後，與成鑛關係極切。據吾人今日所有之事實加以推斷，前者或生於白堊紀初葉，後者不生於白堊紀末葉，亦必生於第三紀之始也。換言之，亦即前者或屬於翁氏所謂燕山第二期，後者或屬於其所謂燕山第三期是也，

在湖南除燕山期造山運動外，較為顯著者，尚有生於震旦紀冰磧期以前之雪峯運動，泥盆紀前之廣西運動，平樂期前之赫西甯運動，侏儸紀前之湖南運動，及第三紀末之衡陽運動。因造山運動發生，每有火成岩活動相伴隨，故成鑛期亦每與造山運動期相呼應，惟每期火成岩之侵入，因有深有淺，而後來所受之侵蝕，亦有深有淺，自不必皆能出露於地表也。其能出露於地表，且有各種鑛產直接見於其本身與其接觸帶，如南嶺花崗岩在湖南各處所見者然，則鑛產與火成岩之關係，自可確定，倘仍隱於地下，則由其生成之鑛產，在地表上，僅能見及中高低溫各鑛，因其與火成岩相距尚遠，不能直接見及，遂是關係常隱晦不明。是種情形，在湖南亦常有所見，翁氏議論中國鑛產區域，而將南方凡城帶狀之各種鑛產，均認其

生於燕山第二期，因爾時南方鑛產調查不詳，尙無足怪。但在今日吾人所見各種鑛產報告，論及湖南者，仍一律認其生成時代爲燕山期，是則不能不加以討論也。就吾人所獲之事實，湖南各種鑛帶生成時代，絕不如曩昔所推想者之簡單，至少當有四時代，且各與上述之造山運動期相呼應。玆分論之如左。

1．震旦紀冰磧期前之成鑛時代——此時代當與雪峯運動期相當。凡湖南之重要金礦，以及沅資兩水流域銻金帶內之銻金礦，與多數生於冰磧期前地層內之銻礦，悉屬之。其證據有四：(1)湖南冰磧期前之板溪系與其上之冰磧層常呈顯著之不整合，足見冰磧層停積前，湖南曾普遍發生造山運動——雪峯運動。(2)震旦紀冰磧層內含有甚多之石英礫塊及花崗岩卵石，而石英礫塊並常見有黃鐵黃銅等礦，足見冰磧期前不獨有造山運動，且有火成岩活動與石英礦脈之生成，不過震旦紀前之花崗岩，現確知者，僅鄂西宜昌以上一處，有所出露，即所謂之黃陵花崗岩是，而在湖南則仍完全隱伏於地下耳。(3)湖南含金石英礦脈及銻金帶內之中北兩副帶，所有銻礦與銻金共生之石英脈，悉見於震旦紀冰磧期前之板溪系內。(4)凡上述之金銻石英礦脈，悉作東北東之展向，全與雪峯山脈構造趨勢相合。

2．泥盆紀前之成鑛時代——屬於此時代之產物，可見於銻金帶內南副帶之銻礦，及附麗於此帶之各鉛鋅礦。其證據如下：(1)泥盆紀前之廣西運動，在該帶極爲普遍顯著。(2)查雪峯山脈構造，雖肇始於雪幕運動，而完成則屬廣西運動。(3)上述各鑛，除一二見於震旦紀冰磧期前之板溪系內，餘悉見於冰磧層以上之黑色燧石及黑色頁岩或泥質石灰岩互層。(4)南副帶內所見之石英脈，大都生於震旦紀及下寒武紀地層內，並常有幾全爲石英礫石組成之泥盆紀底礫岩不整覆其上，可知其石英礫石即由其下之石英脈所供給。(5)南副帶各礦脈之走向悉與雪峯山脈構造趨勢一致，略呈東——西向，而其鄰近之銻帶則作南北向，與之幾成直交。(見礦帶分佈圖)且與其所在之地質構造趨勢相應。吾人由此自可斷定南副帶與銻帶內之銻礦，絕非同時生成也，至於有無生成於赫西甯期之礦產，則尙待考證。

3．中生代末之成鑛時代——此爲湖南高溫礦物之主要成礦時代，如南部之鎢帶，錫砒鎢帶及錫鎢帶，以及點綴於各帶間之鉛鋅銅銻各礦均屬之。又見於資水流域上游之銻帶，固不能謂帶內或無一二銻鑛生成較前　但大多數則與上述各高溫礦帶同時生成，似無疑問，因其展向全與之相應，且與當地構造趨勢亦全相合也。查此時代之造山運動，即燕山運動，在湖南非常普遍，岩漿活動極爲顯躍，且侵入較高，（吾人在郴縣南曾直接見其侵入於侏羅紀岩層內），今大部出露，此無怪吾人今日所得見之高溫礦帶，均成於此時代也。其在南部侵入者（即南嶺花崗岩），根據前論，似較北部侵入者（即南嶽花崗岩）稍後，大致前者約相當於燕山第三期，後者約相當於燕山第二期或第一期是也。查岩汁分泌作用，每起於岩漿侵入之最後一階段，此無怪上述各礦帶全與前者發生關係，而生於燕山第三期也。至見於湖南西北部邊境之汞礦帶，是否亦爲此時代之產物，則尙難確定耳。

4. 第三紀始新統末之成鑛時代——成於此時代之礦產，吾人確知者，有沅陵北溶及麻陽縣城西南兩處，生於衡陽紅色岩層內，含方鉛礦之重晶石脈，及衡耒兩縣交境，生於安山岩侵入該紅色岩層內附近之孔雀石藍銅礦等，此時代之造山運動——衡陽運動，雖不如前數期造山運動之猛烈，但在湖南殊甚普遍，而在西部尤爲顯著，且曾有火山岩活動，惟其區域　迄現今止，尚僅見於衡陽耒陽交境一帶耳。

(四) 結論

綜觀上述，吾人至少可作如下之結論：—

(1) 湖南各種鑛帶，除少數有參差重複現象外，大體上仍有一定規律可循，對特翁二氏之鑛帶學說，不特毫無抵觸，且更予以有力支持。

(2) 湖南鑛帶，如上所劃分，每同帶內，因難免不有將異時代生成之相同鑛產混入，但如金鑛之生於震旦紀冰磧期前，銻鑛除燕山期外，尚有生於震旦紀與泥盆紀前之二時代，鉛鋅鑛更多有生於第三紀始新統末之一時代，絕非同生於燕山期，可斷言也。

(3) 各期鑛帶之生成，不惟與各該期之火成岩活動有關，且與各該期之造山運動趨勢有關。例如生於冰磧期前及泥盆紀前之銻金帶展向，與雪峯山脈構造趨勢，同作東北東乃至東西，及生於燕山期之鎢帶，錫砒鎢帶，錫鎢帶以及銻帶，亦與該期造山運動趨勢，同爲北北東乃至南北是也。

(4) 凡錫鎢等之高溫鑛產，必生於花崗巖本身或其接觸帶，至如銻汞礦等之低溫鑛產，不離於既露之花崗巖體較遠，即離於潛伏之花崗岩體較遠。故高溫鑛產在湖南咸集於南部，而低溫鑛產則多聚於西部，

(5) 依據西部所中溫低溫鑛帶之重複出露，與產生各帶之地質構造，可推斷其下應有大塊火成岩或花崗岩體之潛伏，將來侵蝕及於該岩時，或可有高溫鑛產如鎢錫等之發現。猶如吾人今日常見於南部也。

(5) 吾人今日研究鑛帶分佈，不僅應求其當然，且應求其所以然。夫如是，吾人在學理上，或能得其真義，不致有穿鑿附會之虞，而在實用上，對於何帶應有何鑛，又以何鑛爲最有希望，亦或能道其底蘊而無大誤也。

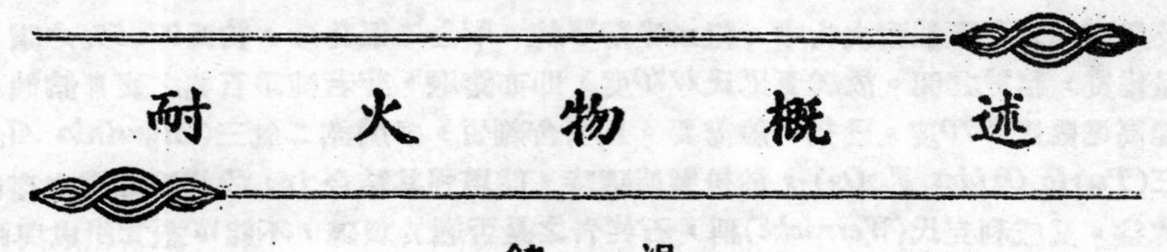

耐火物概述

饒　湜

耐火一物，在冶金需要諸物料中所佔地位，方之燃料，實不多讓。尤以鋅與鋼鐵之製造，非先獲有適當耐火物料不可。現今國內耐火物工廠，雖所在多有，但大都揀擇不精，或者不諳製法。因之所製成品，能耐攝氏一千六百五十度以上火力者，殊不多覯。僅開灤（K.M.A.）火磚，差强人意。顧以我國幅員之大，而可用之耐火材料場廠，祗此一處，實不足言供應，爰略述所知，以備留意是物製造者之參考。

本概述擬分四段，予以說明：——(一)耐火物之分類，(二)耐火物優劣之鑑定，(三)耐火物之應用，(四)耐火器材之製造。

(一)耐火物之分類

何謂耐火物？其理想中耐火物，除耐火外，並須能抵抗(1)猝變之爐温，(2)壓力，(3)化合作用，此外對熱與電，又須為不良導體。但實際諸耐火物中，究無有能具備上述全部條件者。耐火物之組成物，如氧化矽(SiO_2)氧化鋁(Al_2O_3)氧化矽鋁($Al_2O_3XSiO_2$)，氧化鈣(CaO)，氧化鎂(MgO)，鉻鐵鑛($Fe_xO_yCr_xO_y$)，矽砥(Conborundum)，碳C與金屬皆是。有僅含其中之一種者，有含至數種者。其所含只一種者，除金屬外，不論所含為何，大都具堅强之耐火力。若夾帶太雜，即在通常爐温中，亦不免於鎔化。此其原因，係由於諸組成物中，不乏化學性相反之物，如氧化鈣之與二氧化矽之類，以此吾人於一般耐火物，常因其組成物化學性之殊異，而析之為酸性、鹽基性與中和性三類。酸性耐火物如石英岩（Quartzite）、石英(Quartz)與砂礫(Sand)；鹽基性耐火物，如菱苦土鑛(Magnesite)與白雲石(Dolomite)；中和性耐火物，如石墨(graphite)，鉻鐵鑛(chromite)，骨灰(Bone Ash)，石炭(Carbon)，火粘土(Fire clay)與金屬(Metals)。以上三類，惟中和性一類，在冶金術上，不論其所採方法為鹽基性或酸性，均能適應。故其用途，遠較上二類為廣，又金屬(鋼鐵，生鐵，銅與青銅製就之水箱(Water—jacket)等之劃入中和性一類者。以該水箱在冷水時之冷却下，對爐內鹽基性或酸性鎔渣(Fluxing slag)等，均不起若何作用也。

(二)耐火物優劣之鑑定

耐火物之組成，固以愈單純為愈佳，但驗之天然產物中，單純者少，而混雜者多。故其優劣不盡同。請分別述之。

石英與石英岩在天然耐火物中，組成素稱單純。所含二氧化矽，約爲97.5%之譜，然猶不無少量雜質，存於其間。故燒至攝氏1770度，即亦鎔融，非若純淨石英之更難鎔蝕也。惟其鎔點能高達攝氏1770度。已夠一般需要。且所含雜質，多屬鋁二氧三(Aluminia Al_2O_3)與鐵二氧三(Terric Oxides Fe_2O_3)，於扮製爐磚時，能增强其結合力，故此等雜質之存在，實亦不無裨益。又威利克氏(Wernicke)稱，石英岩之是否適於製磚，不能單憑其組成與耐火力。而必須用顯微鏡於偏光(Polarized light)中，驗視其薄片內個別顆粒結合狀，以檢定之。倘各顆粒間另有無定形之含矽體質，(Amorphous Siliceous Bond)，予以隔離，則是岩即屬適用。不然則否，此亦鑑定時所不可忽者也。

組成單純次於石英等之酸性耐火物，當爲鹽基性之氧化鈣(CaO)，鈣鎂氧化物(MgCa)O與氧化镁(MgO)，【以上三氧化物之原料，如石灰石，白雲石與菱苦土，悉屬碳酸鹽類，須用煆燒法驅除其二氧化碳方得】氧化鈣之純者，融點爲攝氏二千度。常以夾少量粘土，氧化矽與氧化鐵等雜質，而降至攝氏一千度。又因接觸潮濕即散，缺結合力，不能扮製成磚，在耐火用途上，實無足輕重。鈣镁氧化物，係鈣與镁之混合氧化物，二者之成分頗不一致。大約氧化鈣由28%至36%，氧化鎂由16%至22%，而以氧化镁所佔成分愈高爲愈佳。至於雜質，則所含鐵二氧三和鋁二氧三合計不得過4%。二氧化矽不得過3%，否則耐火力大減，不復成爲耐火物矣。再言氧化镁。此爲鹽基性最强之耐火物，融度高至攝氏3000度。有謂該氧化物，不因碳之作用而全部還原者 而華潑氏(Watts)對此，則持可逆反應論。

$$MgO + C \rightleftharpoons Mg + CO$$

上說未知孰是。但亦足證明其抗力之一斑。其原料菱苦土(Magnesite)之著名產地，一爲格利西亞，(Grecia)，一爲士的里亞。(styria)，玆將該兩地已煆燒之菱苦土成分，分紀於下。:—

格利亞西菱苦土成分:—

MgO 82.46—95.36%，CaO 0.83-10.93%，$Fe_2(Al_2)O_3$ 0.56—3.54%，
SiO_2 0.7—7.98%。

士的里亞菱苦土成分:—

MgO 85.30%，Cao 1.76%，Fe_2O_3 7.79%，SiO_2 3.40%，
Al_2O_3 0.82%

以上兩種，就其所含雜質，兩相比較，似以前一種爲優，後一種稍遜。蓋由於其含鐵過多，於進行煆燒時，每不免於熔化，而前種則否。但前者在煆燒時，雖無反應，而煆燒後往往發生碎裂之弊，反不如煆燒時熔化者之有助其爲耐火物也。

在中和性耐火物中，以火粘土(*Fire clay*)用途爲最廣，亦以是之組成最稱複雜，特先予以說明。火粘土係一種細粒礬土之含水矽酸鹽，與其他碎片鑛石之混合物。礬土之含水矽酸鹽即通常稱爲陶土。(或高嶺土*Kaolinite*，$Al_2O_3.2SiO_2+H_2O$; SiO_2 46.3%、Al_2O_3 39.8%，H_2O13.9%)者是，而其他碎片鑛石，則係陶土多少被硫酸與碳酸鈉熱溶液所分解而生者。同樣由陶土分解而成之含水矽酸鹽，有響石(*Phenolite*)與含水矽酸鋁鑛(*Allophane*)等，以此陶土常目之爲粘土基(*Clay-base*)，即一般火粘土，均托胎於陶土之義。陶土究爲何物，除其組成及成分，已於上述外，玆更一詳其物理性。是土之純者，色白呈真珠光澤，硬度2至2.5，比重2.2至2.65，質密，但殊脆弱，結合力不强，表面油滑，粘土氣甚濃，舐之略粘舌，燒後縮性奇大，融點約爲攝氏一千七百度。單就最末一項言之，粘土能達此度者頗罕，因之宇來斯氏(*Ries*)特就耐火力而劃火粘土爲上、次、下三等。融點在塞嘉氏火標(*Seger's Cone*)31至33號間者爲上等，27至30號間者爲次等，不及26號爲下等。凡列次下等者，即失其所以爲火粘土矣。顧其耐火力之有此差異者，實由於所含雜質有多寡，而雜質之多寡，則又係於陶土分解程度之何若，蓋分解愈甚，則雜質如氧化鎂，氧化鈣，氧化鐵，氧化鉀，氧化鈉等等之參入亦愈多，而此類雜質在粘土中，各具有鎔化作用，因而影響其耐火力也。大抵劃入下等之粘土，所含雜質，必在整個含量(水分除外)百分之六以上，又除上項鹽基性雜質外，如另夾有遊離石，亦同樣減低其融度，此可由塞嘉氏礬土石英(*Aluminasilica*)與陶土石英(*kaolin-silica*)之融點曲綫知之：

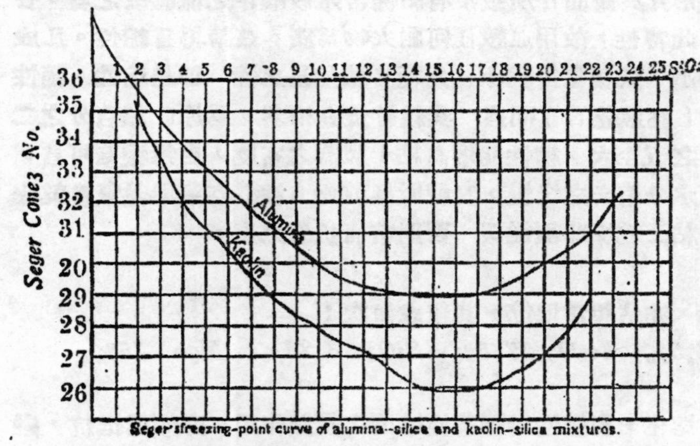

Seger freezing-point curve of alumina--silica and kaolin--silica mixtures.

因是粘土優劣之鑑定，常有以其鋁二氧三，氧化矽與水分之百分數愈接近陶土之組成，而含遊離石英與諸易鎔質量又愈少，則此粘土必愈耐火。但此只不過明其優劣之大概，倘欲確知其耐火度，自須採用他法。惟比斯卸夫氏所發明之計算粘土耐火力來式(*Bischof's numerical expression*)以及塞伯克氏(*Sabeck's*)改進之理論分析(*Rational analysis*)等法，非失之繁難，即亦有欠準確，似皆無裨實用。法之簡單而又準確者，莫如塞嘉氏之直接測驗法：法取備測驗之粘土製成與塞嘉氏火標(*Seger Cone*)等形等大之標，與而二三塞嘉氏火標同置於能耐高溫坩鍋中，隨移置狄維爾氏(*Deville's*)爐內燒之，並繼續增高其爐溫，如發現塞嘉氏火標中之一，與此備測驗之標同樣變其原形，則變形塞嘉氏火標之號數，即備測驗粘土融點之度數。

塞嘉氏粘土測驗法，其優點係能直接得其耐火度，非若其他之須經分析與計算，何況其耐火力之關鍵，不全在其化學組成(*Chemical Composition*)而結構(*Texture*)方面，實亦不無影響。所謂結構，即粘土本體與所含易鎔雜質各分子之接觸，及大小之關係。大抵各分子愈小，混和愈勻，則其耐火力愈低。此可由如來斯氏（*Ries*）之實驗證明之，法於二等分之備測驗粘土，各和以等量之鎔劑，製成圓錐標而燒之，則所和鎔劑之150篩眼分子（*150－mesh*）之標，常較所和為80篩眼（*80－mesh*）者先鎔。又據察驗，一般粘土經火徐徐煆燒，以至全部鎔解，其鎔解程序，首為所含易鎔雜質，次則此已鎔雜質，轉而鎔解其周圍其他分子，終至逐漸化為純一之鎔液。但他分子之鎔解，又以含矽者為先，含鋁者居後。再就分子大小言，則小者反先，大者居後。

火粘土之其他物理性，如粘性(*Plasticity*)與縮性(*shrinkage*)，亦屬重要，值得一述。粘性，即粘土加水，作成糊狀，並以之揑製成器，而此器經乾燥及燒後，猶能保留其原形之謂。祇是粘性強弱，隨土而易。依實驗，殘餘粘土（*Residual clay,* 係長石分解之餘渣）如陶土，石質粘土（*Flint－clay*）等，無甚粘性，通常稱為瘠土。沖積粘土（*Sedimentary clay*），粘力極强，稱為肥土。又就其粗細言，粗者弱，而細者强。至粘力之所由發生，有謂係由其結構分子為角柱形結晶，微小扁形片與彎曲片所致；有謂係含水矽酸鋁之流體致之者。各持一見，迄無結論。總之粘土唯具此特性，故用途較任何耐火物為廣。茲請再言縮性。凡成漿粘土乾後，其體積必較原體積為小，燒後當更縮小，此種體積變易之性，即是縮性。縮性大小，在粘土亦不盡同，就乾粘土（空氣乾的）而言，其綫縮度在瘠者，為原體積百分之二；肥者為百分之十二，平均為百分之五至六。縮性能增高粘土製器之密度，自無壞處可言，惟收縮係由於所含水份之消失，而水分消失之快慢，又視所採乾燥方法（空氣與熱氣管乾燥等）為轉移。大抵分子細吸水多，粘土乾燥即須從緩，否則常有折裂之虞。

此外鉻鐵礦在中和性耐火物中，亦佔相當地位，其組成如次：——

Cr_2O_3 38－40%，Al_2O_3 24.5%，Fe_2O_3,17.5%，SiO_2 3 25%，MgO 15%。

此礦石在高度炭火爐中，不致熔化，對酸性與鹽基性熔渣之侵蝕作用，亦頗能抵抗，融點為攝氏2050度。再碳素在還原作用下，亦同為不受鎔渣侵蝕之高度耐火物。但若與硝酸鉀共燒或鉻酸鉀與硫酸共煑，即亦氧化而鎔解。碳類之適於充耐火用者為石墨與焦炭，石墨多用作坩鍋，焦炭則以製磚。

類　別	C	SiO_2	Fe_2O_3	Al_2O_3	CaO	MgO	H_2O	loss	Remarks
石墨坩鍋	25.5	50.0	1.5	20.0	0.5	······	3.0	0.5	··········
碳　磚	64.23	21.51	1.41	12.05	0.67	0.29	······	······	··········

（三）耐火物之應用

耐火物之功能不拘於耐火，前已言之。故在應用上有取其功能全部者，有僅取其適合之一部份者。仍分酸性鹽基性與中和性三類，逐一述之：

(1) 酸性類

天然產石英中　類多純者。古時常不加製作，即取以應用。嗣以結構不强，卒被摒棄。近者除築造爐底須用碎粉外，皆以壓製成磚。石英磚爲煉鋼上酸性敞爐，與酸性白色麥爐（*Acid open-Hearth Furnace and Acid Bessemer Converter*）中，必需之耐火材料。而煉銅轉爐襯料，復非此磚料不可。餘爲不與鎔渣接觸之鍊爐部份，若磚窰及反射爐之甕之類，採用亦多。至製酸設備上之需此磚料，則純因其具防酸功能使然，於耐火一節，實無涉也。

(2) 鹽基性類

白雲石磚與鎂磚，均屬此類耐火物，只前者遠不如後者之佳　而用者多以白雲石磚代鎂磚，係因其價格特廉之故。鎂磚在採用鹽基性白色麥法（*Basic Bessemer Process*）與鹽基性敞爐法（*Basic Open hearth Process*）製鋼作業中，爲主要耐火物。而鍊銅轉爐（*Copper Converter*）之襯料（*Lining*），復非此不可。餘如精銅等精鍊爐，以及製鋼電爐爐室，亦常採用之。

(3) 中和性類

此類耐火物應用之廣　恐無有出其右者。一因其與酸性或鹽基性鎔體接觸，皆不起作用。二因其粘力較强，易於製作成器。三因產地至廣，致之匪艱。火粘土除製各種火磚　坩鍋　馬伕爐（*Muffle Furnace*）外，並得用以築造爐底火磚。除在最高爐溫及接觸之鎔體（*Molter Mass*），又屬極强之酸性或鹽基性外，在其餘各種情況下之鍊爐，似皆可以應用。譬之銅廠電爐與鉛廠柔軟爐（*Softening furnace*）等爐室，本須採用鎂磚，有時亦可以上等火磚代之。不過其經用時間或次數稍減耳。

坩鍋（*Crucible*）與馬伕膽（*Muffle*），皆試金室中主要工具。坩鍋之大者，若玻璃廠用之鎔料罐，鍊鋅廠用之蒸餾罐，用途尤宏。此外凡缺乏粘着力之耐火物如石墨等，倘欲以製造各種器皿或磚，均非和以相當量之粘土不可。再取粘土生熟各半研成粉末　可作火磚砌泥之用。

用途次於火粘土之中和性耐火物，當推鉻鐵鑛。鉻鐵鑛在舊時應用者，皆爲其原鑛石，嗣以不適於用，多製爲磚形。此磚用途　在鹽基性敞爐，則砌於石英磚爐頂，與白雲石築成之爐底之間。此外冶銅及冶銅鎳（*Copper nickel*）鼓風爐之爐底，近多以此鑛替代白雲石築成之。近湖南鍊鋅廠，曾以之敷佈蒸溜罐裏面　以防鎔渣之侵蝕，頗具效驗。

用途再次者爲礬土與碳。礬土磚同於鉻鑛磚　能抵抗鹽基性鎔體　故其用途亦相仿。近亦有用以築砌水泥旋轉窰（*Rotary Cement Kiln*）；與電冶爐。其用於電冶爐者稱爲（*Alundum*）形，成一種新耐火物。炭磚用途不多，但炭末亦可用築造爐底，如哈爾氏鍊鋁爐（*Hall*

Aluminum Furnace）爐底，即其一例，石墨則多以製造大小坩鍋供鎔銅鉛等金屬之用，餘爲煤氣炭（*Gas coal*），則以製造弧光（*arc-light*）及炭極（*Carbon-electrode*）。

（四）耐火器材之製造

耐火器材之製造，大致可分四個步驟，（*1*）配合（*2*）配料準備與器材製造，（*3*）乾燥，（*4*）燒成。

（1）配合

單就耐火言，火物固以組成單純爲佳，然其中有粘力欠缺與夫縮性過大者，則非配以他物不克固結，或抗制其縮性，用作結合之物資，隨所施而異。如氧化矽配以2%氫氧化鈣，礬土鑛配以4%富鋁質之粘土，又因其縮性特强，另參以10%左右石英石爲之抗制。菱苦土與白雲石配以7%至10%黑油（水分不計）。鉻鐵鑛配以蛇紋岩（*Sěrpentine*），或2%硫酸鈣（$CaSo_4$）與硫酸鋁$Al_2(So_4)_3$。焦炭配以20%黑油（水分不計）。石墨如用以製罐，除參和33%生粘土（水分不計）外，並須加熟粘土（*Burnt clay*）17%。其次火粘土，雖以「粘」字命名，顧其中亦有肥瘠之分，而肥瘠兩土，仍須配合，方能應用。若造火磚之料，則有下列兩種。其一生石質粘土（*Raw lfint-clay*）45%，熟石質粘土(*Burnt flint-clay*）45%，富粘性粘土(*Plastic cloy*）10%，（以上均以容積計稱）。其二生與熟石質粘土，合計50%，富粘性粘土50%（均以容積計算）。前配合造就之磚，質頗疏鬆，但耐火力則强。後之一種，質雖密固，而耐火力則遠遜。倘所製係鋅礦之鍊罐（*Retort*），則其配合最不齊一。在歐洲十數鋅廠中，可說無相同者。大抵生粘土由35%至46%，熟粘土由54%至65%，均憑試驗以求得適當之配合。邇來歐美各鋅廠，復有於生熟粘土外，參以小量河砂或焦末者。考河沙加入之用意，當以其價低廉，可減輕煉罐成本。不過此項鍊罐，謹限於提鍊矽酸鋅砂。再言焦末，其參和量雖至多不到百分之十，顧其功效，則殊大：(*a*)使造就之罐，特殊光滑，呈灰黑色，粗視之彷彿石墨鎔罐。(*b*)加大罐之密度，因而減少鋅被罐壁吸收之損失。(*c*)減低鎔渣侵蝕鍊罐之作用。又據畢斯喬夫氏(*Beschof*)測驗，焦末爲物，雖較石墨易燃，但處粘土包圍中，便不爾爾。且能加强粘土耐火力，而罐炸裂趨勢，復常爲其遏止云。又耐火物在配合前，猶有待於預爲處置者。如菱苦土白雲石等之須施行煆燒，遴選沙礫，以及與鐵鑛等夾於粘土中者之須予以洗滌之類。特爲補述於此。

（2）配料準備與器材製造

配料即依前節各項須要配合之料。但配料在以製造器材之前，猶不無其他準備，如舂碎過篩，混和加水（或黑油），拌捏，儲藏，以發展其粘性等。似皆爲製造前必經之過程。茲以造粘土器材爲例，逐一加以說明，由舂碎至製造各工作之採用人力抑機械，一以生產量多寡爲斷，似爲無關宏旨，惟舂碎應舂至若何程度，而過篩又以通過若干篩眼者爲宜，因其影響製成物品質之强弱，及對爐溫驟變之抗力，不能不予以注視。大抵顆粒較小，配料之成品，質亦堅實。但遇之爐溫常生變化之處，必致炸裂。反之，對爐溫起落，雖不生影響，而質必脆弱，折中辦法，祇有採用大小顆粒混和之配料，以免顧此失彼之弊。

祇是粒之最大與最小，亦不能漫無限制。通常供製磚用之配料，大粒不得大於四十篩眼，小粒不得小於一百五十篩眼。倘製品係坩鍋，則最大不得過一二八篩眼。至鋅廠用鍊罐常有採用十六篩眼之大粒者，此則不僅因蒸爐溫度，時有升降，不得不假此大顆粒，吐納水分功能以資調節。且罐裝爐內，僅兩端擱架，餘俱懸空，而罐內煉料（烘砂與還原劑），又重逾百磅，尤非具有較强抗張力之罐不可。因熟粘土（亦稱耐磨體 *Chamote*）顆粒，在罐壁中不啻形成罐之骨架，故加大顆粒，無異加大骨架，亦即加强其抗張力，至由大顆粒所引起之質疏鬆，自有其大部份細粒填實其空隙，以補救之。

次爲混和，混和當以乾和爲易均勻。

次則加水須用噴壺，隨拌隨加，不可過急，所需水量，約爲其配料10%至15%。

再次爲拌捏，拌捏之目的，在加强顆粒與生粘土之粘合，故所用工具，當以機械爲佳。拌捏機（*pug mill*），分立式臥式兩種，多與壓磚機相聯，即配料自拌捏機被擠出口時，隨出隨壓，壓製能力甚大，日可出磚四萬口至五萬口。在製造坩鍋，或煉鋅罐等之小規模場所仍多採用人工拌踹。顧每工踹料，難及三石，且不如機捏之熟。以此人工拌捏之配料，在供製造之前，尚須施行儲漚，即將已拌踹之料，儲置暗處，外覆溫濕布，漚之至三數日之久，則生熟兩土之粘合，當告完成。而以造各種器材，自屬適用，至於各種器材之製造，不論採用人力或機械，必先備具模型，人工製造，採用木質模型，機械則非鋼或鐵模型不可。人工製造，法頗簡單。或於模型空間實以配料，依型築成之，或置配料轉盤上，按模大小，隨轉隨削，以造就之。其法雖笨，但於形狀不規則器材，仍捨此莫屬，機械製造上常見之機，爲鳥角氏機（*Auger machine*），次爲水力壓機（*Hydraulic press machine*）。專供壓製密度較大之各器材用。

（3）乾燥

乾燥亦耐火器材上殊堪注意之工作。其中磚坯之乾燥，分氣候乾燥與熱巷乾燥兩法。氣候乾燥法所須設備，不過木架格子板等，置辦自易。而乾燥又全憑氣候，無須假借其他熱力。故乾燥費用，極爲低廉。只是乾燥所需時間，則不可預計，熱巷乾燥法主要之部，爲長一百呎，寬五呎，高四呎之一組巷道，外附火爐。引火入其一巷，俟熱後停止，將火再引熱他巷。而待乾燥之磚坯，則用車裝載推入已熱之巷以乾燥之。如熱度已減，改推入另一熱巷。如此反復引火熱其冷巷，而以車載濕坯推送熱巷，以達成磚坯乾燥任務。約計所需乾燥時間，爲二十八小時左右，此法於乾燥時間雖大爲縮短，但設備費特高，而經常乾燥費用亦極鉅也。再熱巷乾燥法所需設備費雖高，而以較乾燥坩鍋與煉罐等之乾燥室設備費，則不免相形見絀。此類乾燥室，通常分為三間。由第一間至第三間，溫度卻漸次提高。大約第一間溫度為華氏六十五度，第二間九十度，第三間百度之譜。新造煉罐，放置乾燥室各間時日：第一間約五日，第二間約一星期，第三間至少一月。其輸熱設備，或於室內裝置汽管，或於室下建砌火巷，或另備預熱爐(*Preheatre*)，以熱空氣分別導入室內。以此須要設置費用特高云。

(4)　燒成

磚坯或其他較小器材坯，（玻璃料熔罐，及鋅蒸溜罐等，是皆大體積耐火器材，不必預為燒成，只於應用前十餘小時，用烤爐燒之至一千一百度左右，即以赤熱之罐，移裝需要之爐內應用）。待全乾後，裝置窰內燒成之。是窰由其爐火之燒法，而別為上吸式（*Up-draft*）、下吸式（*Down-draft*），與連續式窰（*Continueous klin*）三種。而以下吸式一種，用者最多，上吸式與下吸式兩窰，又有圓形與長方形之別，圓窰直徑，自十八呎至四十呎，火爐附於窰之周圍。直徑小者之一種，係用以燒小形器材，大者則以燒磚。所需燒成時間，約五日左右，計每窰可裝燒十餘萬口。長方形窰長三十呎，高一十五呎，寬二十呎，火爐附於兩側。此爐因四角火力難達，甚少採用。連續式窰，為多數小窰組成之環狀磚窰，其烟突則建於環之中央。小窰與烟突，各有烟道相通。並備閘門，以司啓閉。各小窰之間，亦有連絡烟道，且各備閘門作啓閉之用。各小窰以附有火爐，但燒時實不同時舉火，設其窰係由小窰構成，如燒第一窰，則先有一窰至八窰通烟突之烟道，及第一窰與第九窰中烟道各閘門，應予關閉，使一窰之餘火，經由二窰，依次至九窰，始入烟突發出。待一窰燒好，再燒第二窰，惟二窰磚坯，已既得一窰餘火之預燒，又因供一窰燃燒之空氣，由一窰而來，溫度已高，大有助於一窰之火力。因之二窰燒時間，遂較一窰為短。由此類推，三窰四窰當必更短。惟燒至第一窰時，第一窰之磚必已冷却，即須出窰另裝，只是在窰前，須將一窰與九窰間烟道閘門關閉，並將二窰通窰外之閘門抽開，以要九燃燒用之空氣，自此吸進又一窰另裝畢，須將通烟突與九窰之烟道閘門抽開，同時並閉通烟突之烟道，使窰內餘烟，改從一窰以入烟突。如此出窰裝窰，了無所礙。而燒窰工作便供遂得以連續進行，此窰建築固屬複雜，然燃料消耗，則較上他式窰為少。此外尚有一種階窰級式窰，國內各陶瓷廠多用之，以燒火磚殊嫌過小，亦係九個小窰室所組成，由第一室至第九室，每前進一室卽昇高一級，故有階級之名。此窰燒法同於連續式窰，自第一室燒起，挨次達於第九室，亦因其燒至上級各室時，獲得熱空氣，資其燃燒，故燃料所省亦甚可觀也。

湖南煙煤礦之回顧與前瞻

·黃伯逵·

(一) 湖南煤鑛在中國之地位

我國煤鑛儲量約265.311兆噸，計山西佔47%，陝西佔27%，新疆佔12%，其他各省共佔14%，湖南煤鑛儲量爲1,270兆噸，佔0.40%；

就產量言，民國三十一年全國煤鑛總產量爲65,685,997噸，湖南產煤約650,000噸，佔全國產煤百分之一而弱。

(註1：每一兆噸等於1,000.000噸)
(註2：儲量及產量均包括無煙煤在內)

(二) 湖南煙煤礦之分布及儲量

縣別	產地	儲量(兆噸)
邵陽	賓和堂，牛馬司，高江橋	182
湘潭	譚家山，雲湖，楊家橋等處	96
湘鄉	恩口，鳳冠山等處	88
資興	三都	64
衡陽	三陽舖，七里橋等處	25
黔陽	城郊，鐵墩坡，黃榜坡等處	21
新化	五里舖，晏家舖，滿竹，酸樹等處	19
宜章	楊梅山，狗牙洞	18
醴陵	石門口，普口市 開口，江家壠等處	17
安化	橋頭河	17
甯鄉	清溪冲，煤炭埸	17
常甯	鹽湖，柏枋，大浦，馬子坪	14
武岡	沙子冲	11
祁陽	觀音灘、可埠渡	7

漵浦	天星堂，底莊	7
辰谿	五里墩，馬溪	6
衡山	霞流冲	5
零陵	同覺堂，易家橋	4
保靖	煤炭灣	3
永順	龍家寨	3
龍山	洛塔	3
慈利	北郊	3
石門	桐子溪	3
桑植	西界	3
益陽	連河冲	1
茶陵	四郊	1
合	計	638

湖南煙煤儲量約佔全省儲煤量50%。

（三） 湖南煙煤鑛之回顧

全盛時代

民初，第一次世界大戰時期，湖南錦業，盛極一時，其他工業，亦頗發達，煙煤銷量逐漸增加，於是湘潭之譚家山，小花石，湘鄉之洪山殿，鳳冠山；甯鄉之清溪，寶慶之牛馬司，以及郴陽，零陵，醴陵，常甯，宜章，安化，辰溪各縣煙煤鑛，紛紛開採，乃煙煤鑛之全盛時代。

一蹶不振

第一次世界大戰結束，錦價慘跌，工廠倒閉，煙煤已難獨存，適日人操縱漢冶萍公司，停止鍊鐵，祗以大冶鐵砂運日。萍鑛原以焦炭供給鐵廠，鐵廠旣停，萍煤乃不得不向長沙及武漢市場推銷，爲湘煤之勁敵，湘煤遂一蹶不振，相率停工。茲將湘煤衰落之原因，分述於次：

（1）湖南煙煤鑛，斷層摺縐，隨地發現，影響整個採煤計劃。

（2）株羅紀煤質，往往含灰過重，二叠紀煤質又多數含硫太高，影響銷場。

（3）產煤之區，多在深山窮谷，陸運悉賴人力，水運河淺船小，亦有水道灘險過多，沿途損失甚重者，運輸爲所限制，影響產銷頗大。

（4）每一煤田，鑛區林立，犬牙交錯，甚至糾紛迭起，致難於發展。

（5）各鑛急功近利，沿煤層露頭線見煤挖採，遇水即止，水下之煤，難於採取。

（6）資本薄弱，採煤排水，全用人力，絕少有機械設備者，以故成本頗高。

(7) 船戶運煤和泥摻水，增高水份灰份，影響營業之發展。

(8) 各鑛灰高之煤，但用人工揀選，並無洗煤台之設備，以故成本既高，而灰份仍重。

查萍鑛投資約一千九百萬兩（光緒末葉）井下搬運有電車，陸運有鐵路，（株萍路原係萍鑛修築）水運有輪駁，且有大小洗煤台之設備，每日產煤量最高紀錄，曾至三千噸，於是挾其成本之輕，煤質之佳，產量之富，運輸之便，以與湘煤相週旋，湘煤焉得而不失敗。

戰時復興　抗戰軍興，北煤不能南運，而工廠內遷，軍運頻繁，長沙火後，株萍路毀，萍鑛亦破壞，湖南煙煤鑛又復應運而興，玆分述於次：

(1) 湘南煤鑛局之創辦：

(甲)沿革——戰事初起，海口爲敵艦封鎖，廣州發生煤荒，時曾養甫氏任廣州市長，奉 委員長蔣手諭，組織湘南煤鑛局，採運湘南煙煤，限期運粵，民國二十六年冬，收買廣東省政府及鑛商胡銹鏜之楊梅山煤鑛，嗣又在資興三都請領鑛區，着手開採。

(乙)儲量——楊梅山儲量爲520萬噸，資鑛爲6,400萬噸，

(丙)煤質——煤質成分如次：

鑛別	水份	揮發份	固定炭	灰份	硫磺
楊梅山	1.10	23.80	57.58	18.50	5.28
資興三都	1.35	26.41	54.69	16.05	1.50

(丁)產量——民國三十二年楊梅山每月產煤二萬噸資鑛每月產煤三千噸。

(戊)運輸——粵漢鐵路已修築，由粵漢白石渡車站至滔溪之白楊支線，其自煤巷運至滔溪，則另築輕便鐵道，總長約25公里。由資興三都鑛場至粵漢幹線之許家洞車站，已自築20公里，運煤輕便鐵路，鯉魚江鐵橋，亦將落成。

(巳)銷售——完全銷於粵漢湘桂及黔桂三鐵路。

(2) 雲湖煤鑛工程處之籌備：

(甲)沿革——民國二十七年二月由湘建廳派技正楊幹邦前往籌備，購置鍋爐七座，捲揚機三部，水泵二十座，及各項機件材料，開有斜井九口，以爲探採之用，因湘北戰事，壓開壓輟。

(乙)儲量——據該處劉處長眉芝估計，可採之煤，約計三千萬噸。

(丙)煤質——經湖南地質調查所化驗其結果列下：

槽別	水份	發揮物	固定炭	灰份
上槽	2.88	11.47	68.72	16.93
中槽	0.95	30.02	61.20	7.83

(丁)產量——雲湖接近湘北，受戰事威脅，從未大量生產，歷年產量，列表於下：

年度	產量(噸)
28	3,601
29	1,079
30	5,421
31	12,380
32	7,264

(戊)運輸——雲湖南硯山鑛場，距湘黔鐵路四公里，至雲湖水半公里，從雲湖水下駛十公里至漣水之南北塘，再水程二十公里至湘河口出湘江，陸路用人力挑運，水運由南北塘可直運湘潭長沙，水大每船可裝二十噸，水小四噸，每日產煤一百噸以上，則無法運出。

(己)銷場——湘潭畜鹽公司爲主要銷場。

(3) 醴陵煤鑛局之擴充：

(甲)沿革——湘建廳於民國十八年，收買醴陵石門口等處商鑛，開鑿斜井，裝置機械，舖設鐵路，至民國二十四年以成本過高而減產，抗戰軍興，粵漢浙贛兩鐵路用煤特此鑛供給，乃擴充工程，增加生產，

(乙)儲量——據王曉青氏估計儲煤量約 720 萬噸

(丙)煤質——湖南地質調查所化驗其結果如下。

產區	水份	揮發物	固定炭	灰份
石門口	1.76	30.81	42.03	25.40
石成金	2.00	38.28	46.45	13.27

(丁)產量——歷年產量列下：

年度	產量(噸)
22	38,479
23	49,382
24	59,956
25	103,334
26	133,954
27	120,753

28	61,170
29	68,800
30	105,313
31	96,752
32	94,968

(戊)運輸——由鑛場至浙贛路之陽山石站七公里築有輕便鐵道，每日可運400噸，株萍路折毀後，由陽山石經淥水船運至淥口出湘江，約60公里。

(巳)銷場——供給浙贛粵漢用煤，浙贛毀後，專供粵漢。

(4) 觀音灘煤鑛工程處之成立

(甲)沿革——觀音灘煤鑛工程處，於民國二十六年九月由湘建廳收買商鑛，開井築路，工程於二十八年九月完成。

(乙)儲量——約2,200.000噸。

(丙)煤質——湖南地質調查所化驗之成份如下：

層別	水份	揮發物	固定炭	灰份
大槽	1.00	28.80	51.20	19.00
棚皮	1.75	28.30	47.80	22.15
兩夾	0 86	25.40	47.10	26.64
河砂	0.70	27.10	48.50	23.70

(丁)產量——歷年產量如下：

年度	產量噸(噸)
27	27,714
28	48,016
29	38,473
30	38,251
31	35,615
32	28,326

(戊)運輸——由鑛場至湘江河岸已築有二公里輕便鐵道，再經湘江水運衡陽長沙或至湘桂路之黃陽司站。

(巳)銷場——主要顧主爲水口山鉛鋅礦，湖南鍊鉛鍊鋅兩廠及湘桂鐵路。

(5) 祁零煤鑛局之遷建：

(甲)沿革——民國二十七年十月萍鄉高坑煤鑛折遷至零陵，收買茂盛公司鑛區，組織祁陵煤礦局，至二十八年十月，直井即行出煤。

(乙)煤質——

揮發物	固定炭	灰份	硫磺
23.50	55.50	20.00	1.50

(丙)產量——

年度	產量(噸)	成本(元)
28	5,218	7.08
29	50,209	9.08
30	39,934	27.97
31	51,322	61.74

(丁)儲量——9,000.000噸

(戊)運輸——由礦場至河邊，自築輕便鐵道。

(己)銷場——銷湘桂路。

(6) 湘潭煤鑛公司之一現；

(甲)沿革——河南焦作英商福公司與華資之中原公司合併爲中福公司，前經濟部長翁文灝主其事，軍興後即折遷來湘，以譚家山國營鑛區交由資源委員會與中福合辦，組織湘潭煤鑛公司，於民國二十六年冬開辦，二十七年長沙火後，即撤遷入川。

(乙)儲量——23,000.000噸

(丙)煤質——

層別	水份	揮發物	固定炭	灰份	硫磺
1	1.06	12.98	69.76	16,20	3,97
2	1.12	13.81	65.95	19.12	3.77
3	5.80	15.82	74.40	3.98	0.75

(丁)產量——自民國二十六年十二月至二十七年十月，共計產煤42,975噸，最高每日至390噸。

(戊)運輸——礦山至霞石埠十五公里，用小車推運，由鑛山至茶園舖五公里已築公路，茶園舖至易家河出湘江約二十五公里，有小河，已建壩運煤。

(己)銷場——準備供給下攝司工業區之用，因戰事撤遷而罷。

(7) 辰溪煤鑛公司之互助：

(甲)沿革——民國二十六年冬，湖北大冶源華煤鑛公司撤遷來湘，與資源委員會合辦辰溪煤鑛公司，嗣又組織煤業辦事處，協助合組及惠民兩煤鑛，爲之設備電泵電燈及修築運煤鐵道，惟兩商鑛所產之煤，須交由辦事處，統一銷售。

(乙)儲量——6,000.000噸。

(丙)煤質——：

公司別	揮發物	固定炭	灰份	硫磺
合組	22,80	57.70	18.60	0.90
惠民	20.00	62.50	16.30	1.20

(丁)產量——：

年	度	31年	32年
產量	自採	6,509	3,363
	收購	58,176	31,123
	合計	64,685	34,486

(戊)運輸——鑛山至雙溪口沅水河岸各約一公里，築有輕便鐵路運煤，再裝船順沅水下駛，可至常德武漢，水小時十噸以上之船，難於行駛，運輸能力，至爲薄弱。

(己)銷場——供給辰溪兵工廠，水泥廠，安江湖南紡織廠，及常德各輪船之用。

(8) 湘江煤礦公司之長成

(甲)沿革——原由鑛商黃竹筠集資三萬元用土法開採，每日產煤 噸左右，民國二十七年秋，改組增加股本，開鑿直井，每日產量達一百噸左右，長沙火後暫停，至三十年五月復工，嗣增加股本至一千萬元，淪陷期間，仍未停工，故損失尚不甚大。

(乙)儲量——假定鑛區沿走向線延長2,000公尺，可隨傾斜下掘500公尺，煤層平均厚5公尺，比重1.3，可採之煤以60%計算，則湘江煤之儲量應爲：—

$$2000\times500\times6\times1.3\times0.6=4,680.000噸$$

(丙)煤質——

水份	揮發物	固定炭	灰份	硫磺
4.94	28.61	46.91	19.54	0.45

(丁)產量——戰時每日產量，約一百噸左右。

(戊)運輸——鑛山至袁家河碼頭約卜公里，用人力車推運，裝船順漣水下駛，十公里至湘河口出湘江。

（己）銷場——粵漢路爲最大主顧，戰後銷長沙武漢一帶。

(9) 其他煙煤礦之繼起

（甲）恩口——山東棗中興煤鑛折遷來湘，於民國二十七年與資源委員會合辦湘鄉恩口國營鑛區，儲量爲84,100.000噸，民國二十八年，湘黔路撤軌，該鑛卽遷川。

（乙）淸溪——原係省營。民國三十二年成立甯鄉淸溪煤鑛工程處，鑿斜井兩口，淪陷時尙未出煤。

（丙）中湘——民國二十七年鑛權移轉於徐哲生宋子文等，鑛區在雲湖煤鑛之東南，每日產量最高至二百餘噸，三十年六月井下水淹，乃退採未淹之煤，每日產煤八十噸左右。

（丁）華石——民國三十二年秋開辦，淪陷時方到第一層煤，該鑛在湘潭縣朱亭下游7.5公里，距湘江東岸約一公里，至粵漢線之平山堂站約四公里，儲量5,000.000噸。

（戊）長塘——湘桂鐵路祁陽長塘煤鑛工程處於民國三十二年開工，尙未正式出煤，卽因戰事停頓。

(10)各縣土法煙煤鑛之活躍

（甲）祁陽——

(*a*) 阜華煤鑛公司——鑛山距湘河岸石塲市4.5公里，用人力運煤　每日產量約200噸。

(*b*) 寶善煤鑛公司——距湘岸一公里，每日產量150噸。

(*c*) 大利煤鑛公司——已築1.5公里輕便鐵道，與湘桂路相接，每日產煤200噸。

（乙）邵陽——煤田在縣境東部，以牛馬司爲最著，儲煤量約182兆噸，爲全省冠，有商鑛二十四家，國營鑛區一處尙未施工，商鑛每日產煤一百噸左右。

（丙）漵浦——漵浦縣重要煙煤鑛在底莊附近，湘黔鐵路兩側，計有民生，性甫，月恒，聯運及小江等五公司，民生日產30噸，性甫日產1——2噸　月恒日產10噸，聯運日產3——5噸，儲量約7,000.000噸　各鑛均接近湘黔路。

（丙）甯鄉——寧鄉縣煙煤鑛可分三區：

(*a*)潙水流域——煤層由2—10公尺，煤質極佳，福記守一公司及訓惠公司，每月產煤各約3,000噸，惜限於運輸，不能大量生產。

(*b*)烏江流域——横田煤田距烏水邊2.5公里，有懋興公司領採。

(*c*) 靳水流域——以淸溪冲爲最著，除省營煤鑛外，有阜康，茂利，濟生等公司領採，阜康月產1,200噸，茂利月產500噸濟生月產500噸。

(丁)安化——縣屬馬王及七寶兩區煤鑛，質佳量富，馬王區在湘黔路側，有新新大同，五福兩公司開採，七寶區有利濟，益民兩公司領採。

(戊)湘鄉——縣屬鳳冠山煤鑛，距湘黔路線半公里，星利煤鑛廠距湘黔路線6公里，兩鑛皆質佳量富，湘黔路成可望發展。

(己)湘潭——縣屬壺天鄉煤鑛，有祥豐鴻記兩公司領採，質佳量富，可以煉焦，井下水亦不大，每日產煤十噸，距湘黔路綫12公里。

(庚)新化——縣屬中和鄉，有寶源，昌盛，合利，民勤等公司領採煤鑛，距湘黔路綫由半公里至2.5公里，在遊義鄉有阜華，華貴及惠福等公司領採煤鑛，距湘黔路綫各約半公里左右，每日產煤15噸，在安集鄉有久豐及資豐兩公司領採煤鑛，每日產量十餘噸，距湘黔路綫約2.5公里，在臨資鄉有和益，集福及寶勝等公司領採煤鑛，每日產量20噸，在鎮梅鄉有守里公司領採煤鑛，距湘黔路線1.5公里。邵陽縣屬各煤鑛均質佳量富，湘黔路通，方有發展希望。

(四) 湖南煙煤鑛之前瞻：

戰後繁榮

湖南煙煤鑛於淪陷時間，幾徹底破壞，勝利降臨後，北方各大煤鑛，亦遭破壞，且鐵道中斷，短期皆難恢復，粵漢平漢兩路長沙武漢兩地輪船及武漢電廠，大半賴湘煤供給，湘省各煤鑛乃努力復員，以期達到原有產量，湖南於戰後，經濟不景氣，百業蕭條，惟有煙煤鑛，頗呈繁榮氣象。

各鑛現狀

(1)湘南——湘南煤鑛局於本年四月開始復員，八月份可產煤10,000噸，九月份12,000噸，十月份15,000噸，本年年底以前，可達二萬餘噸。

(2)湘江——湘江煤鑛公司，每日產量最高額曾達250噸，以限於運輸，且井下水淹一度減產。最近與粵漢路合修由井口至湘河口之運煤鐵路，用費28億元，八月底可通車，其採鑛計劃，以每日產煤1,000噸爲目的。

(3)省鑛——雲湖，醴陵，觀音灘三鑛每月各產2,000噸，清溪已於七月初到煤。

(4)永邵——資源委員會新設永邵煤鑛局，接收原有之祁零煤鑛局，及收買邵陽牛馬司煤鑛，籌備開採。

(5)中湘——資源委員會收買湘潭中湘公司及原有譚家山國營鑛區，將組織中湘煤鑛局，從事開採。

(6)長塘——湘桂鐵路長塘煤鑛尚未積極開採

(7)商鑛——

(甲)守一煤礦，貨佳銷暢，每日產量，可達二百餘噸，因限於運輸，存煤山積。

(〇)祁陽各商礦，因米價特高，運費又昂，產量每日僅50噸左右。

(丙)辰溪各商礦因工廠東遷，而運輸極艱，現在合組惠民兩礦，產量各減至每月1,200噸。

(丁)華石煤礦第一煤層，因含灰過多，祇合灰窰磚廠之用，產量甚微，目前正積極進掘，以期達到第三煤層，方能大量開採。

生產能力

華北煤礦於淪陷期間，其生產能力較戰前增加至一倍以上，茲列表於下：

年度	自由中國區	淪陷區	合計
24	23,596,176	12,212,000	35,808,176
25	26,225,000	13,117,000	39,342,000
26	22,519,800	14,393,000	36,912,800
27	5,724,750	26,218,000	31,742,750
28	5,649,952	32,891,600	38,541,552
29	6,155,470	40,672,172	46,827,642
30	6,871,357	51,952,000	58,823,357
31	7,249,997	55,436,000	65,685,997

現上表可見華北各礦煤層整齊，運輸便利，增加生產，毫無困難，殊非湘煤所能相提並論。

成本比較

戰前東北撫順煤礦，每噸成本不及一元，河北開灤煤礦約二元，六河溝中興各煤礦四元左右，湖南醴陵煤礦局民國二十六年之成本，爲每噸5.116元，在華北各煤礦之上，開灤撫順之煤，運至漢口，每噸在七元與八元之間，湘煤運漢成本在十元以上。

湘煤前途

湘煤因供不應求，市價高漲，最近數年，在華北煤礦，未能恢復原狀以前，湘煤產量，有逐漸增加之可能，將來北煤可以南上，萍煤可以西運，湘煤之產運銷似應有整個計劃，方能立於不敗之地，煤礦之主要生存條件，爲「產」「運」「銷」之配合發展，即不能「銷」，即不能「產」「運」，不能「運」亦不能「產」「銷」，以故產量視「運」「銷」爲轉移，茲就「銷」「運」「產」三項分述之：

(1)銷場——煤湘銷場應有適當之分配，茲列將來可能銷量如後：

用　　戶	銷　量(噸)	條　　事
粵漢鐵路	240,000	
湘桂鐵路	240,000	
黔桂鐵路	200,000	
鍊鐵廠	40,000	50噸小化鐵爐
紡織工廠	50,000	
機械工廠	80,000	株州機廠較大
電氣廠	70,000	湖南電氣公司最大
輪船	60,000	招商局銷量較多
粵漢南段工廠	100,000	
湘桂西段工廠	50,000	
黔桂西段工廠	50,000	
武漢市場	70,000	武漢每年用煤20萬噸湘煤可銷七萬噸左右
合計	1,250,000	

(2)運輸——由各煙煤鑛應修築運煤專用鐵道與粵漢，湘桂，湘黔幹線銜接，以加強運輸能力，湘潭各煤鑛，須築運煤專用鐵道，至湘江河岸，再用輪駁，運至長沙武漢等地。

(3)產量——產量分配於左：

(甲)粵漢區——湘南煤鑛局楊賓兩鑛，在粵漢路南段，均有運煤支線與幹線接軌，距廣州最近，每日產煤應以800—1.000噸爲施工計劃，俾以供給粵漢路南段及該段沿綫各工廠用煤

(乙)湘桂區——祁陽煤田距湘桂路甚近，應集合官商各鑛之力，選擇適宜地點，開井築路，以期每日產煤800—1,000噸，爲供給湘桂路及其西段各工廠之用，惟是祁陽煤田儲煤有限，宜速開發邵陽煤田，以爲繼起。

(丙)湘黔區——湘鄉，新化及溆浦各煤田，距湘黔綫甚近，宜集合官各鑛之力，選擇相當地點，開井築路每日產煤800—1,000噸，以爲供給湘黔路及其西段工廠之用。

(丁)湘江區——湘江流域輪船工廠，及粵漢路北段用煤，由湘潭縣各煤鑛供給，每日產煤1,500噸，應集官商之力，選擇適宜地點，施工開採。

(戊)沅水區——辰溪煤鑛每日產煤200噸，以供給紡織工廠及常德輪船之用。

(五) 結論

湖南煙煤鑛，在國內原不居重要地位，三次繁榮，皆爲時勢造成，若不及早整理，深恐

再蹈第一次世界大戰後之覆轍。

就採鑛言，則在同一煤田之內，往往鑛區林立，犬牙交錯，統籌開採，每苦無從着手。就運輸言，陸路用人力，水路用帆船，大量生產，每受限制。

就銷售言，銷場乏統籌分配之機構，供求不能相應，市價遂漲落無常。

欲求湘煤立於不敗之地，宜注意下列各點：——

(1)每一煤田宜有整個施工計劃，並調查統計銷場情形，以為確定產量之標準，選擇適宜地點，施工開採，在同一煤田，如有多數鑛區，應通力合作，共圖發展。

(2)陸運宜修築運煤專用鐵道，與各大路線相接，或至湘江河邊，水運則用輪駁拖運。

(3)各煤田所產之煤，應設法分配於最近方場。

(4)先就資佳量富辦有成效之鑛，集中力量，擴充工程，修築鐵路，購置輪駁，作大規模之採運，再以其盈餘，斟酌煤田及市場情形，依次開發其他煤鑛。

(5)煤劣或運輸不便之煙煤鑛，公鑛應即停辦，商鑛聽其自然。

參考書：第七次中國鑛業紀要。
第二次湖南鑛業紀要。
鑛業週報。
湖南煤鑛聯合辦事處之紀錄。

10630

資水水力及沿岸地質

·王曉青·

選擇壩址之地質條件

資水源出城步，東北流經武崗邵陽新化安化益陽沅江而注入洞庭湖，爲湘省四大河流之一。灘險次於沅澧二水，航運則次於湘沅二水。若能分段築壩，不僅發電防洪，功用頗巨；即灌溉航運，亦可大加改進。惟水壩並非隨地可築，必需慎重選擇，庶不致功敗垂成。以地形言，壩址之上，宜有深遠之狹谷，如此可高築壩身，以便獲得大量之衝力，且水位抬高後，因有狹谷之存在，不致淹沒寬大之田地，建築物及農作物之損害，亦可藉以減輕。壩址附近並宜有便於開鑿運道之地形及建設廠屋之地基，因此較大之壩址，常多在狹谷盡處。至於地質條件，約有下之六端。

一、壩址附近岩質堅硬，能承受頗大之壓力，且不易爲水所浸溶。

二、岩質密緻，透水性小。

三、向上游傾斜，因地層水平者承力最強，流水略有向下之斜度，故地層以向上游傾斜成數度至二十度之傾角者最爲恰當，且可免河水沿層面向下游滲透。

四、岩層走向與河岸垂直，如此水壩可築在同一之層面上。

五、無大斷層及大裂縫存在，節理亦少，以免河水循此等罅隙透漏。

六、水庫地層滲透性須小，否則儲水全被透漏，即成廢壩。

上舉各條，係就壩址附近爲水成岩而言，設爲密緻之火成岩如花崗岩等，則更爲完善矣。

資水邵陽東坪段地質概要

建築水壩，旣需峽谷，惟此種峽谷之生成，常與地質構造有關，玆先將資水自邵陽至東坪之一段，長約二百二十公里，所流經之地質構造，簡述如下，以明宜於建築水壩之地位。邵陽以上，水量頗小，東坪以下，水勢漸平，均不利築壩，故均從略。

以構造言，邵陽東坪間大致可別爲邵陽盆地，龍山穹地，新化盆地及雪峯山大背斜。凡分佈於盆地中之地層，均屬泥盆紀以上各紀，有頁岩及砂岩等，因所受地質變動較小，地質較弱，故山勢低平，河道蜿蜒流貫其間，無急陡之灘險。至於構成龍山穹地及雪峯大背斜之地層，以震旦紀爲最發育。此外僅有少許之寒武紀及奧陶紀岩層而已。此等岩層，變質頗深，質地堅硬，凝爲高山，資水流貫其中，即切成深谷，兩岸峯嶺聳峙，岩壁壁立，峽谷地形，表現無遺，其流經龍山穹地所成者，可名之爲銅柱灘峽谷，流經雪峯大背斜中所成者，可名之爲排子山峽谷。至其與水壩建築之關係，論之如次。

銅柱灘峽谷

本峽谷南起邵陽之小廟頭，北止新化之小溪，計長六十尺，水位之差，凡十九公里。河道兩旁，均爲高百餘公尺至三百餘公尺之山頭，形成U式之河谷。河道直瀉，必彎折曲套等現象，顯示爲一少年河床。造山岩層，在峽谷之南北兩端，均爲泥盆紀底部之石英砂岩，中部則爲寒武紀及震旦紀地層，質地堅硬，透水性極微，承力亦大，選作壩址或水庫，均極適宜，地質構造，約如下述。

分佈於狹谷南端之小廟頭者，爲中泥盆紀灰岩，傾向南三十度東，傾角七十度，南行約三百公尺至銅柱灘，即爲泥盆紀底部之石英砂岩，亦向東南急傾，而位於上述灰岩之下。此處河道流向爲北略偏西，幾直切岩層而過，石英砂岩之下，爲寒武紀黑頁岩，與前者成不整合接觸。河道流經前者時，因岩質較硬，下切較淺，及遇質地軟弱之黑頁岩，下切較深。故在相距四五十公尺之內，水位高低之差，約一、五公尺，形成本峽谷中最著之灘險，即銅柱灘是也。

黑頁岩之下，旋見硅質岩，（*Cherjy bob*）再下（即硅質岩之北）便爲震旦紀之冰磧石，爲含有指頭大或鷄卵大卵石之灰青色岩層。本岩不顯層理，僅有節理及裂縫。因經變質，性頗堅硬，不易透水。在本峽谷內，其分佈頗廣。由銅柱灘稍北起，直至小溪南十五里之圍昌石始出其範圍，計南北長近四十里云。

在銅柱灘附近見及之寒武紀硅質岩，在圍昌石復行露出，但轉向東北傾斜，而與見於銅柱灘附近者，形成一穹地構造。上述之震旦紀冰磧石，即構成此穹地之軸部地層。

圍昌石硅質岩之上，在柴碼頭及小溪附近，仍有泥盆紀底部石英砂岩不整合於其上，再上復爲石灰岩。已出峽谷範圍矣。

自邵陽縣城以下，直至小溪止，沿河地形，曾經資源委員會水力發電測勘總隊邵陽辦事處詳細測量，並擬在小溪附近建一高三十公尺之水壩，迴水可至邵陽城廂，在中水位時期，（約爲六個月）約可發八萬匹馬力左右之電力云。

小溪壩址擬建在柴碼頭下泥盆紀底部石英砂岩之上，三十三年夏正興工鑽探壩基時，適

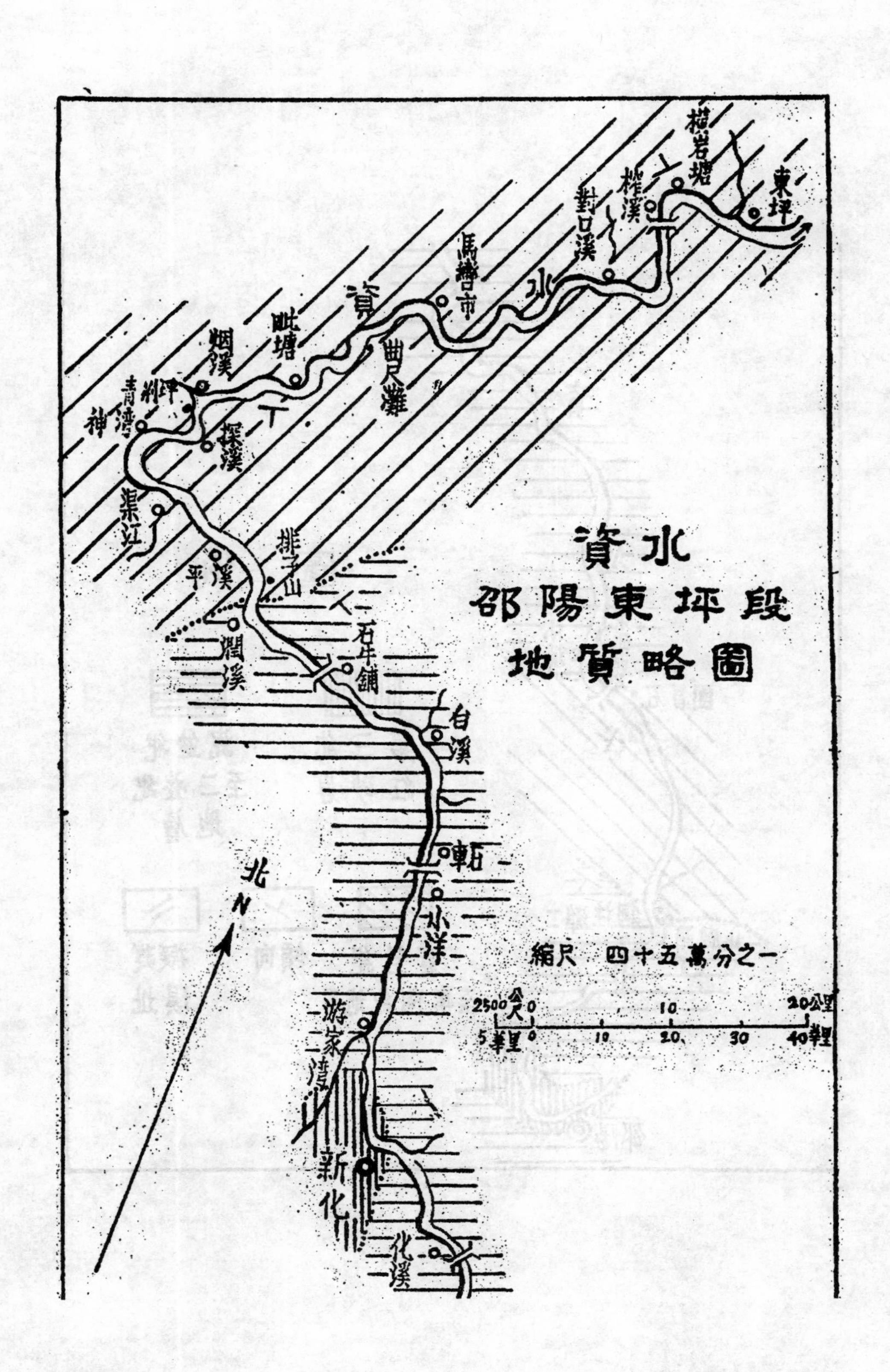

資水
邵陽東坪段
地質略圖
縮尺 四十五萬分之一
東坪
對口溪
馬蹄市
資
水
烟溪
曲尺灘
探溪
渠江
平溪
排子山
潤溪
石牛舖
白溪
小洋
游家灣
新化
化溪
北
N

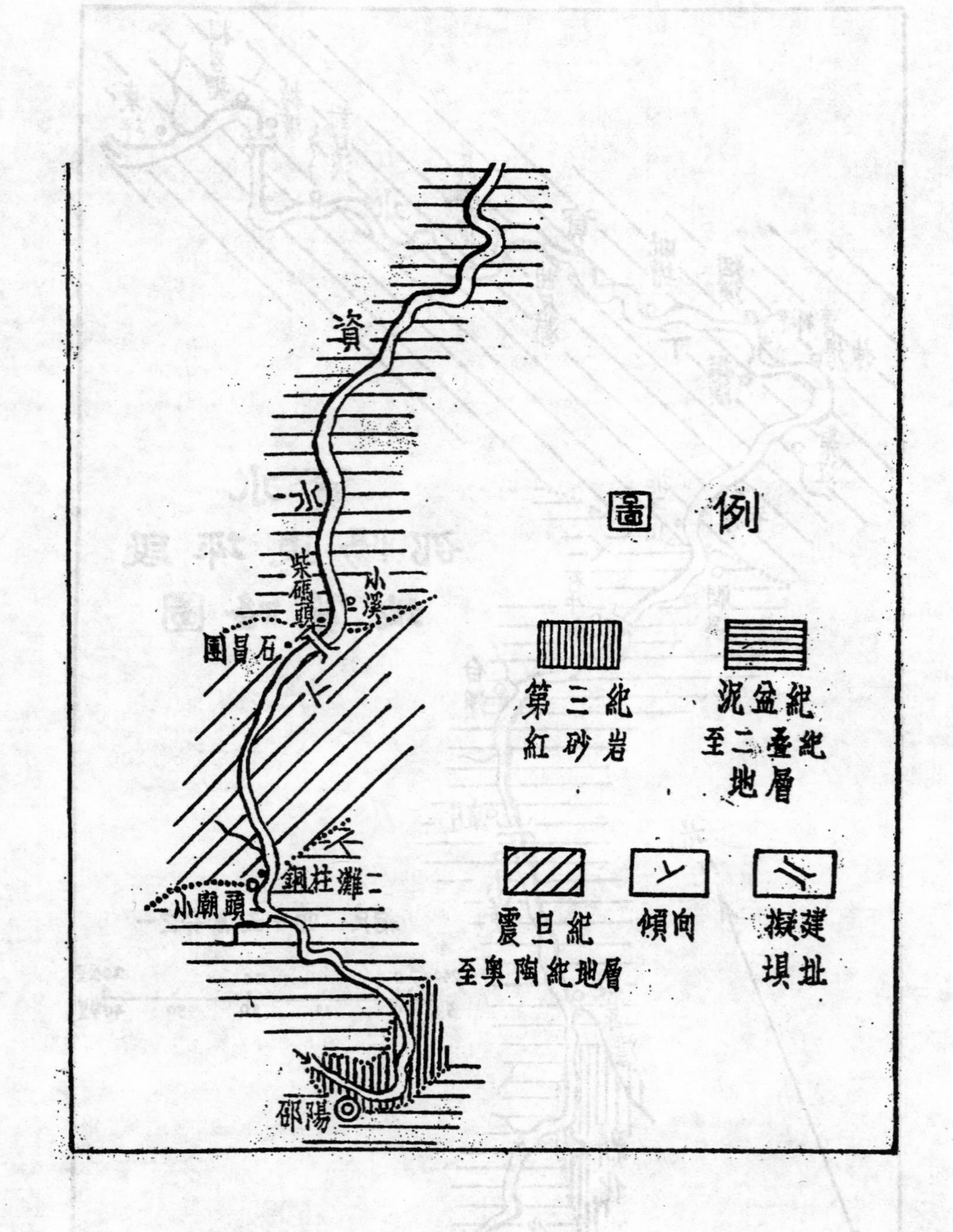
資
水
柴碼頭
小溪
石昌圍
銅柱灘
小廟頭
邵陽
圖例
第三紀紅砂岩
泥盆紀至二叠紀地層
震旦紀至奥陶紀地層
傾向
擬建壩址

倭寇犯湘，遂行停止。

前已言及小溪壩高約三十公尺，回水可至邵陽城廂，是邵陽以下均爲水庫範圍。小自溪至小廟頭，水位之差約十九公尺，其間之地層滲透性極微，前亦已言之。峽谷內河道兩岸高出河面約十公尺之一帶山麓，常有水井及泉水存在，可見兩側山地之潛水面頗高。是峽谷內水庫情形，極爲優良。至小廟頭以上，灰岩地帶頗多，邵陽城廂且有第三紀之紅砂岩出露。此等岩層透水性稍强，惟其中幸無陰洞（此爲灰岩中常見之現象）與他處相聯，滲透之患，當不甚大也。

排子山峽谷

資水出小溪後，蜿蜒於新化盆地中，西北流經新化縣城白溪等處，至潤溪，乃復入峽谷，自此北流，兩岸悉爲奥陶紀以下地層所構成之山嶺，除偶有一二小山包外，高度大多在三百公尺以上，沿河台地，尚有遺存者，如排子山，神灣，探溪對岸，青荆坪及其對岸等處是。此等台地，高出現今河面由十餘公尺至二十餘公尺不等，東坪以下，兩岸山勢逐漸低微，峽谷地形，不復存在矣，綜計由潤溪至東坪，峽長凡七十公里，水位高低之差，約四十九公尺云。

峽內之地質構造，與見於銅柱灘峽內者略有不同，玆沿河而下述之如次。

峽谷起處之潤溪，爲泥盆紀底部之石英砂岩，傾向南東東，傾角四十三度，不整合於寒武紀黑頁岩之上，後者之傾向爲南南東，傾角八十度，二者間之不整合。至爲顯然也。又因斷層及折綯之故。潤溪與平溪間，石英砂岩凡三見，（其中計一背斜及二斷層）。

平溪而下，如担柴溪洛灘排子山渠江等處，均爲奥陶紀千枚岩，有灰綠棕黃等色，大致向東南傾斜，至神灣與探溪間，有寒武紀之灰岩露出，呈薄層狀，深灰色，層面間夾有泥質，亦向東南傾斜，而位於奥陶紀千枚岩之下，再下在青荆坪及煙溪一帶，爲寒武紀之黑頁岩，大致東南傾，變質頗烈，有呈灰綠色者，有尚呈黑色者，風化頗深者，則變黃白色。此蓋因炭質經風化以去之故，亦猶新鮮之炭質頁岩，經焙燒後，即成白色之石塊是也，更下至毘塘南。震旦紀之硅質岩出露，向南傾斜，傾角三十二度，稍北即有震旦紀之冰磧石露出，更北至曲尺灘一帶，震旦紀之板溪系岩層，分佈頗廣，亦大致向東南傾斜而位於硅質岩及冰磧石之下。本處所見之板溪系岩層，以板岩爲主，間夾石英岩，板岩之變質甚烈，且具一褶狀構造，呈深灰或灰綠等色。自曲尺灘經馬辔市以迄對口溪，河道流向大致與板溪系之走向吻合，故河沿所露出之層面，至爲清晰，近梓溪處，其傾向乃折爲西北，形成一背斜構造。在梓溪街下位於板溪系上之冰磧石，復行出現，再北至橫岩塘，寒武紀之硅質岩亦依次見及，首向北傾，次向南傾，故其自身成一向斜層，玆名之爲橫岩塘小向斜，硅質岩之下部，夾有黑泥一層，當地居民，曾誤作煤層開採，鑛硐泥渣，現尚見於河之南岸云。

如上所述，本峽谷內之地質構造，大致爲一背斜，以馬巷市對口溪間之板溪系地層爲其軸部，其南北兩翼，各有冰磧層，硅質岩，黑頁岩等出現，南翼且有奧陶紀之岩谷存在。

本峽谷內各岩層，變質均烈，承力頗強，且不透水，修築水壩或作水庫，均極適宜。

排子山峽谷內之壩址

排子山峽谷盡頭之壩址，擬定於榨溪口稍上之處，此處有震旦紀板溪系之石英砂岩及板岩露出，質極堅硬，向西北傾斜，傾角由三十六度至五十度不等，岩層走向與河道流向斜交，地質條件雖不如理想上之完善，但石英砂岩及板岩均可承受頗大之壓力，且不透水，節理亦不多見，自可築壩也，榨溪口下，爲震旦紀之冰磧層，其中夾有砂岩一層，風化後極爲粗鬆，透水性頗强，再下如筆架州一帶，爲震旦紀之黑頁岩，質地嫌其稍弱也。

前已言及排子山峽谷之落差爲四十九公尺，以前水力發電測勘總隊邵陽辦事處擬將峽內分築水壩三座，即榨溪、煙溪、渠江三壩是也，榨溪壩高二十八公尺，回水可至煙溪，煙溪壩高十一公尺，回水可至渠江，渠江壩高十公尺，回水可至潤溪，此種分段築壩之原意，一在減少田地之淹沒，及房屋之遷建，一在避免湘黔鐵路線之被淹。因自潤溪至煙溪之一段，湘黔線係沿河而行也。但如將榨溪壩高定爲五十或五十五公尺，使回水直至潤溪以上，不僅電力集中，工程亦較省便，因潤溪以下，係一峽谷，壩身加高而增淹之田地，當不甚多，至湘黔線則可將其移高十餘或二十公尺也。

就電力言，築一高壩，實較分築三小壩爲大。榨溪流量雖未實測，據大致估計，在中水位時期，約爲三百秒立方公尺，壩高五十五公尺，所生馬力爲一六五，〇〇〇匹，若築二十八公尺，則僅八四，〇〇〇匹，再加煙溪二八，六〇〇匹，（流量假定爲二六〇秒立方公尺）渠江二四，〇〇〇匹，（流量假定爲二四〇秒立方公尺）三壩合計，爲一三六，六〇〇匹，較之一高壩，尚少二萬八千餘匹也。

渠化潤溪小溪段

排子山峽谷築壩後，回水可至潤溪以上，小溪築壩後，回水可至邵陽城廂，所餘小溪至潤化之一段，必須渠化，方可使較大之火輪通行無阻。查本段係屬新化盆地範圍，不僅落差極小，河身兩岸，亦無高山，故只可分築矮壩而已。由小溪至潤溪，距離凡一百一十二公里，落差約四十一公尺，其中可分築矮壩三座，以便全段渠化，壩址如下。

一、化溪　在小溪之下二十五公里，築一高約十四公尺之壩，回水可至小溪，壩基宜在化溪石咀廟之上約二十公尺處，此處之下石炭紀石英砂岩，向南二十度東傾斜，傾角五十度，適向河之上游，（石咀廟後者，傾向南六十度東，傾角七十度，再下即有煤層及黑頁岩，質軟不宜築壩）惟係與河道流向斜交耳。

二、車石　在化溪之下約四十餘公里，約築高十三公尺之壩，回水可經新化城廂以達化溪。

三、石牛舖　石牛舖在白溪之下，潤溪之上，因由石牛舖至潤溪，沿河地層多爲泥質灰岩及頁岩等，不宜築壩。故須在石牛舖築一高約五公尺之矮壩，俾回水可至車石，在石牛舖舖墨下游約三百公尺處，有泥盆紀之石英砂岩，成一背斜層露出，傾角頗小，質地頗堅，且不透水，築壩其上，最爲適宜也。

至於由石牛舖至潤溪之一段，距離約二十公里，其間淺灘頗多，宜加疏濬，以便暢行火輪。若必須築壩回水，以免疏濬之煩，則壩址宜移於潤溪以下之平溪一帶，壩高約十公尺，回水可至石牛舖矣。

建國規模、計劃、及樹立規模、執行計劃的志節與本能，當從中國五千年的歷史教訓，與一千幾百萬方公里的地理環境，參之以世界形勢的進化，而體會硏求，至於實行，更須由小而大，由近及遠。而實行之程序，又必須有重心，有基點。要知道：沒有遠大的志節，偉大的本能，則必至於忘本逐末；不求切近的實踐力行，則必至於好高騖遠。

——摘錄中國之命運——

成音電報與載波電路

王 鈞　李紹美

一、引言

窮則變，變則通，這兩句成語，也應用到辦理戰時通訊了。八年以來，電信業務，較之戰前，已經加重至幾倍。然而，器材供應的問題，却一天比一天嚴重。機線設備，當然供不應求，許多緊要的綫路，因報務擁擠，不免遭遇着施展不開的困難。於是，工程家運用其機智，利用載波電路的空間時間，來傳送成音電報，以謀暫時的救濟。本來就長途電話業務的本身而言，發話受話，概由用戶躬自爲之。依我們起居的習慣，白天的話務，是繁忙的，夜間的話務是淸簡的，電報業務則不然，完全由顧主委托電局代辦，一日二十四小時的當中，只要人手齊全，機線準備充分，無分晝夜，都可傳遞。若能利用電話迴路的空間時間，調度作傳遞電報之用，這是最合理不過的事情。

二、音週與語週

成音電報，這一個名詞，似乎大家聽了都覺得有些異議情調。其實，成音兩字的來歷，可以說濫觴於無線電收訊。欲使收訊電流的强度，能夠吸動一個繼電器，非要裝置一個音調擴大器不可，這是電訊從業人員們所熟悉的事情。此種擴大器所用的電子管及變壓器，其特性均屬於成音週率的範圍。恰好，利用載波電路去傳遞電報，其機件設備，亦復大同小異，因此，人們便輕輕巧巧地將成音兩字的頭銜，硬加到電報的頭上去。究竟，這個名詞，是否引用的恰當，尙有研討的必要。成音週率，也有叫作音頻的，其週率範圍約自四〇至一〇〇〇〇赫，所佔週段甚寬，舉凡音樂言語和雜音均周延在內。嚴格的說，如果利用載波電話的迴路去傳遞電報，宜冠以語週兩字，似乎更爲貼切，因爲按照 *ICCF* 的規定，自三〇〇至三〇〇〇赫，作爲言語週率。如發訊電流的週率，超出此數，雖在成音週率的範圍以內，是不宜輸送至載波電路的低週方去的。況且，許多先進國家，如英如美，多有十二路以至十八路語週電報的設備。我們現在所用的成音電報，也不過是語週電報的雛形罷了。

三、機線的設備

其次，關於機綫設備的問題，也是值得多加討論的。第一，發報機之前，何以必須多裝一具成音週率振盪器，不如無線電快機設備那樣簡單呢？因爲，這是要使電報符號，很順利地通過載波電話迴路的原故。通常直流電報機，其速率可以其點週 *DOT FREQUENCY* 計算。人工的莫機，每秒鐘可作十二至十五點，自動發報機的速率假設每分鐘只發六十個字（*CHINA*）則每秒鐘可作二十二點，如每分鐘發一百二十字，其點週亦增高一倍，其餘由此類推。由於電流的脈動，諧波因之產生，在通訊上的設計，直流電報或低週電報，但傳遞其第三次諧波，已夠不失其波形，所以其週率的分派，恒以零至三〇〇赫爲範圍。今若逕以此項電報機接至載波電話迴路，則將遭受極大的衰耗，必須另用一具成音週率振盪器，由發報機控制其輸出。如所發之八〇〇，一〇〇〇以至一五〇〇赫電流，其位置均在語週的中段，所以在載波電話的迴路中，能暢行無阻。至於無綫電路則不然，空間是沒有什麼限制的，但求有電波向外放射，即可完成任務，因此便用發報機，直接司放射電路之啓閉，不必使用其他電源。第二，値機人用耳機收報，是最便當的事情，他們的體驗是二千歐的耳機，固然好用，四千歐的耳機，動作又要更靈敏一點。今若以一個繼電器代替耳機，那末，就要考慮到工作電流之數値，這種數値要相當的强大，而電流的性質，尤須近似直流，才能容易激動繼電器。成音電報收訊方的擴大整流器。就是具有這樣功用的。此項機件，包括二級至三級的成音週率擴大，以增加工作電流的强度，末了一級整流，使符號電流變成脈動形態，可使繼電器動作爲止。其設置的意義，與無綫電收訊方的音調擴大器，初無二致。第三，聯接的方法分單工及雙工兩種，由報房敷設聯絡綫一對至長途台或幫電站，用塞繩照常開放直達，隨時可以輪流放報，此種辦法 是謂單工。手續簡單，是其優點，惟語週電流，須經載波機的三捲變壓器，其輸送損耗，約爲三 DB。加之輪流放報，不能充分利用電路時間，是其短處。若由報房敷設兩對聯絡綫至幫電站，越過三捲變壓器分別接至載波機的話路及受話路，則雙方可以同時放報收報，是謂雙工，在西門子 T_3 載波機調綫稍費時間，在英式 SOT_3 載波機開放四線接續，較爲容易。第四，成音電報，如在電話實綫上放送時，其優點在能就用普通語週幫電機，其弱點，則爲祇能作單工。

四、利弊與得失

或問爲什麼不用話傳電報？這一個問題是不難解答的，話傳電報，在川陝兩區，是很盛行的。平均一點鐘每人差可讀到二三十通報，已覺力竭聲嘶了。而且假定都是商報，每通可以三十個字計算的。至於用高速報機放報，據湘區衡陽局的紀錄，用分鐘一六五字的速率，在一小時以內，可以發報九五通，同時收報一〇六通，兩相比較，優劣自見。或問：據說成音電報的效率，會超過 MT 式載波電報的一倍嗎？有之，因爲我們現在所用的成音電報係單路，所以速率可以高一點，至於 MT 式是有四個通路，傳遞電報時，須以不干擾其他報話電路爲原則。或問載波電路傳遞成音電報，爲什麼較之普通幻線電路的效率，要高百分之三十呢？因爲快機在幻通迴路中放報，速率不能太高的原故，如用高速通報，其諧週在綫路不佳時，大有侵入電話迴路，以致發生干擾的可能。譬如，有的時候，幻綫上用快機放報，妨礙通話，習稱感應障礙，及至改用莫機，便覺感應小而不妨事了，即屬此類。或問，成音電報的速率，與無綫電快機傳報的速率，能作一比較否？是這樣的，根據衡陽局收訊台的紀錄，衡渝無綫電發報最高速率爲每分鐘八十字，但一字須放兩遍，實際只能以每分鐘四十字計算，而成音電報，將速率提高至每分鐘一六五字，工作甚佳。不過，我們現在所用的裸綫載波電路，易受天候的影響，欲求通報快暢，必須隨時請沿線各機務站調整電平，人事麻煩，在所難免。又各站電力設備，應否加强，也是要加以考慮的，爲的是開放載波機時，一路單獨開放，與三路同時開放，其所獲的電力，是沒有什麼顯著的差別的。

五、一個小小的建議

開首說「窮則變」，然而，事實告訴我們，有時變後而復窮，例如過去利用載波電話迴路，傳遞成音電報的辦法，有四個具積極性的條件。(1)遇電報機線發生障礙時施行之。(2)報話異常繁忙而致積壓時施行之。(3)遇有防空電報，應立時利用電話迴路傳遞。(4)於話務空閒時間，將急要電話用電話迴路傳遞。在另一方面，卻又受幾個客觀條件的限制：甲、應以不妨礙電話業務為原則。乙、時間以零時至六時為限，其他時間，不得利用。但是，按照湘區三十二年度衡渝間成音電報開放時間紀錄，三月份佔用載波電路超出規定時間者，卻有二十三天之多，（見附表）此種事實，指出報務仍然不易疏通。而筆者有一個建議，以為中央室的成音電報機件，不妨增加一付。假定第一付所用週率為一〇〇〇赫，第二付所用週率為二一二五赫，兩付平行使用，因此，電路的效率，也增加了，或者白天開放電報的要求，不至再有增加。至於所添機線，數量究屬有限，不過兩對聯絡線，低通高通濾波器各兩具，振盪器一具，擴大整流器一具而已。就筆者個人體驗而言，多路載波機件，照現下國內各地業務進展情形，各路最好製成個別單位 INDIVIDUAL UNIT，要合得攏，分得開，方為經濟。現在試用單路，已經成功，然而，須知在裝置的時候，儘有許多枝節問題，均經用過一番功夫才解決的。（見附表）所以各地機件設備，當然應由簡入繁，若是業務發達至兩路不能應付的時候，機件便可用架RACK作單位，每架包括三路十二路以至十八路，均無不可。最近聽說中央電工器材製造廠，已經能夠製造三路成音電報機了，各路週率的分配為四八三赫一一六八赫及二二二〇赫，將來如出品精良，緊要幹線的通信效率，自然提高了許多。

末了，筆者應該申明一下：寫這篇短文的動機，由於交通部第五區電信管理局陳樹人先生的幾句話。他說：『關於成音電報的一切，工程家應作一篇啓蒙文字，讓大衆都知道這麼一回事』。在他的意思，是要說明「窮則變」的原委。筆者卻附麗了一個小的建議，想發揮「變則通」的效用。由體到用，工程師們仍須用智慧來共同研究的啊！

發揚民族固有的精神，
講求科學真實的智識。
——摘錄中國之命運——

衡陽局試驗成音電報紀錄　附表　(1)

卅二年 月/日	天候	放報通數	速率	有無障礙	備考
7/11	雨	試放試收未列通數	衡至渝每分鐘40字	衡方久雨羊皮紙條軟曲不易放送	渝至衡衡至渝輸送均佳
7/13	雨	計工作一小時放報95通收報106通	每分鐘165字(雙工)	二時十五分以後衡桂間線路感應大雙方中止工作	雙工速率開首用每分鐘70字渝方稱符號甚佳嗣用各種不同速率放送如每分鐘100字140字及165字試放均佳
7/14	雨	正式工作一小時又五十七分計放報34通收報21通	每分鐘120字(雙工)	1.二時十五分筑桂線阻工作中斷 2.開首衡至渝符號甚弱 3.監聽回聲甚大改單工由衡方放報減低速率每分鐘95字	1.衡方成音週率器振盪器加擴大級 2.B電消耗顯著
7/15	雨	工作時間自一點五十分至四點五十分計放報93通收報100通	衡至渝每分鐘106字 渝至衡每分鐘93字	渝方聲稱接收符號時監聽得符號甚大	1.衡局借用機務站西門子掛振盪器發報渝方稱符號甚穩定輸出電平爲0.5NP
					2.本局振盪器試加一級擴大結果不甚滿意輸出電平爲−1.17NP. 3.四時五十分中間局試線中止工作
7/16	雨	自一點四十三分至四點四十五分放報150通	衡至渝每分鐘115字		衡方調整振盪器提高輸出電平並借用西門子振盪器以資校正

7/17	晴	自一點五十五分至五點止放報140通	衡至渝 每分鐘 123 字		渝桂兩站調整電平
7/20	雨	四點二十開始工作放報12通收報 5通	每分鐘95字(雙工)	線路有感應符號時强時弱	衡局振盪器加一級擴大量得電平爲 −0.7*NP* 加二級爲*ONP*.
7/21	雨	未工作。		祁零段綫路有感應	衡局振盪器加一級擴大重行調整輸出電平爲 +0.5NP 加二級爲 +1.5 *NP*
7/22	晴	自二點三十五分至二點四十五止放報10通收報10通	衡至渝 每分鐘120字 渝至衡 每分鐘 105 字		1.渝桂站協助測量電平 2.三時通知各站關閉載波機

附 記：一、衡局所用之擴大整流器兩對，一付電源爲直流，其第一級放大用34電子管一只，第二級放大用49電子管一只，第三級放大用49電子管聯作推挽式，末級引用電子管兩只，作全波整流，其他一付，與無線電共用。電源爲交流，其第一級放大用56電子管一只。第二級及第三級於大，各用59電子管一只，最後一級用一只80電子管作全波整流之用。

二、衡局僅用普通振盪器兩付，一付連同擴大整流器成一單位，僅用一只30電子管。再有一付係借用機務站千赫振盪器，(西門子製)

衡渝間開放成音電報紀錄　附表(2)（不在規定間以內）

32年 月/日	開放時間	32年 月/日	開放時間
3/2	18.30	3/17	23.00
3/3	22.20	3/18	23.00
3/4	23.30	3/19	22.10
3/5	18.45	3/22	14.00
3/6	22.00	3/23	22.00
3/7	22.20	3/24	22.00
3/8	18.50	3/26	20.00
3/9	23.00	3/27	22.30
3/10	18.50	3/28	10.30
3/11	12.00	3/29	20.00
3/13	22.30	3/31	18.00
3/15	22.20		

高級鑄鐵

向 直

作者在抗戰期內，服務某兵工廠，担任製造砲彈工作，所用材料，爲含 C 0.7－0.8% 之 11公釐方形炭素鋼條，來源困難，準備至不得已時，即以高級鑄鐵代之。故作者對於此項工作，略有研究，茲槪述如下—：

高級鑄鐵，英文名爲(*High grade cast iron,*)亦有稱爲(*High duty cast iron,*)亦有稱爲(*High dutq cast inun*)或(*High test iron*)者，更有因其原料中配用鋼料頗多，即稱爲半性鋼者(*Semi－steel*)。但實際尙係鑄鐵之一種，故以稱爲高級鑄鐵爲宜。自機械製造工業發達後，對於鑄鐵性能之規格如强度 耐高熱，耐撞擊，耐高壓 耐磨滅等之標準，日益提高，尤以應用於內燃發動機者，其要求之條件，更爲嚴格，絕非往昔普通鑄鐵所能滿足，故高級鑄鐵，乃應運而生。

高級鑄鐵，與普通灰口鐵，其成份及强度之別如下表：—

	全碳量 %	遊離碳 %	化合碳 %	矽 %	錳 %	燐 %	硫 %	抗張率 lbs/口"	抗折力 lbs/口"
普通灰口鐵	3.37	2.97	0.4	2.36	0.49	0.71	0.084	17248	42560
Lany 高級鑄鐵	3.08	2.01	1.07	1.12	0.8	0.28	0.195	45696	72128
Emmel 高級鑄鐵	3	1.86	1.14	2.03	1.19	0.27	0.146	56224	88928

由上表觀之，知高級鑄鐵，其强力實數倍於普通鑄鐵，其成份之最大分別，則在遊離碳素少，而化合碳素多，此卽爲高級鑄鐵具備優良物理性質之根源。但化合碳素過多，則過硬，以至不能施工。故此化合碳素，與遊離碳素，須配合適當，使在能施工之程度內，儘量加多其化合碳素之量。又其遊離碳素，在普通灰口鑄鐵中，均爲片狀存在，在高級鑄鐵中，則須爲捲髮狀之細絲，其强度乃增，此亦爲二者重要差別之所在，

高級鑄鐵應用之原料 熔鑄高級鑄鐵應用之原料，主要者爲生鐵及鋼質廢料。生鐵中含矽，錳，燐，硫等雜質頗多，影響甚大，故須愼重選用，玆略述如下：—

生鐵中含矽量 矽之作用，能使鑄鐵中之碳素爲遊離狀態，及消除氣孔，造低矽之高級鑄鐵時，宜用含矽 1.5% 左右之生鐵，造高矽之高級鑄鐵時，則以用含矽約 2.5% 之生鐵爲宜。

生鐵中含錳量 錳之作用，能使鑄鐵中之碳素爲化合狀態，又能與硫化合成硫化錳，故爲主要脫硫劑，但含量過多，則使材料脆弱，及多起冷硬現象，生鐵中鐵錳之量，以1%左右爲宜。

生鐵中含硫量　硫之作用，能使鑄鐵中之碳素，變爲化合狀態，以致鑄品硬而脆，且易生氣孔，鐵水之流動性減小，而熔渣則增多，爲害甚大。故生鐵中含硫之量宜在 0.03% 以下。

生鐵中含燐量　燐之作用亦如硫，能使鑄品硬脆，但不如硫之甚，然用時能增加鐵水之流動性，是其優點。故鑄造肉體薄之鑄品時，可用含燐 0.8 % 之生鐵。肉體厚者，則含燐量可減爲0.2%。

鋼質廢料　鋼料含純鐵量幾達99%，故以此與生鐵料配合使用，可造成低碳低矽之高級鑄鐵。惟使用時，其料之大小，視化鐵爐之大小不同，而有規定如下表：—

化鐵爐直徑	鋼料厚度		鋼料最長限度
	最小	最大	
32"	1/4"	3/8"	16"
36"	1/4"	5/8"	18"
40"	1/4"	3/4"	20"
48"	1/4"	1"	24"
52"	1/4"	1½"	26"
60"	1/4"	2"	30"
72"	3/8"	2½"	36"

凡1/8"以下之薄鋼鐵板，及車床等工作機之切屑，或小釘頭等，均不可用。

爲調整高級鑄鐵之性能起見，常有加入矽，錳，鎳，鉻諸原素者。除矽及錳之功用已述於前外，鎳之功用，爲促使化合狀態之碳素分解，故能增加可削性，及防止鑄物發生冷硬或硬球之現象，又能使鑄物組織中之（ *PeaHite, Ferrite, graphite* ）及（ *Sorbite* ）等，結晶變爲微細。故其抗張力，抗壓力，及抗抑力均增高，尤以其能使堅硬之（ *Sorbite* ）晶體均多分佈於鑄物內，故其硬度雖增高，而可削性仍屬良好，鑄物之耐磨性甚佳，製造內燃發動機之汽缸及活塞等者，不可不注意及之。鉻之功用，則與鎳相反，能增加（ *Cementite* ）之生成，使鑄物硬度增高。如與鎳配合使用則鑄物之抗張力及耐磨性，均更可改善。以上各元素之加入方法，須先造成各金屬之合金生鐵，如矽生鐵，錳生鐵，鎳生鐵及鉻生鐵，（鎳及鉻亦有用純金屬加入者），或加於化鐵爐內，或加於鐵水中均可。

高級鑄鐵製造法之要旨

用顯微鏡觀察高級鑄鐵之組織，其質地悉爲（*Pearlite*）組成，其遊離碳素之量甚少，且爲微細彎曲之纖微，相互錯綜存在於鑄物中，故製造方法之要旨，即在控制鑄物中化合碳素生成之限量，及遊離碳素存在之形態，使鑄品硬度及强度，均儘量提高，而仍具良好之可削性。至其應用之方法，現行者共有五種，（一）化學成份之配合，（二）熔解熱度之加減，（三）鑄型之處理，（四）鑄入後至冷却時中間熱度之加減調節，（五）鑄造後之熱處理。

高級鑄鐵製造之實例

高級鑄鐵製造之方法頗多，各廠採用不一，茲舉(*Iiefenthalar*)法，爲例如下：—

此法與德國(*Lany*)法相同，其主旨爲配用鋼料於生鐵中，使成爲低炭素及低矽素之鑄鐵。鑄造時，先將鑄型豫熱之，然後將鐵水注入　其發表之專利方案如下：—

鑄鐵成份

全碳量	2.8%;	化合碳素量	0.85%
遊離碳素量	1.95%;	矽	0.8%

鑄型豫熱溫度

鑄物厚度	豫熱溫度
10*mm*	470°*F*
20*mm*	380°*P*
30*mm*	290°*F*

高級鑄鐵作業時，其有關問題尚多，如熔製方法，熔鐵爐，燃料，原料配合之計算法，及鑄品之熱處理，均與普通鑄鐵不同，容俟另編討論。

邁進於經濟獨立，「自力更生」的大道。而中國之「自力更生」尤以「工業化」爲當務之急。

～～摘錄中國之命運～～

中國松脂工業之前途

張 一 中

(一)松脂工業之簡史

松脂(*Resin*)之被利用 不詳其始於何時，惟中西祖先很早即知採集松脂用爲膠合劑。十六世紀，美人由松脂製得類似焦油(*Tar*)之物品。至十七世紀方使用簡單之蒸溜器，製成松節油(*Oil of Turpentine*)一八三五年化學家弗來梅(*Fremy*)開始用裂化乾溜法製成松香油(*Rosin oil*)。此後松脂工業，日趨發達。

(二)松脂工業之現狀

現在工業上對於松脂之主要處理方法，分爲二類。一種是將松脂用蒸汽蒸溜，取出其所含揮發性松節油，其殘渣即爲日常所見之松香(*Rosin*)。一種是將松脂置密閉鐵器中，外部加熱，使松脂受熱裂化(*Cracking*)製成松香油。由第一種方法所得之松節油爲一重要有機溶劑。在油漆工業及醫藥上用途甚廣。所得之松香，色淺者可用於油漆工業及肥皂工業，劣質者可供製松煙之用。由第二種方法所得之粗松香油，可以按沸點之高低加以分溜，沸點在二百度以下者可作溶劑及代汽油用。二百度至二百七十度者可作爲燃料油(*Fuel oil*)使用。沸點更高之部分可作潤滑油及油墨等等。其殘留器內之黑色渣滓爲松香柏油，可供舖路及建築之用。此外松脂裂化時，尙有副產品醋酸。

世界松脂工業，以美國佔第一位，因其擁有豐富松林之故。其次爲法國，再其次爲西班牙，但均以蒸溜松節油爲主。中國之松林，大部集中於東北，然分佈於閩，湘，川，滇各省者，亦復不少。惜國內林業落後，不知以科學方法採集松脂。僅各地農民於暇時收集若干用土法溶結成塊，運往市場銷售。致未能充分利用，殊屬可惜。

(三)中國松脂工業將來發展之途徑

美國因有廣大之天然石油鑛，由此可製出液體燃料，滑油，柏油等物，故松脂工業向此方面發展之機會，豪受極大影響 僅着重於松節油之提取，但就中國天然資源而論，恰恰相反，迄今尙無大量石油鑛之發現，故在八年抗戰中大受缺乏液體燃料等之威脅，現在抗戰已成過去，外貨雖可輸入，但此類物品，關係國防民生至巨，無論戰時或平時，非謀自足之法不可，國內既有大量松林 如能以科學管理 則所採之松脂，爲量必甚可觀，用裂化法製成代汽油等品，對解決油料問題，似不無小補。

戰時後方曾有數處設有裂化松脂工廠，筆者於三十二年服務昆明時，曾用松香為原料，先行裂化，再加接觸劑使之叠合（*Polymerization*）製成人造柏油。其性能與天然柏油無異，供給昆明區盟軍建造飛機場柏油跑道及營房屋頂之柏油紙（*Tared paper*）爲量頗巨。三十三年又由裂化松香油提製潤滑油，供給昆市各工廠及滇越，川滇兩鐵路之用，結果亦頗滿意。

松香油雖屬植物性油，但其化學成分與普通所謂油脂者迥異，其性質反近似天然鑛油，如利用其所含各種成分，製造有機物如甲㷠（*Toluene*）及菲（*Phenanthrene*）等均屬可能。在缺乏煤焦油（*Coal tar*）之環境下，於此方面加以發展，亦頗具意義。

總之，中國之松脂工業，在原料方面，相當豐富，在技術方面，亦稍具基礎，國人如能加以注意，作有系統之研究與發展，其前途實無量焉。

——完——

我們要完成實業計劃所定的業務，首先要有實行實業計劃的人才和完成實業計畫的物資。

——摘錄中國之命運——

大豆工業

李光华

近代美國一個最驚人的農業進步，是大豆的突然增加；在1907年，有種地50,000英畝，到1935年，差不多有5,500,000英畝了，豆子的產額，在1920年，有3,000,000蒲（*Bushel*）每蒲約合三斗五升），到1935年，約有40,000,000蒲了。近年以來，大豆，豆油，豆粉的食料及工業用途，更有長足的進展，現在大約有四十五座榨油機，除了幾座是榨棉油外，其餘都是榨豆油的，又有四十多個豆粉及大豆食品製造公司，七十五個以上的工廠，從大豆製出各種工業用品，在許多工業中，豆油成了一種重要產品，除了豆粉供牲畜飼料外，大量的豆子是製造食物及工業用品的。但是關於大豆進一步的科學上發明及工業上應用，我們還僅僅在開始推測着呢！

大豆本是中國的特產，在1935年東北諸省的豆子產量，有141,793,000蒲，比美國要多三四倍，日本在佔領期間，曾經積極利用各種工業，如油漆，樹脂，肥皂，石油，紙張，人造絲等，都利用大豆作原料，次第建立起來，從大豆壳莢製成的紙漿，含甲纖維素85.25%，捻成綫的張力為1.72 *Grams per denier*，延長度爲11.7%，有一個製人造絲的紙漿公司，開辦時的產量，就有五六萬噸，其他大豆工業規模之大，可想而知了。

美國大豆標準，按照顏色，分爲五級，每級又按照同色或相類色分爲 類或數類，大小形狀的差異，却無關係，照美國標準，每類大豆，又分一二三四號及樣品號五等，一號是最優等，二號是還作工業上用的大豆。中國東北的大豆商品，根據南滿鐵路的混合倉庫制，分爲下列等級：形狀大小，15度；一斗重量（約合$\frac{1}{20}$蒲），10度；光澤，15度；乾燥，25度；純潔，30度；大豆有90至100度的，列爲特級，80至90度的，爲第一級，70至80度的爲第二級。

東北輸出的大豆，平均成分是水分8.5%。差不多所有各級的大豆，都是如此，含油量18%，蛋白質40%，非氮提出物28%，灰分5%。就一般看來，豆子越好，所含的油及蛋白質越高，豆子的等級越低，所含的非氮提出物及灰分，也就越多。

東北大豆的平均比重爲1.225，大連中心實驗所，配成一種比重近於這個數字的液體，把特級及第一第二級的大豆作沉浸試驗，這種液體，是比重1.48—1.49的迷蒙精600cc及比重0.83的酒精380—400cc配合的，試驗結果，大約有$\frac{2}{3}$的特級，$\frac{1}{2}$的第一級，$\frac{1}{3}$的第二級，豆子是沉下去的。

美國大豆商品作工業上用的，普通是黄豆，除了含的水分比中國東北的大豆多一倍外，其他的化學成分，差不多是相同的，這兩種大豆，約含纖維素 4.5%．膦脂 1.5—3.0%，腦脂及頭脂是膦脂的主要成分，大豆的子葉約 90%，胚芽約 2%，豆皮約 8%，子葉的含油成分，超過胚芽一倍。

(一)食用豆粉

從去皮豆子製造的豆粉，有下列成分：水分，7.65%；蛋白質，40.65%；油脂，20.38%；澱粉，痕跡；蔗糖，5.26%；灰，6.08%；膦脂，3.08%；*Stachyose*, 5.66%；*Araban* 4.83%；*Galactan*, 6.18%，纖維素，1.63%。

豆粉要保持不壞，製造時有兩要點，第一要除去豆中香料．主要的是甲基正癸基酮，第二要使豆子所含酵素如氧化酵素，過氧化酵素，脂肪分解酵素等作用遲鈍，辦到這兩點，最好把豆子用水蒸氣處理，水蒸氣或由外面通入，或由浸漬豆子加熱時發生，乾豆子在攝氏130 度保持一點鐘，可能使香性物質揮發，只是把豆子燒焦了，用水蒸氣處理，溫度低多了，時間也比較的少，而香氣是可以除去的，因為水蒸氣的部份壓力及吸收香氣能力，增加了香性物質的揮發。

製造程序，包括了豆子的洗滌，通蒸氣，乾燥，去皮及磨細，磨細是用錘磨或者擦磨的。豆粉的主要銷路是攙和麵粉，豆粉不含麩質，而必須麥粉作為結料。也有利用豆粉的乳化性來應用的。

往東北去，開發我們寶貴的資源！

大豆膦脂

邱 任

膦脂的提取

實驗室提取法

游離膦脂存在於大豆的子葉，包皮，和脂膠（*Alenron lager*）的油珠中，但是這些膦脂，不過是整個膦脂的一部份，其他大部份，都是在化合狀態：蛋白質膦脂化合物的存在，從下面的事實，可以證明，就是在用有機溶媒，將游離膦脂完全提出後，豆子與一種膦脂色劑相作用，不復有顏色反應，而豆子中仍含有化合的膦脂；佔了整個的三分之二，用熱苛性鹼及熱酒精提取，仍可使之分裂，成為蛋白質和膦脂兩種成分。

將磨細的大豆，放在巴特式提取管中（*But tgple*），用95%的乙醇提取，結果得到下面的數字：

北卡羅來納（*N. carolina*）和維基尼阿（*Virginie*）的大豆	膦脂的百分率（以膦脂計）
大黃豆	3.82
東京綠豆	2.44
大棕豆	2.04
黑尾豆	2.41
畢羅克豆	2.31
陰陽豆	2.55
羅麗多豆	2.00
狄克息豆	2.00
哈伯南豆	2.04
伊里諾斯（*Illinois*）印第安納（*Indiana*）和俄亥俄（*Ohio*）的大豆	**膦脂的百分率（以膦脂計）**
伊里諾豆	2.47
大黃豆	2.39
東京綠豆	2.47

民衆伊安	2.49
黑眼豆	2.49
北京豆	2.77
俄亥俄第十三號豆	2.90
青溪豆	9.04
瀋陽豆	2.49
錦苑豆	2.83
馬考品豆	2.47

用石油精（沸點 65—84°）在巴特提取器中，從去皮大豆提取之法，當經在德國試驗過，所用的是满洲大豆，有天然濕豆，（含12.11%的水分）乾豆，（含5.08%的水分）和浸濕豆（含18.69%的水分）三種，這個方法，是取五十克的樣品，用一百五十立方糎石油精來提取，因經過的時間不同，所得純油（不含膦脂）和膦脂的百分率也不同，結果如下：

膦脂提取表

提取時間	純油產量（%）			膦脂產量（%）			純油/膦脂		
（分鐘）	乾豆	濕豆	浸濕豆	乾豆	濕豆	浸濕豆	乾豆	濕豆	浸濕豆
10	12.53	10.94	11.80	0.06	0.08	0.10	100/0.51	100/0.74	100/0.82
20	17.11	17.40	15.65	0.17	0.28	0.20	100/1.01	100/1.61	100/1.29
30	18.21	18.67	18.13	0.20	0.39	0.30	100/1.10	100/2.09	100/1.66
40	19.17	19.14	19.20	0.22	0.42	0.32	100/1.15	100/2.16	100/1.67
60	19.50	19.51	19.54	0.25	0.45	0.35	100/1.30	100/2.34	100/1.76
90	19.49	19.53	19.62	0.25	0.48		100/1.27	100/2.47	
120	19.50	19.54	19.62	0.27	0.50		100/1.36	100/2.57	
180	19.48	19.57	19.77	0.26	0.52		100/1.36	100/2.65	
240	19.50	19.57	19.78	0.26	0.55		100/1.36	100/2.82	
300	19.51	19.58	19.82	0.27	0.55		100/1.37	100/2.82	

油的提取，祇須1—1½小時，膦脂則多要三小時，含12%水分的大豆，在一定時間內提取的效率要高，若是豆子曾經儲藏在乾燥溫暖的地方，整個膦脂的產量，雖然不變，但在一定時間內，所提出的膦脂量却會減少，若是大豆曾經儲藏在潮溼溫暖之處，則在一定時間內提取的量，便會增加，這些現象，可以用水分和溫度對於化合膦脂的影響來解释，因爲這是能夠使化合物的能力鬆弛，或緊縮的。

此外還有用索克斯勒特法(*Soxhlet*)提取乾燥磨碎的大豆的，所得膦脂的量如下：

四氯化碳	0.27 %
石油醚	0.41 %
乙醚	0.49 %
乙醇	1.56 %

工業上提取法

乙醇提取法——在工業上，95%的乙醇，在 75°C 的溫度最適宜於膦脂的提取，當乙醇提取大豆所得的提液，冷到室溫的時候，油和酒精便分成兩層，上層是膦脂和一些混合物的酒精溶液，下層是豆油，將上層用氯化鈣處理，膦脂和碳水化物便凝聚下來，和酒精分開了。

十年以前，在吉林的一面坡，(*Imienpo*)有一個工廠，是用崔帶則夫的方法，(*Tcherdynzev process*)從大豆中提取油和膦脂，所用的溶媒便是乙醇。

乙醇提取法的特點，在於手續簡單和溶媒無毒，最適用於農村，同時也給過剩農產，如穀類馬鈴薯等，製成的工業酒精，開闢了銷路。

石油精提取法——這種溶媒，是石油在80°C和100°C之間的分溜物，在過去二十五年中，歐洲及東亞各地，曾經用來提煉大豆，在德國易北漢堡的特爾聯合油廠，(*The Thörl Vereinigte Oelfabrikenin Haeburg, Elbe*) 遠在1913年，就用石油精提煉大豆了，日本在工業上，用沸點約75°C的石油精提製大豆物品，到1921年，有了實際數字印出，表明從提液中收回石油精，要以溶解在裏面的豆油多少爲準，譬如：

石油精用量 (c.c.)	豆油溶解量 (c.c.)	收回石油精量(到120°c) (c.c.)
100	0	100
100	5	98
100	10	96
100	25	88

100	40	83
100	60	76

那書的作者，結論如次：

"僅僅間接加熱，要完全從油溶液中，蒸出石油精，卽使溫度高到 120°c 以上，仍然非常困難，所以從油液中分出石油精，首先用間接蒸汽加熱，然後用蒸汽和眞空混合蒸餾，最後才完全用直接蒸汽，凝結的水，就在冷凝器後面，裝置分液器分開，而被蒸汽乳化後的大豆，却用壓縮空氣或小型抽氣機，從蒸溜器移入油缸。"

這位作者，還說用 6000 *r. p. m.* 的離心力，也可以將油分開，在 1921 年，又發現超過 12.5%水分的樣品，用石油精提取時，有不良的影響，所以大豆含的水分過多，一定要全部在空氣中乾燥，但是，因爲受氧化的緣故，乾燥壓碎的大豆，每每增加了提油的困難，豆殼也能降低產油的速率，而提油後的豆粉，裏面的蛋白質，用苛性鹼提取時，易於變成棕色。

用石油精提製豆品，及從提液中得到豆油的基本原理，直到現在，仍與二十年前無異，在 1933 年的一本德國書中說：從粗油中分出粗擯脂，可密閉加熱，使大部分的石油精，先行蒸出，但在適當的時刻，仍須用直接蒸汽加熱，因爲膦脂極易溶解在乾油裏面，而乾油就是在 100°c 時，也會分解，以至影響它的顏色，香氣，和滋味，直接蒸氣加熱，能使膦脂膨脹分開，又能使最後殘留的石油精，易於蒸出。

這個方法，雖不能完全把膦脂從油中提出，因爲直接蒸汽加熱所得的油，加水煮沸，仍有沉澱發生，加入少量的食鹽，又可將沉澱溶解，這證明在某種情形之下，有電解質存在，對於膦脂的分開，有不良的效果。

從油分開水分，粗膦脂，及其他雜質，有人主張，用高速度的離心機，因爲眞空乾燥，有些殘渣重復溶解，放出水分，而在苛性鹼精煉時，又生成乳濁液，增加精煉的損失。

有機溶媒的常溫，混合物提取法——常溫混合物（*Azeotrope*）蒸發時，宛如一單獨物質，所以一常溫混合物的生成，對混合物成分蒸發的相對速率，很有影響，80%安息油和20%乙醇組成的常溫混合物，沸點是 68.25°c，很顯然的，這比每一成分的沸點，是要低些。

提取大豆，可以用乙醇和安息油（90:10）的混合物，當提液熱到54.85°c時，乙醇水，和安息油的常溫混合物，便蒸餾出去，到了 68.25°c 又將安息油和酒精的常溫混合物蒸出，剩下的酒精溶液，冷却以後，便分成兩層，下層含油，上層是膦脂和游離脂酸的酒精溶液，如此所得的粗膦脂，可再用丙酮沉澱法提純。

用波爾曼法（*Bollman Process*）提取大豆製品，全靠用乙醇和安息油的混合溶劑，它能夠溶解油，也能溶解磷脂，游離脂酸，樹脂，和苦味物質，賸下溶解於乙醇的碳水化物，以及大部分有色物質，是不能溶解的，效率很好的混合溶劑，是二分酒精和三分安息油，所得的提液：可用特殊方法加熱，直到混合溶劑蒸發出去，溶有磷脂的油，能夠保護磷脂，不被分解，加蒸汽到這個混合物中，便將磷脂分出，用波氏方法提取的大豆，所含水分，不能超過10%，因為水分過多，在提取時，會使溶劑的成分分開的。

馬西羅法（*Mashino Method*）是用石油精和甲醇的混合物作溶劑，這兩種溶媒在40—50°c的提取溫度，合成一層，但提取以後，在室溫時，大豆油的石油精層，便和含磷脂，碳水化物，色素，和其他雜質的酒精層分開了。將石油精層蒸發，便得到純油，磷脂和碳水化物，可從酒精層收復。

用各種比例的石油精和甲醇混合物 提取磷脂的結果如下：

石油精重 (%)	甲醇重 (%)	上層 (%)	下層 (%)	總重 (%)
100.0	……	18.35	……	18.35
67.2	32.8	18.73	3.25	21.98
56.8	43.2	17.45	3.54	20.99
52.7	47.3	17.94	6.42	24.36
46.7	53.3	16.18	5.74	21.92
36.9	63.1	12.55	10.38	22.93
……	100.0	……	13.95	13.95

但甲醇和石油精的混合比例，要看石油精的沸點如何，如下表所列：

石油精沸點 (℃)	石油精重量 (%)	甲醇重量 (%)
60—70	54	46
70—80	52	48
80—90	50	50

磷脂的性質

一般性質

磷脂通常是含有磷酸，丙三醇，高級脂肪酸，和一種有機鹽基的有機物質，此種鹽基主要爲膽汁鹼(*Choline*)和乙醇基胺(*Colamine*)，含胆汁鹼的稱爲腦脂(*Lecithin*)，含乙醇基胺的稱爲頭脂，(*Cephdlin*)，在大豆中，平均約含有1.6～3.0%的磷脂，大都是腦脂和頭脂。

腦脂——大豆中的腦脂 有許多重要的特性，它所含飽和脂肪酸，如棕櫚酸和硬脂酸等成分甚低，不含大於C18的不飽和脂肪酸，但含有十八三烯酸(*Iinolenic acid*)，理論上，由四種不同脂肪酸，可以得到七十種的腦脂。

腦脂是一種黃色可塑性的蠟狀物，露於空氣中，迅速變黑，它極不穩定，經過氧化，則性質改變，漸成不溶於酒精和乙醚，而溶於水的物質，此種氧化，是由於所含不飽和脂肪酸所致，鐵鹽能促進它。

腦脂與重金屬的若干鹽類，如氯化鎘，氯化鉑，和氯化汞等，化合爲加成物，但大豆中，腦脂的鎘鹽，對溶劑的作用，與由動物質得來的。大不相同，假如沒有許多頭脂摻雜時，大豆腦脂的鎘鹽，不溶於甲苯。

腦脂的潮解性甚强，在水中脹大，與過量的水生成混濁膠溶液，加酸或中性鹽，則沉澱出來，尤其加氯化鈣和氯化鎂時，效應顯著，它能溶於乙醚，乙醇，石油醚，安息油，四氯化碳，和三氯甲烷，但不溶於乙酸甲脂和丙酮，如果丙酮中含有油脂或脂肪酸，仍能溶解一部份，有少量氯化鈉存在時，丙酮能使腦脂從它的水溶液中沉澱出來，第二腦脂較第一腦脂易溶於溫熱丙酮，通常即利用此種區別、來分開它們。

腦脂的膠溶液荷負電，純粹腦脂的等電點(*Isoelectric point*)，約在PH值6.4的地方，在酸性反應中，它能與一當量的氫離子化合，但在鹼性反應中，却不能放出一當量的氫離子。

腦脂的水溶液和酒精溶液加熱時，能迅速爲苛性鹼或酸所分解，生成膽汁鹼，膦酸甘油，和脂肪酸，但在冷却時，變化甚緩。

腦脂在水面上能組成單分子薄膜，這是由於兩種極性基的原故一種是脂肪酸的增水基(*Hydrcphobic*)，他一種是親水的(*Hyiro philic*)膦酸甘油一膽汁鹼基，在這種薄膜中，鏈的排列，並不十分緊密，可容許他種物質進入。

大豆中各級膦脂的水濁液，與油脂溶劑搖盪，能產生兩種乳濁液，屬於多油相的體積比例範圍，兩種乳濁液，似乎是同時存在的，(可能是一種複合乳濁液)，這可以由點滴試驗

(*Droptests*)看出，相反乳化劑的同時存在，同時作用，互不相妨：或者是這類事實的一種解釋，腦脂是有利於(油在水中)的乳濁液，而頭脂却是有利於(水在油中)的一種。

通常腦脂對於脂肪的作用，似乎是一種保護膠體，能妨止各成分的分離，當冷却後，含腦脂的液化脂肪凝固成爲均勻塊狀，腦脂能夠降低油脂，焦油等的表面張力和黏性，也能使他們與水間的界面張力減小。

腦脂的許多主要性質，都可歸源於它的膠性，腦脂所以能使不溶於醚的物質(如糖類)變成溶解，就因爲它是一種水化膠質，能與水化合而吸收若干溶於水的物質，通常腦脂不像一個眞正的溶媒，可說是一種吸收劑，有它在時，許多僅能溶於水的蛋白膠，也都能迅速的溶於有機溶媒了。

大豆中的腦脂，大部份是與蛋白質成某種結合，游離的腦脂，雖然容易由乙醚抽提出來，結合的腦脂，却須用乙醇去提取，有時大豆中的腦脂，固着於碳水化物，此等碳水化物，祇一部份可用有機溶媒移去，另有一部份，化學結合，甚爲堅强，必需用5%硫酸，煮沸數小時，才能提淨，通常大豆中腦脂，可含到25%雙醣或多醣類的碳水化物。

頭脂——頭脂的鹼性基很弱，酸性基頗强，對於氫氧化鈉的作用，有如一單價酸，在鹼性反應中，能放出一當量氫離子。

無色固體的頭脂，也可以得到，但易於潮解，在空氣中，迅速氧化，成紅棕色塊狀，與水最初生成懸濁液，其後成爲清亮膠溶液。

頭脂能溶於乙醚，石油醚，三氯甲烷，石炭酸，和熱的乙酸乙酯，不溶於丙酮，但與腦脂不同，不能溶於冷的乙醇，但是其中所含的腦脂，却能保護一部份頭脂，不被乙醇所沉澱。

用酸或鹽基來水解頭脂，最後可得脂肪酸，磷酸甘油，和乙醇基胺，但頭脂的水解，較腦脂爲難。

從大豆中得來的頭脂，與自動物分出的，無大差異，商業上的大豆膦脂，(含40%的油)所含頭脂，通常都比腦脂多些。

商業上的大豆膦脂

·

商業上的大豆膦脂，有很多的式樣，可以和油，水，及有機溶媒等配合，也可以是磺化和鹼化的產品。

與油的混合物，常常含有60%的膦脂，和40%的植物油脂，大多數的德國樣品，所含的膦脂，有32%是腦脂，其餘的62%不是膽汁鹼，顯然都是頭脂．在歐洲各國，這種混合物，常常標名"大豆膦脂"，其實是錯誤的。

粗膦脂用離心力從油分離以後，（如同蒸去溶媒以後，從提液所得到的），仍然含有35—40%的油，就此出售時，稱為"工業大豆膦脂"，這種粗豆的油，可以保護膦脂，不被氧化。

這種工業上的膦脂，也可以用下面的方法．加以精製，以供食用，就是先用眞空除去水分，再溶於一種溶媒，如丙酮或乙酸乙酯，在那裏面，油能溶解，而膦脂在常溫，却不能溶解，所以加熱溶解之後，接着冷却，膦脂便從液體中分離出來，再和食用油脂．花生油，椰子油，胡麻油，氫化豆油等相混合便得，剩餘溶媒，可用眞空蒸出。

大豆膦脂，在商業上的幾種樣品，德國在1927年的分析結果如次：

	樣品來源及膦脂百分數	水分	磷	氮	植物性膽石醇	碘值	酸值	$\frac{P}{N}$
1.	*AKT—Ges.f.med Prol.* (90—95%)	2.53	2.30	0.88	1.71	90.0	123	2.61
2.	*C.H Boehringer Sohn, Neider-Ingelheima Rh*	4.92	2.53	0.94	0.65	90.0	35	2.69
3.	*Gehe u Co., A. G., Dresden*	2.66	3.45	1.51	0.97	92.4	26	2.28
4.	*Hansa—Mühle, Hamburg* (*Ca.* 65%)	2.19	2.30	0.72	0.79	96.8	41	3.19
5.	*E. Merck. Darmstadt*	1.13	2.29	0.84	0.69	100.2	26	2.74

單胺基膦脂中的$P:N$是1：1，腦脂和頭脂，既然都屬於單胺基膦脂，它們的$P:N$重量比值，祇消用N的原子量(14.01)，去除P的原子量(31.04.)便得，大概等於2.21，從蛋黃得來的膦脂，$P:N$常低於2.21，（由於含氮量較高）而大豆膦脂的$P:N$，從表上看來，却比2.21大得多，所以，$P:N$可用來區別植物膦脂和動物膦脂，又從表上，可以看出，商業上大豆膦脂的碘值，在90—100之間，但蛋中的膦脂，（主要是腦脂）通常不會超過65.摻雜豆油或其他植物油，能夠影響碘值，但第一號樣品却不然，因其含有90—95%膦脂，植物性膽石醇（*Phytosterol*）的存在，也可以區別商業上大豆中的腦脂和蛋中腦脂，後者含有0.22%—3.38%的膽石醇，植物性膽石醇乙酸酯的融點是131.5—133.5°c，而蛋中腦脂所得膽石醇的融點，却爲114.3°c，商業上大豆膦脂中的植物性膽石醇，有人證明它多半是與醣類結合，甚至超出游離

的和酯化的兩者之和。

漂白————植物質中所含的膦脂，尤其是大豆中的腦脂，都天然的帶有棕色，甚至黑灰色，因此不甚適合於多種用途，如食品，人造奶油，麵包點心等工業都是，若是在紡織工業上，用作精緻的印泥原料，就是少量的顏色存在，也不相宜。

現在，我們已經確切知道，植物膦脂，若用過氧化氫和水處理，能使它澄清，除去棕灰色，並且不致損害膦脂，(本爲極靈敏的化合物)和敗壞滋味，但從大豆種子所得的油，附有30—40%的植物膦脂，能使腦脂軟化的，却多少有點影響。

並且，用過氧化氫處理，還有一個重要作用，也許是由於羥酸的生成，它能大大增加植物腦脂的乳化量，而使腦脂的用途，有很大的改進。

用任何方法，從植物中提煉出來的腦脂，都可以應用這個新方法，所以用苯，苯醇混合物，或其他溶媒提出來的植物腦脂，概可同樣處理。

當油脂收復時，提出的膦脂，多少總含有一些水分，在應用時，這些水分，必須除去，所以，用過氧化氫來漂白腦脂，及增進乳化能力，可以同時去水，使之乾燥。

在這種情形之下，乳化狀的膦脂，可用過氧化氫處理，使與色質作用，到以後除去剩餘水分時，乃得同時移去，用低壓蒸溜，便是最好方法。

穩定乳濁液————膦脂用極少量的苯甲醇混和，再加"油水"的乳濁液，便得含膦脂的油水穩定乳濁液，可以供工業上許多用途，其他的醇類如二元醇等，也可作此用。

大豆腦脂的親水膠狀液——這種膠狀液，在 1931 年，就已經製出，還完全研究過它的性質，用十份大豆的腦脂，溶在100份的乙醇，或異丙醇裏面，加四倍的水，然後將酒精透析出去，便得到非常清亮的膠狀液，十糎厚的溶液下的字跡，都可以讀出，他的*PH*值，約爲*8.0*荷負電，是標準的愛水膠，加中性鹽，如鉀,鈉,鈣,鋇等的氯化物，或鹽酸，清亮如故，毫無沉澱。

腦脂雖然溶於乙醇，仍有一定的醇水比値，可使不溶解，再加中性鹽，便產生羊毛狀沉澱。

在 1931 年，還知道有許多因素，可以促成大豆腦脂親水膠的生成：

(1)用較高溫度；

(2)用較高級醇作腦脂的溶媒，如異丙醇；

(3)醇溶液與水迅速混合；

(4)預先用丙酮反覆沉澱腦脂的乙醚溶液，除去一些雜質：

完全遵照(1),(2),(3)來製大豆腦脂的親水膠狀液，有困難時，預先照(4)提純，可以成功。

1935 年的一個工業方法，是在 70°c ，將商業上65—70%的植物腦脂(15—26份)，加到8—25份的乙醇和58—78份的水中，用乙酸鈉，乳酸鈉等或磷酸，使PH校正到4—6，(4.5—5.5)，再將混合物在室溫下，使達平衡，結果生成三層：

(1) (2.5—5%)過量的油，被腦脂，乙醇，和水所飽和，可用作乳化劑；

(2) (24—28%)過量的乙醇和水，被腦脂和油所飽和，可以再用；

(3) 適當黏度的紅棕色液體，含75%的腦脂，稱爲腦脂的水化物。

這水化物，可更進一步蒸發乙醇和若干水，來提純些，生成一種膠體，溶於水，乙溶和油類，常有阻遏平衡作用 (*Hysteresis*) ，但這可用糖類防止，糖是可作防腐劑的，這水化物，尤其是提純的膠體，它們的潮濕，乳化，和透過能力，都大大地增加。

最新商業上製成的腦脂水化物，是一種清澈透明的液體，常帶黑棕色，有糖漿一樣的黏性，含 18—22% 的大豆腦脂，大約10%的乙醇，其餘是水，PH 值從5.8到6.0，在 65°F 以上，甚爲安定，當加入油或水中，或當整個飽和平衡狀態有所動搖時，它便生成不透明的白色或乳酪黃色乳濁液。

用水或水與少量酒精，可使腦脂水化物分出或者生成，但是在這種情況之下，却不能說腦脂有水解作用，相反地，水化腦脂，比原來的油狀物，更不容易變更它的組成。

這種新式的腦脂的製成，通常不外混和水，酒精，和一種富於未分解油質的腦脂混合物，商業上 65—68% 腦脂的混合比例，大概是：

商業植物腦脂	15—25%；
酒精	8—25%；
水	58—78%；

製法，先將水和酒精，熱到 160°F 左右，加入腦脂攪動，直到生成均勻的混合物，然後在室溫靜置，讓它達到平衡，此時生成三層溶液：

(1) 過量的油，有腦脂水，和酒精飽和；
(2) 過量的酒精和水，有腦脂和油飽和；
(3) 酒精，水，和油飽和了的腦脂。

最上的一層，或稱第一相，通常佔整個混合物的2½—5%，可用作乳化油，是這個方法的重要副產品，中間一層稱第二相，佔24—28%，可以再用，或單獨用，或加水和油混合用，底層稱第三相，含腦脂水化物，是一種有相當黏度的，透明紅棕色流體，差不多佔整個混合物的大半，工作效率好的時候，含原來加入的腦脂的四分之三。

上面所說含腦脂水化物的部份，若需要時，就可拿來作用，無須更加處理，但是將它在低壓下蒸溜，除去酒精和一部份的水，更可增加它的純度，使產品完全沒有酒精和自由水分，而僅僅是含化合水的水化物，實驗上證明，未經提純的水化物，（酒精水化物）比普通的腦脂乳濁液的效率，要大十倍，而提純了的（無酒精的），却大二十倍，這當然也要看生成物的組成怎樣，而略有出入。

要使腦脂水化物脫去水分，有一個簡單的方法，因為在水散佈着的生成物中，有鹽的電解質存在，可以藉解膠作用，使膦脂在可溶狀態，若加入氫離子，如磷酸時，鹽的電荷被中和，鹽的量也就減少，遂使含腦脂部份，脫去水分而收縮，如果 *PH* 繼續減低，膦脂遂達到膠化程度，在此時，生成物是一種眞正的腦脂水化物，有時也附帶有膦脂，那裏面所有的水，都是化合水，不會更有自由水分存留了。

商業上的植物腦脂，因為組成不同，應用時必需加入少量的鹽，或酸來校正它的氫離子濃度，使它達到將要分離的程度，各種鹽的效率不等，大概以單價陽離子和有機負基組成的鹽類，如乙酸鈉，乳酸鈉等，效率最好，許多的酸類，也都適用，但是過弱的酸，需要大的濃度，而强酸的濃度，則有一定限度，用磷酸的成績，極為良好，如果需要加鹽，或酸，或兩者都需要時，其一或兩者加入的分量，可以達到原來混合物的百分之二。

加法，先將水和酒精，熱到160°*F*左右，加入腦脂，再加入鹽和酸等，然後攪動，直到生成一均勻的混合物，再在常溫靜置，達到平衡，平衡的完成，可以從混合物的分層看出，大致與前面所說的相同。

有很多情形，是需要加鹽的，加鹽的作用，是供給正電荷，來中和膠狀腦脂粒子的負電荷，中和後，粒子吸收水分，即刻膨脹，結成水化物，酸中的氫離子，也有這種作用，但是在許多地方應用，結果不十分圓滿，所以通常加酸的目的，總是在校正氫離子的濃度，來增加鹽電解質的效率，大概合用的生成品，*PH* 的範圍，從4到6，最好是在4.5到6.0之間，加酸可以降低 *PH*，使加入電解質的量減少，但是降低到 4.5 以下很遠，反而使生成物的效能減低，也非所宜了。

這個作用所包涵的理論，大概是這樣：

在變化起初，包括四種成分，水分，酒精，腦脂，和油，第一次攪動以後，它們便細密均勻的散佈着，腦脂被油脂所飽和，油脂也被腦脂所飽和。

酒精在水中的量少，而有一定限度，最初是作溶媒，溶解油脂，使腦脂和水密切接觸，腦脂略溶於水和酒精，在這時候，這兩種溶媒，可說已被腦脂飽和了，其餘大部份腦脂，仍然是成膠狀懸濁液，這種膠狀懸濁液，是被酒精所分解，腦脂粒子則帶有負電荷。

在酒精溶液中的腦脂，是可以水化的，溶解在裏面的水，能使粒子膨脹，變化一經開始，溶液中的腦脂水化了，另一部份腦脂又溶入酒精，如此繼續進行，直至所有的腦脂，完全水化爲止，如此看來，酒精却有一種觸媒的作用了。

氫離子濃度的校正，不是必需的，但是有人發現，這一手續，可以加速上面所說的變化，同時還可以增加電解質的效率。

雖然所有的酒精，羥化物，及能與水任意混和的溶媒，都多少可以適用上面的變化，但大量採用的，却是商業上的 醇 卽變性酒精（*Denatured Alcohol*）因爲那些溶媒，通常都用到食品，飲料，和其他的工業上去了，異丙醇因爲祇需較少的量，又不容易揮發，也被人採用，無 腦脂，一樣地可用於上面的變化，來代替商業上的腦脂，祇要在比例上，稍爲校正，就可以了，含粗腦脂的物質，如大豆殘渣，也可用來代替製成的大豆腦脂，作爲原料。

在分離之前，尤其是大規模的製造，往往不使混合物自己冷却到常溫，而是在變化完成後，即用人工方法加速冷却，然後再用重力或離心力來分開各種成分。

加入氫氧化鈉或過氧化鈉的商業膦脂——粗膦脂中，常常含有游離脂酸，含量可到 5%，加入這些鹼性物質，便是中和這些酸，此外還可以乳化膦脂和油的混合物，但是加入的量，不能過多，祇要生成弱鹽基性就夠了，例如，100 磅的粗 脂，含有40% 脂，30% 的大豆油，30% 的水，祇須加入 ½——1 磅的濃苛性鈉溶液，然後攪動成均勻的乳濁液，在此時再加一點點熱更妙，假如不用苛性鈉，也可用同量的過氧化鈉，溶在十倍量的水，製成的溶液代替，多餘的水，可用真空揮發的方法，從乳濁液中移去，使祇賸 30%。

磺化膦脂——膦脂的磺化，可以用過氯化乙烯和硫酸單水化物，或用三氯化乙烯，硫酸單水化物和丙酮，生成物可用作濕潤劑，和乳化劑。

氫化腦脂——它是用鈀膠觸媒氫化腦脂的酒精溶液而製得的，是一種白色結晶粉末，不溶於水，丙酮，和乙酸乙酯，略溶於乙醚，冷酒精，和安息油，但極易溶於三氯甲烷，氫化腦脂僅含有飽和腦脂，不潮解，也很穩定，易於保存：它雖然沒有乳化假牛酪的性質，而對於乳化可可牛酪，却是好的。

氫化頭脂——也可用同樣的方法製取。

膦脂的用途

防止甘油酯的結晶——精煉的，過了冬季的棉子油，加入一點植物腦脂，可以防止甘油酯結晶，而冷却試驗 (*Cold test*) 進步了，0.2—1%的腦脂，則能增加乳化性的凝縮，及凝縮能力，還可以減少過乳化的危險。

假牛酪的保護劑——這是腦脂最早最重要的一個用途，是用在假牛酪裏面，減少油脂與水間的界面張力，祇要千分之幾的腦脂，就能使煎油鍋內的假牛酪，很快的黃沸，而不會濺潑，它又能防止牛奶中的固體，結在鍋上，或者燃燒，用 10—20 % 溴或碘鹵化了的腦脂，也可以用作假牛酪的保護劑。

和這個相類似的用處，是加 0.1—2 % 到牛油裏面，來改良它的顏色，及其他性質，假於大量的加在未熟乳酪裏面，可以增進奶油的香味。

抗氧化劑——大豆膦脂抗氧化性質的研究工作，也就是幾個專利證的論據，證明了頭脂是膦脂的活潑份子，但是蛋裏面也含頭脂，却不能作抗氧劑，倒是蛋黃却有這種性質，所以活潑份子不見得就是頭脂，也許其中還有未知的物質，用過氧化鈉漂白太過了的腦脂，用作防腐劑，當然是不會成功的，在這裏，使我感到興趣的是 0.01—0.15 % 的腦脂，可用作汽油的抗氧化劑，防止膠結物的生成。

肥皂與化粧品工業——大豆膦脂在這兩種工業上的應用，大概是工業文獻常常討論的，加入肥皂裏面，(腦脂是可以鹼化的，必須在鹼化後加入)能夠增加表面張力，以及低濃度肥皂液的油滴値，泡沫數値和穩定性也可以增加，但是泡沫容積却減低了，皂液的混濁度和透明溫度降低了，而金値却增加了，除垢能力因爲腦脂的加入，也增加了，這是因爲腦脂有乳化的能力，能生成細膩黏結的泡沫，還能減低鹽基性，使膦脂適宜於作過脂劑 ·1—

10%是適宜的加入量，它也可以作肥皂中溶媒的乳化劑，製成美麗的油膏後，能使皮膚靈活潤滑，油膏裏面，可加入膽石醇軟膏，蠟，和松節油等，或可不加。

油漆的製造——在油漆的製造上，腦脂能增加顏料的潤濕力，使它易於磨細和混合，一點點腦脂，便能帶入吸濕性，使油漆的薄膜，更有彈性，不易龜裂，油漆用的乾酪素，如果先用苛性鹼溶解，再用腦脂乳化，能夠使它經久耐用，和抵抗摩擦，在油墨和紡織物中，腦脂和澱粉，可用作稠密劑，來代替一部份或全部的價昂的樹脂，在硝化棉噴漆中，腦脂還可用作保護膠體和安定劑。

製革——在製革工業，腦脂當然能夠代替昂貴的蛋黃，使皮革容易自液體中吸收油脂，但是因爲腦脂乳濁液，缺乏對明礬等物調協（*Synerisis*）的阻力，故必需加入別種保護膠體。腦脂與皮革的親和力比磺化油要大，所以腦脂的乳濁液或與油的混合物，或其他與水任意混和的溶媒的混合物，都可以揉皮，腦脂一經透入皮革，便固結在內，再不能洗出。

紡織工業——在這種工業上，腦脂是很有價值的潤溼劑，尤其是作各種織物的柔軟劑，其中最好用的是人造絲，但是因爲它的溶液不安定，不能用於酸缸，祇能用在染缸中，作潤溼劑，或用來防止桶槽染料（*Vat dyes*）的無色形過早氧化，又可使染色均勻周遍，色彩鮮明，纖維堅韌而軟滑。

橡皮工業——腦脂加到橡皮裏面，使它容易混和，硫化作用也可加速，還有軟化作用？但是它加入的作用，仍不在軟化橡皮，而在硬化橡皮，介電常數也被它減少了，加量過多，能使橡皮的抗張力降低，但是用腦脂做成的橡皮粉，極適宜於過濾器，隔膜，油漆，和氯化橡皮，此外各種可塑物，也有用腦脂作均勻劑的，如留聲機片的樹脂化合物，和酸化亞蔴仁油水泥土，在裏面加一點點腦脂，可以減少軟化劑的需要。

食品工業——大豆磷脂用在別的工業上，常常遇到更有效的合成品，作它的勁敵，而在食品工業却不然了，最近幾年的研究結果，似乎膦脂並不是一種主要的食品，除了營養不良的特別例子外，也沒有滋補的功效，但是無疑的是一個有價值的食品，用作動物的飼料，據說可使長成質地均佳的毛皮。

腦脂因爲酸度高，不能代替蛋黃作蛋黃醬中的乳化劑，但是像鑛物油一類的中性乳濁液，却能作的，在糕餅裏面，大豆磷脂，也不能代替蛋，加少量在裏面，却有裨益，這是幾個專利證描寫過的，有人主張，當蛋白與蛋黃的比例，增加到普通的蛋（3：2）以上時，加入0.1——0.3%的腦脂，可以增加糕餅中糖分和水分的容許量（*Tolerance*），再加入少量的游離脂酸尤妙，此外也有人用腦脂來增加脂肪的容許量的。

膦脂在麵食店的應用，並不限於糕餅，也可加$\frac{1}{4}$—1%到乾麵粉中，以增進麵包中酵母的培養，增加麩質的脹大，同樣在滋養糊（*Alimentary Pastes*）的製造上，也可以用這個方法來改良麩質，德國小麥粗粉製成的雞蛋通心麵，在烹飪的時候，容易分裂，失掉糊的原形，如果加入1%的大豆膦脂，便可避免這個毛病，有人解釋說，這是由於生成了一種蛋白質，膦脂，和脂肪的吸着複合物，能夠阻滯水分進入膨化的膠體，於是在相當冷溼的歐洲氣候，麥粒子的不規則脫水劣性，便不致發生了，這種（合成的）膦脂和頭脂，對於胰汁酵素和胃液酵素的活動的阻滯效應，能夠用這種吸着複合物的生成來解釋，也許就是劣性麥製品，能夠改良的另一因素。

膦脂用在香腸和乾酪裏面，可以增加黏附力和防止脆碎。

糖果工業———在這種工業上，膦脂曾經大量的應用，尤其是朱古力糖（*Chocolate*）的製造，加入0.3%的大豆膦脂，頗能減低朱古力的黏性，因之節省了許多價昂的朱古力油，能從35%降到30%，並且少量水分，對於黏性的損害，也減小了，包裹手續所需溫度範圍也擴大了，生成品收存的壽命也增長了，糖與脂肪混合，減少了表面張力，這原理可說也應用到糕餅上了。

在製造各種形式的糖菓，譬如太妃糖，焦糖，杏仁糖等等。用膦脂能幫助脂肪的分佈，防止顆粒和皺紋的結成，還可以抵抗氧化。0.1—25%的膦脂，常常加入來幫助揮發性香料的散佈和穩定，在可可粉和羹湯醬油等的乾性成分裏，如果加入膦脂和溴化物，再調整*PH*值，可以減弱咖啡精的損害效應。

其他用途———大豆膦脂在鑛油工業上，可以用作土瀝青和焦油乳濁液的乳化劑。在浸染木頭時，可以幫助木油透入，也可用作殺虫劑，有時膦脂的銅化物，也可作這種用途。後來有人將膦脂的乳濁液和固體毒物同用，如砷酸鈉，（巴黎綠）來增進活性物質的散佈，加强它們對植物的黏着力，膦脂是接觸殺虫劑的主要成分，無害於人和哺乳動物，常常和一種分散劑，如丁醋或磺化油一同使用。

在電鍍時，用0.01%的膦脂作保護膠體，能夠鍍成極精緻，堅密，均勻的一層。也是它的一種特殊用途哩！

自動板划

·羅可權·

「湖南省公路局汽車過渡之最新設計」

際玆科學昌明，日新月異，經濟建設，首重交通。現我國鐵路未臻發達，公路運輸實居重要地位。湘省公路素稱完善，惟在抗戰期間　破壞特甚。復員以來，雖經當局最大努力，得以迅速恢復通車。但因境內河流錯雜，渡口繁多，輪渡設備不獨需費浩繁，且一時尤難購辦。近以軍車調度頻繁，以及運送救濟物資，各幹線行駛車輛驟增，渡河更形困難，亟應有以補救，以利運輸。

查通常各渡口輪渡之設置，既需常備汽划座船，用以拖帶板划，尤需大量油料，以供消耗。至淺水渡口，用人力撐渡，需雇用大批划夫水手，耗費亦大。若遇汽划發生故障，修理又需時日，影響交通，莫此爲甚。湘公路局有鑒於此項輪渡設備消耗與員工開支，似嫌過於龐大，實於人力物力均感不貲。筆者原於民國二十七年，供職湘局時，曾繪具自動板划圖樣，奉准試造。嗣以湘北戰事緊張，局址遷移，繼之長沙大火，公路破壞，是項設計，因而擱置。玆幸國土光復，筆者亦以復員返湘，仍入湘局供職，特於公餘之暇，依據各渡口現實需要，在節省消耗，設備及人力三原則之下，重新設計，繪具自動板划詳圖，鳩工製造，爰將其原理，構造，使用方法及試驗結果，分別說明如後：

(一)原理　軸與軸間傳力法之最簡單者爲磨擦輪（*Fricton nheel*）依照磨擦阻力公式。

$$P=\frac{K}{r}L$$

式內　P=磨擦阻力，　r=磨擦輪之半徑　L=載重　K=常數．

如載重L愈大，則磨擦阻力P亦大，r爲固定數值，常數K則視磨擦輪之材料及其接觸面之平整各有不同，通常橡膠胎行駛於平坦地面K之數值約爲0.02至0.03

當汽車行駛時，輪胎行駛地面，能使汽車前進，即爲磨擦阻力之作用。返之如遇泥濘地面，輪胎滑轉，磨擦阻力減少，車無法向前，即其明證。

今若令汽車本身或前輪固定不動，而使主動後輪置於一具特別裝置之活動地板上，當後輪轉動時，車不能向前，則活動地板受磨擦勢必後退，其理與汽車本身前進相同。

基於上述理由，裝四磨擦輪於一過渡之板划上，以代替上述活動地板，各輪船軸均用傳力齒輪，與一總軸相連，此總軸一端裝推進葉，伸出船殼外部水內，即成湘路局新設計之「自動板划」。使用時，過渡汽車駛上板划，其兩後輪即落於四磨擦輪之間，【如圖】塞住前輪，然後掛上排擋，使後輪轉動，則四磨擦輪亦隨之旋轉，經傳力機構，而使推進葉轉動，划即載車前進矣。

四磨擦輪，宜用木製，上刻深度花紋，使與輪胎相接時以增大K之數值。過渡汽車，如係重載，則L較大，P亦較大，最爲相宜。但過渡車輛載重不一，甚有卸載過渡者，欲使L加大，應設計絞車一付，用最簡便方法，將汽車後輪，與划上磨輪緊扣，以增大L之數值。且可保車輛安全，務使車輪與磨擦輪之間，無絲毫滑動。

（二）構造　暫利用日式報廢工程車底盤，計後輪機殼，差速機，剎車鼓，及輪胎鋼川式全套，傳動軸，剎車機構全套安裝於板划艙內，約離船尾二百七十英寸之處。輪胎鋼川上不裝輪胎，而以厚九吋，寬九吋，長二十四吋，雜木密排裝釘使成直徑三十八吋，寬二十四吋之磨擦輪。（輪胎鋼川原有直徑爲二十吋再加雜木厚十八吋故爲三十八吋）。汽車過渡時，四磨擦輪所受之力，由二差速機之盤齒輪，及角齒輪，萬向接頭等傳力機構，而集中於傳動軸，軸端用萬向接頭，接十六呎長地軸壹根由彈子軸承二個支持，再由出水套筒伸出船尾，水葉即裝於該軸末端，利用該底盤原有制動機構，將拉條伸長。手剎拉桿即裝於船尾近傍，以便上下汽車時拉緊手剎，不使磨擦動輪轉，船尾設活動○疊皮，詳細構造如下圖；

自動板划

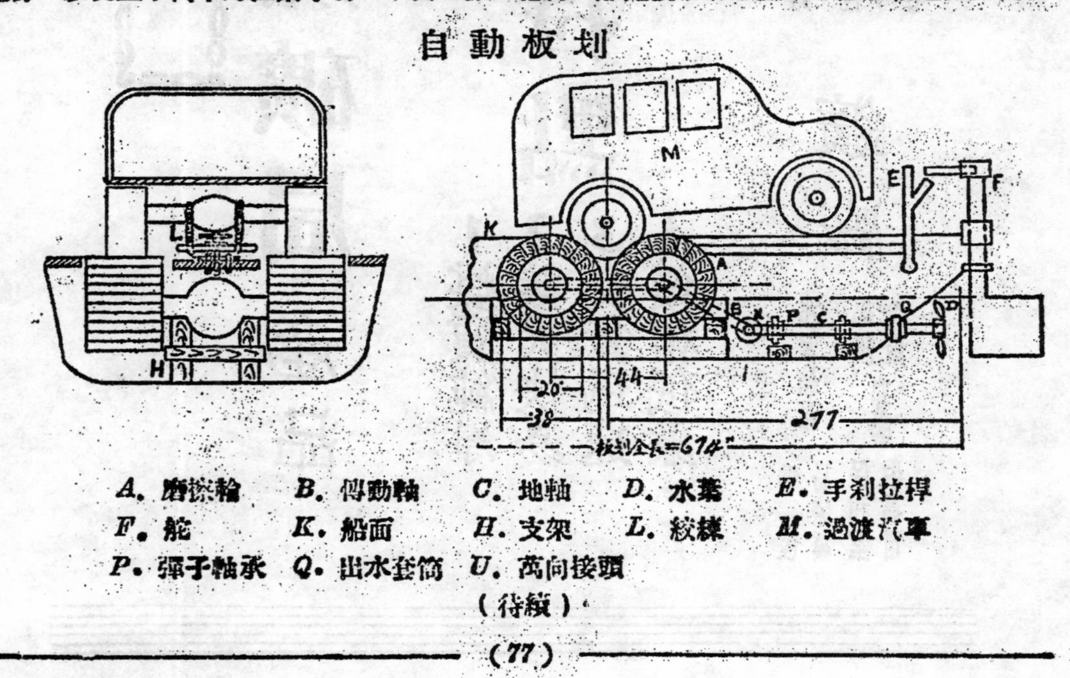

A. 磨擦輪　*B*. 傳動軸　*C*. 地軸　*D*. 水葉　*E*. 手剎拉桿
F. 舵　*K*. 船面　*H*. 支架　*L*. 絞棟　*M*. 過渡汽車
P. 彈子軸承　*Q*. 出水套筒　*U*. 萬向接頭

（待續）

湘潭雲湖煤鑛工程處開辦南祝山煤田計劃及概算

劉眉之

(一) 概論

本鑛領有鑛區九個佔面積五千二百一十一公頃，儲量豐富，煤質優良，湘省煙煤鑛中堪稱首屈一指，只因本鑛創辦時間，適在抗戰以後，關於動力排水之一切機械器材，未能配備齊全，而經費來源時虞竭蹶，以致往年計劃，大都因陋就簡，自難表現成効，此次復員，首採初步緊急工作，希冀於浩刼之餘，恢復小量生產，供給社會需要，今幸初步工程，如期完成，已有小量生產，銷售市面，但第二步開辦南祝山計劃，如不能在本年上半年度以前，準備開工，則前車可鑒，不僅已有初步之生產，不能繼續發展，或生中斷之虞，而坐令廣大煤田，不能開發，實失此次復員之本意，擬具計劃概算，以供採擇。

(二) 計劃

地層構造，南祝山區屬滕家山與葛家山向斜盆地西翼之一部，西翼南起南祝山，經滕家山達湖塘，計長五公里，露頭明顯，地層平整，儲藏量五百二十萬噸，乃本鑛全部中最有開採價值之區，而南祝山部份，經過以往鑽探及井巷試探之結果，尤爲徹底明瞭，因以往經費機材，屢告竭蹶，未能具有一勞永逸之安全計劃，以致數遭水患，大好煤藏，迄未採取，殊爲可惜，故首先以開辦南祝山煤田爲擴充生產之基礎，然後逐步推進其他區域，則雲鑛全部已發現三千萬噸之儲量，將有逐漸開發之可能，玆就各項工程計劃，分類摘要說明。

一、井巷工程 附大井位圖置

以往鑿井採煤，全在煤層上部，易遇砂質頁岩之之水層，影響工程進展殊大，爲求一勞永逸，開鑿大井地點，以接近露頭，直向煤層下部堅硬岩石掘進爲安全，直井採長方形三格式，井之破石面積，爲十平方公尺，井之深度，預定一百六十四公尺，以長二百八十公尺之石門，溝通煤層，惟工程巨大，需時頗長，欲求於鑿井工程進展中，提前生產，擬將直井分爲上下兩段，上段八十四公尺，以長一百一十公尺之石門，溝通煤層，下段暗井，深度八十公尺，以長一百七十公尺之石門，溝通煤層，鑿井工具，採用風鑽炸藥，預計完成上段井巷，需時九閱月完成，下段井巷需時十一閱月。

二、排水通風

參考南祝山往年窿內測圖，及經過記載，其最大水量，爲每分鐘五百加侖，上段井巷完成，應裝置四級四吋離心力電泵四部，方能安全勝任，上段石門中，建築保險水閘，操縱積水高壓之速度，以策安全，下段井底之排水設備，亦如上段裝置，但離心力電泵，改用六級五吋者三部，使全井集中水量，直接排出地面。

採煤井巷暫時採用自然通風，在直井工程進展中，就用原有壓風機兩部，配備裝置，供給風鑽鑿石，同時便利通風，一俟煤層老巷積水排乾，修整舊有正巷通風。

三、地下運輸

上段直井口，裝置原存蒸汽起重絞車，下段暗井口，裝置電絞車，上下兩段石門平巷，裝設雙線軌道，沿煤層傾斜方向，開運煤大巷三層，上層長度七百公尺，中下兩層，各一千二百公尺，均舖雙線軌道，計需十二磅輕軌約五公里，重約六十公噸，又井口至新橋河棧，長一公里，路基早已完成，需十六磅輕軌約三十公噸，爲連繫上下起重搬運設計，需用半噸小煤桶一百個，則日產四百噸，亦不致發生困難。

四、動力設備

統計上列排水起重及通風等機械之最高馬力，約爲五百六十四，除原存雙眼鍋爐四座計360馬力外，尚須添購二百馬力水管式鍋爐兩座，並三百瓩威爾交流發電機三部。（常用兩部，餘一部備用。）

五、地面運輸

新橋河棧，係雲湖水流之一埠，運煤極微，每日產量，達到五十噸以上時，即感困難，故開辦南祝山煤田，必須同時建築新橋至南北塘之輕便鐵道，始能暢通無阻，此線長度十公公里，地勢平坦，建築稱便，煤產用小火車頭拖運，計需三十磅輕軌三百五十公噸，又八噸火車頭三部，五噸煤箱三十輛。

六、房屋建築

南祝山鑛場，原有工人宿舍，辦公房，均於淪陷時期，損毁殆盡，擬於開辦期間廠建造工人宿舍四棟職員辦公室一棟，又因增加機械設備，如電機鍋爐壓風機絞車翻砂修理，等房屋，亦應同期建造完成。

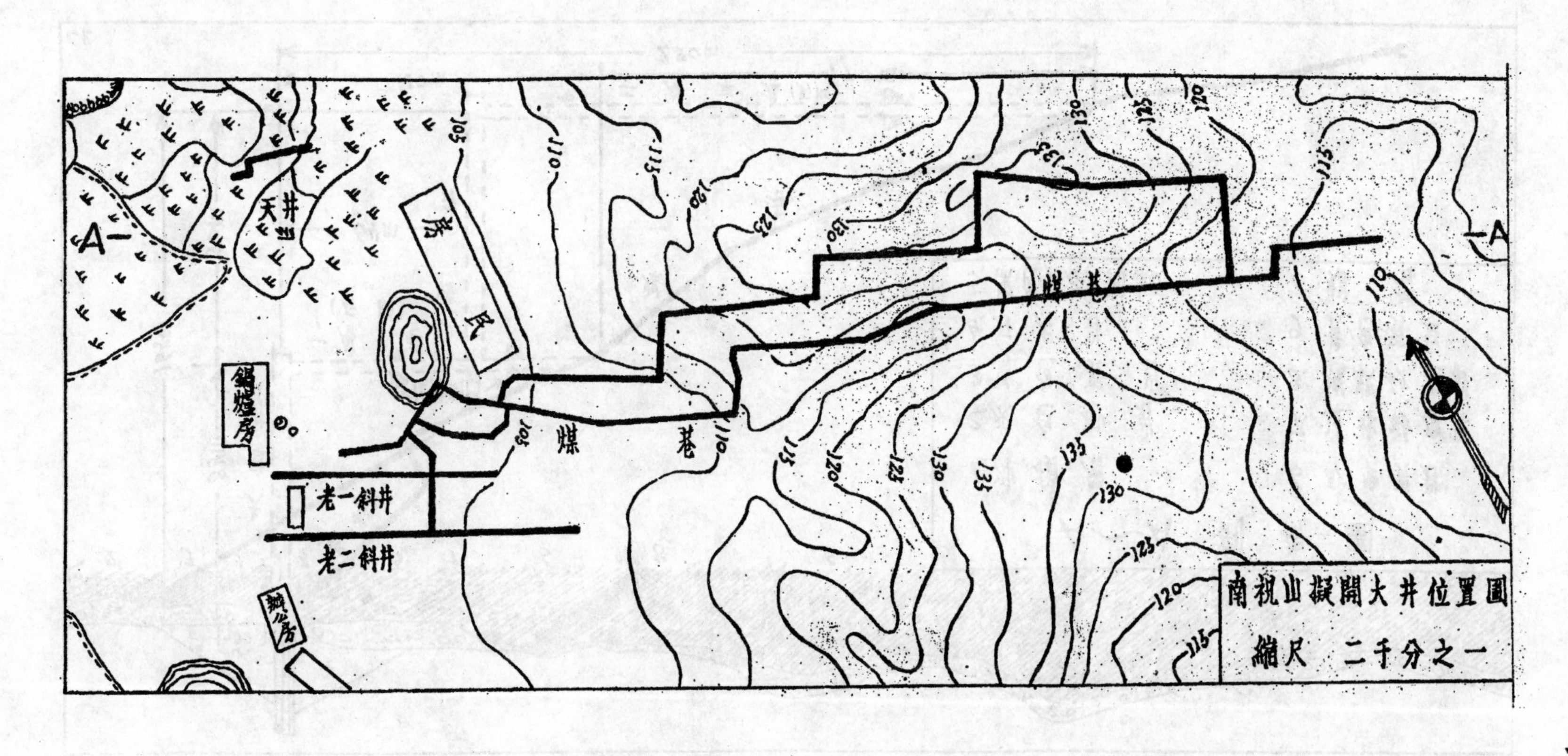
南視山擬開大井位置圖
縮尺 二千分之一
老一斜井
老二斜井

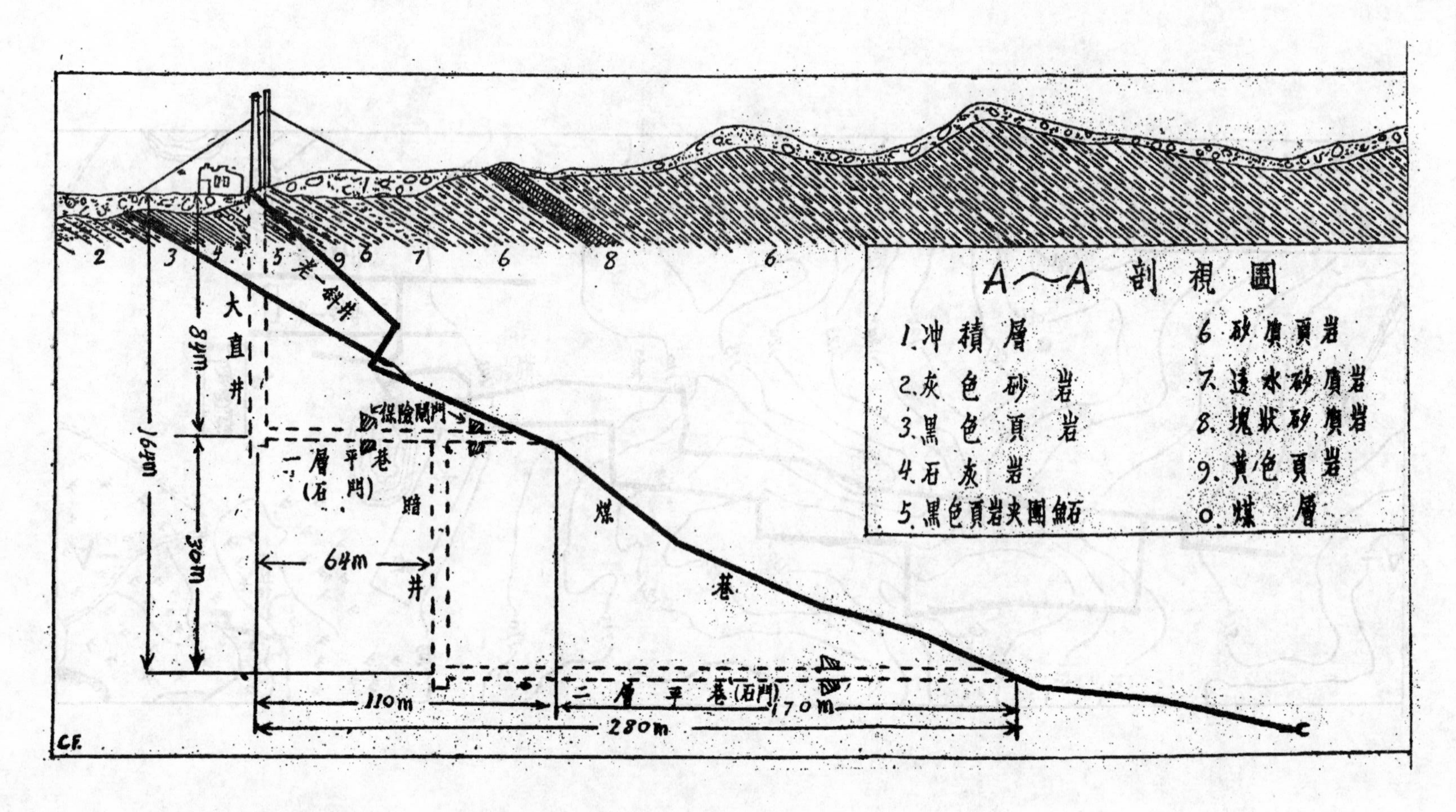
A～A 剖視圖
1.冲積層
2.灰色砂岩
3.黑色頁岩
4.石灰岩
5.黑色頁岩夹圖鮞石
6 砂質頁岩
7.透水砂質岩
8.塊狀砂質岩
9.黄色頁岩
o.煤層
大直井
老一斜井
保險閘門
一層平巷
(石門)
暗井
煤巷
二層平巷(石門)
164m
84m
30m
64m
110m
170m
280m
CF.

（三）概　算

科目					金額	附註
款	項	目	節	名稱		
一				開辦南祝山經費	775,910,760.00	
	一			井巷開鑿	130,562,760.00	直井164公尺石門280公尺水閘2個及上下泵房水池等工程
		一		大直井	48,813,760.00	上下兩段直井深度共164公尺
			一	架木	20,172,000.00	2尺7寸圓大杉木213.2兩每6萬合12,792,000元又2吋松板246方丈每3萬合7,380,000元總計如上數
			二	拉條	6,632,160.00	六分螺絲拉條1968根每根3370元合如上數
			三	爆炸品	4,500,000.00	黃炸藥附雷管引線1.5噸每噸3,000,000元合如上數
			四	鋼條	552,000.00	八角鋼552磅每磅1000元合如上數
			五	雜料	557,600.00	箕筐繩索燈油等雜料每公尺估3400元井深164公尺合如上數
			六	工資	16,400,000.00	井深164公尺共估8200工每工2000元合如上數
		二		石門	29,244,000.00	上下兩段石門共280公尺
			一	架木	12,060,000.00	杉木201兩每兩60,000元合如上數
			二	爆炸品	4,500,000.00	黃炸藥附雷管引線1.5噸每噸3,000,000元合如上數
			三	鋼條	420,000.00	八角鋼420磅每磅1,000元合如上數
			四	雜料	1,064,000.00	每公尺估3,800元280公尺合如上數

料				目	金額	附註
款	項	目	節	名稱		
			五	工資	11,200,000.00	共估5,600工每工2000元合如上數
		三		泵房水池及電絞車房	10,410,000.00	上下兩段直井底水池泵房及電絞車房地基共451立方公尺
			一	架木	5,400,000.00	杉木90兩每兩60,000元合如上數
			二	爆炸品	900,000.00	黃炸藥雷管引線600磅每磅1,500合如上數
			三	雜料	510,000.00	雜料並磚灰等料合如上數
			四	工資	3,600,000.00	共估1800工每工2,000元合如上數
		四		水閘	3,660,000.00	上下石門中設水閘二個
			一	磚灰	2,120,000.00	磚2萬每萬估60,000元洋灰40桶每50,000元合如上數
			二	鉄料	850,000.00	鉄板角鉄扁鉄及鉚釘共估重1,700磅每磅500元合如上數
			三	雜料	90,000.00	
			四	工資	600,000.00	共估300工每工2000元合如上數
		五		機械費用	38,435,000.00	鑿井時期就原有鍋爐水泵及壓風等機件協助拼水打鑽
			一	燒煤	37,000,000.00	每月100噸9個月900噸每噸自用價30,000元合如上數
			二	機料	4,010,000.00	油類消耗810,000元五金2,700,000元鉄件500,000元合如上數
			三	工資	7,425,000.00	共估機工2970工每工2500合如上數

科				目	金額	附註
款	項	目	節	名稱		
	二			機械設備	611,253,000.00	
		一		動力	230,700,000.00	原有鍋爐260馬力加裝500匹合760馬力常用560以200馬力備用
			一	200馬力水管鍋爐兩座	48,000,000.00	購價30,000,000元運費12,000,000元安裝費6,000,000元合如上數
			二	100馬力臥式雙眼鍋爐	4,200,000.00	原有大馬托運費2,400,000,元安裝1,800,000元合如上數
			三	300克威爾交流發電機3部	93,200,000.00	購價72,000,000元運費14,000,0000元安裝費7,200,000元合如上數
			四	200克威爾變壓器3部	21,000,000.00	購價15,000,000元運費3,000,000元安裝費3,000,000元合如上數
			五	100克威爾變壓器4部	16,800,000.00	購價12,000,000元運費2,400,000元安裝費2,400,000元合如上數
			六	地面井內用高壓電纜2哩	42,000,000.00	購價30,000,000元運費3,000,00元安裝費3,000,000元合如上數
			七	50馬力蒸汽壓風機2部	5,500,000.00	原存加配件估1,700,000元安裝費3,800,000元合如上數
		二		排水起重	226,428,000.00	
			一	6級5吋電泵3部	58,500,000.00	購價45,000,000元運費9,000,000元安裝費4,500,000合如上數
			二	4級4吋電泵4部	52,000,000.00	購價40,000,000元運費8,000,000元安裝費4,000,000元合如上數
			三	水管	19,300,000.00	5吋2000呎估8,800,000元4吋2000呎估6,000,000元運費3,000,000元安裝1,500000元合如上數
			四	汽管	9,800,000 00	3吋2000呎估4,200,000元2吋2000呎估2.800,000元運費1,400,000元安裝1,400,000元合如上數
			五	蒸汽絞車	4,100,000 00	原存加配件2,300,000元安裝工料費1,800 000合如上數

科				目	金 額	附 註
款	項	目	節	名 稱		
			六	電 絞 車	25,300,000.00	購價18,000,000元運費3,600,000元安裝費3,600,000元合如上數
			七	起重高車架上下2座	30,600,000.00	12吋洋松14根購價19,600,000元運費4,000,000元安裝工料費7,000,000元合如上數
			八	起重鋼絲繩	26,928,000.00	1吋2880呎佔13,800,000元6分2880呎佔8,640,000元運費4,488,000元合如上數
		三		五金什類	154,125,000.00	
			一	2吋至3吋角鉄5噸	4,800,000.00	購價4,000,000元運費800,000元合如上數
			二	半吋至1吋2分元鐵3噸	2,900,000.00	購價2,400,000元運費500,000元合如上數
			三	2吋至4吋扁鐵5噸	4,800,000.00	購價4,000.000元運費800,000元合如上數
			四	3分至6分鉚釘2噸	2,400,000.00	購價2,000,000元運費400,000元合如上數
			五	3分至5分螺絲門2噸	2,640,000.00	購價2,200,000元運費440,000元合如上數
			六	機油汽缸油20鼓	9,000,000.00	購價7,500,000元運費1,500,000元合如上數
			七	風鑽機5部	18,000,000.00	購價15,000,000元運費3,000,000元合如上數
			八	12磅鋼軌60噸	72,000,000.00	購價60,000,000元運費12,000,000元合如上數
			九	半噸鑝桶100個	29,885,000.00	自造鐵料共佔22,585,000元本板2,500,000元工資4,800,000元合如上數
			十	杉枕木7000根	7,700,000.00	購價7,000,000元運費700,000元合如上數
	三			房屋建築	34,095,000.00	

科				目	金額	附註
款	項	節	目	名稱		
		一		鍋爐房電機房壓風機房3棟	9,401,000.00	磚牆瓦頂平房3棟佔地584平方公尺
			一	物料	7,619,00.00	磚12萬價4,800,000元瓦八萬價800,000元灰240石價480,000元木料什料價1,539,000元合如上數
			二	工資	1,782,000.00	泥瓦木鐵共891工每工2,000元合如上數
		二		修理房翻砂房2棟	6,134,000.00	同上佔地256平方公尺
			一	物料	5,046,000.00	磚8萬價3,200,000元瓦5萬價500,000元灰160石價320,000元木料什料價1,026,000元合如上數
			二	工資	1,088,000.00	泥瓦木鐵共594工每工2,000元合如上數
		三		絞車機房間	1,590,000.00	同上佔地64平方公尺
			一	物料	1,290,000.00	磚2萬價800,000元瓦15萬價150,000元灰40石價80,000元木料什料價260,000元合如上數
			二	工資	300,000.00	泥瓦鐵木工共150工每工2000元合如上數
		四		工人宿舍4棟	11,630,000.00	竹壁灰牆瓦頂木架平房4棟佔地864平方公尺
			一	物料	8,830,000.00	杉木120兩估6,000,000元竹900根估450,000元瓦17萬估1,700,000元灰340石估680,000元合如上數
			二	工資	2,800,000.00	泥瓦竹木工共1400工每工2,000元合如上數
		五		辦公房1棟	5,340,000.00	磚牆瓦頂佔地172平方公尺
			一	物料	4,320,000.00	磚6萬價2,400,000元瓦4萬價400,000元灰160石價320,000元木料什料價1,200,000元合如上數
			二	工資	1,020,000.00	泥瓦木鐵工510工每工2,000元如合上數

（四）結論

上列開辦南祝山經費概算，共計七萬萬七千五百九十一萬元〇七百六十元，經費較爲龐大，而井巷完成，又需二十閱月之久，權衡緩急輕重，如能一次籌撥五萬萬元，以八千萬首先開工鑿井，以四萬萬二千萬元，訂購舶品機械，其餘經費，准在營業盈餘項下撥補，則開工九閱月後，即可開採上段直井之煤，每日至少有百噸之產量，二十閱月下段直井完成後，則生產四百噸，毫無困難，屆時腰塘坡伍祠山兩鑛場之生產，自有相當進展，總計三鑛場合併生產，每日當在六百噸以上，惟運輸上必感重大困難，故每日產量達到百噸上下時，必須準備修築新橋至南北塘之輕便鐵道，使與井巷工程，同期完竣，則產運不失聯繫，大功庶云告成。

當前經濟建設之我見

·成滌·

抗戰結束，建國開始，㑹自然序幕，顧建國事業，雖包括整個政治，而經濟建設，更爲其主要部門，蓋經濟爲國家社會之元氣，如人身之血脈然，凡血脈充足活潑者，其人必精神强健，此自然之理，當此千載一時之會，亟宜舉國一致，殫精竭慮，努力於經濟建設之一途，一掃過去昏瞶泄沓之弊，而我國朝野，對於經濟建設事業，尙未聞有系統之計劃，斯爲可惜，謂抗戰之後，元氣創傷，公私交困，一切事業覺心餘力絀，須俟元氣稍蘇，徐圖發展者，亦非至當之論，蓋元氣創傷者，即經濟創傷也，經濟創傷，惟力增生產，可使復蘇，故經濟建設，即所以建設經濟，如俟元氣稍蘇，再言建設，是倒果爲因，緣木以求魚也。竊謂當前之經濟建設，必需備具兩種重要條件，即在量的方面，必使各項事業，並駕齊驅，在質的方面，必使各項技術，迎頭趕上，蓋惟各項事業，並駕齊驅，方可免於顧此失彼之虞，亦惟各項技術迎頭趕上，方可免於產業落後之恥，復查經濟建設事業之最主要者，不外農林，水利，工業，鑛產，交通等部門，凡此皆爲建設現代國家之必要因素，自須使其在上述條件之下，向前邁進，但各部門各有其內在現實之情形，尤須斟酌其輕重緩急，分別處理如農林水利二項，在我國已有其深長自然之歷史與力量，改進之道，除墾荒，植林，換種，灌溉，等項，可徐徐鼓勵農民，試行改良外，他如改進耕耘方法，疏濬河流灘礁等項，無論在改變農民心裏，與製備工具機械各點，皆必先備具充分之力量與準備，方能開始，其時期約當在工業相當發展之後，工鑛業二項，實爲經濟建設中之最主要，最艱鉅，而關係最密切之部門，我國自古除手工業外，無工鑛可言，半世紀以來，方在滯緩萌芽之際，復遭抗戰之創傷，今後除少數基礎，尙可遷就擴充外，其他均宜從新作有系統有計劃之縝密部署，在設備與生產方面，力求其科學化，技術化，迎頭趕上現時代之效能，在運用方面，務求互相配合，並配合其他部門之需要，使國無缺材，物暢其流，尤其在督導方面，只宜考查其工作進度，不宜急策其生產利益，蓋品質精良，成本低廉之產品，只能求之於組織設備最完善之企業也，至於交通一項，爲各部門中之較爲進步與完整者，今後除整理原有基礎外，祇須依照　總理實業計劃，漸次擴充，及一切器材，皆能自給爲已足，以上所論，不過略表經濟建設之重要性，及內容之犖犖概義，至各部門之詳細殫述，尙非本文之範圍，然或有仍不免憧憬於目前經濟之困難，疑本文爲書生空談者，請再申論，夫自抗戰迄今，幾無時不在困苦之中，但抗戰期間，曾不因困苦而中止抗戰，或怨聲載道者，以有民族生存，抗戰必勝，爲中心信念也，今日之困難，已略減於前，苟我同胞，皆能抱定必需建國成功，國家民族方能確保生存與繁盛之決心，則何難不克，何事不成，此所謂積極的心理，能克服消極的痛苦也，況抗戰既勝，領土收復，國家財源漸裕，軍費支出已減，人民之擁有游資者，亦可導之從事正當企業，自在我政府善爲提倡籌畫，人民勇於識時從義，一心一德，悉力以赴之而已。

會務紀要

三十五年三月十七日開第一次會員大會，到會會員二十五人，由耒陽分會余會長籍傳與書記潘封藩會計彭明晃分別報告會務，及准總會顧總幹事來械，囑籌組長沙分會與籌備經過情形畢，議決各案如下：

(1) 耒陽分會名稱，改爲長沙分會，並報請總會備查；

(2) 本會會員以耒陽分會會員爲基本會員，並登報及分函各機關學校，1.徵求新會員，2.各地老會員之在長沙者，均請來會報到；

(3) 本會職員，應俟徵求會員結束後，再定期召集大會選舉，在未選舉以前，暫推耒陽會員負責人，繼續負責；

(4) 推會員周邦柱羅守彥楊作舟楊熙靖，負責選擇長沙市公有地皮一方，呈請省政府撥歸本會建築永久會址；

(5) 本會會址，暫設韭菜園湖南善後救濟分署內。

三十五年六月六日本會成立大會及工程師節紀念大會，到會會員五十一人，由主席余籍傳報告工程師節意義之重大，並勉以(1)效法大禹公而忘私與大無畏精神，(2)趕上時代力求進步二點畢，議決各案如下：——

(1) 選舉余籍傳爲正會長，陶勳爲副會長，潘封藩爲書記，彭明晃爲會計；

(2) 本會選定公有地皮建築會址，業已擇定六堆子與落星田二處，呈請省政府擇一撥用；

(3) 本會建築會所，推會員王至己王汝良設計；

(4) 本會建築會址，籌募基金，組設籌募委員會，推正副會長與會員唐伯球周邦柱易天爵饒湜劉祖乾楊作舟狄毅人潘封藩爲委員，負責進行；

(5) 本會籌編刊物，組設編輯委員會，推會員劉基璠饒湜謝志安謝世基雷通鼎潘封藩與翰啾光九楊熙靖爲委員，負責籌編；

(6) 紀念工程師節，電　蔣主席致敬，並電慰全國工程師。

(1) 上蔣主席電

南京國民政府主席蔣鈞鑒鈞座領導抗戰八載辛勤悍虜輸誠欽指揮之若定河山收復欣億兆之來蘇功超中外橫冠古今肅電致敬伏維垂察中國工程師學會長沙分會紀念工程師節大會叩

(2) 致全國工程師電

南京經濟部轉中國工程師學會轉全體工程師均鑒八載抗戰業告功成禹甸重光工程界之貢

裹旣極艱鉅神州再造工程界之責任更感重大團結精神繼續努力凡我同人責無旁貸謹電致慰即希諒察中國工程師學會長沙分會紀念工程師節大會叩

年會消息

中國工程師學會第十四屆年會，前准總會顧總幹事通知，定十月初在南京舉行，嗣又接九月二十七日第二次通知，因籌備不及，又改期舉行，茲照錄第二次通知如下：

逕啓者，本會本屆年會，原擬於本年十月即在南京舉行，嗣因籌備不及，決定展期舉行，至確實日期，俟本屆董事會執行部聯席會議決定後，再行通知，特此函達即請查照爲荷。此致　長沙分會

中國工程師學會總幹事顧毓琇　三十五、九、二十七、

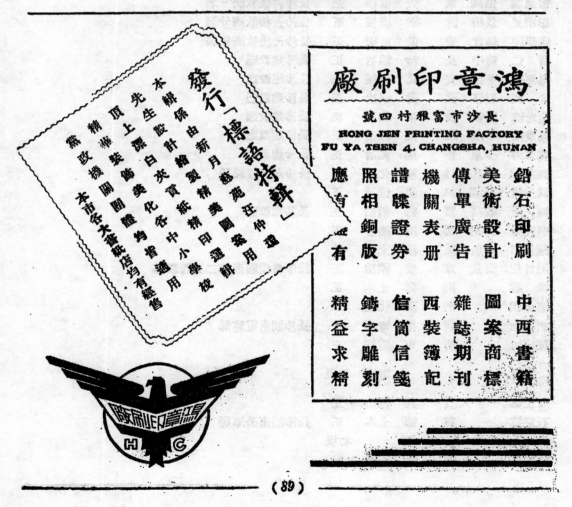

中國工程師學會長沙分會會員錄（以入會先後為序）

姓名	別號	籍貫	專長	會級	通訊處	附註
余籍傳	劍秋	長沙	土木	正	長沙善後救濟分署	
周邦柱	伯楨	甯鄉	紡織	正	長沙建設廳	
陶勳	正伯	岳陽	鑛冶	正	長沙白馬廟永邵煤鑛局	
潘封禧	慶慈	湘鄉	鑛冶	正	長沙建設廳	
楊作舟	琴舫	長沙	鑛冶	正	長沙建設廳	
狄毅人		長沙	鐵道	正	長沙善後救濟分署	
雷通鼎	伯調	東安	電機	正	長沙善後救濟分署	
彭明晃	景梅	湘陰	機械	正	長沙善後救濟分署	
姚繼綏	幼曾	安徽	電機	正	長沙善後救濟分署	
曾仁	時中	長沙	鑛冶	正	長沙建設廳	
吳更生	子伯	安化	機械	正	長沙建設廳	
帥武	石汀	漢壽	鑛冶	正	長沙建設廳	
黃光濤	洞秋	長沙	鑛冶	正	長沙建設廳	
吳秉剛	小崖	臨湘	鑛冶	正	長沙建設廳	
厲文濬	少泉	衡陽	鑛冶	正	長沙建設廳	
劉基磐	玉衡	桂陽	化工	正	長沙永邵煤鑛局	
賀步蟾	蘊該	耒陽	鑛冶	正		
劉文曜	毅蓀	甯鄉	鑛冶	正	長沙建設廳	
李天降	凝生	新田	鑛冶	正		
陳志	菊泉	長沙	土木	仲		
周曾哲	賚欽	東安	鑛冶	正	長沙特種鑛產第二區管理處	
徐霖		湘鄉	土木	正		
甯子稷		衡陽	化工	正		
劉石如		新化	電機	正	長沙湖南電務局	
羅宗煒		廣東	電機	正		
歐陽秉鈞			電機	初級		
唐士嘉		資興	鑛冶	正		
石定抗		甯鄉	土木	正	長沙湖南公路局	
熊傳詩		長沙		初級		
黎振雲		醴陵	電機	正		

唐志劍		邵陽	鑛冶	正	甯鄉清溪煤鑛工程處
周仰山	鑄生	瀏陽	土木	正	長沙善後救濟分署
劉德浴	詠沂	零陵	鑛冶	仲	長沙建設廳
羅正瀚	石塢	湘潭	鑛冶	正	
成滌	澧蘭	湘鄉	鑛冶	正	
唐際會	煥然	江華	機械	正	
梁國霈	稚渠	長沙	鑛冶	正	長沙永邵煤鑛局
王叔夏	璽安	祁陽	鑛冶	正	祁陽觀音灘煤鑛工程處
胡昭漩	卓立	汝城	鑛冶	仲	
朱光	明華		鑛冶	仲	
張其昌	耀南	長沙	鑛冶	仲	
趙俊	振華		鑛冶	仲	
孫映瑞	荒野	長沙	鑛冶	仲	長沙救濟分署
鄧纘舜	劍虞		鑛冶	仲	
唐	光彝	雲南	鑛冶	仲	
吳大剛			化學	仲	
湯銘	紹樓	湘潭	機械	仲	常甯水口山鑛局
吳良佐	昊江	常甯	電機	仲	常甯水口山鑛局
王亞東	杭松		土木	初級	
楚滌湘	鞠初	湘潭	鑛冶	正	長沙救濟分署
劉善佩	叔韋	瀏陽	機械	正	
賓庶民	則忠	東安	造紙	初級	
袁慶輝	耀宇	長沙	化工	正	長沙建設廳
江寅賓		平江	土木	正	長沙湖南公路局
李思遠	渭篁	甯鄉	鑛冶	正	漢口公路總局第二區管理處
尋學晉			電機	正	
杜德皋	忻愷	湘鄉	鑛冶	正	安江紡織廠轉黔陽煤鑛
劉世煌	炳森	武岡	電機	正	
吳翰	曙清	湘潭	機械	正	長沙湖南公路局
謝槐珍	己心	東安	土木	正	長沙建設廳
戴德炎			土木	仲	長沙湖南公路局
羅守彥	彥伯	安徽	電機	正	長沙救濟分署
謝志安	樂民	桂林	水利	正	長沙建設廳
粟翼賓			土木	仲	長沙建設廳
狄興人		長沙	鑛冶	正	長沙湖南公路局

唐明偉	湘伯		土木	正	長沙湖南公路局
常業建	民初		電機	仲	長沙湖南公路局
邱　偉	道吾		電機	仲	長沙湖南公路局
唐漢秋			土木	正	長沙湖南公路局
魏顯烈	鈞民	平江	機械	正	長沙救濟分署
王天俊		浙江	土木	仲	長沙救濟分署
胡慎思	念非	武昌	土木	仲	長沙救濟分署
石子成			土木	正	長沙湖南公路局
吳君確			鑛冶	正	
陳廣忠	崇武	長沙	土木	正	
陳崇法	廣傳	長沙	鑛冶	正	長沙上學宮街二十二號
陳崇國	廣清	長沙	機械	初級	
余貽驥		長沙	化工	初級	
楊熙靖		長沙	機械	正	長沙清泰街水道巷七號
丁樹勛		無錫	化學	仲	
陳洪德			化學	初級	
歐陽鈞	介成	安化	電機	仲	長沙湖南公路局
何積煥		道縣	化工	正	
賀則宜				正	
余貽甫				正	
尹國偉				正	
范柏年		長沙	鑛冶	正	祁陽觀音灘煤鑛工程處
張承基		江西	機械	正	長沙救濟分署
易天爵	吟舫	長沙	電機	正	長沙天心路155號
向　惠	恭儉	衡山	機械	正	長沙天心路新華煤氣機製造廠
吳端銳		瀏陽	鑛冶	正	長沙建設廳
譚伯強	介夫	祁陽	鑛冶	正	長沙救濟分署
王道純	仲厚	湘潭	鑛冶	正	長沙教育廳
唐　宋	意誠	邵陽	鑛冶	正	長沙永邵煤鑛局
秦之煤		上海	機械	正	長沙西湖橋公路總局第二運輸處
鄺　濤		長沙	土木	正	長沙西湖橋公路總局第二運輸處
韋壽極	映南	江陰	機械	正	長沙六舖街電汽公司
郭慈成		湘潭	機械	正	長沙湖南大學
楊漢膺			土木	正	長沙伍家井建中實業公司
黃承鈺		澧縣	鑛冶	正	醴陵煤鑛局

張新田	東樵	桐城	測量	正	湘潭楊家橋湘江公司
龐祖熾		石門	化工	正	長沙建設廳
劉基磐	德邨	桂陽	地質	正	長沙資委會特種鑛產第二區管理處
趙天從			鑛冶	正	長沙銻品製造廠
黃國棟			鑛冶	正	長沙銻品製造廠
熊正瓚			鑛冶	正	長沙銻品製造廠
喬德振			化工	正	長沙銻品製造廠
周恕安		益陽	鑛冶	正	常寧水口山鑛局
王正己	滌心	長沙	土木	正	長沙救濟分署
謝世基	北征	醴陵	土木	正	長沙救濟分署
歐陽藜閣		南海	土木	正	郴縣粵漢路工程段
王鈞	謙六	湘鄉	電機	正	長沙交通部電訊局
李欽予		浙江	機械	正	長沙堂皇里觀音閣巷一號
羅德潤	燮丞	長沙	鑛冶		長沙建設廳
鄭誥	懷之	邵陽	土木		長沙湖南公路局
楊昊	國麒	長沙	鑛冶		長沙建設廳
彭德祜	畏吾	岳陽	鑛冶		長沙救濟分署
朱吉元	守忠	武岡	土木		長沙戥子橋一條巷向寓轉
李俊	翊雲	長沙	鑛冶		長沙建設廳
張一中	四維	河北元氏	化工		邵陽救濟總署湖南分署鄉村工業組
饒湜	彧龕	長沙	鑛冶		長沙三汊磯煉鋅廠
楊天豪	名晞	長沙	鑛冶		祁陽水泥廠
羅僑雲		邵陽	鑛冶		長沙建設廳
曹治斌		長沙	土木		長沙救濟分署
劉次培		新化	物理		長沙建設廳
曾憲鏞	肅如	新化	測量		長沙建設廳
張守恩		祁陽	造紙		長沙建設廳
閻和頤		天津	土木		
文石岑	儉仲	長沙	鑛冶		長沙三汊磯煉鋅廠
易昌鏞		長沙	化學		
蕭義庭	曾朝	新化	測量		長沙市政府
唐伯球		桃源	鑛冶		長沙省參議會
陳煊	樂業	茶陵	鑛冶		

以下係新入會會員，會級尚未由總會核定

10685

劉伯屏		桂陽	鑛冶	桂陽縣參議會
胡晉芳		江蘇	機械	長沙西湖橋第二運輸處
曾鼎英	俊華	湘鄉	機械	長沙救濟分署
黃蔭谷		長沙	土木	長沙救濟分署
曾慶壽		衡陽	水利	長沙救濟分署
王汝良	純之	長沙	建築	長沙救濟分署
盧紹蓁		廣東	建築	長沙救濟分署
郭應龍		湘潭	電機	湘潭電汽公司
曾理	子異	武岡	建築	長沙救濟分署
陳退如		長沙	鑛冶	長沙天心路一五五號
李輝	拂雲	寧鄉	電機	長沙救濟分署
胡慶仁	毅民	常德	機械	衡陽救濟署儲運站
黃伯達		嘉定	鑛冶	長沙伍家井建中實業公司
劉眉芝		湘鄉	鑛冶	湘潭雲湖煤鑛工程處
孟筠	竹君	長沙	土木	長沙落星田建安營造廠
蔣志城	金械	邵陽	鑛冶	新化省立第六職業學校
賀莽鑫		長沙	化工	長沙化龍池東莊巷4號
劉柏菴		山東平原	鑛冶	湘潭楊家橋湘江煤鑛公司
葛天白		沐陽	採鑛	湘潭楊家橋湘江公司
李白仙		慈利	鑛冶	湘潭楊家橋湘江公司
朱仲春		南縣	鑛冶	湘潭楊家橋湘江公司
俞紹雷		無錫	鑛冶	湘潭楊家橋湘江公司
尹柏林	溢國	邵陽	鑛冶	湘潭楊家橋湘江公司
李焱舉	化五	耒陽	電機	長沙湖南電務局
曾韶秀	幹一	揭陽	土木	郴縣粵漢路工務段
樓煥昭		諸暨	土木	郴縣粵漢路工務段
徐光宇	迪人	長沙	土木	湘潭第七號信箱
成愼輿		衡山	鑛冶	湘潭第七號信箱
鄧溥姒	智周	平江	鑛冶	長沙錦品製造廠
袁希吾	德寶	湘潭	鑛冶	長沙錦品製造廠
成畏三		衡山	化學	長沙錦品製造廠
蘇舉波		醴陵	化學	長沙錦品製造廠
陸雲	孝富	大倉	化學	長沙錦品製造廠
李亞珍		河北濮縣	化學	長沙錦品製造廠
龍瑞五		永綏	化工	長沙資委會特種鑛產第二區管理處

唐延祜		邵陽	鑛冶	長沙錦品製造廠
譚俊	藩垣	武岡	鑛冶	長沙特種鑛產第二區管理廠
彭守讓		茶陵	鑛冶	長沙特種鑛產第二區管理廠
張質	文蔚	新化	鑛冶	長沙錦品製造廠
李敬安		石門	紡織	長沙建設廳
周海濤	百濤	長沙	土木	長沙建設廳
文頁顯	晜之	東安	鑛冶	長沙永邵煤鑛局
周頌	祜之	湘潭	鑛冶	長沙資委會特種鑛產第二區管理處

本會職員

會長 余籍傳　副會長 陶勣

書記 潘封禧　會計 狄毅人

編輯委員會委員

主任委員 潘封禧　副主任委員 劉基璐

委員 饒湜　謝世基　吳瀚　謝志安　喻光九　雷通鼎　楊熙靖

勸募委員會委員

主任委員 余籍傳　委員 陶勣　唐伯球　易天爵　周邦柱　饒湜　楊作舟　劉祖乾　狄毅人　潘封禧

編　後

本會同人，鑒於大戰時科學發明，技術進步，一日千里，舉世震驚。我國科學落後，無庸諱言，我工程界人士，固宜埋首潛修以期急起直追，迎頭趕上。然若將平日研究與工作經驗所得，製成筆錄，公諸全國有心人士共相研討，其收效必更宏大。爰本此旨，發行本刊，冀與國內各工程專家砥礪於文字之間，切磋於千里之外，敬乞隨時賜教，俾正謬誤，並請不吝珠玉，錫以近著，以光篇幅，不僅本刊之榮，實亦建設工程前途之幸也。至本刊倉卒問世，關於編排校對，或仍不免於疏漏錯誤，尚冀諒原是幸。

長沙

中興鐵廠

為工程界服務

本廠創設目的，旨在為工程界服務，希對湘省工鑛事業有所貢獻，經營業務如下：

㈠承裝水電工程衛生設備。

㈡修造鍋爐油池鋼鐵橋樑。

㈢承製道釘螺絲電桿鐵件。

㈣出品落地磅秤保險銀箱。

㈤經理各國五金鋼鐵器材。

㈥代客設計負責安裝包用。

過去承辦工程甚多，經驗豐富，信用卓著，如蒙工程界同志惠顧指教，曷勝歡迎！

中興鐵廠總經理彭葆芝謹啓

廠址：長沙下黎家坡五十六號

電報掛號：七二五五

資源委員會第二區特種鑛產管理處

銻品製造廠

註冊商標

國內首創各色銻質顏料

專家精製錫鉛銻類合金

出品要目

銻白
性質：潔白，細膩，無毒，耐光，耐水，耐熱，遮蓋力強，着色力大。
用途：製造油漆，油墨，搪瓷，玻璃，橡膠，火柴化裝品等工業之優良原料。

銻紅
性質：細膩，遮蓋力強，着色力大，對於日光，空氣，熱硫磺，皆不生作用。
用途：製造橡膠，油漆，油墨，等工業之優良原料。

銻黃
性質：耐高溫，遮蓋力強，對於日光空氣皆具抵抗力
用途：製造搪瓷，陶瓷，玻璃等工業之優良原料。

承軸合金
性質：視錫鉛配合成份性質各異備有詳細說明函索即寄。
用途：適合飛機，鐵路，汽車，輪船，機器等業製造各種軸襯之用。

銲錫
性質：視錫鉛成份性質各異，備有說明書，函索即寄
用途：適於銅，鐵，白鐵等器焊具接之用。

附設 機械場業務

翻砂……各式大小鋼鐵鑄件
製造……工礦用具機械配件
電銲……生熟鐵件馬達電銲
設計……工礦化工機器圖樣

廠址：長沙南門外下六舖街十八號
漢口辦事處：勝利街六十六號
重慶辦事處：中華路一八五號
電報掛號：九六六〇長沙〇七五六漢口
電話：長沙三十五號

行政院資源委員會
贛西煤鑛局
五畝冲
烟焦
安源
高坑
煤炭
局址：萍鄉東門外鈞園
接洽處
漢口營業所：勝利街七九號
長沙營業所：里仁巷五號

酒精油漆及各種工業
用品一應俱全如蒙
惠顧毋任歡迎
本主人謹启
大中五金號
本號專運各國大小五金
電器建築材料路礦工具
地址：長沙中正路
電報掛號：〇二二二

中華民國三十五年九月九日出版

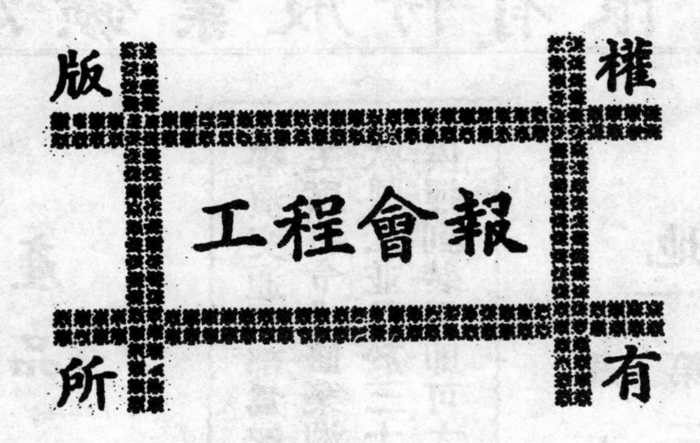

編纂者　中國工程師學會長沙分會編輯委員會

發行者　中國工程師學會長沙分會

印刷者　長沙富雅村鴻章印刷廠

資源委員會

湘江鑛業股份有限公司

業務：開採湖南湘潭楊嘉橋煤鑛

供應交通工業及家庭用煤

產品：原煤　統煤　塊煤

品質優良　火力强大

經濟交通兩部爲解決湘鄂用煤問題呈奉
主席蔣令准修築湘江運煤鐵路專線業由粤漢路局主持工程本公司籌墊工欵與工並已於三十五年九月通車現本公司正向美國訂購新式機械設備一俟運到裝用即可大量增產普遍供應凡承
惠顧無不竭誠歡迎

地址

總公司　湖南長沙化龍池康莊巷四號　電報掛號：五〇〇〇長沙：電話一五八號

第一礦廠　湖南湘潭揚嘉橋　電報掛號：五〇〇〇湘潭

湘潭辦事處　湖南湘潭十五總交通銀行一樓　電報掛號：五〇〇〇湘潭

漢口辦事處　漢口第三區洞庭村七號　電報掛號：五〇〇〇漢口